2023

최신출제경향에 맞춘
최고의 수험서

INDUSTRIAL ENGINEER
INDUSTRIAL SAFETY

산업안전 산업기사 실기

필답형+작업형

신우균 · 임경범 · 박남규 · 김동섭 지음

머리말

Industrial Engineer Industrial Safety

지금 우리사회는 모든 분야에서 선진사회로 도약을 하고 있습니다. 그러나 산업현장에서는 아직도 협착·추락·전도 등 반복형 재해와 화재·폭발 등 중대산업사고, 유해화학물질로 인한 직업병 문제 등으로 하루에 약 7명, 일 년이면 2,400여 명의 근로자가 귀중한 목숨을 잃고 있으며 연간 약 9만 여 명의 재해자가 발생하고 있습니다.

산업재해를 줄이지 않고는 선진사회가 될 수 없습니다. 그러므로 각 기업체에서 안전관리자의 역할은 커질 수밖에 없는 상황이고 산업안전은 더욱 더 강조될 수밖에 없는 상황입니다.

현재 안전 관련 업무를 하고 있는 필자들이, 재해 감소에 조금이나마 보탬이 되기를 희망하는 마음으로 집필한 것입니다.

산업안전산업기사 실기시험은 필답형과 작업형으로 나누어지는데, 필답형은 필기시험과 같은 과목이고 작업형은 기계, 전기, 화공, 건설, 보호구 5분야로 구성되어 있습니다.

산업안전산업기사 실기시험 평균합격률은 약 30% 정도로 낮습니다. 실기시험도 필기시험과 같이 기출문제에서 80% 이상 출제되고 있습니다. 실기시험은 필기시험에서 공부한 것을 서술형으로 적는 것이기 때문에 정확한 이해와 암기가 필요합니다.

산업안전산업기사 자격시험을 준비하기 위한 **수험서로서 본서의 특징**은 다음과 같습니다.

Preface

1. 2010년도부터 출제된 **필답형 문제와 최근에 실시된 작업형 시험문제를 현재 개정된 법에 따라 정리**하였습니다.
2. 2021년도에 전면개정된 **산업안전보건기준에 관한 규칙을 이론과 문제풀이에 모두 반영**하였습니다.
3. **출제기준에 따라 실기시험 이론을 정리**하여 시험준비하는 수험생들이 보다 쉽게 실기시험을 준비하도록 하였습니다.
4. **기출문제 풀이에 설명을 상세히** 하여 수험생들이 이해하기 쉽게 하였습니다.
5. 반복해서 출제되는 문제라도 풀이를 또 한 번 봄으로써 익숙해지도록 하였습니다.
6. 수험생들의 이해도를 높이기 위하여 최대한 많은 **그림과 삽화**를 넣었습니다.
7. 안전분야의 오랜 현장경험을 가지고 있는 **최고의 전문가가 집필**하여 책의 완성도를 높였습니다.
8. **필답형과 작업형을 한 권의 책**으로 묶어 수험생들의 편의를 도모하였습니다.

오랫동안 정리한 자료들을 다듬어 출간하였지만, 그럼에도 미흡한 부분이 많을 것입니다. 이에 대해서는 독자 여러분의 애정 어린 충고를 겸허히 수용해 계속 보완해나갈 것을 약속드립니다.

끝으로 본서가 완성되는 데 많은 도움을 준 우리나라 최고의 실력을 가진 예문사 편집부, 컬러로 인쇄되어 많은 비용이 소요되는데도 아낌없이 투자를 해주신 예문사 장충상 전무님, 이 책의 완성도를 높이기 위해 마지막까지 검토해주신 많은 분께 감사의 뜻을 전합니다.

저자 일동

산업안전산업기사 실기시험에서 각 과목별 특징 및 공부방법

○ 안전관리, 안전교육 및 심리, 인간공학 및 시스템 위험 분석

산업안전 분야에 입문하는 수험생이 기초적으로 알아야 할 부분이지만 가장 어렵고 점수를 획득하기 힘든 분야이므로 쉽게 접근하고 이해하도록 기출된 문제의 이론을 바탕으로 정리하였으며, 내용이 어려운 경우에는 이해를 돕기 위한 그림도 삽입하였습니다.

○ 기계 및 운반안전

기계안전 및 운반안전은 필답에서 2문제, 작업형에서 2문제 정도 출제되어 약 20% 이상 차지하고 있어 출제 비중도 높고 조금만 공부하면 쉽게 점수를 받을 수 있는 부분입니다. 매년 같은 문제가 출제되기 때문에 합격하기 위해서는 반드시 파악해야 하는 분야입니다.

○ 전기안전 및 화공안전

전기안전은 문제은행방식으로 단시간에 많은 내용을 암기할 수 있도록 반드시 필요한 부분만 삽입하여 요점정리 노트형식으로 구성하였습니다. 화공안전은 간략한 이론 정리와 함께 기출문제를 정리하였습니다. 반복 출제되는 문제가 많고, 중요하게 다루어지는 부분이 한정되어 있으므로, 기출문제를 중심으로 내용을 정리한다면 충분히 고득점을 얻을 수 있을 것입니다.

○ 건설안전

필답형은 출제기준분야 외에도 거푸집동바리 조립기준과 해체작업 안전에 관한 문제가 자주 출제되므로 반드시 알아 두어야 하며 작업형의 경우 추락위험요인과 대책, 양중작업 시 낙하위험요인과 대책, 양중장비와 항타기의 작업안전수칙, NATM터널 시공 시 발파작업 안전기준 및 계측관련사항, 해체작업 안전에 관한 문제가 반복적으로 출제되고 있습니다.

○ 보호장구 및 안전보건표지

유해·위험작업에 따른 착용하여야 할 보호구의 종류, 각 보호구의 시험성능기준과 성능시험항목, 방독마스크의 종류 및 흡수제의 종류에 관한 문제가 자주 출제되므로 반드시 숙지하여야 하며 최근에는 석면 취급작업 관련 문제도 자주 출제됩니다.

○ **산업안전보건법**

산업안전보건법 과목은 법, 시행령, 시행규칙, 산업안전보건기준에 관한 규칙으로 구성되어 있습니다. 특히, 시행규칙과 산업안전보건기준에 관한 규칙에서 자주 출제되고 있습니다. 법 관련분야에서 시험에 출제되는 항목은 정해져 있습니다. 이 분야만 암기하신다면 쉽게 점수를 얻을 수 있는 과목이지만 법에 나와 있는 내용을 정확하게 적어야 높은 점수를 받을 수 있습니다.

효과적으로 산업안전산업기사 책을 보는 방법

○ 먼저 **머리말과 효과적으로 공부하는 방법을 잘 읽어** 봅니다. 보통 수험생들이 잘 읽어보지 않는데, 실제 이 부분에서 책이 어떤 내용으로 구성되어 있는지와 이 책을 효과적으로 보는 방법을 설명해 놓았습니다.

○ **출제기준을 전체적으로 한번 살펴**봅니다. 자격증 시험은 출제기준을 벗어나지 못합니다. 출제기준을 보면 어떻게 공부를 해야 되는지 전체적인 윤곽을 잡을 수 있습니다.

○ 안전관리부터 산업안전보건법까지 차례대로 책을 보시면 됩니다. 이때 처음 책을 보실 때는 **최대한 빨리 한 번 다 보는 것이 중요**합니다. 이해가 잘 되지 않는 부분이 있어도 그냥 넘어가시면 됩니다.

○ **이론 내용을 보실 때 Key Point 문제를 집중**해서 보시면 되겠습니다. 시험에 출제된 문제는 Key Point 문제로 표시해 두었습니다. 이론을 보시고 Key Point 문제를 보시면 효과적으로 이해가 될 것입니다.

○ 각 **과목 뒤쪽에 기출문제**를 배치해 놓았습니다. **가장 중요한 부분**입니다. 과거에 출제된 문제는 현재의 법 또는 기준으로 풀이를 해 놓았습니다. 2011년도 시험에 출제되는 법이 많이 바뀌었기 때문에 주의해서 문제를 풀어야 합니다.

○ 빠르게 한 번 보고 그 **다음 보실 때는 정독**하여 보시면 되겠습니다.

○ 어느 정도 책을 다 보았거나 시험일자가 임박해 오면 마지막으로 뒤쪽에 있는 **기출문제**를 실전 시험처럼 한 번 보시면 되겠습니다.

산업안전산업기사 실기 시험은 **필답형(55점) 작업형(45점) 합쳐서 평균 60점 이상이면 합격**입니다. 그래서 자격증 시험을 준비할 때 70점 정도로 목표로 해서 공부하시면 무난히 합격하리라 생각됩니다.

이 책으로 공부하시는 모든 분이 합격하기를 기원합니다.

저자 일동

시험정보

Industrial Engineer Industrial Safety

출제기준(실기)

직무 분야	안전관리	자격 종목	산업안전산업기사	적용 기간	2021. 1. 1 ~ 2023 .12. 31
직무 내용	제조 및 서비스업 등 각 산업현장에 소속되어 산업재해 예방계획의 수립에 관한 사항을 수행하며 작업환경의 점검 및 개선에 관한 사항, 유해 및 위험방지에 관한 사항, 사고 사례 분석 및 개선에 관한 사항, 근로자의 안전교육 및 훈련 등을 수행하는 직무이다.				
수행 준거	1. 산업재해의 분석과 위험성 평가를 바탕으로 안전관리 조직과 계획을 운용할 수 있다. 2. 근로자의 심리를 이해하고 안전교육을 할 수 있다. 3. 인간공학적 접근방법을 이해하고 시스템 위험성을 평가할 수 있다. 4. 기계설비와 운반 장치의 안전을 개선할 수 있다. 5. 전기안전과 화공안전 대책을 마련하고 작업환경을 개선할 수 있다. 6. 건설안전의 대책을 마련할 수 있다. 7. 적절한 보호구를 선택할 수 있다. 8. 산업안전보건법을 이해하고 안전관리 제도와 절차를 운영할 수 있다.				
실기 검정방법	복합형			시험 시간	2시간 정도 (필답형 : 1시간, 작업형 : 1시간 정도)

실기 과목명	주요항목	세부항목	세세항목
산업안전 실무	1. 안전관리	1. 안전관리조직	1. 안전보건관리조직의 목적과 종류를 이해하여야 한다. 2. 안전보건관리조직의 장단점을 이해하고 활용할 수 있어야 한다. 3. 안전보건관리 체계, 직무를 이해하고 숙지하여야 한다. 4. 산업안전보건위원회의 구성과 역할을 이해하여야 한다.
		2. 안전보건관리 계획수립 및 적용	1. 안전보건관리 규정을 이해 · 적용할 수 있어야 한다. 2. 안전보건관리 계획을 수립할 수 있어야 한다. 3. 주요 평가척도를 알고 적용할 수 있어야 한다. 4. 안전보건 개선계획을 수립할 수 있어야 한다.
		3. 산업재해발생 및 재해조사 분석	1. 재해조사 목적을 이해하여야 한다. 2. 재해발생 시 조치사항을 알고, 재해조사 방법을 이해하고 적용할 수 있어야 한다.

실기 과목명	주요항목	세부항목	세세항목
			3. 재해발생 메커니즘을 알고 있어야 한다. 4. 산업재해 발생형태를 알고 분류할 수 있어야 한다. 5. 재해발생 원인을 알고 적용할 수 있어야 한다. 6. 상해의 종류를 이해 · 분류할 수 있어야 한다. 7. 통계적 원인분석방법을 이해 · 적용할 수 있어야 한다. 8. 재해예방의 4원칙을 이해 · 적용할 수 있어야 한다. 9. 사고예방대책의 기본원리 5단계를 이해 · 적용할 수 있어야 한다. 10. 재해 관련 통계의 정의를 숙지하고 계산할 수 있어야 한다. 11. 재해비용를 숙지하고 계산할 수 있어야 한다. 12. 재해사례 연구순서를 이해 · 적용할 수 있어야 한다.
		4. 안전점검·인증 및 진단	1. 안전점검의 정의 및 목적을 이해하고 적용할 수 있어야 한다. 2. 안전점검의 종류 및 기준을 이해하고 적용할 수 있어야 한다. 3. 안전검사 · 인증 · 진단 제도를 이해 · 적용할 수 있어야 하여야 한다.
	2. 안전교육 및 심리	1. 안전교육	1. 안전교육을 지도하고 전개할 수 있어야 한다. 2. 교육방법의 4단계를 이해 · 적용할 수 있어야 한다. 3. 안전교육의 기본방향을 이해 · 적용할 수 있어야 한다. 4. 안전교육의 단계를 이해 · 적용할 수 있어야 한다. 5. 안전교육계획과 그 내용의 4단계를 이해 · 적용할 수 있어야 한다. 6. O.J.T 및 Off.J.T를 이해하고 실시할 수 있어야 한다. 7. 학습목적의 3요소와 학습정도의 4단계를 이해 · 적용할 수 있어야 한다. 8. 교육훈련평가의 4단계를 이해 · 적용할 수 있어야 한다. 9. 산업안전보건법상의 교육의 종류와 교육시간 및 교육내용을 이해 · 적용할 수 있어야 한다.
		2. 산업심리	1. 착각현상을 이해 · 적용하여야 한다. 2. 주의력과 부주의에 대해 이해 · 적용하여야 한다. 3. 안전사고와 사고심리에 대해 이해 · 적용하여야 한다. 4. 재해빈발자의 유형에 대해 이해 · 적용하여야 한다. 5. 노동과 피로에 대해 이해 · 적용하여야 한다.

실기 과목명	주요항목	세부항목	세세항목
			6. 직업적성과 인사관리에 대해 이해 · 적용하여야 한다. 7. 동기부여에 관한 이론에 대해 이해 · 적용하여야 한다. 8. 무재해운동과 위험예지훈련에 대해 이해 · 적용하여야 한다.
	3. 인간공학 및 시스템 위험분석	1. 인간공학	1. 인간-기계 체계를 이해할 수 있어야 한다. 2. 인간과 기계의 성능을 비교 · 분석할 수 있어야 한다. 3. 인간기준을 이해 · 적용할 수 있어야 한다. 4. 휴먼에러를 이해 · 분석할 수 있어야 한다. 5. 신뢰도를 이해 · 분석할 수 있어야 한다. 6. 고장률을 이해 · 분석할 수 있어야 한다. 7. Fool Proof 및 Fail Safe를 이해할 수 있어야 한다. 8. 인간에 대한 감시방법을 이해 · 적용할 수 있어야 한다. 9. 인체계측을 이해하고, 수행할 수 있다. 10. 작업공간를 이해 · 분석할 수 있어야 한다. 11. 작업대 및 의자 설계원칙을 이해 · 적용할 수 있어야 한다. 12. 작업표준을 이해 · 적용할 수 있어야 한다. 13. 작업위험을 분석할 수 있어야 한다. 14. 동작경제의 3원칙을 이해 · 적용할 수 있어야 한다. 15. 부품배치의 원칙을 이해 · 적용할 수 있어야 한다. 16. 통제표시비를 이해 · 적용할 수 있어야 한다. 17. 통제장치의 유형을 이해 · 적용할 수 있어야 한다. 18. 표시장치를 이해할 수 있어야 한다. 19. 실효온도를 이해 · 분석할 수 있어야 한다. 20. 작업별 조명 및 조도 기준을 이해 · 분석할 수 있어야 한다. 21. 소음대책을 이해 · 적용할 수 있어야 한다.
		2. 시스템안전 개요	1. 시스템안전 개요를 이해하고 적용할 수 있어야 한다. 2. 안전성 평가를 이해하고, 수행할 수 있어야 한다.
	4. 기계안전 관리	1. 기계안전장치 · 시설관리	1. 산업안전보건법령에 기준한 작업 상황에 맞는 검정 대상 보호구를 선정할 수 있고, 올바른 착용법 및 보관 유지를 이해할 수 있어야 한다. 2. 안전시설물 및 안전보건표지가 산업안전보건법령에서 정하고 있는 기준에 적합한지를 확인하고, 설치기준을 준수하여 설치할 수 있어야 한다. 3. 안전시설물 설치방법과 종류에 의한 장 · 단점을 이해할 수 있고, 공정진행에 의한 안전시설물의 설치, 해체, 변경 계획을 작성할 수 있어야 한다.

실기 과목명	주요항목	세부항목	세세항목
		2. 기계공정 특성분석	1. 기계설비의 위험요인(위험점)과 기계설비의 본질적 안전화 및 안전조건을 이해할 수 있어야 한다. 2. 유해위험기계기구(프레스기, 롤러기, 연삭기, 보일러 및 압력용기, 아세틸렌용접장치 및 가스집합 용접장치, 양중기, 둥근톱기계, 산업용 로봇 등)의 작동원리, 방호장치, 설치방법 및 재해유형 등에 대하여 이해할 수 있어야 한다.
		3. 기계설비 위험성평가	1. 기계설비재해예방을 위해 현장특성별 필요한 안전보호장구를 선정할 수 있어야 한다. 2. 근로자의 작업안전을 확보하기 위하여 기계설비안전작업 수칙준수 여부를 확인할 수 있어야 한다. 3. 산업안전보건법령에 따라 유해위험방지계획서를 작성할 수 있어야 한다.
		4. 기계안전관리 성과분석	1. 기계안전관리 성과를 측정할 수 있는 평가항목, 평가기준, 평가방법(정성적, 정량적)을 수립할 수 있어야 한다. 2. 효과적으로 안전사고를 예방할 수 있는 안전관리 기술과 프로그램을 이해할 수 있어야 한다. 3. 기계안전관리 시스템의 지속적인 개선을 위한 조직, 계획, 실행 평가와 개선조치를 이해할 수 있어야 한다.
	5. 전기안전 관리	1. 전기설비안전관리	1. 전기설비가 전기안전관련 법령에서 정하고 있는 기준에 적합한지를 확인하고, 충전부 절연상태와 방호설비 등에 관한 위험요소를 확인할 수 있어야 한다. 2. 해당 사업장의 부하설비에 따른 예비전원설비의 용량, 부하율 등의 적정성을 확인하고, 예비전원설비 원격제어감시시스템과 현장 작동여부상태를 확인할 수 있어야 한다. 3. 전기안전 관련 법령에 따라 송배전설비의 이격거리, 환경요소, 열화상태 등에 관한 위험요소를 확인할 수 있어야 한다.
		2. 전기안전관리특성분석	1. 전기설비의 폭발위험장소를 도서화하고 기기별 정격차단용량(kA)을 확인할 수 있어야 한다.
		3. 전기안전 위험성 평가	1. 전기재해예방을 위해 현장특성별 필요한 안전보호장구를 선정할 수 있어야 한다. 2. 근로자의 작업안전을 확보하기 위하여 전기안전작업 수칙준수 여부를 확인할 수 있어야 한다. 3. 접지시스템, 피뢰설비, 피뢰기 등의 적정성 여부를 확인할 수 있어야 한다.

실기 과목명	주요항목	세부항목	세세항목
			4. 제전장치, 제전보호구 등 정전기 방지설비의 적합여부를 확인할 수 있어야 한다. 5. 작업장 내에서 근로자가 준수해야 할 안전작업 수칙과 전기안전 표지판이 용도에 적합한 장소에 비치되었는가 확인할 수 있어야 한다.
		4. 전기안전관리 성과분석	1. 전기설비의 체크리스트와 기기별 일지작성 등 안전보건경영시스템의실행수준을 평가할 수 있어야 한다. 2. 법정검사와 점검결과에 따라 부적합 판정을 받은 전기설비의 보수 또는 교체가 필요한 대상에 대한 전기안전관리계획을 반영할 수 있어야 한다.
	6. 화공안전 관리	1. 화학설비안전관리	1. 화학설비가 화공안전 관련 법령에서 정하고 있는 기준에 적합한지를 확인하고, 화학물질의 반응, 화학물질의 특성 등 화학물질의 MSDS상의 내용을 이해하고, 필요시 MSDS상의 내용을 활용할 수 있다. 2. 해당 사업장의 화학물질 취급설비에 따른 방호조치를 이해하고 화재, 폭발, 누출 등 위급 시 대처할 수 있다. 3. 화공안전 관련 법령에 따라 해당 사업장에 관련 법규를 적용하고 화공안전관련 대외 업무를 수행할 수 있다.
		2. 화공안전관리특성분석	1. 화학공정에 따라 설비, 장치 등에 대한 공정안전 사항, 안전절차 및 화재, 폭발, 누출 등 비상시 방호조치 등을 확인할 수 있다.
		3. 화공안전 위험성 평가	1. 화재, 폭발, 누출재해예방을 위해 현장특성별 필요한 안전보호장구, 해당설비의 방호장치를 선정할 수 있어야 한다. 2. 근로자의 작업안전을 확보하기 위하여 화공안전 작업 수칙준수 여부를 확인할 수 있어야 한다. 3. 파열판, 안전밸브, 통기설비 등의 적정성 여부를 확인할 수 있어야 한다. 4. 작업장 내에서 근로자가 준수해야 할 안전작업 수칙과 화공안전 표지판이 용도에 적합한 장소에 비치되었는가 확인할 수 있어야 한다.
		4. 화공안전관리 성과분석	1. 화학설비의 위험성 평가 및 점검 등을 통하여 안전보건경영시스템의 실행수준을 평가하고 문제점에 대해서는 환류(feed-back)하여 해당 사업장에 안전보건경영시스템 성과평가를 적용할 수 있어야 한다.

실기 과목명	주요항목	세부항목	세세항목
			2. 법정검사와 점검결과에 따라 부적합 판정을 받은 화학설비의 보수 또는 교체가 필요한 대상에 대한 화공안전관리계획을 반영할 수 있어야 한다.
	7. 건설안전관리	1. 건설공사특성분석 및 안전관리 확인하기	1. 설계도서에서 요구하는 특수성을 확인하여 안전관리계획 시 반영할 수 있다. 2. 공사장 주변 작업환경이나 공법에 따라 안전관리에 적용해야 하는 특수성을 도출할 수 있다. 3. 설계도서를 검토하여 안전관리 성패에 중요한 항목을 도출할 수 있다. 4. 공사 전체적인 현황을 검토하여 안전관리 업무의 주요항목을 도출할 수 있다. 5. 기존의 시공사례나 재해사례 등을 활용하여 해당 현장에 맞는 안전자료를 도출할 수 있다.
		2. 위험성평가시스템구축 및 평가실시하기	1. 위험성평가 시스템구축을 위하여 현장소장, 관리감독자, 안전관리자, 보건관리자, 근로자 등이 포함된 위험성평가 팀을 구성할 수 있다. 2. 위험성평가를 위하여 유해위험방지계획서, 안전관리계획서, 점검결과서, 공정표 등의 자료를 준비할 수 있다. 3. 건설현장의 순회점검, 안전보건체크리스트, 공정표 등을 활용하여 건설현장 유해, 위험 요인을 확인할 수 있다. 4. 건설현장의 유해, 위험 요인을 파악하기 위해 평가대상 공종을 단위 작업별로 분류하고 단위 작업별로 위험성평가를 실시할 수 있다.
		3. 안전 시설물 설치 및 유지관리하기	1. 유해위험방지계획서, 공정표, 시방서를 검토하여 본 공사의 위험성에 따른 안전 시설물 설치 계획을 작성할 수 있다. 2. 건설공사의 기획, 설계, 구매, 시공, 유지관리 등 모든 단계에서 건설안전 관련 자료를 수집하고, 세부공정에 맞게 위험요인에 따른 안전 시설물 설치계획을 수립할 수 있다. 3. 현장점검 시 발견된 위험성을 바탕으로 안전 시설물을 설치하고 관리할 수 있다. 4. 산업안전보건법령에 기준하여 안전인증을 취득한 자재를 사용할 수 있다. 5. 공종별 표준 안전작업지침에 의거 안전 시설물 설치기준을 준수하여 설치할 수 있다. 6. 개인보호구를 유용하게 사용할 수 있는 필요한 시설물을 설치할 수 있다.

실기 과목명	주요항목	세부항목	세세항목
			7. 기설치된 시설물에 대해 법적 사용기준에 맞는지 정기적 점검을 통해 확인하고, 수시로 개선할 수 있다. 8. 측정장비를 이용하여 안전 시설물의 안전성을 확인하고, 부적격 시 교체할 수 있다. 9. 공정의 진행에 대응하여 안전 시설물을 변경하거나 추가 설치를 확인할 수 있다. 10. 설치계획에 따라 안전 시설물을 설치하되, 계획에 없는 불안전 상태가 발생 시 즉시 안전 시설물을 보완할 수 있다.
		4. 안전점검계획 수립 및 점검하기	1. 작업공종에 맞게 안전점검 계획을 수립할 수 있다. 2. 작업공종에 맞는 점검 방법을 선정하여 안전점검 계획을 수립할 수 있다. 3. 산업안전보건법령을 바탕으로 자체검사 기계 · 기구를 구분하여 안전점검 계획에 적용할 수 있다. 4. 사용하는 기계 · 기구에 따라 안전장치와 관련된 지식을 활용하여 안전점검 계획을 수립할 수 있다. 5. 안전점검계획에 따라 작성된 공종별 또는 공정별 점검표에 의해 점검할 수 있다. 6. 측정 장비를 사용하여 위험요인을 점검할 수 있다. 7. 점검주기와 강도를 고려하여 점검을 실시할 수 있다. 8. 점검표에 의하여 인적 · 물적 위험에 대한 구체적인 점검을 수행할 수 있다.
	8. 보호장구 및 안전보건 표지	1. 보호구 선정 및 관리	1. 산업안전보건법령에 기준한 검정 대상 보호구 선정과 착용상태를 확인할 수 있다. 2. 해당 작업보호구의 관리대상(관리부서 지정, 지급대상, 지급수량, 지급주기, 점검주기 등)을 정하고 그에 따라 적합하게 운영할 수 있다.
		2. 안전보건표지 설치	1. 안전보건표지 설치 시 산업안전보건법령에서 정한 적용기준을 준수할 수 있다.
	9. 산업안전 보건법	1. 산업안전보건법령	1. 산업안전보건법의 세부내용을 알고 있어야 한다. 2. 산업안전보건법시행령의 세부내용을 알고 있어야 한다. 3. 산업안전보건법시행규칙의 세부내용을 알고 있어야 한다. 4. 관련 기준 · 고시 및 지침의 세부내용을 알고 있어야 한다.

자격검정절차 안내

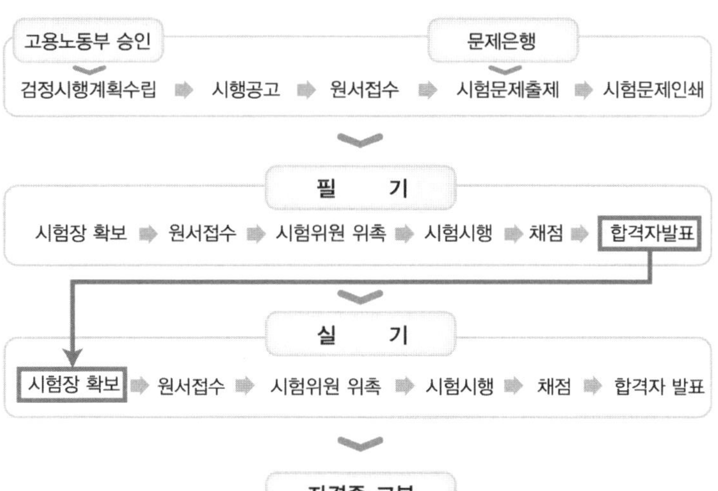

1 원서 접수	인터넷접수(www.Q-net.or.kr)
2 필기원서 접수	필기접수 기간 내 수험원서 인터넷 제출 사진(6개월 이내에 촬영한 반명함판 사진파일(jpg), 수수료 : 정액 시험장소 본인 선택(선착순)
3 필기시험	수험표, 신분증, 필기구(흑색 사인펜 등) 지참
4 합격자 발표	인터넷(www.Q-net.or.kr) ARS(080.700.2009) 응시자격(기술사, 기능장, 기사, 산업기사, 전문사무 일부 종목) 제한종목은 합격예정자 발표일로부터 8일 이내에(토, 공휴일 제외) 반드시 응시자격서류를 제출하여야 하며 단, 실기접수는 4일임
5 실기원서 접수	실기접수기간 내 수험원서 인터넷 제출 사진(6개월 이내에 촬영한 반명함판 사진파일(jpg)), 수수료 : 정액 시험일시, 장소, 본인 선택(선착순) 단, 기술사 면접시험은 시행 10일 전 공고
6 실기시험	수험표, 신분증, 수험지참준비물 준비
7 최종합격자 발표	인터넷 www.Q-net.or.kr, ARS(080.700.2009)
8 자격증 교부	증명사진 1매, 수험표, 신분증, 수수료 지참

응시자격 조건체계

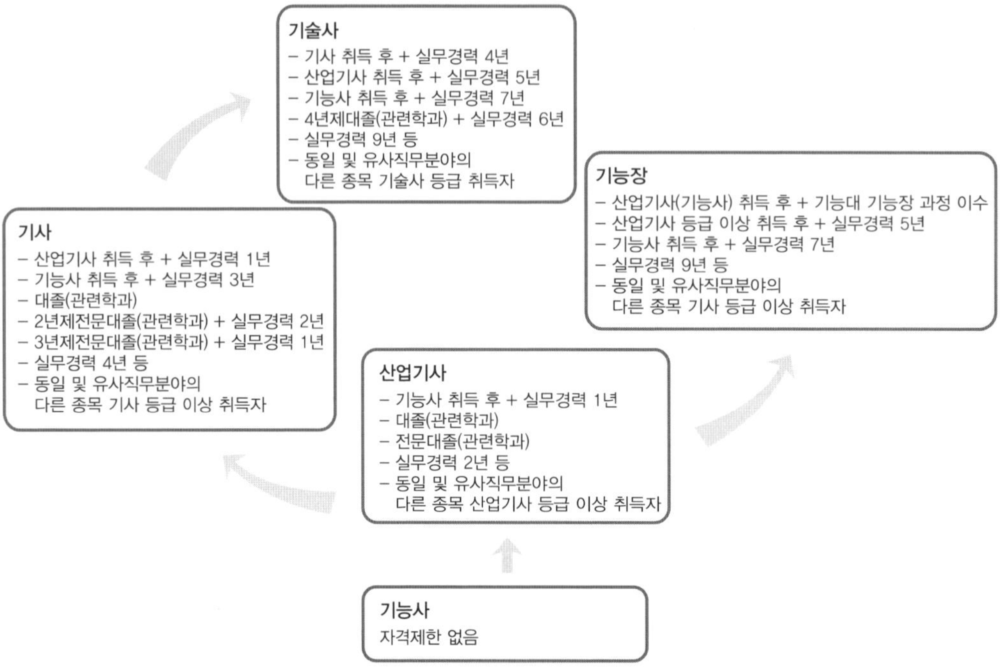

기술사
- 기사 취득 후 + 실무경력 4년
- 산업기사 취득 후 + 실무경력 5년
- 기능사 취득 후 + 실무경력 7년
- 4년제대졸(관련학과) + 실무경력 6년
- 실무경력 9년 등
- 동일 및 유사직무분야의 다른 종목 기술사 등급 취득자

기능장
- 산업기사(기능사) 취득 후 + 기능대 기능장 과정 이수
- 산업기사 등급 이상 취득 후 + 실무경력 5년
- 기능사 취득 후 + 실무경력 7년
- 실무경력 9년 등
- 동일 및 유사직무분야의 다른 종목 기사 등급 이상 취득자

기사
- 산업기사 취득 후 + 실무경력 1년
- 기능사 취득 후 + 실무경력 3년
- 대졸(관련학과)
- 2년제전문대졸(관련학과) + 실무경력 2년
- 3년제전문대졸(관련학과) + 실무경력 1년
- 실무경력 4년 등
- 동일 및 유사직무분야의 다른 종목 기사 등급 이상 취득자

산업기사
- 기능사 취득 후 + 실무경력 1년
- 대졸(관련학과)
- 전문대졸(관련학과)
- 실무경력 2년 등
- 동일 및 유사직무분야의 다른 종목 산업기사 등급 이상 취득자

기능사
자격제한 없음

검정기준 및 방법

(1) 검정기준

자격등급	검정기준
기술사	응시하고자 하는 종목에 관한 고도의 전문지식과 실무경험에 입각한 계획, 연구, 설계, 분석, 조사, 시험, 시공, 감리, 평가, 진단, 사업관리, 기술관리 등의 기술업무를 수행할 수 있는 능력의 유무
기능장	응시하고자 하는 종목에 관한 최상급 숙련기능을 가지고 산업현장에서 작업 관리, 소속기능인력의 지도 및 감독, 현장훈련, 경영계층과 생산계층을 유기적으로 연계시켜 주는 현장관리 등의 업무를 수행할 수 있는 능력의 유무
기사	응시하고자 하는 종목에 관한 공학적 기술이론 지식을 가지고 설계, 시공, 분석 등의 기술업무를 수행할 수 있는 능력의 유무
산업기사	응시하고자 하는 종목에 관한 기술기초이론지식 또는 숙련기능을 바탕으로 복합적인 기능업무를 수행할 수 있는 능력의 유무
기능사	응시하고자 하는 종목에 관한 숙련기능을 가지고 제작, 제조, 조작, 운전, 보수, 정비, 채취, 검사 또는 직업관리 및 이에 관련되는 업무를 수행할 수 있는 능력의 유무

(2) 검정방법

자격등급	검정방법	
	필기시험	면접시험 또는 실기시험
기술사	단답형 또는 주관식 논문형 (100점 만점에 60점 이상)	구술형 면접시험(100점 만점에 60점 이상)
기능장	객관식 4지택일형(60문항) (100점 만점에 60점 이상)	작업형 실기시험 (100점 만점에 60점 이상)
기사	객관식 4지택일형 -과목당 20문항(100점 만점에 60점 이상) -과목당 40점 이상(전과목 평균 60점 이상)	작업형 실기시험 (100점 만점에 60점 이상)
산업기사	객관식 4지택일형 -과목당 20문항(100점 만점에 60점 이상) -과목당 40점 이상(전과목 평균 60점 이상)	작업형 실기시험 (100점 만점에 60점 이상)
기능사	객관식 4지택일형(60문항) (100점 만점에 60점 이상)	작업형 실기시험 (100점 만점에 60점 이상)

응시자격

등급	응시자격
기사	다음 각 호의 어느 하나에 해당하는 사람 1. 산업기사 등급 이상의 자격을 취득한 후 응시하려는 종목이 속하는 동일 및 유사 직무분야에서 1년 이상 실무에 종사한 사람 2. 기능사 자격을 취득한 후 응시하려는 종목이 속하는 동일 및 유사 직무분야에서 3년 이상 실무에 종사한 사람 3. 응시하려는 종목이 속하는 동일 및 유사 직무분야의 다른 종목의 기사 등급 이상의 자격을 취득한 사람 4. 관련학과의 대학졸업자 등 또는 그 졸업예정자 5. 3년제 전문대학 관련학과 졸업자 등으로서 졸업 후 응시하려는 종목이 속하는 동일 및 유사 직무분야에서 1년 이상 실무에 종사한 사람 6. 2년제 전문대학 관련학과 졸업자 등으로서 졸업 후 응시하려는 종목이 속하는 동일 및 유사 직무분야에서 2년 이상 실무에 종사한 사람 7. 동일 및 유사 직무분야의 기사 수준 기술훈련과정 이수자 또는 그 이수예정자 8. 동일 및 유사 직무분야의 산업기사 수준 기술훈련과정 이수자로서 이수 후 응시하려는 종목이 속하는 동일 및 유사 직무분야에서 2년 이상 실무에 종사한 사람 9. 응시하려는 종목이 속하는 동일 및 유사 직무분야에서 4년 이상 실무에 종사한 사람 10. 외국에서 동일한 종목에 해당하는 자격을 취득한 사람

등급	응시자격
산업기사	다음 각 호의 어느 하나에 해당하는 사람 1. 기능사 등급 이상의 자격을 취득한 후 응시하려는 종목이 속하는 동일 및 유사 직무분야에 1년 이상 실무에 종사한 사람 2. 응시하려는 종목이 속하는 동일 및 유사 직무분야의 다른 종목의 산업기사 등급 이상의 자격을 취득한 사람 3. 관련학과의 2년제 또는 3년제 전문대학졸업자 등 또는 그 졸업예정자 4. 관련학과의 대학졸업자 등 또는 그 졸업예정자 5. 동일 및 유사 직무분야의 산업기사 수준 기술훈련과정 이수자 또는 그 이수예정자 6. 응시하려는 종목이 속하는 동일 및 유사 직무분야에서 2년 이상 실무에 종사한 사람 7. 고용노동부령으로 정하는 기능경기대회 입상자 8. 외국에서 동일한 종목에 해당하는 자격을 취득한 사람

비고

1. "졸업자 등"이란 「초·중등교육법」 및 「고등교육법」에 따른 학교를 졸업한 사람 및 이와 같은 수준 이상의 학력이 있다고 인정되는 사람을 말한다. 다만, 대학(산업대학 등 수업연한이 4년 이상인 학교를 포함한다. 이하 "대학 등"이라 한다) 및 대학원을 수료한 사람으로서 관련 학위를 취득하지 못한 사람은 "대학졸업자 등"으로 보고, 대학 등의 전 과정의 2분의 1 이상을 마친 사람은 "2년제 전문대학졸업자 등"으로 본다.
2. "졸업예정자"란 국가기술자격 검정의 필기시험일(필기시험이 없거나 면제되는 경우에는 실기시험의 수험원서 접수마감일을 말한다. 이하 같다) 현재 「초·중등교육법」 및 「고등교육법」에 따라 정해진 학년 중 최종 학년에 재학 중인 사람을 말한다. 다만, 「학점인정 등에 관한 법률」 제7조에 따라 106학점 이상을 인정받은 사람(「학점인정 등에 관한 법률」에 따라 인정받은 학점 중 「고등교육법」 제2조제1호부터 제6호까지의 규정에 따른 대학 재학 중 취득한 학점을 전환하여 인정받은 학점 외의 학점이 18학점 이상 포함되어야 한다)은 대학졸업예정자로 보고, 81학점 이상을 인정받은 사람은 3년제 대학졸업예정자로 보며, 41학점 이상을 인정받은 사람은 2년제 대학졸업예정자로 본다.
3. 「고등교육법」 제50조의2에 따른 전공심화과정의 학사학위를 취득한 사람은 대학졸업자로 보고, 그 졸업예정자는 대학졸업예정자로 본다.
4. "이수자"란 기사 수준 기술훈련과정 또는 산업기사 수준 기술훈련과정을 마친 사람을 말한다.
5. "이수예정자"란 국가기술자격 검정의 필기시험일 또는 최초 시험일 현재 기사 수준 기술훈련과정 또는 산업기사 수준 기술훈련과정에서 각 과정의 2분의 1을 초과하여 교육훈련을 받고 있는 사람을 말한다.

국가자격 종목별 상세정보

(1) 진로 및 전망

- 기계, 금속, 전기, 화학, 목재 등 모든 제조업체, 안전관리 대행업체, 산업안전관리 정부기관, 한국산업안전공단 등이 진출할 수 있다.
- 선진국의 척도는 안전수준으로 우리나라의 경우 재해율이 아직 후진국 수준에 머물러 있어 이에 대한 계속적 투자의 사회적 인식이 높아가고, 안전인증 대상을 확대하여 프레스, 용접기 등 기계・기구에서 이러한 기계・기구의 각종 방호장치까지 안전인증을 취득하도록 산업안전보건법 시행규칙의 개정에 따른 고용창출 효과가 기대되고 있다. 또한 경제회복국면과 안전보건조직 축소가 맞물림에 따라 산업 재해의 증가가 우려되고 있다. 특히 제조업의 경우 이미 올해 초부터 전년도의 재해율을 상회하고 있어 정부는 적극적인 재해예방정책 등으로 이 자격증 취득자에 대한 인력수요는 증가할 것이다.

(2) 종목별 검정현황

종목명	연도	필기			실기		
		응시	합격	합격률	응시	합격	합격률
산업안전 기사	2021	41,704	20,205	48.4%	29,571	15,310	51.8%
	2020	33,732	19,655	58.3%	26,012	14,824	57%
	2019	33,287	15,076	45.3%	20,704	9,765	47.2%
	2018	27,018	11,641	43.1%	15,755	7,600	48.2%
	2017	25,088	11,138	44.4%	16,019	7,886	49.2%
	2016	23,322	9,780	41.9%	12,135	6,882	56.7%
	2015	20,981	7,508	35.8%	9,692	5,377	55.5%
	2014	15,885	5,502	34.6%	7,793	3,993	51.2%
	2013	13,023	3,838	29.5%	6,567	2,184	33.3%
	2012	12,551	3,083	24.6%	5,251	2,091	39.8%
	2011	12,015	3,656	30.4%	6,786	2,068	30%
	2010	14,390	5,099	35.4%	7,605	2,605	34.3%
	2009	15,355	4,747	30.9%	7,131	2,679	37.6%
	2008	11,192	3,670	32.8%	7,702	1,927	25%
	2007	9,973	4,378	43.9%	6,322	1,645	26%
	2006	8,911	3,271	36.7%	4,402	1,612	36.6%
	2005	6,162	1,881	30.5%	2,639	1,168	44.3%
	2004	4,821	1,095	22.7%	2,011	718	35.7%

2003	3,682	1,046	28.4%	1,854	343	18.5%
2002	3,064	588	19.2%	1,307	236	18.1%
2001	3,186	333	10.5%	1,031	114	11.1%
1977~2000	137,998	39,510	28.6%	56,770	16,096	28.4%
소계	477,340	176,700	37%	255,059	107,093	42%

종목명	연도	필기			실기		
		응시	합격	합격률	응시	합격	합격률
산업안전 산업기사	2021	25,952	12,497	48.2%	17,961	7,728	43%
	2020	22,849	11,731	51.3%	15,996	5,473	34.2%
	2019	24,237	11,470	47.3%	13,559	6,485	47.8%
	2018	19,298	8,596	44.5%	9,305	4,547	48.9%
	2017	17,042	5,932	34.8%	7,567	3,620	47.8%
	2016	15,575	4,688	30.1%	6,061	2,675	44.1%
	2015	14,102	4,238	30.1%	5,435	2,811	51.7%
	2014	10,596	3,208	30.3%	4,239	1,371	32.3%
	2013	8714	2,184	25.1%	3,705	960	25.9%
	2012	8,866	2,384	26.9%	3,451	644	18.7%
	2011	7,943	2,249	28.3%	3,409	719	21.1%
	2010	9,252	2,422	26.2%	3,939	852	21.6%
	2009	9,192	2,777	30.2%	3,842	1,344	35%
	2008	6,984	2,213	31.7%	3,416	756	22.1%
	2007	7,278	2,220	30.5%	3,108	595	19.1%
	2006	6,697	2,074	31%	2,805	1,534	54.7%
	2005	5,012	1,693	33.8%	2,441	621	25.4%
	2004	4,165	1,144	27.5%	1,626	575	35.4%
	2003	4,130	828	20%	1,319	252	19.1%
	2002	3,638	590	16.2%	1,180	481	40.8%
	2001	4,398	719	16.3%	1,541	126	8.2%
	1977~2000	268,581	74,763	27.8%	86,858	23,188	26.7%
소계		504,501	160,620	31.8%	202,763	67,357	33.2%

주관식 필기시험(필답형) 수험자 유의사항

1. 시험문제지를 받는 즉시 응시하고자 하는 **종목의 문제지가 맞는지 여부를 확인**하여야 합니다.
2. 시험문제지 **총면수/문제번호 순서/인쇄상태 등을 확인하고, 수험번호 및 성명은 답안지 매장마다 기재**하여야 합니다.
3. 부정행위 방지를 위하여 답안작성(계산식 포함)은 **흑색 또는 청색 필기구만 사용하되, 동일한 한 가지 색의 필기구만 사용**하여야 하며 흑색, 청색을 제외한 **유색 필기구 또는 연필류를 사용하거나 2가지 이상의 색을 혼합 사용하였을 경우 그 문항은 0점 처리**됩니다.
4. 답란에는 문제와 관련 없는 불필요한 낙서나 특이한 기록사항 등을 기재하여서는 안 되며 부정의 목적으로 특이한 표식을 하였다고 판단될 경우에는 모든 득점이 0점 처리됩니다.
5. **답안을 정정할 때에는 반드시 정정부분을 두 줄로 그어 표시**하여야 하며, 두 줄로 긋지 않은 답안은 정정하지 않은 것으로 간주합니다.
6. 계산문제는 반드시 「**계산과정**」과 「**답**」**란에 계산과정과 답을 정확히 기재하여야 하며 계산과정이 틀리거나 없는 경우 0점 처리**됩니다(단, 계산연습이 필요한 경우는 연습란을 이용하여야 하며, 연습란은 채점대상이 아닙니다).
7. **계산문제는 최종결과 값(답)에서 소수 셋째 자리에서 반올림하여 둘째 자리까지 구하여야 하나 개별문제에서 소수처리에 대한 요구사항이 있을 경우 그 요구사항에 따라야 합니다(단, 문제의 특수한 성격에 따라 정수로 표기하는 문제도 있으며, 반올림한 값이 0이 되는 경우는 첫 유효숫자까지 기재하되 반올림하여 기재하여야 합니다).**
8. **답에 단위가 없으면 오답으로 처리됩니다(단, 문제의 요구사항에 단위가 주어졌을 경우는 생략되어도 무방합니다).**
9. **문제에서 요구한 가짓수 (항수) 이상을 답란에 표기한 경우에는 답란기재 순으로 요구한 가짓수 (항수)만 채점하여 한 항에 여러 가지를 기재하더라도 한 가지로 보며 그중 정답과 오답이 함께 기재되어 있을 경우 오답으로 처리**됩니다.
10. 한 문제에서 소문제로 파생되는 문제나, 가짓수를 요구하는 문제는 대부분의 경우 부분배점을 적용합니다.
11. 부정 또는 불공정한 방법으로 시험을 치른 자는 부정행위자로 처리되어 당해 검정을 중지 또는 무효로 하고, 3년간 국가기술 자격검정의 응시자격이 정지됩니다.
12. 복합형 시험의 경우 시험의 전 과정(필답형, 작업형)을 응시하지 않은 경우 채점대상에서 제외합니다.
13. 저장용량이 큰 전자계산기 및 유사 전자제품 사용 시에는 저장된 메모리를 초기화한 후 사용하여야 하며, 시험위원이 초기화 여부를 확인할 시 협조하여야 합니다. 초기화되지 않은 전자계산기 및 유사 전자제품을 사용하여 적발 시에는 부정행위로 간주합니다.
14. 시험위원이 시험 중 신분확인을 위하여 신분증과 수험표를 요구할 경우 반드시 제시하여야 합니다.
15. **문제 및 답안(지), 채점기준은 일체 공개하지 않습니다.**

전체차례

Industrial Engineer Industrial Safety

1권 산업안전산업기사 실기[필답형]

2권 산업안전산업기사 실기[작업형]

차례 필답형

Industrial Engineer Industrial Safety

Subject 01 안전관리

차례 필답형

Industrial Engineer Industrial Safety

Subject 02 안전교육 및 심리

제1장 안전교육

제2장 산업심리

Contents

Subject 03 인간공학 및 시스템위험분석

Contents

제1장 인간공학

제2장 시스템 위험분석

Subject 04 기계 및 운반안전

Contents

Subject 06 건설안전

Subject 07 보호장구 및 안전표지

제1장 보호장구

Subject 08 산업안전보건법

Contents

차례 필답형

Industrial Engineer Industrial Safety

Subject 09 부록

Subject 01

안전관리

Contents

CHAPTER

제1장 안전관리조직

■ Industrial Engineer Industrial Safety

1 안전조직의 목적

1. 목적

기업 내에서 안전관리조직을 구성하는 목적은 근로자의 안전과 설비의 안전을 확보하여 생산 합리화를 기하는 데 있다.

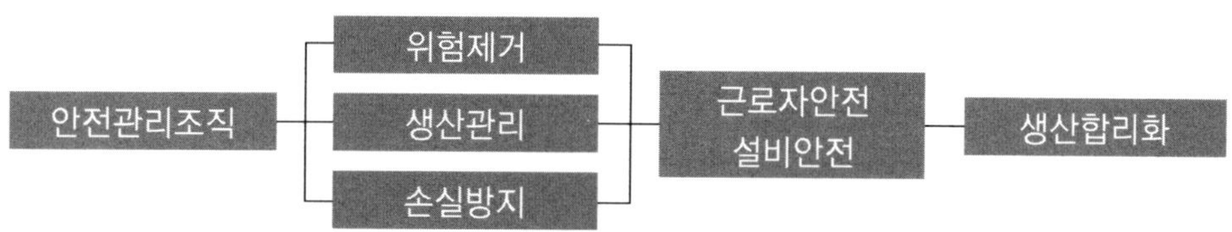

2. 안전관리조직의 3대 기능

1) 위험제거기능

① 안전관련 기술수준 향상
② 재해율 감소

2) 생산관리기능

① 설비, 기계, 공구 등의 일상 보수, 유지관리
② 표준작업안전 매뉴얼 등을 통한 관리기준 작성

3) 손실방지기능

① 유사 시 설비, 기계 등의 안전대책 마련

2 안전조직의 종류 및 장단점

1. 라인(LINE)형 조직

소규모기업에 적합한 조직으로서 안전관리에 관한 계획에서부터 실시에 이르기까지 모든 안전업무를 생산라인을 통하여 직선적으로 이루어지도록 편성된 조직

1) 규모

소규모(100명 이하)

2) 장점

① 안전에 관한 지시 및 명령계통이 철저
② 안전대책의 실시가 신속
③ 명령과 보고가 상하관계뿐으로 간단 명료

3) 단점

① 안전에 대한 지식 및 기술축적이 어려움
② 안전에 대한 정보수집 및 신기술 개발이 미흡
③ 라인에 과중한 책임을 지우기 쉬움

4) 구성도

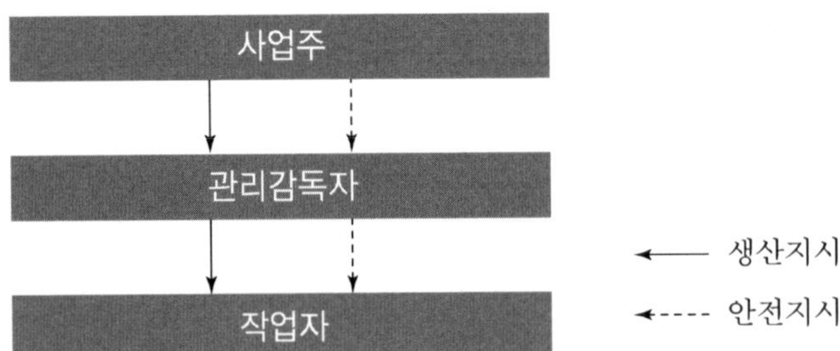

2. 스태프(STAFF)형 조직

중소규모사업장에 적합한 조직으로서 안전업무를 관장하는 참모(Staff)를 두고 안전관리에 관한 계획 조정 · 조사 · 검토 · 보고 등의 업무와 현장에 대한 기술지원을 담당하도록 편성된 조직

1) 규모

중규모(100~1,000명 이하)

2) 장점

① 사업장 특성에 맞는 전문적인 기술연구가 가능
② 경영자에게 조언과 자문역할을 할 수 있음
③ 안전정보 수집이 빠름

3) 단점

① 안전지시나 명령이 작업자에게까지 신속 정확하게 전달되지 못함
② 생산부분은 안전에 대한 책임과 권한이 없음
③ 권한다툼이나 조정 때문에 시간과 노력이 소모됨

4) 구성도

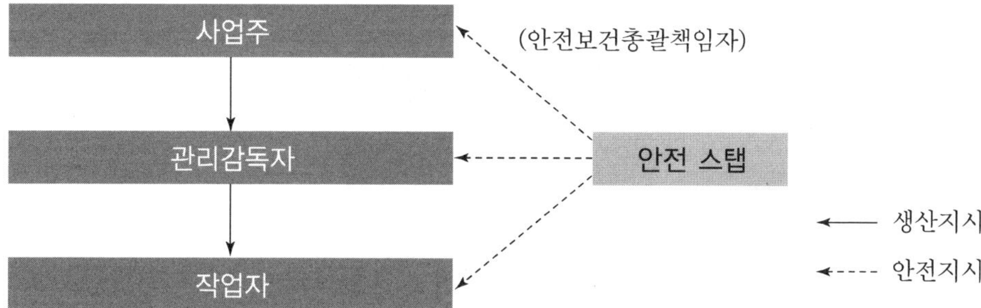

3. 라인·스태프(LINE-STAFF)형 조직(직계참모조직)

대규모사업장에 적합한 조직으로서 라인형과 스태프형의 장점만을 채택한 형태이며 안전업무를 전담하는 스태프를 두고 생산라인의 각 계층에서도 각 부서장으로 하여금 안전업무를 수행하도록 하여 스태프에서 안전에 관한 사항이 결정되면 라인을 통하여 실천하도록 편성된 조직

1) 규모

대규모(1,000명 이상)

2) 장점

① 안전에 대한 기술 및 경험축적이 용이
② 사업장에 맞는 독자적인 안전개선책 강구
③ 안전지시나 안전대책이 신속정확하게 하달

3) 단점

① 명령계통과 조언 권고적 참여가 혼동되기 쉬움
② 스태프의 월권 행위가 있을 수 있음

4) 구성도

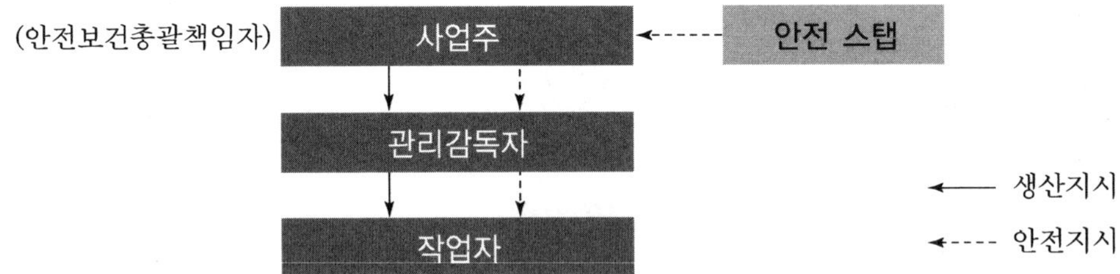

라인-스태프형은 라인과 스태프형의 이점을 절충 조정한 유형으로 라인과 스태프가 협조를 이루어 나갈 수 있고 라인에게는 생산과 안전보건에 관한 책임을 동시에 지우므로 안전보건업무와 생산업무가 균형을 유지할 수 있는 이상적인 조직

Key Point

안전관리조직 3가지를 쓰고 간단히 기술하시오.

1. 라인(LINE)형 조직
   소규모기업(100명 이하)에 적합한 조직으로서 안전관리에 관한 계획에서부터 실시에 이르기까지 모든 안전업무를 생산라인을 통하여 직선적으로 이루어지도록 편성된 조직
2. 스태프(STAFF)형 조직
   중소규모사업장(100~1,000명 이하)에 적합한 조직으로서 안전업무를 관장하는 참모(Staff)를 두고 안전관리에 관한 계획 조정 · 조사 · 검토 · 보고 등의 업무와 현장에 대한 기술지원을 담당하도록 편성된 조직
3. 라인 · 스태프(LINE-STAFF)형 조직(직계참모조직)
   대규모사업장(1,000명 이상)에 적합한 조직으로서 라인형과 스태프형의 장점만을 채택한 형태이며 안전업무를 전담하는 스태프를 두고 생산라인의 각 계층에서도 각 부서장으로 하여금 안전업무를 수행하도록 하여 스태프에서 안전에 관한 사항이 결정되면 라인을 통하여 실천하도록 편성된 조직

3 안전보건관리책임자의 업무(산업안전보건법 제15조)

사업주는 사업장에 안전보건관리책임자(이하 "관리책임자"라 한다)를 두어 다음 각 호의 업무를 총괄관리하도록 하여야 한다.

1. 산업재해예방계획의 수립에 관한 사항
2. 안전보건관리규정의 작성 및 변경에 관한 사항
3. 안전보건교육에 관한 사항
4. 작업환경의 측정 등 작업환경의 점검 및 개선에 관한 사항
5. 근로자의 건강진단 등 건강관리에 관한 사항
6. 산업재해의 원인조사 및 재발 방지대책 수립에 관한 사항
7. 산업재해에 관한 통계의 기록 및 유지에 관한 사항
8. 안전장치 및 보호구 구입 시 적격품 여부 확인에 관한 사항
9. 그 밖에 근로자의 유해 · 위험예방조치에 관한 사항으로서 고용노동부령으로 정하는 사항

관리책임자는 안전관리자와 보건관리자를 지휘·감독한다. 관리책임자를 두어야 할 사업의 종류 · 규모, 관리책임자의 자격, 그 밖에 필요한 사항은 대통령령으로 정한다.

4 안전관리자의 업무(산업안전보건법 제17조)

사업주는 사업장에 안전관리자를 두어 안전에 관한 기술적인 사항에 관하여 사업주 또는 관리책임자를 보좌하고 관리감독자에게 조언·지도하는 업무를 수행하게 하여야 한다. 안전관리자를 두어야 할 사업의 종류·규모, 안전관리자의 수·자격·업무·권한·선임방법, 그 밖에 필요한 사항은 대통령령으로 정한다.

안전관리자 등의 증원·교체임명 명령(「산업안전보건법 시행규칙」 제12조)
지방고용노동관서의 장은 다음 각 호의 어느 하나에 해당하는 사유가 발생한 경우에는 법 제17조제4항·제18조제4항 또는 제19조제3항에 따라 사업주에게 안전관리자·보건관리자 또는 안전보건관리담당자를 정수 이상으로 증원하게 하거나 교체하여 임명할 것을 명할 수 있다. 다만, 제4호에 해당하는 경우로서 직업성 질병자 발생 당시 사업장에서 해당 화학적 인자(**因子**)를 사용하지 않은 경우에는 그렇지 않다.

1. 해당 사업장의 연간재해율이 같은 업종의 평균재해율의 2배 이상인 경우
2. 중대재해가 연간 2건 이상 발생한 경우. 다만, 해당 사업장의 전년도 사망만인율이 같은 업종의 평균사망만인율 이하인 경우는 제외한다.
3. 관리자가 질병이나 그 밖의 사유로 3개월 이상 직무를 수행할 수 없게 된 경우
4. 시행규칙 별표 22 제1호에 따른 화학적 인자로 인한 직업성 질병자가 연간 3명 이상 발생한 경우. 이 경우 직업성 질병자의 발생일은 「산업재해보상보험법 시행규칙」 제21조제1항에 따른 요양급여의 결정일로 한다.

사업주는 고용노동부장관이 지정하는 안전관리 업무를 전문적으로 수행하는 기관에 안전관리자의 업무를 위탁할 수 있다. 안전관리자의 업무를 안전관리대행기관에 위탁할 수 있는 사업의 종류 및 규모는 건설업을 제외한 사업으로서 상시 근로자 300인 미만을 사용하는 사업으로 한다.

기업활동 규제완화에 관한 특별조치법(이하 '규제완화 특조법'이라 한다)의 안전관리자의 겸직 허용(제29조)에 따라 고압가스안전관리법 등의 유사한 안전관련법에 의해 안전관리자를 2인 이상 채용해야 하는 자가 그 중 1인을 채용한 경우에는 나머지 자와 산업안전보건법에 의한 안전관리자 1인도 채용한 것으로 본다. 또한 유사한 안전관련법에 의해 그 주된 영업분야 등에서 안전관리자 1인을 채용한 경우에도 산업안전보건법에 의한 안전관리자 1인을 채용한 것으로 본다.

안전관리자의 업무(산업안전보건법 시행령 제18조)는 다음과 같다.

1. 산업안전보건위원회 또는 안전·보건에 관한 노사협의체에서 심의·의결한 업무와 해당 사업장의 안전보건관리규정 및 취업규칙에서 정한 업무
2. 위험성평가에 관한 보좌 및 지도·조언
3. 안전인증대상기계등과 자율안전확인대상기계등 구입 시 적격품의 선정에 관한 보좌 및 지도·조언

5. 사업장 순회점검, 지도 및 조치 건의
6. 산업재해 발생의 원인 조사·분석 및 재발 방지를 위한 기술적 보좌 및 지도·조언
7. 산업재해에 관한 통계의 유지·관리·분석을 위한 보좌 및 지도·조언
8. 법 또는 법에 따른 명령으로 정한 안전에 관한 사항의 이행에 관한 보좌 및 지도·조언
9. 업무수행 내용의 기록·유지
10. 그 밖에 안전에 관한 사항으로서 고용노동부장관이 정하는 사항

5 관리감독자의 업무(산업안전보건법 시행령 제15조)

사업주는 사업장의 관리감독자(경영조직에서 생산과 관련되는 업무와 소속 직원을 직접 지휘·감독하는 부서의 장이나 그 직위를 담당하는 자)로 하여금 직무와 관련된 안전·보건에 관한 업무로서 안전·보건점검 등의 업무를 수행하도록 하여야 한다. 다만, 위험방지가 특히 필요한 작업은 특별교육 등 안전·보건에 관한 업무를 추가로 수행하도록 해야 한다.

관리감독자가 수행하여야 할 업무내용은 다음과 같다.

1. 사업장 내 관리감독자가 지휘·감독하는 작업과 관련되는 기계·기구 또는 설비의 안전·보건점검 및 이상유무의 확인
2. 관리감독자에게 소속된 근로자의 작업복·보호구 및 방호장치의 점검과 그 착용·사용에 관한 교육·지도
3. 해당 작업에서 발생한 산업재해에 관한 보고 및 이에 대한 응급조치
4. 해당 작업의 작업장 정리정돈 및 통로확보에 대한 확인·감독
5. 해당 사업장의 산업보건의·안전관리자·보건관리자 및 안전보건관리담당자의 지도·조언에 대한 협조
   가. 산업보건의　나. 안전관리자　다. 보건관리자　라. 안전보건관리담당자
6. 위험성평가에 관한 다음 각 목의 업무
   가. 유해·위험요인의 파악에 대한 참여
   나. 개선조치의 시행에 대한 참여
7. 그 밖에 해당 작업의 안전보건에 관한 사항으로서 고용노동부령으로 정하는 사항

Key Point

산업안전보건법상 관리감독자의 업무내용 4가지를 쓰시오.

1. 사업장내 관리감독자가 지휘 · 감독하는 작업과 관련된 기계 · 기구 또는 설비의 안전 · 보건 점검 및 이상 유무의 확인
2. 관리감독자에게 소속된 근로자의 작업복 · 보호구 및 방호장치의 점검과 그 착용 · 사용에 관한 교육 · 지도
3. 해당 작업에서 발생한 산업재해에 관한 보고 및 이에 대한 응급조치
4. 해당 작업의 작업장 정리 · 정돈 및 통로확보에 대한 확인 · 감독

6 산업안전보건위원회(산업안전보건법 시행령 제34조 산업안전보건위원회 구성 대상)

1. 설치대상

산업안전보건위원회를 구성해야 할 사업의 종류 및 사업장의 상시근로자 수는 별표 9와 같다.

사업의 종류	규모
1. 토사석 광업 2. 목재 및 나무제품 제조업 : 가구제외 3. 화학물질 및 화학제품 제조업 : 의약품 제외(세제, 화장품 및 광택제 제조업과 화학섬유 제조업은 제외한다) 4. 비금속 광물제품 제조업 5. 1차 금속 제조업 6. 금속가공제품 제조업 : 기계 및 가구 제외 7. 자동차 및 트레일러 제조업 8. 기타 기계 및 장비 제조업(사무용 기계 및 장비 제조업은 제외한다.) 9. 기타 운송장비 제조업(전투용 차량 제조업은 제외한다)	상시 근로자 50명 이상
10. 농업 11. 어업 12. 소프트웨어 개발 및 공급업 13. 컴퓨터 프로그래밍, 시스템 통합 및 관리업 14. 정보서비스업 15. 금융 및 보험업 16. 임대업 : 부동산 제외 17. 전문, 과학 및 기술 서비스업(연구개발업은 제외한다.) 18. 사업지원 서비스업 19. 사회복지 서비스업	상시 근로자 300명 이상

20. 건설업	공사금액 120억원 이상 (「건설산업기본법 시행령」 별표 1의 종합공사를 시공하는 업종의 건설업종란 제1호에 따른 토목공사업의 경우에는 150억 원 이상)
21. 제1호부터 제20호까지의 사업을 제외한 사업	상시 근로자 100명 이상

2. 구성

1) 근로자 위원

① 근로자대표

② 명예산업안전감독관(이하 "명예감독관"이라 한다)이 위촉되어 있는 사업장의 경우 근로자대표가 지명하는 1명 이상의 명예감독관

③ 근로자대표가 지명하는 9명 이내의 해당 사업장의 근로자

2) 사용자 위원

① 해당 사업의 대표자

② 안전관리자 1명

③ 보건관리자 1명

④ 산업보건의

⑤ 사업의 대표자가 지명하는 9명 이내의 해당 사업장 부서의 장

3. 회의결과를 근로자에게 알리는 방법

① 사내방송

② 사내보

③ 게시 또는 자체 정례조회

④ 그 밖의 적절한 방법으로 근로자에게 신속히 알릴 수 있는 방법

4. 도급을 행하는 사업장에서 경보를 통일하여야 할 사항(산업안전보건법 제64조, 도급에 따른 산업재해 예방조치)

① 작업 장소에서 발파작업을 하는 경우

② 작업 장소에서 화재 · 폭발, 토사 · 구축물 등의 붕괴 또는 지진 등이 발생한 경우

7 보건관리자의 업무(산업안전보건법 시행령 제22조)

보건관리자의 업무는 다음 각 호와 같다.

1. 산업안전보건위원회 또는 노사협의체에서 심의·의결한 업무와 안전보건관리규정 및 취업규칙에서 정한 업무
2. 안전인증대상기계등과 자율안전확인대상기계등 중 보건과 관련된 보호구(保護具) 구입 시 적격품 선정에 관한 보좌 및 지도·조언
3. 위험성평가에 관한 보좌 및 지도·조언
4. 물질안전보건자료의 게시 또는 비치에 관한 보좌 및 지도·조언
5. 산업보건의의 직무(보건관리자가 시행령 별표 6 제2호에 해당하는 사람인 경우로 한정)
6. 해당 사업장 보건교육계획의 수립 및 보건교육 실시에 관한 보좌 및 지도·조언
7. 해당 사업장의 근로자를 보호하기 위한 다음 각 목의 조치에 해당하는 의료행위(보건관리자가 시행령 별표 6 제2호 또는 제3호에 해당하는 경우로 한정)
   가. 자주 발생하는 가벼운 부상에 대한 치료
   나. 응급처치가 필요한 사람에 대한 처치
   다. 부상·질병의 악화를 방지하기 위한 처치
   라. 건강진단 결과 발견된 질병자의 요양 지도 및 관리
   마. 가목부터 라목까지의 의료행위에 따르는 의약품의 투여
8. 작업장 내에서 사용되는 전체 환기장치 및 국소 배기장치 등에 관한 설비의 점검과 작업방법의 공학적 개선에 관한 보좌 및 지도·조언
9. 사업장 순회점검, 지도 및 조치 건의
10. 산업재해 발생의 원인 조사·분석 및 재발 방지를 위한 기술적 보좌 및 지도·조언
11. 산업재해에 관한 통계의 유지·관리·분석을 위한 보좌 및 지도·조언
12. 법 또는 법에 따른 명령으로 정한 보건에 관한 사항의 이행에 관한 보좌 및 지도·조언
13. 업무 수행 내용의 기록·유지
14. 그 밖에 보건과 관련된 작업관리 및 작업환경관리에 관한 사항으로서 고용노동부장관이 정하는 사항

제2장 안전관리계획 수립 및 운용

1 안전보건관리 규정(산업안전보건법 제25조 안전보건관리규정의 작성)

1. 작성내용

① 안전 및 보건에 관한 관리조직과 그 직무에 관한 사항
② 안전보건교육에 관한 사항
③ 작업장의 안전 및 보건 관리에 관한 사항
④ 사고 조사 및 대책 수립에 관한 사항
⑤ 그 밖에 안전 및 보건에 관한 사항

2. 작성 시의 유의사항

① 규정된 기준은 법정기준을 상회하도록 할 것
② 관리자층의 직무와 권한, 근로자에게 강제 또는 요청한 부분을 명확히 할 것
③ 관계법령의 제·개정에 따라 즉시 개정되도록 라인 활용이 쉬운 규정이 되도록 할 것
④ 작성 또는 개정시에는 현장의 의견을 충분히 반영할 것
⑤ 규정의 내용은 정상시는 물론 이상시, 사고시, 재해발생시의 조치와 기준에 관해서도 규정할 것

3. 안전보건관리규정의 작성·변경 절차

사업주는 안전보건관리규정을 작성하거나 변경할 때에는 산업안전보건위원회의 심의·의결을 거쳐야 한다. 다만, 산업안전보건위원회가 설치되어 있지 아니한 사업장에 있어서는 근로자대표의 동의를 얻어야 한다.

2 안전관리계획

1. 계획수립 시 기본방향

① 사업장 실정에 맞도록 작성하되 실현가능성이 있을 것

② 직장 단위로 구체적으로 작성할 것

③ 계획의 목표는 점진적으로 점차 수준을 높여갈 것

2. 실시상의 유의사항

① 연간, 월간, 주간계획 등 주기적으로 계획을 나누어 실시한다.

② 실시결과는 안전보건위원회에서 검토한 후 실시한다.

③ 실시상황 확인을 위해 스텝과 라인관리자는 순찰활동을 한다.

3. 평가

① 재해율, 재해건수 등의 목표값과 안전활동을 자체 평가한다.

② 평가결과에 대한 개선방법을 도출한다.

3 주요 평가척도

1. 평가의 종류

1) 평가방식에 의한 분류

① 체크리스트에 의한 방법

② 카운셀링에 의한 방법

2) 평가내용에 의한 분류

① 정성적 평가

② 정량적 평가

2. 주요 평가척도

① 절대척도(재해건수 등의 수치)
② 상대척도(도수율, 강도율 등)
③ 평정척도(양적으로 나타내는 것, 도식, 숫자 등)
④ 도수척도(중앙값, % 등)

4 안전보건 개선계획서

1. 안전보건 개선계획서 수립 대상 사업장(산업안전보건법 제49조)

① 산업재해율이 같은 업종의 규모별 평균 산업재해율보다 높은 사업장
② 사업주가 필요한 안전조치 또는 보건조치를 이행하지 아니하여 중대재해가 발생한 사업장
③ 직업성 질병자가 연간 2명 이상 발생한 사업장
④ 법 제106조에 따른 유해인자의 노출기준을 초과한 사업장

2. 작성 시 유의사항

① 사업장의 안전수준을 자체적으로 진단하고 그 수준에 적합한 계획 수립
② 재해율의 감소수준을 명확하게 설정
③ 수준 및 계획을 근로자에게 주지
④ 계획의 실시기간을 명시

3. 안전보건 개선계획서에 포함되어야 할 내용

① 시설
② 안전보건관리 체제
③ 안전보건교육
④ 산업재해예방에 관한 사항
⑤ 작업환경개선에 관한 사항

4. 안전·보건진단을 받아 안전보건개선계획을 수립·제출하도록 명할 수 있는 사업장

① 산업재해율이 같은 업종 평균 산업재해율의 2배 이상인 사업장

② 사업주가 필요한 안전조치 또는 보건조치를 이행하지 아니하여 중대재해가 발생한 사업장

③ 직업성 질병자가 연간 2명 이상(상시근로자 1천명 이상 사업장의 경우 3명 이상) 발생한 사업장

④ 그 밖에 작업환경 불량, 화재·폭발 또는 누출 사고 등으로 사업장 주변까지 피해가 확산된 사업장으로서 고용노동부령으로 정하는 사업장

5 위험관리

1. 위험의 발생유형에 따른 분류

① 기계적 위험 : 접촉적 위험, 물리적 위험, 구조적 위험

② 화학적 위험 : 폭발·화재 위험, 생리적 위험

③ 에너지 위험 : 전기적 위험, 열 기타에너지 위험

④ 작업적 위험 : 작업방법적 위험, 장소적 위험

2. 위험의 처리방법

① 위험의 회피 : 위험이 있는 사업을 하지 않거나 보유하지 않는 것

② 위험의 제거 : 위험 방지나 위험의 분산 등으로 구분됨

- 위험 방지는 사고를 줄이기 위한 위험 예방, 사고발생시 손해를 감소시키기 위한 위험 경감, 계약서 등을 통한 위험 제한 등으로 분류된다.
- 위험 분산은 위험을 하청업체에 이전하거나 위험물과 분리 저장하는 등의 조치를 의미한다.

③ 위험의 보유 : 위험에 대한 무지에서 오는 소극적 보유와 위험을 충분히 확인 후에 오는 준비금 설정 등의 적극적 보유로 분류된다.

④ 위험의 전가 : 제3자(보험회사)에게 위험을 넘기는 방법이다.

제3장 산업재해발생 및 재해조사 분석

1 재해조사

1. 재해조사의 목적

1) 목적

① 동종재해의 재발방지
② 유사재해의 재발방지
③ 재해원인의 규명 및 예방자료 수집

Key Point

사업장에서 발생하는 산업재해 재해조사의 목적을 쓰시오.

1. 동종재해의 재발방지
2. 유사재해의 재발방지
3. 재해원인의 규명 및 예방자료 수집

2) 재해조사에서 방지대책까지의 순서(재해사례연구)

① 1단계 : 사실의 확인(㉠ 사람 ㉡ 물건 ㉢ 관리 ㉣ 재해발생까지의 경과)
② 2단계 : 직접원인과 문제점의 확인
③ 3단계 : 근본 문제점의 결정
④ 4단계 : 대책의 수립
  ㉠ 동종재해의 재발방지
  ㉡ 유사재해의 재발방지
  ㉢ 재해원인의 규명 및 예방자료 수집

3) 사례연구 시 파악하여야 할 상해의 종류

① 상해의 부위
② 상해의 종류
③ 상해의 성질

2. 재해조사 시 유의사항

1) 사실을 수집한다.
2) 객관적인 입장에서 공정하게 조사하며 조사는 2인 이상이 한다.
3) 책임추궁보다는 재발방지를 우선으로 한다.
4) 조사는 신속하게 행하고 긴급 조치하여 2차 재해의 방지를 도모한다.
5) 피해자에 대한 구급조치를 우선한다.
6) 사람, 기계 설비 등의 재해요인을 모두 도출한다.

Key Point

재해조사시의 유의사항 4가지을 쓰시오.

1. 사실을 수집한다.
2. 객관적인 입장에서 공정하게 조사하며 조사는 2인 이상이 한다.
3. 책임추궁보다는 재발방지를 우선으로 한다.
4. 조사는 신속하게 행하고 긴급 조치하여 2차 재해의 방지를 도모한다.

3. 재해발생시의 조치사항

1) 긴급처리

① 피재기계의 정지 및 피해확산 방지조치
② 피재자의 구조 및 응급조치(가장 먼저 해야 할 일)
③ 관계자에게 통보
④ 2차 재해방지
⑤ 현장보존

2) 재해조사

누가, 언제, 어디서, 어떤 작업을 하고 있을 때, 어떤 환경에서, 불안전 행동이나 상태는 없었는지 등에 대한 조사 실시

3) 원인강구

인간(Man), 기계(Machine), 작업매체(Media), 관리(Management) 측면에서의 원인분석

4) 대책수립

유사한 재해를 예방하기 위한 3E 대책수립
-3E : 기술적(Engineering), 교육적(Education), 관리적(Enforcement)

5) 대책실시계획

6) 실시

7) 평가

4. 재해발생의 메커니즘

1) 사고발생의 연쇄성(하인리히의 도미노 이론)

① 사회적 환경 및 유전적 요소 : 기초원인
② 개인의 결함 : 간접원인
③ 불안전한 행동 및 불안전한 상태 : 직접원인 ⇒ 제거(효과적임)
④ 사고
⑤ 재해

Key Point

하인리히의 도미노 이론을 순서대로 쓰시오.

2) 최신 도미노 이론 (버드의 관리모델)

① 통제의 부족(관리) : 관리의 소홀, 전문기능 결함
② 기본원인(기원) : 개인적 또는 과업과 관련된 요인
③ 직접원인(징후) : 불안전한 행동 및 불안전한 상태
④ 사고(접촉)
⑤ 상해(손해, 손실)

Key Point

버드의 최신의 도미노(연쇄성)이론을 순서대로 쓰시오.

5. 재해구성비율

1) 하인리히의 법칙

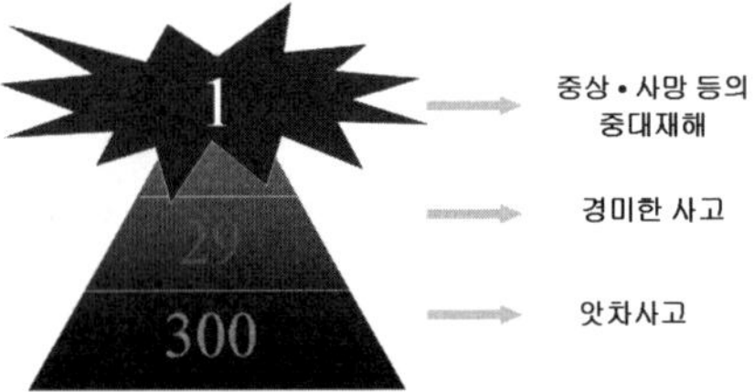

1 : 29 : 300

「330회의 사고 가운데 중상 또는 사망 1회, 경상29회, 무상해사고 300회의 비율로 사고가 발생」

2) 버드의 법칙

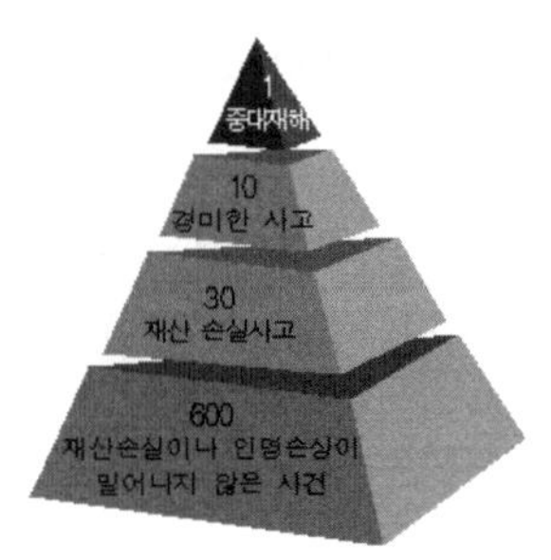

1 : 10 : 30 : 600

① 1 : 중상 또는 폐질
② 10 : 경상(인적, 물적상해)
③ 30 : 무상해사고(물적손실 발생)
④ 600 : 무상해, 무사고 고장(위험순간)

3) 아담스의 이론

① 관리구조 ② 작전적 에러
③ 전술적 에러 ④ 사고
⑤ 상해

Key Point

아담스의 사고 연쇄성 이론을 쓰시오.

4) 웨버의 이론

① 유전과 환경
② 인간의 결함
③ 불안전한 행동+불안전한 상태
④ 사고
⑤ 상해

5) 자베타키스 이론

① 개인과 환경
② 불안전한 행동+불안전한 상태
③ 물질에너지의 기준 이탈
④ 사고
⑤ 구호

6. 산업재해 발생과정

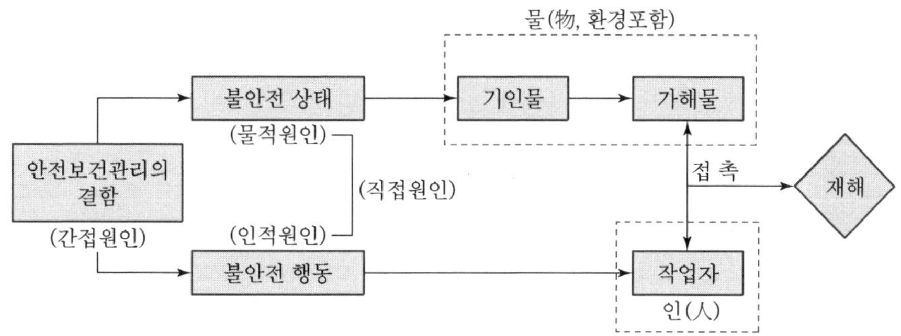

7. 산업재해 용어(KOSHA GUIDE)

추락	사람이 인력(중력)에 의하여 건축물, 구조물, 가설물, 수목, 사다리 등의 높은 장소에서 떨어지는 것
전도(넘어짐)·전복	**사람이** 거의 **평면 또는 경사면, 층계 등에서 구르거나 넘어짐 또는 미끄러진 경우**와 물체가 전도·전복된 경우
붕괴·무너짐	토사, 적재물, 구조물, 건축물, 가설물 등이 전체적으로 허물어져 내리거나 또는 주요 부분이 꺾어져 무너지는 경우
충돌(부딪힘)·접촉	재해자 자신의 움직임·동작으로 인하여 기인물에 접촉 또는 부딪히거나, 물체가 고정부에서 이탈하지 않은 상태로 움직임(규칙, 불규칙) 등에 의하여 접촉·충돌한 경우
낙하(떨어짐)·비래	구조물, 기계 등에 고정되어 있던 **물체가** 중력, 원심력, 관성력 등에 의하여 **고정부에서 이탈하거나** 또는 **설비 등으로부터 물질이 분출되어 사람을 가해하는 경우**
협착(끼임)·감김	두 물체 사이의 움직임에 의하여 일어난 것으로 직선 운동하는 물체 사이의 협착, 회전부와 고정체 사이의 끼임, 롤러 등 회전체 사이에 물리거나 또는 회전체·돌기부 등에 감긴 경우
압박·진동	재해자가 물체의 취급과정에서 신체 특정부위에 과도한 힘이 편중·집중·눌려진 경우나 마찰접촉 또는 진동 등으로 신체에 부담을 주는 경우
신체 반작용	물체의 취급과 관련 없이 일시적이고 급격한 행위·동작, 균형 상실에 따른 반사적 행위 또는 놀람, 정신적 충격, 스트레스 등
부자연스런 자세	물체의 취급과 관련 없이 작업환경 또는 설비의 부적절한 설계 또는 배치로 작업자가 특정한 자세·동작을 장시간 취하여 신체의 일부에 부담을 주는 경우
과도한 힘·동작	물체의 취급과 관련하여 근육의 힘을 많이 사용하는 경우로서 밀기, 당기기, 지탱하기, 들어올리기, 돌리기, 잡기, 운반하기 등과 같은 행위·동작
반복적 동작	물체의 취급과 관련하여 근육의 힘을 많이 사용하지 않는 경우로서 지속적 또는 반복적인 업무 수행으로 신체의 일부에 부담을 주는 행위·동작
이상온도 노출·접촉	고·저온 환경 또는 물체에 노출·접촉된 경우
이상기압 노출	고·저기압 등의 환경에 노출된 경우
소음 노출	폭발음을 제외한 일시적·장기적인 소음에 노출된 경우

유해·위험물질 노출·접촉	유해·위험물질에 노출·접촉 또는 흡입하였거나 독성 동물에 쏘이거나 물린 경우
유해광선 노출	전리 또는 비전리 방사선에 노출된 경우
산소결핍·질식	유해물질과 관련 없이 산소가 부족한 상태·환경에 노출되었거나 이물질 등에 의하여 기도가 막혀 호흡기능이 불충분한 경우
화재	가연물에 점화원이 가해져 의도적으로 불이 일어난 경우(방화 포함)
폭발	건축물, 용기 내 또는 대기 중에서 물질의 화학적, 물리적 변화가 급격히 진행되어 열, 폭음, 폭발압이 동반하여 발생하는 경우
전류 접촉	전기 설비의 충전부 등에 신체의 일부가 직접 접촉하거나 유도 전류의 통전으로 근육의 수축, 호흡곤란, 심실세동 등이 발생한 경우 또는 특별고압 등에 접근함에 따라 발생한 섬락 접촉, 합선·혼촉 등으로 인하여 발생한 아크에 접촉된 경우
폭력 행위	의도적인 또는 의도가 불분명한 위험행위(마약, 정신질환 등)로 자신 또는 타인에게 상해를 입힌 폭력·폭행을 말하며, 협박·언어·성폭력 및 동물에 의한 상해 등도 포함

2 산재분류 및 통계분석

1. 노동불능재해

1) 상해정도별 구분

① 사망
② 영구 전노동 불능 상해(신체장애 등급 1~3등급)
③ 영구 일부노동 불능 상해(신체장애 등급 4~14등급)
④ 일시 전노동 불능 상해 : 장해가 남지 않는 휴업상해
⑤ 일시 일부노동 불능 상해 : 일시 근무 중에 업무를 떠나 치료를 받는 정도의 상해
⑥ 구급처치상해 : 응급처치 후 정상작업을 할 수 있는 정도의 상해

2) 통계적 분류

① 사망 : 노동손실일수 7,500일
② 중상해 : 부상으로 8일 이상 노동손실을 가져온 상해정도

③ 경상해 : 부상으로 1일 이상 7일 미만의 노동손실을 가져온 상해
④ 경미상해 : 8시간 이하의 휴무 또는 작업에 종사하면서 치료를 받는 상해정도(통원치료)

2. 중대재해

1) 규모

2) 발생시 보고사항(발생즉시 보고)

① 발생개요 및 피해상황
② 조치 및 전망
③ 그 밖의 중요한 사항

3) 보고처 및 방법

지방고용노동관서의 장에게 전화 · 팩스, 또는 그 밖에 적절한 방법으로 보고

4) 조사보고서 제출

1개월 이내에 산업재해조사표(서식)를 작성하여 지방고용노동관서의 장에게 제출

3. 산업재해(산업안전보건법 제2조)

1) 산업재해 정의

노무를 제공하는 자가 업무에 관계되는 건설물 · 설비 · 원재료 · 가스 · 증기 · 분진 등에 의하거나 작업 또는 그 밖의 업무로 인하여 사망 또는 부상하거나 질병에 걸리는 것을 말한다.

2) 조사보고서 제출

1개월 이내에 산업재해조사표(서식)를 작성하여 지방고용노동관서의 장에게 제출

3) 조사보고서 기록 · 보존

사업주는 산업재해가 발생한 때에는 고용노동부령이 정하는 바에 따라 재해발생원인 등을 기록하여야 하며, 이를 3년간 보존하여야 함

4) 산업재해 발생시 기록 · 보존해야 할 사항(산업안전보건법 시행규칙 제72조)

① 사업장의 개요 및 근로자의 인적사항
② 재해발생 일시 및 장소
③ 재해발생의 원인 및 과정
④ 재해 재발방지 계획

4. 직접원인

1) 불안전한 행동(인적원인)

사고를 가져오게 한 작업자 자신의 행동에 대한 불안전한 요소

(1) 불안전한 행동의 예

① 위험장소 접근
② 안전장치의 기능 제거
③ 복장 · 보호구의 잘못된 사용
④ 기계기구의 잘못된 사용
⑤ 운전 중인 기계장치의 손질
⑥ 불안전한 속도 조작
⑦ 위험물 취급 부주의
⑧ 불안전한 상태 방치
⑨ 불안전한 자세 동작
⑩ 감독 및 연락 불충분

Key Point

인간의 불안전한 행동 4가지를 기술하시오.

1. 위험장소 접근
2. 안전장치의 기능 제거
3. 복장 · 보호구의 잘못된 사용
4. 기계기구의 잘못된 사용

(2) 불안전한 행동을 일으키는 내적요인과 외적요인의 발생형태 및 대책

① 내적 요인

㉠ 소질적 조건 : 적성배치
㉡ 의식의 우회 : 상담
㉢ 경험 및 미경험 : 교육

② 외적 요인
㉠ 작업 및 환경조건 불량 : 환경정비
㉡ 작업순서의 부적당 : 작업순서 정비

③ 적성 배치에 있어서 고려되어야 할 기본 사항
㉠ 적성 검사를 실시하여 개인의 능력을 파악한다.
㉡ 직무 평가를 통하여 자격수준을 정한다.
㉢ 인사관리의 기준 원칙을 고수한다.

2) 불안전한 상태(물적 원인)

직접 상해를 가져오게 한 사고에 직접관계가 있는 위험한 물리적 조건 또는 환경

(1) 불안전한 상태의 예

① 물 자체 결함
② 안전방호장치의 결함
③ 복장·보호구의 결함
④ 물의 배치 및 작업장소 결함
⑤ 작업환경의 결함

5. 관리적 원인

1) 기술적 원인

① 건물, 기계장치의 설계불량
② 구조, 재료의 부적합
③ 생산방법의 부적합
④ 점검, 정비, 보존불량

2) 교육적 원인

① 안전지식의 부족
② 안전수칙의 오해

③ 경험, 훈련의 미숙
④ 작업방법의 교육 불충분
⑤ 유해·위험작업의 교육 불충분

3) 관리적 원인

① 안전관리조직의 결함
② 안전수칙 미제정
③ 작업준비 불충분
④ 인원배치 부적당
⑤ 작업지시 부적당

4) 정신적 원인

① 안전의식의 부족
② 주의력의 부족
③ 방심 및 공상
④ 개성적 결함 요소 : 도전적인 마음, 과도한 집착력, 다혈질 및 인내심 부족
⑤ 판단력 부족 또는 그릇된 판단

5) 신체적 원인

① 피로
② 시력 및 청각기능의 이상
③ 근육운동의 부적합
④ 육체적 능력 초과

6. 상해의 종류

1) 골절 : 뼈에 금이 가거나 부러진 상해
2) 동상 : 저온물 접촉으로 생긴 동상상해
3) 부종 : 국부의 혈액순환 이상으로 몸이 퉁퉁 부어오르는 상해
4) 중독, 질식 : 음식 약물, 가스 등에 의해 중독이나 질식된 상태
5) 찰과상 : 스치거나 문질러서 벗겨진 상태

6) 창상 : 창, 칼 등에 베인 상처
7) 청력장해 : 청력이 감퇴 또는 난청이 된 상태
8) 시력장해 : 시력이 감퇴 또는 실명이 된 상태
9) 화상 : 화재 또는 고온물 접촉으로 인한 상해

Key Point

재해와 상해를 구분하시오.

① 골절	② 부종	③ 추락	④ 이상온도접촉
⑤ 낙하, 비래	⑥ 협착	⑦ 화재폭발	⑧ 중독, 질식

재해 : ③ 추락 ④ 이상온도접촉 ⑤ 낙하, 비래 ⑥ 협착 ⑦ 화재폭발
상해 : ① 골절 ② 부종 ⑧ 중독, 질식

7. 재해예방의 4원칙

1) 손실우연의 원칙

재해손실은 사고발생시 사고대상의 조건에 따라 달라지므로 한 사고의 결과로서 생긴 재해손실은 우연성에 의해서 결정된다.

2) 원인계기의 원칙

재해발생은 반드시 원인이 있음

3) 예방가능의 원칙

재해는 원칙적으로 원인만 제거하면 예방이 가능하다.

4) 대책선정의 원칙

재해예방을 위한 가능한 안전대책은 반드시 존재한다.

8. 사고예방대책의 기본원리 5단계(사고예방원리 : 하인리히)

1) 1단계 : 조직(안전관리조직)

① 경영층의 안전목표 설정
② 안전관리 조직(안전관리자 선임 등)
③ 안전활동 및 계획수립

2) 2단계 : 사실의 발견

① 사고 및 안전활동의 기록 검토
② 작업분석
③ 안전점검, 안전진단
④ 사고조사
⑤ 안전평가
⑥ 각종 안전회의 및 토의
⑦ 근로자의 건의 및 애로 조사

3) 3단계 : 분석 · 평가(원인규명)

① 사고조사 결과의 분석
② 불안전상태, 불안전행동 분석
③ 작업공정, 작업형태 분석
④ 교육 및 훈련의 분석
⑤ 안전수칙 및 안전기준 분석

4) 4단계 : 시정책의 선정

① 기술의 개선
② 인사조정
③ 교육 및 훈련 개선
④ 안전규정 및 수칙의 개선
⑤ 이행의 감독과 제재강화

5) 5단계 : 시정책의 적용

① 목표 설정
② 3E(기술, 교육, 관리)의 적용

9. 재해율

1) 연천인율(年千人率)

근로자 1,000인당 1년간 발생하는 재해 발생자 수를 말함

① $연천인율 = \frac{재해자수}{연평균근로자수} \times 1,000$

② 연천인율=도수율(빈도율)×2.4

2) 도수율(빈도율, FR : Frequency Rate of Injury)

$도수율 = \frac{재해발생건수}{연근로시간수} \times 1,000,000$

연근로시간수=실근로자수×근로자 1인당 연간 근로시간수

(1년 : 300일, 2,400시간, 1월 : 25일, 200시간, 1일 : 8시간)

3) 강도율(SR : Severity Rate of Injury)

연근로시간 1,000시간당 재해로 인해서 잃어버린 근로손실 일수를 말함

$강도율 = \frac{근로손실일수}{연근로시간수} \times 1,000$

⊙ 근로손실일수

① 사망 및 영구전노동불능(장애등급 1~3급) : 7,500일

② 영구일부노동불능(4~14등급)

등급	4	5	6	7	8	9	10	11	12	13	14
일수	5,500	4,000	3,000	2,200	1,500	1,000	600	400	200	100	50

③ 일시전노동불능(의사의 진단에 따라 일정기간 노동에 종사할 수 없는 상해)

$휴직일수 \times \frac{300}{365}$

④ 영구전노동불능 상해 : 부상결과 근로자로서의 근로기능을 완전히 잃은 경우(신체장애등급 제1급~제3급)

⑤ 영구일부노동불능 상해 : 부상결과 신체의 일부 즉, 근로기능의 일부를 상실한 경우(신체장애등급 제4급~제14급)

⑥ 일시전노동불능 상해 : 의사의 진단에 따라 일정기간 근로를 할 수 없는 경우(신체장애가 남지 않는 일반적 휴업재해)

⑦ 일시일부노동불능 상해 : 의사의 진단에 따라 부상다음날 혹은 그 이후에 정규근로에 종사할 수 없는 휴업재해 이외의 경우(일시적으로 작업시간 중에 업무를 떠나 치료를 받는 정도의 상해)

Key Point

어느 사업장의 근로자수가 500명이고 5건의 재해로 8명이 재해를 당했다. 1일 9시간 근무, 연근로일수가 250일이고 휴업일수가 235일일 때 연천인율과 강도율을 구하시오.

$$\text{연천인율} = \frac{\text{재해자수}}{\text{연평균근로자수}} \times 1{,}000 = \frac{8}{500} \times 1{,}000 = 16$$

$$\text{강도율} = \frac{\text{근로손실일수}}{\text{연근로시간수}} \times 1{,}000 = \frac{235 \times \frac{250}{365}}{500 \times 9 \times 250} \times 1{,}000 = 0.145$$

※ $\text{근로손실일수} = \text{휴업일수} \times \frac{\text{연근로일수(없는 경우 300)}}{365}$

4) 평균강도율

재해 1건당 평균 근로손실일수를 말함

$$\text{평균강도율} = \frac{\text{강도율}}{\text{도수율}} \times 1{,}000$$

5) 환산강도율

근로자가 입사하여 퇴직할 때까지 잃을 수 있는 근로손실일수를 말함

환산강도율 = 강도율 × 100

6) 환산도수율

근로자가 입사하여 퇴직할 때까지(40년 = 10만 시간) 당할 수 있는 재해건수를 말함

$$\text{환산도수율} = \frac{\text{도수율}}{10}$$

7) 종합재해지수(F.S.I)

재해의 빈도의 다수와 상해의 정도의 강약을 종합한 것을 말함

$$\text{종합재해지수(FSI)} = \sqrt{\text{도수율}(F.R) \times \text{강도율}(S.R)}$$

8) 세이프티스코어(Safe T. Score)

(1) 의미

과거와 현재의 안전성적을 비교, 평가하는 방법으로 단위가 없으며 계산결과 (+)이면 나쁜 기록으로, (-)이면 과거에 비해 좋은 기록으로 봄

(2) 공식

$$\text{Safe T. Score} = \frac{\text{빈도율(현재)} - \text{빈도율(과거)}}{\sqrt{\dfrac{\text{빈도율(과거)}}{\text{총 근로시간수}} \times 1{,}000{,}000}}$$

(3) 평가방법

① +2.00 이상인 경우 : 과거보다 심각하게 나쁘다.

② +2～-2인 경우 : 심각한 차이가 없음

③ -2 이하 : 과거보다 좋다.

Key Point

근로자 500명인 사업장에서 연간 48시간×52주의 작업으로 5건의 재해가 발생하였다. 단 결근율이 7%일 때 도수율은 얼마인가?

$$\text{도수율}(F.R) = \frac{\text{재해건수}}{\text{연근로시간수}} \times 1{,}000{,}000$$

$$= \frac{5}{(500 \times 48 \times 52 \times 0.93) \times 1{,}000{,}000} = 4.30$$

10. 재해코스트 계산

1) 하인리히 방식

「총재해코스트=직접비+간접비」

① 직접비 : 법령으로 정한 피해자에게 지급되는 산재보험비

㉠ 휴업보상비 ㉡ 장해보상비

㉢ 요양보상비 ㉣ 유족보상비

㉤ 장의비

② 간접비 : 재산손실, 생산중단 등으로 기업이 입은 손실

㉠ 인적손실 : 본인 및 제3자에 관한 것을 포함한 시간손실

㉡ 물적손실 : 기계, 공구, 재료, 시설의 복구에 소비된 시간손실 및 재산손실

㉢ 생산손실 : 생산감소, 생산중단, 판매감소 등에 의한 손실

㉣ 특수손실

㉤ 기타 손실

③ 직접비 : 간접비=1 : 4

2) 시몬즈 방식

「총재해코스트=산재보험코스트+비보험코스트」

여기서, 비보험코스트=휴업상해건수×A+통원상해건수×B+응급조치건수×C+무상해상고건수×D
A, B, C, D는 장해정도별 비보험코스트의 평균치

3) 버드의 방식

총재해코스트=직접비(1)+간접비(5)

① 직접비(1) : 상해사고와 관련된 보상비 또는 의료비

② 간접비(5) : 비보험 재산 손실비용+비보험 기타 손실비용

Key Point

어떤 산업장에서 산재보험료 8,800,000원을 납부하고 산재 보상금 6,250,000원을 받았다. 이 사업자의 연재해 건수 26건으로 그 중에서 휴업건수 4건, 통원상해 건수 6건, 구급조치 건수 3건, 무상해 사고건수 13건 이었으며, 연 평균 근로자수는 568명이다. 이 사업장의 재해 손실 비용을 R.H.simnods 방식에 따라 총 재해 cost를 구하시오.(단, 휴업 상해건수 290,000원, 통원 상해건수 360,000원, 구급 조치건수 130,000원, 무상해 사고건수 84,000원이다.)

• 시몬즈 방식

『총재해코스트=산재보험코스트+비보험코스트』

여기서, 비보험코스트=휴업상해건수×A+통원상해건수×B+응급조치건수×C+무상해상고건수×D
A, B, C, D는 **장해정도별 비보험코스트의 평균치**

총재해코스트=산재보험코스트+비보험코스트
=8,800,000원+4×290,000원+6×360,000원+3×130,000원+13×84,000원
=13,602,000원

4) 콤패스 방식

전체재해손실=공동비용(불변)+개별비용(변수)

① 공동비용 : 보험료, 기타

② 개별비용 : 작업손실비용, 수리비, 치료비 등

11. 재해통계

1) 재해통계 목적 및 역할

① 재해원인을 분석하고 위험한 작업 및 여건을 도출
② 합리적이고 경제적인 재해예방정책 방향 설정
③ 재해실태를 파악하여 예방활동에 필요한 기초자료 및 지표 제공
④ 재해예방사업 추진실적을 평가하는 측정수단

2) 재해의 통계적 원인분석 방법

① 파레토도 : 분류 항목을 큰 순서대로 도표화한 분석법
② 특성요인도 : 특성과 요인관계를 도표로 하여 어골상으로 세분화한 분석법
③ 클로즈(Close)분석도 : 데이터(Data)를 집계하고 표로 표시하여 요인별 결과 내역을 교차한 클로즈 그림을 작성하여 분석하는 방법
④ 관리도 : 재해발생 건수 등의 추이를 파악하여 목표관리를 행하는 데 필요한 월별 재해발생수를 그래프화하여 관리선을 설정 관리하는 방법

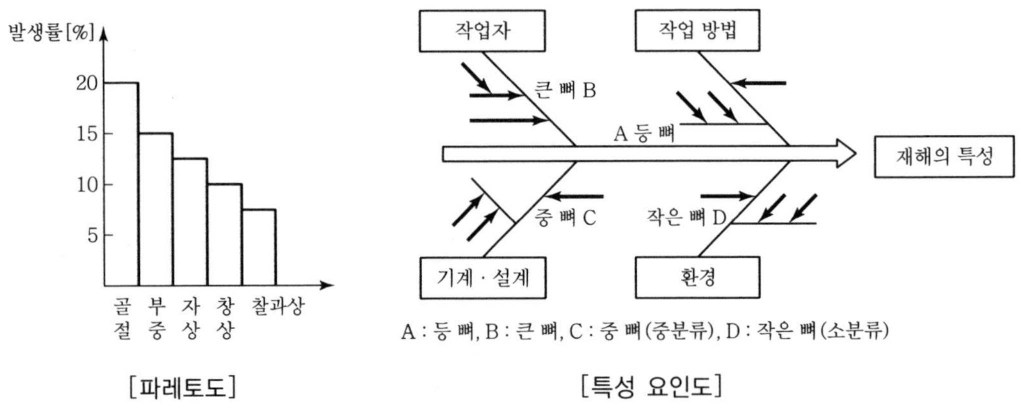

[파레토도] [특성 요인도]

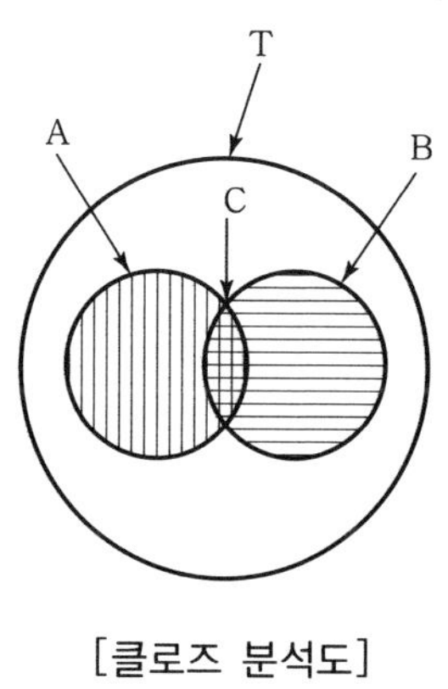

[클로즈 분석도]

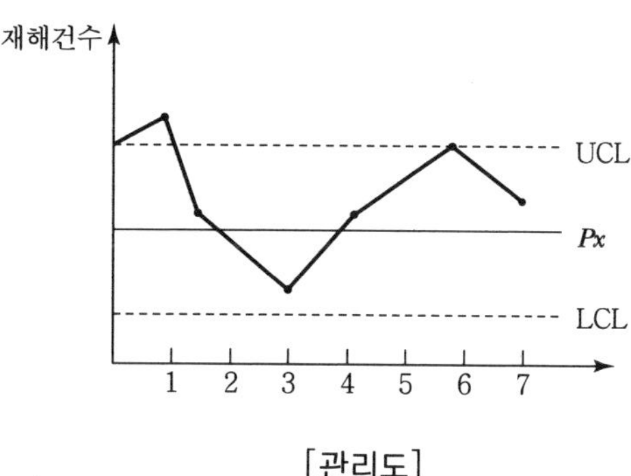

[관리도]

Key Point

재해원인분석 방법 중 통계적 원인분석 방법을 쓰시오.

1. **파레토도**
2. **특성요인도**
3. **클로즈(Close)분석도**
4. **관리도**

3) 재해통계 작성 시 유의할 점

① 활용목적을 수행할 수 있도록 충분한 내용이 포함되어야 한다.
② 재해통계는 구체적으로 표시되고 그 내용은 용이하게 이해되며 이용할 수 있을 것
③ 재해통계는 항목내용 등 재해요소가 정확히 파악될 수 있도록 방지대책이 수립될 것
④ 재해통계는 정량적으로 정확하게 수치적으로 표시되어야 한다.

12. 사고의 본질적 특성

① 사고의 시간성
② 우연성 중의 법칙성
③ 필연성 중의 우연성
④ 사고의 재현 불가능성

13. 재해(사고) 발생 시의 유형(모델)

1) 단순자극형(집중형)

상호자극에 의하여 순간적으로 재해가 발생하는 유형으로 재해가 일어난 장소나 그 시점에 일시적으로 요인이 집중

2) 연쇄형(사슬형)

하나의 사고요인이 또 다른 요인을 발생시키면서 재해를 발생시키는 유형이다. 단순연쇄형과 복합연쇄형이 있다.

3) 복합형

단순자극형과 연쇄형의 복합적인 발생유형이다. 일반적으로 대부분의 산업재해는 재해원인들이 복잡하게 결합되어 있는 복합형이다. 연쇄형의 경우에는 원인들 중에 하나를 제거하면 재해가 일어나지 않는다. 그러나 단순 자극형이나 복합형은 하나를 제거하더라도 재해가 일어나지 않는다는 보장이 없으므로, 도미노 이론은 적용되지 않는다. 이런 요인들은 부속적인 요인들에 불과하다. 따라서 재해조사에 있어서는 가능한 한 모든 요인들을 파악하도록 해야 한다.

제4장 안전점검 및 진단

1 안전점검의 정의 및 목적

1. 안전점검

안전점검은 안전사고가 발생하기 전에 행하는 것이며 불안전한 상태 및 행동을 조사하여 사고를 미연에 방지

2. 안전점검의 종류

1) 일상점검(수시점검)

작업 전·중·후 수시로 실시하는 점검

2) 정기점검

정해진 기간에 정기적으로 실시하는 점검

3) 특별점검

기계 기구의 신설 및 변경 시 고장, 수리 등에 의해 부정기적으로 실시하는 점검으로 안전강조기간 등에 실시하는 점검

4) 임시점검

이상 발견 시 또는 재해발생 시 임시로 실시하는 점검

Key Point

안전점검의 종류를 4가지 쓰고 설명하시오.

3. 체크리스트에 포함되어야 할 주요사항

① 점검대상
② 점검항목
③ 점검시기
④ 점검방법
⑤ 판정기준 및 조치사항

Key Point

안전점검시 작성하는 체크리스트의 내용에 포함되는 사항을 쓰시오.

1. **점검대상**
2. **점검항목**
3. **점검시기**
4. **점검방법**
5. **판정기준 및 조치사항**

4. 작업표준

1) 작업표준의 목적

① 위험요인 제거
② 손실요인 제거
③ 작업의 효율화

2) 작업표준의 4가지 조건

① 안전
② 능률
③ 원가
④ 품질

5. 작업위험분석

1) 목적

작업공정을 표준화하기 위해 작업공간, 작업순서, 동작의 개선 및 표준작업을 제도화하는 것

2) 작업개선방법

제거, 결합, 재조정, 단순화

3) 작업위험 분석방법

면접, 관찰, 설문, 혼합방법

4) 작업환경 개선방법

대체, 격리, 밀폐, 차단, 산업환기

6. 동작 경제의 원칙

1) 신체 사용에 관한 원칙

① 두손의 동작은 같이 시작하고 같이 끝나도록 한다.

② 휴식시간을 제외하고는 양손이 동시에 쉬지 않도록 한다.

③ 두 팔의 동작은 동시에 서로 반대방향으로 대칭적으로 움직이도록 한다.

④ 손과 신체의 동작은 작업을 원만하게 처리할 수 있는 범위 내에서 가장 낮은 동작등급을 사용하도록 한다.

⑤ 가능한 한 관성(Momentum)을 이용하여 작업을 하도록 하되 작업자가 관성을 억제하여야 하는 경우에는 발생되는 관성을 최소한으로 줄인다.

⑥ 손의 동작은 부드럽고 연속적인 동작이 되도록 하며 방향이 갑작스럽게 크게 바뀌는 모양의 직선동작은 피하도록 한다.

⑦ 탄도동작(Ballistic Movement)은 제한되거나 통제된 동작보다 더 신속하고 용이하며 정확하다.(탄도동작의 예로 숙련된 목수가 망치로 못을 박을 때 망치 궤적이 수평선 상의 직선이 아니고 포물선을 그리면서 작업을 하는 동작을 들 수 있다.)

⑧ 가능하면 쉽고 자연스러운 리듬이 작업동작에 생기도록 작업을 배치한다.

⑨ 눈의 초점을 모아야 작업을 할 수 있는 경우는 가능하면 없애고 이것이 불가피할 경우에는 눈의 초점이 모아지는 서로 다른 두 작업지침 간의 거리를 짧게 한다.

2) 작업장 배치에 관한 원칙

① 모든 공구나 재료는 정해진 위치에 있도록 한다.
② 공구, 재료 및 제어장치는 사용위치에 가까이 두도록 한다.(정상작업영역, 최대작업영역)
③ 중력이송원리를 이용한 부품상자(Gravity Feed Bath)나 용기를 이용하여 부품을 부품사용장소에 가까이 보낼 수 있도록 한다.
④ 가능하다면 낙하식 운반(Drop Delivery)방법을 사용한다.
⑤ 공구나 재료는 작업동작이 원활하게 수행되도록 그 위치를 정해준다.
⑥ 작업자가 잘 보면서 작업을 할 수 있도록 적절한 조명을 비추어 준다.
⑦ 작업자가 작업 중 자세의 변경, 즉 앉거나 서는 것을 임의로 할 수 있도록 작업대와 의자높이가 조정되도록 한다.
⑧ 작업자가 좋은 자세를 취할 수 있도록 높이가 조절되는 좋은 디자인의 의자를 제공한다.

3) 공구 및 설비 설계(디자인)에 관한 원칙

① 치구나 족답장치(Foot－operated Device)를 효과적으로 사용할 수 있는 작업에서는 이러한 장치를 사용하도록 하여 양손이 다른 일을 할 수 있도록 한다.
② 가능하면 공구 기능을 결합하여 사용하도록 한다.
③ 공구와 자세는 가능한 한 사용하기 쉽도록 미리 위치를 잡아준다(Pre－position).
④ (타자 칠 때와 같이) 각 손가락이 서로 다른 작업을 할 때에는 작업량을 각 손가락의 능력에 맞게 분배해야 한다.
⑤ 레버(Lever), 핸들 그리고 제어장치는 작업자가 몸의 자세를 크게 바꾸지 않더라도 조작하기 쉽도록 배열한다.

Key Point

동작경제의 원칙을 쓰시오.

4) 동작의 실패 방지대책

① 착각을 일으킬 수 있는 외부 조건이 없을 것
② 감각기의 기능이 정상적일 것
③ 올바른 판단을 내리기 위해 필요한 지식을 갖고 있을 것
④ 시간적, 수량적으로 능력을 발휘할 수 있는 체력이 있을 것
⑤ 의식 동작을 필요로 할 때에 무의식 동작을 행하지 않을 것

기출문제풀이

2000년 2월 20일

3. 동작경제의 3원칙을 쓰시오.

해답 1. 신체 사용에 관한 원칙
2. 작업장 배치에 관한 원칙
3. 공구 및 설비 설계(디자인)에 관한 원칙

8. 재해원인분석 방법 중 통계적 원인분석 방법을 쓰시오.

해답 1. 파레토도
2. 특성요인도
3. 클로즈(Close)분석도
4. 관리도

2000년 6월 25일

4. 사업장에서 실시하는 5C 운동을 쓰시오.

해답 1. 복장단정(Correctness)
2. 정리정돈(Clearance)
3. 청소청결(Cleaning)
4. 점검확인(Checking)
5. 전심전력(Concentration)

7. 하인리히의 재해 도미노 이론을 순서대로 쓰시오.

해답 1. 사회적 환경 및 유전적 요소
2. 개인의 결함
3. 불안전한 행동 및 불안전한 상태
4. 사고
5. 재해

2000년 11월 12일

4. 어떤 산업장에서 산재보험료 8,800,000원을 납부하고 산재 보상금 6,250,000원을 받았다. 이 사업자의 연재해 건수 26건으로 그 중에서 휴업건수 4건, 통원상해 건수 6건, 구급조치 건수 3건, 무상해 사고건수 13건 이었으며, 연 평균 근로자수는 568명이다. 이 사업장의 재해 손실 비용을 R.H.simnods 방식에 따라 총 재해 cost를 구하시오.(단, 휴업 상해건수 290,000원, 통원 상해건수 360,000원, 구급 조치건수 130,000원, 무상해 사고건수 84,000원이다.)

해답 시몬즈 방식
「총재해코스트 = 산재보험코스트 + 비보험코스트」
여기서, 비보험코스트 = 휴업상해건수×A + 통원상해건수×B + 응급조치건수×C + 무상해상고건수×D
A, B, C, D는 장해정도별 비보험코스트의 평균치
총재해코스트 = 산재보험코스트 + 비보험코스트
= 8,800,000원 + 4×290,000원 + 6×360,000원 + 3×130,000원 + 13×84,000원
= 13,602,000원

2001년 4월 20일

1. 어느 사업장의 근로자수가 460명이고, 연간 10건의 재해가 발생하였다고 할 때 이 사업장의 연천인율을 구하시오.(단, 결근율 4%이다.)

해답 $연천인율 = \frac{재해자수}{연평균근로자수} \times 1,000 = \frac{10}{460} \times 1,000 = 21.74$

12. 안전점검시 작성하는 체크리스트의 내용에 포함되는 사항을 쓰시오.

해답 1. 점검대상　　2. 점검항목
3. 점검시기　　4. 점검방법
5. 판정기준 및 조치사항

2001년 7월 15일

4. 산업안전보건법상 관리감독자의 업무내용 4가지를 쓰시오.

해답 1. 사업장내 관리감독자가 지휘·감독하는 작업과 관련된 기계·기구 또는 설비의 안전·보건 점검 및 이상 유무의 확인
2. 관리감독자에게 소속된 근로자의 작업복·보호구 및 방호장치의 점검과 그 착용·사용에 관한 교육·지도
3. 해당 작업에서 발생한 산업재해에 관한 보고 및 이에 대한 응급조치
4. 해당 작업의 작업장 정리·정돈 및 통로확보에 대한 확인·감독

6. 재해조사시의 유의사항 4가지를 쓰시오.

해답 1. 사실을 수집한다.
2. 객관적인 입장에서 공정하게 조사하며 조사는 2인 이상이 한다.
3. 책임추궁보다는 재발방지를 우선으로 한다.
4. 조사는 신속하게 행하고 긴급 조치하여 2차 재해의 방지를 도모한다.

11. 어느 사업장의 근로자가 100명이고 도수율이 25일 때, 재해건수를 구하여라.(1일 8시간 근무)

해답 $\text{도수율} = \dfrac{\text{재해발생건수}}{\text{연근로시간수}} \times 1{,}000{,}000$ 공식에서

$$\text{재해발생건수} = \frac{\text{도수율} \times \text{연근로시간수}}{1{,}000{,}000} = \frac{25 \times (100 \times 8 \times 300)}{1{,}000{,}000} = 6$$

재해발생건수는 6건이다.

2001년 11월 4일

5. 근로자수 1000명, 연간재해건수 53건, 작년에 납부한 산재보험료 18,000,000원, 산재보험금은 12,650,000원을 받았다. 재해건수 중 휴업재해가 10건, 통원상해건수 15건, 구급조치상해 8건, 무상해사고건수 20건일 때 재해손실비용을 하인리히의 방식과 Simonds 방식에 의해 산정하여라.(단, 상해정도별 평균손실액은 A : 90,000원, B : 290,000원, C : 150,000원, D : 200,000원)

해답 하인리히 방식

총 재해코스트 = 직접비 + 간접비 = 12,650,000원 + 12,650,000원 × 4 = 63,250,000원

- 직접비 : 간접비 = 1 : 4
- 직접비 : 법령으로 정한 피해자에게 지급되는 산재보험비

시몬즈 방식

「총재해코스트 = 산재보험코스트 + 비보험코스트」

여기서, 비보험코스트 = 휴업상해건수 × A + 통원상해건수 × B + 응급조치건수 × C + 무상해상고건수 × D

A, B, C, D는 장해정도별 비보험코스트의 평균치

총재해코스트 = 산재보험코스트 + 비보험코스트

= 18,000,000원 + 10 × 90,000원 + 15 × 290,000원 + 8 × 150,000원 + 20 × 200,000원

= 28,450,000원

2002년 4월 20일

2. 사업장의 안전보건 관리규정 작성시 고려해야 할 사항 4가지를 쓰시오.

해답 1. 규정된 기준은 법정기준을 상회하도록 할 것

2. 관리자층의 직무와 권한, 근로자에게 강제 또는 요청한 부분을 명확히 할 것
3. 관계법령의 제·개정에 따라 즉시 개정되도록 라인 활용이 쉬운 규정이 되도록 할 것
4. 작성 또는 개정시에는 현장의 의견을 충분히 반영할 것

8. 어느 사업장의 근로자수가 120명이고, 연간재해건수가 6건일 때 도수율은 얼마인가?

해답 $\text{도수율} = \dfrac{\text{재해발생건수}}{\text{연근로시간수}} \times 1{,}000{,}000 = \dfrac{6}{120 \times 8 \times 300} \times 1{,}000{,}000 = 20.83$

2002년 7월 7일

2. 라인식 조직의 장점 3가지를 쓰시오.

해답 1. 안전에 관한 지시 및 명령계통이 철저
2. 안전대책의 실시가 신속
3. 명령과 보고가 상하관계뿐으로 간단 명료

2002년 9월 29일

2. 사업장 안전 보건 관리 규정 작성시 고려해야 할 사항을 쓰시오.

해답 1. 규정된 기준은 법정기준을 상회하도록 할 것
2. 관리자층의 직무와 권한, 근로자에게 강제 또는 요청한 부분을 명확히 할 것
3. 관계법령의 제·개정에 따라 즉시 개정되도록 라인 활용이 쉬운 규정이 되도록 할 것
4. 작성 또는 개정시에는 현장의 의견을 충분히 반영할 것

8. 어떤 작업장에서 근로자수가 120명이고, 연간 6건의 재해가 발생하였다면 도수율은 얼마인가?(단, 1일 8시간 작업)

해답 $\text{도수율} = \frac{\text{재해발생건수}}{\text{연근로시간수}} \times 1{,}000{,}000 = \frac{6}{120 \times 8 \times 300} \times 1{,}000{,}000 = 20.83$

9. 어느 작업장에서 상시 근로자수가 500명이고 연간 재해 사상자 수가 50명일 때, 이 작업장의 연천인율은 얼마인가?

해답 $\text{연천인율} = \frac{\text{재해자수}}{\text{연평균근로자수}} \times 1{,}000 = \frac{50}{500} \times 1{,}000 = 100$

2003년 4월 27일

3. 하인리히의 도미노 이론을 순서대로 쓰시오.

해답 1. 사회적 환경 및 유전적 요소
2. 개인의 결함
3. 불안전한 행동 및 불안전한 상태
4. 사고
5. 재해

11. 안전관리조직 3가지를 쓰고 간단히 기술하시오.

해답 1. **라인(LINE)형 조직**
소규모기업(100명 이하)에 적합한 조직으로서 안전관리에 관한 계획에서부터 실시에 이르기까지 모든 안전업무를 생산라인을 통하여 직선적으로 이루어지도록 편성된 조직
2. **스태프(STAFF)형 조직**
중소규모사업장(100~500명 이하)에 적합한 조직으로서 안전업무를 관장하는 참모(Staff)를 두고 안전관리에 관한 계획 조정·조사·검토·보고 등의 업무와 현장에 대한 기술지원을 담당하도록 편성된 조직
3. **라인·스태프(LINE-STAFF)형 조직(직계참모조직)**
대규모사업장(1,000명 이상)에 적합한 조직으로서 라인형과 스태프형의 장점만을 채택한 형태이며 안전업무를 전담하는 스태프를 두고 생산라인의 각 계층에서도 각 부서장으로 하여금 안전업무를 수행하도록 하여 스태프에서 안전에 관한 사항이 결정되면 라인을 통하여 실천하도록 편성된 조직

2003년 7월 13일

6. 어느 사업장에 300명의 근로자가 이라고 연간 7명이 재해를 당했다면 이 사업장의 연천인율을 얼마인가?

해답 $\text{연천인율} = \dfrac{\text{재해자수}}{\text{연평균근로자수}} \times 1{,}000 = \dfrac{7}{300} \times 1{,}000 = 23.33$

7. 어느 사업장의 근로자수가 100명이고 강도율이 4.5라면 이 사업장의 연근로 손실일수는 얼마인가?

해답 $\text{강도율} = \dfrac{\text{근로손실일수}}{\text{연근로시간수}} \times 1{,}000$에서

$4.5 = \dfrac{\text{근로손실일수}}{100 \times 8 \times 300} \times 1{,}000$이므로

근로손실일수는 1,080일이다.

2003년 10월 5일

4. 작업환경 개선방법을 5가지 쓰시오.

해답 1. 대체
2. 격리
3. 밀폐
4. 차단
5. 산업환기

9. 근로자가 800명이고 48시간씩 50주 근무하고, 결근률 5%, 재해건수 3건, 근로손실일수 1,200일 일 때, 강도율과 도수율을 구하시오.

해답 $\text{강도율} = \dfrac{\text{근로손실일수}}{\text{연근로시간수}} \times 1{,}000$에서

$= \dfrac{1{,}200}{800 \times 48 \times 50 \times 0.95} \times 1{,}000 = 0.66$

$\text{도수율} = \dfrac{\text{재해발생건수}}{\text{연근로시간수}} \times 1{,}000{,}000$에서

$= \dfrac{3}{800 \times 48 \times 50 \times 0.95} \times 1{,}000{,}000 = 1.64$

2004년 9월 19일

6. 인간의 불안전한 행동 4가지를 기술하시오.

해답 1. 위험장소 접근
2. 안전장치의 기능 제거
3. 복장 · 보호구의 잘못된 사용
4. 기계기구의 잘못된 사용

2005년 7월 10일

1. 안전점검의 종류 4가지를 쓰시오.

해답 수시점검, 정기점검, 임시점검, 특별점검

2005년 9월 25일

1. 사업장에서 발생하는 산업재해 재해조사의 목적을 쓰시오.

해답 1. 동종재해의 재발방지
2. 유사재해의 재발방지
3. 재해원인의 규명 및 예방자료 수집

2006년 4월 23일

4. 안전성 평가 6단계를 쓰시오.

해답 1단계 : 관계자료의 정비검토
2단계 : 정성적평가
3단계 : 정량적평가
4단계 : 안전대책
5단계 : 재해정보에 의한 재평가
6단계 : FTA에 의한 재평가

5. 안전보건 관리 조직의 유형을 쓰시오.

해답 1. 라인형
2. 스태프형
3. 라인스태프형

6. 어느 사업장의 연평균 근로자수는 240명이고 작업중 3명의 사상자 발생하였다면 이 사업장의 연천인율은 얼마인가?

해답 $연천인율 = \frac{재해자수}{연평균근로자수} \times 1{,}000 = \frac{3}{240} \times 1{,}000 = 12.5$

9. 어느 사업장의 연평균 근로자수는 350명이고, 연간 50주 작업에 주 48시간 작업시 30건의 재해가 발생하였을 시 도수율은 얼마인가?

해답 $도수율 = \frac{재해발생건수}{연근로시간수} \times 1{,}000{,}000 = \frac{30}{350 \times 50 \times 48} \times 1{,}000{,}000 = 35.71$

2006년 7월 9일

1. 안전보건관리 조직의 유형 3가지 쓰시오.

해답 1. 라인(LINE)형 조직
2. 스태프(STAFF)형 조직
3. 라인·스태프(LINE-STAFF)형 조직(직계참모조직)

2. 500명이 근무하는 사업장에서 1년간 6건 재해가 발생하였고, 사상자중 신체장애 3급,5급,7급,11급 각각 1명 발생 하였다. 이 사업장의 총 휴업일수 438일이라면 강도율은 얼마인가?

해답 $근로손실일수 = 휴업일수 \times \frac{300}{365} = 438 \times \frac{300}{365} = 360$

$강도율 = \frac{근로손실일수}{연근로시간수} \times 1{,}000 = \frac{360}{500 \times 8 \times 300} \times 1{,}000 = 0.3$

2007년 7월 8일

3. 어느 사업장의 도수율이 4이고 연간 5건의 재해와 350일의 근로손실일수가 발생하였을 경우 이 사업장의 강도율은 얼마인가?

해답 $도수율 = \frac{재해발생건수}{연근로시간수} \times 1{,}000{,}000$에서

$4 = \frac{5}{연근로시간수} \times 1{,}000{,}000$ 그러므로 연근로시간수는 1,250,000이다.

$강도율 = \frac{근로손실일수}{연근로시간수} \times 1{,}000 = \frac{350}{1{,}250{,}000} \times 1{,}000 = 0.28$

8. 안전행동의 실천운동인 5C운동을 쓰시오.

해답 1. 복장단정(Correctness)
2. 정리정돈(Clearance)
3. 청소청결(Cleaning)
4. 점검확인(Checking)
5. 전심전력(Concentration)

2008년 7월 6일

11. 어느 사업장의 연평균 근로자수가 800명이고, 주40시간, 연간 50주 작업 중 2명이 사망하고 휴업일수 1200일인 경우 강도율을 구하시오.

해답 $$\text{강도율} = \frac{\text{근로손실일수}}{\text{연근로시간수}} \times 1{,}000 = \frac{(7{,}500 \times 2) + 1{,}200 \times \frac{300}{365}}{800 \times 40 \times 50} \times 1{,}000 = 9.99$$

2008년 11월 2일

8. 어느 사업장의 근로자수가 450명이고, 1일 8시간 작업을 기준으로 월 25일 작업 중 3건의 재해가 발생하여 근로손실일수가 60일일 때 강도율과 도수율을 구하시오.

해답 $$\text{강도율} = \frac{\text{근로손실일수}}{\text{연근로시간수}} \times 1{,}000 = \frac{60}{450 \times 8 \times 25 \times 12} \times 1{,}000 = 0.06$$

$$\text{도수율} = \frac{\text{재해발생건수}}{\text{연근로시간수}} \times 1{,}000{,}000 = \frac{3}{450 \times 8 \times 25 \times 12} \times 1{,}000{,}000 = 2.78$$

10. 하인리히 재해 연쇄성이론, 버드의 연쇄성이론, 아담스의 연쇄성이론을 각각 구분하여 쓰시오.

해답 1. 하인리히(H. W. Heinrich)의 도미노 이론(사고발생의 연쇄성)
1단계 : 사회적환경 및 유전적 요소(기초원인)
2단계 : 개인의 결함(간접원인)
3단계 : 불안전한 행동 및 불안전한 상태(직접원인) ⇒ 제거(효과적임)
4단계 : 사고
5단계 : 재해

2. 버드(Frank Bird)의 신도미노이론
1단계 : 통제의 부족(관리소홀), 재해발생의 근원적 요인
2단계 : 기본원인(기원), 개인적 또는 과업과 관련된 요인
3단계 : 직접원인(징후), 불안전한 행동 및 불안전한 상태
4단계 : 사고(접촉)
5단계 : 상해(손해)

3. 아담스의 이론
1. 관리구조
2. 작전적 에러(불안전 행동, 불안전 동작)
3. 전술적 에러
4. 사고
5. 상해, 손해

2009년 4월 19일

6. 어느 사업장의 근로자수가 500명이고, 연간 10건의 재해가 발생하고 6명의 사상자가 발생했을 경우 도수율과 연천인율을 구하시오.(일 9시간 250일 근무)

해답 $\text{도수율} = \frac{\text{재해발생건수}}{\text{연근로시간수}} \times 1{,}000{,}000 = \frac{10}{500 \times 9 \times 250} \times 1{,}000{,}000 = 8.89$

$\text{연천인율} = \frac{\text{재해자수}}{\text{연평균근로자수}} \times 1{,}000 = \frac{6}{500} \times 1{,}000 = 12$

9. 재해와 상해를 구분하시오.

① 골절	② 부종	③ 추락	④ 이상온도접촉
⑤ 낙하, 비래	⑥ 협착	⑦ 화재폭발	⑧ 중독, 질식

해답 재해 : ③ 추락 ④ 이상온도접촉 ⑤ 낙하, 비래 ⑥ 협착 ⑦ 화재폭발 ⑧ 중독, 질식
상해 : ① 골절 ② 부종

2010년 4월 18일

8. 동작의 실패를 막기 위한 일반적인 조건 3가지를 쓰시오.

해답 ① 착각을 일으킬 수 있는 외부 조건이 없을 것
② 감각기의 기능이 정상적일 것
③ 올바른 판단을 내리기 위해 필요한 지식을 갖고 있을 것
④ 시간적, 수량적으로 능력을 발휘할 수 있는 체력이 있을 것
⑤ 의식 동작을 필요로 할 때에 무의식 동작을 행하지 않을 것

9. 재해 발생시 손실액 산정시 시몬즈 방식의 공식을 쓰시오.

해답 ① 총재해코스트 = 보험코스트 + 비보험 코스트
② 보험코스트 : 산재보험료(반드시 사업장에서 지출)
③ 비보험코스트
= (휴업상해건수) × (A) + (통원상해건수) × (B) + (응급조치건수) × (C) + (무상해건수) × (D)
※ A, B, C, D는 장애 정도에 따라 결정

12. 하인리히의 재해구성비율 1:29:300(하인리히법칙)을 설명하시오.

해답 330건의 사고 중
① 중상 또는 사망 : 1건
② 경상해 : 29건
③ 무상해사고 : 300건의 비율로 사고발생

2010년 7월 4일

3. 어느 사업장의 근로자수가 500명이고 5건의 재해로 8명이 재해를 당했다. 1일 9시간 근무 250일 이고 휴업일수가 235일 일때 연천인율과 강도율을 구하시오.

해답 $\text{연천인율} = \dfrac{\text{재해자수}}{\text{연평균근로자수}} \times 1{,}000 = \dfrac{8}{500} \times 1{,}000 = 16$

$$\text{강도율} = \frac{\text{근로손실일수}}{\text{연근로시간수}} \times 1{,}000 = \frac{235 \times \dfrac{250}{365}}{500 \times 9 \times 250} \times 1{,}000 = 0.14$$

2010년 9월 24일

2. 반스의 동작경제의 원칙을 쓰시오.

해답 1. 신체 사용에 관한 원칙
2. 작업장 배치에 관한 원칙
3. 공구 및 설비 설계(디자인)에 관한 원칙

Subject 02

안전교육 및 심리

Contents

제1장 안전교육

1 안전교육지도

1. 교육의 목적

피교육자의 발달을 효과적으로 도와줌으로써 이상적인 상태가 되도록 하는 것을 말함

2. 교육의 개념(효과)

① 신입직원은 기업의 내용 그 방침과 규정을 파악함으로써 친근과 안정감을 준다.
② 직무에 대한 지도를 받아 질과 양이 모두 표준에 도달하고 임금의 증가를 도모한다.
③ 재해, 기계설비의 소모 등의 감소에 유효 및 산업재해를 예방한다.
④ 직원의 불만과 결근, 이동을 방지한다.
⑤ 내부 이동에 대비하여 능력의 다양화, 승진에 대비한 능력 향상을 도모한다.
⑥ 새로 도입된 신기술에 종업원의 적응이 원활하게 한다.

3. 안전교육지도의 8원칙

① 상대방의 입장에서
② 동기부여를
③ 쉬운 것에서 어려운 것으로
④ 반복
⑤ 한번에 하나를
⑥ 인상의 강화
⑦ 오감의 활용
⑧ 기능적인 이해

4. 학습지도 이론

① 자발성의 원리 : 학습자 스스로 학습에 참여해야 한다는 원리
② 개별화의 원리 : 학습자가 가지고 있는 각각의 요구 및 능력에 맞에 지도해야 한다는 원리
③ 사회화의 원리 : 공동학습을 통해 협력과 사회화를 도와준다는 원리
④ 통합의 원리 : 학습을 종합적으로 지도하는 것으로 학습자의 능력을 조화있게 발달시키는 원리
⑤ 직관의 원리 : 구체적인 사물을 제시하거나 경험 등을 통해 학습효과를 거둘 수 있다는 원리

2 교육법의 4단계

① 도입(1단계) : 학습할 준비를 시킨다.(배우고자 하는 마음가짐을 일으키는 단계)
② 제시(2단계) : 작업을 설명한다.(내용을 확실하게 이해시키고 납득시키는 단계)
③ 적용(3단계) : 작업을 지휘한다.(이해시킨 내용을 활용시키거나 응용시키는 단계)
④ 확인(4단계) : 가르친 뒤 살펴본다.(교육 내용을 정확하게 이해하였는가를 테스트하는 단계)

〈교육방법에 따른 교육시간〉

교육법의 4단계	강의식	토의식
제1단계 - 도입(준비)	5분	5분
제2단계 - 제시(설명)	**40분**	10분
제3단계 - 적용(응용)	10분	**40분**
제4단계 - 확인(총괄)	5분	5분

3 안전보건교육의 기본방향

① 안전의식의 향상 : 안전의식 함양이 가장 필수 요소임
② 재해사례를 통한 유사재해 방지 : 사고사례를 교육함으로써 유사재해의 재발방지
③ 표준작업방법 교육 : 표준작업방법의 교육을 통한 효율성 도모

4 안전보건교육의 단계

1. 안전보건교육의 단계

① 지식교육(1단계) : 지식의 전달과 이해
② 기능교육(2단계) : 실습, 시범을 통한 이해
③ 태도교육(3단계) : 안전의 습관화(가치관 형성)
㉠ 청취(들어본다.) → ㉡ 이해, 납득(이해시킨다.) → ㉢ 모범(시범을 보인다.) → ㉣ 권장(평가한다.)
④ 추후지도

5 안전보건교육계획과 그 내용

1. 안전교육계획 수립 시에 고려할 사항

① 필요한 정보를 수집
② 현장의 의견을 충분히 반영
③ 안전교육 시행 체계와의 관련을 고려
④ 법 규정에 의한 교육에만 그치지 않는다.

2. 안전교육의 내용(안전교육계획 수립시 포함되어야 할 사항)

① 교육의 종류
② 교육대상
③ 교육과목 및 교육내용
④ 교육기간 및 시간
⑤ 교육장소
⑥ 교육방법
⑦ 교육담당자 및 강사

3. 교육준비계획에 포함되어야 할 사항

① 교육목표설정
② 교육대상자 범위 결정
③ 교육과정의 결정
④ 교육방법의 결정
⑤ 강사, 조교 편성
⑥ 교육보조자료의 선정

4. 작성순서

① 교육의 필요점 발견
② 교육대상을 결정하고 그것에 따라 교육내용 및 방법 결정
③ 교육준비
④ 교육실시
⑤ 평가

6 O.J.T와 OFF J.T

1. O.J.T(직장 내 교육훈련)

직속상사가 직장 내에서 작업표준을 가지고 업무상의 개별교육이나 지도훈련을 하는 것(개별교육에 적합)

① 개인 개인에게 적절한 지도훈련이 가능
② 직장의 실정에 맞게 실제적 훈련이 가능
③ 효과가 곧 업무에 나타나며 훈련의 좋고 나쁨에 따라 개선이 쉬움

2. OFF J.T(직장 외 교육훈련)

계층별 직능별로 공통된 교육대상자를 현장 이외의 한 장소에 모아 집합교육을 실시하는 교육형태(집단교육에 적합)

① 다수의 근로자에게 조직적 훈련을 행하는 것이 가능
② 훈련에만 전념

③ 각각 전문가를 강사로 초청하는 것이 가능
④ OFF J.T 안전교육 4단계
㉠ 1단계 : 학습할 준비를 시킨다.
㉡ 2단계 : 작업을 설명한다.
㉢ 3단계 : 작업을 시켜본다.
㉣ 4단계 : 가르친 뒤를 살펴본다.

Key Point

사업장에서 실시하는 안전교육의 종류를 쓰시오.

1. O.J.T(**직장 내 교육훈련**)
2. OFF J.T(**직장 외 교육훈련**)

3. TWI(Training Within Industry)

주로 관리감독자를 대상으로 하며 전체 교육시간은 10시간(1일 2시간씩 5일 교육)으로 실시한다. 한 그룹에 10명 내외로 토의법과 실연법 중심으로 강의가 실시되며 훈련의 종류는 다음과 같다.

① 작업지도훈련(JIT : Job Instruction Training)
② 작업방법훈련(JMT : Job Method Training)
③ 인간관계훈련(JRT : Job Relations Training)
④ 작업안전훈련(JST : Job Safety Training)

4. MTP(Management Training Program)

한 그룹에 10~15명 내외로 전체 교육시간은 40시간(1일 2시간씩 20일 교육)으로 실시한다.

5. ATT(American Telephone & Telegraph Company)

대상층이 한정되어 있지 않고 토의식으로 진행되며 교육시간은 1차 훈련은 1일 8시간씩 2주간, 2차 과정은 문제 발생시 하도록 되어 있다.

6. CCS(Civil Communication Section)

강의식에 토의식이 가미된 형태로 진행되며 매주 4일, 4시간씩 8주간(총 128시간) 실시토록 되어 있다.

7 학습목적과 학습성과

1. 학습목적의 3요소

① 주제
② 학습정도
③ 목표

2. 학습진행 4단계

① 인지
② 지각
③ 이해
④ 적용

3. 학습성과

학습목적을 세분하여 구체적으로 결정하는 것

4. 교육의 3요소

① 주체 : 강사
② 객체 : 수강자(학생)
③ 매개체 : 교재(교육내용)

Key Point

안전교육의 3요소를 쓰시오.

1. **주체 : 강사**
2. **객체 : 수강자(학생)**
3. **매개체 : 교재(교육내용)**

8 교육훈련평가

1. 학습평가의 기본적인 기준

① 타당성
② 신뢰성
③ 객관성
④ 실용성

2. 교육훈련평가의 4단계

① 반응 → ② 학습 → ③ 행동 → ④ 결과

3. 교육훈련의 평가방법

① 설문
② 감상문
③ 시험
④ 과제
⑤ 시찰 또는 관찰
⑥ 면접
⑦ 실험평가

9 산업안전보건법상 교육의 종류와 교육시간 및 교육내용

1. 사업장 내 안전·보건교육(「산업안전보건법 시행규칙」 별표 4)

교육과정	교육대상		교육시간
가. 정기교육	사무직 종사 근로자		매분기 3시간 이상
	사무직 종사 근로자 외의 근로자	판매업무에 직접 종사하는 근로자	매분기 3시간 이상

교육과정	교육대상	교육시간
가. 정기교육	판매업무에 직접 종사하는 근로자 외의 근로자	매분기 6시간 이상
	관리감독자의 지위에 있는 사람	연간 16시간 이상
나. 채용 시의 교육	일용근로자	1시간 이상
	일용근로자를 제외한 근로자	8시간 이상
다. 작업내용 변경 시의 교육	일용근로자	1시간 이상
	일용근로자를 제외한 근로자	2시간 이상
라. 특별교육	별표 5 제1호라목 각 호의 어느 하나에 해당하는 작업에 종사하는 일용근로자	2시간 이상
	별표 5 제1호라목 제39호의 타워크레인 신호작업에 종사하는 일용근로자	8시간 이상
	별표 5 제1호라목 각 호의 어느 하나에 해당하는 작업에 종사하는 일용근로자를 제외한 근로자	• 16시간 이상(최초 작업에 종사하기 전 4시간 이상 실시하고 12시간은 3개월 이내에서 분할하여 실시가능) • 단기간 작업 또는 간헐적 작업인 경우에는 2시간 이상
마. 건설업 기초 안전·보건교육	건설 일용근로자	4시간

Key Point

안전보건 교육시간 빈칸의 내용을 채우시오.

교육과정	교육대상	교육시간
채용시 교육	일용 근로자	**(1시간 이상)**
	일용 근로자를 제외한 근로자	**(8시간 이상)**
정기교육	생산직 근로자	**(매분기 6시간 이상)**
	사무직 종사 근로자	**(매분기 3시간 이상)**

2. 교육대상별 교육내용(산업안전보건법 시행규칙 별표 5) <개정 2021. 1. 19.>

1) 근로자 정기안전 · 보건교육

교육내용
• 산업안전 및 사고 예방에 관한 사항 • 산업보건 및 직업병 예방에 관한 사항 • 건강증진 및 질병 예방에 관한 사항 • 유해 · 위험 작업환경 관리에 관한 사항 • 산업안전보건법령 및 산업재해보상보험 제도에 관한 사항 • 직무스트레스 예방 및 관리에 관한 사항 • 산업재해보상보험제도에 관한 사항 → 직장 내 괴롭힘, 고객의 폭언 등으로 인한 건강장해 예방 및 관리에 관한 사항

2) 관리감독자 정기안전 · 보건교육

교육내용
• 산업안전 및 사고 예방에 관한 사항 • 산업보건 및 직업병 예방에 관한 사항 • 유해 · 위험 작업환경 관리에 관한 사항 • 산업안전보건법령 및 산업재해보상보험 제도에 관한 사항 • 직무스트레스 예방 및 관리에 관한 사항 • 직장 내 괴롭힘, 고객의 폭언 등으로 인한 건강장해 예방 및 관리에 관한 사항 • 작업공정의 유해 · 위험과 재해 예방대책에 관한 사항 • 표준안전 작업방법 및 지도 요령에 관한 사항 • 관리감독자의 역할과 임무에 관한 사항 • 안전보건교육 능력 배양에 관한 사항 – 현장근로자와의 의사소통능력 향상, 강의능력 향상 및 그 밖에 안전보건교육 능력 배양 등에 관한 사항. 이 경우 안전보건교육 능력 배양 교육은 별표 4에 따라 관리감독자가 받아야 하는 전체 교육시간의 3분의 1 범위에서 할 수 있다.

3) 채용 시의 교육 및 작업내용 변경 시의 교육

교육내용
• 산업안전 및 사고 예방에 관한 사항 • 산업보건 및 직업병 예방에 관한 사항 • 산업안전보건법령 및 산업재해보상보험 제도에 관한 사항 • 직무스트레스 예방 및 관리에 관한 사항 • 직장 내 괴롭힘, 고객의 폭언 등으로 인한 건강장해 예방 및 관리에 관한 사항 • 기계 · 기구의 위험성과 작업의 순서 및 동선에 관한 사항 • 작업 개시 전 점검에 관한 사항 • 정리정돈 및 청소에 관한 사항 • 사고 발생 시 긴급조치에 관한 사항 • 물질안전보건자료에 관한 사항

4) 특별교육대상작업별 교육내용

작업명	교육내용
〈공통내용〉 제1호부터 제38호까지의 작업	채용 시의 교육 및 작업내용변경 시의 교육과 같은 내용
〈개별내용〉 1. 고압실 내 작업(잠함공법이나 그 밖의 압기공법으로 대기압을 넘는 기압인 작업실 또는 수갱 내부에서 하는 작업만 해당한다)	• 고기압 장해의 인체에 미치는 영향에 관한 사항 • 작업의 시간 · 작업 방법 및 절차에 관한 사항 • 압기공법에 관한 기초지식 및 보호구 착용에 관한 사항 • 이상 발생 시 응급조치에 관한 사항 • 그 밖에 안전 · 보건관리에 필요한 사항
2. 아세틸렌 용접장치 또는 가스집합 용접장치를 사용하는 금속의 용접 · 용단 또는 가열작업(발생기 · 도관 등에 의하여 구성되는 용접장치만 해당한다)	• 용접 흄, 분진 및 유해광선 등의 유해성에 관한 사항 • 가스용접기, 압력조정기, 호스 및 취관두 등의 기기점검에 관한 사항 • 작업방법 · 순서 및 응급처치에 관한 사항 • 안전기 및 보호구 취급에 관한 사항 • 화재예방 및 초기대응에 관한 사항 • 그 밖에 안전 · 보건관리에 필요한 사항
3. 밀폐된 장소(탱크 내 또는 환기가 극히 불량한 좁은 장소를 말한다)에서 하는 용접작업 또는 습한 장소에서 하는 전기용접 장치	• 작업순서, 안전작업방법 및 수칙에 관한 사항 • 환기설비에 관한 사항 • 전격 방지 및 보호구 착용에 관한 사항 • 질식 시 응급조치에 관한 사항 • 작업환경 점검에 관한 사항 • 그 밖에 안전 · 보건관리에 필요한 사항

작업명	교육내용
4. 폭발성 · 물반응성 · 자기반응성 · 자기발열성 물질, 자연발화성 액체 · 고체 및 인화성 액체의 제조 또는 취급작업(시험연구를 위한 취급작업은 제외한다)	• 폭발성 · 물반응성 · 자기반응성 · 자기발열성 물질, 자연발화성 액체 · 고체 및 인화성 액체의 성질이나 상태에 관한 사항 • 폭발 한계점, 발화점 및 인화점 등에 관한 사항 • 취급방법 및 안전수칙에 관한 사항 • 이상 발견 시의 응급처치 및 대피 요령에 관한 사항 • 화기 · 정전기 · 충격 및 자연발화 등의 위험방지에 관한 사항 • 작업순서, 취급주의사항 및 방호거리 등에 관한 사항 • 그 밖에 안전 · 보건관리에 필요한 사항
5. 액화석유가스 · 수소가스 등 인화성 가스 또는 폭발성 물질 중 가스의 발생장치 취급작업	• 취급가스의 상태 및 성질에 관한 사항 • 발생장치 등의 위험 방지에 관한 사항 • 고압가스 저장설비 및 안전취급방법에 관한 사항 • 설비 및 기구의 점검 요령 • 그 밖에 안전 · 보건관리에 필요한 사항
6. 화학설비 중 반응기, 교반기 · 추출기의 사용 및 세척작업	• 각 계측장치의 취급 및 주의에 관한 사항 • 투시창 · 수위 및 유량계 등의 점검 및 밸브의 조작주의에 관한 사항 • 세척액의 유해성 및 인체에 미치는 영향에 관한 사항 • 작업 절차에 관한 사항 • 그 밖에 안전 · 보건관리에 필요한 사항

3. 안전보건관리책임자 등에 대한 교육내용(산업안전보건법 시행규칙 제29조 제2항 관련)

교육대상	교육내용	
	신규과정	보수과정
안전보건 관리책임자	• 관리책임자의 책임과 직무에 관한 사항 • 산업안전보건법령 및 안전 · 보건조치에 관한 사항	• 산업안전 · 보건정책에 관한 사항 • 자율안전 · 보건관리에 관한 사항
안전관리자 및 안전관리 전문기관 종사자	• 산업안전보건법령에 관한 사항 • 산업안전보건개론에 관한 사항 • 인간공학 및 산업심리에 관한 사항 • 안전보건교육방법에 관한 사항 • 재해 발생 시 응급처치에 관한 사항 • 안전점검 · 평가 및 재해 분석기법에 관한 사항 • 안전기준 및 개인보호구 등 분야별 재해예방 실무에 관한 사항	• 산업안전보건법령 및 정책에 관한 사항 • 안전관리계획 및 안전보건 개선계획의 수립 · 평가 · 실무에 관한 사항 • 안전보건교육 및 무재해운동 추진 실무에 관한 사항

교육대상	교육내용	
	신규과정	보수과정
안전관리자 및 안전관리 전문기관 종사자	• 산업안전보건관리비 계상 및 사용기준에 관한 사항 • 작업환경 개선 등 산업위생 분야에 관한 사항 • 무재해운동 추진기법 및 실무에 관한 사항 • 위험성평가에 관한 사항 • 그 밖에 안전관리자의 직무 향상을 위하여 필요한 사항	• 산업안전보건관리비 사용기준 및 사용방법에 관한 사항 • 분야별 재해사례 및 개선사례에 관한 연구와 실무에 관한 사항 • 사업장 안전 개선기법에 관한 사항 • 위험성평가에 관한 사항 • 그 밖에 안전관리자 직무 향상을 위하여 필요한 사항
보건관리자 및 보건관리 전문기관 종사자	• 산업안전보건법령 및 작업환경측정에 관한 사항 • 산업안전보건개론에 관한 사항 • 안전보건교육방법에 관한 사항 • 산업보건관리계획 수립 · 평가 및 산업역학에 관한 사항 • 작업환경 및 직업병 예방에 관한 사항 • 작업환경 개선에 관한 사항(소음 · 분진 · 관리대상 유해물질 및 유해광선 등) • 산업역학 및 통계에 관한 사항 • 산업환기에 관한 사항 • 안전보건관리의 체제 · 규정 및 보건관리자 역할에 관한 사항 • 보건관리계획 및 운용에 관한 사항 • 근로자 건강관리 및 응급처치에 관한 사항 • 위험성평가에 관한 사항 • 감염병 예방에 관한 사항 • 자살 예방에 관한 사항 • 그 밖에 보건관리자의 직무 향상을 위하여 필요한 사항	• 산업안전보건법령, 정책 및 작업환경관리에 관한 사항 • 산업보건관리계획 수립 · 평가 및 안전보건교육 추진 요령에 관한 사항 • 근로자 건강 증진 및 구급환자관리에 관한 사항 • 산업위생 및 산업환기에 관한 사항 • 직업병 사례 연구에 관한 사항 • 유해물질별 작업환경 관리에 관한 사항 • 위험성평가에 관한 사항 • 감염병 예방에 관한 사항 • 자살 예방에 관한 사항 • 그 밖에 보건관리자 직무 향상을 위하여 필요한 사항
안전보건 관리담당자		• 위험성평가에 관한 사항 • 안전 · 보건교육방법에 관한 사항 • 사업장 순회점검 및 지도에 관한 사항 • 기계 · 기구의 적격품 선정에 관한 사항 • 산업재해 통계의 유지 · 관리 및 조사에 관한 사항 • 그 밖에 안전보건관리담당자 직무 향상을 위하여 필요한 사항

제2장 산업심리

1 착각현상

착각은 물리현상을 왜곡하는 지각현상을 말함

① 자동운동 : 암실 내에서 정지된 작은 광점을 응시하면 움직이는 것처럼 보이는 현상

② 유도운동 : 실제로는 정지한 물체가 어느 기준물체의 이동에 따라 움직이는 것처럼 보이는 현상

③ 가현운동 : 영화처럼 물체가 빨리 나타나거나 사라짐으로 인해 운동하는 것처럼 보이는 현상

2 주의력과 부주의

1. 주의의 특성

1) 선택성(소수의 특정한 것에 한한다)

인간은 어떤 사물을 기억하는 데에 3단계의 과정을 거친다. 첫째 단계는 감각보관(Sensory Storage)으로 시각적인 잔상(殘像)과 같이 자극이 사라진 후에도 감각기관에 그 자극감각이 잠시 지속되는 것을 말한다. 둘째 단계는 단기기억(Short-Term Memory)으로 누구에게 전해야 할 전언(傳言)을 잠시 기억하는 것처럼 관련 정보를 잠시 기억하는 것인데, 감각보관으로부터 정보를 암호화하여 단기기억으로 이전하기 위해서는 인간이 그 과정에 주의를 집중해야 한다. 셋째 단계인 장기기억(Long-Term Memory)은 단기기억 내의 정보를 의미론적으로 암호화하여 보관하는 것이다.

인간의 정보처리 능력은 한계가 있으므로 모든 정보가 단기기억으로 입력될 수는 없다. 따라서 입력정보들 중 필요한 것만을 골라내는 기능을 담당하는 선택여과기(Selective Filter)가 있는 셈인데, 브로드벤트(Broadbent)는 이러한 주의의 특성을 선택적 주의(Selective Attention)라 하였다.

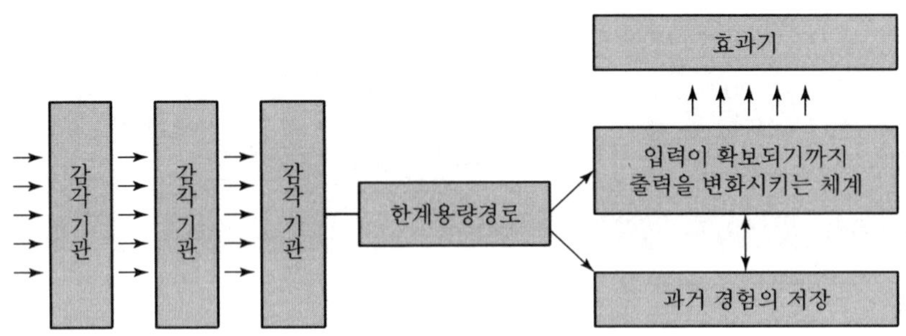

[브로드벤트(Broadbent)의 선택적 주의 모형]

2) 방향성(시선의 초점이 맞았을 때 쉽게 인지된다)

주의의 초점에 합치된 것은 쉽게 인식되지만 초점으로부터 벗어난 부분은 무시되는 성질을 말하는데, 얼마나 집중하였느냐에 따라 무시되는 정도도 달라진다.

정보를 입수할 때에 중요한 정보의 발생방향을 선택하여 그곳으로부터 중점적인 정보를 입수하고 그 이외의 것을 무시하는 이러한 주의의 특성을 집중적 주의(Focused Attention)라고 하기도 한다.

3) 변동성

인간은 한 점에 계속하여 주의를 집중할 수는 없다. 주의를 계속하는 사이에 언제인가 자신도 모르게 다른 일을 생각하게 된다. 이것을 다른 말로 '의식의 우회'라고 표현하기도 한다. 대체적으로 변화가 없는 한 가지 자극에 명료하게 의식을 집중할 수 있는 시간은 불과 수초에 지나지 않고, 주의집중 작업 혹은 각성을 요하는 작업(Vigilance Task)은 30분을 넘어서면 작업성능이 현저하게 저하한다.

그림에서 주의가 외향(外向) 혹은 전향(前向)이라는 것은 인간의 의식이 외부사물을 관찰하는 등 외부정보에 주의를 기울이고 있을 때이고, 내향(內向)이라는 것은 자신의 사고(思考)나 사색에 잠기는 등 내부의 정보처리에 주의 집중하고 있는 상태를 말한다.

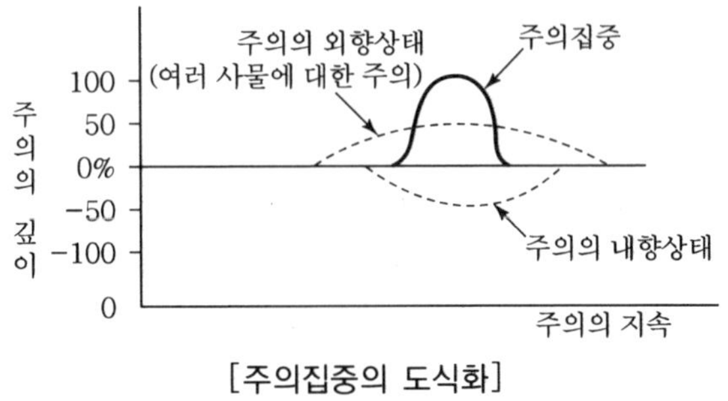

[주의집중의 도식화]

Key Point

주의의 특성 3가지를 쓰고 간단히 설명하시오.

1. 선택성 : 주의는 동시에 2개 이상의 방향에 집중하지 못한다.
2. 방향성 : 한 지점에 주의를 집중하면 다른 곳의 주의는 약해진다.
3. 변동성 : 고도의 주의는 장시간 지속될 수 없다.

2. 부주의 원인

1) 의식의 우회

의식의 흐름이 옆으로 빗나가 발생하는 것

2) 의식수준의 저하

혼미한 정신상태에서 심신이 피로할 경우나 단조로운 반복작업 등의 경우에 일어나기 쉬움

3) 의식의 단절

지속적인 의식의 흐름에 단절이 생기고 공백의 상태가 나타나는 것

4) 의식의 과잉

지나친 의욕에 의해서 생기는 부주의 현상

5) 부주의 발생원인 및 대책

(1) 내적원인 및 대책

① 소질적 조건 : 적성배치
② 경험 및 미경험 : 교육
③ 의식의 우회 : 상담

(2) 외적원인 및 대책

① 작업환경조건 불량 : 환경정비
② 작업순서의 부적당 : 작업순서정비

3 안전사고와 사고심리

1. 안전사고 요인

1) 정신적 요소

① 안전의식의 부족
② 주의력의 부족
③ 방심, 공상
④ 판단력 부족

2) 생리적 요소

① 극도의 피로
② 시력 및 청각기능의 이상
③ 근육 운동의 부적합
④ 생리 및 신경계통의 이상

3) 불안전행동

(1) 직접적인 원인

지식의 부족, 기능 미숙, 태도불량, 인간에러 등

(2) 간접적인 원인

① 망각 : 학습된 행동이 지속되지 않고 소멸되는 것. 기억된 내용의 망각은 시간의 경과에 비례하여 급격히 이루어진다.
② 의식의 우회 : 공상, 회상 등
③ 생략행위 : 정해진 순서를 빠뜨리는 것
④ 억측판단 : 자기 멋대로 하는 주관적인 판단
⑤ 4M 요인 : 인간관계(Man), 설비(Machine), 작업환경(Media), 관리(Management)

2. 산업안전심리의 5대 요소

1) 동기(Motive)

능동력은 감각에 의한 자극에서 일어나는 사고의 결과로서 사람의 마음을 움직이는 원동력

2) 기질(Temper)

인간의 성격, 능력 등 개인적인 특성을 말하는 것으로 생활 환경에 영향을 받는다.

3) 감정(Emotion)

희노애락의 의식

4) 습성(Habits)

동기, 기질, 감정 등이 밀접한 관계를 형성하여 인간의 행동에 영향을 미칠 수 있도록 하는 것

5) 습관(Custom)

자신도 모르게 습관화된 현상을 말하며 습관에 영향을 미치는 요소는 동기, 기질, 감정, 습성이다.

Key Point

안전심리 5요소를 쓰시오.

동기, 기질, 감정, 습성, 습관

3. 착오의 종류 및 요인

1) 착오의 종류

① 위치착오
② 순서착오
③ 패턴의 착오
④ 기억의 착오
⑤ 형(모양)의 착오

2) 착오의 요인

① 정보부족(정보량의 저장한계)
② 정서적 불안정(심리적 능력한계)
③ 자기합리화

4 재해빈발자의 유형

1. 재해빈발설

1) 기회설

개인의 문제가 아니라 작업 자체에 문제가 있어 재해가 빈발

2) 암시설

재해를 한번 경험한 사람은 심리적 압박을 받게 되어 대처능력이 떨어져 재해가 빈발

3) 빈발 경향자설

재해를 자주 일으키는 소질을 가진 근로자가 있다는 설

2. 재해누발자 유형

1) 미숙성 누발자

환경에 익숙하지 못하거나 기능 미숙으로 인한 재해 누발자

2) 상황성 누발자

작업이 어렵거나, 기계설비의 결함, 주의력의 집중이 혼란된 경우, 심신의 근심으로 사고경향자가 되는 경우(상황이 변하면 안전한 성향으로 바뀜)

3) 습관성 누발자

재해의 경험으로 신경과민이 되거나 슬럼프에 빠지기 때문에 사고경향자가 되는 경우

4) 소질성 누발자

지능, 성격, 감각운동 등에 의한 소질적 요소에 의해서 결정되는 특수성격 소유자

Key Point

재해 누발자 유형을 쓰고 간단히 설명하시오.

1. 미숙성 누발자 : 기능 미숙으로 인한 재해누발자
2. 상황성 누발자 : 심신의 근심으로 사고경향자가 되는 경우
3. 습관성 누발자 : 재해의 경험 등으로 사고경향자가 되는 경우
4. 소질성 누발자 : 소질적 요소에 의해서 결정되는 특수성격 소유자

5 노동과 피로

1. 피로의 증상과 대책

1) 피로의 정의

신체적 또는 정신적으로 지치거나 약해진 상태로서 작업능률의 저하, 신체기능의 저하 등의 증상이 나타나는 상태

2) 피로의 종류

① 주관적 피로 : 피로감을 느끼는 자각증세(정신적 피로)
② 객관적 피로 : 작업피로로 인해 생산성의 저하로 나타남(육체적 피로)
③ 생리적 피로 : 작업능력 또는 생리적 기능의 저하

3) 피로의 발생원인

(1) 피로의 요인

① 작업조건 : 작업강도, 작업속도, 작업시간 등
② 환경조건 : 온도, 습도, 소음, 조명 등
③ 생활조건 : 수면, 식사, 취미활동 등
④ 사회적 조건 : 대인관계, 생활수준 등
⑤ 신체적, 정신적 조건

(2) 기계적 요인과 인간적 요인

① 기계적 요인 : 기계의 종류, 조작부분의 배치, 색채, 조작부분의 감촉 등
② 인간적 요인 : 신체상태, 정신상태, 작업내용, 작업시간, 사회환경, 작업환경 등

Key Point

피로에 영향을 미치는 기계측 인자 4가지를 쓰시오.

기계의 종류, 조작부분의 배치, 색채, 조작부분의 감촉

4) 피로의 예방과 회복대책

① 작업부하를 적게 할 것
② 정적동작을 피할 것
③ 작업속도를 적절하게 할 것
④ 근로시간과 휴식을 적절하게 할 것
⑤ 목욕이나 가벼운 체조를 할 것
⑥ 수면을 충분히 취할 것

2. 피로의 측정방법

1) 생리적 측정방법

① 근전계(EMG) : 근육활동의 전위차를 기록하여 측정
② 심전계(ECG) : 심장의 근육활동의 전위차를 기록하여 측정
③ 뇌전계(ENG) : 뇌신경 활동의 전위차를 기록하여 측정
④ 산소소비량
⑤ 점멸융합주파수(플리커법) : 뇌의 피로값을 측정하기 위해 실시하며 빛의 성질을 이용하여 뇌의 기능을 측정. 저주파에서 차츰 주파수를 높이면 깜박거림이 없어지고 빛이 일정하게 보이는데, 이 성질을 이용하여 뇌가 피로한지 여부를 측정하는 방법. 일반적으로 피로도가 높을수록 주파수가 낮아진다.
⑥ 에너지소비량(RMR)
⑦ 피부전기반사(GSR)
⑧ 안구운동측정

Key Point

플리커테스트란 무엇인지 간략하게 쓰시오.

뇌의 피로값을 측정하기 위해 실시하며 빛의 성질을 이용하여 뇌의 기능을 측정. 저주파에서 차츰 주파수를 높이면 깜박거림이 없어지고 빛이 일정하게 보이는데, 이 성질을 이용하여 뇌가 피로한지 여부를 측정하는 방법. 일반적으로 피로도가 높을수록 주파수가 낮아진다.

2) 심리적 측정방법

① 정신작업
② 집중유지기능(Kleapelin 가산법)
③ 동작분석
④ 자세의 변화

3) 생화학적 방법

① 요단백
② 혈액

4) 피로의 판정방법

① 플리커법(Flicker)
② 연속색명 호칭법(Color naming test)

3. 작업강도와 피로

1) 작업강도(RMR : Relative Metabolic Rate) : 에너지 대사율

$$\text{RMR} = \frac{(\text{작업 시 소비에너지} - \text{안정 시 소비에너지})}{\text{기초대사시 소비에너지}} = \frac{\text{작업대사량}}{\text{기초대사량}}$$

① 작업 시 소비에너지 : 작업 중 소비한 산소량
② 안정 시 소비에너지 : 의자에 앉아서 호흡하는 동안 소비한 산소량
③ 기초대사량 : 체표면적 산출식과 기초대사량 표에 의해 산출

$$A = H^{0.725} \times W^{0.425} \times 72.46$$

여기서, A : 몸의 표면적(cm^2), H : 신장(cm), W=체중(kg)

2) 에너지 대사율(RMR)에 의한 작업강도

① 경작업(0~2RMR) : 사무실 작업, 정신작업 등
② 중(中)작업(2~4RMR) : 힘이나 동작, 속도가 작은 하체작업 등
③ 중(重)작업(4~7RMR) : 전신작업 등
④ 초중(超重)작업(7RMR 이상) : 과격한 전신작업

4. 휴식시간 산정

$$R(분) = \frac{60(E-4)}{E-1.5} (60분 기준)$$

여기서, E : 작업의 평균에너지(kcal/min), 에너지 값의 상한 : 4(kcal/min)

5. 생체리듬(바이오리듬, Biorhythm)의 종류

1) 생체리듬(Biorhythm ; Biological rhythm)

인간의 생리적인 주기 또는 리듬에 관한 이론

2) 생체리듬(바이오리듬)의 종류

① 육체적(신체적) 리듬(P ; Physical Cycle) : 신체의 물리적인 상태를 나타내는 리듬, 청색 실선으로 표시하며 23일의 주기이다.

② 감성적 리듬(S ; Sensitivity) : 기분이나 신경계통의 상태를 나타내는 리듬, 적색 점선으로 표시하며 28일의 주기이다.

③ 지성적 리듬(I ; Intellectual) : 기억력, 인지력, 판단력 등을 나타내는 리듬, 녹색 일점쇄선으로 표시하며 33일의 주기이다.

Key Point

생체리듬의 종류 3가지를 쓰시오.

1. **육체적 리듬**
2. **감성적 리듬**
3. **지성적 리듬**

6 직업적성과 인사관리

1. 기계적 적성

① 손과 팔의 솜씨 : 신속하고 정확한 능력
② 공간 시각화 : 형상, 크기의 판단능력
③ 기계적 이해 : 공간시각능력, 지각속도, 경험, 기술적 지식 등

2. 사무적 적성

① 지능
② 지각속도
③ 정확성

3. 인사관리의 중요한 기능

① 조직과 리더십(Leadership)
② 선발(적성검사 및 시험)
③ 배치
④ 작업분석과 업무평가
⑤ 상담 및 노사 간의 이해

7 동기부여에 관한 이론

1. 동기부여에 관한 이론

1) 매슬로(MASLOW)의 욕구단계이론

① 생리적 욕구 : 기아, 갈증, 호흡, 배설, 성욕 등
② 안전의 욕구 : 안전을 기하려는 욕구
③ 사회적 욕구(친화욕구) : 소속 및 애정에 대한 욕구
④ 자기존경의 욕구(승인의 욕구) : 자존심, 명예, 성취, 지위에 대한 욕구
⑤ 자아실현의 욕구(성취욕구) : 잠재적인 능력을 실현하고자 하는 욕구

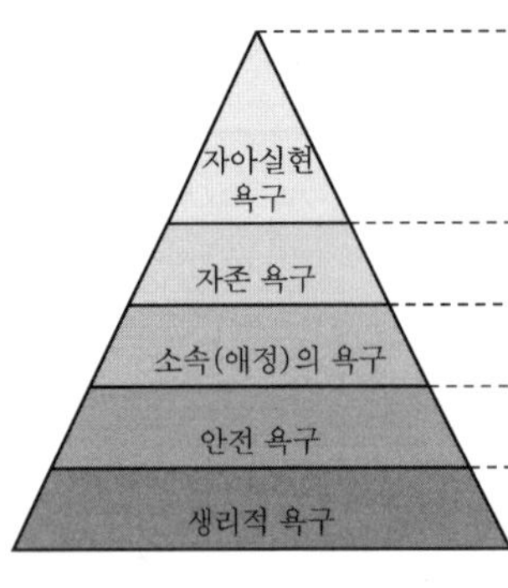

자아실현 욕구	자신의 잠재력 역량을 최고로 발휘하여 자신의 일에서 최고가 되고 싶은 욕구 (예:고유기술을 가진 자가 완벽한 작품을 만들고 싶은 욕구)
자존 욕구	명성, 명예 그리고 타인으로부터 인정받고 싶은 욕구
소속(애정)의 욕구	어딘가에 소속하여 타인과 사귀고 사랑하고 사랑받고 싶은 욕구
안전 욕구	신체적, 심리적 위험 및 사회적 지위 등과 같은 외부로부터 자신을 보호, 보장받고 싶은 욕구
생리적 욕구	음식, 공기, 물, 섹스, 주거 등과 같은 생존에 필수적인 것

2) 알더퍼의 ERG 이론

(1) E(Existence) : 존재욕구

생리적 욕구나 안전욕구와 같이 인간이 자신의 존재를 확보하는 데 필요한 욕구이다.

(2) R(Relation) : 관계욕구

개인이 주변사람들(가족, 감독자, 동료작업자, 하위자, 친구 등)과 상호 작용을 통하여 만족을 추구하고 싶어하는 욕구로서 매슬로 욕구단계 중 애정의 욕구에 속한다.

(3) G(Growth) : 성장욕구

매슬로의 자존의 욕구와 자아실현의 욕구를 포함하는 것으로서, 개인의 잠재력 개발과 관련되는 욕구이다.

3) 맥그리거의 X이론과 Y이론

(1) X이론에 대한 가정

① 원래 종업원들은 일하기 싫어하며 가능하면 일하는 것을 피하려고 한다.
② 종업원들은 일하는 것을 싫어하므로 바람직한 목표를 달성하기 위해서는 그들을 통제하고 위협하여야 한다.
③ 종업원들은 책임을 회피하고 가능하면 공식적인 지시를 바란다.
④ 인간은 명령되는 쪽을 좋아하며 무엇보다 안전을 바라고 있다라는 인간관

X이론에 대한 관리 처방	
① 경제적 보상체계의 강화	② 권위주의적 리더십의 확립
③ 면밀한 감독과 엄격한 통제	④ 상부책임제도의 강화
⑤ 통제에 의한 관리	

(2) Y이론에 대한 가정

① 종업원들은 일하는 것을 놀이나 휴식과 동일한 것으로 볼 수 있다.
② 종업원들은 조직의 목표에 관여하는 경우에 자기지향과 자기통제를 행한다.
③ 보통 인간들은 책임을 수용하고 심지어는 구하는 것을 배울 수 있다.
④ 작업에서 몸과 마음을 구사하는 것은 인간의 본성이라는 인간관
⑤ 인간은 조건에 따라 자발적으로 책임을 지려고 한다는 인간관
⑥ 매슬로의 욕구체계 중 자기실현의 욕구에 해당한다.

Y이론에 대한 관리 처방	
① 민주적 리더십의 확립	**② 분권화와 권한의 위임**
③ 직무확장	**④ 자율적인 통제**

4) 허즈버그의 2요인 이론(위생요인, 동기요인)

① 위생요인(Hygiene) : 작업조건, 급여, 직무환경, 감독 등 일의 조건, 보상에서 오는 욕구 (충족되지 않을 경우 조직의 성과가 떨어지나, 충족되었다고 성과가 향상되지 않음)
② 동기요인(Motivation) : 책임감, 성취, 인정, 개인발전 등 일 자체에서 오는 심리적 욕구 (충족될 경우 조직의 성과가 향상되며 충족되지 않아도 성과가 떨어지지 않음)

5) 데이비스(K. Davis)의 동기부여 이론

인간의 성과×물질적 성과=경영의 성과
① 지식(Knowledge)×기능(Skill)=능력(Ability)
② 상황(Situation)×태도(Attitude)=동기유발(Motivation)
③ 능력(Ability)×동기유발(Motivation)=인간의 성과(Human Performance)

Key Point

동기부여의 이론 중 매슬로우의 욕구단계론, 허츠버그의 2요인이론(dual factors theory), 알더퍼의 ERG이론을 비교한 것이다. ①~⑤의 빈칸에 들어갈 말을 쓰시오.

욕구단계론	2요인 이론	ERG이론
자아실현의 욕구	**③ 동기요인**	**⑤ 성장욕구**(G)
존경의 욕구		
소속 및 애정의 욕구		관계욕구(R)
① 안전욕구	**② 위생요인**	**④ 존재욕구**(E)
생리적 욕구		

8 무재해운동과 위험예지훈련

1. 무재해의 정의(산업재해)

"무재해"란 산업재해로 사망자가 발생하거나 3일 이상의 휴업이 필요한 부상을 입거나 질병에 걸린 사람이 발생되지 않는 것을 말한다.

2. 무재해운동의 3원칙

1) 무의 원칙

모든 잠재위험요인을 사전에 발견·파악·해결함으로써 근원적으로 산업재해를 없앤다.

2) 참여의 원칙

작업에 따르는 잠재적인 위험요인을 발견·해결하기 위하여 전원이 협력하여 문제해결 운동을 실천한다.

3) 안전제일의 원칙(선취의 원칙)

직장의 위험요인을 행동하기 전에 발견·파악·해결하여 재해를 예방한다.

3. 무재해운동의 3요소(3기둥)

1) 직장의 자율활동의 활성화

일하는 한사람 한사람이 안전보건을 자신의 문제이며 동시에 같은 동료의 문제로 진지하게 받아들여 직장의 팀멤버와의 협동노력으로 자주적으로 추진해 가는 것이 필요하다.

2) 라인(관리감독자)화의 철저

안전보건을 추진하는 데는 관리감독자(Line)들이 생산활동 속에 안전보건을 접목시켜 실천하는 것이 꼭 필요하다.

3) 최고경영자의 안전경영철학

안전보건은 최고경영자의 "무재해, 무질병"에 대한 확고한 경영자세로부터 시작된다. "일하는 한 사람 한 사람이 중요하다."라는 최고 경영자의 인간존중의 결의로 무재해운동은 출발한다.

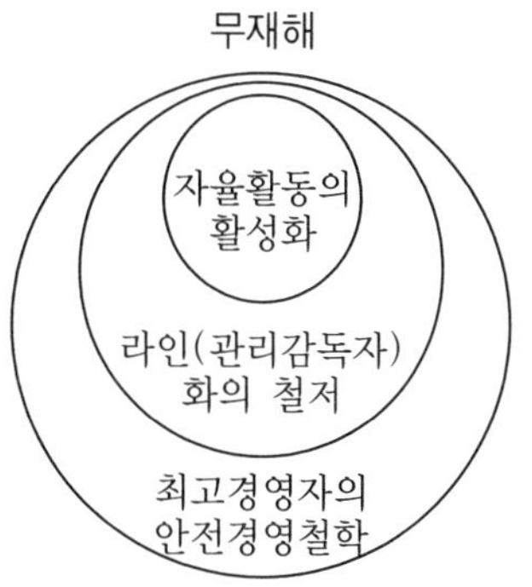

[무재해운동 추진의 3기둥]

Key Point

무재해 운동의 3기둥을 쓰시오.

1. 직장의 자율활동의 활성화
2. 라인(관리감독자)화의 철저
3. 최고경영자의 안전경영철학

4. 무재해운동 기대 성과

① 회사의 손실방지와 생산성 향상으로 기업에 경제적 이익발생
② 자율적인 문제해결 능력으로서의 생산, 품질의 향상 능력을 제고
③ 전원참가 운동으로 밝고 명랑한 직장 풍토를 조성
④ 노·사 간 화합분위기 조성으로 노·사 신뢰도가 향상

5. 위험예지훈련의 종류

① 감수성 훈련 : 위험요인을 발견하는 훈련
② 단시간 미팅훈련 : 단시간 미팅을 통해 대책을 수립하는 훈련
③ 문제해결 훈련 : 작업시작 전 문제를 제거하는 훈련

6. 무재해운동 실천의 3원칙

① 팀미팅기법
② 선취기법
③ 문제해결기법

7. 브레인스토밍(Brainstorming)

소집단 활동의 하나로서 수명의 멤버가 마음을 터놓고 편안한 분위기 속에서 공상, 연상의 연쇄반응을 일으키면서 자유분방하게 아이디어를 대량으로 발언하여 나가는 발상법

1) 비판금지

"좋다, 나쁘다" 등의 비평을 하지 않는다.

2) 자유분방

자유로운 분위기에서 발표한다.

3) 대량발언

무엇이든지 좋으니 많이 발언한다.

4) 수정발언

자유자재로 변하는 아이디어를 개발한다.(타인 의견의 수정발언)

[브레인스토밍]

8. 위험예지훈련의 추진을 위한 문제해결 4단계(4라운드)

① 1라운드 : 현상파악(사실의 파악) – 어떤 위험이 잠재하고 있는가?

② 2라운드 : 본질추구(원인조사) – 이것이 위험의 포인트다.

③ 3라운드 : 대책수립(대책을 세운다) – 당신이라면 어떻게 하겠는가?

④ 4라운드 : 목표설정(행동계획 작성) – 우리들은 이렇게 하자!

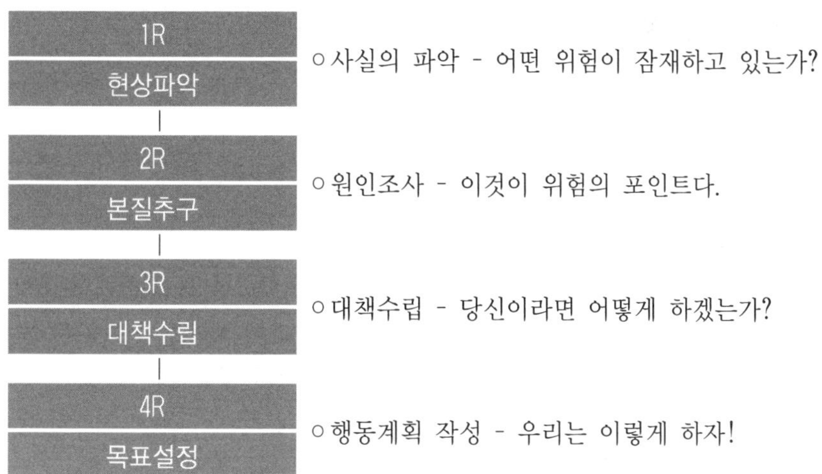
1R
현상파악
○사실의 파악 - 어떤 위험이 잠재하고 있는가?
2R
본질추구
○원인조사 - 이것이 위험의 포인트다.
3R
대책수립
○대책수립 - 당신이라면 어떻게 하겠는가?
4R
목표설정
○행동계획 작성 - 우리는 이렇게 하자!

1라운드
현상파악
2라운드
본질추구
문제 해결

[문제해결 4라운드]

9. 무재해운동추진기법

1) 지적확인

작업의 정확성이나 안전을 확인하기 위해 눈, 손, 입 그리고 귀를 이용하여 작업시작 전에 뇌를 자극시켜 안전을 확보하기 위한 기법

2) 터치앤콜(Touch and Call)

피부를 맞대고 같이 소리치는 것으로 전원이 스킨십(Skinship)을 느끼도록 하는 것. 팀의 일체감, 연대감을 조성할 수 있고 동시에 대뇌 구피질에 좋은 이미지를 불어넣어 안전행동을 하도록 하는 것

3) 원포인트 위험예지훈련

위험예지훈련 4라운드 중 2R, 3R, 4R를 모두 원포인트로 요약하여 실시하는 기법으로 2~3분이면 실시가 가능한 현장 활동용 기법

4) 브레인스토밍(Brainstorming)

소집단 활동의 하나로서 수명의 멤버가 마음을 터놓고 편안한 분위기 속에서 공상, 연상의 연쇄반응을 일으키면서 자유분방하게 아이디어를 대량으로 발언하여 나가는 발상법

① 개발한 아이디어에 대해 좋다, 나쁘다라는 비판을 하지 않음(비판금지)
② 아이디어의 수는 많을수록 좋음(대량발언)
③ 개발한 아이디어를 힌트로 연결해서 새로운 아이디어를 전개(수정발언)
④ 자유자재로 변하는 아이디어를 개발(자유분방)

5) T.B.M 위험예지훈련(Tool Box Meeting)

개업개시 전, 종료 후 같은 작업원 5~6명이 리더를 중심으로 둘러앉아(또는 서서) 3~5분에 걸쳐 작업 중 발생할 수 있는 위험을 예측하고 사전에 점검하여 대책을 수립하는 등 단시간 내에 의논하는 문제해결 기법

(1) T.B.M 실시요령

① 작업시작 전, 중식 후, 작업종료 후 짧은 시간을 활용하여 실시한다.
② 때와 장소에 구애받지 않고 같은 작업원끼리 5~7인 정도가 모여서 공구나 기계 앞에서 행한다.
③ 일방적인 명령이나 지시가 아니라 잠재위험에 대해 같이 생각하고 해결
④ T.B.M의 특징은 모두가 "이렇게 하자", "이렇게 한다."라고 합의하고 실행

(2) T.B.M의 내용

① 작업시작 전(실시순서 5단계)

단계	내용
도입	직장체조, 무재해기 게양, 목표제안
점검 및 정비	건강상태, 복장 및 보호구 점검, 자재 및 공구확인
작업지시	작업내용 및 안전사항 전달
위험예측	당일 작업에 대한 위험예측, 위험예지훈련
확인	위험에 대한 대책과 팀목표 확인

② 작업종료 후
㉠ 실시사항의 적절성 확인 : 작업시작 전 T.B.M에서 결정된 사항의 적절성 확인
㉡ 검토 및 보고 : 그날 작업의 위험요인 도출, 대책 등 검토 및 보고
㉢ 문제제기 : 그날의 작업에 대한 문제 제기

Key Point

위험 예지훈련 중 여럿이 모여 위험요인을 단시간 내에 발견하여 대책을 수립하는 훈련은 무엇인가?

T.B.M **위험예지훈련**

10. 위험예지훈련의 3가지 효용

① 위험에 대한 감수성 향상
② 작업행동의 요소요소에서 집중력 증대
③ 문제(위험)해결의 의욕(하고자 하는 생각)증대

11. 안전보건 표지의 종류와 형태

1) 종류

① 금지표지 : 위험한 행동을 금지하는 데 사용되며 8개 종류가 있다.(바탕은 흰색, 기본모형은 빨간색, 관련 부호 및 그림은 검은색)
② 경고표지 : 직접 위험한 것 및 장소 또는 상태에 대한 경고로서 사용되며 15개 종류가 있다.(바탕은 노란색, 기본모형, 관련 부호 및 그림은 검은색)
※ 다만, 인화성 물질 경고 · 산화성 물질 경고, 폭발성물질 경고, 급성독성 물질 경고 부식성 물질 경고 및 발암성 · 변이원성 · 생식독성 · 전신독성 · 호흡기과민성 물질 경고의 경우 바탕은 무색, 기본모형은 빨간색(검은색도 가능)
③ 지시표지 : 작업에 관한 지시 즉, 안전 · 보건 보호구의 착용에 사용되며 9개 종류가 있다.(바탕은 파란색, 관련 그림은 흰색)
④ 안내표지 : 구명, 구호, 피난의 방향 등을 분명히 하는 데 사용되며 8개 종류가 있다.(바탕은 흰색, 기본모형 및 관련 부호는 녹색, 바탕은 녹색, 관련 부호 및 그림은 흰색)

2) 안전 · 보건표지의 색채, 색도기준 및 용도

색채	색도기준	용도	사용예
빨간색	7.5R 4/14	금지	정지신호, 소화설비 및 그 장소, 유해행위의 금지
		경고	화학물질 취급장소에서의 유해 · 위험 경고
노란색	5Y 8.5/12	경고	화학물질 취급장소에서의 유해 · 위험 경고, 이외의 위험 경고, 주의표지 또는 기계방호물
파란색	2.5PB 4/10	지시	특정 행위의 지시 및 사실의 고지
녹색	2.5G 4/10	안내	**비상구 및 피난소, 사람 또는 차량의 통행표지**
흰색	N9.5		파란색 또는 녹색에 대한 보조색
검은색	N0.5		문자 및 빨간색 또는 노란색에 대한 보조색

3) 형태

3 지시표지

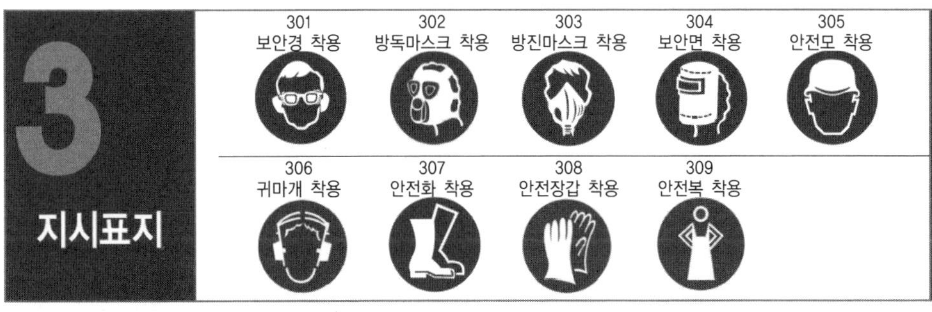

4 안내표지

401
녹십자표지

402
응급구호표지

402-1
들것

402-2
세안장치

405
비상용기구

406
비상구

403-1
좌측비상구

403-2
우측비상구

5 관계자외 출입금지

501 허가대상물질 작업장	502 석면취급/해체 작업장	503 금지대상물질의 취급실험실 등
관계자외 출입금지 (허가물질 명칭) 제조/사용/보관 중 보호구/보호복 착용 흡연 및 음식물 섭취 금지	관계자외 출입금지 석면 취급/해체 중 보호구/보호복 착용 흡연 및 음식물 섭취 금지	관계자외 출입금지 발암물질 취급 중 보호구/보호복 착용 흡연 및 음식물 섭취 금지

6 문자추가시 예시문

- ▶ 내 자신의 건강과 복지를 위하여 안전을 늘 생각한다.
- ▶ 내 가정의 행복과 화목을 위하여 안전을 늘 생각한다.
- ▶ 내 자신의 실수로써 동료를 해치지 않도록 안전을 늘 생각한다.
- ▶ 내 자신이 일으킨 사고로 인한 회사의 재산과 손실을 방지하기 위하여 안전을 늘 생각한다.
- ▶ 내 자신의 방심과 불안전한 행동이 조국의 번영에 장애가 되지 않도록 하기 위하여 안전을 늘 생각한다.

Key Point

산업안전표지의 빈칸을 채우시오

색채	색도	용도
빨간색	(①)	금지
(②)	5Y 8.5/12	경고
파란색	2.5PB 4/10	(③)
녹색	2.5G 4/10	안내
(④)	N9.5	-

해답 ① 7.5R 4/14, ② 노란색, ③ 지시, ④ 흰색

기출문제풀이

2000년 11월 12일

1. 안전 심리의 5요소를 쓰시오.

해답 1. 동기(Motive)
2. 기질(Temper)
3. 감정(Emotion)
4. 습성(Habits)
5. 습관(Custom)

8. 안전표지의 빈칸을 채우시오.

색채	색도	용도	사용 예
빨간색	(①)	금지	정지신호 소화설비 및 그 장소
(②)	5Y 8.5/12	경고	주의표지
파란색	2.5PB 4/10	(③)	특정행위의 지시 사실의 고지
녹색	2.5G 4/10	안내	(④)

해답 ① 7.5R 4/14, ② 노란색, ③ 지시, ④ 비상구 및 피난소

12. 동기유발의 원인을 크게 2가지로 분류하시오.

해답 상황, 태도
※ 데이비스(K.Davis)의 동기부여 이론 : 상황(Situation)×태도(Attitude)=동기유발(Motivation)

2001년 4월 20일

2. 무재해 운동의 3기둥을 쓰시오.

해답 1. 직장의 자율활동의 활성화
2. 라인(관리감독자)화의 철저
3. 최고경영자의 안전경영철학

6. 안전교육의 3요소를 쓰시오.

해답 1. 주체 : 강사
2. 객체 : 수강자(학생)
3. 매개체 : 교재(교육내용)

2001년 7월 15일

3. 맥그리거는 기업의 인간적 측면의 인간관리를 X, Y 이론으로 분류했다. X이론 관리자와 Y이론 관리자가 보는 종업원에 대한 관점을 쓰시오

해답 X이론
① 원래 종업원들은 일하기 싫어하며 가능하면 일하는 것을 피하려고 한다.
② 종업원들은 일하는 것을 싫어하므로 바람직한 목표를 달성하기 위해서는 그들을 통제하고 위협하여야 한다.
③ 종업원들은 책임을 회피하고 가능하면 공식적인 지시를 바란다.
④ 인간은 명령되는 쪽을 좋아하며 무엇보다 안전을 바라고 있다라는 인간관

Y이론
① 종업원들은 일하는 것을 놀이나 휴식과 동일한 것으로 볼 수 있다.
② 종업원들은 조직의 목표에 관여하는 경우에 자기지향과 자기통제를 행한다.
③ 보통 인간들은 책임을 수용하고 심지어는 구하는 것을 배울 수 있다.
④ 작업에서 몸과 마음을 구사하는 것은 인간의 본성이라는 인간관

2001년 11월 4일

1. 인간이 갖는 인간심리 5요소를 쓰시오.

해답 동기, 기질, 감정, 습성, 습관

2002년 4월 20일

10. 빈칸의 내용을 채우시오.(단, 60분 교육을 기준으로 한다)

(단위 : 분)

구분	강의식	토의식
도입	5	5
제시	(①)	10
적용	10	(②)
확인	5	5

해답 ① 40, ② 40

2002년 7월 7일

1. 감각차단 현상에 대해 간략히 설명하시오.

해답 단조로운 업무가 장시간 지속될 경우 작업자의 감각기능 및 판단능력이 둔화 또는 마비되는 현상

9. 안전표지의 종류 4가지를 쓰시오.

해답 1. 금지표지 2. 경고표지
3. 지시표지 4. 안내표지

2002년 9월 29일

10. A작업장에서 작업 안전을 위하여 안전 조회를 실시하고 있다. 아래의 내용을 토대로 안전관리자가 교육할 내용을 도입, 전개, 결말의 순서로 답을 쓰시오.

> ① 연삭기를 이용한 작업은 짧은 시간(20~30분) 작업이라도 반드시 보안경을 착용하여야 한다. 칩이 눈에 들어가기 때문이다.
> ② 아무리 귀찮아도 보안경을 착용한다.
> ③ 자, 지금부터 보안경 착용에 대한 교육을 실시한다.

해답 1. 도입 : ③
2. 전개 : ①
3. 결말 : ②

11. 다음 빈칸에 들어갈 내용을 쓰시오.

구분	강의식	토의식
도입	5분	5분
제시	(①)	(②)
적용	(③)	(④)
확인	5분	5분

해답 ① 40분, ② 10분, ③ 10분, ④ 40분

2003년 7월 13일

8. 기업내 실시하는 교육형태 3가지를 적고 간단히 설명하시오.

해답 1. TWI(Training Within Industry)
주로 관리감독자를 대상으로 하며 전체 교육시간은 10시간(1일 2시간씩 5일 교육)으로 실시한다. 한 그룹에 10명 내외로 토의법과 실연법 중심으로 강의가 실시된다.
2. MTP(Management Training Program)
한 그룹에 10~15명 내외로 전체 교육시간은 40시간(1일 2시간씩 20일 교육)으로 실시한다.

3. ATT(American Telephone & Telegraph Company)
대상층이 한정되어 있지 않고 토의식으로 진행되며 교육시간은 1차 훈련은 1일 8시간씩 2주간, 2차 과정은 문제 발생 시 하도록 되어 있다.

2003년 10월 5일

13. 위험예지훈련 중 여럿이 모여 위험요인을 단시간 내에 발견하여 대책을 수립하는 훈련은 무엇인가?

해답 T.B.M 위험예지훈련

2004년 4월 25일

9. 안전의식을 습득하기 위하여 베르크호프의 재해정의를 이해하고자한다. 학습목적에따라 구분하라

해답 ① 학습목표 : 안전의식의 습득
② 학습주제 : 베르크호프의 재해의 정의
③ 학습정도 : 베르크호프가 정의한 재해를 이해한다.

10. 재해누발자 유형 가운데 상황성누발자의 재해를 유발시킬 수 있는 요인을 쓰시오.

해답 주의력의 집중이 혼란된 경우, 심신의 근심으로 사고경향자가 되는 경우

2004년 7월 4일

9. 피로에 영향을 미치는 기계측 인자 4가지를 쓰시오.

해답 기계의 종류, 조작부분의 배치, 색채, 조작부분의 감촉

2004년 9월 19일

3. 플리커테스트란 무엇인지 간략하게 쓰시오.

해답 뇌의 피로값을 측정하기 위해 실시하며 빛의 성질을 이용하여 뇌의 기능을 측정. 저주파에서 차츰 주파수를 높이면 깜박거림이 없어지고 빛이 일정하게 보이는데, 이 성질을 이용하여 뇌가 피로한지 여부를 측정하는 방법. 일반적으로 피로도가 높을수록 주파수가 낮아진다.

5. 주의의 특성 3가지를 쓰고 간단히 설명하시오.

해답 ① 선택성 : 주의는 동시에 2개 이상의 방향에 집중하지 못한다.
② 방향성 : 한 지점에 주의를 집중하면 다른 곳의 주의는 약해진다.
③ 변동성 : 고도의 주의는 장시간 지속될 수 없다.

2005년 7월 10일

2. 분당 6kcal를 소비하는 작업을 1시간 할 때 몇 분의 휴식시간이 필요한가?

해답 휴식시간(R) $= \dfrac{60(E-4)}{E-1.5} = \dfrac{60(6-4)}{6-1.5} = 26.7$(분)

4. 예비사고분석 PHA의 주요 목표달성 4가지 사항을 쓰시오.

해답 1. 시스템에 관한 모든 주요한 사고를 식별하고 표시할 것
2. 사고를 초래하는 요인을 식별할 것
3. 사고가 생긴다고 가정하고 시스템에 생기는 결과를 식별하여 평가할 것
4. 식별된 사고를 파국적, 중대, 한계적, 무시가능 4가지 카테고리로 분류할 것

8. 부주의 현상의 심리적 특징 4가지를 쓰시오.

해답 1. 의식의 우회
2. 의식수준의 저하
3. 의식의 단절
4. 의식의 과잉

2005년 9월 25일

5. 생체리듬의 종류 3가지를 쓰시오.

해답 1. 육체적 리듬
2. 감성적 리듬
3. 지성적 리듬

2006년 4월 23일

11. 위험예지훈련 4단계를 쓰시오.

해답 1라운드 : 현상파악(사실의 파악)
2라운드 : 본질추구(원인조사)
3라운드 : 대책수립(대책을 세운다)
4라운드 : 목표설정(행동계획 작성)

2006년 9월 17일

2. 안전심리 5요소를 쓰시오.

해답 동기, 기질, 감정, 습성, 습관

11. 단계법 교육에 있어 교육의 4단계를 쓰시오.

해답 ① 도입(1단계) : 학습할 준비를 시킨다.(배우고자 하는 마음가짐을 일으키는 단계)
② 제시(2단계) : 작업을 설명한다.(내용을 확실하게 이해시키고 납득시키는 단계)
③ 적용(3단계) : 작업을 지휘한다.(이해시킨 내용을 활용시키거나 응용시키는 단계)
④ 확인(4단계) : 가르친 뒤 살펴본다.(교육 내용을 정확하게 이해하였는가를 테스트하는 단계)

2007년 4월 22일

1. 산업안전표지의 빈칸을 채우시오.

색채	색도기준	용도
빨간색	(①)	금지
(②)	5Y 8.5/12	(③)
파란색	2.5PB 4/10	(④)
녹색	2.5G 4/10	안내
(⑤)	N9.5	

해답 ① 7.5R 4/14, ② 노란색, ③ 경고표시, ④ 지시표시, ⑤ 흰색

2. 사업장에서 실시하는 안전교육의 종류를 쓰시오.

해답 1. O.J.T(직장 내 교육훈련)
2. OFF J.T(직장 외 교육훈련)

2007년 7월 8일

12. 경고표시에 관한 사항이다. 다음에 해당되는 것을 쓰시오.

해답 ① 바탕색 : **노란색**
② 기본형의 색 : **검은색**
③ 관련부호및 그림의 색 : **검은색**

2007년 10월 7일

4. 휘발유 저장 탱크의 안전 보건 표지판에 관한 사항에 대해 쓰시오.

해답 1. 안전보건 표지의 종류 : 경고표지(인화성물질경고)
2. 안전보건 표지의 모양 : 마름모
3. 안전보건 표지의 바탕색 : 무색
4. 안전보건 표지의 관련 그림의 색 : 빨간색

인화성물질경고

2008년 7월 6일

1. 안전보건 교육시간 빈칸을 채우시오.

교육과정	교육대상	교육시간
채용 시 교육	일용 근로자	(①)
	일용 근로자를 제외한 근로자	(②)
정기교육	생산직 근로자	(③)
	사무직 종사 근로자	(④)

해답 ① 1시간 이상, ② 8시간 이상, ③ 매분기 6시간 이상, ④ 매분기 3시간 이상

2009년 7월 5일

4. 작업시 분당 에너지 소모가 5.5kcal라면 휴식시간은 얼마인가?

해답 $R(\text{분}) = \dfrac{60(E-4)}{E-1.5} = \dfrac{60(5.5-4)}{5.5-1.5} = 22.5(\text{분})$

5. TWI 교육내용 4가지를 쓰시오.

해답 J.M.T(Job Method Training) : 작업방법훈련
J.I.T(Job Instruction Training) : 작업지도훈련
J.R.T(Job Relations Training) : 인간관계훈련
J.S.T(Job Safety Training) : 작업안전훈련

8. 무재해운동 이념 3원칙을 쓰시오.

해답 ① 무의 원칙
② 참여의 원칙
③ 안전제일의 원칙(선취의 원칙)

2009년 9월 13일

2. 재해 누발자 유형을 쓰고 간단히 설명하시오.

해답 ① 미숙성 누발자 : 기능 미숙으로 인한 재해 누발자
② 상황성 누발자 : 심신의 근심으로 사고경향자가 되는 경우
③ 습관성 누발자 : 재해의 경험 등으로 사고경향자가 되는 경우
④ 소질성 누발자 : 소질적 요소에 의해서 결정되는 특수성격 소유자

2010년 4월 18일

10. 다음은 동기부여의 이론 중 매슬로의 욕구단계론, 허츠버그의 2요인이론(dual factors theory), 알더퍼의 ERG이론을 비교한 것이다. ①~⑤의 빈칸에 들어갈 말을 쓰시오.

욕구단계론	2요인이론	ERG이론
자아실현의 욕구	(③)	(⑤)
존경의 욕구		
소속 및 애정의 욕구		관계욕구(R)
(①)	(②)	(④)
생리적 욕구		

해답 ① 안전욕구　② 위생요인
③ 동기요인　④ 존재욕구(E)
⑤ 성장욕구(G)

2010년 7월 4일

5. 동기요인과 위생요인을 3가지씩 쓰시오.

해답 ① 위생요인 : 작업조건, 급여, 직무환경, 감독
② 동기요인 : 책임감, 성취, 인정, 개인발전

8. 금지표지판 4가지를 쓰시오.

해답 ① 출입금지
② 보행금지
③ 차량통행금지
④ 사용금지

2010년 9월 24일

3. 위험예지 훈련 4라운드의 진행방식을 쓰시오.

➡해답 1라운드 : 현상파악(사실의 파악) - 어떤 위험이 잠재하고 있는가?
2라운드 : 본질추구(원인조사) - 이것이 위험의 포인트다.
3라운드 : 대책수립(대책을 세운다) - 당신이라면 어떻게 하겠는가?
4라운드 : 목표설정(행동계획 작성) - 우리들은 이렇게 하자!

Subject 03

인간공학 및 시스템위험분석

Contents

제1장 인간공학

1 인간 - 기계 체계

인간-기계 통합 체계는 인간과 기계의 상호작용으로 인간의 역할에 중점을 두고 시스템을 설계하는 것이 바람직함

1. 인간-기계 체계의 기본기능

1) 감지 기능

① 인간 : 시각, 청각, 촉각 등의 감각기관

② 기계 : 전자, 사진, 음파탐지기 등 기계적인 감지장치

2) 정보저장 기능

① 인간 : 기억된 학습 내용

② 기계 : 펀치카드(Punch card), 자기 테이프, 형판(Template), 기록, 자료표 등 물리적 기구

3) 정보처리 및 의사결정기능

① 인간 : 행동을 한다는 결심

② 기계 : 모든 입력된 정보에 대해서 미리 정해진 방식으로 반응하게 하는 프로그램(Program)

4) 행동기능

① 물리적인 조정행위 : 조종장치 작동, 물체나 물건을 취급, 이동, 변경, 개조 등

② 통신행위 : 음성(사람의 경우), 신호, 기록 등

5) 인간의 정보처리능력

인간이 신뢰성 있게 정보 전달을 할 수 있는 기억은 5가지 미만이며 감각에 따라 정보를 신뢰성 있게 전달할 수 있는 한계 개수가 5~9가지이다. 밀러(Miller)는 감각에 대한 경로 용량을 조사한 결과 '신비의 수(Magical Number) 7±2(5~9)를 발표했다. 인간의 절대적 판단에 의한 단일자극의 판별범위는 보통 5~9가지라는 것이다.

$$\text{정보량 } \mathrm{H} = \log_2 n = \log_2 \frac{1}{p},\ p = \frac{1}{n}$$

여기서, 정보량의 단위는 bit(binary digit)임
비트(bit)란, 실현가능성이 같은 2개의 대안 중 하나가 명시되었을 때 얻는 정보량임

2 인간과 기계의 성능 비교

1. 인간이 현존하는 기계를 능가하는 기능

① 매우 낮은 수준의 시각, 청각, 촉각, 후각, 미각적인 자극 감지
② 주위의 이상하거나 예기치 못한 사건 감지
③ 다양한 경험을 토대로 의사결정(상황에 따라 적응적인 결정을 함)
④ 관찰을 통해 일반적으로 귀납적(Inductive)으로 추진
⑤ 주관적으로 추산하고 평가한다.

2. 현존하는 기계가 인간을 능가하는 기능

① 인간의 정상적인 감지범위 밖에 있는 자극을 감지
② 자극을 연역적(Deductive)으로 추리
③ 암호화(Coded)된 정보를 신속하게, 대량으로 보관
④ 반복적인 작업을 신뢰성 있게 추진
⑤ 과부하시에도 효율적으로 작동

3 인간기준

① 적절성(Validity) : 기준이 의도된 목적에 적당하다고 판단되는 정도
② 무오염성(Free from Contamination) : 측정하고자 하는 측정변수 이외의 다른 변수의 영향을 받지 않을 것
③ 기준척도의 신뢰성(Reliability of Criterion Measure)

4 휴먼에러

1. 휴먼에러의 관계

$$SP = K(HE) = f(HE)$$

여기서, SP : 시스템퍼포먼스(체계성능), HE(Human Error) : 인간과오, K : 상수, f : 관수(함수)

① $K \fallingdotseq 1$: 중대한 영향
② $K < 1$: 위험
③ $K \fallingdotseq 0$: 무시

2. 휴먼에러의 분류

1) 심리적(행위에 의한) 분류(Swain)

① 생략에러(Omission Error) : 작업 내지 필요한 절차를 수행하지 않는 데서 기인하는 에러
② 실행(작위적)에러(Commission Error) : 작업 내지 절차를 수행했으나 잘못한 실수
  -선택착오, 순서착오, 시간착오
③ 과잉행동 에러(Extraneous Error) : 불필요한 작업 내지 절차를 수행함으로써 기인한 에러
④ 순서에러(Sequential Error) : 작업수행의 순서를 잘못한 실수
⑤ 시간에러(Timing Error) : 소정의 기간에 수행하지 못한 실수(너무 빨리 혹은 늦게)

Key Point

인간과오 분류 중 심리적 분류의 종류 5가지를 쓰시오.

2) 원인 레벨(level)적 분류

① Primary Error(1차 에러) : 작업자 자신으로부터 발생한 에러

② Secondary Error(2차 에러) : 작업형태나 작업조건 중에서 다른 문제가 생겨 그 때문에 필요한 사항을 실행할 수 없는 오류나 어떤 결함으로부터 파생하여 발생하는 에러

③ Command Error(관리 에러) : 요구되는 것을 실행하고자 하여도 필요한 정보, 에너지 등이 공급되지 않아 작업자가 움직이려 해도 움직이지 않는 에러

Key Point

인간과오의 원인이 되는 수준적 오류에 의한 3가지 구분을 기술 하시오.

5 신뢰도

1. 인간의 신뢰성 요인

① 주의력수준

② 의식수준(경험, 지식, 기술)

③ 긴장수준(에너지 대사율)

■ 긴장수준을 측정하는 방법

1. 인체 에너지의 대사율
2. 체내수분손실량
3. 흡기량의 억제도
4. 뇌파계

2. 기계의 신뢰성 요인

재질, 기능, 작동방법

3. 신뢰도

1) 인간과 기계의 직·병렬 작업

(1) 직렬 : $R_s = r_1 \times r_2$

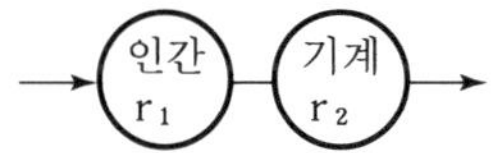

(2) 병렬 : $R_p = r_1 + r_2(1 - r_1) = 1 - (1 - r_1)(1 - r_2)$

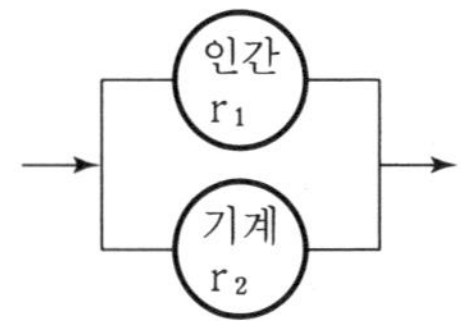

2) 설비의 신뢰도

(1) 직렬(Series System)

$$R = R_1 \cdot R_2 \cdot R_3 \cdots R_n = \prod_{i=1}^{n} R_i$$

Key Point

다음 그림의 신뢰도를 구하시오.(소수점 4째자리까지)

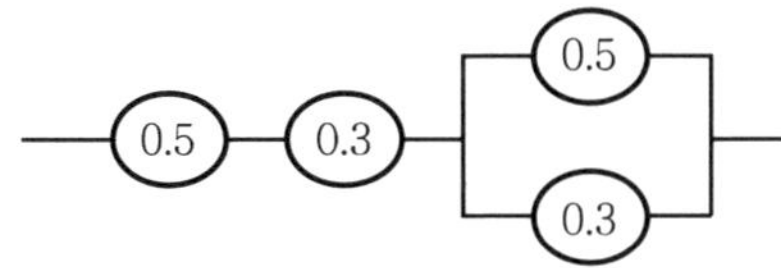

시스템 신뢰도(Rs) = 0.5×0.3×{1 − (1 − 0.5) (1 − 0.3)} = 0.0975

(2) 병렬(페일 세이프티 : Fail Safety)

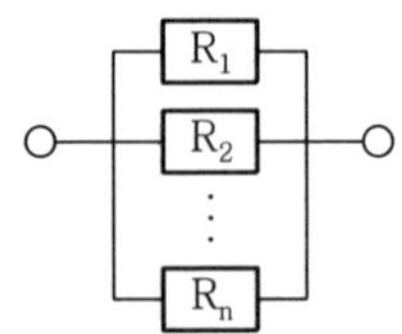

$$R = 1-(1-R_1)(1-R_2)\cdots(1-R_n) = 1-\prod_{i=1}^{n}(1-R_i)$$

(3) 요소의 병렬구조

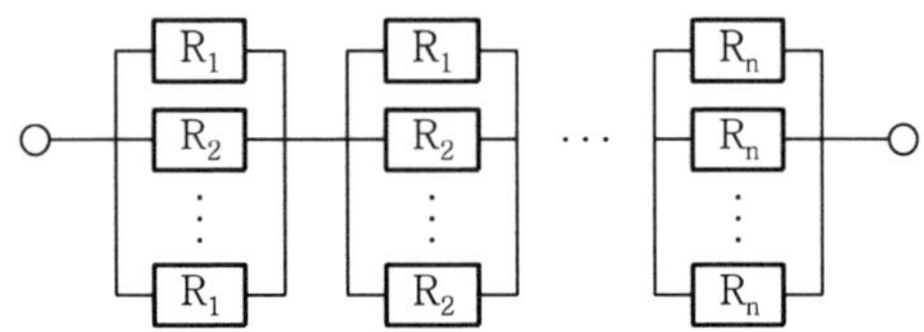

$$R = \prod_{i=1}^{n}(1-(1-R_i)^m)$$

(4) 시스템의 병렬구조

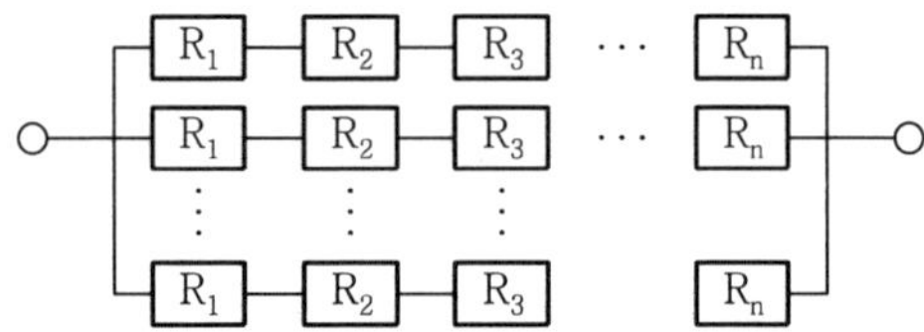

$$R = 1-(1-\prod_{i=1}^{n}R_i)^m$$

6 고장률

1. 욕조곡선

1) 초기고장(감소형)

제조가 불량하거나 생산과정에서 품질관리가 안돼 생기는 고장

(1) 디버깅(Debugging) 기간

결함을 찾아내어 고장률을 안정시키는 기간

(2) 번인(Burn in) 기간

장시간 움직여보고 그 동안에 고장난 것을 제거시키는 기간

2) 우발고장(일정형)

실제 사용하는 상태에서 발생하는 고장으로 예측할 수 없는 랜덤의 간격으로 생기는 고장

신뢰도 : $R(t)=e^{-\lambda t}$

(평균 고장시간 t_o인 요소가 t시간 동안 고장을 일으키지 않을 확률)

Key Point

기계의 신뢰도가 일정할 때 고장률이 0.0004이고, 이 기계가 1,000시간 동안 만족스럽게 작동할 확률을 계산하시오.

신뢰도 : $R(t)=e^{-\lambda t}=e^{-0.0004\times1000}=0.67$

3) 마모고장(증가형)

설비 또는 장치가 수명을 다하여 생기는 고장

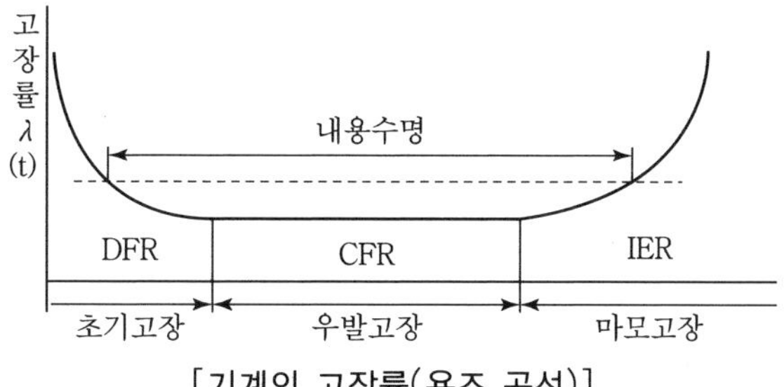

[기계의 고장률(욕조 곡선)]

2. 평균고장간격(MTBF ; Mean Time Between Failure)

시스템, 부품 등의 고장 간의 동작시간 평균치

① $MTBF = \frac{1}{\lambda}$, λ(평균고장률) $= \frac{고장건수}{총가동시간}$

② MTBF = MTTF + MTTR

3. 평균고장시간(MTTF ; Mean Time To Failure)

시스템, 부품 등이 고장나기까지 동작시간의 평균치. 평균수명이라고도 한다.

1) 직렬계의 경우

System의 수명은 $= \frac{MTTF}{n} = \frac{1}{\lambda}$

2) 병렬계의 경우

System의 수명은 $= MTTF\left(1 + \frac{1}{2} + \frac{1}{3} + \cdots + \frac{1}{n}\right)$

여기서, n : 직렬 또는 병렬계의 요소

4. 평균수리시간(MTTR ; Mean Time To Repair)

총 수리시간을 그 기간의 수리횟수로 나눈 시간

5. 가용도(Availability ; 이용률)

일정 기간에 시스템이 고장 없이 가동될 확률

① 가용도(A) $= \frac{MTTF}{MTTF + MTTR} = \frac{MTBF}{MTBF + MTTR} = \frac{MTTF}{MTBF}$

② 가용도(A) $= \frac{\mu}{\lambda + \mu}$

여기서, λ : 평균고장률
μ : 평균수리율

Key Point

MTBF, MTTF, MTTR 명칭과 식을 쓰시오.

7 Fail - safe

1. Fail safe 정의 및 기능면 3단계

1) 정의

① 기계나 그 부품에 고장이나 기능불량이 생겨도 항상 안전을 유지하는 구조와 기능
② 인간 또는 기계의 과오나 오작동이 있어도 사고 및 재해가 발생하지 않도록 2중, 3중으로 안전장치를 한 시스템(System)

2) Fail safe의 종류

① 다경로 하중구조 ② 하중경감구조
③ 교대구조 ④ 중복구조

3) Fail safe의 기능분류

① Fail passive(자동감지) : 부품이 고장나면 통상 정지하는 방향으로 이동
② Fail active(자동제어) : 부품이 고장나면 기계는 경보를 울리면 짧은 시간 동안 운전이 가능
③ Fail operational(차단 및 조정) : 부품에 고장이 있더라도 추후 보수가 있을 때까지 안전한 기능을 유지

4) Fail safe의 예

① 승강기 정전시 마그네틱 브레이크가 작동하여 운전을 정지시키는 경우와 정격속도 이상의 주행시 속도조절기가 작동하여 긴급정지시키는 것
② 석유난로가 일정각도이상 기울어지면 자동적으로 불이 꺼지도록 소화기구를 내장시킨 것
③ 한쪽 밸브 고장시 다른쪽 브레이크의 압축공기를 배출시켜 급정지시키도록 한 것

2. Fool proof

1) 정의

기계장치 설계단계에서 안전화를 도모하는 것으로 근로자가 기계 등의 취급을 잘못해도 사고로 연결되는 일이 없도록 하는 안전기구 즉, 인간과오(Human Error)를 방지하기 위한 것

2) Fool proof의 예

① 가드　　② 록(Lock, 시건) 장치
③ 오버런 기구　　④ 덮개
⑤ 울

3. 템퍼 프루프(Temper - proof)

사용자가 고의로 안전장치(예시 : 퓨즈 등)를 제거할 경우 작동하지 않는 시스템이다.

4. 리던던시(Redundancy)

시스템 일부에 고장이 나더라도 전체가 고장이 나지 않도록 기능적인 부분을 부가해서 신뢰도를 향상시키는 중복설계

Key Point

리던던시에 대해 간략히 설명하시오.

8 인간에 대한 감시방법

1) 셀프 모니터링(Self Monitoring) 방법(자기감지)

자극, 고통, 피로, 권태, 이상감각 등의 지각에 의해서 자신의 상태를 알고 행동하는 감시방법이다. 이것은 그 결과를 동작자 자신이나 또는 모니터링 센터(Monitoring Center)에 전달하는 두 가지 경우가 있다.

2) 생리학적 모니터링(Monitoring) 방법

맥박수, 체온, 호흡 속도, 혈압, 뇌파 등으로 인간 자체의 상태를 생리적으로 모니터링하는 방법이다.

3) 비주얼 모니터링(Visual Monitoring) 방법(시각적 감지)

작업자의 태도를 보고 작업자의 상태를 파악하는 방법이다.(졸리는 상태는 생리학적으로 분석하는 것보다 태도를 보고 상태를 파악하는 것이 쉽고 정확하다).

4) 반응에 의한 모니터링(Monitoring) 방법

자극(청각 또는 시각에 의한 자극)을 가하여 이에 대한 반응을 보고 정상 또는 비정상을 판단하는 방법이다.

5) 환경 모니터링(Monitoring) 방법

간접적인 감시방법으로서 환경조건의 개선으로 인체의 안락과 기분을 좋게 하여 정상작업을 할 수 있도록 만드는 방법이다.

9 인체계측

1. 최대치수와 최소치수

특정한 설비를 설계할 때, 거의 모든 사람을 수용할 수 있는 경우(최대치수)가 필요하다. 문, 통로, 탈출구 등을 예로 들 수 있다. 최소치수의 예로는 선반의 높이, 조종장치까지의 거리 등이 있다.

1) 최소치수

인체측정 변수 측정기준 1, 5, 10%

2) 최대치수

상위백분율(퍼센타일, Percentile) 기준 90, 95, 99%

2. 조절 범위(5~95%)

체격이 다른 여러 사람에 맞도록 조절식으로 만드는 것이 바람직하다. 그 예로는 자동차 좌석의 전후 조절, 사무실 의자의 상하 조절 등이 있다.

3. 평균치를 기준으로 한 설계

최대치수나 최소치수를 기준으로 설계하기도 부적절하고 조절식으로 하기도 불가능할 때, 평균치를 기준으로 설계를 한다. 예를 들면, 손님의 평균 신장을 기준으로 만든 은행의 계산대 등이 있다.

4. 근골격계 질환

1) 정의(산업안전보건기준에 관한 규칙 제656조)

반복적인 동작, 부적절한 자세, 무리한 힘의 사용, 날카로운 면과의 신체접촉, 진동 및 온도 등의 요인에 의하여 발생하는 건강장해로서 목, 어깨, 허리, 상·하지의 신경·근육 및 그 주변 신체조직 등에 나타나는 질환을 말한다.

10 작업공간

1. 작업공간

1) 작업공간 포락면(Envelope)

한 장소에 앉아서 수행하는 작업활동에서 사람이 작업하는 데 사용하는 공간

2) 파악한계(Grasping Reach)

앉은 작업자가 특정한 수작업을 편히 수행할 수 있는 공간의 외곽한계

3) 특수작업역

특정 공간에서 작업하는 구역

2. 수평작업대의 정상작업역과 최대작업역

1) 정상작업영역

상완을 자연스럽게 수직으로 늘어뜨린 채, 전완만으로 편하게 뻗어 파악할 수 있는 구역(34~45cm)

2) 최대작업영역

전완과 상완을 곧게 펴서 파악할 수 있는 구역(55~65cm)

3) 파악한계

앉은 작업자가 특정한 수작업을 편히 수행할 수 있는 공간의 외곽한계를 말한다.

11 작업대 및 의자 설계원칙

1. 작업대 높이

1) 최적높이 설계지침

작업대의 높이는 상완을 자연스럽게 수직으로 늘어뜨리고 전완은 수평 또는 약간 아래로 편안하게 유지할 수 있는 수준

2) 착석식(의자식) 작업대 높이

① 의자의 높이를 조절할 수 있도록 설계하는 것이 바람직
② 섬세한 작업은 작업대를 약간 높게, 거친 작업은 작업대를 약간 낮게 설계
③ 작업면 하부 여유공간이 대퇴부가 가장 큰 사람이 자유롭게 움직일 수 있을 정도로 설계

3) 입식 작업대 높이

① 정밀작업 : 팔꿈치 높이보다 5~10cm 높게 설계
② 일반작업 : 팔꿈치 높이보다 5~10cm 낮게 설계
③ 힘든 작업(重작업) : 팔꿈치 높이보다 10~20cm 낮게 설계

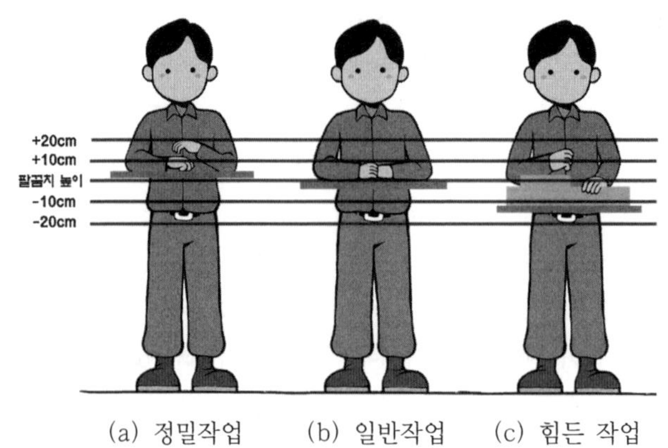

(a) 정밀작업 (b) 일반작업 (c) 힘든 작업

[팔꿈치 높이와 작업대 높이의 관계]

2. 의자설계 원칙

1) 체중분포

의자에 앉았을 때 대부분의 체중이 골반뼈에 실려야 편안

2) 의자 좌판의 높이

좌판 앞부분 오금 높이보다 높지 않게 설계(치수는 5% 되는 사람까지 수용할 수 있게 설계)

3) 의자 좌판의 깊이와 폭

폭은 큰 사람에게 맞도록, 깊이는 대퇴를 압박하지 않도록 작은 사람에게 맞도록 설계

4) 몸통의 안정

체중이 골반뼈에 실려야 몸통안정이 쉬워진다.

12 부품배치의 원칙

① 중요성의 원칙 : 부품의 작동성능이 목표달성에 긴요한 정도에 따라 우선순위를 결정한다.
② 사용빈도의 원칙 : 부품이 사용되는 빈도에 따른 우선순위를 결정한다.
③ 기능별 배치의 원칙 : 기능적으로 관련된 부품을 모아서 배치한다.
④ 사용순서의 원칙 : 사용순서에 맞게 순차적으로 부품들을 배치한다.

13 통제비

1. 통제표시비(선형조정장치)

$$\frac{X}{Y}=\frac{C}{D}=\frac{\text{통제기기의 변위량}}{\text{표시계기지침의 변위량}}$$

2. 조종구의 통제비

$$\frac{C}{D}\text{비}=\frac{\left(\frac{a}{360}\right)\times 2\pi L}{\text{표시계기지침의 이동거리}}$$

여기서, a : 조종장치가 움직인 각도
L : 반경(지레의 길이)

3. 통제 표시비의 설계 시 고려해야 할 요소

① 계기의 크기 : 조절시간이 짧게 소요되는 사이즈를 선택하되 너무 작으면 오차가 클 수 있음
② 공차 : 짧은 주행시간 내에 공차의 인정범위를 초과하지 않은 계기를 마련
③ 목시거리 : 목시거리(눈과 계기표 시간과의 거리)가 길수록 조절의 정확도는 적어지고 시간이 걸림
④ 조작시간 : 조작시간이 지연되면 통제비가 크게 작용함
⑤ 방향성 : 계기의 방향성은 안전과 능률에 영향을 미침

Key Point

통제표시 장치의 통제비 설계시 고려해야 할 사항 5가지를 쓰시오.

14 통제장치의 유형

1. 개폐에 의한 제어(On－Off 제어)

$\frac{C}{D}$비로 동작을 제어하는 통제장치

① 수동식 푸시(Push Button) : 발판의 각도가 수직으로부터 15~35°인 경우 답력이 가장 크다.

② 토글 스위치(Toggle Switch)

③ 로터리 스위치(Rotary Switch)

2. 양의 조절에 의한 통제

연료량, 전기량 등으로 양을 조절하는 통제장치

① 노브(Knob)

② 핸들(Hand Wheel)

③ 페달(Pedal)

④ 크랭크

3. 반응에 의한 통제

계기, 신호, 감각에 의하여 통제 또는 자동경보시스템

15 표시장치

1. 정량적 표시장치

온도나 속도 같은 동적으로 변하는 변수나 자로 재는 길이 같은 계량치에 관한 정보를 제공하는 데 사용

2. 정량적 동적 표시장치의 기본형

1) 동침형(Moving Pointer)

고정된 눈금상에서 지침이 움직이면서 값을 나타내는 방법으로 지침의 위치가 일종의 인식상의 단서로 작용하는 이점이 있다.

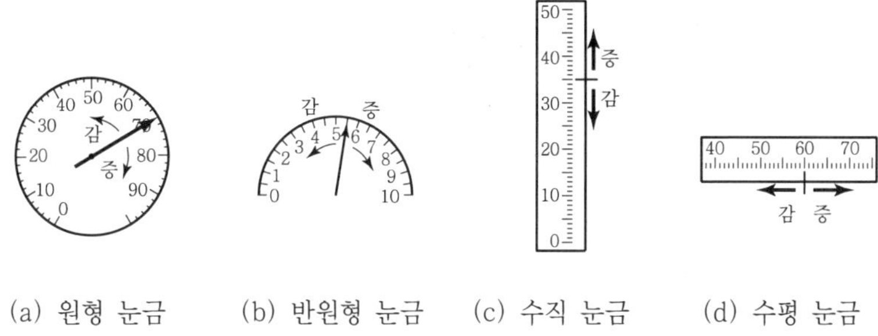

(a) 원형 눈금 (b) 반원형 눈금 (c) 수직 눈금 (d) 수평 눈금

2) 동목형(Moving Scale)

값의 범위가 클 경우 작은 계기판에 모두 나타낼 수 없는 정목 동침형의 단점을 보완한 것으로 표시장치의 공간을 적게 차지하는 이점이 있다.
하지만, 정침 동목형의 경우에는 "이동부분의 원칙(Principle of Moving Part)"과 "동작방향의 양립성(Compatibility of Orientation Operate)"을 동시에 만족시킬 수가 없으므로 공간상의 이점에도 불구하고 빠른 인식을 요구하는 작업장에서는 사용을 피하는 것이 좋다.

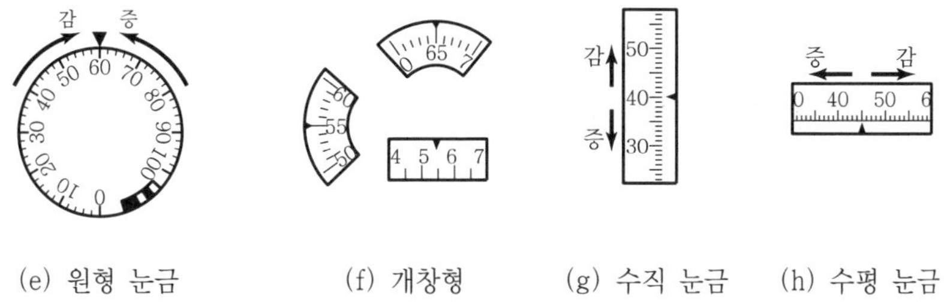

(e) 원형 눈금 (f) 개창형 (g) 수직 눈금 (h) 수평 눈금

3) 계수형(Digital Display)

수치를 정확히 읽어야 할 경우 인접 눈금에 대한 지침의 위치를 추정할 필요가 없기 때문에 Analog Type보다 더욱 적합, 계수형의 경우 값이 빨리 변하는 경우 읽기가 곤란할 뿐만 아니라 시각 피로를 많이 유발하므로 피해야 한다.

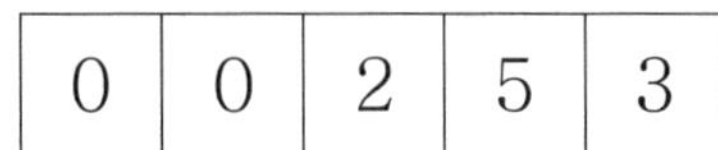

3. 정성적 표시장치

① 온도, 압력, 속도와 같은 연속적으로 변하는 변수의 대략적인 값이나 변화추세 등을 알고자 할 때 사용

② 나타내는 값이 정상인지 여부를 판정하는 등 상태점검을 하는 데 사용

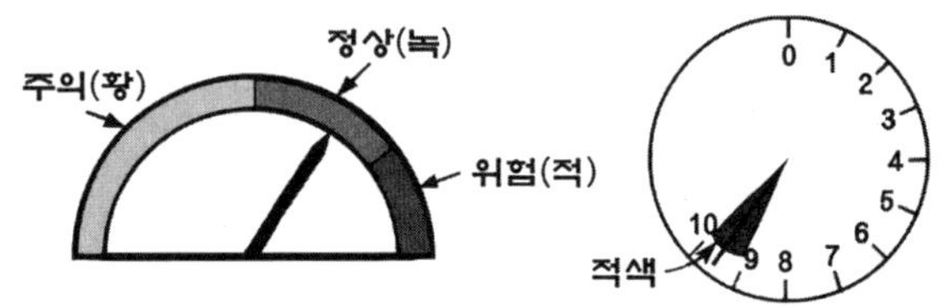

4. 청각적 표시장치

1) 시각장치와 청각장치의 비교

[시각 장치 사용]	[청각 장치 사용]
① 경고나 메시지가 복잡하다. ② 경고나 메시지가 길다. ③ 경고나 메시지가 후에 재참조된다. ④ 경고나 메시지가 공간적인 위치를 다룬다. ⑤ 경고나 메시지가 즉각적인 행동을 요구하지 않는다.	① 경고나 메시지가 간단하다. ② 경고나 메시지가 짧다. ③ 경고나 메시지가 후에 재참조되지 않는다. ④ 경고나 메시지가 시간적인 사상을 다룬다. ⑤ 경고나 메시지가 즉각적인 행동을 요구한다.

2) 청각적 표시장치가 시각적 표시장치보다 유리한 경우

① 신호음 자체가 음일 때

② 무선거리 신호, 항로정보 등과 같이 연속적으로 변하는 정보를 제시할 때

③ 음성통신 경로가 전부 사용되고 있을 때

④ 정보가 즉각적인 행동을 요구하는 경우
⑤ 조명으로 인해 시각을 이용하기 어려운 경우

16 실효온도

온도, 습도, 기류 등의 조건에 따라 인간의 감각을 통해 느껴지는 온도로 상대습도 100%일 때의 건구온도에서 느끼는 것과 동일한 온도감

1. 옥스퍼드(Oxford) 지수(습건지수)

$$W_D = 0.85W(\text{습구온도}) + 0.15d(\text{건구온도})$$

Key Point

Oxford 지수란 습구 및 건구온도의 가중평균치로서 공식을 쓰시오.

2. 불쾌지수

① 불쾌지수 = 섭씨(건구온도 + 습구온도)×0.72±40.6[℃]
② 불쾌지수 = 화씨(건구온도 + 습구온도)×0.4 + 15[°F]
불쾌지수가 80 이상일 때는 모든 사람이 불쾌감을 가지기 시작하고 75의 경우에는 절반 정도가 불쾌감을 가지며 70~75에서는 불쾌감을 느끼기 시작하며 70 이하에서는 모두 쾌적하다.

3. 추정 4시간 발한율(P4SR)

주어진 일을 수행하는 순환된 젊은 남자의 4시간 동안의 발한량을 건습구온도, 공기유동속도, 에너지 소비, 피복을 고려하여 추정한 지수이다.

4. 허용한계

① 사무작업 : 60~65°F
② 경작업 : 55~60°F
③ 중작업 : 50~55°F

17 조명

$$소요조명(fc) = \frac{소요광속발산도(fL)}{반사율(\%)} \times 100$$

Key Point

광속발산도(fL)가 60이고 반사율이 80일 때 소요조명(fc)을 구하시오.

$$소요조명[fc] = \frac{광산발산도[fL]}{반사율[\%]} \times 100 = \frac{60[fL]}{80[\%]} \times 100 = 75[fc]$$

18 조도

1. 조도

어떤 물체나 표면에 도달하는 빛의 밀도로 단위는 fc와 lux가 있다.

$$조도(lux) = \frac{광속(lumen)}{(거리(m))^2}$$

2. 광속

단위면적당 표면에서 반사 또는 방출되는 광량

3. 광속발산도

단위 면적당 표면에서 반사 또는 방출되는 빛의 양. 단위는 lambert(L), milli lambert(mL), foot-lambert(fL)

19 반사율

1. 반사율(%)

단위 면적당 표면에서 반사 또는 방출되는 빛의 양

$$반사율(\%) = \frac{휘도(fL)}{조도(fC)} \times 100 = \frac{광속발산도}{소요조명} \times 100$$

■ 옥내 추천 반사율

1. 천장 : 80~90%
2. 벽 : 40~60%
3. 가구 : 25~45%
4. 바닥 : 20~40%

2. 휘광

휘도가 높거나 휘도대비가 클 경우 생기는 눈부심

1) 휘광의 발생원인

① 눈에 들어오는 광속이 너무 많을 때
② 광원을 너무 오래 바라볼 때
③ 광원과 배경사이의 휘도 대비가 클 때
④ 순응이 잘 안 될 때

2) 광원으로부터의 휘광(Glare)의 처리방법

① 광원의 휘도를 줄이고 수를 늘인다.
② 광원을 시선에서 멀리 위치시킨다.
③ 휘광원 주위를 밝게 하여 광도비를 줄인다.
④ 가리개, 갓 혹은 차양(visor)을 사용한다.

3) 창문으로부터의 직사 휘광 처리

① 창문을 높이 단다.
② 창 위에 드리우개(Overhang)를 설치한다.
③ 창문에 수직날개를 달아 직시선을 제한한다.
④ 차양 혹은 발(blind)을 사용한다.

4) 반사휘광의 처리

① 일반(간접) 조명 수준을 높인다.
② 산란광, 간접광, 조절판(Baffle), 창문에 차양(Shade) 등을 사용한다.
③ 반사광이 눈에 비치지 않게 광원을 위치시킨다.

20 대비

표적의 광속발산도와 배경의 광속발산도의 차

$$\text{대비} = 100 \times \frac{L_b - L_t}{L_b}$$

여기서, L_b : 배경의 광속발산도, L_t : 표적의 광속발산도

Key Point

작업장 주변기계 및 벽의 반사율이 60%이고, 작업장의 안전표지판의 반사율이 80%일 때 기계및 벽과 안전표지판의 대비는 얼마인가?

$$\text{대비} = 100 \times \frac{L_b - L_t}{L_b} = 100 \times \frac{0.8 - 0.6}{0.8} = 25\%$$

21 소음대책

1. 소음(Noise)

공기의 진동에 의한 음파 중 인간이 감각적으로 원하지 않는 소리, 불쾌감을 주거나 주의력을 상실케 하여 작업에 방해를 주며, 청력손실을 가져온다.

1) 가청주파수

20～20,000Hz

2) 유해주파수

4,000Hz

3) 소리은폐 현상(Sound Masking)

한쪽 음의 강도가 약할 때는 강한 음에 숨겨져 들리지 않게 되는 현상

2. 소음의 영향

1) 일반적인 영향

불쾌감을 주거나 대화, 마음의 집중, 수면, 휴식을 방해하며 피로를 가중시킨다.

2) 청력손실

진동수가 높아짐에 따라 청력손실이 증가한다. 청력손실은 4,000Hz(C5-dip 현상)에서 크게 나타난다.

① 청력손실의 정도는 노출 소음수준에 따라 증가한다.
② 약한 소음에 대해서는 노출기간과 청력손실의 관계가 없다.
③ 강한 소음에 대해서는 노출기간에 따라 청력손실도 증가한다.

3. 소음을 통제하는 방법(소음대책)

① 소음원의 통제
② 소음의 격리
③ 차폐장치 및 흡음재료 사용
④ 음향처리제 사용
⑤ 적절한 배치

4. 음의 강도(Sound intensity)

음의 강도는 단위면적당 동력(Watt/m²)으로 정의되는데 그 범위가 매우 넓기 때문에 로그(log)를 사용한다. Bell(B ; 두음의 강도비의 로그값)을 기본측정 단위로 사용하고 보통은 dB(Decibel)을 사용한다.(1dB=0.1B)

음은 정상기압에서 상하로 변하는 압력파(Pressure Wave)이기 때문에 음의 진폭 또는 강도의 측정은 기압의 변화를 이용하여 직접 측정할 수 있다. 하지만 음에 대한 기압치는 그 범위가 너무 넓어 음압수준(SPL, Sound Pressure Level)을 사용하는 것이 일반적이다.

$$\mathrm{SPL(dB)} = 10\log\left(\frac{P_1^{\ 2}}{P_0^{\ 2}}\right)$$

5. 음량(Loudness)

① Phon 음량수준 : 정량적 평가를 위한 음량 수준 척도, Phon으로 표시한 음량 수준은 이 음과 같은 크기로 들리는 1,000Hz 순음의 음압수준(dB)

② Sone 음량수준 : 다른 음의 상대적인 주관적 크기 비교, 40dB의 1,000Hz 순음 크기(=40 Phon)를 1sone으로 정의, 기준음보다 10배 크게 들리는 음이 있다면 이 음의 음량은 10sone이다. Sone치$=2^{(\text{Phon치}-40)/10}$

Key Point

소음원으로부터 5m 떨어진 곳의 음압수준이 125dB라면 25m 떨어진 곳의 음압은 몇 dB인가?

$$\mathrm{dB}_2 = \mathrm{dB}_1 - 20\log\left(\frac{d_2}{d_1}\right)$$

$$\therefore\ \mathrm{dB}_2 = 125 - 20\log\left(\frac{25}{5}\right) = 111.02(\mathrm{dB})$$

CHAPTER

제2장 시스템 위험분석

1 시스템 안전을 달성하기 위한 4단계

① 위험상태의 최소화
② 안전장치의 채용
③ 경보장치의 채용
④ 특수한 수단 개발(표식 등의 규격화)

2 예비사고분석(PHA)

시스템 내의 위험요소가 얼마나 위험상태에 있는가를 평가하는 시스템 안전프로그램의 최초 단계의 분석 방식(정성적)

예비사고분석 PHA의 주요 목표달성 4가지 사항

① 시스템에 관한 모든 주요한 사고를 식별하고 표시할 것
② 사고를 초래하는 요인을 식별할 것
③ 사고가 생긴다고 가정하고 시스템에 생기는 결과를 식별하여 평가할 것
④ 식별된 사고를 파국적, 중대, 한계적, 무시가능 4가지 카테고리로 분류할 것

■ PHA에 의한 위험등급

class－1 : 파국
class－2 : 중대
class－3 : 한계적
class－4 : 무시가능

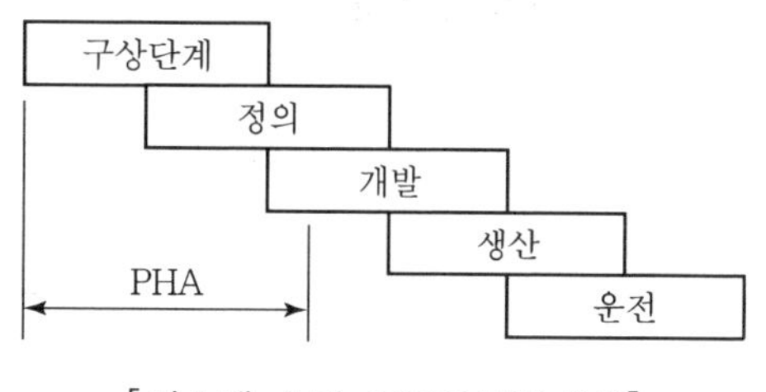

[시스템 수명 주기에서의 PHA]

Key Point

예비사고분석 PHA의 주요 목표달성 4가지 사항을 쓰시오.

3 고장형과 영향분석

시스템에 영향을 미치는 모든 요소의 고장을 형별로 분석하고 그 고장이 미치는 영향을 분석하는 방법으로 치명도 해석(CA)을 추가할 수 있음(귀납적, 정성적)

1. 특징

① FTA보다 서식이 간단하고 적은 노력으로 분석이 가능
② 논리성이 부족하고, 특히 각 요소 간의 영향을 분석하기 어렵기 때문에 동시에 두 가지 이상의 요소가 고장 날 경우에 분석이 곤란함
③ 요소가 물체로 한정되어 있기 때문에 인적 원인을 분석하는 데는 곤란함

2. 시스템에 영향을 미치는 고장형태

① 폐로 또는 폐쇄된 고장
② 개로 또는 개방된 고장
③ 기동 및 정지의 고장
④ 운전계속의 고장
⑤ 오동작

3. 순서

1) 1단계 : 대상시스템의 분석

① 기본방침의 결정
② 시스템의 구성 및 기능의 확인
③ 분석레벨의 결정
④ 기능별 블록도와 신뢰성 블록도 작성

2) 2단계 : 고장형태와 그 영향의 해석

① 고장형태의 예측과 설정
② 고장형에 대한 추정원인 열거
③ 상위 아이템의 고장영향의 검토
④ 고장등급의 평가

3) 3단계 : 치명도 해석과 그 개선책의 검토

① 치명도 해석
② 해석결과의 정리 및 설계개선으로 제안

4 디시전 트리(Decision Tree)

트리는 재해의 발단이 된 요인에서 출발해서 2차적 요인 등에 따라 최후의 재해사상에 도달

5 ETA(Event Tree Analysis)

정량적 귀납적 기법으로 DT에서 변천해 온 것으로 설비의 설계, 심사, 제작, 검사, 보전, 운전, 안전대책의 과정에서 그 대응조치가 성공인가 실패인가를 확대해 가는 과정을 검토

6 THERP(Technique of Human Error Rate Prediction)

인간실수확률(HEP)에 대한 정량적 예측기법으로 분석하고자 하는 작업을 기본행위로 하여 각 행위의 성공, 실패확률을 계산하는 방법

$$\text{인간실수확률(HEP)} = \frac{\text{인간실수의 수}}{\text{실수발생의 기회수}}$$

7 MORT(Management Oversight and Risk Tree)

FTA와 같은 논리기법을 이용하여 관리, 설계, 생산, 보전 등에 대해서 광범위하게 안전성을 확보하기 위한 기법(원자력 산업에 이용, 미국의 W. G. Johnson에 의해 개발)

8 FTA(Fault Tree Analysis)

1. FTA의 정의 및 특징

시스템의 고장을 논리게이트로 찾아가는 연역적, 정성적, 정량적 분석기법

1) 특징

① Top down형식(연역적)
② 정량적 해석 기법(컴퓨터 처리가 가능)
③ 논리기호를 사용한 특정사상에 대한 해석
④ 비전문가도 짧은 훈련으로 사용할 수 있다.
⑤ Human Error의 검출이 어렵다.

2) FTA의 기본적인 가정

① 중복사상은 없어야 한다.
② 기본사상들의 발생은 독립적이다.
③ 모든 기본사상은 정상사상과 관련되어 있다.

3) FTA의 기대효과

① 사고원인 규명의 간편화
② 사고원인 분석의 일반화
③ 사고원인 분석의 정량화
④ 노력, 시간의 절감
⑤ 시스템의 결함진단
⑥ 안전점검 체크리스트 작성

2. FTA의 순서 및 작성방법

1) FTA의 실시순서

① 대상으로 한 시스템의 파악
② 정상사상의 선정
③ FT도의 작성과 단순화
④ 정량적 평가
　㉠ 재해발생 확률 목표치 설정
　㉡ 실패 대수 표시
　㉢ 고장발생 확률과 인간 에러 확률
　㉣ 재해발생 확률 계산
　㉤ 재검토
⑤ 종결(평가 및 개선권고)

9 FTA에 의한 재해사례 연구

① 제1단계 : Top 사상의 선정
② 제2단계 : 사상마다의 재해원인 규명
③ 제3단계 : FT도의 작성
④ 제4단계 : 개선계획의 작성

Key Point

FTA에 의한 재해사례 연구순서 4단계를 쓰시오.

1단계 : 사실의 확인
2단계 : 직접원인과 문제점의 확인
3단계 : 근본 문제점의 결정
4단계 : 대책의 수립

10 확률사상의 계산

1. 논리곱의 확률(독립사상)

$A(X_1 \cdot X_2 \cdot X_3) = Ax_1 \cdot Ax_2 \cdot Ax_3$

2. 논리합의 확률(독립사상)

$A(X_1 + X_2 + X_3) = 1 - (1 - Ax_1)(1 - Ax_2)(1 - Ax_3)$

3. 불 대수의 법칙

① 동정법칙 : $A + A = A$, $AA = A$

② 교환법칙 : $AB = BA$, $A + B = B + A$

③ 흡수법칙 : $A(AB) = (AA)B = AB$

$A + AB = A \cup (A \cap B) = (A \cup A) \cap (A \cup B) = A \cap (A \cup B) = A$

$\overline{A \cdot B} = \overline{A} + \overline{B}$

④ 분배법칙 : $A(B + C) = AB + AC$, $A + (BC) = (A + B) \cdot (A + C)$

⑤ 결합법칙 : $A(BC) = (AB)C$, $A + (B + C) = (A + B) + C$

4. 드 모르간의 법칙

① $\overline{A + B} = \overline{A} \cdot \overline{B}$

② $A + \overline{A} \cdot B = A + B$

11 미니멀 컷과 미니멀 패스

1. 컷셋과 미니멀 컷셋

컷이란 그 속에 포함되어 있는 모든 기본사상이 일어났을 때 정상사상을 일으키는 기본사상의 집합을 말하며 미니멀 컷셋은 정상사상을 일으키기 위한 필요 최소한의 컷을 말한다.(시스템의 위험성 또는 안전성을 말함)

2. 패스셋와 미니멀 패스셋

패스란 그 속에 포함되어 있는 기본사상이 일어나지 않을 때 처음으로 정상사상이 일어나지 않는 기본사상의 집합으로서 미니멀 패스셋은 그 필요한 최소한의 컷을 말한다.(시스템의 신뢰성을 말함)

Key Point

FTA(결함수분석법)의 Cut set, Path set에 대해 설명하여라.

1. Cut set : FTA에 포함된 모든 기본사상이 일어났을 때 정상사상을 일으키는 기본사상의 집합
2. Path set : 기본사상이 일어나지 않을 때 정상사상이 일어나지 않는 기본사상의 집합

3. 미니멀 컷셋 구하는 법

① 정상사상에서 차례로 하단의 사상으로 치환하면서 AND 게이트는 가로로 OR 게이트는 세로로 나열한다.

② 중복사상이나 컷을 제거하면 미니멀 컷셋이 된다.

12 안전성 평가

1. 정의

설비나 제품의 제조, 사용 등에 있어 안전성을 사전에 평가하고 적절한 대책을 강구하기 위한 평가행위

2. 안전성 평가의 종류

1) 테크놀로지 어세스먼트(Technology Assessment)

기술 개발과정에서의 효율성과 위험성을 종합적으로 분석, 판단하는 프로세스

2) 세이프티 어세스먼트(Safety Assessment)

인적, 물적 손실을 방지하기 위한 설비 전 공정에 걸친 안전성 평가

3) 리스크 어세스먼트(Risk Assessment)

생산활동에 지장을 줄 수 있는 리스크(Risk)를 파악하고 제거하는 활동

4) 휴먼 어세스먼트(Human Assessment)

3. 위험관리(Risk Assessment) 과정 중 risk 처리기술 4가지

① 위험회피(Avoidance)
② 위험경감(Reduction)
③ 위험보유(Retention)
④ 위험전가(Transfer)

Key Point

위험관리 과정중 risk 처리기술 4가지를 쓰시오.

13 화학설비의 안전성 평가

1. 안전성 평가 6단계

1) 제1단계 : 관계자료의 정비검토

① 입지조건
② 화학설비 배치도
③ 제조공정 개요
④ 공정 계통도
⑤ 안전설비의 종류와 설치장소

2) 제2단계 : 정성적 평가

(1) 설계 관계

공장 내 배치, 소방설비 등

(2) 운전관계

원재료, 운송, 저장 등

3) 제3단계 : 정량적 평가

(1) 평가항목(5가지 항목)

① 물질
② 온도
③ 압력
④ 용량
⑤ 조작

(2) 화학설비 정량평가 등급

① 위험등급Ⅰ : 합산점수 16점 이상
② 위험등급Ⅱ : 합산점수 11~15점
③ 위험등급Ⅲ : 합산점수 10점 이하

4) 제4단계 : 안전대책

5) 제5단계 : 재해정보에 의한 재평가

6) 제6단계 : FTA에 의한 재평가

위험등급Ⅰ(16점 이상)에 해당하는 화학설비에 대해 FTA에 의한 재평가 실시

Key Point

안전성 평가 6단계를 쓰시오.

1단계 : 관계자료의 정비검토
2단계 : 정성적평가
3단계 : 정량적평가
4단계 : 안전대책
5단계 : 재해정보에 의한 재평가
6단계 : FTA에 의한 재평가

기출문제풀이

2000년 6월 25일

8. 다음 시스템의 신뢰도를 구하시오.

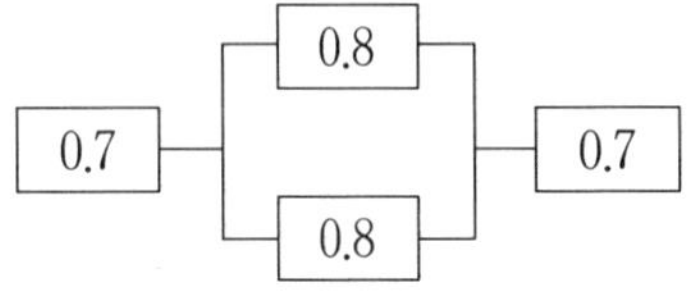

해답 신뢰도 $=0.7\times\{1-(1-0.8)(1-0.8)\}\times 0.7=0.4704$

10. 리던던시에 대해 간략히 설명하시오.

해답 시스템 일부에 고장이 나더라도 전체가 고장이 나지 않도록 기능적인 부분을 부가해서 신뢰도를 향상시키는 중복설계

2000년 11월 12일

3. 작업현장에서 청각 장치가 시각장치보다 좋은 점을 5가지 쓰시오.

해답 1. 신호음 자체가 음일 때
2. 무선거리 신호, 항로정보 등과 같이 연속적으로 변하는 정보를 제시할 때
3. 음성통신 경로가 전부 사용되고 있을 때
4. 정보가 즉각적인 행동을 요구하는 경우
5. 조명으로 인해 시각을 이용하기 어려운 경우

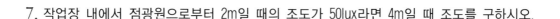

7. 작업장 내에서 점광원으로부터 2m일 때의 조도가 50lux라면 4m일 때 조도를 구하시오.

해답 조도$=\dfrac{\text{광도(lumen)}}{(\text{거리(m)})^2}$ 식을 활용하여 점광원부터 거리가 2m일 때의 조도가 50lux라면

광도$=$조도$\times$거리$^2=50\times4=200$(lumen)

따라서 4m에서의 조도$=\dfrac{\text{광도(lumen)}}{(\text{거리(m)})^2}=\dfrac{200}{(4)^2}=12.5$(lux)

2001년 4월 20일

8. 다음 시스템의 신뢰도를 구하시오.

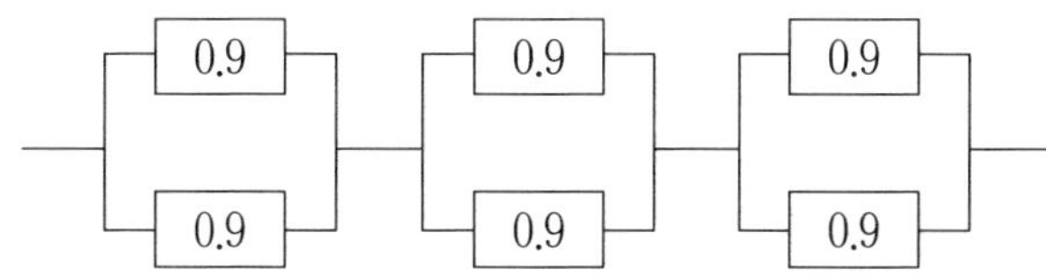

해답 신뢰도$=\{1-(1-0.9)(1-0.9)\}\times\{1-(1-0.9)(1-0.9)\}\times\{1-(1-0.9)(1-0.9)\}$
$=0.99\times0.99\times0.99=0.97$

10. 위험관리 과정 중 risk 처리기술 4가지를 쓰시오.

해답 1. 위험회피(Avoidance)
2. 위험경감(Reduction)
3. 위험보유(Retention)
4. 위험전가(Transfer)

2001년 11월 4일

3. 청각장치를 이용한 자극이 시각장치를 이용하는 방법보다 유리한 점 5가지를 쓰시오.

해답 1. 신호음 자체가 음일 때
2. 무선거리 신호, 항로정보 등과 같이 연속적으로 변하는 정보를 제시할 때
3. 음성통신 경로가 전부 사용되고 있을 때
4. 정보가 즉각적인 행동을 요구하는 경우
5. 조명으로 인해 시각을 이용하기 어려운 경우

2002년 7월 7일

8. 기계 신뢰도가 0.8이고 전체 신뢰도가 0.7일 때 인간의 신뢰도를 구하시오.

해답 기계신뢰도와 인간의 신뢰도가 직렬연결이라 했을 때
$0.8\times$인간의 신뢰도$=0.7$
여기서 인간의 신뢰도는 0.875

12. ON-OFF의 상태를 갖는 스위치가 있다. 작업자에게 전달되는 정보량은 몇 bit인가?

해답 ON-OFF 스위치는 2가지의 경우가 있으므로 1bit의 정보량을 전달한다.

2003년 4월 27일

7. 반사경 없이 모든 방향으로 빛을 발하는 점광원에서 2m 떨어진 곳의 조도가 120lux라면 3m 떨어진 곳의 조도는 얼마인가?

해답 $\text{조도}=\dfrac{\text{광속}(\text{lumen})}{(\text{거리}(\text{m}))^2}$에서

$120(\text{lux})=\dfrac{\text{광속}(\text{lumen})}{2^2}$이므로

광속은 480(lumen)

3m 떨어진 곳의 조도 $=\dfrac{\text{광속}(\text{lumen})}{(\text{거리}(\text{m}))^2}=\dfrac{480}{3^2}=53.3(\text{lux})$

2003년 10월 5일

11. 인간의 신뢰도가 56%이고, 기계의 신뢰도가 80%일 때 시스템의 신뢰도를 구하시오.(단, 직렬시)

해답 신뢰도$=$인간의 신뢰도$\times$기계의 신뢰도$=0.56\times0.80=0.448$

12. 다음의 신뢰도를 계산하시오.(병렬 : 사람 0.5, 기계 0.2)

해답 신뢰도 = 1 − (1 − 사람)(1 − 기계) = 1 − (1 − 0.5)(1 − 0.2) = 0.6

2004년 4월 25일

8. 소음원으로부터 25m 거리에서 음압이 120dB이라면 4,000m 거리에서의 음압은 얼마인가?

해답 d_1에서 I_1의 단위면적당 출력을 갖는 음은 거리 d_2에서는

$$dB_2 = dB_1 - 20\log\left(\frac{d_2}{d_1}\right)$$

$$\therefore dB_2 = 120 - 20\log\left(\frac{4,000}{25}\right) \fallingdotseq 75.917 = 75.92(dB)$$

2004년 7월 4일

10. 누적 외상성 질환(CTD)의 대표적 원인을 쓰시오.

해답 1. 반복적인 동작
2. 부적절한 자세
3. 무리한 힘의 사용
4. 날카로운 면과의 신체접촉
5. 진동 및 온도

2005년 4월 30일

10. Swain은 인간의 실수를 작위적 실수(Commission Error)와 부작위적 실수(Ommission Error)로 구분한다. 작위적 실수(Commission Error)에 포함되는 착오는?

해답 Commission Error
작업 내지 절차를 수행했으나 잘못한 실수(선택착오, 순서착오, 시간착오)

11. 병렬구조에 대한 설명에 맞게 설명하시오.

해답 ① 계의 한부분이 작동하게 되면 그 회로는 정상 작동한다.
② 병렬계의 요소가 늘어나게 되면 그 계의 신뢰도는 증가한다.

2005년 7월 10일

11. 인간과오의 원인이 되는 수준적 오류에 의한 3가지 구분을 기술하시오.

해답 1. Primary Error : 작업자 자신으로부터 발생한 에러
2. Secondary Error : 작업형태나 작업조건 중에서 다른 문제가 생겨 그 때문에 필요한 사항을 실행할 수 없는 오류
3. Command Error : 요구되는 것을 실행하고자 하여도 필요한 정보, 에너지 등이 공급되지 않아 작업자가 움직이려 해도 움직이지 않는 에러

2005년 9월 25일

3. FTA(결함수분석법)의 Cut set, Path set에 대해 설명하여라.

해답 1. Cut set : FTA에 포함된 모든 기본사상이 일어났을 때 정상사상을 일으키는 기본사상의 집합
2. Path set : 기본사상이 일어나지 않을 때 정상사상이 일어나지 않는 기본사상의 집합

2006년 4월 23일

8. 다음 시스템의 신뢰도를 구하시오.

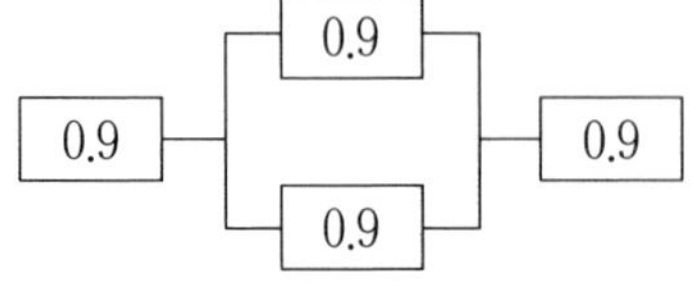

해답 신뢰도 $=0.9\times\{1-(1-0.9)(1-0.9)\}\times0.9=0.80$

2007년 4월 22일

3. cut set과 Path set을 설명하시오.

해답 1. Cut set : FTA에 포함된 모든 기본사상이 일어났을 때 정상사상을 일으키는 기본사상의 집합
2. Path set : 기본사상이 일어나지 않을 때 정상사상이 일어나지 않는 기본사상의 집합

4. 소음원으로부터 5m 떨어진 곳의 음압수준이 125dB라면 25m 떨어진 곳의 음압은 몇 dB인가?

해답 $dB_2 = dB_1 - 20\log\left(\frac{d_2}{d_1}\right)$

$\therefore dB_2 = 125 - 20\log\left(\frac{25}{5}\right) = 111.02(\text{dB})$

7. A, B, C 각각 0.15, 직렬결합일 때 T의 발생확률과 FT도를 작성하여라.

해답 T의 발생확률 = A×B×C = 0.15×0.15×0.15 = 0.003375

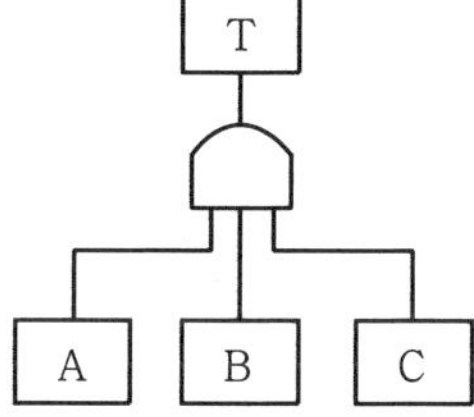

9. 2m 떨어진 곳의 조도가 120lux라면 3m 떨어진 곳의 조도는 얼마인가?

해답 $\text{조도} = \frac{\text{광속(lumen)}}{(\text{거리(m)})^2}$ 에서

$120(\text{lux}) = \frac{\text{광속(lumen)}}{2^2}$ 이므로

광속은 480(lumen)

3m 떨어진 곳의 조도 $= \frac{\text{광속(lumen)}}{(\text{거리(m)})^2} = \frac{480}{3^2} = 53.3(\text{lux})$

2007년 7월 8일

4. MTBF, MTTF, MTTR 명칭과 식을 쓰시오.

해답 ① MTBF(Mean Time Between Failure) : 시스템, 부품 등의 고장 간의 동작시간 평균치

$MTBF = \frac{1}{\lambda}$, λ(평균고장률) $= \frac{고장건수}{총가동시간}$

② MTTF(Mean Time To Failure) : 시스템, 부품 등이 고장나기까지 동작시간의 평균치

직렬계의 경우 System의 수명은 $= \frac{MTTF}{n} = \frac{1}{\lambda}$

병렬계의 경우 System의 수명은 $= MTTF\left(1 + \frac{1}{2} + \frac{1}{3} + \ldots + \frac{1}{n}\right)$

n : 직렬 또는 병렬계의 요소

③ MTTR(Mean Time To Repair) : 총 수리시간을 그 기간의 수리횟수로 나눈 시간

$\frac{수리시간}{수리횟수}$

2007년 10월 7일

5. 통제표시 장치의 통제비 설계시 고려해야 할 사항 5가지를 쓰시오.

해답 1. 계기의 크기(조절시간이 짧게 소요되는 사이즈를 선택하되 너무 작으면 오차가 클 수 있음)
2. 공차(짧은 주행시간 내에 공차의 인정범위를 초과하지 않은 계기를 마련)
3. 목시거리(눈과 계기표 시간과의 거리가 길수록 조절의 정확도는 적어지고 시간이 걸림)
4. 조작시간(조작시간이 지연되면 통제비가 크게 작용함)
5. 방향성(계기의 방향성은 안전과 능률에 영향을 미침)

2008년 4월 20일

10. 기계의 신뢰도가 일정할 때 고장률이 0.0004이고, 이 기계가 1,000시간 동안 만족스럽게 작동할 확률을 계산하시오.

해답 신뢰도 : $R(t) = e^{-\lambda t} = e^{-0.0004 \times 1000} = 0.67$

2008년 7월 6일

2. 인간과오 분류중 심리적 분류의 종류 5가지를 쓰시오.

해답 1. 생략에러(Omission Error) : 작업 내지 필요한 절차를 수행하지 않는 데서 기인하는 에러
2. 수행에러(Commission Error) : 작업 내지 절차를 수행했으나 잘못한 실수
 - 선택착오, 순서착오, 시간착오
3. 과잉행동 에러(Extraneous Error) : 불필요한 작업 내지 절차를 수행함으로써 기인한 에러
4. 순서에러(Sequential Error) : 작업수행의 순서를 잘못한 실수
5. 시간에러(Timing Error) : 소정의 기간에 수행하지 못한 실수(너무 빨리 혹은 늦게)

8. MTTF와 MTBF를 설명하시오.

해답 ① MTTF(Mean Time To Failure) : 시스템, 부품 등이 고장나기까지 동작시간의 평균치
② MTBF(Mean Time Between Failure) : 시스템, 부품 등의 고장 간의 동작시간 평균치

2008년 11월 2일

1. 소음원으로부터 1.5m 떨어진 곳의 음압수준이 100dB라면 5m 떨어진 곳의 음압수준은 얼마인가?

해답 $dB_2 = dB_1 - 20\log\left(\frac{d_2}{d_1}\right)$

$\therefore dB_2 = 100 - 20\log\left(\frac{5}{1.5}\right) = 89.54(\text{dB})$

7. 작업장 주변기계 및 벽의 반사율이 60%이고, 작업장의 안전표지판의 반사율이 80%일 때 기계및 벽과 안전표지판의 대비는 얼마인가?

해답 대비 $= 100 \times \frac{L_b - L_t}{L_b} = 100 \times \frac{0.8 - 0.6}{0.8} = 25\%$

2009년 4월 19일

11. ON-OFF의 상태를 갖는 스위치가 있다. 작업자에게 전달되는 정보량은 몇 bit인가?

해답 ON-OFF 스위치는 2개의 경우의 수를 가지므로 1bit이다.

2009년 7월 5일

6. 휴먼에러에서 Swain의 심리적 분류 4가지를 쓰고 설명하시오.

해답 1. 생략에러(Omission Error) : 작업 내지 필요한 절차를 수행하지 않는 데서 기인하는 에러
2. 실행(작위적)에러(Commission Error) : 작업 내지 절차를 수행했으나 잘못한 실수 - 선택착오, 순서착오, 시간착오
3. 과잉행동 에러(Extraneous Error) : 불필요한 작업 내지 절차를 수행함으로써 기인한 에러
4. 순서에러(Sequential Error) : 작업수행의 순서를 잘못한 실수

2009년 9월 13일

8. FTA에 사용되는 사상기호 5가지를 도시하고 명칭을 쓰시오.

해답

번호	기호	명칭	설명
1		결함사상 (사상기호)	개별적인 결함사상
2		기본사상 (사상기호)	더 이상 전개되지 않는 기본사상
3		생략사상 (최후사상)	정보부족, 해석기술 불충분으로 더 이상 전개할 수 없는 사상
4		통상사상 (사상기호)	통상발생이 예상되는 사상
5	(IN)	전이기호	FT도 상에서 부분에의 이행 또는 연결을 나타낸다. 삼각형 정상의 선은 정보의 전입을 뜻한다.

13. Oxford 지수란 습구 및 건구온도의 가중평균치로서 공식을 쓰시오.

해답 W_D=0.85W(습구온도)+0.15d(건구온도)

2010년 4월 18일

13. 다음 그림의 신뢰도를 구하시오.(소수점 4째자리까지)

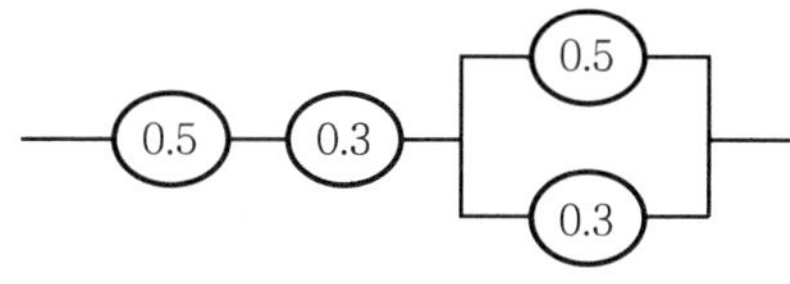

해답 시스템 신뢰도(Rs)=0.5×0.3×{1-(1-0.5)(1-0.3)}=0.0975

2010년 7월 4일

6. 광속발산도(fL)가 60이고 반사율이 80일 때 소요조명(fc)을 구하시오.

해답 $소요조명(fc) = \frac{광산발산도[fL]}{반사율[\%]} \times 100 = \frac{60[fL]}{80[\%]} \times 100 = 75[fc]$

12. 안전성평가를 순서대로 나열하시오.

1. 정성적평가	2. 정량적평가
3. 관계자료의 검토	4. FTA에의한 재평가
5. 재해정보재평가	6. 안전대책

해답 관계자료의 검토 → 정성적평가 → 정량적평가 → 안전대책 → 재해정보재평가 → FTA에 의한 재평가

2010년 9월 24일

11. 음량수준이 60phon인 음을 sone로 환산하시오.

해답 Sone치 $= 2^{(\text{Phon치} - 40)/10} = 2^{(60-40)/10} = 4(\text{sone})$

Subject 04

기계 및 운반안전

Contents

CHAPTER

제1장 기계안전 일반

1 기계설비의 위험점

1. 기계설비의 위험점 분류

1) 협착점(Squeeze Point)

기계의 왕복운동을 하는 운동부와 고정부 사이에 형성되는 위험점(왕복운동+고정부)

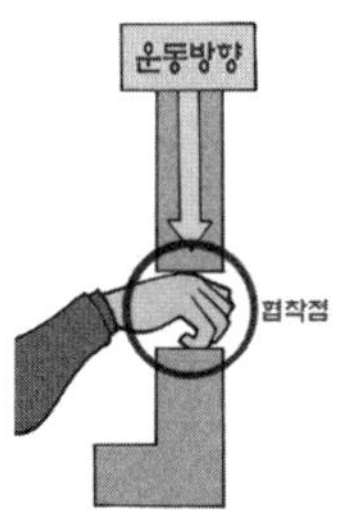

[프레스 상금형과 하금형 사이]

2) 끼임점(Shear Point)

기계의 회전운동하는 부분과 고정부 사이에 위험점이다. 예로서 연삭숫돌과 작업대, 교반기의 교반날개와 몸체사이 및 반복되는 링크기구 등이 있다.(회전 또는 직선운동+고정부)

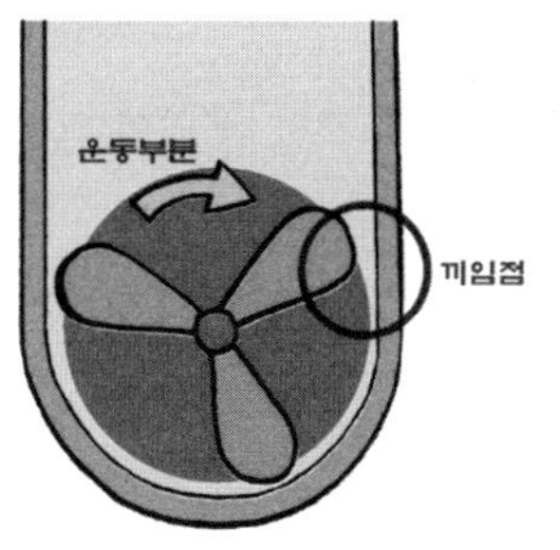

3) 절단점(Cutting Point)

회전하는 운동부 자체의 위험이나 운동하는 기계부분 자체의 위험에서 초래되는 위험점이다. 예로서 밀링커터와 회전둥근톱날이 있다.(회전운동 자체)

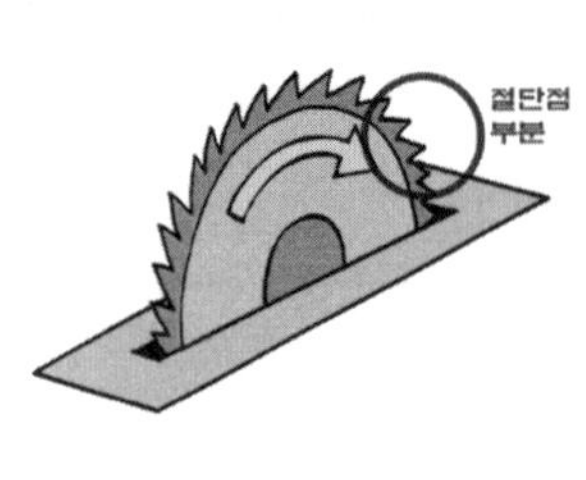

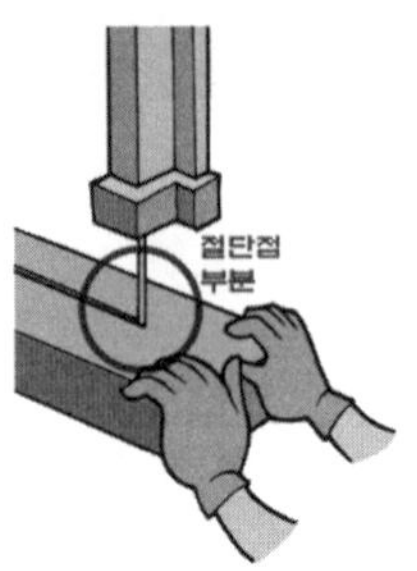

4) 물림점(Nip Point)

롤, 기어, 압연기와 같이 두 개의 회전체 사이에 신체가 물리는 위험점 형성(회전운동+회전운동)

5) 접선물림점(Tangential Nip Point)

회전하는 부분이 접선방향으로 물려들어갈 위험이 만들어지는 위험점(회전운동+접선부)

6) 회전말림점(Trapping Point)

회전하는 물체의 길이, 굵기, 속도 등이 불규칙한 부위와 돌기 회전부위에 장갑 및 작업복 등이 말려드는 위험점 형성(돌기회전부)

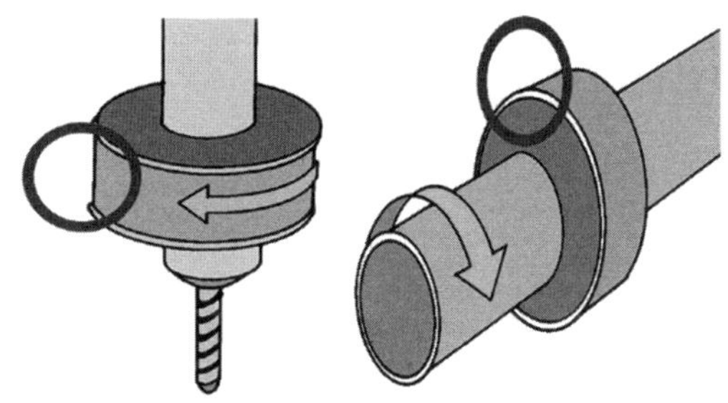

Key Point

기계설비에 의해 형성되는 위험점 6가지를 분류하시오.

협착점, 끼임점, 절단점, 물림점, 접선물림점, 회전말림점

2. 위험점의 5요소

1) 함정(Trap)

기계 요소의 운동에 의해서 트랩점이 발생하지 않는가?

2) 충격(Impact)

움직이는 속도에 의해서 사람이 상해를 입을 수 있는 부분은 없는가?

3) 접촉(Contact)

날카로운 물체, 연마체, 뜨겁거나 차가운 물체 또는 흐르는 전류에 사람이 접촉함으로써 상해를 입을 수 있는 부분은 없는가?

4) 말림, 얽힘(Entanglement)

가공 중에 기계로부터 기계요소나 가공물이 튀어나올 위험은 없는가?

5) 튀어나옴(Ejection)

기계요소와 피가공재가 튀어나올 위험이 있는가?

Key Point

압출가공 시 위험요소를 4가지 쓰시오.

함정, 충격, 접촉, 말림, 튀어나옴

2 기계설비의 본질적 안전화

근로자가 동작상 과오나 실수를 하여도 재해가 일어나지 않도록 하는 것. 기계설비가 이상이 발생되어도 안전성이 확보되어 재해나 사고가 발생하지 않도록 설계되는 기본적 개념이다.

Key Point

본질적 안전화에 관하여 설명하시오.

3 기계설비의 안전조건

1. 외형의 안전화

1) 묻힘형이나 덮개의 설치(안전보건규칙 제87조)

① 사업주는 기계의 원동기 · 회전축 · 기어 · 풀리 · 플라이휠 · 벨트 및 체인 등 근로자가 위험에 처할 우려가 있는 부위에 덮개 · 울 · 슬리브 및 건널다리 등을 설치하여야 한다.
② 사업주는 회전축 · 기어 · 풀리 및 플라이휠 등에 부속하는 키 · 핀 등의 기계요소는 묻힘형으로 하거나 해당 부위에 덮개를 설치하여야 한다.
③ 사업주는 벨트의 이음부분에 돌출된 고정구를 사용하여서는 아니 된다.
④ 사업주는 제1항의 건널다리에는 안전난간 및 미끄러지지 아니하는 구조의 발판을 설치하여야 한다.

2) 별실 또는 구획된 장소에의 격리

원동기 및 동력전달장치(벨트, 기어, 샤프트, 체인 등)

3) 안전색채를 사용

기계설비의 위험 요소를 쉽게 인지할 수 있도록 주의를 요하는 안전색채를 사용

2. 작업의 안전화

작업 중의 안전은 그 기계설비가 자동, 반자동, 수동에 따라서 다르며 기계 또는 설비의 작업 환경과 작업방법을 검토하고 작업위험분석을 하여 작업을 표준 작업화할 수 있도록 한다.

3. 작업점의 안전화

작업점이란 일이 물체에 행해지는 점 혹은 일감이 직접 가공되는 부분을 작업점(Point of Operation)이라 하며, 이와 같은 작업점은 특히 위험하므로 방호장치나 자동제어 및 원격장치를 설치할 필요가 있다.

4. 기능상의 안전화

최근 기계는 반자동 또는 자동제어장치를 갖추고 있어서 에너지 변동에 따라 오동작이 발생하여 주요 문제로 대두되어 이에 따른 기능의 안전화가 요구되고 있다.

5. 구조부분의 안전화(강도적 안전화)

① 재료의 결함
② 설계 시의 잘못
③ 가공의 잘못

4 Fool Proof

작업자가 기계를 잘못 취급하여 불안전 행동이나 실수를 하여도 기계설비의 안전기능이 작용되어 재해를 방지할 수 있는 기능

Key Point

Fool Proof에 대해 설명하시오.

5 Fail Safe

1. 정의

기계나 그 부품에 고장이나 기능불량이 생겨도 항상 안전하게 작동하는 구조와 기능을 추구하는 본질적 안전

Key Point

Fail Safe에 대해 설명하시오.

2. Fail Safe 기능면 3가지

1) Fail－Passive

부품이 고장났을 경우 통상 기계는 정지하는 방향으로 이동(일반적인 산업기계)

2) Fail－Active

부품이 고장났을 경우 기계는 경보를 울리는 가운데 짧은 시간동안 운전 가능

3) Fail－Operational

부품의 고장이 있더라도 기계는 추후 보수가 이루어질 때까지 안전한 기능 유지

Fail Safe 기능면 3가지를 쓰고 설명하시오.

6 기계설비의 방호장치

1) 격리형 방호장치

작업자가 작업점에 접촉되어 재해를 당하지 않도록 기계설비 외부에 차단벽이나 방호망을 설치하는 것으로 작업장에서 가장 많이 사용하는 방식(덮개)
예) 완전 차단형 방호장치, 덮개형 방호장치, 안전방호 울타리

2) 위치제한형 방호장치

조작자의 신체부위가 위험한계 밖에 있도록 기계의 조작장치를 위험구역에서 일정거리 이상 떨어지게 한 방호장치(양수조작식 안전장치)

3) 접근거부형 방호장치

작업자의 신체부위가 위험한계 내로 접근하면 기계의 동작위치에 설치해놓은 기구가 접근하는 신체부위를 안전한 위치로 되돌리는 것(손쳐내기식 안전장치)

4) 접근반응형 방호장치

작업자의 신체부위가 위험한계로 들어오게 되면 이를 감지하여 작동 중인 기계를 즉시 정지시키거나 스위치가 꺼지도록 하는 기능을 가지고 있다.(광전자식 안전장치)

5) 포집형 방호장치

목재가공기의 반발예방장치와 같이 위험장소에 설치하여 위험원이 비산하거나 튀는 것을 방지하는 등 작업자로부터 위험원을 차단하는 방호장치

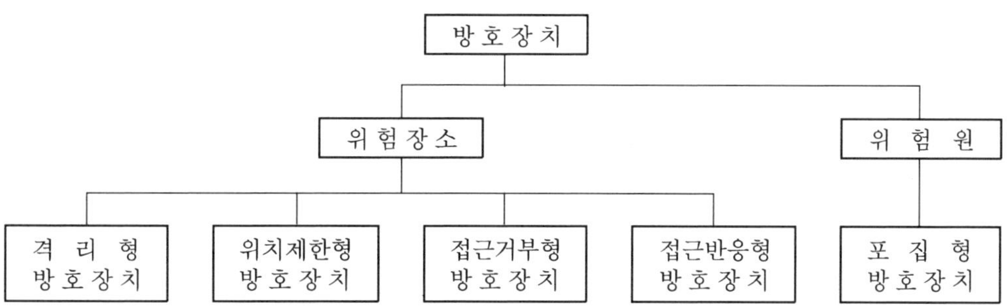

7 동력차단장치

동력차단장치(비상정지장치)를 설치하여야 하는 기계 중 절단 · 인발 · 압축 · 꼬임 · 타발 또는 굽힘 등의 가공을 하는 기계에는 그 동력차단장치를 근로자가 작업위치를 이동하지 아니하고 조작할 수 있는 위치에 설치하여야 한다.

8 동력전달장치의 방호장치

묻힘형이나 덮개의 설치(안전보건규칙 제87조)

① 사업주는 기계의 원동기 · 회전축 · 기어 · 풀리 · 플라이휠 · 벨트 및 체인 등 근로자가 위험에 처할 우려가 있는 부위에 덮개 · 울 · 슬리브 및 건널다리 등을 설치하여야 한다.

Key Point

기계의 원동기 · 회전축 · 기어 · 풀리 · 플라이휠 · 벨트 등 근로자에게 위험을 미칠 우려가 있는 부위에 설치해야 할 방호장치 3가지를 쓰시오.

덮개, 울, 슬리브 및 건널다리

② 사업주는 회전축 · 기어 · 풀리 및 플라이휠 등에 부속하는 키 · 핀 등의 기계요소는 묻힘형으로 하거나 해당 부위에 덮개를 설치하여야 한다.

③ 사업주는 벨트의 이음부분에 돌출된 고정구를 사용하여서는 아니 된다.

④ 사업주는 제1항의 건널다리에는 안전난간 및 미끄러지지 아니하는 구조의 발판을 설치하여야 한다.

9 산업안전보건법상 유해위험 기계·기구

1. 안전인증대상기계 · 기구 등

① 프레스
② 전단기(剪斷機) 및 절곡기(折曲機)
③ 크레인
④ 리프트
⑤ 압력용기
⑥ 롤러기
⑦ 사출성형기(射出成形機)
⑧ 고소(高所) 작업대
⑨ 곤돌라

2. 자율안전확인대상기계 · 기구

① 연삭기 또는 연마기(휴대형은 제외한다)
② 산업용 로봇
③ 혼합기
④ 파쇄기 또는 분쇄기
⑤ 식품가공용기계(파쇄 · 절단 · 혼합 · 제면기만 해당한다)
⑥ 컨베이어
⑦ 자동차정비용 리프트
⑧ 공작기계(선반, 드릴기, 평삭 · 형삭기, 밀링만 해당한다)
⑨ 고정용 목재가공용기계(둥근톱, 대패, 루타기, 띠톱, 모떼기 기계만 해당한다)
⑩ 인쇄기

3. 안전검사 대상 유해 · 위험기계

① 프레스
② 전단기
③ 크레인[정격하중 2톤 미만인 것은 제외한다.]
④ 리프트
⑤ 압력용기
⑥ 곤돌라

⑦ 국소배기장치(이동식은 제외한다)
⑧ 원심기(산업용에 한정한다)
⑨ 화학설비 및 그 부속설비
⑩ 건조설비 및 그 부속설비
⑪ 롤러기(밀폐형 구조는 제외한다)
⑫ 사출성형기[형 체결력(型 締結力) 294킬로뉴턴(kN) 미만은 제외한다.]
⑬ 고소작업대[「자동차관리법」 제3조제3호 또는 제4호에 따른 화물자동차 또는 특수자동차에 탑재한 고소작업대(高所作業臺)로 한정한다]
⑭ 컨베이어
⑮ 산업용 로봇

10 프레스의 방호장치 및 설치방법

1. 게이트가드(Gate Guard)식 방호장치

가드의 개폐를 이용한 방호장치로서 기계의 작동을 서로 연동하여 가드가 열려 있는 상태에서는 기계의 위험부분이 가동되지 않고, 또한 기계가 작동하여 위험한 상태로 있을 경우에는 가드를 열 수 없게 한 장치를 말한다.

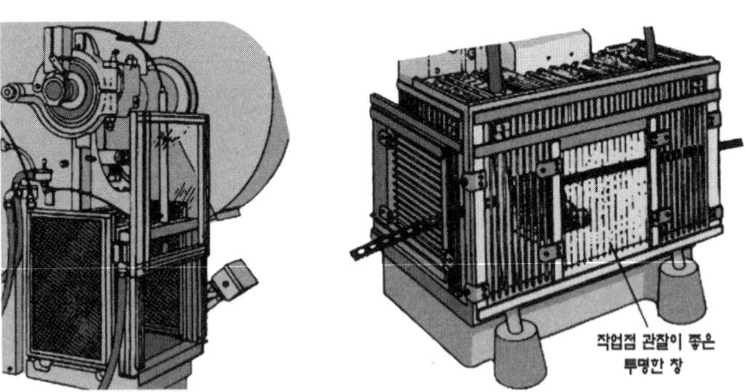

[게이트가드식 방호장치]

2. 양수조작식 방호장치

1) 양수조작식

(1) 정의

기계의 조작을 양손으로 동시에 하지 않으면 기계가 가동하지 않으며 한 손이라도 떼어내면 기계가 급정지 또는 급상승하게 하는 장치를 말한다.(급정지기구가 있는 마찰프레스에 적합)

Key Point

프레스에서 슬라이드 작동 중 정지가 가능하고 1행정 1정지기구를 갖는 방호장치 1가지를 쓰시오.

양수조작식 방호장치

(2) 안전거리

$$D = 1,600 \times (T_c + T_s)(\text{mm})$$

여기서, T_c : 방호장치의 작동시간[즉 누름버튼으로부터 한 손이 떨어질 때부터 급정지기구가 작동을 개시할 때까지의 시간(초)]

T_s : 프레스의 급정지시간[즉 급정지 기구가 작동을 개시할 때부터 슬라이드가 정지할 때까지의 시간(초)]

(3) 양수조작식 방호장치 설치 및 사용

① 양수조작식 방호장치는 안전거리를 확보하여 설치해야 한다.
② 누름버튼의 상호 간 내측거리는 300mm 이상으로 한다.
③ 누름버튼 윗면이 버튼케이스 또는 보호링의 상면보다 25mm 낮은 매립형으로 한다.
④ SPM(Stroke Per Minute : 매분 행정수) 120 이상의 것에 사용한다.

Key Point

프레스의 양수조작식 방호장치의 누름버튼의 거리는 얼마인가?

300mm 이상

Key Point

프레스기의 방호장치 중에서 양수조작식 방호장치의 설치방법 3가지를 쓰시오.

2) 양수기동식

(1) 정의

양손으로 누름단추 등의 조작장치를 동시에 1회 누르면 기계가 작동을 개시하는 것을 말한다.(급정지기구가 없는 확동식 프레스에 적합)

(2) 안전거리

$$D_m = 1{,}600 \times T_m(\text{mm})$$

$$T_m = \left(\frac{1}{\text{클러치개소수}} + \frac{1}{2}\right) \times \frac{60}{\text{매분행정수}(SPM)}$$

T_m : 양손으로 누름단추를 조작하고 슬라이드가 하사점에 도달하기까지의 소요최대시간(초)

Key Point

클러치 맞물림 개소수 4개, SPM 200인 프레스의 양수 기동식 방호장치의 안전거리를 구하시오.

$$D_m = 1{,}600 \times T_m = 1{,}600 \times \left[\left(\frac{1}{\text{클러치의 개소수}} + \frac{1}{2}\right) \times \frac{60}{\text{매분행정수}}\right]$$

$$= 1{,}600 \times \left[\left(\frac{1}{4} + \frac{1}{2}\right) \times \frac{60}{200}\right] = 360\text{mm}$$

3. 손쳐내기식(Push Away, Sweep Guard) 방호장치

기계의 작동에 연동시켜 위험상태로 되기 전에 손을 위험 영역에서 밀어내거나 쳐냄으로써 위험을 배제하는 장치를 말한다.

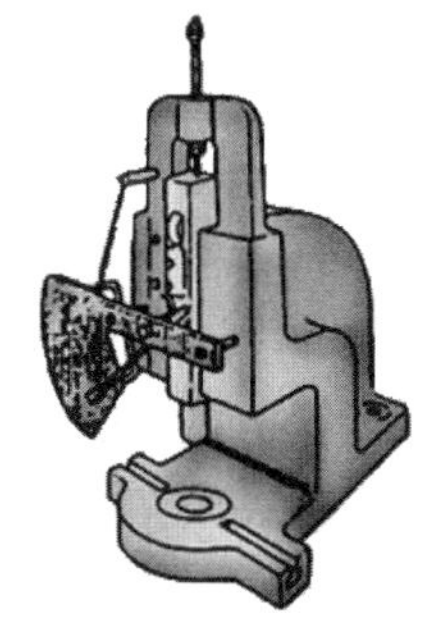

[손쳐내기식 방호장치]

4. 수인식(Pull Out) 방호장치

슬라이드와 작업자 손을 끈으로 연결하여 슬라이드 하강 시 작업자 손을 당겨 위험영역에서 빼낼 수 있도록 한 장치를 말한다.

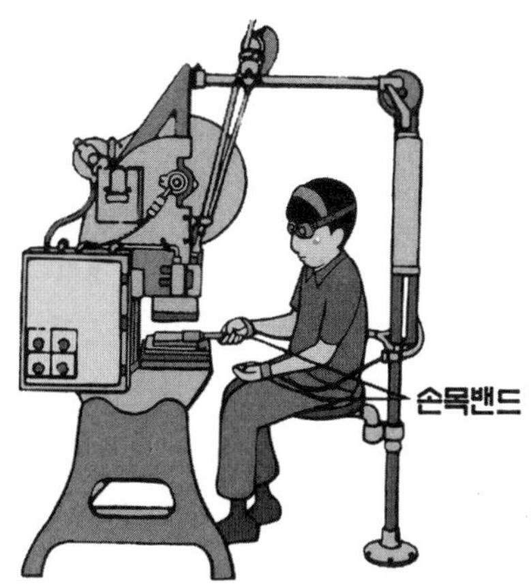

[수인식 방호장치]

5. 광전자식(감응식) 방호장치

1) 정의

광선 검출트립기구를 이용한 방호장치로서 신체의 일부가 광선을 차단하면 기계를 급정지 또는 급상승시켜 안전을 확보하는 장치를 말한다.

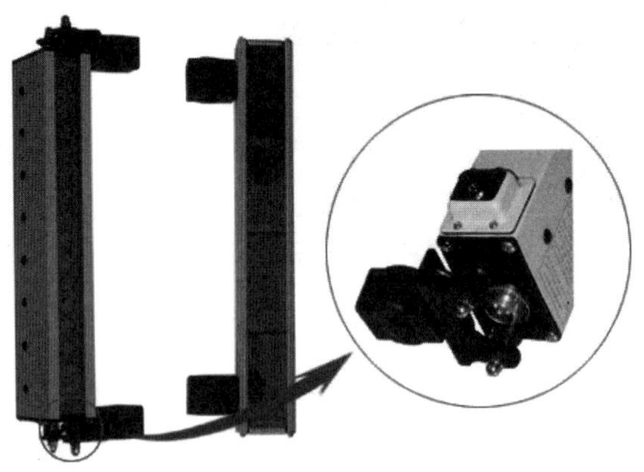

[광전자식 안전장치]

2) 방호장치의 설치방법

$$D = 1,600(T_c + T_s)$$

여기서, D : 안전거리(mm)

T_c : 방호장치의 작동시간[즉, 손이 광선을 차단했을 때부터 급정지기구가 작동을 개시할 때까지의 시간(초)]

T_s : 프레스의 최대정지시간[즉, 급정지 기구가 작동을 개시할 때부터 슬라이드가 정지할 때까지의 시간(초)]

Key Point

프레스의 방호장치 중 슬라이드의 행정길이가 40mm 이상인 방호장치의 종류를 쓰시오.

손쳐내기식 방호장치, 수인식 방호장치

Key Point

프레스기나 절단기의 방호장치 종류를 쓰시오.

게이트가드식 방호장치, 양수조작식 방호장치, 손쳐내기식 방호장치, 수인식 방호장치, 광전자식 방호장치

Key Point

프레스 작업이 끝난 후 페달에 U자형 커버를 씌우는 이유를 간략히 설명하시오.

근로자 부주의로 인하여 페달을 작동시키거나 낙하물 등에 의해 페달이 예상치 못한 상황에서 작동하는 등의 예상치 못한 불시작동을 방지하고 안전을 유지하기 위하여 설치

11 아세틸렌용접장치 및 가스집합용접장치의 방호장치 및 설치방법

1. 아세틸렌 용접장치

1) 용접법의 분류 및 압력의 제한

(1) 용접법의 분류

① 가스용접법(Gas Fusion Welding) : 용접할 부분을 가스로 가열하여 접합
② 가스압접법(Gas Pressure Welding) : 용접부에 압력을 가하여 접합

(2) 압력의 제한(안전보건규칙 제285조)

아세틸렌 용접장치를 사용하여 금속의 용접·용단 또는 가열작업을 하는 경우에 게이지압력이 127 킬로파스칼(매 제곱센티미터당 1.3킬로그램)을 초과하는 압력의 아세틸렌을 발생시켜 사용해서는 아니 된다.

2) 안전기의 설치(안전보건규칙 제289조)

① 사업주는 아세틸렌 용접장치의 취관마다 안전기를 설치하여야 한다. 다만, 주관 및 취관에 가장 근접한 분기관마다 안전기를 부착한 경우에는 그러하지 아니한다.
② 사업주는 가스용기가 발생기와 분리되어 있는 아세틸렌 용접장치에 대하여 발생기와 가스용기 사이에 안전기를 설치하여야 한다.

Key Point

아세틸렌 용접장치의 안전기 설치 위치를 쓰시오.

취관, 발생기와 가스용기 사이

2. 아세틸렌 용기의 사용시 주의사항(안전보건규칙 제234조)

① 다음에 해당하는 장소에서 사용하거나 해당장소에 설치·저장 또는 방치하지 않도록 할 것
㉠ 통풍이나 환기가 불충분한 장소
㉡ 화기를 사용하는 장소 및 그 부근
㉢ 위험물 또는 인화성 액체를 취급하는 장소 및 그 부근
② 용기의 온도를 섭씨 40도 이하로 유지할 것
③ 전도의 위험이 없도록 할 것
④ 충격을 가하지 않도록 할 것
⑤ 운반할 경우에는 캡을 씌울 것
⑥ 사용할 경우에는 용기의 마개에 부착되어 있는 유류 및 먼지를 제거할 것
⑦ 밸브의 개폐는 서서히 할 것
⑧ 사용 전 또는 사용 중인 용기와 그외의 용기를 명확히 구별하여 보관할 것
⑨ 용해아세틸렌의 용기는 세워 둘 것
⑩ 용기의 부식·마모 또는 변형상태를 점검한 후 사용할 것

Key Point

금속의 용접·용단 또는 가열에 사용되는 가스 등의 용기를 취급할 때의 준수사항 5가지를 쓰시오.

3. 방호장치의 종류 및 설치방법

1) 수봉식 안전기

안전기는 용접 중 역화현상이 생기거나, Torch가 막혀 산소가 아세틸렌 가스쪽으로 역류하여 가스 발생장치에 도달하면 폭발 사고가 일어날 위험이 있으므로 가스발생기와 토치 사이에 수봉식 안전기를 설치한다. 즉 발생기에서 발생한 아세틸렌 가스가 수중을 통과하여 토치에 도달하고, 고압의 산소가 토치로부터 아세틸렌 발생기를 향하여 역류(역화)할 때 물이 아세틸렌 가스 발생기로의 진입을 차단하여 위험을 방지한다.

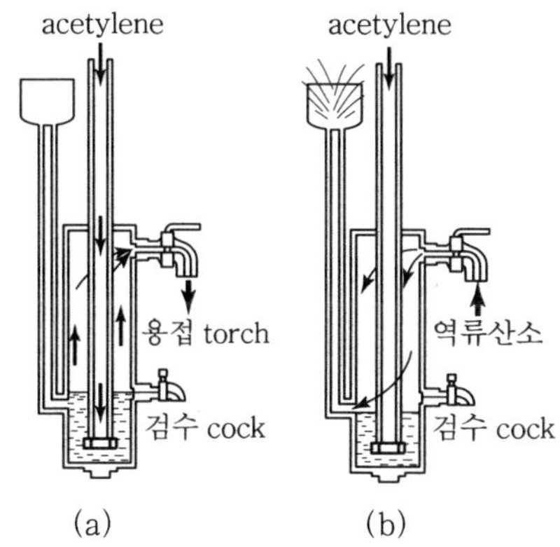

[수봉식 안전기]

2) 건식 안전기(역화방지기)

최근에는 아세틸렌용접장치를 이용하는 것이 극히 드물고 용해아세틸렌, LP가스 등의 용기를 이용하는 일이 많아지고 있다. 여기에 이용하는 것이 건식안전기이다.

[역화방지기]

3) 방호장치의 설치방법

(1) 아세틸렌 용접장치

① 매 취관마다 설치한다. 혹은 주관에 안전기를 설치하고 취관에 가장 근접한 분기관마다 설치한다.

② 가스용기가 발생기와 분리되어 있는 경우 발생기와 가스용기 사이에 설치한다.

(2) 가스집합 용접장치

주관 및 분기관에 안전기를 설치하여 하나의 취관에 대하여 안전기가 2개 이상 되도록 설치한다.

12 양중기의 방호장치 및 재해유형

1. 양중기의 방호장치

1) 크레인 : 과부하방지장치, 권과방지장치, 비상정지장치, 브레이크, 훅해지장치

크레인에 과부하방지장치·권과방지장치·비상정지장치 및 제동장치 등 방호장치를 부착하고 유효하게 작동될 수 있도록 미리 조정하여 두어야 한다.(안전보건규칙 제134조)

(1) 권과방지장치

양중기에 설치된 권상용와이어 로프 또는 지브 등의 붐 권상용 와이어로프의 권과를 방지하기 위한 장치이다. 권과방지장치의 종류로는 캠형, 중추형, 나사형, 호이스트형이 있다.

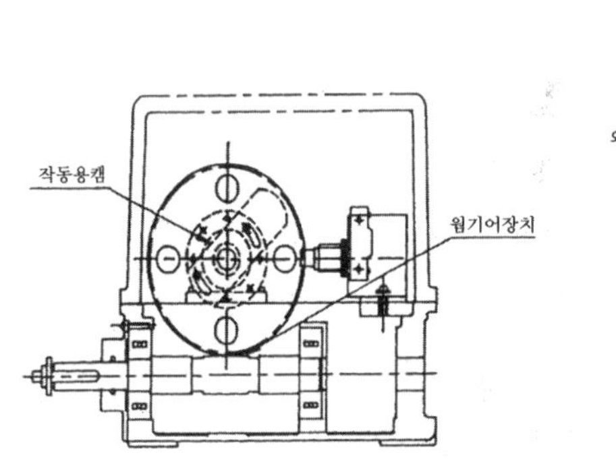

[캠형 권과방지장치]

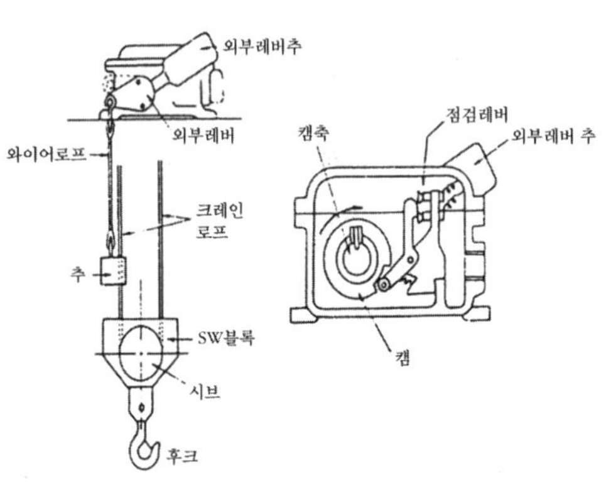

[중추형 권과방지장치]

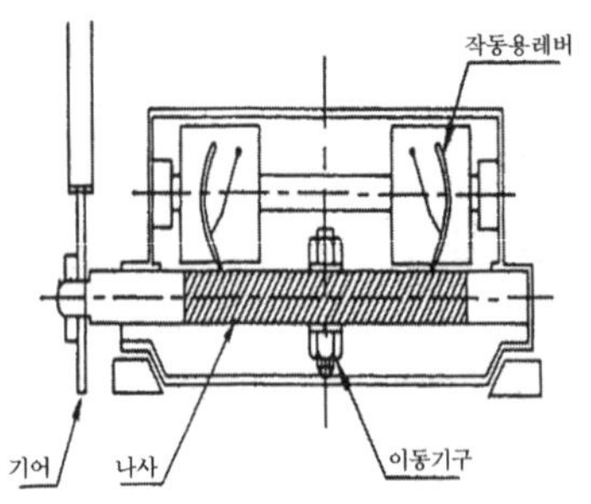

[나사형 권과방지장치]

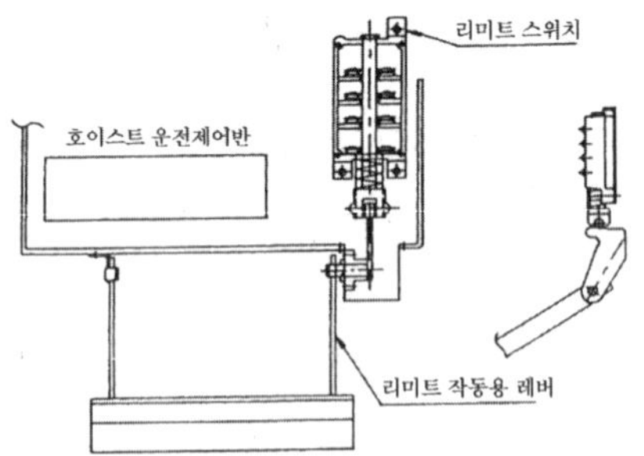

[호이스트형 권과방지장치]

Key Point

크레인의 권과방지장치에 사용하는 리미트스위치의 종류 3가지를 쓰시오.

캠형 권과방지장치, 중추형 권과방지장치, 나사형 권과방지장치, 호이스트형 권과방지장치

(2) 과부하방지장치

하중이 정격을 초과하였을 때 자동적으로 상승이 정지되는 장치

(3) 비상정지장치

작업자가 기계를 잘못 작동시킨 경우 등 어떤 불의의 요인으로 기계를 순간적으로 정지시키고 싶을 때 사용하는 정지 버튼

(4) 브레이크장치

운동체와 정지체의 기계적 접촉에 의해 운동체를 감속 또는 정지상태로 유지하는 기능을 가진 장치를 말한다.

(5) 훅 해지장치

훅 걸이용 와이어로프 등이 훅으로부터 벗겨지는 것을 방지하는 방호장치

2) 양중기

양중기란 다음 각 호의 기계를 말한다.

(1) 크레인[호이스트(hoist)를 포함한다]

중량물을 매달아 상하 및 좌우로 운반하는 것을 목적으로 하는 기계 또는 기계장치를 말하며, "호이스트"란 훅이나 그 밖의 달기구 등을 사용하여 화물을 권상 및 횡행 또는 권상동작만을 하여 양중하는 것을 말한다.

(2) 이동식 크레인

(3) 리프트(이삿짐운반용 리프트의 경우에는 적재하중이 0.1톤 이상인 것으로 한정한다)

리프트의 종류로는 건설용 리프트, 산업용 리프트, 자동차정비용 리프트, 이삿짐운반용 리프트가 있다.

(4) 곤돌라

달기발판 또는 운반구, 승강장치, 그 밖의 장치 및 이들에 부속된 기계부품에 의하여 구성되고, 와이어로프 또는 달기강선에 의하여 달기발판 또는 운반구가 전용 승강장치에 의하여 오르내리는 설비

(5) 승강기

승강기의 종류로는 승객용 엘리베이터, 승객화물용 엘리베이터, 화물용 엘리베이터, 소형화물용 엘리베이터, 에스컬레이터가 있다.

3) 방호장치의 조정

(1) 사업주는 다음 각 호의 양중기에 과부하방지장치, 권과방지장치(捲過防止裝置), 비상정지장치 및 제동장치, 그 밖의 방호장치[(승강기의 파이널 리미트 스위치(final limit switch), 속도조절기, 출입문 인터 록(inter lock) 등을 말한다]가 정상적으로 작동될 수 있도록 미리 조정해 두어야 한다.

① 크레인

② 이동식 크레인

③ 삭제 〈2019. 4. 19.〉

④ 리프트

⑤ 곤돌라

⑥ 승강기

(2) 양중기에 대한 권과방지장치는 훅·버킷 등 달기구의 윗면(그 달기구에 권상용 도르래가 설치된 경우에는 권상용 도르래의 윗면)이 드럼, 상부 도르래, 트롤리프레임 등 권상장치의 아랫면과 접촉할 우려가 있는 경우에 그 간격이 0.25미터 이상[(직동식(直動式) 권과방지장치는 0.05미터 이상으로 한다)]이 되도록 조정하여야 한다.

Key Point

승강기에 있어서 카(Car)만의 무게가 3,000kg, 정격적재하중 2,000kg, 오버 밸런스(Over-balance)율이 40%일 때, 평형추의 무게(kg)는 얼마로 하면 되는가?

평형추의 무게=카의 무게+(정격적재하중×오버밸런스율)=3,000+(2,000×0.4)=3,800kg

2. 양중기의 재해유형

① 와이어로프 파단에 의한 재해
② 자재를 묶은 달기로프가 풀려서 자재낙하
③ 자재인양, 스윙 중 주변 구조물과 충돌
④ 리프트 운행 중 추락
⑤ 리프트 탑승구에서 추락
⑥ 리프트 운행 중 충돌
⑦ 리프트 착지점에서 협착 등

13 보일러 및 압력용기의 방호장치

보일러의 폭발사고예방을 위하여 압력방출장치 · 압력제한스위치 · 고저수위조절장치 · 화염검출기 등의 기능이 정상적으로 작동될 수 있도록 유지 · 관리하여야 한다.(안전보건규칙 제119조)

Key Point

보일러의 사고 형태는 다음과 같다.

[사고형태]

① 구조상의 결함　　　　② 구성 재료의 결함
③ 보일러 내부의 압력　　　　④ 고열에 의한 배관의 강도 저하 등

위 내용을 토대로 보일러 사고를 방지하기 위한 대책을 기술하시오.

1. 압력방출장치 · 압력제한스위치 · 고저수위조절장치 · 화염검출기 등의 기능이 정상적으로 작동될 수 있도록 유지 · 관리
2. 설계시 구성재료의 결함, 고열에 의한 배관의 강도저하 등을 고려
3. 비파괴검사 등으로 구조상의 결함을 미리 찾아냄

1. 고저수위 조절장치(안전보건규칙 제118조)

사업주는 고저수위조절장치의 동작 상태를 작업자가 쉽게 감시하도록 하기 위하여 고저수위 지점을 알리는 경보등 · 경보음장치 등을 설치하여야 하며, 자동으로 급수되거나 단수되도록 설치하여야 한다.

2. 압력방출장치(안전밸브)(안전보건규칙 제116조)

① 사업주는 보일러의 안전한 가동을 위하여 보일러 규격에 적합한 압력방출장치를 1개 또는 2개 이상 설치하고 최고사용압력(설계압력 또는 최고허용압력을 말한다. 이하 같다) 이하에서 작동되도록 하여야 한다. 다만, 압력방출장치가 2개 이상 설치된 경우에는 최고사용압력 이하에서 1개가 작동되고, 다른 압력방출장치는 최고사용압력 1.05배 이하에서 작동되도록 부착하여야 한다.

② 제1항의 압력방출장치는 1년에 1회 이상 「국가표준기본법」 제14조의 따라 산업통상자원부장관의 지정을 받은 국가교정업무전담기관(이하 "국가교정기관"이라 한다)으로부터 교정을 받은 압력계를 이용하여 토출압력을 시험한 후 납으로 봉인하여 사용하여야 한다. 다만, 영 제43조에 따른 공정안전보고서 제출대상으로서 고용노동부장관이 실시하는 공정안전보고서 이행상태 평가결과가 우수한 사업장은 압력방출장치에 대하여 4년에 1회 이상 설정압력에서 압력방출장치가 적정하게 작동하는지를 검사할 수 있다.

3. 압력제한스위치(안전보건규칙 제117조)

사업주는 보일러의 과열을 방지하기 위하여 최고사용압력과 상용압력사이에서 보일러의 버너 연소를 차단할 수 있도록 압력제한스위치를 부착하여 사용하여야 한다.

압력제한 스위치는 상용운전압력 이상으로 압력이 상승할 경우 보일러의 파열을 방지하기 위하여 버너의 연소를 차단하여 열원을 제거함으로써 정상압력으로 유도하는 장치이다.

▣ 보일러에서 발생하는 현상

① 프라이밍(Priming) : 보일러가 과부하로 사용될 경우에 수위가 올라가던가 드럼 내의 부착품에 기계적 결함이 있으면 보일러수가 극심하게 끓어서 수면에서 끊임없이 격심한 물방울이 비산하고 증기부가 물방울로 충만하여 수위가 불안정하게 되는 현상을 말한다.

발생원인으로는 보일러 관수의 농축, 수증기 밸브의 급개, 보일러 부하의 급변화 운전, 보일러수 또는 관수의 수위를 높게 운전, 청관제 및 급수처리제 사용 부적당 등이 있다.

② 포밍(Foaming) : 보일러수에 불순물이 많이 포함되었을 경우 보일러수의 비등과 함께 수면부위에 거품층을 형성하여 수위가 불안정하게 되는 현상을 말한다.

③ 캐리오버(Carry Over) : 보일러수 속의 용해 고형물이나 현탁 고형물이 증기에 섞여 보일러 밖으로 튀어 나가는 현상

14 롤러기의 방호장치 및 설치방법

1. 롤러기의 방호장치

1) 급정지장치

(1) 손조작식

비상안전제어로프(Safety Trip Wire Cable)장치는 송급 및 인출 컨베이어, 슈트 및 호퍼 등에 의해서 제한이 되는 밀기에 사용한다.

(2) 복부조작식

(3) 무릎조작식

(4) 급정지장치 조작부의 위치

종류	설치위치	비고
손조작식	밑면에서 1.8m 이내	위치는 급정지장치 조작부의 중심점을 기준으로 한다.
복부조작식	밑면에서 0.8m 이상 1.1m 이내	
무릎조작식	밑면에서 0.4m 이상 0.6m 이내	

[급정지장치가 설치된 롤러기]

Key Point

롤러의 방호장치인 급정지장치의 종류 3가지와 설치방법을 쓰시오.

2) 가드

가드를 설치할 때 일반적인 개구부의 간격은 다음의 식으로 계산한다.

$$Y = 6 + 0.15X(X < 160\text{mm})(\text{단, } X \geq 160\text{mm이면 } Y = 30)$$

여기서, Y : 개구부의 간격(mm)
X : 개구부에서 위험점까지의 최단거리(mm)

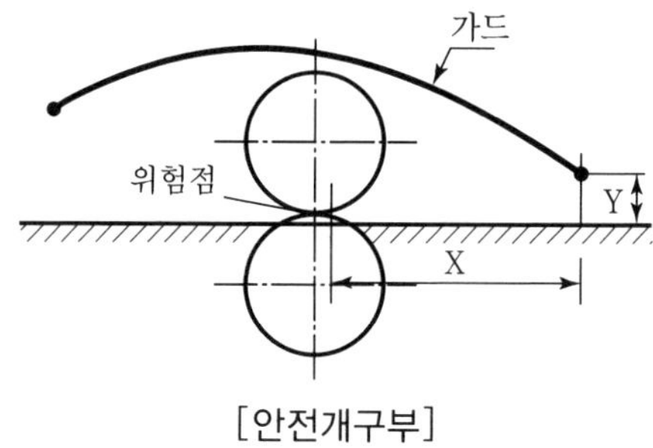

[안전개구부]

다만, 위험점이 전동체인 경우 개구부의 간격은 다음 식으로 계산한다.

$$Y = 6 + X/10(\text{단, } X < 760\text{mm에서 유효})$$

Key Point

롤러 맞물림 전방에 개구간격 12mm인 가드를 설치할 경우 안전거리를 ILO 기준으로 계산하시오.

$$12 = 6 + (0.15 \times X),\ X = \frac{12-6}{0.15} = 40\text{mm}$$

[울이 설치된 롤]

3) 발광다이오드 광선식 장치

2. 롤러기 급정지 거리

1) 급정지장치의 성능

앞면 롤의 표면속도(m/min)	급정지 거리
30 미만	앞면롤 원주의 1/3
30 이상	앞면롤 원주의 1/2.5

2) 앞면롤의 표면속도

$$V = \frac{\pi DN}{1,000}(\mathrm{m/min})$$

Key Point

앞면 롤러 직경이 30cm인 경우 회전수가 40rpm인 경우 앞면롤의 표면속도 및 급정지장치의 급정지거리는?

$$V = \frac{\pi DN}{1,000} = \frac{\pi \times 300 \times 40}{1,000} = 37.70\mathrm{m/min},$$

$$\text{급정지거리} = \frac{\text{앞면롤 원주}}{2.5} = \frac{\pi \times 30}{2.5} = 37.70\mathrm{cm}$$

15 연삭기의 재해유형 및 속도

1. 연삭기의 재해유형

① 회전하던 연삭숫돌이 외력 또는 숫돌자체의 결함에 의해 파괴되면서 파괴된 조각이 작업자의 신체부위와 충돌
② 가공재료의 비산하는 입자가 시력장해
③ 회전하는 연삭숫돌에 의한 말림 재해
④ 숫돌에 작업자의 무릎 또는 신체가 접촉

Key Point

연삭기 작업 시 발생될 수 있는 재해유형 4가지를 쓰시오.

2. 숫돌의 원주속도

원주속도 : $v = \dfrac{\pi DN}{1,000}$(m/min)

여기서, 지름 : D(mm), 회전수 : N(rpm)

Key Point

숫돌의 회전수 2,000rpm인 연삭기에 지름 300mm의 숫돌의 사용하고자 할 때에 숫돌 사용 원주 속도는 얼마 이하로 하여야 하는가?

$$v = \frac{\pi DN}{1,000} = \frac{\pi \times 300 \times 2,000}{1,000} = 1,884.96(\text{m/min})$$

16 연삭숫돌의 파괴원인

① 숫돌에 균열이 있는 경우
② 숫돌이 고속으로 회전하는 경우
③ 고정할 때 불량하게 되어 국부만을 과도하게 가압하는 경우 혹은 축과 숫돌과의 여유가 전혀 없어서 축이 팽창하여 균열이 생기는 경우
④ 무거운 물체가 충돌했을 때
⑤ 숫돌의 측면을 일감으로서 심하게 가압했을 경우

Key Point

연삭작업 시 숫돌의 파괴원인 4가지를 기술하시오.

17 연삭기의 방호장치 및 설치방법

1. 연삭숫돌의 덮개 등(안전보건규칙 제122조)

① 회전 중인 연삭숫돌(직경이 5센티미터 이상인 것에 한정한다)이 근로자에게 위험을 미칠 우려가 있는 경우에 그 부위에 덮개를 설치하여야 한다.
② 연삭숫돌을 사용하는 작업을 하는 경우 작업을 시작하기 전에는 1분 이상, 연삭숫돌을 교체한 후에는 3분 이상 시험운전을 하고 해당 기계에 이상이 있는지를 확인하여야 한다.
③ 제2항에 따른 시험운전에 사용하는 연삭숫돌은 작업시작 전에 결함이 있는지를 확인한 후 사용하여야 한다.
④ 연삭숫돌의 최고 사용회전속도를 초과하여 사용하도록 해서는 아니 된다.
⑤ 측면을 사용하는 것을 목적으로 하지 않는 연삭숫돌을 사용하는 경우 측면을 사용하도록 해서는 아니 된다.

Key Point

연삭기(Grinding Machine) 가동 시 작업자의 사전 안전 대책 5가지를 쓰시오.

2. 안전덮개의 설치방법

① 탁상용 연삭기의 덮개

㉠ 덮개의 최대노출각도 : 90° 이내

㉡ 숫돌의 주축에서 수평면 위로 이루는 원주 각도 : 65° 이내

㉢ 수평면 이하에서 연삭할 경우의 노출각도 : 125°까지 증가

㉣ 숫돌의 상부사용을 목적으로 할 경우의 노출각도 : 60° 이내

② 원통연삭기, 만능연삭기 덮개의 노출각도 : 180° 이내

③ 휴대용 연삭기, 스윙(Swing) 연삭기 덮개의 노출각도 : 180° 이내

④ 평면연삭기, 절단연삭기 덮개의 노출각도 : 150° 이내

숫돌의 주축에서 수평면 밑으로 이루는 덮개의 각도 : 15° 이상

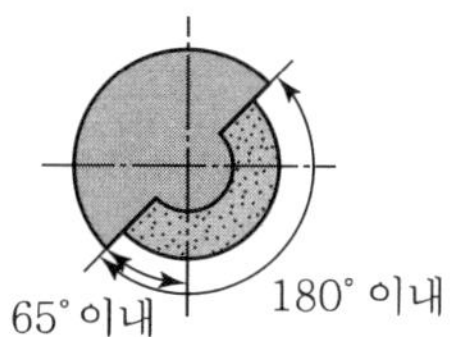

㉮ 원통연삭기, 센터리스연삭기, 공구연삭기, 만능연삭기, 기타 이와 비슷한 연삭기

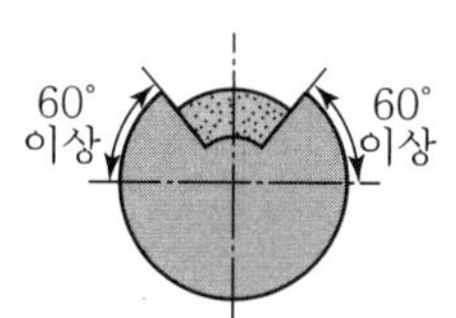

㉯ 연삭숫돌의 상부를 사용하는 것을 목적으로 하는 탁상용 연삭기

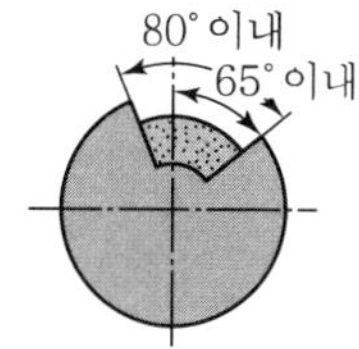

㉰ ㉯ 및 ㉳ 이외의 탁상용 연삭기, 기타 이와 유사한 연삭기

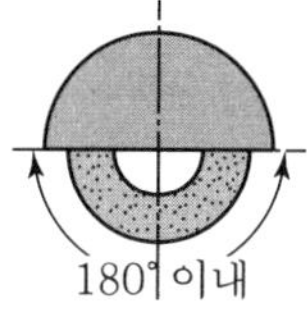

㉱ 휴대용 연삭기, 스윙연삭기, 슬래브연삭기, 기타 이와 비슷한 연삭기

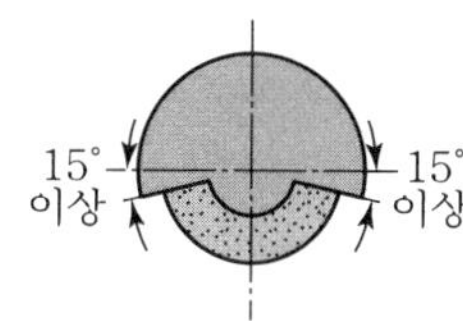

㉲ 평면연삭기, 절단연삭기 기타 이와 비슷한 연삭기

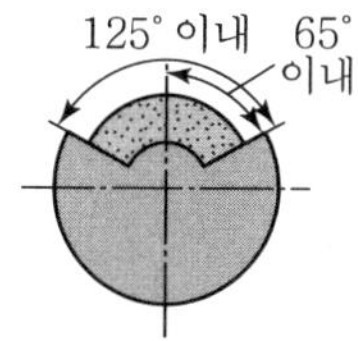

㉳ 일반 연삭작업 등에 사용하는 것을 목적으로 하는 탁상용 연삭기

3. 숫돌의 원주속도 및 플랜지의 지름

1) 숫돌의 원주속도

$$원주속도 : v = \frac{\pi DN}{1,000}(\mathrm{m/min})$$

여기서, 지름 : D(mm), 회전수 : N(rpm)

2) 플랜지의 지름

플랜지의 지름은 숫돌 직경의 1/3 이상인 것이 적당하다.

Key Point

연삭기의 숫돌의 바깥지름이 300mm일 경우 플랜지의 바깥지름은 최소 몇 mm인가?

$D = \frac{300}{3} = 100\mathrm{mm}$ 이상

18 동력식 수동대패기

1. 대패기계의 날접촉예방장치(안전보건규칙 제109조)

작업대상물이 수동으로 공급되는 동력식 수동대패기계에 날접촉예방장치를 설치하여야 한다.

2. 동력식 수동대패의 방호장치의 구비조건

① 대패날을 항상 덮을 수 있는 덮개를 설치하고 그 덮개는 가공재를 자유롭게 통과시킬 수 있어야 함

② 대패기의 테이블 개구부는 가능한 작게 하고, 또한 테이블 개구단과 대패날 선단과의 빈틈은 3mm 이하로 해야 함

③ 수동대패기에서 테이블 하방에 노출된 날부분에도 방호 덮개를 설치하여야 함

3. 방호장치(날접촉예방장치)의 구조

1) 가동식 날접촉예방장치

① 가공재의 절삭에 필요하지 않은 부분은 항상 자동적으로 덮고 있는 구조를 말한다.
② 소량 다품종 생산에 적합

2) 고정식 날접촉예방장치

① 가공재의 폭에 따라서 그때마다 덮개의 위치를 조절하여 절삭에 필요한 대팻날만을 남기고 덮는 구조를 말한다.
② 동일한 폭의 가공재를 대량생산하는 데 적합하다.

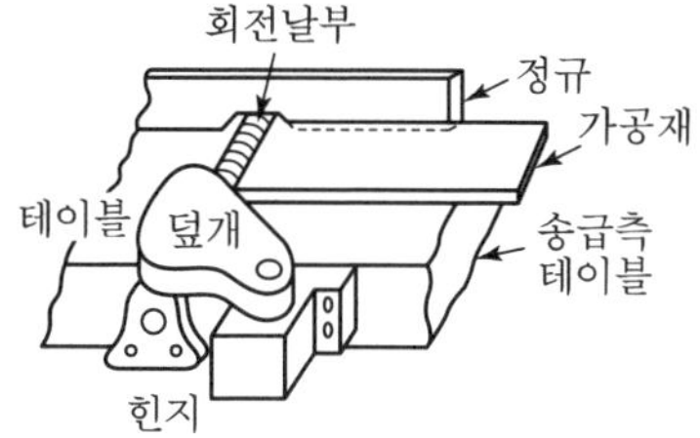

[가동식 접촉예방장치(덮개의 수평이동)]

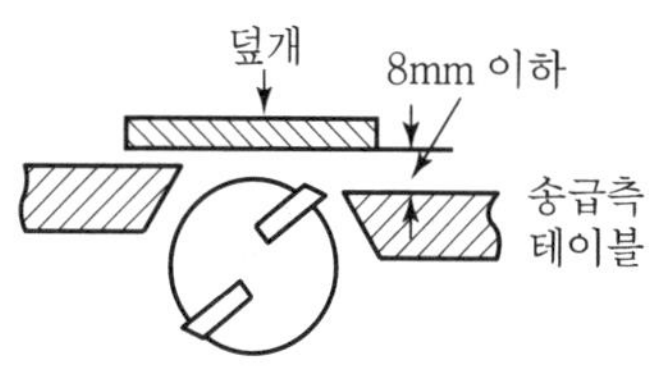

[덮개와 테이블과의 간격]

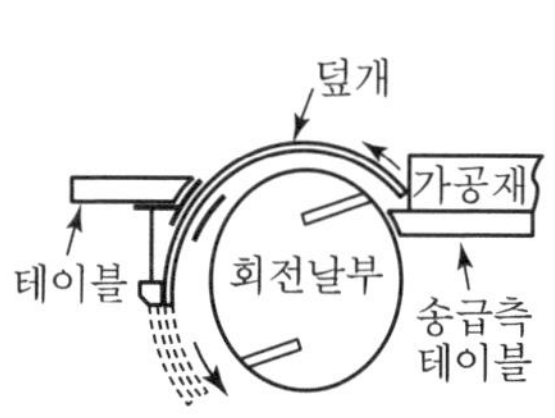

[가동식 접촉예방장치(덮개의 상하이동)]

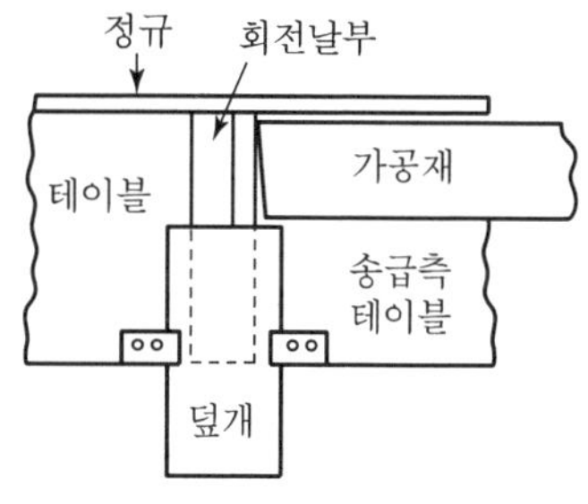

[고정식 접촉예방장치]

19 산업용 로봇의 방호장치

1. 방호장치

① 동력차단장치
② 비상정지기능
③ 안전방호 울타리(방책)
④ 안전매트 : 위험한계 내에 근로자가 들어갈 때 압력 등을 감지할 수 있는 방호조치

Key Point

로봇의 운전 시 안전장치 2가지를 쓰시오.

2. 작업시작 전 점검사항(로봇의 작동범위 내에서 그 로봇에 관하여 교시 등의 작업을 하는 때)(안전보건규칙 별표3)

① 외부전선의 피복 또는 외장의 손상유무
② 매니퓰레이터(Manipulator) 작동의 이상유무
③ 제동장치 및 비상정지장치의 기능

20 목재가공용 둥근톱기계의 안전장치

1. 둥근톱기계의 방호장치

날접촉예방장치		반발예방장치	
가동식 덮개		분 할 날	
		겸형식 분할날	현수식 분할날
		12mm 이내, l, 2/3l	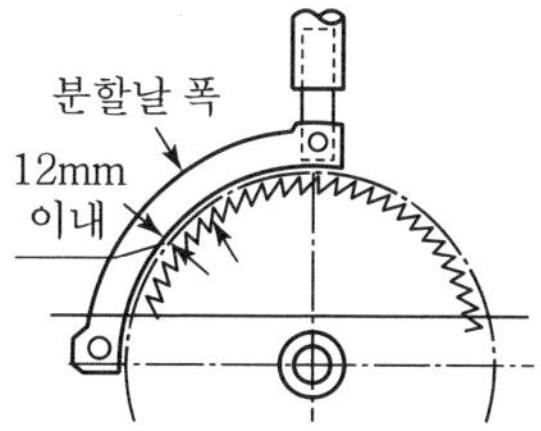 분할날 폭, 12mm 이내
덮개의 하단이 항상 가공재 또는 테이블에 접한다.	분할날은 대면해 있는 부분의 날		
고정식 덮개		반발방지기구	
		송급위치에 부착	
스토퍼, 조절나사, t, 최대 8mm, 최대 25mm			

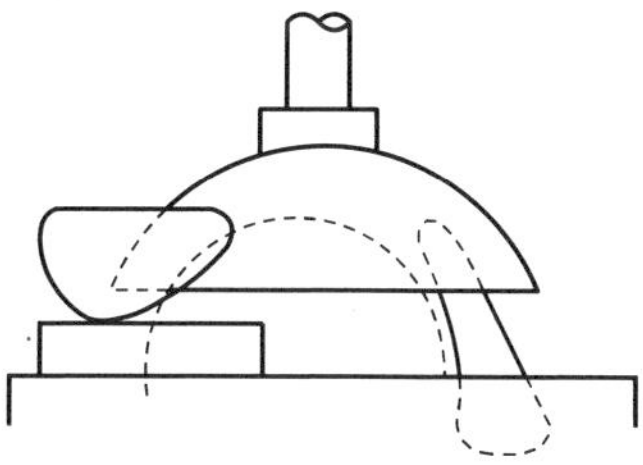

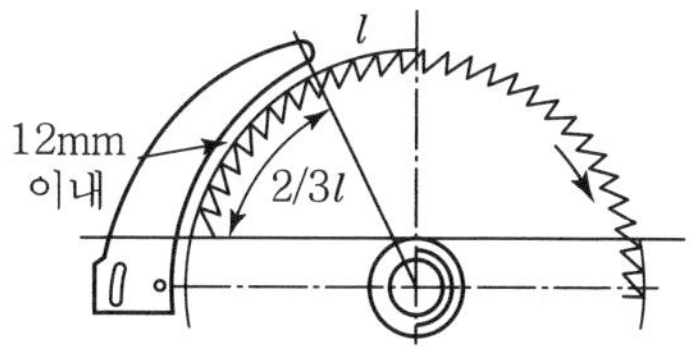

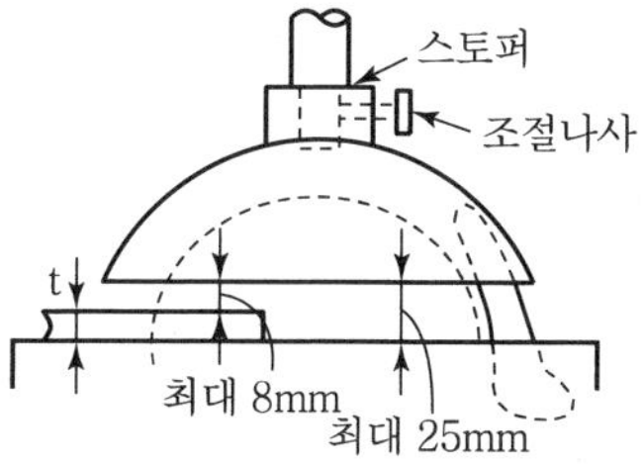

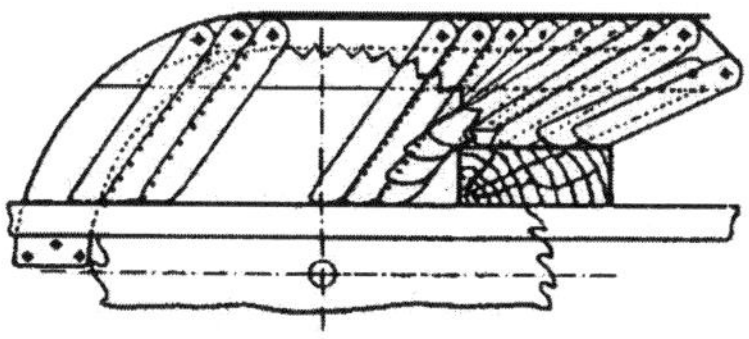

Key Point

목재가공용 둥근톱기계에 부착하여야 하는 방호장치 2가지를 쓰시오.

반발예방장치, 톱날접촉예방장치

2. 분할날(Spreader)

① 분할날의 두께

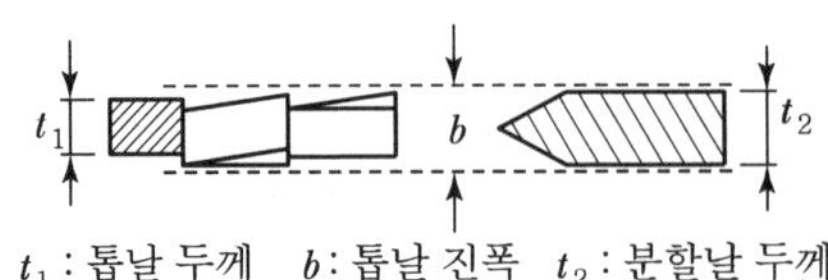

t_1 : 톱날 두께 b : 톱날 진폭 t_2 : 분할날 두께

분할날의 두께는 톱날두께 1.1배 이상이고 톱날의 치진폭 미만으로 할 것

$1.1t_1 \leq t_2 < b$

② 분할날의 길이

$$l = \frac{\pi D}{4} \times \frac{2}{3} = \frac{\pi D}{6}$$

③ 톱의 후면 날과 12mm 이내가 되도록 설치함

④ 재료는 탄성이 큰 탄소공구강 5종에 상당하는 재질이어야 함

⑤ 표준 테이블 위 톱의 후면날 2/3 이상을 커버해야 함

⑥ 설치부는 둥근톱니와 분할 날과의 간격 조절이 가능한 구조여야 함

⑦ 둥근톱 직경이 610mm 이상일 때의 분할날은 양단 고정식의 현수식이어야 함

3. 방호장치 설치방법(위험기계·기구 방호장치 기준 제34조)

① 반발예방장치는 목재의 반발을 충분히 방지할 수 있도록 설치하여야 하며, 톱날후면으로부터 12mm 이내에 설치하되 그 두께는 톱두께의 1.1배 이상이고 치진폭보다 작아야 한다.

② 날접촉예방장치는 반발예방장치에 대면하고 있는 부분과 가공재를 절단하는 부분 이외의 톱날을 덮을 수 있는 구조이어야 한다.

Key Point

목재 가공용 둥근톱기계 방호장치 설치요령을 3가지 쓰시오.

1. 반발예방장치는 목재의 반발을 충분히 방지할 수 있도록 설치하여야 한다.
2. 분할날은 톱날후면으로부터 12mm 이내에 설치하되 그 두께는 톱두께의 1.1배 이상이고 치진폭보다 작아야 한다.
3. 날접촉예방장치는 반발예방장치에 대면하고 있는 부분과 가공재를 절단하는 부분 이외의 톱날을 덮을 수 있는 구조이어야 한다.

21 비파괴검사의 종류

1. 표면결함 검출을 위한 비파괴시험방법

① 외관검사 : 확대경, 치수측정, 형상확인
② 침투탐상시험 : 금속, 비금속 적용가능, 표면개구 결함 확인
③ 자분탐상시험 : 강자성체에 적용, 표면, 표면의 저부결함 확인
④ 와전류탐상법 : 도체 표층부 탐상, 봉, 관의 결함 확인

2. 내부결함 검출을 위한 비파괴시험방법

① 초음파 탐상시험 : 균열 등 면상 결함 검출능력이 우수하다.
② 방사선 투과시험 : 결함종류, 형상판별 우수, 구상결함을 검출한다.

3. 기타 비파괴시험방법

① 스트레인 측정 : 응력측정, 안전성 평가
② 기타 : 적외선 시험, AET, 내압(유압)시험, 누출(누설)시험 등이 있다.

Key Point

비파괴 검사방법을 3가지만 쓰시오.

외관검사, 침투탐상시험, 자분탐상시험, 초음파탐상시험, 방사선투과시험 등

제2장 운반안전 일반

1 지게차의 재해유형

1. 불안정한 적재물의 낙하
2. 적재물에 의한 시야방해로 접촉 및 충돌
3. 과적, 노면 및 정비불량, 급가속, 선회 및 정지에 의한 전도

Key Point

지게차 (Fork Lift)를 구입하려고 할 때, 가솔린식과 축전식 중 어느 것을 선택하는 것이 좋은지 쓰고, 그 이유를 밝히시오.

축전식을 선택하는 것이 좋다. 그 이유는 다음과 같다.
1. 친환경적이다.(배기가스에 의한 환경오염이 없다)
2. 가솔린식 지게차의 경우 공장 내부에서 작업할 경우 공기의 오염으로 질식할 우려가 있다.
3. 가솔린식 지게차의 경우 엔진의 소음과 진동으로 근로자에게 유해하다.

2 지게차의 안정도

1. 지게차는 화물적재 시에 지게차 균형추(Counter Balance) 무게에 의하여 안정된 상태를 유지할 수 있도록 아래 그림과 같이 최대하중 이하로 적재하여야 한다.

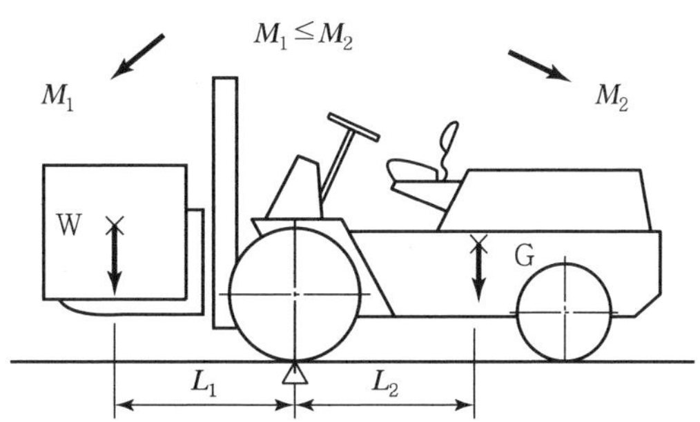

[지게차의 안정조건]

$M_1 < M_2$

화물의 모멘트 $M_1 = W \times L_1$

지게차의 모멘트 $M_2 = G \times L_2$

여기서, W : 화물중심에서의 화물의 중량
G : 지게차 중심에서의 지게차 중량
L_1 : 앞바퀴에서 화물 중심까지의 최단거리
L_2 : 앞바퀴에서 지게차 중심까지의 최단거리

2. 지게차의 전·후 및 좌·우 안정도를 유지하기 위하여 지게차의 주행·하역작업시 안정도 기준을 준수하여야 한다.

안정도	지게차의 상태	
	옆에서 본 경우	위에서 본 경우
하역작업시의 전후 안정도 : 4% (5톤 이상은 3.5%)	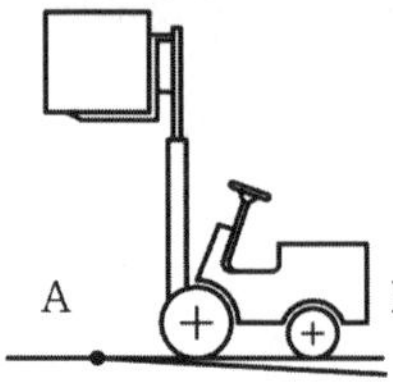 A B	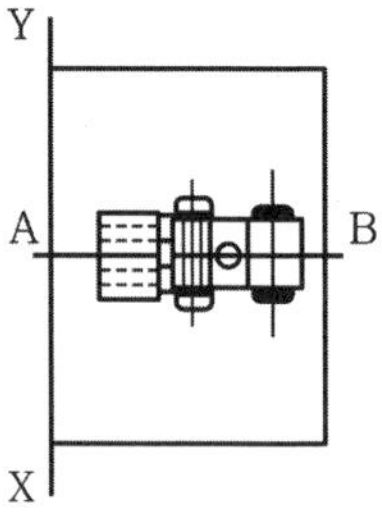 Y A B X
주행시의 전후 안정도 : 18%		
하역작업시의 좌우 안정도 : 6%	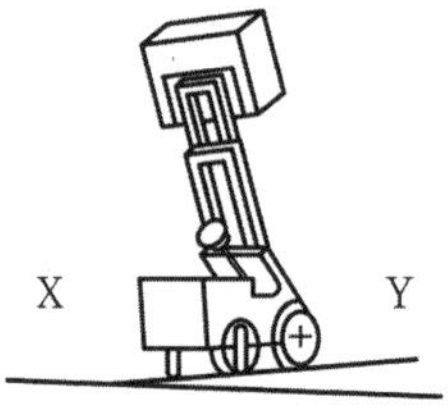 X Y	
주행시의 좌우 안정도 : (15+1.1V)% V는 최고 속도(km/h)	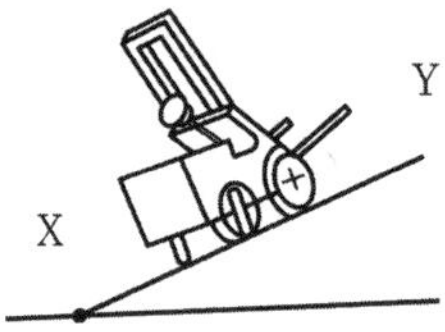 Y X	

$$안정도 = \frac{h}{l} \times 100(\%)$$

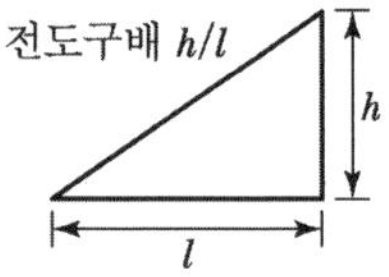

전도구배 h/l

h

l

3 헤드가드(Head Guard)

1. 안전보건규칙 제180조(헤드가드)

사업주는 다음 각호에 따른 적합한 헤드가드(head guard)를 갖추지 아니한 지게차를 사용하여서는 안 된다. 다만, 화물의 낙하에 의하여 지게차의 운전자에게 위험을 미칠 우려가 없는 경우에는 그렇지 않다.

① 강도는 지게차의 최대하중의 2배 값(4톤을 넘는 값에 대해서는 4톤으로 한다)의 등분포정하중에 견딜 수 있는 것일 것
② 상부틀의 각 개구의 폭 또는 길이가 16센티미터 미만일 것
③ 운전자가 앉아서 조작하거나 서서 조작하는 지게차의 헤드가드는 한국산업표준에서 정하는 높이 기준 이상일 것(좌승식 : 0.903m 이상, 입승식 : 1.88m 이상)

Key Point

지게차 헤드가드가 갖추어야 할 사항 2가지를 쓰시오.

2. 안전보건규칙 제198조(낙하물 보호구조)

사업주는 암석이 떨어질 우려가 있는 등 위험한 장소에서 차량계 건설기계(불도저, 트랙터, 굴착기, 로더, 스크레이퍼, 덤프트럭, 모터그레이더, 롤러, 천공기, 항타기 및 항발기로 한정한다)를 사용하는 경우에는 해당 차량계 건설기계에 견고한 낙하물 보호구조를 갖춰야 한다.

4 와이어로프

와이어로프가 가지고 있는 유연성과 큰 인장강도를 이용하여 하역용 기계 등에 널리 사용되고 있으며, 특히 기계용 와이어로프의 성능은 기계 자체의 성능과 가동률을 좌우하는 소모성 부품으로서 경제성과 직결된다.

따라서 용도에 적합한 구조 및 크기의 선택과 취급 및 유지관리의 적정화가 필요하다.

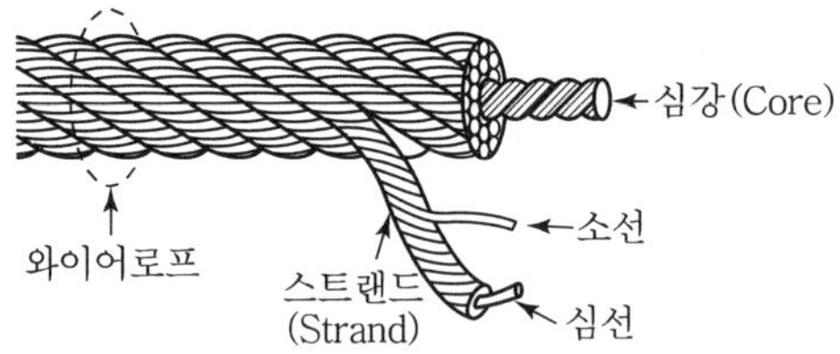

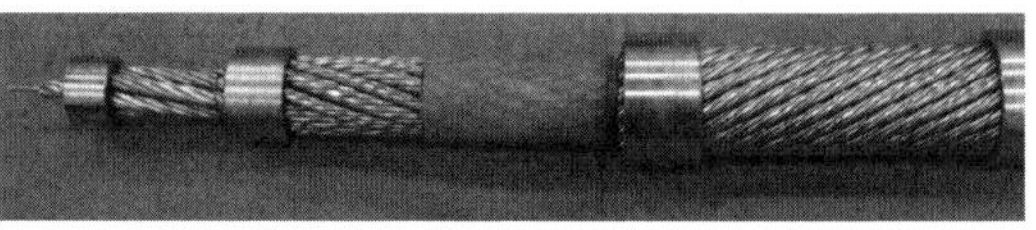

1. 와이어로프의 구성

전동용 로프에는 면로프, 삼로프, 마닐라로프 등의 섬유로프와 강으로 만든 와이어로프가 있다. 와이어로프는 강선(이것을 소선이라 한다)을 여러 개를 합하여 꼬아 작은 줄(Strand)을 만들고, 이 줄을 꼬아 로프를 만드는데 그 중심에 심(대마를 꼬아 윤활유를 침투시킨 것)을 넣는다. 로프의 구성은 로프의 "스트랜드수×소선의 개수"로 표시하며, 크기는 단면 외접원의 지름으로 나타낸다.

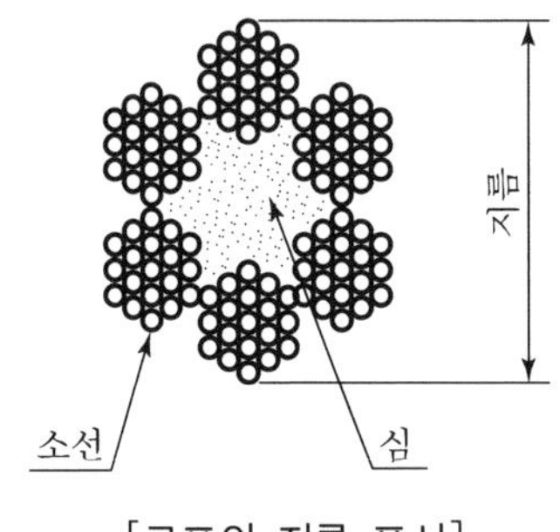

[로프의 지름 표시]

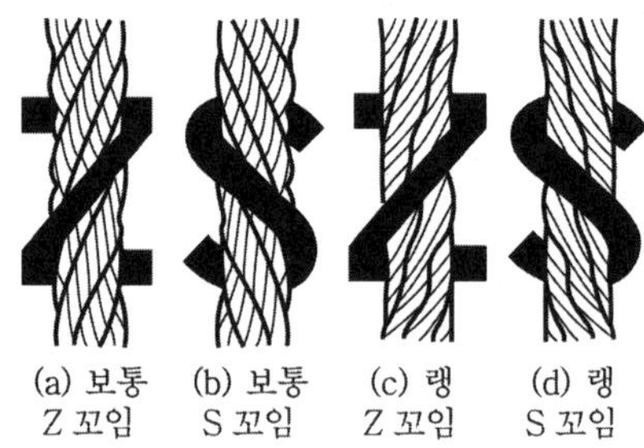

[와이어로프의 꼬임명칭]

Key Point

와이어로프 6×Fi×(29)의 뜻을 적으시오.

6 : 스트랜드 수, Fi : 필러형, 29 : 소선의 개수

2. 와이어로프의 꼬임모양과 꼬임방향

로프의 꼬임방법은 다음과 같다.

1) 보통 꼬임(Regular Lay)

스트랜드의 꼬임방향과 소선의 꼬임방향이 반대인 것

2) 랭 꼬임(Lang's Lay)

스트랜드의 꼬임방향과 소선의 꼬임방향이 같은 것

3. 와이어로프 등 달기구의 안전계수(안전보건규칙 제163조)

사업주는 양중기의 와이어로프 등 달기구의 안전계수(달기구 절단하중의 값을 그 달기구에 걸리는 하중의 최대값으로 나눈 값을 말한다)가 다음 각 호의 구분에 따른 기준에 맞지 아니한 경우에는 이를 사용해서는 아니 된다.

① 근로자가 탑승하는 운반구를 지지하는 달기와이어로프 또는 달기체인의 경우 : 10 이상
② 화물의 하중을 직접 지지하는 달기와이어로프 또는 달기체인의 경우 : 5 이상
③ 훅, 샤클, 클램프, 리프팅 빔의 경우 : 3 이상
④ 그 밖의 경우 : 4 이상

4. 와이어로프의 사용금지기준(안전보건규칙 제166조)

① 이음매가 있는 것
② 와이어로프의 한 꼬임(스트랜드(strand)를 말한다. 이하 같다)에서 끊어진 소선(素線)의 수가 10퍼센트 이상인 것. 다만, 비자전로프의 경우 끊어진 소선의 수가 와이어로프 호칭지름의 6배 길이 이내에서 4개 이상이거나 호칭지름 30배 길이 이내에서 8개 이상인 것이어야 한다.
③ 지름의 감소가 공칭지름의 7퍼센트를 초과하는 것
④ 꼬인 것
⑤ 심하게 변형되거나 부식된 것
⑥ 열과 전기충격에 의해 손상된 것

Key Point

와이어로프의 사용금지조건을 쓰시오.

5 와이어로프에 걸리는 하중

1. 와이어로프에 걸리는 하중은 매어다는 각도에 따라서 로프에 걸리는 장력이 달라진다. 아래 그림을 예로 T'에 걸리는 하중을 계산하면
평행법칙에 의해서 : $2 \times T' \times \cos 30 = 500$, $\therefore T' = 288.68\text{kg}$

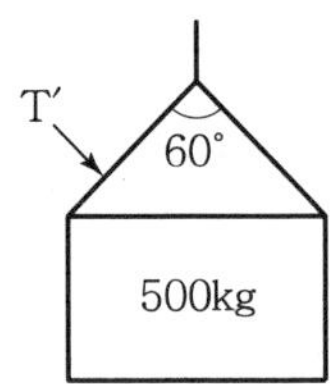

Key Point

400kg의 하물을 두 줄 걸이 로프로 상부각도 60°의 각으로 들어 올릴 때 와이어로프 한 선에 걸리는 하중을 구하시오.

$2 \times T' \times \cos 30 = 400$, $\therefore$ $T' = 230.94\text{kg}$

2. 로프로 중량물을 들어올릴 때 부하가 걸리는 상태이다. 이때 θ는 몇 도인가?

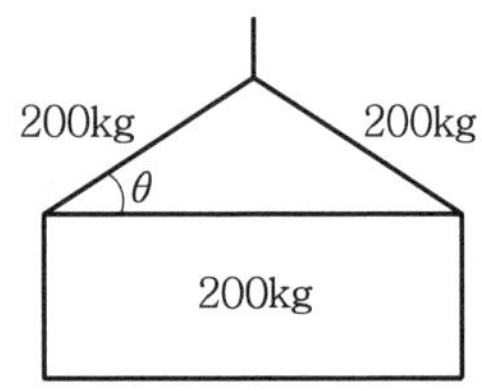

평행법칙에 의해서 : $2 \times 200 \times \sin\theta = 200$, $\sin\theta = 1/2$, $\therefore \theta = 30°$

Key Point

크레인 작업시 와이어로프에 980kg의 중량을 걸어 25m/s²의 가속도로 감아올릴 때 와이어로프에 걸리는 총하중은?

$$\text{동하중} = \frac{\text{정하중}}{\text{중력가속도}(g)} \times \text{가속도} = \frac{980}{9.8} \times 25 = 2{,}500\text{kg}$$

$$\therefore \text{총하중} = \text{정하중} + \text{동하중} = 980 + 2{,}500 = 3{,}480\text{kg}$$

6 달기체인

1. 늘어난 달기체인 등의 사용금지(안전보건규칙 제167조)

사업주는 다음 각 호의 어느 하나에 해당하는 달기체인을 양중기에 사용하여서는 아니 된다.

① 달기 체인의 길이가 달기 체인이 제조된 때의 길이의 5퍼센트를 초과한 것

② 링의 단면지름이 달기 체인이 제조된 때의 해당 링의 지름의 10퍼센트를 초과하여 감소한 것

③ 균열이 있거나 심하게 변형된 것

2. 와이어로프 등 달기구의 안전계수(안전보건규칙 제163조)

사업주는 양중기의 와이어로프 등 달기구의 안전계수(달기구 절단하중의 값을 그 달기구에 걸리는 하중의 최대값으로 나눈 값을 말한다)가 다음 각 호의 구분에 따른 기준에 맞지 아니한 경우에는 이를 사용해서는 아니 된다.

① 근로자가 탑승하는 운반구를 지지하는 달기와이어로프 또는 달기체인의 경우 : 10 이상

② 화물의 하중을 직접 지지하는 달기와이어로프 또는 달기체인의 경우 : 5 이상

③ 훅, 샤클, 클램프, 리프팅 빔의 경우 : 3 이상

④ 그 밖의 경우 : 4 이상

기출문제풀이

2000년 2월 20일

5. 프레스의 방호장치 중 슬라이드의 행정길이가 40mm 이상인 방호장치의 종류를 쓰시오.

해답 수인식 방호장치, 손쳐내기식 방호장치

6. 와이어로프의 사용금지조건을 쓰시오.

해답 와이어로프의 사용금지기준(안전보건규칙 제166조)

① 이음매가 있는 것
② 와이어로프의 한 꼬임(스트랜드(strand)를 말한다. 이하 같다)에서 끊어진 소선(素線)의 수가 10퍼센트 이상인 것. 다만, 비자전로프의 경우 끊어진 소선의 수가 와이어로프 호칭지름의 6배 길이 이내에서 4개 이상이거나 호칭지름 30배 길이 이내에서 8개 이상인 것이어야 한다.
③ 지름의 감소가 공칭지름의 7퍼센트를 초과하는 것
④ 꼬인 것
⑤ 심하게 변형되거나 부식된 것
⑥ 열과 전기충격에 의해 손상된 것

7. 프레스, 전단기, 성형기 등에 존재하는 작업점에 대한 일반적인 방호방법 3가지를 쓰시오.

해답 ① 해당 부위에 덮개를 설치
② 자동송급장치, 자동배출장치 설치
③ 가드식 혹은 광전자식 방호장치 설치

2001년 7월 15일

1. 기계의 원동기, 회전축, 기어, 풀리, 플라이휠, 벨트 및 체인 등 근로자에게 위험을 미칠 우려가 있는 부위에 사업주가 설치해야 하는 방호장치를 쓰시오.

해답 덮개, 울, 슬리브 및 건널다리

8. 목재가공용 둥근톱기계 방호장치 설치요령을 3가지 쓰시오.

해답 1. 반발예방장치는 목재의 반발을 충분히 방지할 수 있도록 설치하여야 한다.
2. 분할날은 톱날후면으로부터 12mm 이내에 설치하되 그 두께는 톱두께의 1.1배 이상이고 치진폭보다 작아야 한다.
3. 날접촉예방장치는 반발예방장치에 대면하고 있는 부분과 가공재를 절단하는 부분 이외의 톱날을 덮을 수 있는 구조이어야 한다.

12. 기계설비의 안전확보를 위한 안전화 방법 5가지를 쓰시오.

해답 외형의 안전화, 작업의 안전화, 작업점의 안전화, 기능상의 안전화, 구조부분의 안정화

2001년 11월 4일

4. 비파괴 검사방법 4가지만 쓰시오.

해답 침투탐상시험, 자분탐상시험, 초음파탐상시험, 방사선탐상시험, 외관검사, 내압시험 등

7. 프레스기나 전단기의 방호장치 종류를 쓰시오.

해답 1. 게이트가드식 방호장치
2. 양수조작식 방호장치
3. 손쳐내기식 방호장치
4. 수인식 방호장치
5. 광전자식 방호장치

2002년 4월 20일

4. 목재가공용 둥근톱기계의 방호장치의 설치방법 3가지를 쓰시오.

해답 1. 반발예방장치는 목재의 반발을 충분히 방지할 수 있도록 설치하여야 한다.
2. 분할날은 톱날후면으로부터 12mm 이내에 설치하되 그 두께는 톱두께의 1.1배 이상이고 치진폭보다 작아야 한다.
3. 날접촉예방장치는 반발예방장치에 대면하고 있는 부분과 가공재를 절단하는 부분 이외의 톱날을 덮을 수 있는 구조이어야 한다.

2002년 7월 7일

4. 다음 중 기계가공 공장에서 신입사원이 작업반장의 허락 없이 선반의 기어 커버를 열고, 기계를 저속 회전시킨 후 급유를 하다가 기어에 손가락이 절단되는 재해가 발생하였다. 다음에 해당되는 사항을 쓰시오.

(1) 기인물
(2) 가해물
(3) 사고형태
(4) 불안전한 행동
(5) 불안전한 상태
(6) 관리적 결함
(7) 기술적 원인
(8) 교육적 원인

해답 (1) 기인물 : 선반
(2) 가해물 : 기어
(3) 사고형태 : 절단
(4) 불안전한 행동 : 회전상태에서 급유(운전중 급유)
(5) 불안전한 상태 : 덮개에 인터록장치가 없음
(6) 관리적 결함 : 관리감독자의 관리소홀
(7) 기술적 원인 : 덮개의 설계불량
(8) 교육적 원인 : 작업방법에 대한 교육 불충분

2002년 9월 29일

4. 목재가공용 둥근톱기계의 방호장치의 설치방법 3가지를 쓰시오.

해답 1. 반발예방장치는 목재의 반발을 충분히 방지할 수 있도록 설치하여야 한다.
2. 분할날은 톱날후면으로부터 12mm 이내에 설치하되 그 두께는 톱두께의 1.1배 이상이고 치진폭보다 작아야 한다.
3. 날접촉예방장치는 반발예방장치에 대면하고 있는 부분과 가공재를 절단하는 부분 이외의 톱날을 덮을 수 있는 구조이어야 한다.

12. 다음 그림을 보고 사고 유형 분석을 하시오.

해답 ① 사고형태 : 낙하
② 가해물 : 철근(강관)
③ 기인물 : 이동식 크레인

2003년 4월 27일

6. 낙하물 보호구조를 갖춰야 하는 차량계 건설기계 5가지를 쓰시오.

해답 불도저, 트랙터, 굴착기, 로더, 스크레이퍼, 덤프트럭, 모터그레이더, 롤러, 천공기, 항타기 및 항발기

2003년 7월 13일

2. 목재가공용 둥근톱기계의 방호장치의 설치방법 3가지를 쓰시오.

해답 1. 반발예방장치는 목재의 반발을 충분히 방지할 수 있도록 설치하여야 한다.
2. 분할날은 톱날후면으로부터 12mm 이내에 설치하되 그 두께는 톱두께의 1.1배 이상이고 치진폭보다 작아야 한다.
3. 날접촉예방장치는 반발예방장치에 대면하고 있는 부분과 가공재를 절단하는 부분 이외의 톱날을 덮을 수 있는 구조이어야 한다.

3. 압축가공시 발생하는 위험요인 5가지를 쓰시오.

해답 함정(trap), 충격(Impact), 접촉(Contact), 말림・얽힘(Entanglement), 튀어나옴(Ejection)

4. Fool Proof를 간략히 설명하고, 그 기능을 갖는 기구 3가지를 쓰시오.

해답 1. Fool proof : 작업자가 기계를 잘못 취급하여 불안전 행동이나 실수를 하여도 기계설비의 안전기능이 작용되어 재해를 방지할 수 있는 기능
2. 기구 : 가드(Guard), 록(Lock)기구, 오버런기구, 트립기구, 기동방지기구

2003년 10월 5일

2. 프레스 및 전단기의 방호장치 4가지를 쓰시오.

해답 1. 게이트가드식 방호장치
2. 양수조작식 방호장치
3. 손쳐내기식 방호장치
4. 수인식 방호장치
5. 광전자식 방호장치

3. 반발예방장치 2가지를 쓰시오.

해답 1. 분할날
2. 반발방지기구

8. 프레스 작업이 끝난 후 페달에 U자형 커버를 씌우는 이유를 간략히 설명하시오.

해답 근로자 부주의로 인하여 페달을 작동시키거나, 낙하물 등에 의해 페달이 예상치 못한 상황에서 작동하는 등의 예상치 못한 불시작동을 방지하고 안전을 유지하기 위하여 설치

2004년 4월 25일

3. 기계설비에 형성되는 위험점 5가지를 쓰시오.

해답 협착점(Squeeze Point), 끼임점(Shear Point), 절단점(Cutting Point), 물림점(Nip Point), 접선물림점(Tangential Nip Point), 회전말림점(Trapping Point)

5. 승강기 와이어로프 검사 후 사용가능 여부를 판단하는 항목 기준에 대해 쓰시오.

해답 와이어로프의 사용금지기준(안전보건규칙 제166조)

① 이음매가 있는 것
② 와이어로프의 한 꼬임(스트랜드(strand)를 말한다. 이하 같다)에서 끊어진 소선(素線)의 수가 10퍼센트 이상인 것. 다만, 비자전로프의 경우 끊어진 소선의 수가 와이어로프 호칭지름의 6배 길이 이내에서 4개 이상이거나 호칭지름 30배 길이 이내에서 8개 이상인 것이어야 한다.
③ 지름의 감소가 공칭지름의 7퍼센트를 초과하는 것
④ 꼬인 것
⑤ 심하게 변형되거나 부식된 것
⑥ 열과 전기충격에 의해 손상된 것

6. 고정형 가드가 갖추어야할 구비조건 5가지를 쓰시오.

해답 ① 충분한 강도가 있을 것
② 구조가 간단하고 조정이 용이할 것
③ 확실한 방호기능을 할것
④ 작업, 점검, 주유시 장애가 없을 것
⑤ 개구부 간격이 적정할 것
⑥ 운전중 위험구역으로 접근을 막을 것

7. 400kg의 하물을 두 줄 걸이 로프로 상부각도 60°의 각으로 들어 올릴 때 와이어로프 한 선에 걸리는 하중을 구하시오.

해답 $2 \times T' \times \cos 30 = 400$

$\therefore T' = 230.94\text{kg}$

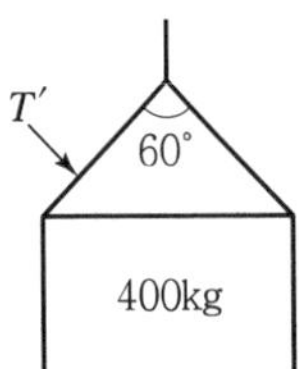

2004년 7월 4일

1. 작동기구에 의한 안전밸브 종류 3가지를 쓰시오.

해답 스프링식 안전밸브, 중추식 안전밸브, 레버식(제렛대식) 안전밸브

6. 기계의 원동기, 회전축, 기어, 풀리, 플라이휠, 벨트 및 체인 등 근로자에게 위험을 미칠 우려가 있는 부위에 사업주가 설치해야 하는 방호장치를 쓰시오.

해답 덮개, 울, 슬리브 및 건널다리

7. 항타기, 항발기에 사용하는 권상용 와이어로프의 사용제한 사항 5가지를 쓰시오.

해답 와이어로프의 사용금지기준(안전보건규칙 제166조)

① 이음매가 있는 것
② 와이어로프의 한 꼬임(스트랜드(strand)를 말한다. 이하 같다)에서 끊어진 소선(素線)의 수가 10퍼센트 이상인 것. 다만, 비자전로프의 경우 끊어진 소선의 수가 와이어로프 호칭지름의 6배 길이 이내에서 4개 이상이거나 호칭지름 30배 길이 이내에서 8개 이상인 것이어야 한다.
③ 지름의 감소가 공칭지름의 7퍼센트를 초과하는 것
④ 꼬인 것
⑤ 심하게 변형되거나 부식된 것
⑥ 열과 전기충격에 의해 손상된 것

2004년 9월 19일

9. 앞면 롤러 직경이 30cm인 경우 회전수가 40rpm인 경우 앞면롤의 표면속도 및 급정지장치의 급정지거리는?

해답 $V=\frac{\pi DN}{1,000}=\frac{\pi\times 300\times 40}{1,000}=37.70\text{m/min}$, $\text{급정지거리}=\frac{\text{앞면롤 원주}}{2.5}=\frac{\pi\times 30}{2.5}=37.70\text{cm}$

앞면 롤의 표면속도(m/min)	급정지 거리
30 미만	앞면롤 원주의 1/3
30 이상	앞면롤 원주의 1/2.5

2005년 4월 30일

3. 연삭기의 회전속도가 200mm/min 이고, 직경이 500mm일 때 rpm을 구하시오?

해답 $v=\frac{\pi DN}{1,000}$, $N=\frac{1,000v}{\pi D}=\frac{1,000\times 200}{\pi\times 500}=127.32\text{rpm}$

9. 롤러기의 개구간격이 25mm일 때, 가드와 위험점 간의 안전거리는 얼마 이상이어야 하는가?

해답 $Y=6+0.15X(X<160\text{mm})$ (단, $X\geq 160\text{mm}$ 이면 $Y=30$)
여기서, Y : 개구부의 간격(mm)
X : 개구부에서 위험점까지의 최단거리(mm)
$\therefore\ 25=6+(0.15\times X)$, $X=\frac{25-6}{0.15}=126.67\text{mm}$

2005년 7월 10일

5. 다음 아래 항목의 뜻을 간략히 정의하시오.

① Fail－passive ② Fail－active ③ Fail－operational

해답 ① Fail－Passive : 부품이 고장났을 경우 통상 기계는 정지하는 방향으로 이동(일반적인 산업기계)
② Fail－Active : 부품이 고장났을 경우 기계는 경보를 울리는 가운데 짧은 시간동안 운전 가능
③ Fail－Operational : 부품의 고장이 있더라도 기계는 추후 보수가 이루어질 때까지 안전한 기능 유지

7. 아세틸렌 용접장치의 안전기 설치장소 3가지를 쓰시오.

해답 취관, 분기관, 발생기와 가스용기 사이

2005년 9월 25일

4. Cardullo의 안전율 산정공식을 쓰시오.(재료의 극한강도(a), 하중의 종류(b), 하중의 속도(c), 재료의 조건(d)일 때)

해답 안전율 $S=a\times b\times c\times d$

6. 연삭기의 숫돌의 바깥지름이 300mm일 경우 플랜지의 바깥지름은 최소 몇 mm인가?

해답 $D=\frac{300}{3}=100\text{mm}$ 이상

7. 목재가공용 둥근톱기계를 사용하는 목재가공공장에서 근로자의 안전을 유지하기 위하여 설치하여야 하는 방호장치를 2가지만 쓰시오.

해답 반발예방장치, 톱날접촉예방장치

2006년 4월 23일

1. Fool proof와 Fail safe를 간단히 설명하시오.

해답 1. Fool proof : 작업자가 기계를 잘못 취급하여 불안전 행동이나 실수를 하여도 기계설비의 안전기능이 작용되어 재해를 방지할 수 있는 기능
2. Fail safe : 기계나 그 부품에 고장이나 기능불량이 생겨도 항상 안전하게 작동하는 구조와 기능을 추구하는 본질적 안전

2006년 7월 9일

9. 연삭기의 회전속도가 200m/min이고, 직경이 500mm일 때 rpm을 구하시오?

해답 $v=\frac{\pi DN}{1,000}$, $N=\frac{1,000v}{\pi D}=\frac{1,000\times 200}{\pi\times 500}=127.32\text{rpm}$

2006년 9월 17일

3. 목재가공용 둥근톱기계를 사용하는 목재가공공장에서 근로자의 안전을 유지하기 위하여 설치하여야 하는 방호장치를 2가지만 쓰시오.

해답 반발예방장치, 톱날접촉예방장치

4. Fool proof와 Fail safe를 간단히 설명하시오.

해답 1. Fool proof : 작업자가 기계를 잘못 취급하여 불안전 행동이나 실수를 하여도 기계설비의 안전기능이 작용되어 재해를 방지할 수 있는 기능
2. Fail safe : 기계나 그 부품에 고장이나 기능불량이 생겨도 항상 안전하게 작동하는 구조와 기능을 추구하는 본질적 안전

10. 기계의 원동기, 회전축, 기어, 풀리, 플라이휠, 벨트 및 체인 등 근로자에게 위험을 미칠 우려가 있는 부위에 사업주가 설치해야 하는 방호장치를 쓰시오.

해답 덮개, 울, 슬리브 및 건널다리

13. 2,000kg의 하물을 두 줄 걸이 로프로 상부각도 60°의 각으로 들어 올릴 때 와이어로프 한 선에 걸리는 하중을 구하시오.

해답 $2\times T'\times\cos 30=2{,}000$, $\therefore\ T'=1{,}154.70\text{kg}$

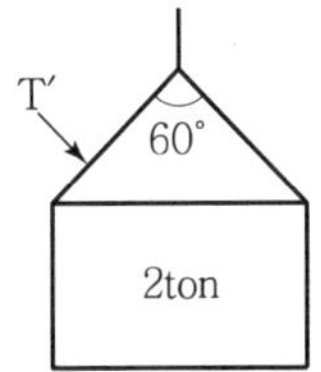

2007년 4월 22일

6. 다음 아래 항목의 뜻을 간략히 정의하시오.

① Fail－passive　② Fail－active　③ Fail－operational

해답 ① Fail－Passive : 부품이 고장났을 경우 통상 기계는 정지하는 방향으로 이동(일반적인 산업기계)
② Fail－Active : 부품이 고장났을 경우 기계는 경보를 울리는 가운데 짧은 시간동안 운전 가능
③ Fail－Operational : 부품의 고장이 있더라도 기계는 추후 보수가 이루어질 때까지 안전한 기능 유지

2007년 7월 8일

2. 화학설비인 저장탱크 등의 비파괴 검사방법을 쓰시오.

해답 내압시험, 초음파탐상시험, 방사선탐상시험, 침투탐상시험, 자분탐상시험, 외관검사 등

5. 프레스의 양수기동식 방호장치에서 클러치 맞물림개수가 4개, 300spm 일 때 조작부 설치거리를 구하여라.

해답 안전거리 $D_m = 1,600 \times T_m(\text{mm})$

$$T_m = \left(\frac{1}{\text{클러치개소수}} + \frac{1}{2}\right) \times \frac{60}{\text{매분행정수}(SPM)}$$

T_m : 양손으로 누름단추를 조작하고 슬라이드가 하사점에 도달하기까지의 소요최대시간(초)

$$D_m = 1,600\,T_m = 1,600 \times \left[\left(\frac{1}{\text{클러치개소수}} + \frac{1}{2}\right) \times \frac{60}{\text{매분행정수}}\right]$$

$$= 1,600 \times \left[\left(\frac{1}{4} + \frac{1}{2}\right) \times \frac{60}{300}\right] = 240\text{mm}$$

2008년 4월 20일

8. 화물의 낙하로 인하여 지게차의 운전자에게 위험을 미칠 우려가 있는 작업장에서 사용되는 지게차의 헤드가드가 갖추어야 할 사항 2가지를 쓰시오.

해답 1. 강도는 지게차의 최대하중의 2배 값(4톤을 넘는 값에 대해서는 4톤으로 한다)의 등분포정하중에 견딜 수 있는 것일 것
2. 상부틀의 각 개구의 폭 또는 길이가 16센티미터 미만일 것
3. 운전자가 앉아서 조작하거나 서서 조작하는 지게차의 헤드가드는 한국산업표준에서 정하는 높이 기준 이상일 것(좌승식 : 0.903m 이상, 입승식 : 1.88m 이상)

2008년 7월 6일

10. 다음 아래 항목의 뜻을 간략히 정의하시오.

① Fail - passive ② Fail - active ③ Fail - operational

해답 ① Fail - Passive : 부품이 고장났을 경우 통상 기계는 정지하는 방향으로 이동(일반적인 산업기계)
② Fail - Active : 부품이 고장났을 경우 기계는 경보를 울리는 가운데 짧은 시간동안 운전 가능
③ Fail - Operational : 부품의 고장이 있더라도 기계는 추후 보수가 이루어질 때까지 안전한 기능 유지

2008년 11월 2일

9. 기계의 원동기, 회전축, 기어, 풀리, 플라이휠, 벨트 및 체인 등 근로자에게 위험을 미칠 우려가 있는 부위에 사업주가 설치해야 하는 방호장치를 쓰시오.

해답 덮개, 울, 슬리브 및 건널다리

2009년 4월 19일

5. 기계설비에 형성되는 위험점 5가지를 쓰시오.

해답 협착점(Squeeze Point), 끼임점(Shear Point), 절단점(Cutting Point), 물림점(Nip Point), 접선물림점(Tangential Nip Point), 회전말림점(Trapping Point)

2009년 7월 5일

7. 기계설비에 형성되는 위험점 6가지를 쓰시오.

해답 협착점(Squeeze Point), 끼임점(Shear Point), 절단점(Cutting Point), 물림점(Nip Point), 접선물림점(Tangential Nip Point), 회전말림점(Trapping Point)

9. 롤러기 방호장치(급정지장치)의 종류 3가지와 조작부의 설치위치를 쓰시오.

해답

종류	설치위치	비고
손조작식	밑면에서 1.8m 이내	위치는 급정지장치 조작부의 중심점을 기준으로 한다.
복부조작식	밑면에서 0.8m 이상 1.1m 이내	
무릎조작식	밑면에서 0.4m 이상 0.6m 이내	

2009년 9월 13일

3. Fail Safe의 기능적인 면에서의 분류 3가지를 쓰시오.

해답 1. Fail－Passive : 부품이 고장났을 경우 통상 기계는 정지하는 방향으로 이동(일반적인 산업기계)
2. Fail－Active : 부품이 고장났을 경우 기계는 경보를 울리는 가운데 짧은 시간동안 운전 가능
3. Fail－Operational : 부품의 고장이 있더라도 기계는 추후 보수가 이루어질 때까지 안전한 기능 유지

4. 연삭기의 덮개 각도를 적으시오.

① 탁상용 연삭기의 덮개
㉠ 덮개의 최대노출각도 : ( ) 이내
㉡ 숫돌의 주축에서 수평면 위로 이루는 원주 각도 : ( ) 이내
㉢ 수평면 이하에서 연삭할 경우의 노출각도 : ( )까지 증가
㉣ 숫돌의 상부사용을 목적으로 할 경우의 노출각도 : ( ) 이내
② 원통연삭기, 만능연삭기 덮개의 노출각도 : ( ) 이내
③ 휴대용 연삭기, 스윙(Swing) 연삭기 덮개의 노출각도 : ( ) 이내
④ 평면연삭기, 절단연삭기 덮개의 노출각도 : ( ) 이내

해답 ① 탁상용 연삭기의 덮개
㉠ 덮개의 최대노출각도 : 90° 이내
㉡ 숫돌의 주축에서 수평면 위로 이루는 원주 각도 : 65° 이내
㉢ 수평면 이하에서 연삭할 경우의 노출각도 : 125°까지 증가
㉣ 숫돌의 상부사용을 목적으로 할 경우의 노출각도 : 60° 이내
② 원통연삭기, 만능연삭기 덮개의 노출각도 : 180° 이내
③ 휴대용 연삭기, 스윙(Swing) 연삭기 덮개의 노출각도 : 180° 이내
④ 평면연삭기, 절단연삭기 덮개의 노출각도 : 150° 이내

2010년 4월 18일

1. 목재가공용 둥근톱기계에 부착하여야 하는 방호장치 2가지를 쓰시오.

해답 반발예방장치, 톱날접촉예방장치

6. 숫돌의 회전수가 2,000rpm인 연삭기에 지름이 300mm의 숫돌을 사용하고자 할 때에 숫돌 사용 원주 속도는 얼마 이하로 하여야 하는가(m/min)?

해답 $v = \dfrac{\pi DN}{1,000} = \dfrac{\pi \times 300 \times 2,000}{1,000} = 1,884.96\text{m/min}$

2010년 7월 4일

13. 안전기 성능시험 항목을 3가지 쓰시오.

해답 내압시험, 기밀시험, 역류방지시험, 역화방지시험, 가스압력손실시험, 방출장치동작시험

2010년 9월 24일

6. 롤러기 방호장치(급정치장치)의 종류 3가지와 조작부의 설치위치를 쓰시오.

해답

종류	설치위치	비고
손조작식	밑면에서 1.8m 이내	위치는 급정지장치 조작부의 중심점을 기준으로 한다.
복부조작식	밑면에서 0.8m 이상 1.1m 이내	
무릎조작식	밑면에서 0.4m 이상 0.6m 이내	

9. Fail Safe의 기능적인 면에서의 분류 3가지를 쓰시오.

해답
1. Fail - Passive : 부품이 고장났을 경우 통상 기계는 정지하는 방향으로 이동(일반적인 산업기계)
2. Fail - Active : 부품이 고장났을 경우 기계는 경보를 울리는 가운데 짧은 시간동안 운전 가능
3. Fail - Operational : 부품의 고장이 있더라도 기계는 추후 보수가 이루어질 때까지 안전한 기능 유지

Subject 05

전기 및 화공안전

Contents

제1장 전기안전 일반

1 감전재해 유해요소

1. 전격의 위험을 결정하는 주된 인자

전격의 위험을 결정하는 주된 인자
① **통전전류의 크기(가장 근본적인 원인이며 감전피해의 위험도에 가장 큰 영향을 미침)** ② **통전시간** ③ **통전경로** ④ **전원의 종류(교류 또는 직류)** ⑤ 주파수 및 파형 ⑥ 전격인가위상(심장 맥동주기의 어느 위상(T파에서 가장 위험)에서의 통전 여부) ⑦ 기타 간접적으로는 인체저항과 전압의 크기 등이 관계함

Key Point

전격 위험의 주된 원인 4가지를 쓰시오.

2. 1, 2차적 감전요소

1차적 감전요소	2차적 감전요소
① **통전전류의 크기** ② **통전경로** ③ **통전시간** ④ **전원의 종류**	① 인체의 조건(인체의 저항) ② 전압의 크기 ③ 계절 등 주위환경

Key Point

감전의 위험을 결정하는 1차적 요인 4가지를 쓰시오.

1) 통전경로별 위험도

통전경로	위험도	통전경로	위험도
왼손 - 가슴	1.5	왼손 - 등	0.7
오른손 - 가슴	1.3	한 손 또는 양손 - 앉아 있는 자리	0.7
왼손 - 한발 또는 양발	1.0	왼손 - 오른손	0.4
양손 - 양발	1.0	오른손 - 등	0.3
오른손 - 한발 또는 양발	0.8	※ 숫자가 클수록 위험도가 높아짐	

Key Point

감전시 통전경로별 위험도가 큰 순서대로 나열하시오.
① 왼손 - 가슴 ② 오른손 - 가슴 ③ 왼손 - 등 ④ 양손 - 발

2) 전압의 구분

전압 구분	개정 전 기술기준	KEC
저압	교류 : 600V 이하 직류 : 750V 이하	교류 : 1,000V 이하 직류 : 1,500V 이하
고압	교류 : 600V 초과 7kV 미만 직류 : 750V 초과 7kV 미만	교류 : 1,000V 초과 7kV 미만 직류 : 1,500V 초과 7kV 미만
특고압	7kV 초과	7kV 초과

Key Point

전압에 따른 전원의 종류를 구분하라.

Key Point

전압에 따른 전원의 종류를 저압, 고압, 특별고압으로 구분하시오.

2 통전전류가 인체에 미치는 영향

1. 통전전류와 인체반응

통전전류 구분	전격의 영향	통전전류(교류) 값
최소감지전류	고통을 느끼지 않으면서 짜릿하게 전기가 흐르는 것을 감지할 수 있는 최소전류	상용주파수 60Hz에서 성인남자의 경우 1mA
고통한계전류	통전전류가 최소감지전류보다 커지면 어느 순간부터 고통을 느끼게 되지만 이것을 참을 수 있는 전류	상용주파수 60Hz에서 7~8mA
가수전류 (이탈전류)	인체가 자력으로 이탈 가능한 전류 (마비한계전류라고 하는 경우도 있음)	상용주파수 60Hz에서 10~15mA ▶ 최저가수전류치 －남자 : 9mA －여자 : 6mA
불수전류 (교착전류)	통전전류가 고통한계전류보다 커지면 인체 각부의 근육이 수축현상을 일으키고 신경이 마비되어 신체를 자유로이 움직일 수 없는 전류(인체가 자력으로 이탈 불가능한 전류)	상용주파수 60Hz에서 20~50mA
심실세동전류 (치사전류)	심근의 미세한 진동으로 혈액을 송출하는 펌프의 기능이 장애를 받는 현상을 심실세동이라 하며 이때의 전류	$I=\frac{165}{\sqrt{T}}$[mA] I : 심실세동전류(mA) T : 통전 시간(s)

1mA	5mA	10mA	15mA	50~100ma
약간 느낄 정도	경련을 일으킨다.	불편해진다. (통증)	격렬한 경련을 일으킨다.	심실세동으로 사망위험

Key Point

다음을 간단히 서술하시오
① 마비한계전류
② 심실세동전류
③ 최소감지전류

2. 심실세동전류

1) 심실세동전류와 통전시간과의 관계 및 위험한계에너지

심실세동전류와 통전시간	위험한계에너지(심실세동을 일으키는 위험한 전기에너지)
$I=\dfrac{165}{\sqrt{T}}[\text{mA}](\dfrac{1}{120}\sim 5초)$ - 여기서 전류 I는 1,000명 중 5명 정도가 심실세동을 일으키는 값	인체의 전기저항 R을 500[Ω]으로 보면 $W=I^2RT=\left(\dfrac{165}{\sqrt{T}}\times 10^{-3}\right)^2\times 500T$ $=(165^2\times 10^{-6})\times 500$ $=13.6[\text{W}-\text{sec}]=13.6[J]$ $=13.6\times 0.24[\text{cal}]=3.3[\text{cal}]$ - 즉, 13.6[W]의 전력이 1sec간 공급되는 아주 미약한 전기에너지이지만 인체에 직접 가해지면 생명을 위협할 정도로 위험한 상태가 됨

Key Point

심실세동전류를 설명하고 통전시간과 전류치의 관계식을 쓰시오.

3 감전사고 방지대책

1. 감전사고에 대한 방지대책(일반 대책)

감전사고방지 일반 대책
① 전기설비의 점검 철저
② 전기기기 및 설비의 정비
③ 전기기기 및 설비의 위험부에 위험표시
④ 설비의 필요부분에 보호접지의 실시
⑤ 충전부가 노출된 부분에는 절연방호구를 사용
⑥ 고전압 선로 및 충전부에 근접하여 작업하는 작업자에게는 보호구를 착용시킬 것
⑦ 유자격자 이외는 전기기계 및 기구에 전기적인 접촉 금지
⑧ 관리감독자는 작업에 대한 안전교육 시행
⑨ 사고발생 시의 처리순서를 미리 작성하여 둘 것

2. 전기기계·기구에 의한 감전사고에 대한 방지대책

1) 직접접촉에 의한 감전방지대책(충전부 방호대책 ; 안전보건규칙 제301조)

직접접촉에 의한 감전방지대책(충전부 방호대책 ; 안전보건규칙 제301조)
① 충전부가 노출되지 않도록 폐쇄형 외함이 있는 구조로 할 것 ② 충전부에 충분한 절연효과가 있는 방호망 또는 절연덮개를 설치할 것 ③ 충전부는 내구성이 있는 절연물로 완전히 덮어 감쌀 것 ④ 발전소·변전소 및 개폐소 등 구획되어 있는 장소로서 관계근로자가 아닌 사람의 출입이 금지되는 장소에 충전부를 설치하고, 위험표시 등의 방법으로 방호를 강화할 것 ⑤ 전주 위 및 철탑 위 등 격리되어 있는 장소로서 관계근로자가 아닌 사람의 접근할 우려가 없는 장소에 충전부를 설치할 것

2) 간접접촉(누전)에 의한 감전방지대책

간접접촉(누전)에 의한 감전방지대책
① 안전전압(산업안전보건법에서 30[V]로 규정)이하 전원의 기기 사용 ② 보호접지 ③ 누전차단기의 설치 ④ 이중절연기기의 사용 ⑤ 비접지식 전로의 채용

Key Point

저압전기기기의 누전으로 인한 감전 재해의 방지대책 3가지를 쓰시오.

3) 비접지식 전로의 채용

① **절연변압기 사용**

② **혼촉방지판 부착 변압기 사용**

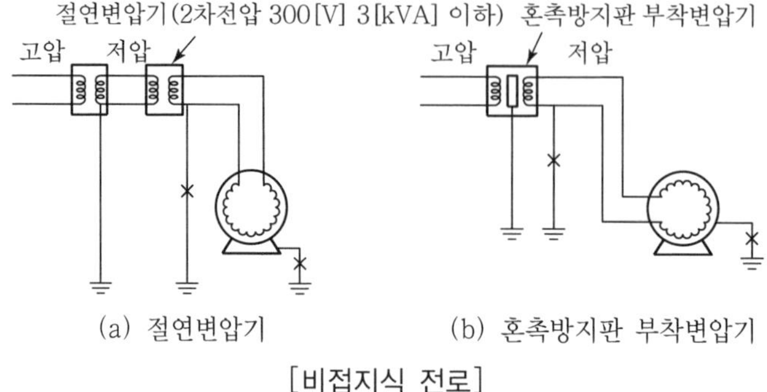

(a) 절연변압기 (b) 혼촉방지판 부착변압기

[비접지식 전로]

Key Point

고압 및 특고압의 접지시 감전의 위험이 없도록 설치하는 비접지식 전로의 채용방법 2가지를 쓰시오.

3. 배선 등에 의한 감전사고에 대한 방지대책

1) 습윤한 장소의 배선(안전보건규칙 제314조)

습윤한 장소에서의 배선에 의한 감전방지대책
물 등의 도전성(導電性)이 높은 액체가 있는 습윤한 장소에서 근로자가 작업 중에나 통행하면서 이동전선 및 이에 부속하는 접속기구(이하 "이동전선등"이라 한다)에 접촉할 우려가 있는 경우에 충분한 절연효과가 있는 것을 사용하여야 한다.
① 습기 또는 물기가 많은 장소에서의 배선은 가능한 피하되, 부득이한 경우에는 애자사용(점검할 수 없는 은폐장소 제외), 금속관 배선, 합성수지관 배선, 2종 가요관 배선, 캡타이어 케이블 배선 등을 선정 ② **전선의 접속개소는 가능한 적게 함과 동시에 전선접속부분의 테이프처리 등 절연처리에 특히 유의하여 시설한다.** ③ 배관공사인 경우는 습기나 물기가 침입하지 않도록 처치한다. ④ 점멸기, 콘센트, 개폐기 또는 차단기 등을 가능한 시설하지 않되 부득이한 경우에는 방수구조의 것이나 습기나 물기가 내부에 들어갈 우려가 없는 장치의 것을 사용한다.

2) 꽂음접속기의 설치 · 사용시 준수사항(안전보건규칙 제316조)

꽂음접속기의 설치 · 사용시 준수사항
① 서로 다른 전압의 꽂음접속기는 상호 접속되지 아니한 구조의 것을 사용할 것 ② 습윤한 장소에 사용되는 꽂음접속기는 방수형 등 해당 장소에 적합한 것을 사용할 것 ③ 근로자가 해당 꽂음접속기를 접속시킬 경우에는 땀 등으로 젖은 손으로 취급하지 않도록 할 것 ④ 해당 꽂음접속기에 잠금장치가 있는 경우에는 접속 후 잠그고 사용할 것

3) 임시로 사용하는 전등 등의 위험방지대책(안전보건규칙 제309조)

이동전선에 접속하여 임시로 사용하는 전등이나 가설의 배선 또는 이동전선에 접속하는 가공매달기식 전등 등을 접촉함으로 인한 감전 및 전구의 파손에 의한 위험을 방지하기 위하여 **보호망을 부착**하여야 한다.

보호망 설치시 준수사항
① 전구의 노출된 금속부분에 근로자가 쉽게 파손되거나 변형되지 아니하는 것으로 할 것 **② 재료는 쉽게 파손되거나 변형되지 아니하는 것으로 할 것**

4 개폐기의 분류

1. 개폐기

개폐기는 전로의 개폐에만 사용되고, 통전상태에서 차단능력이 없음

1) 개폐기의 시설

개폐기의 시설
① 전로 중에 개폐기를 시설하는 경우에는 그곳의 각극에 설치하여야 한다. ② 고압용 또는 특별고압용의 개폐기는 그 작동에 따라 그 개폐상태를 표시하는 장치가 되어 있는 것이어야 한다.(그 개폐상태를 쉽게 확인할 수 있는 것은 제외) ③ 고압용 또는 특별고압용의 개폐기로서 중력 등에 의하여 자연히 작동할 우려가 있는 것은 자물쇠 장치 기타 이를 방지하는 장치를 시설하여야 한다. ④ 고압용 또는 특별고압용의 개폐기로서 부하전류를 차단하기 위한 것이 아닌 개폐기는 부하전류가 통하고 있을 경우에는 개로할 수 없도록 시설하여야 한다. (개폐기를 조작하는 곳의 보기 쉬운 위치에 부하전류의 유무를 표시한 장치 또는 전화기 기타의 지령장치를 시설하거나 터블렛 등을 사용함으로써 부하전류가 통하고 있을 때에 개로조작을 방지하기 위한 조치를 하는 경우는 제외)

2) 개폐기의 부착장소

개폐기의 부착장소
① 퓨즈의 전원측 ② 인입구 및 고장점검 회로 ③ 평소 부하 전류를 단속하는 장소

3) 개폐기 부착시 유의사항

개폐기 부착시 유의사항
① 기구나 전선 등에 직접 닿지 않도록 할 것 ② 나이프 스위치나 콘센트 등의 커버가 부서지지 않도록 할 것 ③ 나이프 스위치에는 규정된 퓨즈를 사용할 것 ④ 전자식 개폐기는 반드시 용량에 맞는 것을 선택할 것

4) 개폐기의 종류

개폐기의 종류	역할 및 기능
① 주상유입개폐기 (PCS : Primary Cutout Switch 또는 COS : Cut Out Switch)	• 고압컷아웃스위치라 부르고 있는 기기로서 주로 3KV 또는 6KV용 300KVA까지 용량의 1차측 개폐기로 사용하고 있음 • 개폐의 표시가 되어 있는 고압개폐기 • 배전선로의 개폐, 고장구간의 구분, 타 계통으로의 변환, 접지사고의 차단 및 콘덴서의 개폐 등에 사용
② 단로기 (DS : Disconnection Switch)	• 무부하 상태의 전로를 개폐하는 역할 • 단로기는 전압 개폐 기능(부하전류 차단 능력 없음)
③ 부하개폐기 (LBS : Load Breaker Switch)	• 수변전설비의 인입구 개폐기로 많이 사용되며 부하전류를 개폐할 수는 있으나, 고장전류는 차단할 수 없어 전력퓨즈를 함께 사용
④ 자동개폐기 (AS : Automatic Switch)	• 전자 개폐기 : 전동기의 기동과 정지에 많이 사용, 과부하 보호용으로 적합 • 압력 개폐기 : 압력의 변화에 따라 작동(옥내 급수용, 배수용에 적합) • 시한 개폐기 : 옥외의 신호 회로에 사용(Time Switch) • 스냅 개폐기 : 전열기, 전등 점멸, 소형 전동기의 기동, 정지 등에 사용
⑤ 저압개폐기 (스위치 내에 퓨즈 삽입)	• 안전 개폐기(Cutout Switch) : 배전반 인입구 및 분기 개폐기 • 커버 개폐기(Cover knife Switch) : 저압회로에 많이 사용 • 칼날형 개폐기(Knife Switch) : 저압회로의 배전반 등에서 사용(정격전압 250V) • 박스 개폐기(Box Switch) : 전동기 회로용

2. 과전류 차단기

1) 차단기의 개요

① 정상상태의 전로를 투입, 차단하고 단락과 같은 이상상태의 전로도 일정시간 개폐할 수 있도록 설계된 개폐장치

② 차단기는 전선로에 전류가 흐르고 있는 상태에서 그 선로를 개폐하며, 차단기 부하측에서 과부하, 단락 및 지락사고가 발생했을 때 각종 계전기와의 조합으로 신속히 선로를 차단하는 역할

2) 차단기의 종류

차단기의 종류	사용장소
배선용차단기(MCCB), 기중차단기(ACB)	저압전기설비
종래 : 유입차단기(OCB) 최근 : 진공차단기(VCB), 가스차단기(GCB)	변전소 및 자가용 고압 및 특고압 전기설비
공기차단기(ABB), 가스차단기(GCB)	특고압 및 대전류 차단용량을 필요로 하는 대규모 전기설비

5 퓨즈

1. 성능 및 역할

① 용단특성, 단시간허용특성, 전차단 특성

② 부하전류를 안전하게 통전(과전류를 차단하여 전로나 기기보호)

2. 규격

1) 저압용 Fuse

① 정격전류의 1.1배의 전류에 견딜 것

② 정격전류의 1.6배 및 2배의 전류를 통한 경우

정격전류[A]	용단시간(분)	
	A종 : 정격전류×1.35 B종 : 정격전류×1.6	정격전류×2(200%)
1~30	60	2
31~60	60	4
61~100	120	6
101~200	120	8
201~400	180	10
401~600	240	12
600 초과	240	20

※ A종 퓨즈 : 110~135[%], B종 퓨즈 : 130~160[%]

※ A종은 정격의 110[%], B종은 정격의 130[%]의 전류로 용단되지 않을 것

2) 고압용 Fuse

① **포장퓨즈 : 정격전류의 1.3배에 견디고, 2배의 전류에 120분 안에 용단**

② **비포장퓨즈 : 정격전류의 1.25배에 견디고, 2배의 전류에 2분 안에 용단**

Key Point

다음은 전기에 관련된 사항이다. (   )를 채우시오.

① 저압용 포장퓨즈는 정격전류의 (   )배에 견디고

② 고압용 포장퓨즈는 정격전류의 (   )배에 견디고

③ 고압용 비포장퓨즈는 정격전류의 (   )배에 견딘다.

6 누전차단기

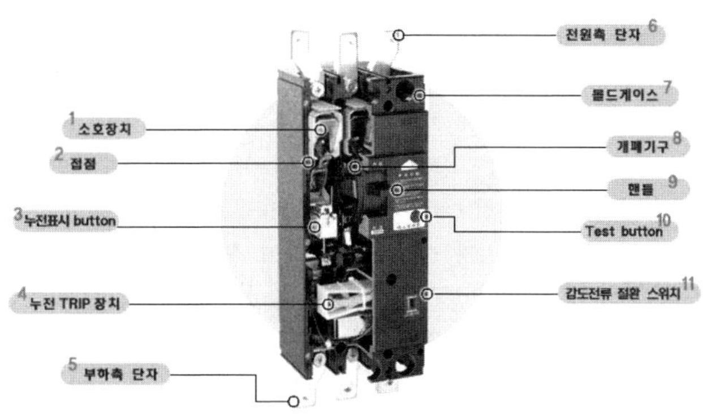

[누전차단기의 구조]

1. 누전차단기의 종류

구분		정격감도전류[mA]	동작시간
고감도형	고속형	5, 10, 15, 30	정격감도전류에서 0.1초 이내
	시연형		정격감도전류에서 0.1초를 초과하고 2초 이내
	반한시형		정격감도전류에서 0.2초를 초과하고 1초 이내 정격감도전류의 1.4배의 전류에서 0.1초를 초과하고 0.5초 이내 정격감도전류의 4.4배에서 0.05초 이내
중감도형	고속형	50, 100, 200	정격감도전류에서 0.1초 이내
	시연형	500, 1000	정격감도전류에서 0.1초를 초과하고 2초 이내

1) 감전보호용 누전차단기

정격감도전류 30mA 이하, 동작시간 0.03초 이내

2. 누전차단기 선정시 주의사항

누전차단기 선정시 주의사항
1) 누전차단기는 전로의 전기방식에 따른 차단기의 극수를 보유해야 하고 그 해당전로의 전압, 전류 및 주파수에 적합하도록 사용 2) 다음의 성능을 가진 누전차단기를 사용할 것 ① 부하에 적합한 정격전류를 갖출 것 ② 전로에 적합한 차단용량을 갖출 것 ③ 해당전로의 정격전압이 공칭전압의 85~110%(−15%~+10%) 이내일 것 ④ 누전차단기와 접속되어 있는 각각의 전동기계・기구에 대하여 정격감도전류가 30[mA] 이하이며 동작시간은 0.03초 이내일 것. 다만, 정격전부하전류가 50[A] 이상인 전동기계・기구에 설치되는 누전차단기에 오동작을 방지하기 위하여 정격감도전류가 200[mA] 이하인 경우 동작시간은 0.1초 이내일 것 ⑤ 정격부동작전류가 정격감도전류의 50% 이상이어야 하고 이들의 전류치가 가능한한 작을 것 ⑥ 절연저항이 5[MΩ] 이상일 것

3. 누전차단기 설치방법

누전차단기 설치방법
① 전동기계・기구의 금속제 외함, 금속제 외피 등 금속부분은 누전차단기를 접속한 경우에도 가능한한 접지할 것
② 누전차단기는 분기회로 또는 전동기계・기구마다 설치를 원칙으로 할 것. 다만, 평상시 누설전류가 미소한 소용량 부하의 전로에는 분기회로에 일괄하여 설치할 수 있다.
③ 누전차단기는 배전반 또는 분전반에 설치하는 것을 원칙으로 할 것. 다만, 꽂음접속기형 누전차단기는 콘센트에 연결 또는 부착하여 사용할 수 있다.
④ 지락보호전용 누전차단기는 반드시 과전류를 차단하는 퓨즈 또는 차단기 등과 조합하여 설치할 것
⑤ 누전차단기의 영상변류기에 접지선을 관통하지 않도록 할 것
⑥ 누전차단기의 영상변류기에 서로 다른 2회 이상의 배선을 일괄하여 관통하지 않도록 할 것
⑦ 서로 다른 누전차단기의 중성선이 누전차단기 부하측에서 공유되지 않도록 할 것
⑧ 중성선은 누전차단기 전원측에 접지시키고, 부하측에는 접지되지 않도록 할 것
⑨ 누전차단기의 부하측에는 전로의 부하측이 연결되고, 누전차단기의 전원측에 전로의 전원측이 연결되도록 설치할 것
⑩ 설치 전에는 반드시 누전차단기를 개로시키고 설치 완료 후에는 누전차단기를 폐로시킨 후 동작 위치로 할 것

4. 누전차단기의 동작확인

누전차단기 동작확인
다음의 경우에는 누전차단기용 테스터를 사용하거나 시험용 버튼을 눌러 누전차단기가 확실히 동작함을 확인하여야 한다. ① 전동기계・기구를 사용하려는 경우 ② 누전차단기가 동작한 후 재투입할 경우 ③ 전로에 누전차단기를 설치한 경우

5. 누전차단기의 적용범위

누전차단기 적용범위(안전보건규칙 제304조)	
적용 대상	적용 비대상
1) 대지전압이 150볼트를 초과하는 이동형 또는 휴대형 전기기계·기구 2) 물 등 도전성이 높은 액체가 있는 습윤장소에서 사용하는 저압용 전기기계·기구 3) 철판·철골 위 등 도전성이 높은 장소에서 사용하는 이동형 또는 휴대형 전기기계·기구 4) 임시배선의 전로가 설치되는 장소에서 사용하는 이동형 또는 휴대형 전기기계·기구	1) 「전기용품 및 생활용품 안전관리법」에 따른 이중 절연 또는 이와 동등 이상으로 보호되는 구조로 된 전기기계·기구 2) 절연대 위 등과 같이 감전위험이 없는 장소에서 사용하는 전기기계·기구 3) 비접지방식의 전로

▸ 전기설비기술기준상 적용범위 : 금속제 외함을 가지는 사용전압이 60V를 초과하는 저압의 기계·기구로서 사람이 쉽게 접촉할 우려가 있는 곳에 전기를 공급하는 전로에는 전로에 지락이 생긴 경우에 자동적으로 전로를 차단하는 장치를 설치하여야 한다.

Key Point

누전에 의한 감전위험방지를 위해 방지용 누전차단기를 접속하는 장소 3가지를 쓰시오.

6. 누전차단기의 설치 환경조건

누전차단기 설치 환경조건
① 주위온도에 유의할 것 ② 표고 1,000m 이하의 장소로 할 것 ③ 비나 이슬에 젖지 않는 장소로 할 것
④ 먼지가 적은 장소로 할 것 ⑤ 이상한 진동 또는 충격을 받지 않는 장소 ⑥ 습도가 적은 장소로 할 것 ⑦ 전원전압의 변동(정격전압의 85~110%)에 유의할 것 ⑧ 배선상태를 건전하게 유지할 것 ⑨ 불꽃 또는 아크에 의한 폭발의 위험이 없는 장소(비방폭지역)에 설치할 것

7 피뢰기 및 피뢰침

1. 피뢰설비

1) 피뢰기(Lightning Arrester ; LA)

피뢰기는 피보호기 근방의 선로와 대지 사이에 접속되어 평상시에는 직렬갭에 의해 대지 절연되어 있으나 계통에 이상전압이 발생되면 직렬갭이 방전이상 전압의 파고값을 내려서 기기의 속류를 신속히 차단하고 원상으로 복귀시키는 작용을 한다.

－구성요소 : 직렬갭＋특성요소

피뢰기의 동작책무	피뢰기의 성능(구비요건)
① 이상전압의 내습으로 피뢰 단자전압이 어느 일정값 이상이 되면 즉시 방전해서 전압상승을 억제하여 기기를 보호한다. ② 이상전압이 소멸하여 피뢰기 단자전압이 일정값 이하가 되면 즉시 방전을 정지해서 원래의 송전 상태로 돌아가게 한다.	① **제한전압 또는 충격방전개시전압이 충분히 낮고 보호능력이 있을 것** ② **속류차단이 완전히 행해져 동작책무 특성이 충분할 것** ③ **뇌전류 방전능력이 클 것** ④ **대전류의 방전, 속류차단의 반복동작에 대하여 장기간 사용에 견딜 수 있을 것** ⑤ **상용주파 방전개시전압은 회로전압보다 충분히 높아서 상용주파방전을 하지 않을 것**

- 보호여유도(%) $= \dfrac{\text{충격절연강도} - \text{제한전압}}{\text{제한전압}} \times 100$
- 피뢰기의 정격전압 : 속류를 차단할 수 있는 최고의 교류전압(통상 실효값으로 나타냄)

2) 가공지선(Over Head Earthwire)

송전선에의 뇌격에 대한 차폐용으로서 송전선의 전선 상부에 이것과 평행으로 전선을 따로 가선하여 각 철탑에서 접지시킴

3) 서지 흡수기(Surge Absorber)

급격한 충격 침입파에 대하여 기기를 보호할 목적으로 기기의 단자와 대지 간에 접속되는 보호콘덴서 또는 이와 피뢰기를 조합한 것이며 충격파의 파두준도를 완화시키고 또한 파미장이 짧은 경우에는 파고치를 저감시킴으로써 기기코일의 층간, 대지절연을 보호하는데 효과가 있고 또 파미장이 길 때는 피뢰기에 의해서 파고치를 떨어 뜨린다.

4) 피뢰침

피뢰침은 돌침부, 피뢰 도선 및 접지전극으로 된 피뢰설비로서 낙뢰로 인하여 생기는 화재, 파손 또는 인축에 상해를 방지할 목적으로 하는 것을 총칭하며 이중에는 돌침부를 생략한 용마루 위의 도체, 독립 피뢰침, 독립가공지선, 철망 등으로 피보호물을 덮은 케이지(Cage)를 포함한다.

2. 피뢰기의 설치장소

1) 피뢰기의 위치선정

피뢰기의 설치위치는 가능한한 피보호기기 가까이 설치한다.

2) 피뢰기의 설치장소

피뢰기 설치장소
고압 및 특별고압 전로 중 다음의 장소에는 피뢰기를 설치하고 **접지공사(일반적으로 접지저항** 10Ω **이하**)를 하여야 한다. ① 발전소, 변전소 또는 이에 준하는 장소의 가공전선 인입구 및 인출구 ② 가공전선로가 접속하는 배전용 변압기의 고압측 및 특별고압측 ③ 고압 또는 특별고압의 가공전선로로부터 공급받는 수용장소의 인입구 ④ 가공전선로와 지중전선로가 접속되는 곳

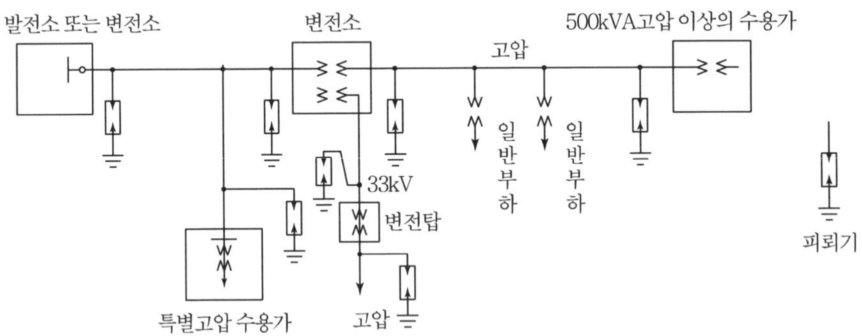

[피뢰기의 설치가 의무화되어 있는 장소의 예]

8 정전작업

1. 정전작업의 안전

정전전로에서의 전기작업(안전보건규칙 제319조)

① 사업주는 근로자가 노출된 충전부 또는 그 부근에서 작업함으로써 감전될 우려가 있는 경우에는 작업에 들어가기 전에 해당 전로를 차단하여야 한다. 다만, 다음 각 호의 경우에는 그러하지 아니하다.
1. 생명유지장치, 비상경보설비, 폭발위험장소의 환기설비, 비상조명설비 등의 장치·설비의 가동이 중지되어 사고의 위험이 증가되는 경우
2. 기기의 설계상 또는 작동상 제한으로 전로차단이 불가능한 경우
3. 감전, 아크 등으로 인한 화상, 화재·폭발의 위험이 없는 것으로 확인된 경우

② 제1항의 전로 차단은 다음 각 호의 절차에 따라 시행하여야 한다.
1. 전기기기등에 공급되는 모든 전원을 관련 도면, 배선도 등으로 확인할 것
2. 전원을 차단한 후 각 단로기 등을 개방하고 확인할 것
3. 차단장치나 단로기 등에 잠금장치 및 꼬리표를 부착할 것
4. 개로된 전로에서 유도전압 또는 전기에너지가 축적되어 근로자에게 전기위험을 끼칠 수 있는 전기기기등은 접촉하기 전에 잔류전하를 완전히 방전시킬 것
5. 검전기를 이용하여 작업 대상 기기가 충전되었는지를 확인할 것
6. 전기기기등이 다른 노출 충전부와의 접촉, 유도 또는 예비동력원의 역송전 등으로 전압이 발생할 우려가 있는 경우에는 충분한 용량을 가진 단락 접지기구를 이용하여 접지할 것

③ 사업주는 제1항 각 호 외의 부분 본문에 따른 작업 중 또는 작업을 마친 후 전원을 공급하는 경우에는 작업에 종사하는 근로자 또는 그 인근에서 작업하거나 정전된 전기기기등(고정 설치된 것으로 한정한다)과 접촉할 우려가 있는 근로자에게 감전의 위험이 없도록 다음 각 호의 사항을 준수하여야 한다.
1. 작업기구, 단락 접지기구 등을 제거하고 전기기기등이 안전하게 통전될 수 있는지를 확인할 것
2. 모든 작업자가 작업이 완료된 전기기기등에서 떨어져 있는지를 확인할 것
3. 잠금장치와 꼬리표는 설치한 근로자가 직접 철거할 것
4. 모든 이상 유무를 확인한 후 전기기기등의 전원을 투입할 것

• 단락접지를 하는 이유
전로가 정전된 경우에도 오통전, 다른 전로와의 접촉(혼촉) 또는 다른 전로에서의 유도작용 및 비상용 발전기의 가동 등으로 정전전로가 갑자기 충전되는 경우가 있으므로 이에 따른 감전위험을 제거하기 위해 작업개소에 근접한 지점에 충분한 용량을 갖는 단락접지기구를 사용하여 정전전로를 단락접지하는 것이 필요하다.(3상3선식 전선로의 보수를 위하여 정전작업시에는 3선을 단락접지)

Key Point

전기공사시 위험한 전로를 정전시키고 작업을 할 때, 작업 종료시 조치해야 할 사항 4가지를 쓰시오.

2. 정전절차

국제사회안전협회(ISSA)에서 제시하는 정전작업의 5대 안전수칙
첫째 : 작업전 전원차단 둘째 : 전원투입의 방지 셋째 : 작업장소의 무전압 여부확인 넷째 : 단락접지 다섯째 : 작업장소의 보호

9 활선작업

1. 활선 및 활선근접작업의 안전

충전전로에서의 전기작업(안전보건규칙 제321조)
① 사업주는 근로자가 충전전로를 취급하거나 그 인근에서 작업하는 경우에는 다음 각 호의 조치를 하여야 한다. 1. 충전전로를 정전시키는 경우에는 제319조에 따른 조치를 할 것 2. 충전전로를 방호, 차폐하거나 절연 등의 조치를 하는 경우에는 근로자의 신체가 전로와 직접 접촉하거나 도전재료, 공구 또는 기기를 통하여 간접 접촉되지 않도록 할 것 3. 충전전로를 취급하는 근로자에게 그 작업에 적합한 절연용 보호구를 착용시킬 것 4. 충전전로에 근접한 장소에서 전기작업을 하는 경우에는 해당 전압에 적합한 절연용 방호구를 설치할 것. 다만, 저압인 경우에는 해당 전기작업자가 절연용 보호구를 착용하되, 충전전로에 접촉할 우려가 없는 경우에는 절연용 방호구를 설치하지 아니할 수 있다. 5. 고압 및 특별고압의 전로에서 전기작업을 하는 근로자에게 활선작업용 기구 및 장치를 사용하도록 할 것 6. 근로자가 절연용 방호구의 설치·해체작업을 하는 경우에는 절연용 보호구를 착용하거나 활선작업용 기구 및 장치를 사용하도록 할 것

충전전로에서의 전기작업(안전보건규칙 제321조)

7. 유자격자가 아닌 근로자가 충전전로 인근의 높은 곳에서 작업할 때에 근로자의 몸 또는 긴 도전성 물체가 방호되지 않은 충전전로에서 대지전압이 50킬로볼트 이하인 경우에는 300센티미터 이내로, 대지전압이 50킬로볼트를 넘는 경우에는 10킬로볼트당 10센티미터씩 더한 거리 이내로 각각 접근할 수 없도록 할 것
8. 유자격자가 충전전로 인근에서 작업하는 경우에는 다음 각 목의 경우를 제외하고는 노출 충전부에 다음 표에 제시된 접근한계거리 이내로 접근하거나 절연 손잡이가 없는 도전체에 접근할 수 없도록 할 것

가. 근로자가 노출 충전부로부터 절연된 경우 또는 해당 전압에 적합한 절연장갑을 착용한 경우
나. 노출 충전부가 다른 전위를 갖는 도전체 또는 근로자와 절연된 경우
다. 근로자가 다른 전위를 갖는 모든 도전체로부터 절연된 경우

충전전로의 선간전압 (단위 : 킬로볼트)	충전전로에 대한 접근 한계거리 (단위 : 센티미터)
0.3 이하	접촉금지
0.3 초과 0.75 이하	30
0.75 초과 2 이하	45
2 초과 15 이하	60
15 초과 37 이하	90
37 초과 88 이하	110
88 초과 121 이하	130
121 초과 145 이하	150
145 초과 169 이하	170
169 초과 242 이하	230
242 초과 362 이하	380
362 초과 550 이하	550
550 초과 800 이하	790

② 사업주는 절연이 되지 않은 충전부나 그 인근에 근로자가 접근하는 것을 막거나 제한할 필요가 있는 경우에는 울타리를 설치하고 근로자가 쉽게 알아볼 수 있도록 하여야 한다. 다만, 전기와 접촉할 위험이 있는 경우에는 도전성이 있는 금속제 울타리를 사용하거나, 제1항의 표에 정한 접근 한계거리 이내에 설치해서는 아니 된다.

③ 사업주는 제2항의 조치가 곤란한 경우에는 근로자를 감전위험에서 보호하기 위하여 사전에 위험을 경고하는 감시인을 배치하여야 한다.

충전전로 인근에서 차량 · 기계장치 작업(안전보건규칙 제322조)

① 사업주는 충전전로 인근에서 차량, 기계장치 등(이하 이 조에서 "차량등"이라 한다)의 작업이 있는 경우에는 차량등을 충전전로의 충전부로부터 300센티미터 이상 이격시켜 유지시키되, 대지전압이 50킬로볼트를 넘는 경우 이격시켜 유지하여야 하는 거리(이하 이 조에서 "이격거리"라 한다)는 10킬로볼트 증가할 때마다 10센티미터씩 증가시켜야 한다. 다만, 차량등의 높이를 낮춘 상태에서 이동하는 경우에는 이격거리를 120센티미터 이상(대지전압이 50킬로볼트를 넘는 경우에는 10킬로볼트 증가할 때마다 이격거리를 10센티미터씩 증가)으로 할 수 있다.

② 제1항에도 불구하고 충전전로의 전압에 적합한 절연용 방호구 등을 설치한 경우에는 이격거리를 절연용 방호구 앞면까지로 할 수 있으며, 차량등의 가공 붐대의 버킷이나 끝부분 등이 충전전로의 전압에 적합하게 절연되어 있고 유자격자가 작업을 수행하는 경우에는 붐대의 절연되지 않은 부분과 충전전로 간의 이격거리는 제321조제1항제8호의 표에 따른 접근 한계거리까지로 할 수 있다.

③ 사업주는 다음 각 호의 경우를 제외하고는 근로자가 차량등의 그 어느 부분과도 접촉하지 않도록 울타리를 설치하거나 감시인 배치 등의 조치를 하여야 한다.

1. 근로자가 해당 전압에 적합한 제323조제1항의 절연용 보호구등을 착용하거나 사용하는 경우
2. 차량등의 절연되지 않은 부분이 제321조제1항의 표에 따른 접근 한계거리 이내로 접근하지 않도록 하는 경우

④ 사업주는 충전전로 인근에서 접지된 차량등이 충전전로와 접촉할 우려가 있을 경우에는 지상의 근로자가 접지점에 접촉하지 않도록 조치하여야 한다.

Key Point

고압 활선작업 및 활선근접작업시 안전작업이 수행되기 위한 조치사항에 대해 쓰시오.

2. 근접작업 시의 이격거리

전로의 전압		이격거리[m]
저압	교류 : 1,000V 이하 직류 : 1,500V 이하	1
고압	교류 : 1,000V 초과 7kV 이하 직류 : 1,500V 초과 7kV 이하	1.2
특별고압	7kV 초과	2.0 (60kV 이상에서는 10kV 단수마다 0.2m씩 증가)

Key Point

전기재해를 예방하기 위하여 일정한 거리의 이격거리를 두어야 한다. 저압, 고압, 특별고압의 이격거리를 쓰시오.

3. 활선작업시의 절연용 보호구

전기작업용(절연용) 안전장구의 종류는 다음과 같다.

① 절연용 보호구
② 절연용 방호구
③ 표시용구
④ 검출용구
⑤ 접지용구
⑥ 활선장구 등

1) 절연용 보호구

절연용 보호구는 작업자가 전기작업에 임하여 위험으로부터 작업자가 자신을 보호하기 위하여 착용하는 것으로서 그 종류는 다음과 같다.

① 전기 안전모(절연모)
② 절연고무장갑(절연장갑)
③ 절연고무장화
④ 절연복(절연상의 및 하의, 어깨받이 등) 및 절연화
⑤ 도전성 작업복 및 작업화 등

2) 절연용 방호구

절연용 방호구는 위험설비에 시설하여 작업자 및 공중에 대한 안전을 확보하기 위한 용구로서 그 종류는 다음과 같다.

① 방호관
② 점퍼호스
③ 건축지장용 방호관
④ 고무블랭킷
⑤ 컷아웃 스위치 커버
⑥ 애자후드
⑦ 완금커버 등

3) 표시용구

표시용구는 설비 또는 작업으로 인한 위험을 경고하고 그 상태를 표시하여 주위를 환기시킴으로써 안전을 확보하기 위한 용구, 그 종류는 다음과 같다.

① 작업장구획 표시용구　② 상태표시용구
③ 고정표시용구　④ 교통보안표시용구
⑤ 완장 등

4) 검출용구

검출용구는 정전작업 착수 전 작업하고자 하는 설비(전로)의 정전여부를 확인하기 위한 용구로서 그 종류는 다음과 같다.

① 저압 및 고압용 검전기
② 특별고압용 검전기
③ 활선접근 경보기 등

5) 접지(단락접지)용구

접지용구는 정전작업 착수 전 작업하고자 하는 전로의 정해진 개소에 설치하여 오송전 또는 근접활선의 유도에 의해 충전되는 경우 작업자가 감전되는 것을 방지하기 위한 용구로서 그 종류는 다음과 같다.

① 갑종 접지용구(발・변전소용)
② 을종 접지용구(송전선로용)
③ 병종 접지용구(배전선로용)

6) 활선장구

활선장구는 활선작업시 감전의 위험을 방지하고 안전한 작업을 하기 위한 공구 및 장치로서 그 종류는 다음과 같다.

① 활선시메라
② 활선커터
③ 가완목
④ 커트아웃 스위치 조작봉(배선용 후크봉)
⑤ 디스콘스위치 조작봉(D・S조작봉)
⑥ 활선작업대
⑦ 주상작업대

⑧ 점퍼선
⑨ 활선애자 청소기
⑩ 활선작업차
⑪ 염해세제용 펌프
⑫ 활선사다리
⑬ 기타 활선공구 등

10 접지설비의 종류 및 공사 시 안전

1. 접지시스템 구분

1) 공통접지

고압 및 특고압 접지계통과 저압 접지계통이 등전위가 되도록 공통으로 접지하는 방식

2) 통합접지

(1) 전기설비 접지, 통신설비 접지, 피뢰설비 접지 및 수도관, 가스관, 철근, 철골 등과 같이 전기설비와 무관한 계통외 도전부도 모두 함께 접지하여 그들 간에 전위차가 없도록 함으로써 인체의 감전우려를 최소화하는 방식을 말함.

(2) 통합접지의 본질적 목적은 건물내에 사람이 접촉할 수 있는 모든 도전부가 항상 같은 대지전위를 유지할 수 있도록 등전위을 형성하는 것임.

(3) 하나의 접지이기 때문에 사고나 문제가 발생하면 접지선을 타고 들어가 모든 계통에 손상이 발생할 수 있으므로 반드시 과전압 보호장치나 서지보호장치(SPD)를 피뢰설비와 통신설비에 설치해야 함

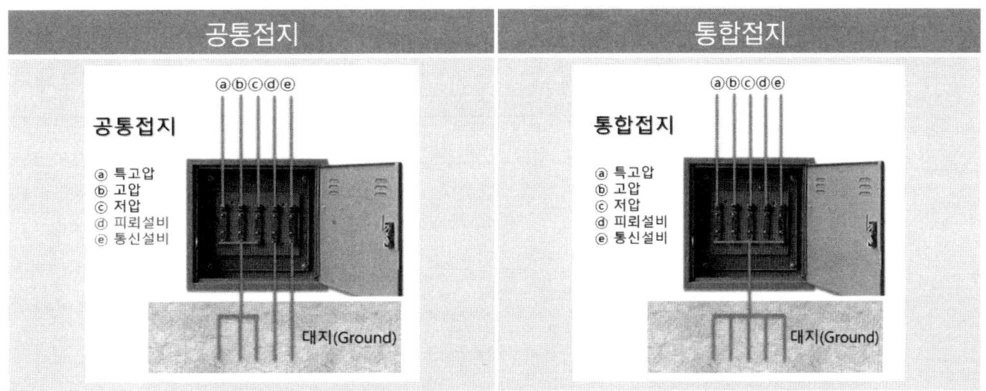

2. 계통접지방식(TN방식, TT방식, IT방식)

1) TN방식

대지(T)-중성선(N)을 연결하는 방식으로 다중접지방식이라고도 하며 TN방식은 보다 세분화되어 TN-S, TN-C, TN-C-S 방식으로 구분됨

① TN-S

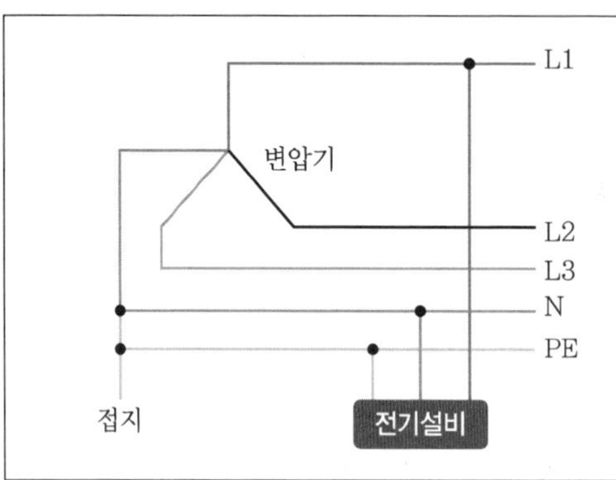

- 변압기(전원부)는 접지되어 있고 중성선과 보호도체는 각각 분리(S)되어 사용
- 통신기기나 전산센터, 병원 등 예민한 전기설비가 있는 경우 많이 사용

② TN-C

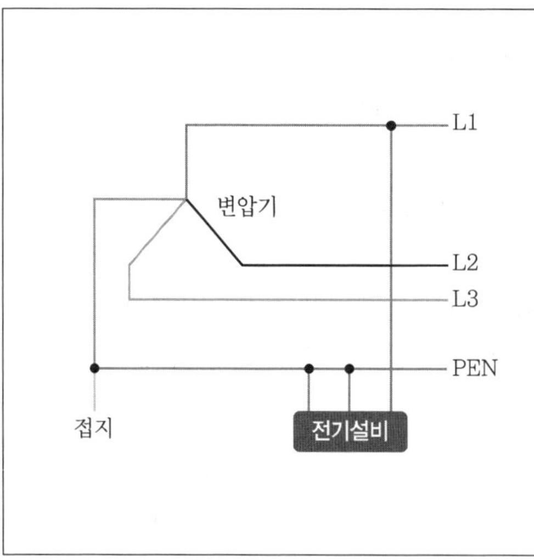

- 변압기(전원부)는 접지되어 있고 중성선과 보호도체는 각각 결합(C)되어 사용하므로 PE+N을 합해서 PEN으로 기재
- 접지선과 중성선을 공유하므로 누전차단기를 사용할 수 없고 배선용 차단기 사용(3상 불평형이 흐르면 중성선에도 전류가 흐르므로 이를 누전차단기가 정확히 판단하기 어렵기 때문)
- 현재 우리나라 배전선로에서 사용

③ TN-C-S

<table>
<tr><td>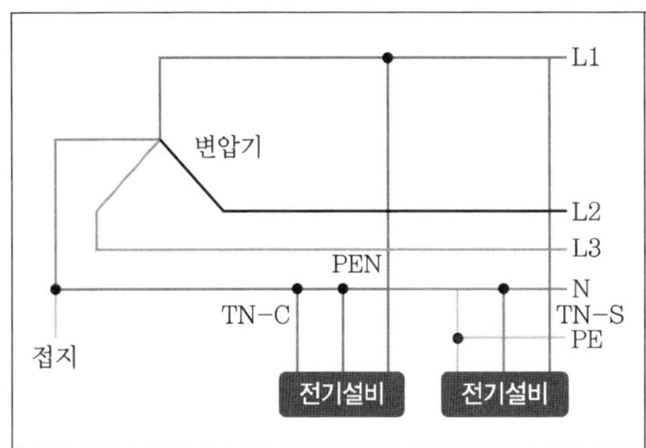
</td><td>- TN-S방식과 TN-C방식의 결합 형태로 계통의 중간에서 나누는데 이때 TN-C부분에서는 누전차단기를 사용할 수 없음
- 보통 자체 수변전실을 갖춘 대형 건축물에서는 이러한 방식을 사용하는데 전원부는 TN-C를 적용하고 간선계통에서는 TN-S를 사용함</td></tr>
</table>

2) TT방식

<table>
<tr><td>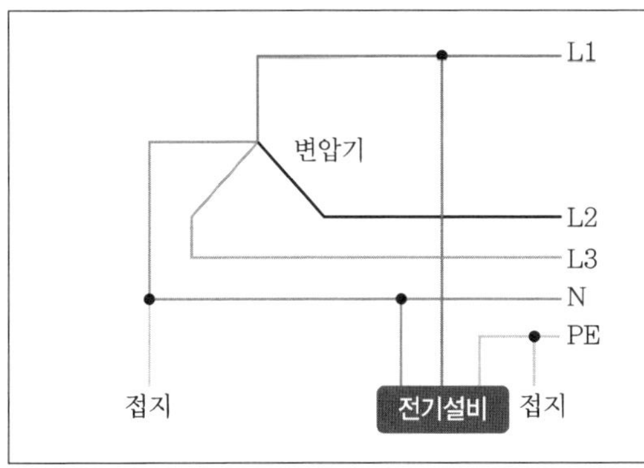
</td><td>- 변압기측과 전기설비측이 개별적으로 접지하는 방식으로 독립접지방식이라고도 함
- TT방식은 반드시 누전차단기를 설치</td></tr>
</table>

3) IT방식

<table>
<tr><td>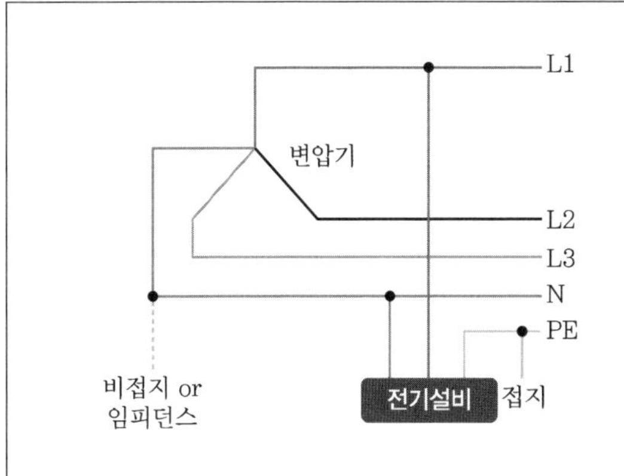
</td><td>- 변압기(전원부)의 중성점 접지를 비접지로 하고 설비쪽은 접지를 실시함
- 병원과 같이 전원이 차단되어서는 안되는 곳에서 사용하며, 절연 또는 임피던스와 같이 전류가 흐르기 매우 어려운 상태이므로 변압기가 있는 전원분의 지락전류가 매우 작기 때문에 감전위험이 적음</td></tr>
</table>

3. 변압기 중성점 접지

1) 중성점 접지 저항값

(1) 일반적으로 변압기의 고압·특고압측 전로 1선 지락전류로 150을 나눈 값과 같은 저항 값 이하

(2) 변압기의 고압·특고압측 전로 또는 사용전압이 35 kV 이하의 특고압전로가 저압측 전로와 혼촉하고 저압전로의 대지전압이 150 V를 초과하는 경우는 저항 값은 다음에 의한다.

① 1초 초과 2초 이내에 고압·특고압 전로를 자동으로 차단하는 장치를 설치할 때는 300을 나눈 값 이하

② 1초 이내에 고압·특고압 전로를 자동으로 차단하는 장치를 설치할 때는 600을 나눈 값 이하

(3) 전로의 1선 지락전류는 실측값에 의한다. 다만, 실측이 곤란한 경우에는 선로정수 등으로 계산한 값에 의한다.

2) 공통접지 및 통합접지

(1) 고압 및 특고압과 저압 전기설비의 접지극이 서로 근접하여 시설되어 있는 변전소 또는 이와 유사한 곳에서는 다음과 같이 공통접지시스템으로 할 수 있다.

① 저압 전기설비의 접지극이 고압 및 특고압 접지극의 접지저항 형성영역에 완전히 포함되어 있다면 위험전압이 발생하지 않도록 이들 접지극을 상호 접속하여야 한다.

② 접지시스템에서 고압 및 특고압 계통의 지락사고 시 저압계통에 가해지는 상용주파 과전압은 아래표 에서 정한 값을 초과해서는 안 된다.

〈저압설비 허용 상용주파 과전압〉

고압계통에서 지락고장시간 (초)	저압설비 허용 상용주파 과전압 (V)	비 고
＞5	U_0+250	중성선 도체가 없는 계통에서 U_0는 선간전압을 말한다.
≤5	$U_0+1,200$	

[비고]
1. 순시 상용주파 과전압에 대한 저압기기의 절연 설계기준과 관련된다.
2. 중성선이 변전소 변압기의 접지계통에 접속된 계통에서, 건축물외부에 설치한 외함이 접지되지 않은 기기의 절연에는 일시적 상용주파 과전압이 나타날 수 있다.

③ 기타 공통접지와 관련한 사항은 KS C IEC 61936－1(교류 1 kV 초과 전력설비－제1부 : 공통규정)의 "10 접지시스템"에 의한다.

(2) 전기설비의 접지계통 · 건축물의 피뢰설비 · 전자통신설비 등의 접지극을 공용하는 통합접지시스템으로 하는 경우 다음과 같이 하여야 한다.

① 통합접지시스템은 제 (1)에 의한다.

② 낙뢰에 의한 과전압 등으로부터 전기전자기기 등을 보호하기 위해 KEC 153.1의 규정에 따라 서지보호장치를 설치하여야 한다.

접지의 목적에 따른 종류	
접지의 종류	접지목적
계통접지	고압전로와 저압전로 혼촉 시 감전이나 화재방지
기기접지	누전되고 있는 기기에 접촉되었을 때의 감전방지
피뢰기접지(낙뢰방지용 접지)	낙뢰로부터 전기기기의 손상방지
정전기방지용 접지	정전기의 축척에 의한 폭발재해방지
지락검출용 접지	누전차단기의 동작을 확실하게 함
등전위 접지	병원에 있어서의 의료기기 사용 시의 안전
잡음대책용 접지	잡음에 의한 전자장치의 파괴나 오동작방지
기능용 접지	전기방식 설비 등의 접지

4. 기계기구의 철대 및 외함의 접지

1) 전로에 시설하는 기계기구의 철대 및 금속제 외함(외함이 없는 변압기 또는 계기용변성기는 철심)에는 140에 의한 접지공사를 하여야 한다.

2) 다음의 어느 하나에 해당하는 경우에는 제1의 규정에 따르지 않을 수 있다.

(1) 사용전압이 직류 300 V 또는 교류 대지전압이 150 V 이하인 기계기구를 건조한 곳에 시설하는 경우

(2) 저압용의 기계기구를 건조한 목재의 마루 기타 이와 유사한 절연성 물건 위에서 취급하도록 시설하는 경우

(3) 저압용이나 고압용의 기계기구, 341.2에서 규정하는 특고압 전선로에 접속하는 배전용 변압기나 이에 접속하는 전선에 시설하는 기계기구 또는 KEC 333.32의 1과 4에서 규정하는 특고압 가공전선로의 전로에 시설하는 기계기구를 사람이 쉽게 접촉할 우려가 없도록 목주 기타 이와 유사한 것의 위에 시설하는 경우

(4) 철대 또는 외함의 주위에 적당한 절연대를 설치하는 경우

(5) 외함이 없는 계기용변성기가 고무 · 합성수지 기타의 절연물로 피복한 것일 경우
(6) 「전기용품 및 생활용품 안전관리법」의 적용을 받는 2중 절연구조로 되어 있는 기계기구를 시설하는 경우
(7) 저압용 기계기구에 전기를 공급하는 전로의 전원측에 절연변압기(2차 전압이 300 V 이하이며, 정격용량이 3 kVA 이하인 것에 한한다)를 시설하고 또한 그 절연변압기의 부하측 전로를 접지하지 않은 경우
(8) 물기 있는 장소 이외의 장소에 시설하는 저압용의 개별 기계기구에 전기를 공급하는 전로에 「전기용품 및 생활용품 안전관리법」의 적용을 받는 인체감전보호용 누전차단기(정격감도전류가 30 mA 이하, 동작시간이 0.03초 이하의 전류동작형에 한한다)를 시설하는 경우
(9) 외함을 충전하여 사용하는 기계기구에 사람이 접촉할 우려가 없도록 시설하거나 절연대를 시설하는 경우

접지 적용 비대상

☞ 「안전보건규칙」 제302조
① 「전기용품 및 생활용품 안전관리법」에 따른 이중 절연 또는 이와 동등 이상으로 보호되는 구조로 된 전기기계 · 기구
② 절연대 위 등과 같이 감전위험이 없는 장소에서 사용하는 전기기계 · 기구
③ 비접지방식의 전로(그 전기기계 · 기구의 전원 측의 전로에 설치한 절연변압기의 2차 전압이 300[V] 이하, 정격용량이 3[kVA] 이하이고 그 절연변압기의 부하 측의 전로가 접지되어 있지 아니한 것)에 접속하여 사용되는 전기기계·기구

☞ 「한국전기설비규정(KEC)」 341.6
① 사용전압이 직류 300V 또는 교류 대지전압이 150V 이하인 기계기구를 건조한 곳에 시설하는 경우
② 저압용의 기계기구를 건조한 목재의 마루 기타 이와 유사한 절연성 물건 위에서 취급하도록 시설하는 경우
③ 저압용이나 고압용의 기계기구, 341.2에서 규정하는 특고압 전선로에 접속하는 배전용 변압기나 이에 접속하는 전선에 시설하는 기계기구 또는 KEC 333.32의 1과 4에서 규정하는 특고압 가공전선로의 전로에 시설하는 기계기구를 사람이 쉽게 접촉할 우려가 없도록 목주 기타 이와 유사한 것의 위에 시설하는 경우
④ 철대 또는 외함의 주위에 적당한 절연대를 설치하는 경우
⑤ 외함이 없는 계기용변성기가 고무 · 합성수지 기타의 절연물로 피복한 것일 경우
⑥ 「전기용품 및 생활용품 안전관리법」의 적용을 받는 2중 절연구조로 되어 있는 기계기구를 시설하는 경우

접지 적용 비대상
⑦ 저압용 기계기구에 전기를 공급하는 전로의 전원측에 절연변압기(2차 전압이 300V 이하이며, 정격용량이 3kVA 이하인 것에 한한다)를 시설하고 또한 그 절연 변압기의 부하측 전로를 접지하지 않은 경우 ⑧ 물기 있는 장소 이외의 장소에 시설하는 저압용의 개별 기계기구에 전기를 공급하는 전로에 「전기용품 및 생활용품 안전관리법」의 적용을 받는 인체감전보호용 누전차단기(정격감도전류가 30mA 이하, 동작시간이 0.03초 이하의 전류동작형에 한한다)를 시설하는 경우 ⑨ 외함을 충전하여 사용하는 기계기구에 사람이 접촉할 우려가 없도록 시설하거나 절연대를 시설하는 경우

5. 접지극의 시설

1) 접지극의 시설

토양 또는 콘크리트에 매입되는 접지극의 재료 및 최소 굵기 등은 KS C IEC 60364-5-54(저압전기설비-제5-54부 : 전기기기의 선정 및 설치-접지설비 및 보호도체)의 표 54.1(토양 또는 콘크리트에 매설되는 접지극으로 부식방지 및 기계적 강도를 대비하여 일반적으로 사용되는 재질의 최소 굵기)에 따라야 한다.

2) 접지극의 매설[중요]

(1) 접지극은 매설하는 토양을 오염시키지 않아야 하며, 가능한 다습한 부분에 설치한다.

(2) 접지극은 지표면으로부터 지하 0.75m 이상으로 하되 동결 깊이를 감안하여 매설 깊이를 정해야 한다.

(3) 접지도체를 철주 기타의 금속체를 따라서 시설하는 경우에는 접지극을 철주의 밑면으로부터 0.3m 이상의 깊이에 매설하는 경우 이외에는 접지극을 지중에서 그 금속체로부터 1m 이상 떼어 매설하여야 한다.

접지저항 저감법	
물리적 저감법	화학적 저감법
① 접지극의 병렬 접속 ② 접지극의 치수 확대 ③ 접지봉 심타법 ④ 매설지선 및 평판접지극 사용 ⑤ 메시(Mesh)공법 ⑥ 다중접지 시드 ⑦ 보링 공법 등	① 저감제의 종류 ㉠ 비반응형 : 염 황산암모니아 분말, 벤토나이트 ㉡ 반응형 : 화이트아스론, 티코겔 ② 저감제의 조건 ㉠ 저감효과가 크고 연속적일 것 ㉡ 접지극의 부식이 안될 것 ㉢ 공해가 없을 것 ㉣ 경제적이고 공법이 용이할 것

11 교류아크용접기의 방호장치 및 성능 조건

1. 자동전격방지장치

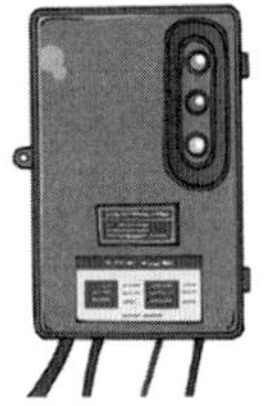

[전격방지장치]

1) 전격방지장치의 기능

전격방지장치라 불리는 교류 아크용접기의 안전장치는 용접기의 1차측 또는 2차측에 부착시켜 용접기의 주회로를 제어하는 기능을 보유함으로 해서 용접봉의 조작, 모재에의 접촉 또는 분리에 따라, 원칙적으로 용접을 할 때에만 용접기의 주회로를 폐로(ON)시키고, 용접을 행하지 않을 때에는 용접기 주회로를 개로(OFF)시켜 용접기 2차(출력)측의 무부하 전압(보통 60~95[V])을 25[V] 이하로 저하시켜 용접기 무부하 시(용접을 행하지 않을 시)에 작업자가 용접봉과 모재 사이에 접촉함으로 인하여 발생하는 감전의 위험을 방지하고, 아울러 용접기 무부하 시 전력손실을 격감시키는 2가지 기능 보유

2) 전격방지장치의 동작특성

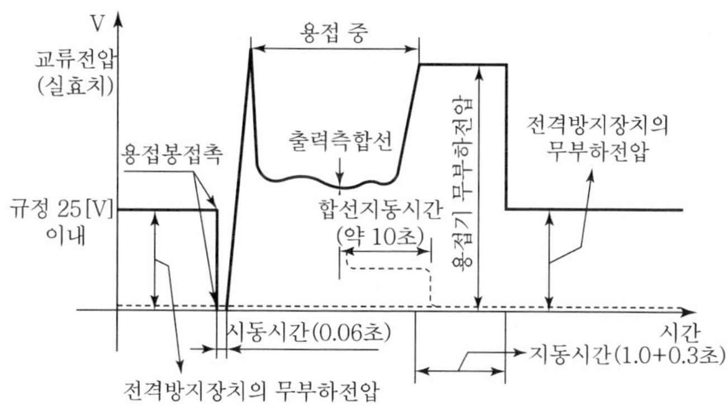

[전격방지장치의 동작특성]

(1) 시동시간

용접봉이 모재에 접촉하고 나서 주제어장치의 주접점이 폐로되어 용접기 2차측에 순간적인 높은 전압(용접기 2차 무부하전압)을 유지시켜 아크를 발생시키는데까지 소요되는 시간(0.06초 이내)

(2) 지동시간

시동시간과 반대되는 개념으로 용접봉을 모재로부터 분리시킨 후 주접점이 개로되어 용접기 2차측의 무부하전압이 전격방지장치의 무부하전압(25V 이하)으로 될 때까지의 시간[접점(Magnet) 방식 : 1±0.3초, 무접점(SCR, TRIAC) 방식 : 1초 이내]

(3) 시동감도

용접봉을 모재에 접촉시켜 아크를 시동시킬 때 전격방지장치가 동작할 수 있는 용접기의 2차측의 최대저항으로 Ω단위로 표시[용접봉과 모재 사이의 접촉저항]

3) 교류아크용접기의 사고방지 대책

교류아크용접기의 사고방지 대책
① 자동전격방지장치의 사용 ② 절연 용접봉 홀더의 사용 ③ 적정한 케이블(클로르프렌 캡타이어 케이블)의 사용 ④ 2차측 공통선(용접용 케이블이나 캡타이어 케이블)의 연결 ⑤ 절연장갑의 사용 ⑥ 기타 • 케이블 콘넥터 : 콘넥터는 충전부를 고무 등의 절연물로 완전히 덮힌 것을 사용(방수형) • 용접기 단자와 케이블의 접속 : 완전하게 절연 • 접지 : 용접기 외함 및 피용접모재에는 보호접지를 실시한다. ⑦ 기타 재해 방지대책

재해의 구분		보호구
눈	아크에 의한 장애 (가시광선, 적외선, 자외선)	차광보호구(보호안경과 보호면)
피부	화상	가죽제품의 장갑, 앞치마, 각반, 안전화
용접흄 및 가스(CO_2, H_2O)		방진마스크, 방독마스크, 송기마스크

4) 전격방지장치의 사용조건

전격방지장치 사용조건
전격방지장치는 다음과 같은 경우 이상 없이 동작하도록 되어 있다. **① 주위온도가 -20℃ 이상 45℃를 넘지 않는 상태** **② 선상 또는 해안과 같은 염분을 포함한 공기 중의 상태** **③ 연직 또는 수평에 대해서 전격방지장치의 부착편의 경사가 20°를 넘지 않은 상태** **④ 먼지가 많은 장소** **⑤ 유해한 부식성 가스가 존재하는 장소** **⑥ 습기가 많은 장소** **⑦ 기름의 증발이 많은 장소** **⑧ 표고 1,000m를 초과하지 않는 장소** **⑨ 이상한 진동 또는 충격을 받지 않는 상태** **⑩ 슬로다운 장치를 가지는 엔진구동 교류 아크 용접기로 슬로다운 동작을 하지 않은 상태**

Key Point

자동 전격방지장치가 부착된 용접기를 설치할 수 있는 장소의 조건 4가지를 쓰시오.

12 전기화재의 원인

1. 전기화재의 원인

화재의 원인을 일반화재의 경우에는 발화원, 출화의 경과 및 착화물로 분류하여 취급하고 있으나 전기화재의 경우는 발화원과 출화의 경과(발화형태)로 분류하고 있다. 출화의 경과에 의한 전기화재의 원인은 다음과 같다.

▶ 화재 발생시 조사해야 할 사항(전기 화재의 원인) : 발화원, 착화물, 출화의 경과(발화형태)

1) 단락(합선)

전선의 피복이 벗겨지거나 전선에 압력이 가해지게 되면 두 가닥의 전선이 직접 또는 낮은 저항으로 접촉되는 경우에는 전류가 전선에 연결된 전기기기쪽보다는 저항이 적은 접촉부분으로 집중적으로 흐르게 되는데 이러한 현상을 단락(Short, 합선)이라고 하며 저압전로에서의 단락전류는 대략 1,000[A] 이상으로 보고 있으며, 단락하는 순간 폭음과 함께 스파크가 발생하고 단락점이 용융된다.

2) 누전(지락)

전선의 피복 또는 전기기기의 절연물이 열화되거나 기계적인 손상 등을 입게 되면 전류가 금속체를 통하여 대지로 새어나가게 되는데 이러한 현상을 누전이라 하며 이로 인하여 주위의 인화성 물질이 발화되는 현상을 누전화재라고 한다.

누전화재의 요인		
누전점	발화점	접지점
전류의 유입점	발화된 장소	접지점의 소재

3) 과전류

전선에 전류가 흐르면 전류의 제곱과 전선의 저항값의 곱(I^2R)에 비례하는 열(I^2RT)이 발생($H=I^2RT[J]=0.24I^2RT[cal]$)하며 이때 발생하는 열량과 주위 공간에 빼앗기는 열량이 서로 같은 점에서 전선의 온도는 일정하게 된다. 이 일정하게 되는 온도(최고허용온도)는 전선의 피복을 상하지 않는 범위 이내로 제한되어야 하며 그 때의 전류를 전선의 허용 전류라 하며 이 허용전류를 초과하는 전류를 과전류라 한다.

4) 스파크(Spark, 전기불꽃)

개폐기로 전기회로를 개폐할 때 또는 퓨즈가 용단될 때 스파크가 발생하는데 특히 회로를 끊을 때 심하다. 직류인 경우는 더욱 심하며 또 아크가 연속되기 쉽다.

5) 접속부 과열

전선과 전선, 전선과 단자 또는 접속편 등의 도체에 있어서 접촉이 불완전한 상태에서 전류가 흐르면 접촉저항에 의해서 접촉부가 발열

6) 절연열화 또는 탄화

배선 또는 기구의 절연체는 그 대부분이 유기질로 되어 있는데 일반적으로 유기질은 장시일이 경과하면 열화하여 그 절연저항이 떨어진다. 또한, 유기질 절연체는 고온상태에서 공기의 유통이 나쁜 곳에서 가열되면 탄화과정을 거쳐 도전성을 띠게 되며 이것에 전압이 걸리면 전류로 인한 발열로 탄화현상이 누진적으로 촉진되어 유기질 자체가 타거나 부근의 가연물에 착화하게 되는데 이 현상을 트래킹(Tracking)현상이라고 한다.

7) 낙뢰

낙뢰는 일종의 정전기로서 구름과 대지 간의 방전현상으로 낙뢰가 생기면 전기회로에 이상전압이 유기되어 절연을 파괴시킬 뿐만 아니라 이때 흐르는 대전류가 화재의 원인이 된다.

8) 정전기 스파크

정전기는 물질의 마찰에 의하여 발생되는 것으로서 정전기의 크기 및 구성은 대전서열에 의해 결정되며 대전된 도체 사이에서 방전이 생길 경우 스파크 발생

2. 출화의 경과에 의한 화재예방 대책

<table>
<tr><th>구분</th><th>예방대책</th></tr>
<tr><td>단락 및 혼촉방지</td><td>① 이동전선의 관리 철저
② 전선 인출부 보강
③ 규격전선의 사용
④ 전원스위치를 차단 후 작업할 것</td></tr>
<tr><td>누전방지</td><td>① 절연파괴의 원인 제거
<table><tr><th>절연불량(파괴)의 주요원인</th></tr><tr><td>㉠ 높은 이상전압 등에 의한 전기적 요인
㉡ 진동, 충격 등에 의한 기계적 요인
㉢ 산화 등에 의한 화학적 요인
㉣ 온도상승에 의한 열적 요인</td></tr></table>② 퓨즈나 누전차단기를 설치하여 누전시 전원차단
③ 누전화재경보기 설치 등</td></tr>
<tr><td>과전류방지</td><td>① 적정용량의 퓨즈 또는 배선용 차단기의 사용
② 문어발식 배선사용 금지
③ 스위치 등의 접촉부분 점검
④ 고장난 전기기기 또는 누전되는 전기기기의 사용금지
⑤ 동일전선관에 많은 전선 삽입금지</td></tr>
<tr><td>접촉불량방지</td><td>① 전기공사 시공 및 감독 철저
② 전기설비 점검 철저</td></tr>
<tr><td>안전점검 철저</td><td>설비별 안전점검 철저</td></tr>
</table>

13 절연저항

1. 전로의 절연저항 및 절연내력

1) 저압전로의 절연저항

〈('21년 개정) 전기설비기술기준 제52조(저압전로의 절연성능) 개정〉

전로의 사용전압	DC 시험전압(V)	절연저항 (MΩ)
SELV 및 PELV	250	0.5
FELV, 500V 초과	500	1
500V 초과	1,000	1

주) 특별저압(Extra Low Voltage : 2차 전압이 AC 50V, DC 120V 이하)으로 SELV(비접지 회로 구성) 및 PLEV(접지회로구성)은 1차와 2차가 전기적으로 절연된 회로, FELV는 1차와 2차가 전기적으로 절연되지 않은 회로

Key Point

다음의 ( )에 저압전류의 저항치를 쓰시오.

전로의 사용전압	DC 시험전압(V)	절연저항 (MΩ)
SELV 및 PELV	250	(①)
FELV, 500V 초과	500	(②)
500V 초과	1,000	(③)

주) 특별저압(Extra Low Voltage : 2차 전압이 AC 50V, DC 120V 이하)으로 SELV(비접지 회로 구성) 및 PLEV(접지회로구성)은 1차와 2차가 전기적으로 절연된 회로, FELV는 1차와 2차가 전기적으로 절연되지 않은 회로

2) 저압전선로 중 절연부분의 전선과 대지 간의 절연저항은 사용전압에 대한 누설전류가 최대 공급전류의 1/2,000이 넘지 않도록 유지해야 한다.

2. 변압기 전로의 절연내력

권선의 종류	시험전압	시험방법
1. 최대 사용전압이 7,000V 이하인 권선	최대 사용전압의 1.5배의 전압 **(500V 미만으로 되는 경우에는 500V)** 다만, 중성점이 접지되고 다중접지된 중성선을 가지는 전로에 접속하는 것은 0.92배의 전압(500V 미만으로 되는 경우에는 500V)	**시험되는 권선과 다른 권선, 철심 및 외함간에 시험전압을 연속하여 10분간 가한다.**
2. 최대 사용전압이 7,000V를 넘고 25,000V 이하의 권선으로서 중성점 접지식 전로(중선선을 가지는 것으로서 그 중성선에 다중접지를 하는 것에 한한다)에 접속하는 것	최대 사용전압의 0.92배의 전압	
3. 최대 사용전압이 7,000V를 넘고 60,000V 이하의 권선(2란의 것을 제외한다)	최대 사용전압의 1.25배의 전압(10,500V 미만으로 되는 경우에는 10,500V)	
4. 최대 사용전압이 60,000V를 넘는 권선으로서 중성점 비접지식 전로(전위 변성기를 사용하여 접지하는 것을 포함한다)에 접속하는 것	최대 사용전압의 1.25배의 전압	
5. 최대 사용전압이 60,000V를 넘는 권선(성형결선 또는 스콧결선의 것에 한한다)으로서 중성점 접지식 전로(전위 변성기를 사용하여 접지하는 것 및 6란의 것을 제외한다)에 접속하고 또한 성형결선(星形結線)의 권선의 경우에는 그 중성점에, 스콧결선의 권선외 경우에는 T좌권선과 주좌권선의 접속점에 피뢰기를 시설하는 것	최대 사용전압의 1.1배의 전압(75,000V 미만으로 되는 경우에는 75,000V)	시험되는 권선의 중성점 단자(스콧결선의 경우에는 T좌권선과 주좌권선의 접속점 단자 이하 이 항에서 같다) 이외의 임의의 1단자, 다른 권선(다른 권선이 2개 이상 있는 경우에는 각 권선)의 임의의 1단자, 철심 및 외함을 접지하고 시험되는 권선의 중성점 단자 이외의 각 단자에 3상 교류의 시험전압을 연속하여 10분간 가한다. 다만, 3상 교류의 시험전압을 가하기 곤란할 경우에는 시험되는 권선의 중성점 단자 및 접지되는 단자 이외의 임의의 1단자와 대지 간에 단상 교류의 시험전압을 연속하여 10분간 가하고 다시 중성점 단자와 대지간에 최대 사용전압의 0.64배(스콧결선의 경우에는 0.96배)의 전압을 연속하여 10분간 가할 수 있다.

6. 최대 사용전압이 60,000V를 넘는 권선(성형결선의 것에 한한다)으로서 중성점 직접 접지식 전로에 접속하는 것 다만, 170,000V를 넘는 권선에는 그 중성점에 피뢰기를 시설하는 것에 한한다.	최대사용전압의 0.72배의 전압	시험되는 권선의 중성점 단자, 다른 권선(다른 권선이 2개 이상 있는 경우에는 각 권선)의 임의의 1단자, 철심 및 외함을 접지하고 시험되는 권선의 중성점 단자 이외의 임의의 1단자와 대지 간에 시험전압을 연속하여 10분간 가한다. 이 경우에 중성점에 피뢰기를 시설하는 것에 있어서는 다시 중성점 단자의 대지 간 최대사용전압의 0.3배의 전압을 연속하여 10분간 가한다.
7. 최대 사용전압이 170,000V를 넘는 권선(성형결선의 것에 한한다)으로서 중성점 직접접지식 전로에 접속하고 또한 그 중성점을 직접 접지하는 것	최대 사용전압의 0.64배의 전압	시험되는 권선의 중성점 단자, 다른 권선(다른 권선이 2개 이상 있는 경우에는 각 권선)의 임의의 1단자, 철심 및 외함을 접지하고 시험되는 권선의 중성점 단자 이외의 임의의 1단자와 대지 간에 시험전압을 연속하여 10분간 가한다.
8. 기타 권선	최대 사용전압의 1.1배의 전압 (75,000V 미만으로 되는 경우는 75,000V)	시험되는 권선과 다른 권선, 철심 및 외함 간에 시험전압을 연속하여 10분간 가한다.

14 정전기 발생과 안전대책

1. 정전기 발생에 영향을 주는 요인

정전기 발생에 영향을 주는 요인
① **물체의 특성** : 대전서열이 멀수록 불순물 포함정도가 클수록 정전기 발생량 커짐 ② **물체의 표면상태** : 물체의 표면이 원활하면 발생이 적음 ③ **물질의 이력** : 처음 접촉, 분리가 일어날 때 발생량 최대 ④ **접촉면적 및 압력** : 클수록 정전기 발생량 증가
⑤ **분리속도** : 빠를수록 정전기의 발생량은 커짐

Key Point

정전기 발생요인 5가지를 쓰시오.

2. 정전기의 물리적 현상

1) 역학현상

정전기는 전기적 작용인 쿨롱(Coulomb)력에 대전물체 가까이 있는 물체를 흡인하거나 반발하게 하는 성질이 있는데, 이를 정전기의 역학현상이라 한다.

2) 유도현상

대전물체 부근에 절연된 도체가 있을 경우에는 정전계에 의해 대전물체에 가까운 쪽의 도체 표면에는 대전물체와 반대극성의 전하(電荷)가 반대쪽에는 같은 극성의 전하가 대전되게 되는데, 이를 정전유도현상이라고 한다.

3) 방전현상

정전기의 대전물체 주위에는 정전계가 형성된다. 이 정전계의 강도는 물체의 대전량에 비례하지만 이것이 점점 커지게 되어 결국, 공기의 절연파괴강도(약 30kV/cm)에 도달하게 되면 공기의 절연파괴현상, 즉 방전이 일어나게 된다.

3. 정전기의 발생현상

발생(대전)종류	대전현상
마찰대전	① 두 물체의 마찰이나 마찰에 의한 접촉위치의 이동으로 전하의 분리 및 재배열이 일어나서 정전기 발생 ② 고체, 액체류 또는 분체류에 의하여 발생하는 정전기
박리대전	① 서로 밀착되어 있는 물체가 떨어질 때 전하의 분리가 일어나 정전기 발생 ② 접촉면적, 접촉면의 밀착력, 박리속도 등에 의해서 정전기 발생량이 변화하며 일반적으로 마찰에 의한 것보다 더 큰 정전기 발생
유동대전	① 액체류가 파이프 등 내부에서 유동할 때 액체와 관벽 사이에 정전기 발생 ② 정전기 발생에 가장 크게 영향을 미치는 요인은 유동속도이나 흐름의 상태, 배관의 굴곡, 밸브 등과 관계가 있음
분출대전	① 분체류, 액체류, 기체류가 단면적이 작은 분출구를 통해 공기 중으로 분출될 때 분출하는 물질과 분출구와의 마찰로 정전기 발생 ② 분출되는 물질의 구성입자 상호 간의 충돌에 의해 더 큰 정전기 발생
충돌대전	**분체류와 같은 입자상호 간이나 입자와 고체와의 충돌에 의해 빠른 접촉, 분리가 행하여짐으로써 정전기 발생**
파괴대전	고체나 분체류와 같은 물체가 파괴되었을 때 전하분리 또는 부전하의 균형이 깨지면서 정전기 발생
교반(진동)이나 침강대전	액체가 교반될 때 대전

Key Point

정전기 대전형태를 쓰시오.

Key Point

분체류와 같은 입자 상호간, 입자와 고체간의 충돌에 대해 빠른 접촉·분리에 의해 정전기가 발생하는 현상을 무엇이라 하는가?

4. 정전기방전의 형태 및 영향

구분(형태)	방전현상 및 대상	영향(위험성)
코로나 방전	① 돌기형 도체와 평판 도체 사이에 전압이 상승하면 코로나 방전이 발생(돌기부에서 발생하기 쉽고 이때 발광현상) ② 정코로나>부코로나 ③ 직경 5mm 이하의 가는 도전체	방전에너지가 작기 때문에 재해원인이 될 확률이 비교적 적음
스트리머 방전	① 일반적으로 브러시 코로나에서 다소 강해져서 파괴음과 발광을 수반하는 방전(공기 중에서 나뭇가지 형태의 발광이 진전) ② 직경 10mm 이상 곡률반경이 큰 도체, 절연물질	코로나 방전에 비해서 점화원이 되기도 하고 전격을 일으킬 확률이 높음
불꽃방전	전극 간의 전압을 더욱 상승시키면 코로나방전에 의한 도전로를 통하여 강한 빛과 큰소리를 발하며 공기 절연이 완전 파괴되거나 단락되는 과도현상	착화원 및 전격을 일으킬 확률이 대단히 높음
연면방전	① 정전기가 대전되어 있는 부도체에 접지체를 접근한 경우 대전물체와 접지체 사이에서 발생하는 방전과 기의 동시에 부도체 표면을 따라서 발생 ② 별표 마크를 가지는 나뭇가지 형태의 발광을 수반하는 방전 ③ 연면방전의 조건 -부도체의 대전량이 극히 큰 경우 -대전된 부도체의 표면 가까이에 접지체가 있는 경우	착화원 및 전격을 일으킬 확률이 대단히 높음
뇌상방전	공기 중에 뇌상으로 부유하는 대전입자의 규모가 커졌을 때에 대전운에서 번개형의 발광을 수반하여 발생하는 방전	착화원 및 전격을 일으킬 확률이 대단히 높음

▸ 코로나방전의 진행과정 : 글로코로나(glow corona) - 브러시코로나(brush corona) - 스트리머코로나(streamer corona)

5. 정전기재해의 방지대책

정전기재해를 방지하기 위한 기본적인 단계는
첫째, 정전기 발생 억제(방지)
둘째, 발생된 전하의 대전방지
셋째, 대전·축적된 전하의 위험분위기하에서 방전이 방지되어야 한다.

정전기 재해의 방지대책에 대한 관리 시스템
① 발생 전하량 예측 ② 대전 물체의 전하 축적 파악 ③ 위험성 방전을 발생하는 물리적 조건 파악

1) 정전기 발생방지 대책

정전기 발생을 방지·억제하는 것은 재료의 특성·성능 및 공정상의 제약 등에서 곤란한 경우가 많지만 다음의 사항을 적용하여 설비를 설계하거나 물질을 취급하여야 한다.

정전기 발생방지 대책
① 설비와 물질 및 물질 상호 간의 접촉면적 및 접촉압력 감소 ② 접촉횟수의 감소 ③ 접촉·분리속도의 저하(속도의 변화는 서서히) ④ 접촉물의 급속 박리방지 ⑤ 표면상태의 청정·원활화 ⑥ 불순물 등의 이물질 혼입방지 ⑦ 정전기 발생이 적은 재료 사용(대전서열이 가까운 재료의 사용)

2) 도체의 대전방지

정전기 장해·재해의 대부분은 도체가 대전된 결과로 인한 불꽃방전에 의해 발생되므로, 도체의 대전방지를 위해서는 도체와 대지와의 사이를 전기적으로 접속해서 대지와 등전위화(접지)함으로써, 정전기 축적을 방지하는 방법이다.

① 접지에 의한 대전방지
- 정전기의 축적 및 대전방지
- 대전물체 주위의 물체 또는 이와 접촉되어 있는 물체 사이의 정전유도 방지
- 대전물체의 전위 상승 및 정전기방전 억제

3) 배관 내 액체의 유속제한

① 저항률이 $10^{10}\Omega \cdot cm$ 미만의 도전성 위험물의 배관유속은 7m/s 이하

② 에테르, 이황화탄소 등과 같이 유동대전이 심하고 폭발 위험성이 높은 것은 배관 내 유속을 1m/s 이하

③ 물이나 가스를 혼합한 비수용성 위험물은 배관 내 유속을 1m/s 이하

④ 저항률 $10^{10}\Omega \cdot cm$ 이상인 위험물의 배관 내 유속은 표 [관경과 유속제한 값] 이하 단, 주입구가 액면 밑에 충분히 침하할 때까지의 배관내 유속은 1m/s 이하

[관경과 유속제한 값]

관내경 D		유속V[m/초]	V^2	V^2D
[inch]	[m]			
0.5	0.01	8	64	0.64
1	0.025	4.9	24	0.6
2	0.05	3.5	12.25	0.61
4	0.01	2.5	6.25	0.63
8	0.02	1.8	3.25	0.64
16	0.04	1.3	1.6	0.67
24	0.06	1.0	1.0	0.6

4) 부도체의 대전방지

부도체의 대전방지는 부도체에 발생한 정전기는 다른 곳으로 이동하지 않기 때문에 접지에 의해서는 대전방지를 하기 어려우므로 다음과 같은 방법(도전성 향상)으로 대전을 방지할 수 있다.

부도체의 대전방지
① 부도체의 사용제한(금속 및 도전성 재료의 사용)
② 대전방지제의 사용
③ 가습
④ 도전성 섬유의 사용
⑤ 대전물체의 차폐
⑥ 제전기 사용

5) 인체의 대전방지

인체의 대전방지
① 보호구 착용[손목 접지대, 정전기 대전방지용 안전화, 발 접지대, 대전방지용 작업복(제전복)] ② 대전물체 차폐 ③ 바닥의 재료 등 고유저항이 큰 물질의 사용 금지(작업장 바닥은 도전성을 갖추도록 할 것)

6) 제전기에 의한 대전방지

제전의 원리는 제전기를 대전체에 가까이 설치하면 제전기에서 생성된 이온(정, 부 ion) 중 대전물체와 역극성의 이온이 대전물체의 방향으로 이동해서, 그 이온과 대전물체의 전하와 재결합 또는 중화됨으로써 대전물체의 정전기가 제전되어지는 것

- 주로 부도체의 정전기대전을 방지
- 대전물체의 정전기를 완전히 제전하는 것은 아니고 방지하고자 하는 재해 및 장해가 발생하지 않을 정도까지만 제전하는 것

7) 제전기의 종류 및 특성

제전기의 종류는 제전에 필요한 이온의 생성방법에 따라 전압인가식 제전기, 자기방전식 제전기, 방사선식 제전기가 있다.

(1) 전압인가식 제전기

금속세침이나 세선 등을 전극으로 하는 제전전극에 고전압을 인가하여 전극의 선단에 코로나 방전을 일으켜 제전에 필요한 이온을 발생시키는 것으로서 코로나 방전식 제전기라고도 함

[전압인가식 제전기의 종류]

종 류	특성
비방폭형	㉠ 현재 가장 널리 사용되고 있는 전압인가식 제전기로서 대부분의 것이 교류·용량결합형 제전기 ㉡ 제전전극으로서는 침상전극을 직선으로 배열한 형태로 된 것 사용
송풍형	㉠ 표준형 제전기의 제전전극에 송풍장치를 설치한 것으로서 이온을 바람에 의해 대전물체에 강제적으로 보내서 제전 ㉡ 제전기를 대전물체에 접근시켜서 설치할 수 없을 경우에 유효함
노즐형	㉠ 노즐형태의 제전전극에서 압축공기를 분출시켜 이온을 내보내는 제전기 ㉡ 대전물체의 형상에 따라 노즐전극을 결합하여 설치하면 복잡한 형상의 대전물체도 효과적으로 제전 가능

플렌지형	㉠ 제전기의 전극이 원형이나 각형의 플렌지 형태로 되어 있는 제전기 ㉡ 압축공기를 분출시키며 배관의 플렌지부분에 사용하는 것보다는 배관 내의 유동하는 분체 등의 제전에 유효함
권총형	㉠ 스프레이건 형상의 제전전극의 선단에서 압축공기를 분출시켜 이온을 내보내는 제전기 ㉡ 대전에 의해 대전물체에 달라 붙어 있는 먼지 등을 털어내면서 제전하는 데 유효함
방폭형	㉠ **가연성 물질이 존재하는 위험장소에서 사용하더라도 제전기 자신이 착화원으로 되지 않도록 방폭 성능을 갖는 제전기** ㉡ 제전기 종류가 적고 비방폭형 제전기에 비해 제전성능이 저하

(2) 자기방전식 제전기

접지된 도전성의 침상이나 세선상의 전극에 제전하고자 하는 물체의 발산정전계를 모으고 이 정전계에 의해 제전에 필요한 이온을 만드는 제전기(코로나 방전을 일으켜 공기 이온화하는 방식)

(3) 방사선식 제전기

방사선 동위원소의 전리작용에 의해 제전에 필요한 이온을 만들어 내는 제전기

6. 정전기로 인한 화재·폭발방지(안전보건규칙 제325조)

① 사업주는 다음 각 호의 설비를 사용할 때에 정전기에 의한 화재 또는 폭발 등의 위험이 발생할 우려가 있는 경우에는 해당 설비에 대하여 확실한 방법으로 접지를 하거나, 도전성 재료를 사용하거나 가습 및 점화원이 될 우려가 없는 제전장치를 사용하는 등 정전기의 발생을 억제하거나 제거하기 위하여 필요한 조치를 하여야 한다.

1. 위험물을 탱크로리·탱크차 및 드럼 등에 주입하는 설비
2. 탱크로리·탱크차 및 드럼 등 위험물저장설비
3. 인화성 액체를 함유하는 도료 및 접착제 등을 제조·저장·취급 또는 도포하는 설비
4. 위험물 건조설비 또는 그 부속설비
5. 인화성 고체를 저장 또는 취급하는 설비
6. 드라이클리닝설비·염색가공설비 또는 모피류 등을 씻는 설비 등 인화성유기용제를 사용하는 설비
7. 유압·압축공기 또는 고전위정전기 등을 이용하여 인화성액체나 인화성고체를 분무 또는 이송하는 설비

8. 고압가스를 이송하거나 저장 · 취급하는 설비
9. 화약류 제조설비
10. 발파공에 장전된 화약류를 점화시키는 경우에 사용하는 발파기(발파공을 막는 재료로 물을 사용하거나 갱도발파를 하는 경우는 제외한다)

② 사업주는 인체에 대전된 정전기에 의한 화재 또는 폭발 위험이 있는 경우에는 정전기 대전방지용 안전화 착용, 제전복 착용, 정전기 제전용구 사용 등의 조치를 하거나 작업장 바닥 등에 도전성을 갖추도록 하는 등 필요한 조치를 하여야 한다.

③ 생산공정상 정전기에 의한 감전 위험이 발생할 우려가 있는 경우의 조치에 관하여는 제1항과 제2항을 준용한다.

15 전기설비의 방폭화 방법

1. 폭발의 기본조건

폭발이 성립되기 위한 기본조건은 다음과 같은 3가지 요소가 동시에 존재하여야 하며 따라서 이 중 한가지라도 결핍되면 연소 혹은 폭발이 일어나지 않음

① 가연성 가스 또는 증기의 존재
② 폭발위험 분위기의 조성(가연성 물질+지연성 물질)
③ 최소 착화에너지 이상의 점화원 존재

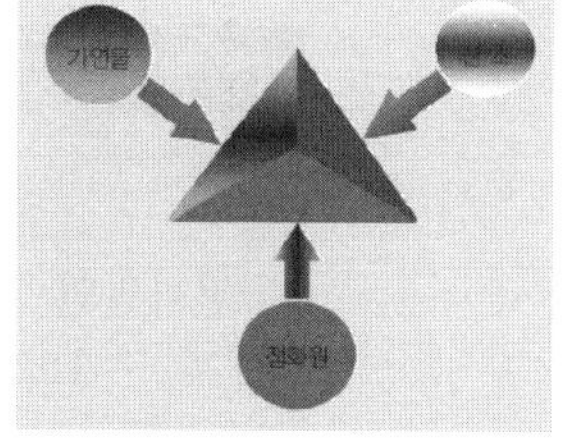

Key Point

전기설비의 원인이 되어 발생할 수 있는 폭발현상 3가지의 기본 조건을 쓰시오.

2. 방폭이론

전기설비로 인한 화재·폭발 방지를 위해서는 위험분위기 생성확률과 전기설비가 점화원으로 되는 확률과의 곱이 0이 되도록 해야 한다.

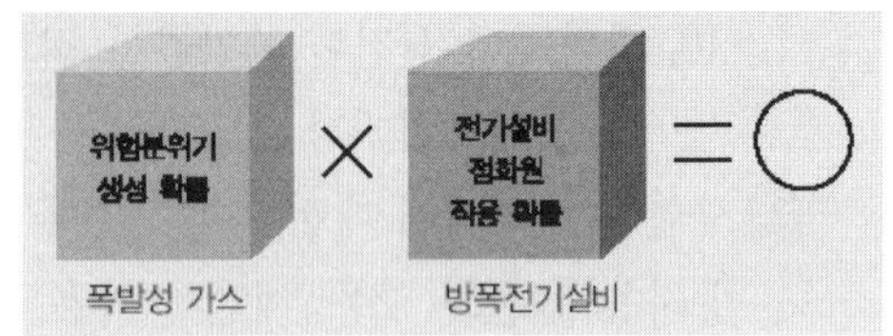

1) 위험분위기 생성방지

2) 전기설비의 점화원 억제

(1) 전기설비의 점화원

현재적(정상상태에서) 점화원	잠재적(이상상태에서) 점화원
ⓐ 직류전동기의 정류자, 권선형 유도전동기의 슬립링 등 ⓑ 고온부로써 전열기, 저항기, 전동기의 고온부 등 ⓒ 개폐기 및 차단기류의 접점, 제어기기 및 보호계전기의 전기접점 등	전동기의 권선, 변압기의 권선, 마그넷 코일, 전기적 광원, 케이블, 기타 배선 등

(2) 전기설비 방폭화의 기본

방폭화의 기본	적요	방폭구조
점화원의 방폭적 격리	ⓐ 전기설비에서는 점화원으로 되는 부분을 가연성 물질과 격리시켜 서로 접촉하지 못하도록 하는 방법	ⓐ 압력방폭구조 ⓑ 유입방폭구조
	ⓑ 전기설비 내부에서 발생한 폭발이 설비 주변에 존재하는 가연성 물질로 파급되지 않도록 실질적으로 격리하는 방법	내압방폭구조
전기설비의 안전도 증강	정상상태에서 점화원으로 되는 전기불꽃의 발생부 및 고온부가 존재하지 않는 전기설비에 대하여 특히 안전도를 증가시켜 고장이 발생할 확률을 0에 가깝게 하는 방법	안전증방폭구조
점화능력의 본질적 억제	약전류회로의 전기설비와 같이 정상 상태 뿐만 아니라 사고시에도 발생하는 전기불꽃 고온부가 최소착화에너지 이하의 값으로 되어 가연물에 착화할 위험이 없는 것으로 충분히 확인된 것은 본질적으로 점화능력이 억제된 것으로 볼 수 있다.	본질안전방폭구조

16 폭발등급

1. 폭발등급의 개요

표준용기에 의해 외부가스가 폭발하지 않는 값인 화염일주 한계(화염이 소멸하는 한계, 최대안전틈새 ; MESG)값에 따라 폭발성 가스를 분류하여 등급을 정한 것을 폭발 등급이라고 함

화염일주한계[최대안전틈새(MESG ; Maximum Experimental Safe Gap)]
폭발성 분위기 내에 방치된 표준용기의 접합면 틈새를 통하여 폭발화염이 내부에서 외부로 전파되는 것을 저지(최소점화에너지 이하)할 수 있는 틈새의 최대간격치이며 폭발성 가스의 종류에 따라 다르다.

2. 폭발등급 측정에 사용되는 표준용기

내용적이 8ℓ, 틈새의 안길이 L이 25mm인 용기로서 틈이 폭 W[mm]를 변환시켜서 화염일주 한계를 측정하도록 한 것

3. 발화도

발화도는 폭발성 가스의 발화점에 따라 분류

KSC		IEC	
발화도	발화점의 범위(℃)	Class	최대표면온도(℃)
G_1	450 초과	T_1	300 초과 450 이하
G_2	300 초과 450 이하	T_2	200 초과 300 이하
G_3	200 초과 300 이하	T_3	135 초과 200 이하
G_4	135 초과 200 이하	T_4	100 초과 135 이하
G_5	100 초과 135 이하	T_5	85 초과 100 이하
		T_6	85 이하

17 위험장소

위험분위기가 존재하는 시간과 빈도에 따라 구분

1. 가스폭발 위험장소

폭발위험이 있는 장소의 설정 및 관리(안전보건규칙 제230조)
① 사업주는 다음 각 호의 장소에 대하여 폭발위험장소의 구분도(區分圖)를 작성하는 경우에 한국산업표준으로 정하는 기준에 따라 가스폭발위험장소 또는 분진폭발위험장소로 설정하여 관리해야 한다. 1. 인화성 액체의 증기 또는 인화성 가스 등을 제조·취급 또는 사용하는 장소 2. 인화성 고체를 제조·사용하는 장소 ② 사업주는 제1항에 따른 폭발위험장소의 구분도를 작성·관리하여야 한다.

폭발위험장소 분류	적요	예(장소)
0종 장소	**인화성 액체의 증기 또는 가연성 가스에 의한 폭발위험이 지속적으로 또는 장기간 존재하는 장소**	**용기·장치·배관 등의 내부 등**
1종 장소	**정상 작동상태에서 인화성 액체의 증기 또는 가연성 가스에 의한 폭발위험분위기가 존재하기 쉬운 장소**	**맨홀·벤트·피트 등의 주위 등**
2종 장소	**정상작동상태에서 인화성 액체의 증기 또는 가연성가스에 의한 폭발위험분위기가 존재할 우려가 없으나, 존재할 경우 그 빈도가 아주 적고 단기간만 존재할 수 있는 장소**	**개스킷·패킹 등의 주위**

2. 분진폭발 위험장소

분진위험장소란 공장 기타의 사업장에서 폭발을 일으킬 수 있는 충분한 양의 분진이 공기 중에 부유하여 위험분위기가 생성될 우려가 있거나 분진이 퇴적되어 있어 부유할 우려가 있는 장소

폭발위험장소	적요
20종 장소	분진운 형태의 가연성 분진이 폭발농도를 형성할 정도로 충분한 양이 정상작동 중에 연속적으로 또는 자주 존재하거나, 제어할 수 없을 정도의 양 및 두께의 분진층이 형성될 수 있는 장소
21종 장소	20종 장소 외의 장소로서 분진운 형태의 가연성 분진이 폭발농도를 형성할 정도의 충분한 양이 정상작동 중에 존재할 수 있는 장소
22종 장소	20종 장소 외의 장소로서 가연성 분진운 형태가 드물게 발생 또는 단기간 존재할 우려가 있거나 이상작동 상태하에서 가연성 분진층이 형성될 수 있는 장소

18 방폭구조의 기호

1. 방폭구조의 종류에 따른 기호

방폭구조(Ex)의 종류		기호
폭발성 가스 또는 증기	**내압방폭**	d
	압력방폭	p
	유입방폭	o
	안전증방폭	e
	본질안전방폭	ia **또는** ib
	특수방폭	s
분진	특수방진 방폭구조	SDP
	보통방진 방폭구조	DP
	분진특수 방폭구조	XDP

Key Point

방폭구조의 종류와 그 기호의 예를 쓰시오.

2. 방폭구조의 표시방법(예 : Ex d ⅡA T4 IP54)

Ex	d ①	ⅡA ②	T4 ③	IP54 ④

① : 방폭구조 기호

② : 가스・증기 및 분진의 그룹

③ : 온도등급

④ : 보호등급(IP등급)

1) 방폭구조 기호

방폭구조(Ex)의 종류		기호
폭발성 가스 또는 증기	**내압방폭**	d
	압력방폭	p
	유입방폭	o
	안전증방폭	e
	본질안전방폭	ia 또는 ib
	특수방폭	s
분진	특수방진 방폭구조	SDP
	보통방진 방폭구조	DP
	분진특수 방폭구조	XDP

2) 가스 · 증기 및 분진의 그룹

분류		기호
산업용(Ⅱ)	**폭발성 가스 또는 증기**	A B C
	분진	11
		12
		13

3) 온도등급

Class	최대표면온도(℃)
T_1	300 초과 450 이하
T_2	200 초과 300 이하
T_3	135 초과 200 이하
T4	**100 초과 135 이하**
T_5	85 초과 100 이하
T_6	85 이하

4) 보호등급(IP등급)

IP등급이란 보호등급을 의미하는데 두자리 코드로 되어 있으며(예 IP54), 각각 자리수에는 의미가 있으며 숫자가 높을 수록 안전함을 의미한다.

보호등급		기호
방진등급 (첫째 자리수)	보호되지 않음	0
	사람의 손(ϕ50) 등이 내부에 들어가면 안됨	1
	손가락 끝(ϕ12) 등이 내부에 들어가면 안됨	2
	직경 또는 두께 2.5mm를 넘는 공구, 와이어 등의 고형물체가 들어가면 안됨	3
	직경 또는 두께 1.0mm를 넘는 공구, 와이어 등의 고형물체가 들어가면 안됨	4
	방진형 동작에 영향을 주는 분진이 내부에 들어가면 안됨	5
	방진형 분진이 내부에 들어가면 안됨	6
방수등급 (둘째 자리수)	보호되지 않음	0
	방적Ⅰ형 수직으로 떨어지는 물방울로 인한 유해한 영향이 없음	1
	방적Ⅱ형 수직으로부터 15°의 범위에서 떨어지는 물방울로 인한 유해한 영향이 없음	2
	방우형 수직으로부터 60°의 범위에서 떨어지는 물방울로 인한 유해한 영향이 없음	3
	방말형 방향에 관계없이 튀는 물로 인한 유해한 영향이 없음	4
	방분류형 방향에 관계없이 물이 직접 분류해도 내부에 물이 들어가지 않음	5
	내수형 방향에 관계없이 물이 직접 분류해도 내부에 물이 들어가지 않음	6
	방침형 정해진 조건하에서 물속에 잠겨 있어도 내부에 물이 들어가지 않음	7
	수중형 지정된 압력하에서 물속에 항상 잠겨 있어도 사용 가능함	8

19 방폭구조의 종류

1. 폭발성 가스 또는 증기에 대한 방폭구조

방폭구조(Ex) 종류	구조의 원리
내압방폭(d)	전폐구조로 용기내부에서 폭발성 가스 및 증기가 폭발하였을 때 용기가 그 압력에 견디며 또한 접합면, 개구부 등을 통해서 외부의 폭발성 가스에 인화될 우려가 없는 구조(점화원 격리)
압력방폭(p)	용기내부에 보호기체(신선한 공기 또는 불연성 기체)를 압입하여 내부압력을 유지함으로써 폭발성 가스 또는 증기가 침입하는 것을 방지하는 구조(점화원 격리)
유입방폭(o)	전기기기의 불꽃, 아크 또는 고온이 발생하는 부분을 기름속에 넣어 기름면 위에 존재하는 폭발성 가스 또는 증기에 인화될 우려가 없도록 한 구조(점화원 격리)
안전증방폭(e)	정상운전 중에 폭발성 가스 또는 증기에 점화원이 될 전기불꽃, 아크 또는 고온이 되어서는 안될 부분에 이런 것의 발생을 방지하기 위하여 기계적, 전기적 구조상 또는 온도상승에 대해서 특히 안전도를 증가시킨 구조
본질안전방폭 (ia **또는** ib)	정상시 및 사고시(단선, 단락, 지락 등)에 발생하는 전기불꽃, 아크 또는 고온에 의하여 폭발성 가스 또는 증기에 점화되지 않는 것이 점화시험, 기타에 의하여 확인된 구조
특수방폭(s)	상기 이외의 방폭구조로서 폭발성 가스 또는 증기에 점화 또는 위험분위기로 인화를 방지할 수 있는 것이 시험, 기타에 의하여 확인된 구조

Key Point

전기기계 · 기구설비에 설치하는 방폭구조의 종류 6가지를 쓰시오.

2. 분진에 대한 방폭구조

방폭구조(Ex) 종류	구조의 원리
특수방진 방폭구조 (SDP)	전폐구조로 접합면 깊이를 일정치 이상으로 하든가 접합면에 일정치 이상의 깊이를 갖는 패킹을 사용하여 분진이 용기 내에 침입하지 않도록 한 구조
보통방진 방폭구조 (DP)	전폐구조로 접합면 깊이를 일정치 이상으로 하든가 접합면에 패킹을 사용하여 분진이 침입하기 어렵게 한 구조
분진특수 방폭구조 (XDP)	SDP 및 DP 이외의 구조로 분진방폭성능이 있는 것이 시험, 기타 방법에 의하여 확인된 구조

3. 방폭구조의 선정

폭발위험장소에서 사용하는 전기기계 · 기구의 선정(안전보건규칙 제311조)
① 사업주는 제230조제1항에 따른 가스폭발 위험장소 또는 분진폭발 위험장소에서 전기기계 · 기구를 사용하는 경우에 한국산업표준에서 정하는 기준으로 그 증기 · 가스 또는 분진에 대하여 적합한 방폭성능을 가진 방폭구조 전기기계 · 기구를 선정하여 사용하여야 한다. ② 사업주는 제1항의 방폭구조 전기기계 · 기구에 대하여 그 성능이 항상 정상적으로 작동될 수 있는 상태로 유지 · 관리되도록 하여야 한다.

1) 가스폭발 위험장소

폭발위험장소 분류	방폭구조의 전기기계 · 기구
0종 장소	① 본질안전방폭구조(ia) ② 그 밖에 관련 공인 인증기관이 0종장소에서 사용이 가능한 방폭구조로 인증한 방폭구조
1종 장소	① 내압방폭구조(d) ② 압력방폭구조(p) ③ 충전방폭구조(q) ④ 유입방폭구조(o) ⑤ 안전증방폭구조(e) ⑥ 본질안전방폭구조(ia, ib) ⑦ 몰드방폭구조(m) ⑧ 그 밖에 관련 공인 인증기관이 1종장소에서 사용이 가능한 방폭구조로 인증한 방폭구조
2종 장소	① 0종장소 및 1종장소에 사용 가능한 방폭구조 ② 비점화방폭구조(n) ③ 그 밖에 2종장소에서 사용하도록 특별히 고안된 비방폭형 구조

Key Point

위험장소를 구분하고 그에 따른 방폭구조를 쓰시오.

2) 분진폭발 위험장소

폭발위험장소 분류	방폭구조의 전기기계 · 기구
20종 장소	① 밀폐방진방폭구조(DIP A20 또는 B20) ② 그 밖에 관련 공인 인증기관이 20종장소에서 사용이 가능한 방폭구조로 인증한 방폭구조
21종 장소	① 밀폐방진방폭구조(DIP A20 또는 A21, DIP B20 또는 B21) ② 밀폐방진방폭구조(SDP) ③ 그 밖에 관련 공인 인증기관이 21종장소에서 사용이 가능한 방폭구조로 인증한 방폭구조
22종 장소	① 20종장소 및 21종장소에 사용 가능한 방폭구조 ② 일반방진방폭구조(DIP A22 또는 B22) ③ 그 밖에 22종장소에서 사용하도록 특별히 고안된 비방폭형 구조

기출문제풀이

2000년 6월 25일

2. 전기공사시 위험한 전로를 정전시키고 작업을 할 때, 작업 종료시 조치해야 할 사항 4가지를 쓰시오.

해답

정전전로에서의 전기작업(안전보건규칙 제319조)

③ 사업주는 제1항 각 호 외의 부분 본문에 따른 작업 중 또는 작업을 마친 후 전원을 공급하는 경우에는 작업에 종사하는 근로자 또는 그 인근에서 작업하거나 정전된 전기기기등(고정 설치된 것으로 한정한다)과 접촉할 우려가 있는 근로자에게 감전의 위험이 없도록 다음 각 호의 사항을 준수하여야 한다.

1. 작업기구, 단락 접지기구 등을 제거하고 전기기기등이 안전하게 통전될 수 있는지를 확인할 것
2. 모든 작업자가 작업이 완료된 전기기기등에서 떨어져 있는지를 확인할 것
3. 잠금장치와 꼬리표는 설치한 근로자가 직접 철거할 것
4. 모든 이상 유무를 확인한 후 전기기기등의 전원을 투입할 것

11. 인체에 흐르는 전류의 크기가 증가하게 되면 전류가 심장부위로 흐르게 되어 때로는 사망에 이르게 된다. 인체에 1초간의 전류가 흘렀을 때의 심실세동 전류를 구하시오.

해답 $I=\dfrac{165}{\sqrt{T}}[\text{mA}]=165\text{mA}$

I : 심실세동전류(mA), T : 통전시간(s)

2000년 11월 12일

10. 다음은 전기에 관련된 사항이다. ( )를 채우시오.

(1) 피뢰기 설치시 접지 저항은 ( )Ω 이하
(2) 저압용 포장 퓨즈는 정격 전류의 ( )배를 견딜 것
(3) 고압용 포장 퓨즈는 정격 전류의 ( )배를 견딜 것
(4) 고압용 비포장 퓨즈는 정격 전류의 ( )배를 견딜 것

해답 (1) 10, (2) 1.1, (3) 1.3, (4) 1.25

1) 피뢰기의 접지저항 : 제1종 접지공사, 접지저항 10Ω 이하
2) 저압용 Fuse
   ① 정격전류의 1.1배의 전류에 견딜 것
   ② 정격전류의 1.6배 및 2배의 전류를 통한 경우
3) 고압용 Fuse
   ① 포장퓨즈 : 정격전류의 1.3배에 견디고, 2배의 전류에 120분 안에 용단
   ② 비포장퓨즈 : 정격전류의 1.25배에 견디고, 2배의 전류에 2분 안에 용단

11. 전기재해의 1차적 원인을 4가지 쓰시오.

해답 1차적 감전요소

① 통전전류의 크기
② 통전경로
③ 통전시간
④ 전원의 종류

2001년 4월 22일

3. 고압 및 특고압의 접지시 감전의 위험이 없도록 설치하는 비접지식 전로의 채용방법 2가지를 쓰시오.

해답 비접지식 전로의 채용
① 절연변압기 사용
② 혼촉방지판 부착 변압기 사용

2001년 7월 15일

7. 고압활선작업 및 활선근접작업시 안전작업이 수행되기 위한 조치사항에 대해 쓰시오.

해답

충전전로에서의 전기작업(안전보건규칙 제321조)

① 사업주는 근로자가 충전전로를 취급하거나 그 인근에서 작업하는 경우에는 다음 각 호의 조치를 하여야 한다.

1. 충전전로를 정전시키는 경우에는 제319조에 따른 조치를 할 것
2. 충전전로를 방호, 차폐하거나 절연 등의 조치를 하는 경우에는 근로자의 신체가 전로와 직접 접촉하거나 도전재료, 공구 또는 기기를 통하여 간접 접촉되지 않도록 할 것
3. 충전전로를 취급하는 근로자에게 그 작업에 적합한 절연용 보호구를 착용시킬 것
4. 충전전로에 근접한 장소에서 전기작업을 하는 경우에는 해당 전압에 적합한 절연용 방호구를 설치할 것. 다만, 저압인 경우에는 해당 전기작업자가 절연용 보호구를 착용하되, 충전전로에 접촉할 우려가 없는 경우에는 절연용 방호구를 설치하지 아니할 수 있다.
5. 고압 및 특별고압의 전로에서 전기작업을 하는 근로자에게 활선작업용 기구 및 장치를 사용하도록 할 것
6. 근로자가 절연용 방호구의 설치 · 해체작업을 하는 경우에는 절연용 보호구를 착용하거나 활선작업용 기구 및 장치를 사용하도록 할 것
7. 유자격자가 아닌 근로자가 충전전로 인근의 높은 곳에서 작업할 때에 근로자의 몸 또는 긴 도전성 물체가 방호되지 않은 충전전로에서 대지전압이 50킬로볼트 이하인 경우에는 300센티미터 이내로, 대지전압이 50킬로볼트를 넘는 경우에는 10킬로볼트당 10센티미터씩 더한 거리 이내로 각각 접근할 수 없도록 할 것

충전전로에서의 전기작업(안전보건규칙 제321조)

8. 유자격자가 충전전로 인근에서 작업하는 경우에는 다음 각 목의 경우를 제외하고는 노출 충전부에 다음 표에 제시된 접근한계거리 이내로 접근하거나 절연 손잡이가 없는 도전체에 접근할 수 없도록 할 것
   가. 근로자가 노출 충전부로부터 절연된 경우 또는 해당 전압에 적합한 절연장갑을 착용한 경우
   나. 노출 충전부가 다른 전위를 갖는 도전체 또는 근로자와 절연된 경우
   다. 근로자가 다른 전위를 갖는 모든 도전체로부터 절연된 경우

충전전로의 선간전압 (단위 : 킬로볼트)	충전전로에 대한 접근 한계거리 (단위 : 센티미터)
0.3 이하	접촉금지
0.3 초과 0.75 이하	30
0.75 초과 2 이하	45
2 초과 15 이하	60
15 초과 37 이하	90
37 초과 88 이하	110
88 초과 121 이하	130
121 초과 145 이하	150
145 초과 169 이하	170
169 초과 242 이하	230
242 초과 362 이하	380
362 초과 550 이하	550
550 초과 800 이하	790

② 사업주는 절연이 되지 않은 충전부나 그 인근에 근로자가 접근하는 것을 막거나 제한할 필요가 있는 경우에는 울타리를 설치하고 근로자가 쉽게 알아볼 수 있도록 하여야 한다. 다만, 전기와 접촉할 위험이 있는 경우에는 도전성이 있는 금속제 방책을 사용하거나, 제1항의 표에 정한 접근 한계거리 이내에 설치해서는 아니 된다.

③ 사업주는 제2항의 조치가 곤란한 경우에는 근로자를 감전위험에서 보호하기 위하여 사전에 위험을 경고하는 감시인을 배치하여야 한다.

10. 전기설비의 원인으로 발생하는 폭발현상 3가지의 기본조건을 쓰시오.

해답 폭발의 기본조건

① 가연성 가스 또는 증기의 존재
② 폭발위험 분위기의 조성(가연성 물질+지연성 물질)
③ 최소 착화에너지 이상의 점화원 존재

2002년 4월 20일

1. 고압 특고압용 기기의 철제 및 금속제에 접지를 실시할 때의 접지공사의 종류, 접지저항치, 접지선굵기를 쓰시오.

해답 ('21년 개정) 접지대상에 따라 일괄 적용한 종별접지(1종, 2종, 3종, 특3종) 폐지

[참고자료]

접지대상	개정 전 접지방식	KEC 접지방식
(특)고압설비	1종 : 접지저항 10Ω	• 계통접지 : TN, TT, IT 계통 • 보호접지 : 등전위본딩 등 • 피뢰시스템접지
600V 이하 설비	특3종 : 접지저항 10Ω	
400V 이하 설비	3종 : 접지저항 100Ω	
변압기	2종 : (계산요함)	"변압기 중성점 접지"로 명칭 변경
접지대상	**개정 전 접지도체 최소단면적**	**KEC 접지/보호도체 최소단면적**
(특)고압설비	1종 : 6.0mm² 이상	상도체 단면적 S(mm²)에 따라 선정* • $S \leq 16$: S • $16 < S \leq 35$: 16 • $35 < S$: S/2 또는 차단시간 5초 이하의 경우 • $S = \sqrt{I^2 t}/k$
600V 이하 설비	특3종 : 2.5mm² 이상	
400V 이하 설비	3종 : 2.5mm² 이상	
변압기	2종 : 16.0mm² 이상	

*접지도체와 상도체의 재질이 같은 경우로서, 다른 경우에는 재질 보정계수(k_1/k_2)를 곱함

3. 전압에 따른 전원의 종류를 구분하라.

해답 전압의 구분('21년 개정)

전압구분	개정 전 기술기준	KEC
저압	교류 : 600V 이하 직류 : 750V 이하	교류 : 1,000V 이하 직류 : 1,500V 이하
고압	교류 : 600V 초과 7kV 미만 직류 : 750V 초과 7kV 미만	교류 : 1,000V 초과 7kV 미만 직류 : 1,500V 초과 7kV 미만
특고압	7kV 초과	7kV 초과

2002년 7월 7일

5. 다음 중 누전에 의한 감전사고 방지 대책을 3가지 쓰시오.

해답 간접접촉(누전)에 의한 감전방지대책
① 안전전압(산업안전보건법에서 30[V]로 규정)이하 전원의 기기 사용
② 보호접지
③ 누전차단기의 설치
④ 이중절연기기의 사용
⑤ 비접지식 전로의 채용

6. 심실세동전류를 구하는 관계식과 저항치가 500[Ω]이고, 1초의 시간이 있을 때 답을 구하시오.

해답

심실세동전류와 통전시간	위험한계에너지(심실세동을 일으키는 위험한 전기에너지)
$I=\frac{165}{\sqrt{T}}$[mA]($\frac{1}{120}$~5초) - 여기서 전류 I는 1,000명 중 5명 정도가 심실세동을 일으키는 값	인체의 전기저항 R을 500[Ω]으로 보면 $W=I^2RT=\left(\frac{165}{\sqrt{T}}\times 10^{-3}\right)^2\times 500T$ $=(165^2\times 10^{-6})\times 500$ $=13.6[\text{W}-\text{sec}]=13.6[J]$ $=13.6\times 0.24[\text{cal}]=3.3[\text{cal}]$ - 즉, 13.6[W]의 전력이 1sec간 공급되는 아주 미약한 전기에너지이지만 인체에 직접 가해지면 생명을 위협할 정도로 위험한 상태가 됨

11. 전기재해 예방을 위하여 일정한 거리의 이격거리를 두어야 한다. 저압, 고압, 특별고압의 이격거리를 쓰시오.

해답 근접작업시의 이격거리

전로의 전압		이격거리[m]
저압	교류 : 1,000V 이하 직류 : 1,500V 이하	1
고압	교류 1,000V 초과 7kV 이하 직류 1,500V 초과 7kV 이하	1.2
특별고압	7kV 초과	2.0 (60[kV] 이상에서는 10[kV] 단수마다 0.2[m]씩 증가)

2002년 9월 29일

1. 고압 및 특별 고압용 기기의 철대 및 금속제 외함의 접지 시 접지 저항치는 얼마인가?

해답 ('21년 개정) 접지대상에 따라 일괄 적용한 종별접지(1종, 2종, 3종, 특3종) 폐지

[참고자료]

접지대상	개정 전 접지방식	KEC 접지방식
(특)고압설비	1종 : 접지저항 10Ω	• 계통접지 : TN, TT, IT 계통 • 보호접지 : 등전위본딩 등 • 피뢰시스템접지
600V 이하 설비	특3종 : 접지저항 10Ω	
400V 이하 설비	3종 : 접지저항 100Ω	
변압기	2종 : (계산요함)	"변압기 중성점 접지"로 명칭 변경
접지대상	**개정 전 접지도체 최소단면적**	**KEC 접지/보호도체 최소단면적**
(특)고압설비	1종 : 6.0mm² 이상	상도체 단면적 S(mm²)에 따라 선정* • S≤16 : S • 16<S≤35 : 16 • 35<S : S/2 또는 차단시간 5초 이하의 경우 • $S=\sqrt{I^2t}/k$
600V 이하 설비	특3종 : 2.5mm² 이상	
400V 이하 설비	3종 : 2.5mm² 이상	
변압기	2종 : 16.0mm² 이상	

*접지도체와 상도체의 재질이 같은 경우로서, 다른 경우에는 재질 보정계수(k_1/k_2)를 곱함

3. 전압에 따른 전원의 종류를 저압, 고압, 특별 고압으로 구분하시오.

해답 전압의 구분('21년 개정)

전압구분	개정 전 기술기준	KEC
저압	교류 : 600V 이하 직류 : 750V 이하	교류 : 1,000V 이하 직류 : 1,500V 이하
고압	교류 : 600V 초과 7kV 미만 직류 : 750V 초과 7kV 미만	교류 : 1,000V 초과 7kV 미만 직류 : 1,500V 초과 7kV 미만
특고압	7kV 초과	7kV 초과

2003년 4월 27일

1. 분체류와 같은 입자 상호 간, 입자와 고체 간의 충돌에 대해 빠른 접촉·분리에 의해 정전기가 발생하는 현상을 무엇이라 하는가?

해답 충돌대전
분체류와 같은 입자상호 간이나 입자와 고체와의 충돌에 의해 빠른 접촉, 분리가 행하여짐으로써 정전기 발생

2. 전기기계, 기구설비에 설치하는 방폭구조의 종류 6가지를 쓰시오.

해답 방폭구조의 종류

방폭구조(Ex) 종류	구조의 원리
내압방폭(d)	전폐구조로 용기내부에서 폭발성 가스 및 증기가 폭발하였을 때 용기가 그 압력에 견디며 또한 접합면, 개구부 등을 통해서 외부의 폭발성 가스에 인화될 우려가 없는 구조(점화원 격리)
압력방폭(p)	용기내부에 보호기체(신선한 공기 또는 불연성 기체)를 압입하여 내부압력을 유지함으로써 폭발성 가스 또는 증기가 침입하는 것을 방지하는 구조(점화원 격리)
유입방폭(o)	전기기기의 불꽃, 아크 또는 고온이 발생하는 부분을 기름속에 넣어 기름면 위에 존재하는 폭발성 가스 또는 증기에 인화될 우려가 없도록 한 구조(점화원 격리)
안전증방폭(e)	정상운전 중에 폭발성 가스 또는 증기에 점화원이 될 전기불꽃, 아크 또는 고온이 되어서는 안될 부분에 이런 것의 발생을 방지하기 위하여 기계적, 전기적 구조상 또는 온도상승에 대해서 특히 안전도를 증가시킨 구조

본질안전방폭 (ia 또는 ib)	정상시 및 사고시(단선, 단락, 지락 등)에 발생하는 전기불꽃, 아크 또는 고온에 의하여 폭발성 가스 또는 증기에 점화되지 않는 것이 점화시험, 기타에 의하여 확인된 구조
특수방폭(s)	상기 이외의 방폭구조로서 폭발성 가스 또는 증기에 점화 또는 위험분위기로 인화를 방지할 수 있는 것이 시험, 기타에 의하여 확인된 구조

2003년 7월 13일

5. 충전전로의 사용전압이 다음과 같을 때 활선작업자가 유지해야 할 충전부분과의 접근한계거리를 쓰시오.

22~33kV	
66~77kV	
154~184kV	
220kV 초과	

해답

충전전로에서의 전기작업(안전보건규칙 제321조)

8. 유자격자가 충전전로 인근에서 작업하는 경우에는 다음 각 목의 경우를 제외하고는 노출 충전부에 다음 표에 제시된 접근한계거리 이내로 접근하거나 절연 손잡이가 없는 도전체에 접근할 수 없도록 할 것
   가. 근로자가 노출 충전부로부터 절연된 경우 또는 해당 전압에 적합한 절연장갑을 착용한 경우
   나. 노출 충전부가 다른 전위를 갖는 도전체 또는 근로자와 절연이 된 경우
   다. 근로자가 다른 전위를 갖는 모든 도전체로부터 절연이 된 경우

충전전로의 선간전압 (단위 : 킬로볼트)	충전전로에 대한 접근 한계거리 (단위 : 센티미터)
0.3 이하	접촉금지
0.3 초과 0.75 이하	30
0.75 초과 2 이하	45
2 초과 15 이하	60
15 초과 37 이하	90
37 초과 88 이하	110
88 초과 121 이하	130
121 초과 145 이하	150
145 초과 169 이하	170
169 초과 242 이하	230
242 초과 362 이하	380
362 초과 550 이하	550
550 초과 800 이하	790

2003년 10월 5일

1. 자동 전격방지장치가 부착된 용접기를 설치할 수 있는 장소의 조건 4가지를 쓰시오.

해답 전격방지장치의 사용조건
① 주위온도가 -20℃ 이상 45℃를 넘지 않는 상태
② 선상 또는 해안과 같은 염분을 포함한 공기 중의 상태
③ 연직 또는 수평에 대해서 전격방지장치의 부착편의 경사가 20°를 넘지 않은 상태
④ 먼지가 많은 장소
⑤ 유해한 부식성 가스가 존재하는 장소
⑥ 습기가 많은 장소
⑦ 기름의 증발이 많은 장소
⑧ 표고 1,000m를 초과하지 않는 장소
⑨ 이상한 진동 또는 충격을 받지 않는 상태
⑩ 슬로다운 장치를 가지는 엔진구동 교류 아크 용접기로 슬로다운 동작을 하지 않은 상태

2004년 4월 25일

11. 다음은 전기에 관련된 사항이다. (   )를 채우시오.

피뢰기의 접지저항은 (①)이다.
저압퓨즈는 정격전류의 (②)에 견디고, 고압퓨즈는 (③)에 견디어야 한다.
전격시의 위험도를 결정하는 요인은 통전시간, 전원의 종류, (④), (⑤)이다.

해답 ① 10Ω 이하, ② 1.1배, ③ 1.3배, ④ 통전전류의 크기, ⑤ 통전경로
1) 피뢰기의 접지저항: 일반적으로 접지저항 10[Ω] 이하
2) 저압용 Fuse
① 정격전류의 1.1배의 전류에 견딜 것
② 정격전류의 1.6배 및 2배의 전류를 통한 경우
3) 고압용 Fuse
① 포장퓨즈 : 정격전류의 1.3배에 견디고, 2배의 전류에 120분 안에 용단
② 비포장퓨즈 : 정격전류의 1.25배에 견디고, 2배의 전류에 2분 안에 용단
4) 전격의 위험을 결정하는 주된 인자
① 통전전류의 크기(가장 근본적인 원인이며 감전피해의 위험도에 가장 큰 영향을 미침)
② 통전시간
③ 통전경로
④ 전원의 종류(교류 또는 직류)

2004년 7월 4일

2. 전격위험요인을 결정하는 1차적 요인 4가지를 쓰시오.

해답 1차적 감전요소
① 통전전류의 크기 ② 통전경로 ③ 통전시간 ④ 전원의 종류

5. 제1종 접지공사의 기기의 종류 2가지와 접지저항, 접지선의 굵기를 쓰시오.

해답 ('21년 개정) 접지대상에 따라 일괄 적용한 종별접지(1종, 2종, 3종, 특3종) 폐지

[참고자료]

접지대상	개정 전 접지방식	KEC 접지방식
(특)고압설비	1종 : 접지저항 10Ω	• 계통접지 : TN, TT, IT 계통 • 보호접지 : 등전위본딩 등 • 피뢰시스템접지
600V 이하 설비	특3종 : 접지저항 10Ω	
400V 이하 설비	3종 : 접지저항 100Ω	
변압기	2종 : (계산요함)	"변압기 중성점 접지"로 명칭 변경

접지대상	개정 전 접지도체 최소단면적	KEC 접지/보호도체 최소단면적
(특)고압설비	1종 : 6.0mm² 이상	상도체 단면적 S(mm²)에 따라 선정* • $S \leq 16$: S • $16 < S \leq 35$: 16 • $35 < S$: S/2 또는 차단시간 5초 이하의 경우 • $S = \sqrt{I^2 t} / k$
600V 이하 설비	특3종 : 2.5mm² 이상	
400V 이하 설비	3종 : 2.5mm² 이상	
변압기	2종 : 16.0mm² 이상	

*접지도체와 상도체의 재질이 같은 경우로서, 다른 경우에는 재질 보정계수(k_1/k_2)를 곱함

2004년 9월 19일

1. 크레인을 이용해 고압전선로 부근에서 혼자 작업하다 고압전선로에 접촉되어 감전으로 사망하였다. 사고원인과 대책을 쓰시오.

해답

충전전로 인근에서의 차량 · 기계장치 작업(안전보건규칙 제322조)

① 사업주는 충전전로 인근에서 차량, 기계장치 등(이하 이 조에서 "차량등"이라 한다)의 작업이 있는 경우에는 차량등을 충전전로의 충전부로부터 300센티미터 이상 이격시켜 유지시키되, 대지전압이 50킬로볼트를 넘는 경우 이격시켜 유지하여야 하는 거리(이하 이 조에서 "이격거리"라 한다)는 10킬로볼트 증가할 때마다 10센티미터씩 증가시켜야 한다. 다만, 차량등의 높이를 낮춘 상태에서 이동하는 경우에는 이격거리를 120센티미터 이상(대지전압이 50킬로볼트를 넘는 경우에는 10킬로볼트 증가할 때마다 이격거리를 10센티미터씩 증가)으로 할 수 있다.
② 제1항에도 불구하고 충전전로의 전압에 적합한 절연용 방호구 등을 설치한 경우에는 이격거리를 절연용 방호구 앞면까지로 할 수 있으며, 차량등의 가공 붐대의 버킷이나 끝부분 등이 충전전로의 전압에 적합하게 절연되어 있고 유자격자가 작업을 수행하는 경우에는 붐대의 절연되지 않은 부분과 충전전로 간의 이격거리는 제321조제1항제8호의 표에 따른 접근 한계거리까지로 할 수 있다.
③ 사업주는 다음 각 호의 경우를 제외하고는 근로자가 차량등의 그 어느 부분과도 접촉하지 않도록 울타리를 설치하거나 감시인 배치 등의 조치를 하여야 한다.
1. 근로자가 해당 전압에 적합한 제323조제1항의 절연용 보호구등을 착용하거나 사용하는 경우
2. 차량등의 절연되지 않은 부분이 제321조제1항의 표에 따른 접근 한계거리 이내로 접근하지 않도록 하는 경우

④ 사업주는 충전전로 인근에서 접지된 차량등이 충전전로와 접촉할 우려가 있을 경우에는 지상의 근로자가 접지점에 접촉하지 않도록 조치하여야 한다.

4. 빈칸을 채우시오.

감전전류(mA)	1	5	10	20	30	100
인체에 미치는 영향						

해답

감전전류(mA)	1	5	10	20	30	100
인체에 미치는 영향	약간 느낄 정도	경련을 일으킨다.	불편해진다.(통증)	격렬한 경련을 일으킨다.(근육수축, 행동불능)	위험상태	심실세동으로 사망위험

2005년 4월 30일

1. 전격위험의 주된 원인 4가지를 쓰시오.

해답 전격의 위험을 결정하는 주된 인자

① 통전전류의 크기(가장 근본적인 원인이며 감전피해의 위험도에 가장 큰 영향을 미침)
② 통전시간
③ 통전경로
④ 전원의 종류(교류 또는 직류)
⑤ 주파수 및 파형
⑥ 전격인가위상(심장 맥동주기의 어느 위상(T파에서 가장 위험)에서의 통전 여부)
⑦ 기타 간접적으로는 인체저항과 전압의 크기 등이 관계함

5. 고압활선 근접작업 중 충전전로에 접촉하거나 해당 충전전로에 대하여 머리 위와 발아래의 거리는 얼마인가?

해답

충전전로에서의 전기작업(안전보건규칙 제321조)
7. 유자격자가 아닌 근로자가 충전전로 인근의 높은 곳에서 작업할 때에 근로자의 몸 또는 긴 도전성 물체가 방호되지 않은 충전전로에서 대지전압이 50킬로볼트 이하인 경우에는 300센티미터 이내로, 대지전압이 50킬로볼트를 넘는 경우에는 10킬로볼트당 10센티미터씩 더한 거리 이내로 각각 접근할 수 없도록 할 것

2005년 7월 10일

3. 저압 전기기기의 누전으로 인한 감전재해 방지대책 3가지를 쓰시오.

해답 간접접촉(누전)에 의한 감전방지대책

① 안전전압(산업안전보건법에서 30[V]로 규정)이하 전원의 기기 사용
② 보호접지
③ 누전차단기의 설치
④ 이중절연기기의 사용
⑤ 비접지식 전로의 채용

6. 감전의 위험을 결정하는 1차 요소 4가지를 쓰시오.

해답 1차적 감전요소
① 통전전류의 크기
② 통전경로
③ 통전시간
④ 전원의 종류

2005년 9월 25일

8. 누전에 의한 감전위험방지를 위해 방지용 누전차단기를 접속하는 장소 3가지를 쓰시오.

해답 누전차단기 적용범위
1) 대지전압이 150볼트를 초과하는 이동형 또는 휴대형 전기기계 · 기구
2) 물 등 도전성이 높은 액체에 의한 습윤장소에서 사용하는 저압용 전기기계 · 기구
3) 철판 · 철골 위 등 도전성이 높은 장소에서 사용하는 이동형 또는 휴대형 전기기계 · 기구
4) 임시배선의 전로가 설치되는 장소에서 사용하는 이동형 또는 휴대형 전기기계 · 기구

9. 전로전압에 대한 이격거리이다. 빈칸을 채우시오.

전로의 전압		이격거리[m]
저압	교류 : 1,000V 이하 직류 : 1,500V 이하	
고압	교류 : 1,000V 초과 7kV 이하 직류 : 1,500V 초과 7kV 이하	
특별고압	7kV 초과	

해답 근접작업시의 이격거리

전로의 전압		이격거리[m]
저압	교류 : 1,000V 이하 직류 : 1,500V 이하	1
고압	교류 : 1,000V 초과 7kV 이하 직류 : 1,500V 초과 7kV 이하	1.2
특별고압	7kV 초과	2.0 (60kV 이상에서는 10kV 단수마다 0.2m씩 증가)

2006년 7월 9일

4. 정전기 대전형태의 종류를 쓰시오.

해답 마찰대전, 분출대전, 유동대전, 박리대전, 충돌대전, 파괴대전, 교반(진동)이나 침강대전 등

2006년 9월 17일

12. 다음을 간단히 서술하시오.

1) 마비한계전류 :
2) 심실세동전류 :
3) 최소감지전류 :

해답 통전전류와 인체반응

통전전류 구분	전격의 영향	통전전류(교류) 값
최소감지전류	고통을 느끼지 않으면서 짜릿하게 전기가 흐르는 것을 감지할 수 있는 최소전류	상용주파수 60Hz에서 성인남자의 경우 1mA
고통한계전류 (가수전류, 이탈전류)	통전전류가 최소감지전류보다 커지면 어느 순간부터 고통을 느끼게 되지만 이것을 참을 수 있는 전류(인체가 자력으로 이탈 가능한 전류)	상용주파수 60Hz에서 7~8mA

마비한계전류 (불수전류, 교착전류)	통전전류가 고통한계전류보다 커지면 인체 각부의 근육이 수축현상을 일으키고 신경이 마비되어 신체를 자유로이 움직일 수 없는 전류 (인체가 자력으로 이탈 불가능한 전류)	상용주파수 60Hz에서 10~15mA
심실세동전류 (치사전류)	심근의 미세한 진동으로 혈액을 송출하는 펌프의 기능이 장애를 받는 현상을 심실세동이라 하며 이때의 전류	$I=\frac{165}{\sqrt{T}}$[mA] I : 심실세동전류(mA) T : 통전시간(s)

2007년 4월 22일

11. 전압에 따른 전원의 종류를 구분하라.

전원의 종류	저압	고압	특고압
직류			
교류			7,000V초과

해답 전압의 구분('21년 개정)

전압구분	개정 전 기술기준	KEC
저압	교류 : 600V 이하 직류 : 750V 이하	교류 : 1,000V 이하 직류 : 1,500V 이하
고압	교류 : 600V 초과 7kV 미만 직류 : 750V 초과 7kV 미만	교류 : 1,000V 초과 7kV 미만 직류 : 1,500V 초과 7kV 미만
특고압	7kV 초과	7kV 초과

2007년 10월 7일

10. 감전시 통로경로별 위험도가 큰 순서대로 나열하시오.

1) 왼손－가슴
2) 오른손－가슴
3) 왼손－등
4) 양손－발

해답 통전 경로별 위험도는
1) 1.5
2) 1.3
3) 0.7
4) 1.0
이므로
1) > 2) > 4) > 3)

통전경로

통전경로	위험도	통전경로	위험도
왼손－가슴	1.5	왼손－등	0.7
오른손－가슴	1.3	한손 또는 양손－앉아 있는 자리	0.7
왼손－한발 또는 양발	1.0	왼손－오른손	0.4
양손－양발	1.0	오른손－등	0.3
오른손－한발 또는 양발	0.8	※ 숫자가 클수록 위험도가 높아짐	

11. 자동전격방지장치 사용조건 4가지를 쓰시오.

해답 전격방지장치 사용조건
전격방지장치는 다음과 같은 경우 이상 없이 동작하도록 되어 있다.
① 주위온도가 －20℃ 이상 45℃를 넘지 않는 상태
② 선상 또는 해안과 같은 염분을 포함한 공기 중의 상태
③ 연직 또는 수평에 대해서 전격방지장치의 부착편의 경사가 20°를 넘지 않은 상태
④ 먼지가 많은 장소
⑤ 유해한 부식성 가스가 존재하는 장소
⑥ 습기가 많은 장소
⑦ 기름의 증발이 많은 장소
⑧ 표고 1,000m를 초과하지 않는 장소

⑨ 이상한 진동 또는 충격을 받지 않는 상태
⑩ 슬로다운 장치를 가지는 엔진구동 교류 아크 용접기로 슬로다운 동작을 하지 않은 상태

2008년 4월 20일

1. 심실세동전류를 설명하고 통전시간과 전류치의 관계식을 쓰시오.

해답 심실세동전류

통전전류 구분	전격의 영향	통전전류(교류) 값
심실세동전류 (치사전류)	심근의 미세한 진동으로 혈액을 송출하는 펌프의 기능이 장애를 받는 현상을 심실세동이라 하며 이 때의 전류	$I=\frac{165}{\sqrt{T}}$[mA] I : 심실세동전류(mA) T : 통전시간(s)

11. 위험장소를 구분하고 그에 따른 방폭구조를 쓰시오.

해답 위험장소 구분에 따른 방폭구조

폭발위험장소 분류	방폭구조의 전기기계 · 기구
0종 장소	① 본질안전방폭구조(ia) ② 그 밖에 관련 공인 인증기관이 0종장소에서 사용이 가능한 방폭구조로 인증한 방폭구조
1종 장소	① 내압방폭구조(d) ② 압력방폭구조(p) ③ 충전방폭구조(q) ④ 유입방폭구조(o) ⑤ 안전증방폭구조(e) ⑥ 본질안전방폭구조(ia, ib) ⑦ 몰드방폭구조(m) ⑧ 그 밖에 관련 공인 인증기관이 1종장소에서 사용이 가능한 방폭구조로 인증한 방폭구조
2종 장소	① 0종장소 및 1종장소에 사용 가능한 방폭구조 ② 비점화방폭구조(n) ③ 그 밖에 2종장소에서 사용하도록 특별히 고안된 비방폭형 구조

폭발위험장소에서 사용하는 전기기계 · 기구의 선정(안전보건규칙 제311조)
① 사업주는 제230조제1항에 따른 가스폭발 위험장소 또는 분진폭발 위험장소에서 전기 기계 · 기구를 사용하는 경우에는 「산업표준화법」에 따른 한국산업표준에서 정하는 기준으로 그 증기, 가스 또는 분진에 대하여 적합한 방폭성능을 가진 방폭구조 전기 기계 · 기구를 선정하여 사용하여야 한다. ② 사업주는 제1항의 방폭구조 전기기계 · 기구에 대하여 그 성능이 항상 정상적으로 작동될 수 있는 상태로 유지 · 관리되도록 하여야 한다.

2009년 4월 19일

4. 접지저항값을 종류별로 나누고 기준을 적으시오.

해답 ('21년 개정) 접지대상에 따라 일괄 적용한 종별접지(1종, 2종, 3종, 특3종) 폐지

[참고자료]

접지대상	개정 전 접지방식	KEC 접지방식
(특)고압설비	1종 : 접지저항 10Ω	• 계통접지 : TN, TT, IT 계통 • 보호접지 : 등전위본딩 등 • 피뢰시스템접지
600V 이하 설비	특3종 : 접지저항 10Ω	
400V 이하 설비	3종 : 접지저항 100Ω	
변압기	2종 : (계산요함)	"변압기 중성점 접지"로 명칭 변경
접지대상	**개정 전 접지도체 최소단면적**	**KEC 접지/보호도체 최소단면적**
(특)고압설비	1종 : 6.0mm^2 이상	상도체 단면적 S(mm^2)에 따라 선정* • S≤16 : S • 16<S≤35 : 16 • 35<S : S/2 또는 차단시간 5초 이하의 경우 • $S=\sqrt{I^2t}/k$
600V 이하 설비	특3종 : 2.5mm^2 이상	
400V 이하 설비	3종 : 2.5mm^2 이상	
변압기	2종 : 16.0mm^2 이상	

*접지도체와 상도체의 재질이 같은 경우로서, 다른 경우에는 재질 보정계수(k_1/k_2)를 곱함

2009년 7월 5일

11. 접지공사 종류에 따른 접지전선의 굵기와 접지저항치를 쓰시오.

① 제1종 접지공사
② 제2종 접지공사
③ 특별 제3종 접지공사

해답 ('21년 개정) 접지대상에 따라 일괄 적용한 종별접지(1종, 2종, 3종, 특3종) 폐지

[참고자료]

접지대상	개정 전 접지방식	KEC 접지방식
(특)고압설비	1종 : 접지저항 10Ω	• 계통접지 : TN, TT, IT 계통 • 보호접지 : 등전위본딩 등 • 피뢰시스템접지
600V 이하 설비	특3종 : 접지저항 10Ω	
400V 이하 설비	3종 : 접지저항 100Ω	
변압기	2종 : (계산요함)	"변압기 중성점 접지"로 명칭 변경
접지대상	**개정 전 접지도체 최소단면적**	**KEC 접지/보호도체 최소단면적**
(특)고압설비	1종 : 6.0mm^2 이상	상도체 단면적 S(mm^2)에 따라 선정* • S≤16 : S • 16<S≤35 : 16 • 35<S : S/2 또는 차단시간 5초 이하의 경우 • $S=\sqrt{I^2t}/k$
600V 이하 설비	특3종 : 2.5mm^2 이상	
400V 이하 설비	3종 : 2.5mm^2 이상	
변압기	2종 : 16.0mm^2 이상	

*접지도체와 상도체의 재질이 같은 경우로서, 다른 경우에는 재질 보정계수(k_1/k_2)를 곱함

2009년 9월 13일

9. 방폭구조의 종류와 그 기호의 예를 쓰시오.

방폭구조의 종류	표시기호
[예시] 압력방폭구조	p
①	
②	
③	
④	

해답 방폭구조의 종류에 따른 기호

방폭구조(Ex)의 종류		기호
폭발성 가스 또는 증기	내압방폭	d
	압력방폭	p
	유입방폭	o
	안전증방폭	e
	본질안전방폭	ia 또는 ib
	특수방폭	s
분진	특수방진 방폭구조	SDP
	보통방진 방폭구조	DP
	분진특수 방폭구조	XDP

2010년 4월 18일

11. 다음 ( )안에 저압전로의 절연저항치를 쓰시오.

전로의 사용전압의 구분		절연저항치
400V 미만	대지전압이 150V 이하인 경우	(①)
	대지전압이 150V를 넘고 300V 이하인 경우	(②)
	사용전압이 300V를 넘고 400V 미만인 경우	(③)
400V 이상인 것		(④)

해답 ('21년 개정) 전기설비기술기준 제52조(저압전로의 절연성능) 개정

전로의 사용전압	DC 시험전압(V)	절연저항(MΩ)
SELV 및 PELV	250	0.5
FELV, 500V 초과	500	1
500V 초과	1,000	1
주) 특별저압(Extra Low Voltage : 2차 전압이 AC 50V, DC 120V 이하)으로 SELV(비접지 회로구성) 및 PLEV(접지회로구성)은 1차와 2차가 전기적으로 절연된 회로, FELV는 1차와 2차가 전기적으로 절연되지 않은 회로		

2010년 7월 4일

9. 정전기 발생요인 5가지를 쓰시오.

해답 정전기 발생에 영향을 주는 요인

① 물체의 특성 : 대전서열이 멀수록 불순물 포함정도가 클수록 정전기 발생량 커짐
② 물체의 표면상태 : 물체의 표면이 원활하면 발생이 적음
③ 물질의 이력 : 처음 접촉, 분리가 일어날 때 발생량 최대
④ 접촉면적 및 압력 : 클수록 정전기 발생량 증가
⑤ 분리속도 : 빠를수록 정전기의 발생량은 커짐

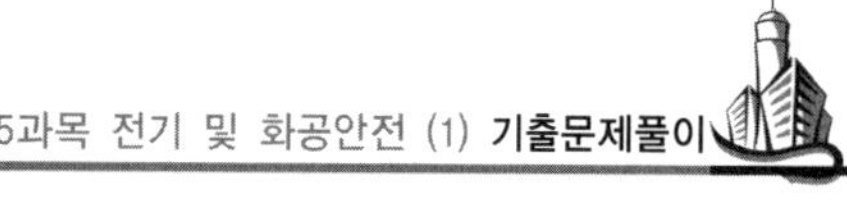

2010년 9월 24일

1. 다음 기호의 방폭구조의 명칭을 쓰시오.

방폭기호	방폭구조
q	
e	
m	
n	
ia	

해답 방폭구조의 종류에 따른 기호

방폭기호	방폭구조
q	충전방폭구조
e	안전증방폭구조
m	몰드방폭구조
n	비점화방폭구조
ia	본질안전방폭구조

CHAPTER

제2장 화공안전 일반

1 연소의 정의

1. 연소의 정의

연소(combustion)란 어떤 물질이 산소와 만나 급격히 산화(oxidation)하면서 열과 빛을 동반하는 현상을 말한다. 연소는 본질적으로 물질의 발열산화반응(exothermic oxidation reaction)으로 정의할 수 있다.

2. 연소의 3요소(연소의 성립 조건)

물질이 연소하기 위해서는 가연성 물질(가연물), 산소공급원(공기 또는 산소), 점화원(불씨)이 필요하며, 이들을 연소의 3요소라 한다.

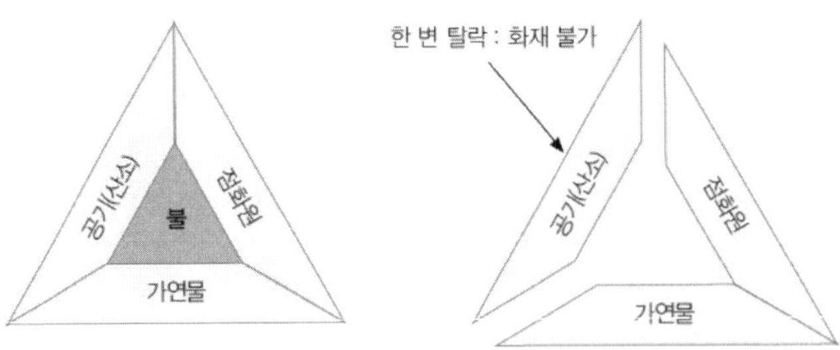

[연소의 3요소]

1) 가연물의 조건

① 산소와 화합이 잘 되며, 연소시 연소열(발열량)이 클 것

② 산소와 화합시 열전도율이 작을 것(축적열량이 많아야 연소가 용이함)

③ 산소와 접촉할 수 있는 입자의 표면적이 클 것(물질의 상태에 따른 표면적 : 기체 > 액체 > 고체)

④ 산소와 화합하여 점화될 때 점화열이 작을 것

Key Point

연소의 3요소는 가연물, 점화원, 산소공급원이다. 가연물이 될 수 없는 조건 3가지를 쓰시오.

2) 산소공급원 : 산화성 물질 또는 조연성 물질(연소시 촉매작용을 하는 물질)

① 공기중의 산소(약 21%)

② 자기연소성 물질 (5류 위험물) : 가연물인 동시에 자체 내부에 산소를 함유하고 있어 공기 중의 산소를 필요로 하지 않고 점화원만으로 연소하는 물질(니트로셀룰로오스, 피크린산, 니트로글리세린, 니트로톨루엔 등)

③ 산화제 : 할로겐원소 산화물, 염소산염류, 과산화물, 질산염류 등의 강산화제

3) 점화원

① 연소반응을 일으킬 수 있는 최소의 에너지(활성화 에너지)를 제공할 수 있는 것

② 점화원의 종이가 작고, 인화온도가 높은 액체에서는 그 차이가 커지는 경향을 보인다.

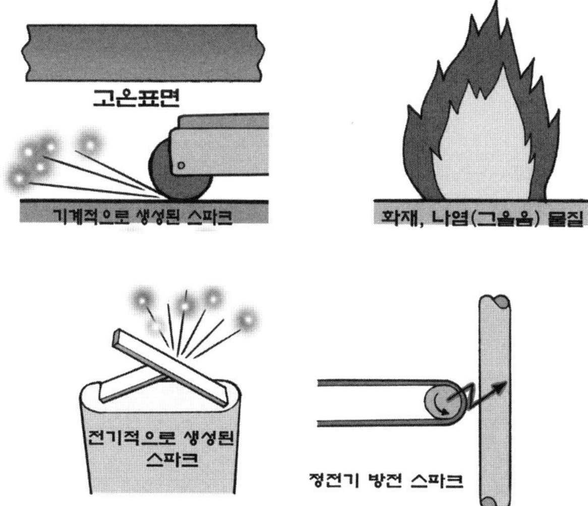

[가능한 점화원]

2 연소형태

구분	연소형태	정의	해당물질
기체	확산연소	가연성 가스가 공기(산소) 중에 확산되어 연소범위에 도달했을 때 점화원에 의해 점화하여 연소하는 현상으로, 기체의 일반적인 연소형태이다.	수소, 메탄, 프로판, 부탄 등
	예혼합 연소	연소되기 전에 미리 연소범위의 혼합가스가 만들어져 연소하는 형태이다.	
액체	증발연소	인화성 액체가 증발하여 증기를 형성하고, 공기 중에 확산, 혼합하여 연소범위에 이르고, 점화원에 의해 점화되어 연소하는 현상으로, 액체의 일반적인 연소형태이다.	알코올, 에테르, 가솔린, 벤젠 등
	분무연소	점도가 높고 비휘발성인 액체의 경우 액체입자를 분무하여 연소하는 형태. 액적의 표면적을 넓게 하여 공기와의 접촉면을 크게 해서 연소하는 형태이다.	
고체	표면연소	연소물 표면에서 산소와의 급격한 산화반응으로 빛과 열을 수반하는 연소반응. 가연성 가스 발생이나 열분해 없이 진행되는 연소반응으로, 불꽃이 없는 것이 특징이다.	코크스, 목탄, 금속분(알루미늄,나트륨 등), 숯 등
	분해연소	고체 가연물이 가열됨에 따라 가연성 증기가 발생하여, 공기와 가스의 혼합으로 연소범위를 형성하게 되어 연소하는 형태	목재, 종이, 석탄, 플라스틱 등
	증발연소	고체 가연물이 가열되어 융해되며 가연성 증기가 발생, 공기와 혼합하여 연소하는 형태	황, 나프탈렌, 파라핀 등
	자기연소	분자 내 산소를 함유하고 있는 고체 가연물이 외부 산소 공급원 없이 점화원에 의해 연소하는 형태(질산에스테르류, 셀룰로이드류, 니트로화합물 등의 폭발성 물질)	니트로화합물(피크린산, TNT 등), 질산에스테르류(니트로글리세린, 니트로글리콜 등), 셀룰로이드류 등

Key Point

고체연소의 종류 4가지를 쓰시오.

3 인화점

가연성 증기를 발생하는 액체 또는 고체가 공기 중에서 점화원에 의해 표면 부근에서 연소하기에 충분한 농도(폭발하한계)를 발생시키는 최저의 온도를 인화점이라 한다. 즉, 가연성 액체 또는 고체가 공기 중에서 생성한 가연성 증기가 폭발(연소)범위의 하한계에 도달할 때의 온도를 말한다. 인화점은 가연성 물질의 위험성을 나타내는 대표적인 척도이며, 낮을수록 위험한 물질이라 할 수 있다.

[가연성 물질의 인화점]

물질	인화점(℃)	물질	인화점(℃)
가솔린	-43	에틸알코올	13
경유	65	메틸알코올	11
등유	50	아세트알데히드	-39
테레빈유	35	에틸에테르	-45
벤젠	-11	산화에틸렌	-1(7)8
아세톤	-20	이황화탄소	-30

4 발화점(AIT ; Auto Ignition Temperature)

가연성 물질을 외부에서 화염, 전기불꽃 등의 착화원을 주지 않고 물질을 공기 중 또는 산소 중에서 가열할 경우에 착화 또는 폭발을 일으키는 최저온도를 발화점(발화온도, 착화점, 착화온도)이라 한다.
이는 외부의 직접적인 점화원 없이 열의 축적에 의해 연소반응이 일어나는 것이다.

[가연성 물질의 발화점]

물질	발화점(℃)	물질	발화점(℃)
메탄	615~682	수소	580~590
프로판	460~520	이산화탄소	637~658
부탄	430~510	암모니아	650
에틸렌	500~519	종이류	220~300
아세틸렌	400~440	목재	220~300
가솔린	210~300	석탄	140~300
등유	254	황린	45~60
벤젠	562	셀룰로이드	140~170

1. 발화점에 영향을 주는 인자

① 가연성 가스와 공기와의 혼합비
② 용기의 크기와 형태
③ 용기벽의 재질
④ 가열속도와 지속시간
⑤ 압력
⑥ 산소농도
⑦ 유속 등

2. 발화점이 낮아질 수 있는 조건

① 물질의 반응성이 높은 경우
② 산소와의 친화력이 좋은 경우

③ 물질의 발열량이 높은 경우
④ 압력이 높은 경우

5 폭발의 성립조건

1. 폭발의 정의

폭발은 어떤 원인으로 인해 급격한 압력 상승과 함께 폭음과 화염 등을 일으키는 현상을 말한다.

2. 폭발의 성립조건

① 가연성 가스(증기 또는 분진)가 폭발범위 내에 있어야 한다.
② 밀폐된 공간이 존재하여야 한다.
③ 혼합되어 있는 가스가 밀폐되어 있는 방이나 용기 같은 것에 충만하게 존재하여야 한다.
④ 점화원(에너지)이 있어야 한다.

Key Point

가스폭발의 성립조건 3가지를 쓰시오.

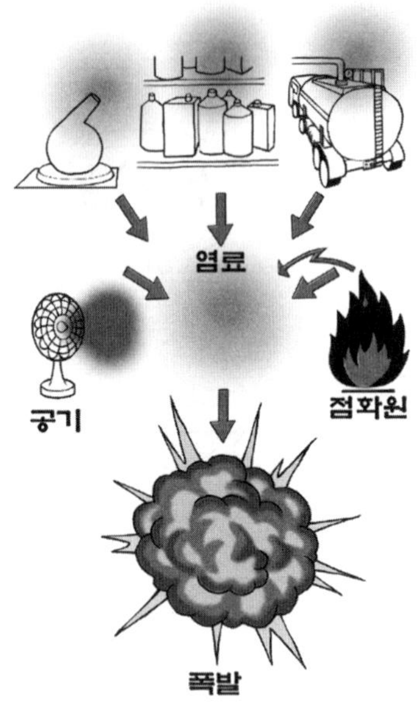

[폭발 발생의 조건]

6 폭발의 종류

1. 기상폭발

① 혼합가스의 폭발 : 가연성 가스와 조연성 가스의 혼합가스가 폭발범위 내에 있을 때
② 가스의 분해폭발 : 반응열이 큰 가스분자 분해시 단일성분이라도 점화원에 의해 폭발
③ 분진폭발 : 가연성 고체의 미분이나 가연성 액체의 액적(mist)에 의한 폭발

2. 액상폭발

① 혼합위험성에 의한 폭발 : 산화성 물질과 환원성 물질 혼합시 폭발
② 폭발성 화합물의 폭발 : 반응성 물질의 분자 내의 연소에 의한 폭발과 흡열화합물의 분해반응에 의한 폭발
③ 증기폭발 : 물, 유기액체 또는 액화가스 등의 과열시 급속하게 증발된 증기에 의한 폭발

3. 분진폭발

1) 정의

가연성 고체의 미분이나 가연성 액체의 액적에 의한 폭발

2) 입자의 크기

75μm 이하의 고체입자가 공기 중에 부유하여 폭발분위기 형성

3) 분진폭발의 순서

입자표면 온도 상승 → 입자표면 열분해 및 기체발생 → 주위의 공기와 혼합 → 점화원에 의한 폭발 → 폭발열에 의하여 주위 입자 온도상승 및 열분해

Key Point

분진폭발과정을 순서대로 나열하시오.

① 입자표면 열분해 및 기체발생
② 주위의 공기와 혼합
③ 입자표면 온도 상승
④ 폭발열에 의하여 주위 입자 온도상승 및 열분해
⑤ 점화원에 의한 폭발

4) 분진폭발의 특성

① 가스폭발보다 발생에너지가 크다.
② 폭발압력과 연소속도는 가스폭발보다 작다.
③ 불완전연소로 인한 가스중독의 위험성은 크다.
④ 화염의 파급속도보다 압력의 파급속도가 크다.
⑤ 가스폭발에 비하여 불완전연소가 많이 발생한다.

5) 분진폭발에 영향을 주는 요인

① 분진의 입경이 작을수록 폭발하기 쉽다.
② 일반적으로 부유분진이 퇴적분진에 비해 발화온도가 높다.
③ 연소열이 큰 분진일 수록 저농도에서 폭발하고 폭발위력도 크다.
④ 분진의 비표면적이 클수록 폭발성이 높아진다.

Key Point

분진 폭발에 영향을 주는 요인 4가지를 쓰시오.

4. 폭발형태 분류

1) 미스트 폭발

① 가연성 액체가 무상상태로 공기 중에 누출되어 부유상태로 공기와의 혼합물이 되어 폭발성 혼합물을 형성하여 폭발이 일어나는 것

② 미스트와 공기와의 혼합물에 발화원이 가해지면 액적이 증기화하고 이것이 공기와 균일하게 혼합되어 가연성 혼합기를 형성하여 인화 폭발하게 된다.

2) 증기 폭발

① 급격한 상변화에 의한 폭발(explosion by rapid phase transition)

② 용융금속이나 슬러그(slug) 같은 고온의 물질이 물 속에 투입되었을 때, 그 고온 물체가 가지고 있는 열이 단시간에 물에 전달되면 물은 과열상태로 되고 조건에 따라서는 순간적으로 비등하여 액상에서 기상으로의 급격한 상변화에 의해 폭발이 일어나게 된다.

③ 액화석유가스(LPG)와 액화천연가스(LNG)는 사고로 인해 탱크 밖으로 누출되었을 때에도 조건에 따라서는 급격한 기화에 수반되는 증기폭발을 일으킨다.

④ 폭발의 과정에 착화를 필요로 하지 않으므로 화염의 발생은 없으나 증기폭발에 의해 공기 중에 기화한 가스가 가연성인 경우에는 증기폭발에 이어서 가스폭발이 발생할 위험이 있다.

3) 증기운 폭발(UVCE : Unconfined Vapor Cloud Explosion)

① 저온의 액화가스 저장탱크나 고압의 가연성 액체용기가 파괴되어 대기 중으로 급격히 방출되어 공기 중에 분산된 상태인 가연성 증기운에 착화원이 주어지면 폭발하여 Fire Ball을 형성하는데 이를 증기운 폭발이라고 한다.

② 증기운 크기가 증가하면 점화 확률이 높아진다.

4) 비등액팽창 증기폭발(BLEVE : Boiling Liquid Expanding Vapor Explosion)

① 비점이 낮은 액체저장탱크 주위에 화재가 발생했을 때 저장탱크 내부의 비등현상으로 인한 압력 상승으로 탱크가 파열되어 그 내용물이 증발, 팽창하면서 발생되는 폭발현상

[BLEVE ; Boiling Liquid Expanding Vapor Explosion]

② BLEVE 방지대책

㉠ 열의 침투 억제 : 보온조치를 통해 열의 침투속도를 느리게 한다.(액의 이송시간 확보)

㉡ 탱크의 과열방지 : 물분무시설을 설치하여 냉각조치(살수장치)

㉢ 탱크로 화염의 접근 금지 : 방유제 내부 경사화. 화염접근을 최대한 지연

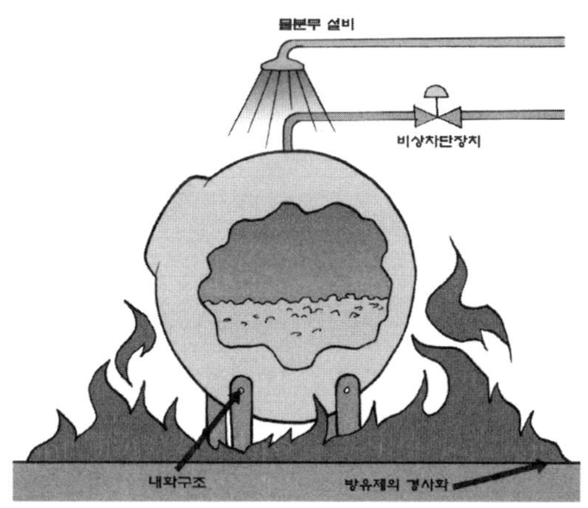

[BLEVE 방지대책]

Key Point

일반적인 폭발을 분류하시오.

5. 안전간격 및 폭발등급

1) 안전간격

내측의 가스 점화시 외측의 폭발성 혼합가스까지 화염이 전달되지 않는 한계의 틈이다. 8ℓ의 표준 용기 안에 폭발성 혼합가스를 채우고 점화시켜 발생된 화염이 용기 외부의 폭발성 혼합가스에 전달되는가의 여부를 측정하였을 때 화염을 전달시킬 수 없는 한계의 틈 사이를 말한다. 안전간격이 작은 가스일수록 폭발 위험이 크다.

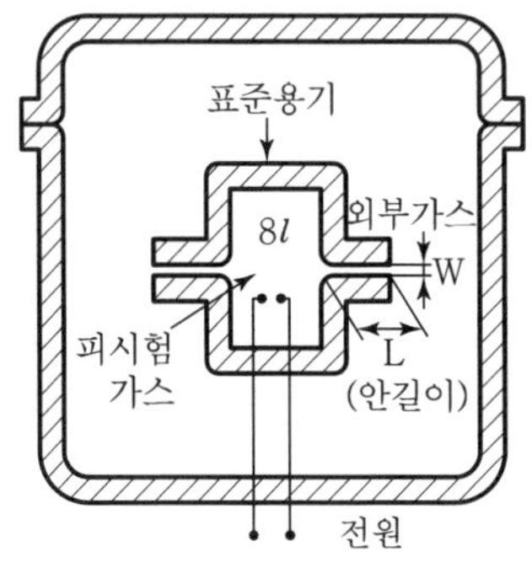

2) 폭발등급에 따른 안전간격과 해당물질

폭발등급	안전간격(mm)	해당물질
1등급	0.6 초과	메탄, 에탄, 프로판, n－부탄, 가솔린, 일산화탄소, 암모니아, 아세톤, 벤젠, 에틸에테르
2등급	0.6~0.4	에틸렌, 석탄가스, 이소프렌, 산화에틸렌
3등급	0.4 이하	수소, 아세틸렌, 이황화탄소, 수성가스

7 혼합가스의 폭발범위

1. 완전연소 조성농도(C_{st})

화학양론농도라고도 하며, 가연성 물질 1몰이 완전히 연소할 수 있는 공기와의 혼합비를 부피비(%)로 표현한 것이다.

$$C_{st} = \frac{1}{(4.77n + 1.19x - 2.38y) + 1 \times 100} \text{(vol.\%)}$$

2. 최소산소농도(MOC, C_m)

$$C_m = \text{폭발하한}(\%) \times \frac{\text{산소 mol수}}{\text{연소가스 mol수}(\%)}$$

3. 혼합가스의 폭발범위 : 르-샤틀리에(Le Chatelier) 법칙

$$L = \frac{100}{\frac{V_1}{L_1} + \frac{V_2}{L_2} + \cdots + \frac{V_n}{L_n}} \text{(순수한 혼합가스일 경우)}$$

또는

$$L = \frac{V_1 + V_2 + \cdots + V_n}{\frac{V_1}{L_1} + \frac{V_2}{L_2} + \cdots + \frac{V_n}{L_n}} \text{(혼합가스가 공기와 섞여 있을 경우)}$$

여기서, L : 혼합가스의 폭발한계(%) - 폭발상한, 폭발하한 모두 적용 가능
$L_1, L_2, L_3, \cdots, L_n$: 각 성분가스의 폭발한계(%) - 폭발상한계, 폭발하한계
$V_1, V_2, V_3, \cdots, V_n$: 전체 혼합가스 중 각 성분가스의 비율(%) - 부피비

Key Point

공기와 혼합된 LPG의 조성이 공기 40%, 프로판 50%, 부탄 10% 일 때 폭발하한계의 값을 구하여라.(프로판 폭발범위 2.1~9.5%, 부탄 1.8~8.4%)

Key Point

아세틸렌 70%,수소 30%로 혼합된 혼합기체의 폭발하한계 값을 구하여라.(단, 폭발범위는 아세틸렌 2.5~81.0 vol%, 수소는 4.0~75.0 vol%)

[공기 중에서 각종 가스 등의 폭발범위]

물질명	폭발하한계(%)	폭발상한계(%)	물질명	폭발하한계(%)	폭발상한계(%)
프로판 (C_3H_6)	2.2	9.5	아세틸렌 (C_2H_2)	2.5	81
수소 (H_2)	4.0	75	알코올 (C_2H_5OH)	4.3	19
에탄 (C_2H_6)	3.0	12	아세트알데히드 (C_2H_4O)	4.1	55
벤젠 (C_6H_6)	1.4	7.1	시안화비닐 (Ch_2CHCN)	3.0	17
아세톤 (CH_3COOH)	3	13	암모니아 (NH_3)	15	28
산화에틸렌 (C_2H_4O)	3	80	석탄가스 (coal gas)	5.3	32
이황화탄소 (CS_2)	1.2	44	일산화탄소 (CO)	12.5	74
톨루엔 (C_7H_8)	1.4	6.7	메탄 (CH_4)	5	15

8 위험도

폭발하한계 값과 폭발상한계 값의 차이를 폭발하한계 값으로 나눈 것으로, 기체의 폭발 위험 수준을 나타낸다. 일반적으로 위험도 값이 큰 가스는 폭발상한계 값과 폭발하한계 값의 차이가 크며, 위험도가 클수록 공기 중에서 폭발 위험이 크다고 보면 된다.

$$H=\frac{U-L}{L}$$

여기서, H : 위험도, L : 폭발하한계 값(%), U : 폭발상한계 값(%)

9 화재의 종류

구분	A급 화재	B급 화재	C급 화재	D급 화재
명칭	일반 화재	유류·가스 화재	전기 화재	금속 화재
가연물	목재, 종이, 섬유, 석탄 등	각종 유류 및 가스	전기기기, 기계, 전선 등	Mg 분말, Al 분말 등
유효 소화효과	냉각효과	질식효과	질식, 냉각효과	질식효과
적용 소화제	• 물 • 산·알칼리 소화기 • 강화액 소화기	• 포말 소화기 • CO_2 소화기 • 분말 소화기 • 증발성 액체 소화기 • 할론1211 • 할론1301	• 유기성 소화기 • CO_2 소화기 • 분말 소화기 • 할론1211 • 할론1301	• 건조사 • 팽창 진주암
표현색	백색	황색	청색	색표시 없음

Key Point

화재의 종류를 구분하여 쓰고 그에 따른 분류, 명칭, 구분색을 각각 쓰시오.

1. 일반 화재(A급 화재)

① 목재, 종이 섬유 등의 일반 가열물에 의한 화재

② 물 또는 물을 많이 함유한 용액에 의한 냉각소화, 산·알칼리, 강화액, 포말 소화기 등이 유효하다.

2. 유류 및 가스화재(B급 화재)

① 제4류 위험물(특수인화물, 석유류, 에스테르류, 케톤류, 알코올류, 동식물류 등)과 제4류 준위험물(고무풀, 나프탈렌, 송진, 파라핀, 제1종 및 제2종 인화물 등)에 의한 화재. 인화성 액체, 기체 등에 의한 화재이다.

② 연소 후에 재가 거의 없는 화재로 가연성 액체 등에 발생한다.

③ 공기 차단에 의한 질식소화효과를 위해 포말소화기, CO_2 소화기, 분말소화기, 할로겐화물(할론) 소화기 등이 유효하다.

④ 유류화재시 발생할 수 있는 화재 현상

㉠ 보일 오버(Boil Over) : 유류탱크 화재시 유면에서부터 열파(Heat Wave)가 서서히 아래쪽으로 전파하여 탱크 저부의 물에 도달했을 때 이 물이 급히 증발하여 대량의 수증기가 되어 상층의 유류를 밀어올려 거대한 화염을 불러 일으키는 동시에 다량의 기름을 탱크 밖으로 불이 붙은 채 방출시키는 현상

㉡ 슬롭 오버(Slop Over) : 위험물 저장탱크 화재시 물 또는 포를 화염이 왕성한 표면에 방사할 때 위험물과 화염이 함께 탱크 밖으로 흘러넘치는 현상

㉢ 파이어 볼(Fire Ball) : 대량의 기화된 인화성 액체가 갑자기 발화될 때 발생하는 공 모양의 화염. 액화가스탱크가 폭발하면서 플래시 증발을 일으켜 가연성액체 및 기체 혼합물이 대량으로 분출되어 발화하면 지면에서 반구상으로 화염을 형성한 후 부력으로 상승함과 동시에 주변의 공기를 말아 올려 화염은 구상으로 되면서 버섯형태의 화재를 만드는 것

[Fire Ball]

3. 전기화재(C급 화재)

① 전기를 이용하는 기계·기구 또는 전선 등 전기적 에너지에 의해서 발생하는 화재

② 질식, 냉각효과에 의한 소화가 유효하며, 전기적 절연성을 가진 소화기로 소화해야 한다. 유기성 소화기, CO_2 소화기, 분말소화기, 할로겐화물(할론) 소화기 등이 유효하다.

4. 금속화재(D급 화재)

① Mg분, Al분 등 공기 중에 비산한 금속분진에 의한 화재

② 소화에 물을 사용하면 안 되며, 건조사, 팽창 진주암 등 질식소화가 유효하다.

5. 연소파와 폭굉파

1) 연소파

가연성 가스와 적당한 공기가 미리 혼합되어 폭발범위 내에 있을 경우, 확산의 과정이 생략되기 때문에 화염의 전파 속도가 매우 빠른데, 이러한 혼합 가스에 착화하게 되면 착화원에 국한된 반응영역이 형성되어 혼합가스 중으로 퍼져나간다. 그 진행속도가 0.1~1.0m/s 정도 될 때, 이를 연소파(combustion wave)라 한다.

2) 폭굉파

① 폭굉현상과 폭굉파 : 연소파가 일정 거리를 진행한 후 연소 전파 속도가 1,000~3,500m/s 정도에 달할 경우 이를 **폭굉현상**(detonation phenomenon)이라 하며, 이때의 국한된 반응영역을 폭굉파(detonation wave)라 한다. 폭굉파의 속도는 음속을 앞지르므로, 진행후면에는 그에 따른 충격파가 있다.

② 폭굉 유도거리 : 최초의 완만한 연소속도가 격렬한 폭굉으로 변할때까지의 시간. 다음의 경우 짧아진다.

㉠ 정상 연소속도가 큰 혼합물일 경우
㉡ 점화원의 에너지가 큰 경우
㉢ 고압일 경우
㉣ 관 속에 방해물이 있을 경우
㉤ 관경이 작을 경우

Key Point

폭굉현상에서 그 유도거리가 짧아지는 조건 4가지를 쓰시오.

10 폭발의 방호방법

1. 폭발 또는 화재 등의 예방대책(안전보건규칙 제232조 관련)

1) 예방대책

(1) 폭발을 일으킬 수 있는 위험성 물질과 발화원의 특성을 알고 그에 따른 폭발이 일어나지 않도록 관리

① 사업주는 인화성 액체의 증기, 인화성 가스 또는 인화성 고체가 존재하여 폭발이나 화재가 발생할 우려가 있는 장소에서 해당 증기・가스 또는 분진에 의한 폭발 또는 화재를 예방하기 위해 환풍기, 배풍기(排風機) 등 환기장치를 적절하게 설치해야 한다.

② 사업주는 제1항에 따른 증기나 가스에 의한 폭발이나 화재를 미리 감지하기 위하여 가스 검지 및 경보 성능을 갖춘 가스 검지 및 경보장치를 설치해야 한다. 다만, 한국산업표준에 따른 0종 또는 1종 폭발위험장소에 해당하는 경우로서 제311조에 따라 방폭구조 전기기계・기구를 설치한 경우에는 그렇지 않다.

(2) 공정에 대하여 폭발 가능성을 충분히 검토하여 예방할 수 있도록 설계단계부터 페일세이프(fail safe) 원칙을 적용

(3) 자동경보장치의 점검사항

① 계기의 이상유무

② 감지부의 이상유무

③ 경보장치의 작동상태

Key Point

가연성가스가존재하는 작업장에 자동경보장치를 설치할 때, 작업시작전 점검사항 3가지를 쓰시오.

2) 국한대책 : 폭발의 피해를 최소화하기 위한 대책

① 안전장치 설치

② 방폭설비 설치

3) 폭발 위험이 있는 물질의 저장소로 부적절한 곳

① 통풍이나 환기가 불충분한 장소

② 화기를 사용하는 장소 및 그 부근

③ 위험물, 화약류 또는 가연성 물질을 취급하는 장소 및 그 부근

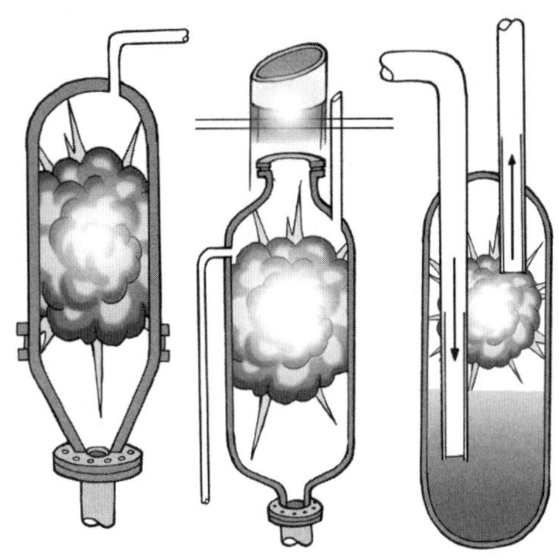

[폭발에 대한 구조적 대책의 예]

2. 폭발 방호(Explosion Protection)

1) 폭발 봉쇄

반응기, 저장용기 내 유독성 물질이나 공기 중에 방출되어서는 안 되는 물질의 폭발, 방산 시 안전밸브나 파열판 등을 통해 다른 탱크나 저장소 등으로 보내어 압력을 완화시켜 파열을 방지하는 방법

2) 폭발 억제

압력이 상승하였을 경우 검지기가 폭발억제장치를 작동시켜 고압불활성가스가 담겨 있는 소화기가 터져서 증기, 가스, 분진 등에 의한 폭발을 진압하여 큰 폭발로 이어지지 않도록 하는 방법

3) 폭발 방산

안전밸브나 파열판 등에 의해 압력을 방출하여 정상화하는 방법

4) 대기 방출

가연성 가스를 대기 중으로 방출하는 방법

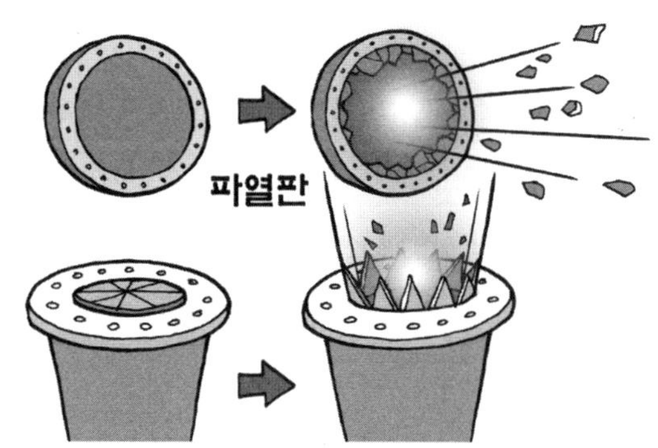

[폭발방산의 예 - 파열판]

3. 분진폭발의 방지

① 분진 생성 방지 : 보관, 작업장소의 통풍에 의한 분진 제거
② 발화원 제거 : 불꽃, 전기적 점화원(전원, 정전기 등) 제거
③ 불활성 물질 첨가 : 시멘트분, 석회, 모래, 질석 등 돌가루
④ 2차 폭발방지

4. 불활성화 방법

① 진공치환
② 압력치환
③ 스위프치환
④ 사이폰치환

Key Point

불활성화를 시키는 방법을 쓰시오.

11 고압가스 용기의 도색

1. 고압가스의 종류

압축가스	수소, 산소, 질소, 메탄 등 비점이 낮은 가스
액화가스	프로판, 부탄, LPG, 염소, 암모니아, 탄산가스, 프레온 등
용해가스	아세틸렌

2. 고압가스 용기의 도색

가스의 종류	용기 도색
액화탄산가스	청색
질소	**회색**
산소	**녹색**
수소	주황색
아세틸렌	**황색**
액화암모니아	**백색**
액화염소	갈색
액화석유가스(LPG) 및 기타 가스	회색

Key Point

수소, 산소, 아세틸렌, 질소가스의 용기 색깔을 각각 구분하시오.

Key Point

가스용기 외면의 도색 색을 쓰시오.
[수소, 아세틸렌, 헬륨, 산소, 질소]

12 소화 이론

구분	물리적 소화			화학적 소화
	제거소화	질식소화	냉각소화	억제소화
소화 원리	가연물의 공급을 중단하여 소화하는 방법	산소(공기)공급을 차단하여 연소에 필요한 산소 농도 이하가 되게 하여 소화하는 방법	물 등의 액체의 증발잠열을 이용, 가연물을 인화점 및 발화점 이하로 낮추어 소화하는 방법	가연물 분자가 산화됨으로 인해 연소가 계속되는 과정을 억제하여 소화하는 방법
소화기 종류	• 제거소화의 예 – 가스의 화재 : 공급 밸브를 차단하여 가스 공급을 중단 – 산불 : 화재 진행방향의 목재를 제거하여 진화	• 포말소화기 • 분말소화기 • 탄산가스 소화기 • 건조사, 팽창 진주암, 팽창 질석	• 물 • 강화액 소화기 • 산 · 알칼리 소화기	• 사염화탄소(C.T.C) 소화기 : 할론1040 • 일취화 일염화 메탄(C.B) 소화기 : 할론 1011 • 일취화 삼불화 메탄(B.M.T) 소화기 : 할론 1301 • 일취화 일염화 이불화 메탄(B.C.F) 소화기 : 할론 1211 • 이취화 사불화 에탄(F.B) 소화기 : 할론 2402

13 소화기의 종류

[소화기의 적용화재 표시]

1. 포 소화기

가연물의 표면을 포(거품)로 둘러싸고 덮는 질식소화를 이용한 소화기

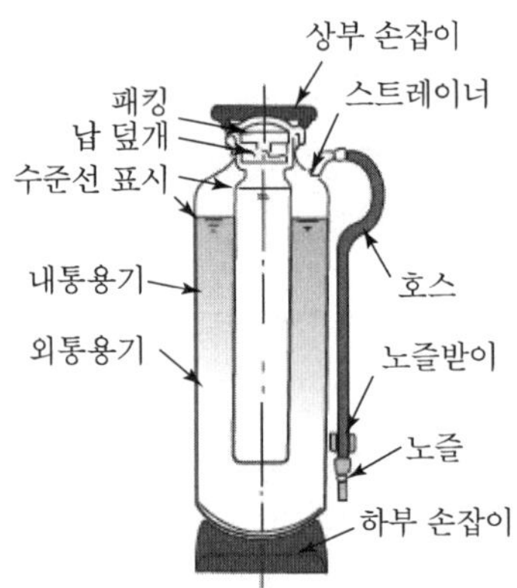

[포 소화기의 구조]

2. 분말 소화기

① 분말 입자로 가연물 표면을 덮어 소화하는 것으로, 질식소화 효과를 얻을 수 있다.

② 모든 화재에 사용할 수 있으며, 전기화재와 유류화재에 효과적이다.

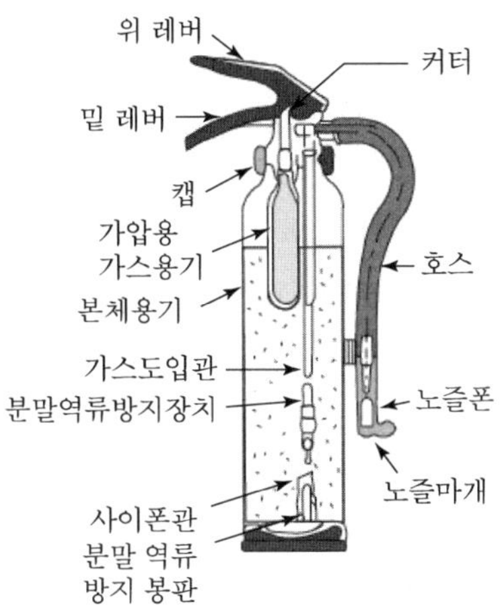

[분말 소화기의 일반적인 구조]

3. 증발성 액체 소화기(할로겐 화합물 소화기)

① 증발성 강한 액체를 화재표면에 뿌려 증발잠열을 이용해 온도를 낮추어 냉각소화 효과로 소화한다.

② 소화약제 중 할로겐 원소가 가연물인 산소와 결합하는 것을 방해하는 부촉매 효과로 연소가 계속되는 것을 억제하여 소화

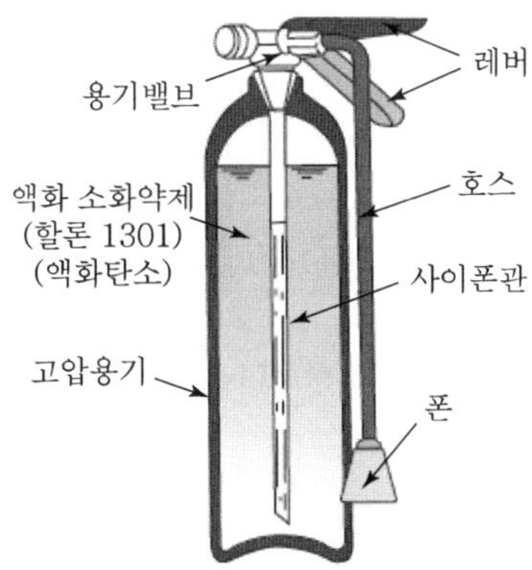

[할로겐 화합물 소화기의 구조]

③ 할로겐 화합물 소화제의 종류

㉠ 사염화탄소(CCl_4)(할론1040)

㉡ 일취화 일염화 메탄(CH_2ClBrM)(할론 1011)

㉢ 일취화 삼불화 메탄(CF_3BrM)(할론 1301)

㉣ 이취화 사불화 에탄(C2F4Br2M)(할론 2402)

㉤ 일취화 일염화 이불화 메탄(CF_2ClBrM)(할론 1211)

Key Point

할로겐화물 소화기에 사용하는 할로겐원소의 부촉매제(연소 억제제)의 종류 4가지를 쓰시오.

4. 이산화탄소(탄산가스) 소화기

이산화탄소를 고압으로 압축, 액화하여 용기에 담아놓은 것으로 가스 상태로 방사된다. 연소 중 산소농도를 필요한 농도 이하로 낮추는 질식 효과와 냉각 효과를 동반하여 상승적으로 작용하여 소화한다.

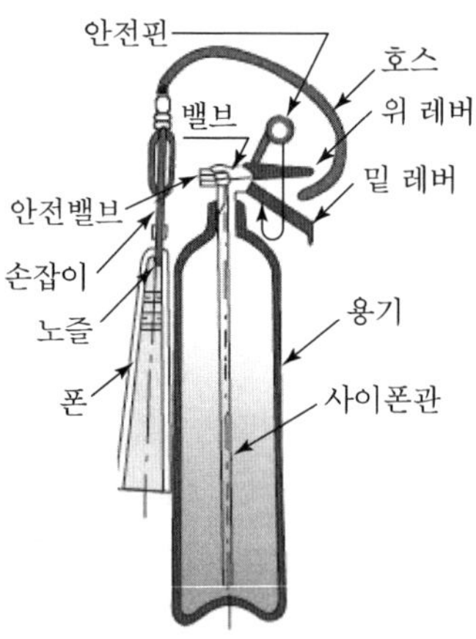

[이산화탄소 소화기의 구조]

5. 강화액 소화기

물 소화약제의 단점을 보완하기 위하여 물에 탄산칼륨(K_2CO_3) 등을 녹인 수용액으로서 부동성이 높은 알칼리성 소화약제이다. 유류 또는 전기 화재에 유효하다.

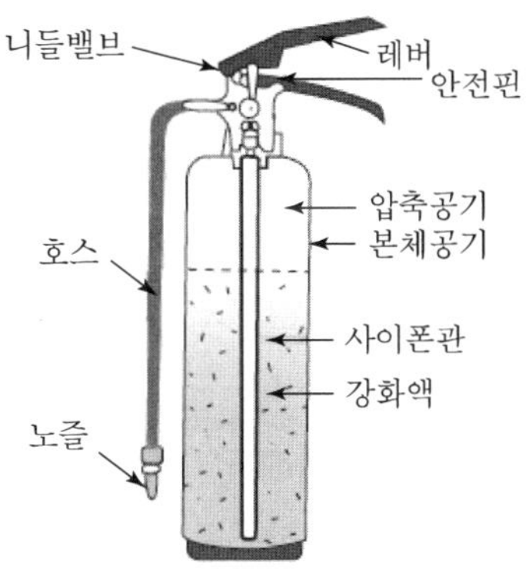

[강화액 소화기의 구조]

6. 산·알칼리 소화기

황산과 중탄산나트륨(중조)의 화학반응에 의해 생성된 이산화탄소의 압력으로 물을 방출시키는 소화기이다. 일반화재에 적합하며, 분무노즐 사용시 전기화재에도 유효하다.

7. 간이 소화제

소화기 및 소화제가 없는 곳에서 초기소화에 사용하거나 소화를 보강하기 위해 간이로 사용할 수 있는 소화제를 말한다.

① 건조사 : 질식소화 효과로, 모든 화재(A급, B급, C급, D급)에 사용할 수 있다.

② 팽창질석, 팽창진주암 : 질식소화 효과의 간이소화제로, 질석, 진주암 등 암석을 1,000~1,400℃로 가열, 10~15배 팽창시켜 분쇄한 분말이다. 비중이 매우 작고, 가볍다. 발화점이 낮은 알킬알미늄류, 칼륨 등 금속분진 화재에 유효하다.

14 화학설비의 안전장치 종류

1. 화학설비의 계측, 제어기기 종류

① 온도계, 압력계, 유량계
② 자동경보장치
③ 긴급차단장치
④ 예비동력원

2. 계측장치 설치(안전보건규칙 제273조 관련)

화학설비 및 그 부속설비, 특수화학설비에는 내부의 이상상태를 조기에 파악하기 위하여 필요한 온도계·유량계·압력계 등의 계측장치를 설치하여야 한다.

Key Point

화학설비 설치 시 내부의 이상상태를 조기에 파악하기 위한 계측장치의 종류를 3가지 쓰시오.

3. 안전거리의 유지(안전보건규칙 제271조)

위험물을 저장·취급하는 화학설비 및 그 부속설비는 폭발 또는 화재에 의한 피해를 최소화하기 위해 안전거리를 유지해야 한다.

[안전거리 기준]

구분	안전거리
단위공정시설 및 설비로부터 다른 단위공정시설 및 설비의 사이	설비의 바깥 면으로부터 10m 이상
플레어스텍으로부터 단위공정시설 및 설비, 위험물질 저장탱크 또는 위험물질 하역설비의 사이	플레어스텍으로부터 반경 20m 이상 다만, 단위공정시설 등이 불연재로 시공된 지붕 아래 설치된 경우는 그러하지 아니하다.
위험물질 저장탱크로부터 단위공정 시설 및 설비, 보일러 또는 가열로의 사이	저장탱크 바깥 면으로부터 20m 이상 다만, 저장탱크에 방호벽, 원격조정 소화설비 또는 살수설비를 설치한 경우에는 그러하지 아니하다.
사무실, 연구실, 실험실, 정비실 또는 식당으로부터 단위공정시설 및 설비, 위험물질 저장탱크, 위험물질 하역설비, 보일러 또는 가열로의 사이	사무실 등의 바깥 면으로부터 20m 이상 다만, 난방용 보일러인 경우 또는 사무실 등의 벽을 방호구조로 설치한 경우에는 그러하지 아니하다.

4. 설비별 위험요소 및 안전조치

1) 반응기

반응기는 화학반응을 최적 조건에서 수율이 좋도록 행하는 기구이다. 화학반응은 물질, 온도, 농도, 압력, 시간, 촉매 등의 영향을 받으므로, 이런 인자들을 고려하여 설계・설치・운전하여야 안전한 작업을 할 수 있다.

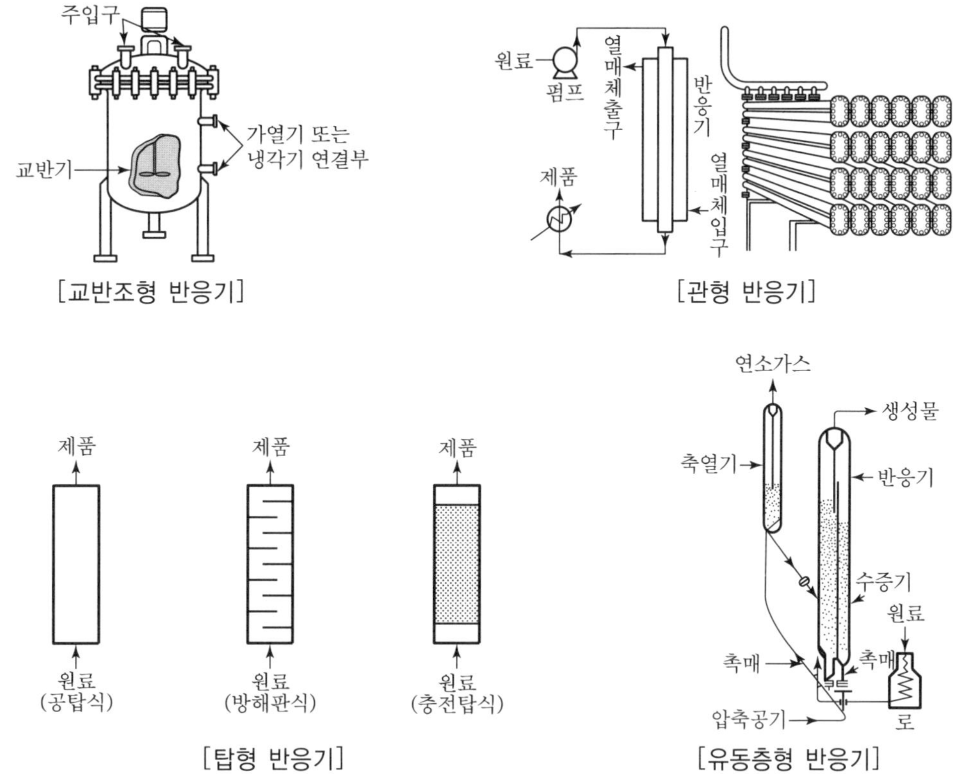

(1) 반응기의 안전조치

① 폭발・화재 분위기 형성 방지 : 원재료 주입 및 반응 중 또는 생성물 취출시 필요할 경우 불활성 가스를 이용하여 치환한다.

② 반응잔류물 등의 축적으로 인한 혼합 및 반응 폭주를 방지한다.

③ 인화성 액체와 같은 위험물질을 드럼을 통해 주입하는 경우 드럼을 접지하고 전도성 파이프를 이용, 정전기 및 전하에 의한 점화에 주의한다.

④ 계측기 및 제어기의 점검을 통해 오류가 없도록 한다.

⑤ 환기설비, 가스누출 검지기 및 경보설비, 소화설비, 물분무설비, 비상조명설비, 통신설비 등을 갖춘다.

⑥ 이상반응시 내부의 반응물을 안전하게 방출하기 위한 장치를 설치한다.
⑦ 반응 중에는 반응기 내부의 공정조건을 확인한다.
⑧ 배기설비에는 필요할 경우 역화방지기를 설치한다.

2) 증류탑

증류탑은 두 개 또는 그 이상의 액체의 혼합물을 끓는점(비점) 차이를 이용하여 특정 성분을 분리하는 것을 목적으로 하는 장치이다. 기체와 액체를 접촉시켜 물질전달 및 열전달을 이용하여 분리해 내게 된다.

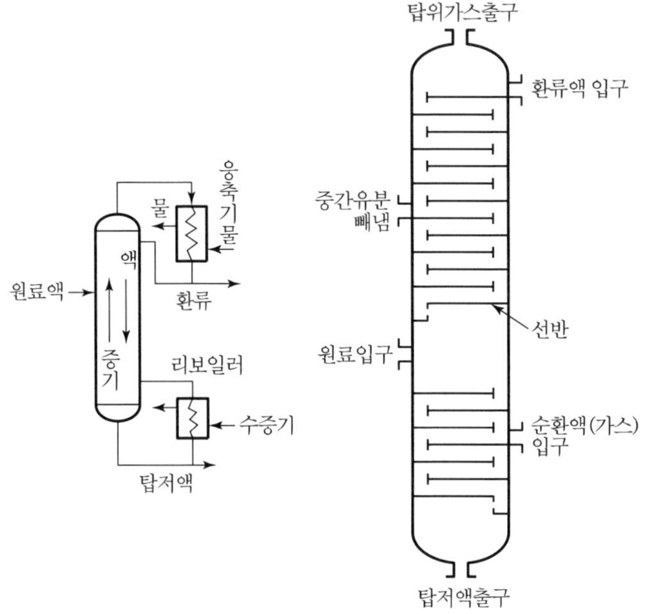

[증류탑의 개략도]

(1) 증류탑 점검항목

일상점검항목	자체검사(개방점검)항목
도장의 열화 상태 기초볼트 상태 보온재 및 보냉재 상태 배관 등 연결부 상태 외부 부식 상태 감시창, 출입구, 배기구 등 개구부 이상유무	트레이 부식상태, 정도, 범위 용접선의 상태 내부 부식 및 오염 여부 라이닝, 코팅, 가스켓 손상 여부 예비동력원의 기능 이상유무 가열장치 및 제어장치 기능의 이상유무 뚜껑, 플랜지 등의 접합상태의 이상유무

5. 열교환기

열교환기는 열에너지 보유량이 서로 다른 두 유체가 그 사이에서 열에너지를 교환하게 해 주는 장치이다. 상대적으로 고온 또는 저온인 유체 간의 온도차에 의해 열교환이 이루어진다.

1) 열교환기 점검항목

일상점검 항목	자체검사(개방점검) 항목
도장부 결함 및 벗겨짐 보온재 및 보냉재 상태 기초부 및 기초 고정부 상태 배관 등과의 접속부 상태	**내부 부식의 형태 및 정도** 내부 관의 부식 및 누설 유무 용접부 상태 라이닝, 코팅, 가스켓 손상 여부 **부착물에 의한 오염의 상황**

2) 열교환에 영향을 주는 요소 : 온도, 습도, 유체의 유동, 접촉면적, 용기 내부의 복사 등

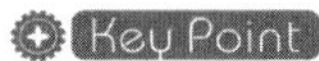

열교환에 영향을 주는 요소를 쓰시오.

6. 건조설비

건조설비는 물, 유기용제 등의 습기가 있는 원재료의 수분을 제거하고 조작하는 기구이다. 건조설비는 대상물의 성상, 함수율, 처리능력, 열원 등에 따라 그 형태와 크기가 매우 다양하다.

1) 건조설비 사용시 주의사항(안전보건규칙 제283조 관련)

① 위험물 건조설비를 사용하는 경우에는 미리 내부를 청소하거나 환기할 것

② 위험물 건조설비를 사용하는 경우에는 건조로 인하여 발생하는 가스·증기 또는 분진에 의하여 폭발·화재의 위험이 있는 물질을 안전한 장소로 배출시킬 것

③ 위험물 건조설비를 사용하여 가열건조하는 건조물은 쉽게 이탈되지 않도록 할 것

④ 고온으로 가열건조한 인화성 액체는 발화의 위험이 없는 온도로 냉각한 후에 격납시킬 것

⑤ 건조설비(바깥 면이 현저히 고온이 되는 설비만 해당한다)에 가까운 장소에는 인화성 액체를 두지 않도록 할 것

7. 화학설비 등의 개조, 수리 및 청소 등을 위해 설비를 분해하거나 설비내부에서 작업할 때 준수할 사항(안전보건규칙 제278조 관련)

① 작업책임자를 정하여 해당 작업을 지휘하도록 할 것
② 작업장소에 위험물 등이 누출되거나 고온의 수증기가 새어나오지 않도록 할 것
③ 작업장 및 그 주변의 인화성 액체의 증기 또는 인화성 가스의 농도를 수시로 측정할 것
④ 작업방법 및 순서를 정하여 미리 관계 근로자에게 주지시킬 것

8. 안전장치의 종류

1) 안전밸브(Safety Valve)

설비나 배관의 압력이 설정압력을 초과하는 경우 작동하여 내부 압력을 분출하는 장치이다. 화학설비 및 그 부속설비에서 최고 사용압력 이하에서 작동되도록 하여야 하며, 2개 이상의 안전밸브를 설치할 경우 1개는 최고사용압력의 1.05배에서 작동하여야 하고 외부 화재를 대비한 경우는 1.1배 이하에서 작동하여야 한다.

[안전밸브의 여러 가지 형상]

(1) 안전밸브 설치기준

① 압력상승의 우려가 있는 경우
② 반응생성물에 따라 안전밸브 설치가 적절한 경우
③ 열팽창 우려가 있을 때 압력상승을 방지할 경우

(2) 안전밸브의 설치위치(안전보건규칙 제261조)

① 압력용기(안지름이 150밀리미터 이하인 압력용기는 제외하며, 압력용기 중 관형 열교환기는 관의 파열로 인한 압력상승이 압력용기의 최고사용압력을 초과할 우려가 있는 경우에 한한다)

② 정변위 압축기
③ 정변위 펌프(토출축에 차단밸브가 설치된 것에 한한다)
④ 배관(2개 이상의 밸브에 의하여 차단되어 대기온도에서 액체의 열팽창에 의하여 구조적으로 파열이 우려되는 것에 한한다)
⑤ 그 밖에 화학설비 및 그 부속설비(이상화학반응, 밸브의 막힘 등 이상상태로 인한 압력상승으로 해당설비의 최고사용압력을 구조적으로 초과할 우려가 있는 것에 한한다)

2) 파열판(Rupture Disk)

밀폐된 압력용기나 화학설비 등이 설정압력 이상으로 급격하게 압력이 상승하면 파단되면서 압력을 토출하는 장치이다. 짧은 시간 내에 급격하게 압력이 변하는 경우 적합하다.

[파열판의 형태]

(1) 파열판 설치기준(안전보건규칙 제262조 관련)

① 반응 폭주 등 급격한 압력상승의 우려가 있는 경우
② 급성 독성 물질의 누출로 인하여 주위 작업환경을 오염시킬 우려가 있는 경우
③ 운전 중 안전밸브에 이상물질이 누적되어 안전밸브의 작동이 안 될 우려가 있는 경우
④ 부식성 또는 점성이 강한 유체를 저장 또는 생산하는 경우

3) 블로 밸브(Blow Valve)

① 수동 또는 자동제어에 의한 과잉의 압력을 방출할 수 있도록 한 안전장치
② 자압형, Solenoid형, Diaphgram형 등이 있다.

4) 밸로즈(Bellows)식 안전방출장치

① 주름이 있는 금속부품(bellows)이 스프링 압력에 의해 고정되어 있고, 설정압력을 넘는 경우 작동되어 압력을 정상화시키는 안전장치
② 후압이 존재하고 증기압 변화량을 제어할 목적으로 사용
③ 부식성, 독성 가스에 사용

5) 통기밸브(Breather Valve)(안전보건규칙 제268조 관련)

대기압 근처의 압력으로 운전되거나 저장되는 용기의 내부압력과 대기압 차이가 발생하였을 경우 대기를 탱크 내에 흡입 또는 탱크 내의 압력을 방출하여 항상 탱크 내부를 대기압과 평형한 상태로 유지하여 보호하는 밸브

[통기밸브의 실제 설치 모습]

(1) 설치조건

① 인화점이 38℃ 미만인 물질
② 통기량이 충분할 것
③ 내식성 재질일 것

6) 화염방지기(Flame Arrester)(안전보건규칙 제269조 관련)

① 비교적 저압 또는 상압에서 가연성 증기를 발생하는 인화성 물질 등을 저장하는 탱크에서 외부에 그 증기를 방출하거나 탱크 내에 외기를 흡입하는 부분에 설치하는 안전장치
② 외기에서 흡입하는 대기 중의 불꽃이나 화염을 소염거리와 소염직경의 원리를 이용하여 막아주는 역할을 한다.
③ 일반적으로 40mesh 이상의 가는 눈금의 철망을 여러 겹 겹친 구조이다.

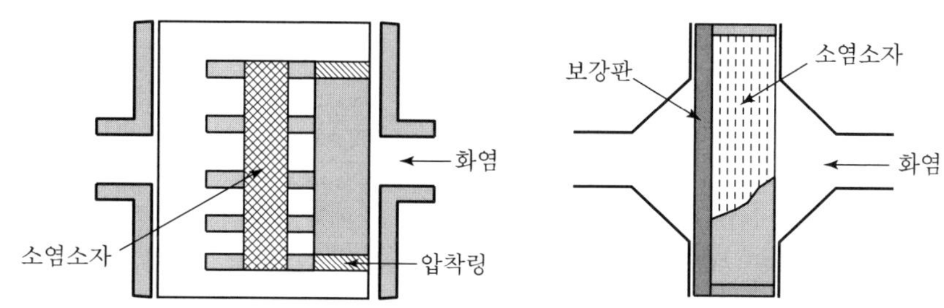

[화염방지기의 구조]

Key Point

산업안전 보건법에서 화학설비의 안전장치 4가지를 쓰시오.

7) 밴트스택(Ventstack)

① 탱크 내의 압력을 정상 상태로 유지하기 위한 안전장치

② 상압탱크에서 직사광선에 의한 온도상승시 탱크 내의 공기를 자동으로 대기에 방출하여 내압상승을 막아주는 역할

③ 가연성 가스나 증기를 직접방출할 경우 그 선단은 지상보다 높고 안전한 장소에 설치하여야 한다.

8) 특수화학설비의 안전장치

① 자동경보장치(안전보건규칙 제274조)

② 긴급차단장치(안전보건규칙 제275조)

③ 예비동력원(안전보건규칙 제276조)

Key Point

특수화학설비의 이상상태의 발생에 따른 폭발, 화재, 위험물 누출방지를 위한 설비 3가지를 쓰시오.

15 공정안전보고서

1. 제출대상(시행령 제43조 공정안전보고서의 제출 대상)

법 제44조제1항 전단에서 "대통령령으로 정하는 유해하거나 위험한 설비"란 다음 각 호의 어느 하나에 해당하는 사업을 하는 사업장의 경우에는 그 보유설비를 말하고, 그 외의 사업을 하는 사업장의 경우에는 별표 13에 따른 유해·위험물질 중 하나 이상의 물질을 같은 표에 따른 규정량 이상 제조·취급·저장하는 설비 및 그 설비의 운영과 관련된 모든 공정설비를 말한다.

① 원유 정제처리업

② 기타 석유정제물 재처리업

③ 석유화학계 기초화학물질 제조업 또는 합성수지 및 기타 플라스틱물질 제조업. 다만, 합성수지 및 기타 플라스틱물질 제조업은 시행령 별표 13 제1호 또는 제2호에 해당하는 경우로 한정한다.

④ 질소 화합물, 질소·인산 및 칼리질 화학비료 제조업 중 질소질 비료 제조

⑤ 복합비료 및 기타 화학비료 제조업 중 복합비료 제조(단순혼합 또는 배합에 의한 경우는 제외한다)

⑥ 화학 살균·살충제 및 농업용 약제 제조업[농약 원제(原劑) 제조만 해당한다]

⑦ 화약 및 불꽃제품 제조업

2 공정안전보고서의 내용(시행령 제44조)

공정안전보고서는 다음의 사항을 포함하여야 한다.

① 공정안전자료

② 공정위험성평가서 및 잠재위험에 대한 사고예방·피해 최소화 대책

③ 안전운전계획

④ 비상조치계획

⑤ 그 밖에 공정상의 안전과 관련하여 고용노동부장관이 필요하다고 인정하여 고시하는 사항

Key Point

공정안전보고서 종류를 4가지 쓰시오.

Key Point

공정안전 보고서에 포함되어야 할 사항을 4가지 쓰시오.

16 공정안전보고서 작성·심사·확인

1. 공정안전 자료(산업안전보건법 시행규칙 제50조 제1항 제1호)

1) 공정안전자료 작성

(1) 취급·저장하고 있거나 취급·저장하려는 유해·위험물질의 종류 및 수량

(2) 유해·위험물질에 대한 물질안전보건자료

(3) 유해·위험설비의 목록 및 사양

(4) 유해·위험설비의 운전방법을 알 수 있는 공정도면

(5) 각종 건물·설비의 배치도

(6) 폭발위험장소 구분도 및 전기단선도

(7) 위험설비의 안전설계·제작 및 설치 관련 지침서

2. 공정위험성평가서 및 잠재위험에 대한 사고예방 · 피해 최소화 대책(산업안전보건법 시행규칙 제50조 제1항 제2호)

공정의 특성 등을 고려하여 다음 위험성평가기법 중 한 가지 이상을 선정하여 위험성평가를 실시한 후 그 결과에 따라 작성하여야 하며, 사고예방 · 피해최소화대책의 작성은 위험성평가 결과 잠재위험이 있다고 인정되는 경우만 해당한다.

1) **체크리스트(Check List)**

2) 상대위험순위 결정(Dow and Mond Indices)

3) 작업자 실수 분석(HEA)

4) 사고예상 질문 분석(What－if)

5) **위험과 운전 분석(HAZOP)**

6) 이상위험도 분석(FMECA)

7) 결함수 분석(FTA)

8) 사건 수 분석(ETA)

9) 원인결과 분석(CCA)

10) 1)~9)까지의 규정과 같은 수준 이상의 기술적 평가기법

3. 안전운전계획(산업안전보건법 시행규칙 제50조 제1항 제3호)

1) 안전운전지침서
2) 설비점검 · 검사 및 보수계획, 유지계획 및 지침서
3) 안전작업허가
4) 도급업체 안전관리계획
5) 근로자 등 교육계획
6) 가동 전 점검지침
7) 변경요소 관리계획
8) 자체감사 및 사고조사계획
9) 그 밖에 안전운전에 필요한 사항

4. 비상조치계획(산업안전보건법 시행규칙 제50조 제1항 제4호)

1) 비상조치를 위한 장비 · 인력보유현황
2) 사고발생시 각 부서 · 관련기관과의 비상연락체계
3) 사고발생시 비상조치를 위한 조직의 임무 및 수행절차
4) 비상조치계획에 따른 교육계획
5) 주민홍보계획
6) 그 밖에 비상조치 관련사항

5. 공정안전보고서의 제출시기(산업안전보건법 시행규칙 제51조)

유해 · 위험설비의 설치 · 이전 또는 주요 구조부분의 변경공사의 착공일 30일 전까지 공정안전보고서를 2부 작성하여 공단에 제출하여야 한다.

17 위험물 및 유해화학물질의 안전

1. 위험물의 정의

위험물은 다양한 관점에서 정의될 수 있으나, 화학적 관점에서 정의하면, 일정 조건에서 화학적 반응에 의해 화재 또는 폭발을 일으킬 수 있는 성질을 가지거나, 인간의 건강을 해칠 수 있는 우려가 있는 물질을 말한다.

2. 위험물의 일반적 성질

① 상온, 상압 조건에서 산소, 수소 또는 물과의 반응이 잘 된다.
② 반응속도가 다른 물질에 비해 빠르며, 반응시 대부분 발열반응으로 그 열량 또한 비교적 크다.
③ 반응시 가연성 가스 또는 유독성 가스를 발생한다.
④ 보통 화학적으로 불안정하여 다른 물질과의 결합 또는 스스로의 분해가 잘 된다.

3. 위험물의 특징

① 화재 또는 폭발을 일으킬 수 있는 성질이 다른 물질에 비해 매우 크다.
② 발화성 또는 인화성이 강하다.
③ 외부로부터의 충격이나 마찰, 가열 등에 의하여 화학변화를 일으킬 수 있다.
④ 다른 물질과 격렬하게 반응하거나 공기 중에서 매우 빠르게 산화되어 폭발할 수 있다.
⑤ 화학반응시 높은 열을 발생하거나, 폭발 및 폭음을 내는 경우가 대부분이다.

4. 「산업안전보건법」상 위험물 분류(안전보건규칙 별표1)

〈안전보건규칙 별표 1〉

위험물 종류	물질의 구분
폭발성 물질 및 유기과산화물 (별표1 제1호)	가. 질산에스테르류 나. 니트로 화합물 다. 니트로소 화합물 라. 아조 화합물 마. 디아조 화합물 바. 하이드라진 유도체 사. 유기과산화물 아. 그 밖에 가목부터 사목까지의 물질과 같은 정도의 폭발의 위험이 있는 물질 자. 가목부터 아목까지의 물질을 함유한 물질

물반응성 물질 및 인화성 고체 (별표1 제2호)	가. 리튬 나. 칼륨 · 나트륨 다. 황 라. 황린 마. 황화인 · 적린 바. 셀룰로이드류 사. 알킬알루미늄 · 알킬리튬 아. 마그네슘분말 자. 금속 분말(마그네슘 분말은 제외한다) 차. 알칼리금속(리튬 · 칼륨 및 나트륨은 제외한다) 카. 유기 금속화합물(알킬알루미늄 및 알킬리튬은 제외한다) 타. 금속의 수소화물 파. 금속의 인화물 하. 칼슘 탄화물, 알루미늄 탄화물 거. 그 밖에 가목부터 하목까지의 물질과 같은 정도의 발화성 또는 인화성이 있는 물질 너. 가목 부터 거목까지의 물질을 함유한 물질
산화성 액체 및 산화성 고체 (별표1 제3호)	가. 차아염소산 및 그 염류 나. 아염소산 및 그 염류 다. 염소산 및 그 염류 라. 과염소산 및 그 염류 마. 브롬산 및 그 염류 바. 요오드산 및 그 염류 사. 과산화수소 무기 과산화물 아. 질산 및 그 염류 자. 과망간산 및 그 염류 차. 중크롬산 및 그 염류 카. 그 밖에 가목부터 차목까지의 물질과 같은 정도의 산화성이 있는 물질 타. 가목부터 카목까지의 물질을 함유한 물질
인화성 액체 (별표1 제4호)	가. 에틸에테르, 가솔린, 아세트알데히드, 산화프로필렌 그 밖에 인화점이 섭씨 23도 미만이고 초기끓는점이 섭씨 35도 이하인 물질 나. 노르말헥산, 아세톤, 메틸에틸케톤, 메틸알코올, 에틸알코올, 이황화탄소 그 밖에 인화점이 섭씨 23도 미만이고 초기끓는점이 섭씨 35도를 초과하는 물질 다. 크실렌, 아세트산아밀, 등유, 경유, 테레핀유, 이소아밀알코올, 아세트산, 하이드라진 그 밖에 인화점이 섭씨 23도 이상 섭씨 60도 이하인 물질

인화성 가스 (별표1 제5호)	가. 수소 나. 아세틸렌 다. 에틸렌 라. 메탄 마. 에탄 바. 프로판 사. 부탄 아. 인화성 가스란 인화한계 농도의 최저한도가 13퍼센트 이하 또는 최고한도와 최저한도의 차가 12퍼센트 이상인 것으로서 표준압력(101.3kPa)하의 20℃에서 가스 상태인 물질을 말한다.
부식성 물질 (별표1 제6호)	가. 부식성 산류 (1) 농도가 20퍼센트 이상인 염산 · 황산 · 질산 그 밖에 이와 같은 정도 이상의 부식성을 가지는 물질 (2) 농도가 60퍼센트 이상인 인산 · 아세트산 · 불산 그 밖에 이와 같은 정도 이상의 부식성을 가지는 물질 나. 부식성 염기류 농도가 40퍼센트 이상인 수산화나트륨 · 수산화칼륨 그 밖에 같은 정도 이상의 부식성을 가지는 염기류
급성 독성 물질 (별표1 제7호)	가. 쥐에 대한 경구투입실험에 의하여 실험동물의 50퍼센트를 사망시킬 수 있는 물질의 양, 즉 LD50(경구, 쥐)이 킬로그램당 300밀리그램-(체중) 이하인 화학물질 나. 쥐 또는 토끼에 대한 경피흡수실험에 의하여 실험동물의 50퍼센트를 사망시킬 수 있는 물질의 양, 즉 LD50(경피, 토끼 또는 쥐)이 킬로그램당 1000밀리그램-(체중) 이하인 화학물질 다. 쥐에 대한 4시간동안의 흡입실험에 의하여 실험동물의 50퍼센트를 사망시킬 수 있는 물질의 농도, 즉 가스 LC50(쥐, 4시간 흡입)이 2,500ppm 이하인 화학물질, 증기 LC50(쥐, 4시간 흡입)이 10mg/ℓ 이하인 화학물질, 분진 또는 미스트 1mg/ℓ 이하인 화학물질

Key Point

위험물질 분류중 화학적 성질에 따른 위험성 물질의 종류를 쓰시오.

Key Point

다음 빈칸을 채우시오.

인화성 가스 폭발농도 하한(   )% 상하한차(   )%
가연성 가스 폭발농도 하한(   )% 상하한차(   )%

① 독성물질의 표현단위

㉠ 고체 및 액체 화합물의 독성 표현단위

ⓐ LD(Lethal Dose) : 한 마리 동물의 치사량

ⓑ MLD(Minimum Lethal Dose) : 실험동물 한 무리(10마리 이상)에서 한 마리가 죽는 최소의 양

ⓒ LD50 : 실험동물 한 무리(10마리 이상)에서 50%가 죽는 양

ⓓ LD100 : 실험동물 한 무리(10마리 이상) 전부가 죽는 양

㉡ 가스 및 증발하는 화합물의 독성 표현단위

ⓐ LC(Lethal Concentration) : 한 마리 동물을 치사시키는 농도

ⓑ MLC(Minimum Lethal Concentration) : 실험동물 한 무리(10마리 이상)에서 한 마리가 죽는 최소의 농도

ⓒ LC50 : 실험동물 한 무리(10마리 이상)에서 50%가 죽는 농도

ⓓ LC100 : 실험동물 한 무리(10마리 이상) 전부가 죽는 농도

Key Point

LD50이란 무언인지 간단히 쓰시오.

5. 위험물질 등의 제조 등 작업시의 조치(안전보건규칙 제225조)

위험물질(이하 "위험물"이라 한다)을 제조 또는 취급하는 경우에 폭발·화재 및 누출을 방지하기 위한 적절한 방호조치를 취하지 아니하고서는 다음 각 호의 행위를 하여서는 아니 된다.

① 폭발성 물질·유기과산화물을 화기 그 밖에 점화원이 될 우려가 있는 것에 접근시키거나 가열하거나 마찰시키거나 충격을 가하는 행위

② 물반응성 물질·인화성 고체를 각각 그 특성에 따라 화기 그 밖에 점화원이 될 우려가 있는 것에 접근시키거나 발화를 촉진하는 물질 또는 물에 접촉시키거나 가열하거나 마찰시키거나 충격을 가하는 행위

③ 산화성 액체·산화성 고체를 분해가 촉진될 우려가 있는 물질에 접촉시키거나 가열하거나 마찰시키거나 충격을 가하는 행위

④ 인화성 액체를 화기 그 밖에 점화원이 될 우려가 있는 것에 접근시키거나 주입 또는 가열하거나 증발시키는 행위

⑤ 가인화성 가스를 화기 그 밖에 점화원이 될 우려가 있는 것에 접근시키거나 압축·가열 또는 주입하는 행위

⑥ 부식성 물질 또는 급성 독성물질을 누출시키는 등으로 인하여 인체에 접촉시키는 행위

⑦ 위험물을 제조하거나 취급하는 설비가 있는 장소에 인화성 가스 또는 산화성 액체 및 산화성 고체를 방치하는 행위

6. 유해물질 작업장의 관리

1) 유해물질 취급 작업장의 게시사항-관리(허가)대상 유해물질

① 명칭
② 인체에 미치는 영향
③ 취급상 주의사항
④ 착용하여야 할 보호구
⑤ 응급조치 및 긴급 방재 요령

Key Point

관리대상 유해물질을 취급하는 작업장에서 게시해야 할 사항을 쓰시오.

Key Point

사업주는 관리대상 유해물질을 취급하는 작업장에 근로자가 보기 쉬운 장소에 게시하여야 할 사항 4가지를 쓰시오.(단, 물질안전보건자료 작성하여 게시한 경우를 그러하지 아니한다.)

Key Point

허가대상유해물질에 게시해야 할 4가지 사항을 쓰시오.

2) 금지 유해물질의 보관 및 게시사항

① 실험실 등의 일정한 장소 또는 별도의 전용장소에 보관할 것
② 금지유해물질 보관장소에는 명칭, 인체에 미치는 영향, 위급상황시의 대처방법 및 응급처치방법 등의 사항을 게시할 것
③ 금지유해물질 보관장소에는 잠금장치를 설치하는 등 시험·연구 이외의 목적으로 외부로 반출되지 않도록 할 것

3) 유해물질의 인체 흡수 경로

① 피부 또는 점막을 통한 흡수

② 호흡기를 통한 흡수
③ 구강 및 소화기를 통한 흡수

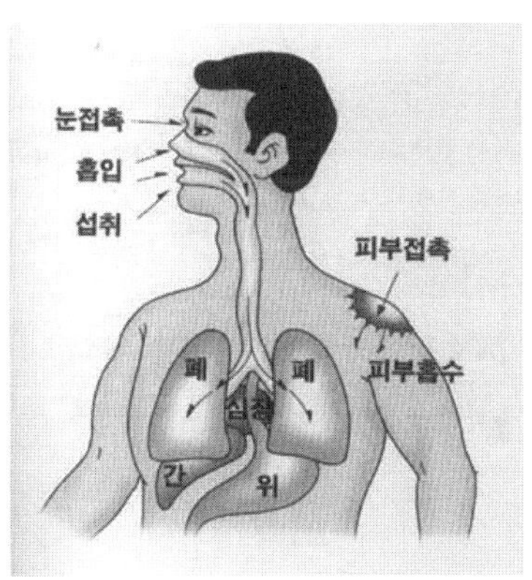

4) 유해물질을 사용하는 작업장 바닥

① 불침투성 재료 사용(유해물질이 작업장 바닥에 흡수되는 것을 예방)
② 정전기 방지(점화원이 될 수 있는 정전기 예방)
③ 유해물질이 바닥이나 피트 등에 확산되지 않도록 경사를 주거나, 높이 15cm 이상의 턱을 설치

7. 물질안전보건자료(MSDS)

1) 물질안전보건자료의 작성 및 제출(산업안전보건법 제110조)

(1) 화학물질 또는 이를 포함한 혼합물로서 제104조에 따른 분류기준에 해당하는 것(대통령령으로 정하는 것은 제외한다. 이하 "물질안전보건자료대상물질"이라 한다)을 제조하거나 수입하려는 자는 다음 각 호의 사항을 적은 자료(이하 "물질안전보건자료"라 한다)를 고용노동부령으로 정하는 바에 따라 작성하여 고용노동부장관에게 제출하여야 한다. 이 경우 고용노동부장관은 고용노동부령으로 물질안전보건자료의 기재 사항이나 작성 방법을 정할 때 「화학물질관리법」 및 「화학물질의 등록 및 평가 등에 관한 법률」과 관련된 사항에 대해서는 환경부장관과 협의하여야 한다.

① 제품명
② 물질안전보건자료대상물질을 구성하는 화학물질 중 제104조에 따른 분류기준에 해당하는 화학물질의 명칭 및 함유량
③ 안전 및 보건상의 취급 주의 사항
④ 건강 및 환경에 대한 유해성, 물리적 위험성
⑤ 물리·화학적 특성 등 고용노동부령으로 정하는 사항

Key Point

물질안전보건자료 작업시 포함해야 할 항목 4가지를 쓰시오.

(2) 화학물질 용기 표면에 표시하여야 할 사항

① 명칭 : 제품명

② 그림문자 : 화학물질의 분류에 따라 유해 · 위험의 내용을 나타내는 그림

③ 신호어 : 유해 · 위험의 심각성 정도에 따라 표시하는 "위험" 또는 "경고" 문구

④ 유해 · 위험 문구 : 화학물질의 분류에 따라 유해 · 위험을 알리는 문구

⑤ 예방조치 문구 : 화학물질에 노출되거나 부적절한 저장 · 취급 등으로 발생하는 유해 · 위험을 방지하기 위하여 알리는 주요 유의사항

⑥ 공급자 정보 : 물질안전보건자료대상물질의 제조자 또는 공급자의 이름 및 전화번호 등

8. 위험물질 농도 표시단위

1) 가스 및 증기 : ppm 또는 mg/m^3

2) 분진 : mg/m^3(다만, 석면은 개/cm^3)

3) 단위환산

① $mg/\ell = \dfrac{\text{체적\%} \times \text{분자량}}{24.45}$, $mg/m^3 = \dfrac{\text{체적\%} \times \text{분자량}}{24.45}$

② $ppm = mg/m^3 \times \dfrac{22.4}{M} \times \dfrac{T(℃) + 273}{273}$ (여기서, M : 분자량, T : 온도)

Key Point

일산화탄소 10ppm은 25℃에서 몇 mg/m³인가?(일산화탄소 분자량은 28)

9. 유해물질의 노출기준

1) 시간가중 평균 농도(TWA, TLV－TWA)

매일 8시간씩 일하는 근로자에게 노출되어도 영향을 주지 않는 최고 평균농도

2) 단시간 노출기준(STEL, TLV－STEL)

근로자가 1회에 15분 동안 유해요인에 노출되는 경우 기준

3) 최고 노출기준(C, TLV－C)

근로자가 1일 작업시간동안 잠시라도 노출되어서는 안되는 기준

Key Point

시간가중 평균농도(TWA)를 간략히 설명하시오.

Key Point

다음 용어를 간단히 설명하시오.
1) TLV－TWA
2) TLV－STEL
3) TLV－C

제3장 작업환경안전 일반

1 작업환경 개선의 기본원칙

1. 작업환경 유해요인

구분	내용
물리적 요인	이상기온, 습도, 이상기압, 조명, 소음, 진동, 복사열, 방사선, 유해광선 등
화학적 요인	가스, 증기, 분진, 유기용제, 중금속, 기타 유독물 등
생물학적 요인	각종 전염성 병균

2. 작업환경 개선의 기본 3원칙

1) 작업환경 개선 기본원칙

원칙	항목	내용
대치	사용물질의 변경	독성이 강한 것을 독성이 적거나 없는 것으로 바꿈
	작업공정의 변경	원료를 바꿀 수 없을 경우 공정을 변경함
	생산시설의 변경	위험시설을 줄이기 위해 생산 시설을 교체
격리	작업자 격리	작업자를 보호구 등의 사용으로 유해환경으로부터 격리
	작업공정 격리	공정의 격리 또는 밀폐, 원격조정이 가능하도록 함
	생산시설 격리	위험성이 큰 시설은 특별한 격리상태로 함
	저장물질 격리	물질의 특성에 따라 보관방법을 달리함
환기	전체환기	열, 수증기, 오염물질 등을 희석하여 배출
	국소배기	오염물질 발산원마다 설치하여 작업장 내로 배출을 방지

2) 작업환경 개선방법

① 유해한 생산공정의 변경

② 유해한 작업방법의 변경

③ 유해성이 적은 원자재로의 대체 사용
④ 설비의 밀폐
⑤ 유해물의 발산·비산의 억제
⑥ 국소배기장치 및 전체환기장치의 설치

3. 도금작업시 안전수칙

① 유해물질에 대한 유해성 사전 조사
② 유해물질 발생원의 봉쇄
③ 작업공정 은폐, 작업장의 격리
④ 유해물의 위치 및 작업공정 변경
⑤ 전체환기 또는 국소배기
⑥ 점화원의 제거
⑦ 환경의 정돈과 청소

2 배기 및 환기

1. 환기의 목적

① 체류 가스 및 증기의 확산을 위한 급기
② 폭발성 가스, 인화성 증기, 분진 등의 배기
③ 적정 온도 유지를 위해 냉기 또는 온기를 송풍하는 급기
④ 환경 개선을 위한 환기

2. 환기방법

① 자연환기 : 자연적인 공기 이동에 의한 환기
② 강제환기 : 덕트, 후드, 송풍기, 집진기, 공기정화기 등을 이용한 환기

3. 국소배기장치

1) 정의

유해물질이 발생하는 곳마다 포집시설인 후드를 설치하고, 덕트를 통해 강제적으로 배출하여 작업장 내 유해환경을 개선하는 장치

2) 후드의 종류

형식	종류	비고
포위식 (Enclosing type)	유해물질의 발생원을 전부 또는 부분적으로 포위하는 후드	포위형(Enclosing type) 장갑부착상자형(Glove box hood) 드래프트 챔버형(Draft chamber hood) 건축부스형 등
외부식 (Exterior type)	유해물질의 발생원을 포위하지 않고 발생원 가까운 위치에 설치하는 후드	슬롯형(Slot hood) 그리드형(Grid hood) 푸시-풀형(Push-pull hood) 등
레시버식 (Receiver type)	유해물질이 발생원에서 상승기류, 관성기류 등 일정방향의 흐름을 가지고 발생할 때 설치하는 후드	그라인더커버형(Grinder cover hood) 캐노피형(Canopy hood)

3) 후드의 설치기준

① 유해물질이 발생하는 곳마다 설치

② 유해인자 발생형태, 비중, 작업방법 등을 고려하여 해당 분진 등의 발산원을 제어할 수 있는 구조일 것

③ 후드 형식은 가능한 포위식 또는 부스식 후드를 설치할 것

④ 외부식 또는 리시버식 후드를 설치할 때에는 유기용제 증기 또는 해당 분진 등의 발산원에 가장 가까운 위치에 설치할 것

⑤ 후드의 개구면적을 크게 하지 않을 것

4) 덕트의 설치기준

① 가능한 길이는 짧게 하고 굴곡부의 수는 적게 할 것

② 접속부 내면은 돌출된 부분이 없도록 할 것

③ 청소구를 설치하는 등 청소하기 쉬운 구조로 할 것

④ 덕트 내에 오염물질이 쌓이지 않도록 이송속도를 유지할 것

⑤ 연결부위 등은 외부공기가 들어오지 않도록 할 것

5) 송풍기(배풍기) 설치 시 고려사항

① 설계 시에 계산된 압력과 배기량을 만족시킬 수 있는 크기로 규격을 선정하여야 한다.

② 배풍기의 날개나 구성물은 내마모성, 내산성, 내부식성 재질을 사용하여 성능저하 또는 소음·진동이 발생하지 않도록 하여야 한다.
③ 화재 및 폭발의 우려가 있는 유해물질을 이송하는 배풍기는 방폭구조로 하여야 한다.
④ 전동기는 부하에 다소간 변동이 있어도 안정된 성능을 유지하고 최대한 소음·진동이 발생하지 않는 것을 사용하여야 하며, 과부하 시의 과전류보호장치, 벨트구동부분의 방호장치 등 기타 기계·기구 및 전기로 인한 위험예방에 필요한 안전상의 조치를 하여야 한다.

6) 국소배기장치 사용 전 점검

① 덕트 및 배풍기의 분진 상태
② 덕트 접속부의 이완 유무
③ 흡기 및 배기 능력
④ 그 밖에 국소배기장치의 성능을 유지하기 위하여 필요한 사항

4. 전체환기장치의 성능

단일 성분의 유기화합물이 발생하는 작업장에 전체환기장치를 설치하려는 경우에 다음 계산식에 따라 계산한 환기량 이상으로 설치하여야 한다.

작업시간 1시간당 필요환기량
$=24.1\times$비중$\times$유해물질의 시간당 사용량$\times K/($분자량$\times$유해물질의 노출기준$)\times 10^6$

주) 1. 시간당 필요환기량 단위 : m^3/hr
2. 유해물질의 시간당 사용량 단위 : L/hr
3. K : 안전계수로서
가. K=1 : 작업장 내의 공기 혼합이 원활한 경우
나. K=2 : 작업장 내의 공기 혼합이 보통인 경우
다. K=3 : 작업장 내의 공기 혼합이 불완전한 경우

Key Point

제1종 유기용제를 취급시 시간당 허용소비량은?(단, 기저값은 150m^3)

Key Point

A사업장은 제조과정에서 톨루엔(제2종 유기용제)을 사용하고 있으며 사용량은 작업시간 8시간에 24g이다. 이 작업장에 전체 환기장치를 설치하고자 한다. 1분당 환기량(m^3)을 계산하시오.

3 조명관리

1. 조명

$$\text{소요조명(fc)} = \frac{\text{소요광속발산도}(fL)}{\text{반사율}(\%)} \times 100$$

2. 조도

어떤 물체나 표면에 도달하는 빛의 밀도로 단위는 fc와 lux가 있다.

$$\text{조도(lux)} = \frac{\text{광속(lumen)}}{(\text{거리(m)})^2}$$

3. 반사율

단위면적당 표면에서 반사 또는 방출되는 빛의 양

$$\text{반사율}(\%) = \frac{\text{휘도}(fL)}{\text{조도}(fC)} \times 100 = \frac{cd/\text{m}^2 \times \pi}{lux} = \frac{\text{광속발산도}}{\text{소요조명}} \times 100$$

4. 휘광

휘도가 높거나 휘도대비가 클 경우 생기는 눈부심

1) 휘광의 발생원인

① 눈에 들어오는 광속이 너무 많을 때

② 광원을 너무 오래 바라볼 때

③ 광원과 배경 사이의 휘도 대비가 클 때

④ 순응이 잘 안 될 때

2) 광원으로부터의 휘광(Glare)의 처리방법

① 광원의 휘도를 줄이고 수를 늘인다.

② 광원을 시선에서 멀리 위치시킨다.

③ 휘광원 주위를 밝게 하여 광도비를 줄인다.
④ 가리개, 갓 혹은 차양(visor)을 사용한다.

3) 창문으로부터의 직사휘광 처리

① 창문을 높이 단다.
② 창 위에 드리우개(Overhang)을 설치한다.

4 소음 및 진동방지대책

1. 소음(Noise)

공기의 진동에 의한 음파 중 인간이 감각적으로 원하지 않는 소리, 불쾌감을 주거나 주의력을 상실케 하여 작업에 방해를 주며, 청력손실을 가져온다.

① 가청주파수 : 20~20,000Hz
② 유해주파수 : 4,000Hz
③ 소리은폐현상(Sound Masking) : 한쪽 음의 강도가 약할 때는 강한 음에 숨겨져 들리지 않게 되는 현상

2. 소음의 영향

1) 일반적인 영향

불쾌감을 주거나 대화, 마음의 집중, 수면, 휴식을 방해하며 피로를 가중시킨다.

2) 청력손실

진동수가 높아짐에 따라 청력손실이 증가한다. 청력손실은 4,000Hz(C5-dip 현상)에서 크게 나타난다.

① 청력손실의 정도는 노출 소음수준에 따라 증가한다.
② 약한 소음에 대해서는 노출기간과 청력손실의 관계가 없다.
③ 강한 소음에 대해서는 노출기간에 따라 청력손실도 증가한다.

3. 소음을 통제하는 방법(소음대책)

① 소음원의 통제
② 소음의 격리
③ 차폐장치 및 흡음재료 사용
④ 음향처리제 사용
⑤ 적절한 배치

4. 진동피해

1) 진동피해

진동에 의한 피해는 수면방해 등 생리적 피해와 심리적 충격이 있다.

2) 진동방지대책

① 안정된 장소에 기계를 설치, 진동을 적게 하여 사용할 것
② 진동이 존재할 경우 고체음의 영향이 적은 곳에 배치할 것
③ 발생된 진동을 감소할 수 있도록 진동흡수방안을 강구하도록 할 것(방진보호구 등)

5 밀폐공간작업으로 인한 건강장해의 예방

1. 용어의 정의

밀폐공간	산소결핍, 유해가스로 인한 화재 · 폭발 등의 위험이 있는 장소
유해가스	밀폐공간에서 탄산가스 · 황화수소 등의 유해물질이 가스상태로 공기 중에 발생되는 것을 말한다.
적정한 공기	산소농도의 범위가 18% 이상 23.5% 미만, 탄산가스의 농도가 1.5% 미만, 황화수소의 농도가 10ppm 미만인 수준의 공기를 말한다.
산소결핍	공기중의 산소농도가 18% 미만인 상태를 말한다.
산소결핍증	산소결핍 상태의 공기를 들여 마심으로써 생기는 증상을 말한다.

Key Point

산소결핍이란 어떠한 상태를 말하는가?

2. 밀폐공간 보건작업 프로그램 수립 · 시행 등

① 사업장 내 밀폐공간의 위치 파악 및 관리 방안
② 밀폐공간 내 질식 · 중독 등을 일으킬 수 있는 유해 · 위험 요인의 파악 및 관리 방안
③ ②에 따라 밀폐공간 작업 시 사전 확인이 필요한 사항에 대한 확인 절차
④ 안전보건교육 및 훈련
⑤ 그 밖에 밀폐공간 작업 근로자의 건강장해 예방에 관한 사항

3. 밀폐공간 작업 시 특별교육내용

① 산소농도측정 및 작업환경에 관한 사항
② 사고시의 응급처치 및 비상시 구출에 관한 사항
③ 보호구 착용 및 사용방법에 관한 사항
④ 작업내용 · 안전작업방법 및 절차에 관한 사항
⑤ 장비 · 설비 및 시설 등의 안전점검에 관한 사항

Key Point

산소결핍장소 작업 시 실시해야 할 교육내용 3가지를 쓰시오.

Key Point

화학설비의 탱크 내 작업 시 특별교육의 내용을 쓰시오.

4. 밀폐공간 작업 시 관리감독자의 직무

① 산소가 결핍된 공기나 유해가스에 노출되지 아니하도록 작업시작 전에 작업방법을 결정하고 이에 따라 해당 근로자의 작업을 지휘하는 일
② 작업을 행하는 장소의 공기가 적정한 지 여부를 작업시작 전에 확인하는 일
③ 측정장비 · 환기장치 또는 공기마스크, 송기마스크 등을 작업시작 전에 점검하는 일
④ 근로자에게 공기마스크, 송기마스크 등의 착용을 지도하고 착용상황을 점검하는 일

5. 밀폐공간 작업 시 착용하여야 할 보호구

① 송기마스크 또는 공기호흡기
② 안전대 또는 구명밧줄
③ 안전모
④ 안전화

6. 퍼지작업의 목적

① 가연성 및 지연성 가스 : 화재 및 폭발 사고와 산소 결핍 사고 예방
② 독성가스 : 중독사고 예방
③ 불활성가스 : 산소결핍 예방

7. 퍼지작업의 종류

① 진공퍼지
② 압력퍼지
③ 스위프 퍼지
④ 사이펀 퍼지

6 중금속의 유해성

1. 카드뮴 중독

① 이타이이타이 병 : 일본 도야마현 진쯔강 유역에서 1910년경 발병 - 폐광에서 흘러나온 카드뮴이 원인

② 허리와 관절에 심한 통증, 골절 등의 증상을 보인다.

2. 수은 중독

① 미나마타 병 : 1953년 이래 일본 미나마타만 연안에서 발생

② 흡인시 인체의 구내염과 혈뇨, 손떨림 등의 증상을 일으킨다.

3. 크롬 화합물(Cr 화합물) 중독

① 크롬 정련, 도금 공정에서 발생하는 크롬 또는 크롬 화합물의 흄, 분진, 미스트를 장기간 흡입시 발생

② 코에 구멍이 뚫리는 비중격천공증을 유발한다.

4. 석면의 위험성

① 석면을 흡입할 경우 폐암, 석면폐, 악성중피종 등이 발생할 위험이 크다.

② 석면을 취급하는 작업(해체, 제거)시 적절한 개인보호구를 착용하여야 한다.

③ 석면의 해체, 제거작업시 석면이 흩날리지 않도록 적절한 조치를 취하여야 한다.

기출문제풀이

2000년 2월 20일

11. 일산화탄소 10ppm은 25℃에서 몇 mg/m³인가?(일산화탄소 분자량은 28)

해답 11.45mg/m³

$ppm = mg/m^3 \times \frac{22.4}{M} \times \frac{T(℃)+273}{273}$ (여기서, M : 분자량, T : 온도)의 식에서

$10 = mg/m^3 \times \frac{22.4}{28} \times \frac{25(℃)+273}{273}$

$\therefore mg/m^3 = 11.45$

2000년 6월 25일

6. 관리대상 유해물질을 취급하는 작업장에서 게시해야 할 사항을 쓰시오.

해답 ① 명칭
② 인체에 미치는 영향
③ 취급상 주의사항
④ 착용하여야 할 보호구
⑤ 응급조치 및 긴급 방재 요령

2000년 11월 12일

6. 사업주는 관리대상 유해물질을 취급하는 작업장에 근로자가 보기 쉬운 장소에 게시하여야 할 사항 4가지를 쓰시오.(단, 물질안전보건자료를 작성하여 게시한 경우는 그러하지 아니하다.)

해답 ① 명칭
② 인체에 미치는 영향
③ 취급상 주의사항
④ 착용하여야 할 보호구
⑤ 응급조치 및 긴급 방재 요령

2001년 4월 20일

4. 관리대상 유해물질을 취급하는 작업장에서 게시해야 할 사항을 쓰시오.

해답 ① 명칭
② 인체에 미치는 영향
③ 취급상 주의사항
④ 착용하여야 할 보호구
⑤ 응급조치 및 긴급 방재 요령

9. 일반적인 폭발을 분류하시오.

해답

폭발물질에 따른 분류	기상 폭발, 액상 폭발, 분진 폭발
폭발형태에 따른 분류	미스트 폭발, 증기 폭발, 증기운 폭발, 비등액팽창 증기폭발

2001년 7월 15일

2. 산업안전 보건법에서 화학설비의 안전장치 4가지를 쓰시오.

해답 안전밸브, 파열판, 통기밸브, 화염방지기

2001년 11월 4일

9. 가연성가스가 존재하는 작업장에 자동경보장치를 설치할 때, 작업시작 전 점검사항 3가지를 쓰시오.

해답 계기의 이상유무, 감지부 이상유무, 경보장치의 작동상태

10. 특수화학설비의 이상상태의 발생에 따른 폭발, 화재, 위험물 누출방지를 위한 설비 3가지를 쓰시오.

해답 ① 자동경보장치
② 긴급차단장치
③ 예비동력원

2002년 7월 7일

7. 사업주는 관리대상 유해물질을 취급하는 작업장에 근로자가 보기 쉬운 장소에 게시하여야 할 사항 4가지를 쓰시오.(단, 물질안전보건자료를 작성하여 게시한 경우는 그러하지 아니하다.)

해답 ① 명칭
② 인체에 미치는 영향
③ 취급상 주의사항
④ 착용하여야 할 보호구
⑤ 응급조치 및 긴급 방재 요령

10. 가스폭발의 성립조건 3가지를 쓰시오.

해답 ① 가연성 가스가 폭발범위 내에 있어야 한다.
② 밀폐된 공간이 존재하여야 한다.
③ 혼합되어 있는 가스가 밀폐되어 있는 방이나 용기 같은 것에 충만하게 존재하여야 한다.
④ 점화원(에너지)이 있어야 한다.

2003년 4월 27일

9. 연소의 3요소는 가연물, 점화원, 산소공급원이다. 가연물이 될 수 없는 조건 3가지를 쓰시오.

해답 ① 산소와 화합이 잘 되지않고, 연소시 연소열(발열량)이 작을 것
② 산소와 화합시 열전도율이 클 것
③ 산소와 접촉할 수 있는 입자의 표면적이 작을 것
④ 산소와 화합하여 점화될 때 점화열이 클 것

10. 산소결핍장소 작업 시 실시해야 할 교육내용 3가지를 쓰시오.

해답 ① 산소농도측정 및 작업환경에 관한 사항
② 사고시의 응급처치 및 비상시 구출에 관한 사항
③ 보호구 착용 및 사용방법에 관한 사항
④ 작업내용 · 안전작업방법 및 절차에 관한 사항
⑤ 장비 · 설비 및 시설 등의 안전점검에 관한 사항

2003년 10월 5일

5. 화학설비 및 그 부속설비 자체검사 사항을 5가지 쓰시오.

해답 자체검사는 2009년 1월 1일부터 안전검사로 통합되었다.

7. A사업장은 제조과정에서 톨루엔(제2종 유기용제)을 사용하고 있으며 사용량은 작업시간 8시간에 24g이다. 이 작업장에 전체 환기장치를 설치하고자 한다. 1분당 환기량(m^3)을 계산하시오.

해답 $0.12m^3$
$Q=0.04\times W$ (W : 작업시간 1시간 내에 사용하는 유기용제의 양(g), Q : 1분당 환기량(m^3)) 공식을 이용, $Q=0.04\times3$, $\therefore$ $W=0.12(m^3)$

2004년 4월 25일

4. 분진폭발과정을 순서대로 나열하시오.

① 입자표면 열분해 및 기체발생
② 주위의 공기와 혼합
③ 입자표면 온도 상승
④ 폭발열에 의하여 주위 입자 온도상승 및 열분해
⑤ 점화원에 의한 폭발

해답 ③ → ① → ② → ⑤ → ④

2005년 4월 30일

2. 제1종 유기용제를 취급 시 시간당 허용소비량은?(단, 기저값은 150m^3)

해답 500g
Q=0.3×W(W : 작업시간 1시간 내에 사용하는 유기용제의 양(g), Q : 1분당 환기량(m^3)) 공식을 이용, 150=0.3×W
∴ W=500(g)

6. 화학설비의 탱크 내 작업 시 특별교육의 내용을 쓰시오.

해답 ① 산소농도측정 및 작업환경에 관한 사항
② 사고 시의 응급처치 및 비상시 구출에 관한 사항
③ 보호구 착용 및 사용방법에 관한 사항
④ 작업내용 · 안전작업방법 및 절차에 관한 사항
⑤ 장비 · 설비 및 시설 등의 안전점검에 관한 사항

7. 위험물질 분류 중 화학적 성질에 따른 위험성 물질의 종류를 쓰시오.

해답 ① 폭발성 물질 및 유기과산화물
② 물반응성 물질 및 인화성 고체
③ 산화성 액체 및 산화성 고체
④ 인화성 액체
⑤ 인화성 가스
⑥ 부식성 물질
⑦ 급성 독성 물질

2005년 9월 25일

10. 공기와 혼합된 LPG의 조성이 공기 40%, 프로판 50%, 부탄 10%일 때 폭발하한계의 값을 구하여라.(프로판 폭발범위 2.1~9.5%, 부탄 1.8~8.4%)

해답 폭발하한계 값 : 2.04(%)

$$L = \frac{V_1 + V_2 + \cdots + V_n}{\frac{V_1}{L_1} + \frac{V_2}{L_2} + \cdots + \frac{V_n}{L_n}}$$ (혼합가스가 공기와 섞여 있을 경우)

여기서, L : 혼합가스의 폭발한계(%) – 폭발상한, 폭발하한 모두 적용 가능

$L_1, L_2, L_3, \cdots, L_n$: 각 성분가스의 폭발한계(%) – 폭발상한계, 폭발하한계

$V_1, V_2, V_3, \cdots, V_n$: 전체 혼합가스 중 각 성분가스의 비율(%) – 부피비

식을 이용하여,

$$L = \frac{50 + 10}{\frac{50}{2.1} + \frac{10}{1.8}} = 2.04$$

2006년 7월 9일

3. 시간가중 평균농도(TWA)를 간략히 설명하시오.

해답 매일 8시간씩 일하는 근로자에게 노출되어도 영향을 주지 않는 최고 평균농도

8. 산소결핍이란 어떠한 상태를 말하는가?

해답 공기중의 산소농도가 18% 미만인 상태

2006년 9월 17일

5. 특수화학설비 이상상태 조기파악을 위해 설치하는 안전장치 3가지를 쓰시오.

해답 온도계, 유량계, 압력계

7. 아세틸렌 70%,수소 30%로 혼합된 혼합기체의 폭발하한계 값을 구하여라.(단, 폭발범위는 아세틸렌 2.5~81.0vol%, 수소는 4.0~75.0vol%)

해답 폭발하한계 : 2.82(%)

$$L=\frac{100}{\frac{V_1}{L_1}+\frac{V_2}{L_2}+\cdots+\frac{V_n}{L_n}}$$ (순수한 혼합가스일 경우)

여기서, L : 혼합가스의 폭발한계(%) - 폭발상한, 폭발하한 모두 적용 가능

$L_1, L_2, L_3, \cdots, L_n$: 각 성분가스의 폭발한계(%) - 폭발상한계, 폭발하한계

$V_1, V_2, V_3, \cdots, V_n$: 전체 혼합가스 중 각 성분가스의 비율(%) - 부피비

식을 이용하여

$$L=\frac{100}{\frac{70}{2.5}+\frac{30}{4.0}}=2.82$$

8. 허가대상유해물질에 게시해야 할 4가지 사항을 쓰시오.

해답 ① 명칭

② 인체에 미치는 영향

③ 취급상 주의사항

④ 착용하여야 할 보호구

⑤ 응급조치 및 긴급 방재 요령

2007년 4월 22일

12. 분진 폭발에 영향을 주는 요인 4가지를 쓰시오.

해답 ① 분진의 입경이 작을수록 폭발하기 쉽다.
② 일반적으로 부유분진이 퇴적분진에 비해 발화온도가 높다.
③ 연소열이 큰 분진일수록 저농도에서 폭발하고 폭발위력도 크다.
④ 분진의 비표면적이 클수록 폭발성이 높아진다.

2007년 7월 8일

1. 다음 용어를 간단히 설명하시오.

1) TLV-TWA
2) TLV-STEL
3) TLV-C

해답 1) TLV-TWA : 매일 8시간씩 일하는 근로자에게 노출되어도 영향을 주지 않는 최고 평균농도
2) TLV-STEL : 근로자가 1회에 15분 동안 유해요인에 노출되는 경우 기준
3) TLV-C : 근로자가 1일 작업시간동안 잠시라도 노출되어서는 안되는 기준

9. LD50이란 무언인지 간단히 쓰시오.

해답 독성물질의 표현단위 중 하나로, 실험동물 한 무리(10마리 이상)에서 50%가 죽는 양

11. 고체연소의 종류 4가지를 쓰시오.

해답 ① 표면연소
② 분해연소
③ 증발연소
④ 자기연소

2007년 10월 7일

7. 제1종 유기용제를 취급 시 시간당 허용소비량은?(단, 기저값은 150m³)

해답 500g
$Q=0.3\times W$(W : 작업시간 1시간 내에 사용하는 유기용제의 양(g), Q : 1분당 환기량(m^3)) 공식을 이용, $150=0.3\times W$
$\therefore\ W=500(g)$

2008년 4월 20일

5. 폭굉현상에서 그 유도거리가 짧아지는 조건 4가지를 쓰시오.

해답 ① 정상 연소속도가 큰 혼합물일 경우
② 점화원의 에너지가 큰 경우
③ 고압일 경우
④ 관 속에 방해물이 있을 경우
⑤ 관경이 작을 경우

6. 일산화탄소 10ppm은 25℃에서 몇 mg/m³인가?(일산화탄소 분자량은 28)

해답 $11.45mg/m^3$
$ppm=mg/m^3\times\frac{22.4}{M}\times\frac{T(℃)+273}{273}$ (여기서, M : 분자량, T : 온도) 의 식에서
$10=mg/m^3\times\frac{22.4}{28}\times\frac{25(℃)+273}{273}$
$\therefore\ mg/m^3=11.45$

9. 가연성 가스가 존재하는 작업장의 자동경보장치 설치 시 점검사항 3가지를 쓰시오.

해답 계기의 이상유무, 감지부 이상유무, 경보장치의 작동상태

2008년 7월 6일

4. 분진폭발에 영향을 주는 요인 4가지를 쓰시오.

해답 ① 분진의 입경이 작을수록 폭발하기 쉽다.
② 일반적으로 부유분진이 퇴적분진에 비해 발화온도가 높다.
③ 연소열이 큰 분진일수록 저농도에서 폭발하고 폭발위력도 크다.
④ 분진의 비표면적이 클수록 폭발성이 높아진다.

2008년 11월 2일

3. 할로겐화물 소화기에 사용하는 할로겐원소의 부촉매제(연소 억제제)의 종류 4가지를 쓰시오.

해답 ㉠ 사염화탄소(CCl_4)(할론1040)
㉡ 일취화 일염화 메탄(CH_2ClBrM)(할론 1011)
㉢ 일취화 삼불화 메탄(CF_3BrM)(할론 1301)
㉣ 이취화 사불화 에탄($C_2F_4Br_2M$)(할론 2402)
㉤ 일취화 일염화 이불화 메탄(CF_2ClBrM)(할론 1211)

4. 화재의 종류를 구분하여 쓰고 그에 따른 분류, 명칭, 구분색을 각각 쓰시오.

해답

구분	A급 화재	B급 화재	C급 화재	D급 화재
명칭	일반 화재	유류·가스 화재	전기 화재	금속 화재
가연물	목재, 종이, 섬유, 석탄 등	각종 유류 및 가스	전기기기, 기계, 전선 등	Mg 분말, Al 분말 등
유효 소화효과	냉각효과	질식효과	질식, 냉각효과	질식효과
적용 소화제	• 물 • 산·알칼리 소화기 • 강화액 소화기	• 포말 소화기 • CO_2 소화기 • 분말 소화기 • 증발성 액체 소화기 • 할론1211 • 할론1301	• 유기성 소화기 • CO_2 소화기 • 분말 소화기 • 할론1211 • 할론1301	• 건조사 • 팽창 진주암
표현색	백색	황색	청색	색표시 없음

5. 수소, 산소, 아세틸렌, 질소가스의 용기 색깔을 각각 구분하시오.

해답

가스의 종류	용기 도색
질소	회색
산소	녹색
수소	주황색
아세틸렌	황색

2009년 4월 19일

1. 다음 빈칸을 채우시오.

인화성 물질 섭씨 (　　)도 이하
가연성 가스 폭발농도 하한(　　)% 상하한차(　　)%

해답 해답 없음. 현행법령상 "인화성 물질" 및 "가연성 가스" 등의 용어는 삭제되었음.

① 인화성 액체
　가. 에틸에테르, 가솔린, 아세트알데히드, 산화프로필렌, 그 밖에 인화점이 섭씨 23도 미만이고 초기끓는점이 섭씨 35도 이하인 물질
　나. 노르말헥산, 아세톤, 메틸에틸케톤, 메틸알코올, 에틸알코올, 이황화탄소, 그 밖 에 인화점이 섭씨 23도 미만이고 초기 끓는점이 섭씨 35도를 초과하는 물질
　다. 크실렌, 아세트산아밀, 등유, 경유, 테레핀유, 이소아밀알코올, 아세트산, 하이드라진, 그 밖에 인화점이 섭씨 23도 이상 섭씨 60도 이하인 물질

② 인화성 가스
　가. 수소
　나. 아세틸렌
　다. 에틸렌
　라. 메탄
　마. 에탄
　바. 프로판
　사. 부탄
　아. 영 별표 10에 따른 인화성 가스(인화한계 농도의 최저한도가 13퍼센트 이하 또는 최고한도와 최저한도의 차가 12퍼센트 이상인 것으로서 표준압력(101.3MPa)하의 20℃에서 가스상태인 물질을 말한다.)

2. 공정안전보고서 종류를 4가지 쓰시오.

해답 ① 공정안전자료
② 공정위험성평가서
③ 안전운전계획
④ 비상조치계획
⑤ 기타 공정안전과 관련하여 고용노동부장관이 필요하다고 인정하여 고시하는 사항

3. 분진폭발과정을 순서대로 나열하시오.

① 입자표면 열분해 및 기체발생
② 주위의 공기와 혼합
③ 입자표면 온도 상승
④ 폭발열에 의하여 주위 입자 온도상승 및 열분해
⑤ 점화원에 의한 폭발

해답 ③ → ① → ② → ⑤ → ④

13. 열교환에 영향을 주는 요소를 쓰시오.

해답 온도, 습도, 유체의 유동, 접촉면적, 용기 내부의 복사 등

2009년 7월 5일

2. 물질안전보건자료 작업 시 포함해야 할 항목 4가지를 쓰시오.

해답 ① 화학물질의 명칭 · 성분 및 함유량
② 안전 · 보건상의 취급주의 사항
③ 인체 및 환경에 미치는 영향
④ 기타 고용노동부령이 정하는 사항

2009년 9월 13일

1. 공정안전 보고서에 포함되어야 할 사항을 4가지 쓰시오.

해답 ① 공정안전자료
② 공정위험성평가서
③ 안전운전계획
④ 비상조치계획
⑤ 기타 공정안전과 관련하여 고용노동부장관이 필요하다고 인정하여 고시하는 사항

2010년 4월 18일

2. 연소의 종류 중 고체의 연소 형태 4가지를 쓰시오.

해답 ① 표면연소
② 분해연소
③ 증발연소
④ 자기연소

2010년 7월 4일

11. 불활성화를 시키는 방법을 쓰시오.

해답 ① 진공치환
② 압력치환
③ 스위프치환
④ 사이폰치환

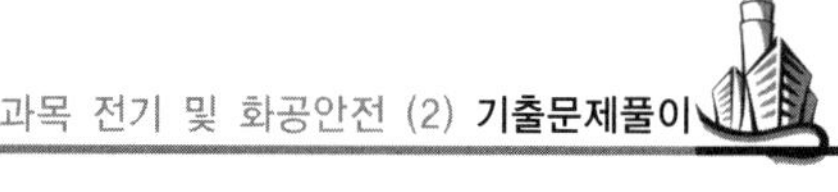

2010년 9월 24일

8. 가스용기 외면의 도색 색을 쓰시오.

> 수소, 아세틸렌, 헬륨, 산소, 질소

해답

가스의 종류	용기 도색
질소	회색
산소	녹색
수소	주황색
아세틸렌	황색
액화석유가스(LPG) 및 기타 가스	회색

13. 다음 빈칸을 채우시오.

> 인화성 물질 섭씨 (　　)도 이하
> 가연성 가스 폭발농도 하한(　　)% 상하한차(　　)%

해답 해답 없음. 현행법령상 "인화성 물질" 및 "가연성 가스" 등의 용어는 삭제되었음.

① 인화성 액체

가. 에틸에테르, 가솔린, 아세트알데히드, 산화프로필렌, 그 밖에 인화점이 섭씨 23도 미만이고 초기끓는점이 섭씨 35도 이하인 물질

나. 노르말헥산, 아세톤, 메틸에틸케톤, 메틸알코올, 에틸알코올, 이황화탄소, 그 밖 에 인화점이 섭씨 23도 미만이고 초기 끓는점이 섭씨 35도를 초과하는 물질

다. 크실렌, 아세트산아밀, 등유, 경유, 테레핀유, 이소아밀알코올, 아세트산, 하이드라진, 그 밖에 인화점이 섭씨 23도 이상 섭씨 60도 이하인 물질

② 인화성 가스

가. 수소　　나. 아세틸렌

다. 에틸렌　　라. 메탄

마. 에탄　　바. 프로판

사. 부탄

아. 영 별표 10에 따른 인화성 가스(인화한계 농도의 최저한도가 13퍼센트 이하 또는 최고한도와 최저한도의 차가 12퍼센트 이상인 것으로서 표준압력(101.3MPa)하의 20℃에서 가스상태인 물질을 말한다.)

Subject 06

건설안전

Contents

제1장 건설안전 일반

1 토질시험방법

1. 지반조사

1) 정의

지반조사란 지질 및 지층에 관한 조사를 실시하여 토층분포상태, 지하수위, 투수계수, 지반의 지지력을 확인하여 구조물의 설계·시공에 필요한 자료를 구하는 것이다.

2) 종류

① 지하탐사법 : 터파보기, 짚어보기, 물리적 탐사
② Sounding 시험(원위치 시험) : 표준관입시험, 콘관입시험, 베인시험
③ 보링(Boring) : 보링이란 굴착용 기계를 이용하여 지반을 천공하여 토사를 채취하고 지반의 토층분포, 층상, 구성 상태를 판단하는 것으로 오거(Auger) 보링, 수세식 보링, 충격식 보링, 회전식 보링이 있다.

3) 토질주상도(보링주상도)

① 지질단면을 도화할 때 사용하는 도법으로 지층의 층서, 구성상태, 층 두께 등을 축적으로 표시한 것
② 현장에서 보링이나 표준관입시험을 통하여 지반의 경연상태와 지하수위 등을 조사하여 지층의 단면상태를 예측하는 예측도

2. 토질시험방법

1) 물리적 시험

비중, 함수량, 입도, 액성·소성·수축 한계, 밀도시험 등

2) 역학적 시험

(1) 표준관입시험 : 흙의 지내력 판단, 사질토 적용

지반의 현 위치에서 직접 흙(주로 사질지반)의 다짐상태를 판단하는 시험으로 무게 63.5kg의 추를 76cm 높이에서 자유 낙하시켜 샘플러를 30cm 관입시키는 데 필요한 타격 회수 N값을 구하는 시험, N치가 클수록 토질이 밀실

(2) 투수, 압밀, 전단, 다짐시험, 지반지지력시험 등

2 지반의 이상현상

1. 히빙(Heaving)

1) 정의

히빙이란 연약한 점토지반을 굴착할 때 흙막이벽 배면 흙의 중량이 굴착저면 이하의 흙보다 중량이 클 경우 굴착저면 이하의 지지력보다 크게 되어 흙막이 배면에 있는 흙이 안으로 밀려들어 굴착저면이 솟아오르는 현상

2) 지반조건

연약한 점토 지반, 굴착저면 하부의 피압수

3) 피해

① 흙막이의 전면적 파괴
② 흙막이 주변 지반침하로 인한 지하매설물 파괴

4) 안전대책

① 흙막이벽 근입깊이 증가
② 흙막이벽 배면 지표의 상재하중을 제거
③ 지반굴착 시 흙이 느슨해지지 않도록 유의
④ 지반개량으로 하부지반 전단강도 개선
⑤ 강성이 큰 흙막이 공법 선정

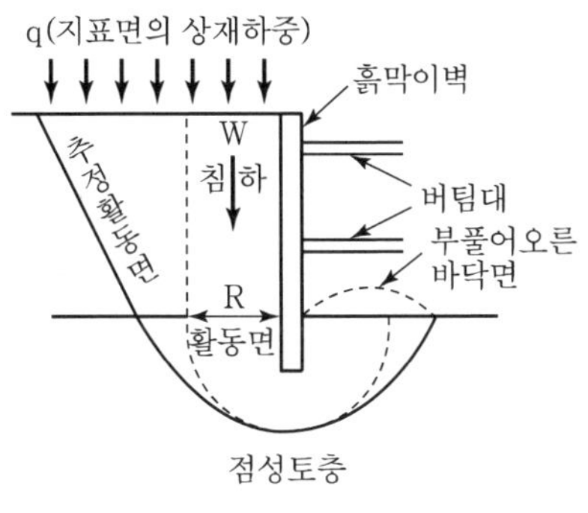

[히빙현상]

Key Point

히빙현상을 설명하시오.

연약한 점토지반을 굴착할 때 흙막이벽 배면 흙의 중량이 굴착저면 이하의 흙보다 중량이 클 경우 굴착저면 이하의 지지력보다 크게 되어 흙막이 배면에 있는 흙이 안으로 밀려들어 굴착저면이 솟아오르는 현상

Key Point

히빙이 일어나기 쉬운 지반조건과 보일링이 일어나기 쉬운 지반이란?

(1) 히빙이 일어나기 쉬운 지반 : 연약한 점토지반
(2) 보일링이 일어나기 쉬운 지반 : 투수성이 좋은 사질 지반

Key Point

히빙이 일어나기 쉬운 지반형태와 발생원인 2가지를 쓰시오.

(1) 히빙이 일어나기 쉬운 지반 : 연약한 점토지반
(2) 발생원인
   ① 흙막이벽 배면 흙의 중량이 굴착저면 이하의 흙보다 중량이 클 경우
   ② 굴착저면 하부의 피압수

2. 보일링(Boiling)

1) 정의

투수성이 좋은 사질토 지반을 굴착할 때 흙막이벽 배면의 지하수위가 굴착저면보다 높을 때 굴착저면 위로 모래와 지하수가 솟아오르는 현상

2) 지반조건

투수성이 좋은 사질 지반, 굴착저면 하부의 피압수

3) 피해

① 흙막이의 전면적 파괴
② 흙막이 주변 지반침하로 인한 지하매설물 파괴
③ 굴착저면의 지지력 감소

4) 안전대책

① 흙막이벽 근입깊이 증가
② 흙막이벽의 차수성 증대
③ 흙막이벽 배면지반 그라우팅 실시
④ 흙막이벽 배면지반 지하수위 저하
⑤ 굴착토를 즉시 원상태로 매립

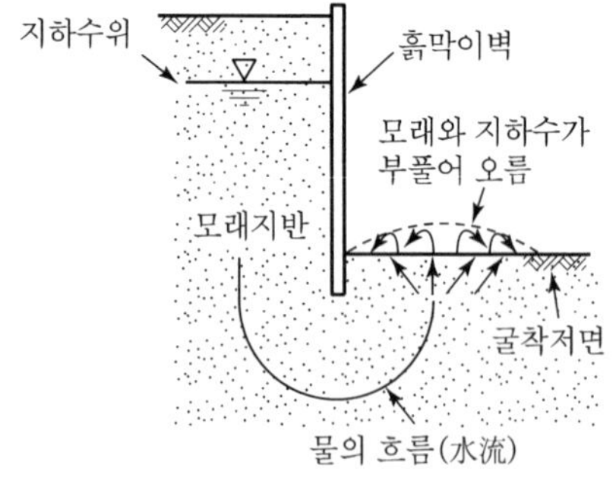

[보일링 현상]

Key Point

보일링 현상에 대해 설명하시오.

투수성이 좋은 사질토 지반을 굴착할 때 흙막이벽 배면의 지하수위가 굴착저면보다 높을 때 굴착저면 위로 모래와 지하수가 솟아오르는 현상

Key Point

지반의 보일링 현상이 일어나기 쉬운 지반의 조건, 현상, 대책에 대하여 쓰시오.

(1) 지반조건 : 투수성이 좋은 사질지반
(2) 발생현상
① 흙막이지보공 파괴
② 흙막이주변 지반침하(토사붕괴)
③ 모래와 지하수가 솟아오름
(3) 대책
① 흙막이벽 근입깊이 증가
② 흙막이벽의 차수성 증대
③ 흙막이벽 배면지반 그라우팅 실시
④ 흙막이벽 배면지반 지하수위 저하
⑤ 굴착토를 즉시 원상태로 매립

3. 연약지반의 개량공법

1) 연약지반의 정의

연약지반이란 점토나 실트와 같은 미세한 입자의 흙이나 간극이 큰 유기질토 또는 이탄토, 느슨한 모래 등으로 이루어진 토층으로 구성

2) 점성토 연약지반 개량공법

(1) 치환공법

연약지반을 양질의 흙으로 치환하는 공법으로 굴착, 활동, 폭파 치환

(2) 재하공법(압밀공법)

① 프리로딩공법(Pre-Loading) : 사전에 성토를 미리하여 흙의 전단강도를 증가
② 압성토공법(Surcharge) : 측방에 압성토하여 압밀에 의해 강도증가
③ 사면선단 재하공법 : 성토한 비탈면 옆부분을 덧붙임하여 비탈면 끝의 전단강도를 증가

(3) 탈수공법

연약지반에 모래말뚝, 페이퍼드레인, 팩을 설치하여 물을 배제시켜 압밀을 촉진하는 것으로 샌드드레인, 페이퍼드레인, 팩드레인 공법

(4) 배수공법

중력배수(집수정, Deep Well), 강제배수(Well Point, 진공 Deep Well)

(5) 고결공법

생석회 말뚝공법, 동결공법, 소결공법

Key Point

점성토 지반 개량공법 5가지를 쓰시오.

(1) 치환공법 (2) 재하(압밀)공법
(3) 탈수공법 (4) 배수공법
(5) 고결공법

3) 사질토 연약지반 개량공법

① 진동다짐공법(Vibro Floatation) : 봉상진동기를 이용, 진동과 물다짐을 병용
② 동다짐(압밀)공법 : 무거운 추를 자유 낙하시켜 지반충격으로 다짐효과
③ 약액주입공법 : 지반 내 화학약액(LW, Bentonite, Hydro)을 주입하여 지반고결
④ 폭파다짐공법 : 인공지진을 발생시켜 모래지반을 다짐
⑤ 전기충격공법 : 지반 속에서 고압방전을 일으켜 발생하는 충격력으로 지반다짐
⑥ 모래다짐말뚝공법 : 충격, 진동, 타입에 의해 모래를 압입시켜 모래 말뚝을 형성하여 다짐에 의한 지지력을 향상

Key Point

연약지반의 개량공법 중 사질토 지반 개량공법에 대하여 쓰시오.

(1) 진동다짐공법(Vibro Floatation) (2) 동다짐공법
(3) 약액주입공법 (4) 폭파다짐공법
(5) 전기충격공법 (6) 모래다짐말뚝공법

3 유해 · 위험방지계획서

1. 목적

건설공사 시공 중에 나타날 수 있는 추락, 낙하, 감전 등 재해위험에 대해 공사 착공 전에 설계도, 안전조치계획 등을 검토하여 유해 · 위험요소에 대한 안전 및 보건상의 조치를 강구하여 근로자의 안전 · 보건을 확보하기 위함

2. 제출시기

유해 · 위험방지계획서 작성 대상공사를 착공하려고 하는 사업주는 일정한 자격을 갖춘 자의 의견을 들은 후 동 계획서를 작성하여 공사착공 전일까지 한국산업안전보건공단 관할 지역본부 및 지사에 2부를 제출하여야 한다.

3. 제출 시 첨부서류

1) 공사개요

2) 안전보건관리계획

3) 작업공사 종류별 유해 · 위험방지계획

4 건설업 산업안전보건관리비 계상 및 사용기준

1. 정의(고용노동부고시)

건설사업장과 건설업체 본사 안전전담부서에서 산업재해의 예방을 위하여 법령에 규정된 사항의 이행에 필요한 비용

2. 계상기준

1) 대상액이 5억원 미만 또는 50억원 이상일 경우

대상액×계상기준표의 비율(%)

2) 대상액이 5억원 이상 50억원 미만일 경우

대상액×계상기준표의 비율(X)+기초액(C)

3) 대상액이 구분되어 있지 않은 경우

도급계약 또는 자체사업계획상의 총공사금액의 70%를 대상액으로 하여 안전관리비를 계상

4) 발주자가 재료를 제공하거나 물품이 완제품의 형태로 제작 또는 납품되어 설치되는 경우

① 해당 금액을 대상액에 포함시킬 때의 안전관리비는 ② 해당 금액을 포함시키지 않은 대상액을 기준으로 계상한 안전관리비의 1.2배를 초과할 수 없다. 즉, ①과 ②를 비교하여 적은 값으로 계상

[공사종류 및 규모별 안전관리비 계상기준표]

구분 / 공사종류	대상액 5억원 미만	대상액 5억원 이상 50억원 미만		대상액50 억원 이상	영 별표5에 따른 보건관리자 선임 대상 건설공사
		비율(X)	기초액(C)		
일반건설공사(갑)	2.93%	1.86%	5,349,000원	1.97%	2.15%
일반건설공사(을)	3.09%	1.99%	5,499,000원	2.10%	2.29%
중 건 설 공 사	3.43%	2.35%	5,400,000원	2.44%	2.66%
철도·궤도신설공사	2.45%	1.57%	4,411,000원	1.66%	1.81%
특수및기타건설공사	1.85%	1.20%	3,250,000원	1.27%	1.38%

5 셔블계 굴착기계

1. 파워 셔블(Power Shovel)

파워 셔블은 셔블계 굴삭기의 기본 장치로서 버킷의 작동이 삽을 사용하는 방법과 같이 굴삭한다.

■ 특징

① 굴삭기가 위치한 지면보다 높은 곳을 굴삭하는 데 적합

② 비교적 단단한 토질의 굴삭도 가능하며 적재, 석산 작업에 편리

③ 크기는 버킷과 디퍼의 크기에 따라 결정

2. 드래그 셔블(Drag Shovel)(백호 : Back Hoe)

굴삭기가 위치한 지면보다 낮은 곳을 굴삭하는 데 적합하고 단단한 토질의 굴삭이 가능하다. Trench, Ditch, 배관작업 등에 편리하다.

▣ 특성

① 동력 전달이 유압 배관으로 되어 있어 구조가 간단하고 정비가 쉽다.
② 비교적 경량, 이동과 운반이 편리하고, 협소한 장소에서 선취와 작업이 가능
③ 우선 조작이 부드럽고 사이클 타임이 짧아서 작업능률이 좋음

3. 드래그라인(Drag Line)

와이어로프에 의하여 고정된 버킷을 지면에 따라 끌어당기면서 굴삭하는 방식으로서 높은 붐을 이용하므로 작업 반경이 크고 지반이 불량하여 기계 자체가 들어갈 수 없는 장소에서 굴삭작업이 가능하나 단단하게 다져진 토질에는 적합하지 않다.

▣ 특성

① 굴삭기가 위치한 지면보다 낮은 장소를 굴삭하는 데 사용
② 작업 반경이 커서 넓은 지역의 굴삭 작업에 용이
③ 정확한 굴삭 작업을 기대할 수는 없지만 수중굴삭 및 모래 채취 등에 많이 이용

4. 클램셸(Clamshell)

굴삭기가 위치한 지면보다 낮은 곳을 굴삭하는 데 적합하고 좁은 장소의 깊은 굴삭에 효과적이다. 정확한 굴삭과 단단한 지반 작업은 어렵지만 수중굴삭, 교량기초, 건축물 지하실 공사 등에 쓰인다. 그래브 버킷(Grab Bucket)은 양개식의 구조로서 와이어로프를 달아서 조작한다.

▣ 특성

① 기계 위치와 굴삭 지반의 높이 등에 관계없이 고저에 대하여 작업이 가능
② 정확한 굴삭이 불가능
③ 사이클 타임이 길어 작업 능률이 떨어짐

6 토공기계

1. 차량계 건설기계(안전보건규칙 제196조)

1) 정의

차량계 건설기계란 동력원을 사용하여 특정되지 아니한 장소로 스스로 이동이 가능한 건설기계

2) 종류(안전보건규칙 별표6)

① 도저형 건설기계(불도저, 스트레이트도저, 틸트도저, 앵글도저, 버킷도저 등)
② 모터그레이더
③ 로더(포크 등 부착물 종류에 따른 용도 변경 형식을 포함한다)
④ 스크레이퍼
⑤ 크레인형 굴착기계(크램쉘, 드래그라인 등)
⑥ 굴삭기(브레이커, 크러셔, 드릴 등 부착물 종류에 따른 용도 변경형식을 포함한다)
⑦ 항타기 및 항발기
⑧ 천공용 건설기계(어스드릴, 어스오거, 크롤러드릴, 점보드릴 등)
⑨ 지반압밀침하용 건설기계(샌드드레인머신, 페이퍼드레인머신, 팩드레인머신 등)
⑩ 지반다짐용 건설기계(타이어롤러, 매커덤롤러, 탠덤롤러 등)
⑪ 준설용 건설기계(버킷준설선, 그래브준설선, 펌프준설선 등)
⑫ 콘크리트 펌프카
⑬ 덤프트럭
⑭ 콘크리트 믹서 트럭
⑮ 도로포장용 건설기계(아스팔트 살포기, 콘크리트 살포기, 아스팔트 피니셔, 콘크리트 피니셔 등)
⑯ 제1호부터 제15호까지와 유사한 구조 또는 기능을 갖는 건설기계로서 건설작업에 사용하는 것

3) 차량계 건설기계의 작업계획서 내용(안전보건규칙 제38조)

① 사용하는 차량계 건설기계의 종류 및 성능
② 차량계 건설기계의 운행경로
③ 차량계 건설기계에 의한 작업방법

Key Point

차량계 건설기계의 종류 5가지를 쓰시오.

종류 ①~⑮ 중 5가지 선택

4) 낙하물 보호구조를 갖추어야 하는 차량계 건설기계(안전보건규칙 제198조)

① 불도저 ② 트랙터 ③ 굴착기
④ 로더 ⑤ 스크레이퍼 ⑥ 덤프트럭
⑦ 모터그레이더 ⑧ 롤러 ⑨ 천공기
⑩ 항타기 및 항발기

7 운반기계

1. 차량계 하역운반기계

1) 종류

동력원에 의하여 특정되지 아니한 장소로 스스로 이동할 수 있는 지게차 · 구내운반차 · 화물자동차 등의 차량계 하역운반기계 및 고소작업대

2) 작업계획의 작성내용(안전보건규칙 제38조)

① 작업에 따른 추락 · 낙하 · 전도 · 협착 및 붕괴 등의 위험에 대한 예방대책
② 차량계 하역운반기계 등의 운행경로 및 작업방법

3) 운전위치 이탈시의 조치(안전보건규칙 제99조)

① 포크, 버킷, 디퍼 등의 장치를 가장 낮은 위치 또는 지면에 내려 둘 것
② 원동기를 정지시키고 브레이크를 확실히 거는 등 갑작스러운 주행이나 이탈을 방지하기 위한 조치를 할 것
③ 운전석을 이탈하는 경우에는 시동키를 운전대에서 분리시킬 것. 다만, 운전석에 잠금장치를 하는 등 운전자가 아닌 사람이 운전하지 못하도록 조치한 경우에는 그러하지 아니하다.

Key Point

차량계 하역운반기계 등의 작업 시 운전자가 운전위치 이탈시 조치사항 2가지를 쓰시오.

운전위치 이탈시의 조치 ①~④ 항목 중 2가지 선택

4) 화물적재시의 조치(안전보건규칙 제173조)

① 하중이 한쪽으로 치우치지 않도록 적재할 것
② 구내운반차 또는 화물자동차에 있어서 화물의 붕괴 또는 낙하에 의한 근로자의 위험을 방지하기 위하여 화물에 로프를 거는 등 필요한 조치를 할 것
③ 운전자의 시야를 가리지 않도록 화물을 적재할 것
④ 화물을 적재하는 경우에는 최대적재량을 초과 금지

5) 수리 등의 작업 시 조치(안전보건규칙 제176조)

① 작업의 지휘자를 지정
② 작업순서를 결정하고 작업을 지휘할 것
③ 안전지주 또는 안전블록 등의 사용상황 등을 점검할 것

2. 지게차

1) 헤드가드의 구비조건(안전보건규칙 제180조)

① 강도는 지게차의 최대하중의 2배 값(4Ton을 넘는 값에 대해서는 4Ton으로 한다)의 등분포정하중에 견딜 수 있을 것
② 상부틀의 각 개구의 폭 또는 길이가 16cm 미만일 것
③ 운전자가 앉아서 조작하거나 서서 조작하는 지게차의 헤드가드는 한국산업표준에서 정하는 높이 기준 이상일 것(좌승식 : 0.903m 이상, 입승식 : 1.88m 이상)

2) 작업시작 전 점검사항(안전보건규칙 제34조)

① 제동장치 및 조종장치 기능의 이상 유무
② 하역장치 및 유압장치 기능의 이상 유무
③ 바퀴의 이상 유무
④ 전조등 · 후미등 · 방향지시기 및 경보장치 기능의 이상 유무

3) 지게차 작업 시 사고유형

① 화물의 낙하 : 지게차에 화물을 불안정하게 적재 시 낙하위험
② 지게차의 접촉, 충돌 : 화물의 시야방해, 작업유도자 미배치 등에 따른 접촉, 충돌
③ 지게차의 전도 : 과적, 급가속, 노면불량 등에 의한 지게차의 전도
④ 지게차에서 추락 : 운전자 안전벨트 미착용, 승차석 이외 근로자 탑승 금지 미준수 등에 의한 추락

8 건설용 양중기

1. 양중기의 종류

1) 정의

양중기란 동력을 사용하여 화물, 사람 등을 운반하는 기계 · 설비

2) 종류(안전보건규칙 제132조)

① 크레인(호이스트(Hoist)를 포함한다.)
② 이동식 크레인
③ 리프트(이삿짐운반용 리프트의 경우에는 적재하중이 0.1톤 이상인 것으로 한정)
④ 곤돌라
⑤ 승강기

3) 양중기

(1) 크레인

① 고정식 크레인 : 타워크레인, 지브크레인, 호이스트 크레인

② 이동식 크레인 : 트럭크레인, 크롤러크레인, 유압크레인

[타워크레인]

[트럭크레인]

(2) 리프트

① 건설용 리프트

② 산업용 리프트

③ 자동차정비용 리프트

④ 이삿짐운반용 리프트

(3) 곤돌라

달기발판 또는 운반구·승강장치 그 밖의 장치 및 이들에 부속된 기계부품에 의하여 구성되고, 와이어로프 또는 달기강선에 의하여 달기발판 또는 운반구가 전용의 승강장치에 의하여 상승 또는 하강하는 설비

(4) 승강기

① 동력을 사용하여 운반하는 것으로서 가이드레일을 따라 상승 또는 하강하는 운반구에 사람이나 화물을 상·하 또는 좌·우로 이동·운반하는 기계·설비로서 탑승장을 가진 것

② 종류

㉠ 승객용 엘리베이터

㉡ 승객화물용 엘리베이터

㉢ 화물용 엘리베이터

㉣ 소형화물용 엘리베이터

㉤ 에스컬레이터

2. 안전검사(산업안전보건법 시행규칙 제73조의3)

1) 주기

① 크레인, 리프트 및 곤돌라는 사업장에 설치가 끝난 날부터 3년 이내에 최초 안전검사를 실시하되, 그 이후부터 매 2년

② 건설현장에서 사용하는 것은 최초로 설치한 날부터 매 6개월

2) 안전검사내용

① 과부하방지장치, 권과방지장치, 그 밖의 안전장치의 이상 유무

② 브레이크와 클러치의 이상 유무

③ 와이어로프와 달기체인의 이상 유무

④ 훅 등 달기기구의 손상 유무

⑤ 배선, 집진장치, 배전반, 개폐기, 콘트롤러의 이상유무

3. 작업시작 전 점검사항(안전보건규칙 제35조 제2항)

1) 크레인

① 권과방지장치 · 브레이크 · 클러치 및 운전장치의 기능

② 주행로의 상측 및 트롤리가 횡행(橫行)하는 레일의 상태

③ 와이어로프가 통하고 있는 곳의 상태

2) 이동식 크레인

① 권과방지장치 그 밖의 경보장치의 기능

② 브레이크 · 클러치 및 조정장치의 기능

③ 와이어로프가 통하고 있는 곳 및 작업장소의 지반상태

Key Point

이동식 크레인을 사용한 작업 시 작업시작 전 점검사항 3가지를 쓰시오.

①~③ 항목 선택

3) 리프트(자동차정비용 리프트 포함)

① 방호장치 · 브레이크 및 클러치의 기능

② 와이어로프가 통하고 있는 곳의 상태

4) 곤돌라

① 방호장치 · 브레이크의 기능

② 와이어로프 · 슬링와이어 등의 상태

5) 양중기의 와이어로프 · 달기체인 · 섬유로프 · 섬유벨트 또는 훅 · 샤클 · 링 등의 철구(이하 "와이어로프 등"이라 한다)를 사용하여 고리걸이작업을 하는 때

① 와이어로프 등의 이상 유무

4. 양중기의 와이어로프

1) 안전계수 $= \dfrac{\text{절단하중}}{\text{최대사용하중}}$

2) 안전계수의 구분(안전보건규칙 제163조)

구분	안전계수
근로자가 탑승하는 운반구를 지지하는 달기와이어로프 또는 달기체인의 경우	10 이상
화물의 하중을 직접 지지하는 달기와이어로프 또는 달기체인의 경우	5 이상
훅, 샤클, 클램프, 리프팅 빔의 경우	3 이상
그 밖의 경우	4 이상

3) 와이어로프의 사용금지(안전보건규칙 제166조)

① 이음매가 있는 것

② 와이어로프의 한 꼬임(스트랜드)에서 끊어진 소선(素線,, 필러(pillar)선은 제외)의 수가 10% 이상(비자전로프의 경우에는 끊어진 소선의 수가 와이어로프 호칭지름의 6배 길이 이내에서 4개 이상이거나 호칭지름 30배 길이 이내에서 8개 이상)인 것

③ 지름의 감소가 공칭지름의 7%를 초과하는 것

④ 꼬인 것

⑤ 심하게 변형되거나 부식된 것

⑥ 열과 전기충격에 의해 손상된 것

9 항타기 및 항발기

1. 조립 시 점검사항(안전보건규칙 제207조)

① 본체 연결부의 풀림 또는 손상의 유무
② 권상용 와이어로프 · 드럼 및 도르래의 부착상태의 이상 유무
③ 권상장치의 브레이크 및 쐐기장치 기능의 이상 유무
④ 권상기 설치상태의 이상 유무
⑤ 리더(leader)의 버팀 방법 및 고정상태의 이상 유무
⑥ 본체 · 부속장치 및 부속품의 강도가 적합한지 여부
⑦ 본체 · 부속장치 및 부속품에 심한 손상 · 마모 · 변형 또는 부식이 있는지 여부

Key Point

산업안전보건법상 항타기 · 항발기 조립 시 점검사항 5가지를 쓰시오.

조립 시 점검사항 ①~⑤ 항목 작성

2. 권상용 와이어로프의 준수사항

1) 안전계수 조건(안전보건규칙 제211조)

권상용 와이어로프의 안전계수가 5 이상이 아니면 이를 사용금지

2) 사용 시 준수사항(안전보건규칙 제212조)

① 권상용 와이어로프는 추 또는 해머가 최저의 위치에 있는 때 또는 널말뚝을 빼어내기 시작한 때를 기준으로 하여 권상장치의 드럼에 적어도 2회 감기고 남을 수 있는 충분한 길이일 것
② 권상용 와이어로프는 권상장치의 드럼에 클램프 · 클립 등을 사용하여 견고하게 고정할 것
③ 권상용 와이어로프에 있어서 추 · 해머 등과의 연결은 클램프 · 클립 등을 사용하여 견고하게 할 것
④ 클램프 · 클립 등은 한국산업표준 제품이거나 한국산업표준이 없는 제품의 경우에는 이에 준하는 규격을 갖춘 제품을 사용할 것

3. 항타기 및 항발기 작업 시 감전방지(안전보건규칙에서 삭제됨)

① 해당 충전전로를 이설할 것
② 감전의 위험을 방지하기 위한 울타리를 설치할 것
③ 해당 충전전로에 절연용 방호구를 설치할 것
④ 감시인을 두고 작업을 감시하도록 할 것

10 추락재해의 위험성 및 안전조치

1. 추락재해위험 시 안전조치

1) 추락의 방지(안전보건규칙 제42조)

① 근로자가 추락하거나 넘어질 위험이 있는 장소[작업발판의 끝·개구부(開口部) 등을 제외한다] 또는 기계·설비·선박블록 등에서 작업을 할 때에 근로자가 위험해질 우려가 있는 경우 비계(飛階)를 조립하는 등의 방법으로 작업발판을 설치하여야 한다.

② 작업발판을 설치하기 곤란한 경우 다음 각 호의 기준에 맞는 추락방호망을 설치해야 한다. 다만, 추락방호망을 설치하기 곤란한 경우에는 근로자에게 안전대를 착용하도록 하는 등 추락위험을 방지하기 위해 필요한 조치를 해야 한다.

㉠ 추락방호망의 설치위치는 가능하면 작업면으로부터 가까운 지점에 설치하여야 하며, 작업면으로부터 망의 설치지점까지의 수직거리는 10m를 초과하지 아니할 것
㉡ 추락방호망은 수평으로 설치하고, 망의 처짐은 짧은 변 길이의 12% 이상이 되도록 할 것
㉢ 건축물 등의 바깥쪽으로 설치하는 경우 추락방호망의 내민 길이는 벽면으로부터 3미터 이상 되도록 할 것. 다만, 그물코가 20mm 이하인 추락방호망을 사용한 경우에는 제14조제3항에 따른 낙하물 방지망을 설치한 것으로 본다.

③ 사업주는 추락방호망을 설치하는 경우에는 한국산업표준에서 정하는 성능기준에 적합한 추락방호망을 사용하여야 한다.

Key Point

높이가 2m 이상인 장소에서 작업을 함에 있어서 추락에 의하여 근로자에게 위험을 미칠 우려가 있을 경우 취해야 할 조치사항을 3가지 쓰시오.

(1) 비계조립에 의한 작업발판 설치 (2) 추락방호망 설치 (3) 안전대 착용

2) 개구부 등의 방호조치(안전보건규칙 제43조)

① 작업발판 및 통로의 끝이나 개구부로서 근로자가 추락할 위험이 있는 장소에는 안전난간, 울타리, 수직형 추락방망 또는 덮개 등(이하 이 조에서 "난간 등"이라 한다)의 방호조치를 충분한 강도를 가진 구조로 튼튼하게 설치하여야 하며, 덮개를 설치하는 경우에는 뒤집히거나 떨어지지 않도록 설치하여야 한다. 이 경우 어두운 장소에서도 알아볼 수 있도록 개구부임을 표시해야 하며, 수직형 추락방망은 한국산업표준에서 정하는 성능기준에 적합한 것을 사용해야 한다.

② 난간 등을 설치하는 것이 매우 곤란하거나 작업의 필요상 임시로 난간 등을 해체하여야 하는 경우 제42조제2항 각 호의 기준에 맞는 추락방호망을 설치하여야 한다. 다만, 추락방호망을 설치하기 곤란한 경우에는 근로자에게 안전대를 착용하도록 하는 등 추락할 위험을 방지하기 위하여 필요한 조치를 하여야 한다.

2. 철골작업 시 추락방지

1) 철골 작업의 중지(안전보건규칙 제383조)

구분	내용
강풍	풍속이 초당 10m 이상인 경우
강우	강우량이 시간당 1mm 이상인 경우
강설	강설량이 시간당 1cm 이상인 경우

Key Point

철골작업을 중지하여야 하는 조건을 3가지 쓰시오.

(1) **풍속이 초당 10m 이상인 경우**
(2) **강우량이 시간당 1mm 이상인 경우**
(3) **강설량이 시간당 1cm 이상인 경우**

11 추락재해의 발생형태 및 발생원인

1. 추락재해의 발생형태

① 비계로부터의 추락
② 사다리로부터의 추락
③ 경사지붕 및 철골작업 시 추락
④ 경사로, 계단에서의 추락
⑤ 개구부(바닥, 엘리베이터 Pit, 파이프 샤프트 등)에서의 추락
⑥ 철골, 비계 등 조립작업 중 추락

[추락재해의 종류]

2. 추락재해의 발생원인

① 작업발판의 미설치
② 안전난간 미설치
③ 추락방호망의 미설치
④ 안전대 미착용
⑤ 개구부 덮개 미설치

12 추락재해 방호설비

1. 추락방호망

1) 정의

추락방호망이란 고소작업 시 추락방지를 위해 추락의 위험이 있는 장소에 설치하는 방망을 말하며 방망은 낙하높이에 따른 충격을 견딜 수 있어야 한다.

2. 안전난간

1) 정의

안전난간이란 개구부, 작업발판, 가설계단의 통로 등에서의 추락사고를 방지하기 위해 설치하는 것으로 상부난간, 중간난간, 난간기둥 및 발끝막이판으로 구성된다.

2) 안전난간의 구성요소(안전보건규칙 제13조)

① 상부난간대 · 중간난간대 · 발끝막이판 및 난간기둥으로 구성할 것
② 상부 난간대는 바닥면 · 발판 또는 경사로의 표면(이하 "바닥면 등"이라 한다)으로부터 90cm 이상 지점에 설치하고, 상부 난간대를 120cm 이하에 설치하는 경우에는 중간 난간대는 상부 난간대와 바닥면 등의 중간에 설치하여야 하며, 120cm 이상 지점에 설치하는 경우에는 중간 난간대를 2단 이상으로 균등하게 설치하고 난간의 상하 간격은 60cm 이하가 되도록 할 것
③ 발끝막이판은 바닥면 등으로부터 10cm 이상의 높이를 유지할 것
④ 난간기둥은 상부난간대와 중간난간대를 견고하게 떠받칠 수 있도록 적정한 간격을 유지할 것
⑤ 상부난간대와 중간난간대는 난간길이 전체에 걸쳐 바닥면 등과 평행을 유지할 것
⑥ 난간대는 지름 2.7cm 이상의 금속제 파이프나 그 이상의 강도를 가진 재료일 것
⑦ 안전난간은 구조적으로 가장 취약한 지점에서 가장 취약한 방향으로 작용하는 100kg 이상의 하중에 견딜 수 있는 튼튼한 구조일 것

3. 작업발판

1) 정의(안전보건규칙 제56조)

높이가 2m 이상인 작업장소에 다음 기준에 맞는 작업발판을 설치하여야 한다.

① 발판재료는 작업할 때의 하중을 견딜 수 있도록 견고한 것으로 할 것

② 작업발판의 폭은 40cm 이상으로 하고, 발판재료 간의 틈은 3cm 이하로 할 것(외줄비계의 경우에는 고용노동부장관이 별도로 정하는 기준에 따른다)

③ 추락의 위험성이 있는 장소에는 안전난간을 설치할 것

④ 작업발판의 지지물은 하중에 의하여 파괴될 우려가 없는 것을 사용할 것

⑤ 작업발판재료는 뒤집히거나 떨어지지 않도록 둘 이상의 지지물에 연결하거나 고정시킬 것

⑥ 작업발판을 작업에 따라 이동시킬 경우에는 위험방지에 필요한 조치를 할 것

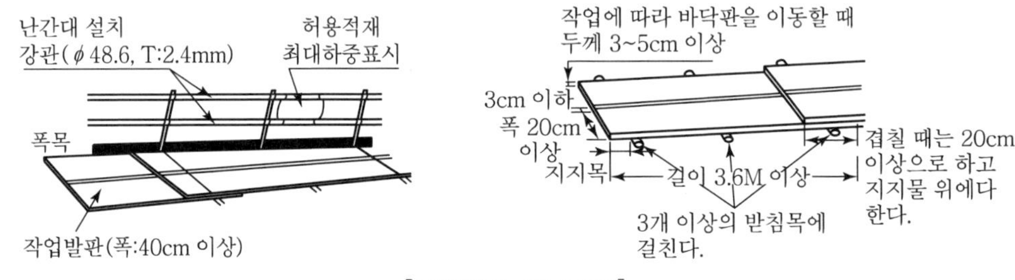

[작업발판 설치기준]

2) 작업발판의 최대적재하중(안전보건규칙 제55조)

① 비계의 구조 및 재료에 따라 작업발판의 최대적재하중을 정하고 이를 초과하여 실어서는 아니 된다.

② 달비계(곤돌라의 달비계를 제외한다.)의 최대 적재하중을 정하는 경우 그 안전계수

구분	안전계수
달기와이어로프 및 달기강선	10 이상
달기체인 및 달기훅	5 이상
달기강대와 달비계의 하부 및 상부지점의 안전계수(강재)	2.5 이상
달기강대와 달비계의 하부 및 상부지점의 안전계수(목재)	5 이상

4. 안전대

1) 정의

안전대란 고소작업구간에서 추락에 의한 위험을 방지하기 위해 사용하는 보호구로서 작업 용도에 적합한 안전대를 선정하여 사용하여야 한다.

2) 안전대의 종류 및 등급

종류	사용구분
벨트식 안전그네식	U자 걸이용
	1개 걸이용
안전그네식	안전블록
	추락방지대

비고 : 추락방지대 및 안전블록은 안전그네식에만 적용함

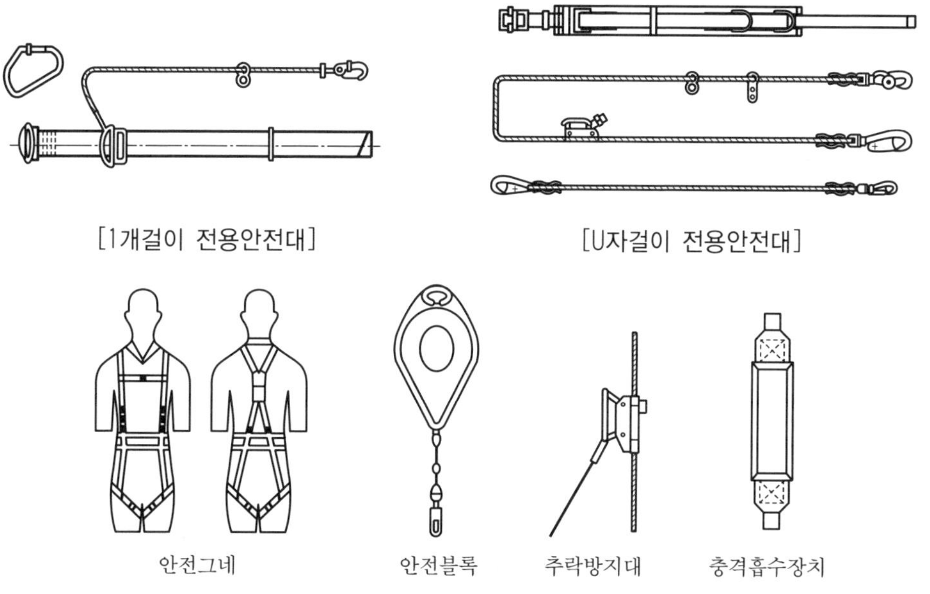

[안전대의 종류 및 부품]

13 추락방지용 방망의 구조

1. 추락방호망 설치기준

① 추락방호망은 방망, 테두리망, 재봉사, 지지로프로 구성된다.
② 가능하면 작업면으로부터 가까운 지점에 설치하여야 한다.
③ 그물코 간격은 10cm 이하인 것을 사용한다.
④ 작업면으로부터 망의 설치지점까지의 수직거리는 10m를 초과하지 않도록 한다.
⑤ 용접, 용단 등으로 파손된 방망은 즉시 교체한다.
⑥ 추락방호망은 수평으로 설치하고, 망의 처짐은 짧은 변 길이의 12% 이상이 되도록 한다.
⑦ 건축물 등의 바깥쪽으로 설치하는 경우 망의 내민 길이는 벽면으로부터 3m 이상이 되도록 할 것

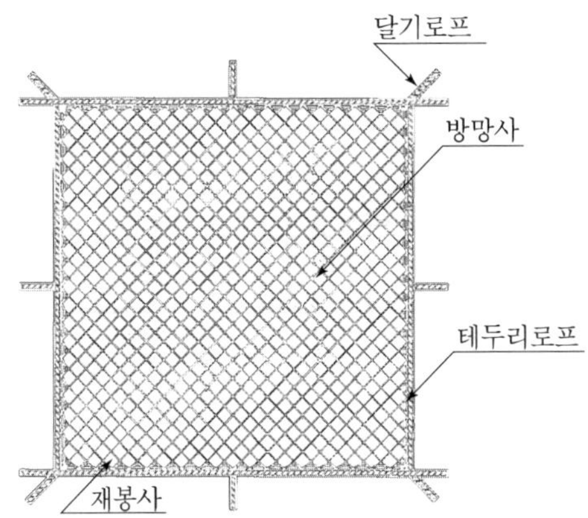

2. 방망사의 강도

1) 추락방호망의 인장강도

( ) : 폐기기준 인장강도

그물코의 크기 (단위 : cm)	방망의 종류(단위 : kgf)	
	매듭 없는 방망	매듭방망
10	240(150)	200(135)
5	–	110(60)

2) 지지점의 강도

600kg의 외력에 견딜 수 있는 강도로 한다.

3) 테두리로프, 달기로프 인장강도는 1,500kg 이상이어야 한다.

14 낙하·비래재해의 위험방지 및 안전조치

1. 정의

낙하·비래에 의한 재해란 물체가 위에서 떨어지거나, 다른 곳으로부터 날아와 작업자에게 맞음으로써 발생하는 재해를 말한다.

2. 낙하·비래재해의 유형

① 고소에서의 거푸집 조립 및 해체작업 중 낙하
② 외부 비계 위에 올려놓은 자재가 낙하
③ 바닥자재 정리정돈 작업 중 자재 낙하
④ 인양장비를 사용하지 않고 인력으로 던지다 낙하·비래
⑤ 크레인으로 자재 운반 중 로프절단으로 낙하 등
⑥ 고속회전체의 파편, 견인 중이던 로프, 부속물의 비래

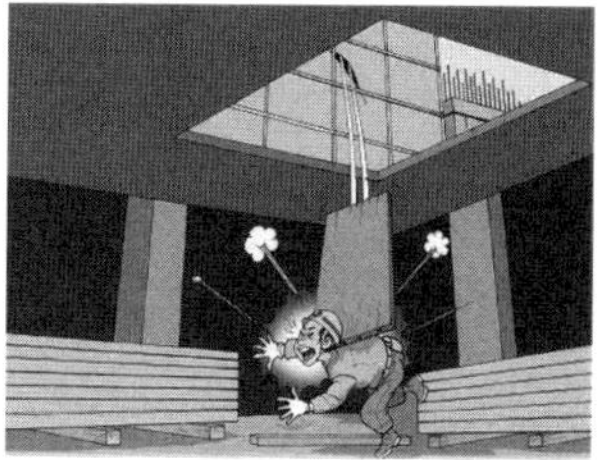

[낙하 · 비래재해 유형]

15 낙하 · 비래재해의 발생원인

1. 발생원인

① 높은 위치에 놓아둔 자재의 정리 상태가 불량
② 외부 비계 위에 불안전하게 자재를 적재
③ 구조물 단부 개구부에서 낙하가 우려되는 위험작업 실시
④ 작업바닥의 폭, 간격 등 구조가 불량
⑤ 자재를 반출할 때 투하설비 미설치
⑥ 크레인 자재인양 작업 시 와이어로프가 불량해 절단
⑦ 매달기 작업 시 결속방법이 불량

2. 안전대책

① 외부비계, 갱폼(Gang Form) 작업발판 위 자재적치 금지
② 구조물 단부, 복공단부, 발단 단부 등에 발끝막이판 설치
③ 인양 전 Hook 해지장치 부착 확인
④ 중량물 인양 전 와이어로프, 슬링벨트의 안전율 및 폐기조건 검토
⑤ 주출입구 방호선반, 낙하물방지망 등 설치
⑥ 낙하 위험구간 출입금지구역 설정
⑦ 백호이용 중량물 운반 등 주용도 이외의 사용금지

16 낙하·비래재해의 방호설비

1. 낙하물 방지망

고소작업 시 재료나 공구 등의 낙하로 인한 피해를 방지하기 위해 벽체 및 비계 외부에 설치하는 망

■ 설치기준

① 첫 단은 가능한 한 낮게 설치하고, 설치간격은 높이 10m 이내
② 내민 길이는 벽면으로부터 2m 이상으로 할 것
③ 수평면과의 각도는 20° 이상 30° 이하를 유지할 것
④ 방지망의 가장자리는 테두리 로프를 그물코마다 엮어 긴결하며, 긴결재의 강도는 100 kgf 이상
⑤ 방지망과 방지망 사이의 틈이 없도록 방지망의 겹침폭은 30cm 이상
⑥ 최하단의 방지망은 크기가 작은 못·볼트·콘크리트 덩어리 등의 낙하물이 떨어지지 못하도록 방지망 위에 그물코 크기가 0.3cm 이하인 망을 추가로 설치

2. 낙하물 방호선반

고소작업 시 재료나 공구 등의 낙하로 인한 피해를 방지하기 위해 합판 또는 철판 등의 재료를 사용하여 비계 내측 및 비계 외측에 설치하는 설비

■ 종류

① 외부 비계용 방호선반 : 근로자, 보행자 통행 시 외부비계에 설치
② 출입구 방호선반 : 출입이 많은 출입구 상부에 설치
③ Lift 주변 방호선반 : 승객화물용 Lift 주변에 설치
④ 가설통로 방호선반 : 가설통로 상부에 설치하여 낙하재해 예방

3. 수직보호망

수직보호망이란 비계 등 가설구조물의 외측면에 수직으로 설치하여 작업장소에서 낙하물 및 비래 등에 의한 재해를 방지할 목적으로 설치하는 보호망이다.

4. 투하설비(안전보건규칙 제15조)

투하설비란 높이 3m 이상인 장소에서 자재투하 시 재해를 예방하기 위하여 설치하는 설비를 말한다.

Key Point

물체의 낙하·비래로 인한 근로자의 위험을 방지하기 위한 시설이나 대책을 3가지 쓰시오.

(1) 낙하물 방지망 설치
(2) 수직보호망 설치
(3) 방호선반 설치
(4) 출입금지구역 설정
(5) 안전모 등 보호구 착용

17 토사붕괴 위험성 및 안전조치

1. 지반굴착 시 위험방지

1) 사전조사 내용(안전보건규칙 제38조 제1항)

① 형상·지질 및 지층의 상태
② 균열·함수(含水)·용수 및 동결의 유무 또는 상태
③ 매설물 등의 유무 또는 상태
④ 지반의 지하수위 상태

Key Point

지반 굴착 작업 시 보링 등의 방법으로 조사를 하여야 한다. 사전 조사사항 4가지를 쓰시오.

사전 조사사항 ①~④ 항목 선택

Key Point

지반 굴착작업 시 작업장소 등의 사전 조사사항 4가지를 쓰시오.

사전 조사사항 ①~④ 항목 선택

2) 굴착면의 기울기 기준(안전보건규칙 제338조)

구분	지반의 종류	기울기
보통흙	습지	1 : 1~1 : 1.5
	건지	1 : 0.5~1 : 1
암반	풍화암	1 : 1.0
	연암	1 : 1.0
	경암	1 : 0.5

Key Point

지반 굴착작업시 준수해야 할 경사면의 기울기에 관한 다음의 내용을 보고 ( )에 해당하는 기울기를 쓰시오.

구분	보통흙		암반		
지반의 종류	습지	건지	풍화암	연암	경암
기울기	(①)	(②)	(③)	1 : 1.0	1 : 0.5

① 1 : 1~1 : 1.5
② 1 : 0.5~1 : 1
③ 1 : 1.0

2. 지반의 붕괴 등에 의한 위험방지

1) 지반의 붕괴 또는 토석의 낙하위험시 안전조치(안전보건규칙 제340조)

① 흙막이 지보공의 설치
② 방호망의 설치
③ 근로자의 출입금지
④ 비가 올 경우를 대비하여 측구(側溝)를 설치하거나 굴착사면에 비닐보강

Key Point

지반 굴착 작업 시 지반의 붕괴 또는 토석의 낙하에 의하여 근로자에게 위험을 미칠 우려가 있는 때의 조치사항 3가지를 쓰시오.

2) 흙막이지보공의 고정 · 조립 또는 해체 작업 시 관리감독자 유해 · 위험방지 업무(안전보건규칙 제35조 제1항 관련)

① 안전한 작업방법을 결정하고 작업을 지휘하는 일
② 재료 · 기구의 결함유무를 점검하고 불량품을 제거하는 일
③ 작업 중 안전대 및 안전모 등 보호구 착용상황을 감시하는 일

Key Point

흙막이지보공의 고정 · 조립 또는 해체작업 시 관리감독자의 직무사항 3가지를 쓰시오..

3. 흙막이 지보공의 계측관리

1) 계측기의 종류

① 지표침하계 : 흙막이벽 배면에 동결심도보다 깊게 설치하여 지표면 침하량 측정
② 지중경사계 : 흙막이벽 배면에 설치하여 토류벽의 기울어짐 측정
③ 하중계 : Strut, Earth Anchor에 설치하여 축하중 측정으로 부재의 안정성 여부 판단
④ 간극수압계 : 굴착, 성토에 의한 간극수압의 변화 측정
⑤ 균열측정기 : 인접구조물, 지반 등의 균열부위에 설치하여 균열크기와 변화측정
⑥ 변형계 : Strut, 띠장 등에 부착하여 굴착작업시 구조물의 변형을 측정
⑦ 지하수위계 : 굴착에 따른 지하수위 변동을 측정

4. 터널 굴착공사 위험방지

1) 자동경보장치의 작업시작 전 점검사항(안전보건규칙 제350조)

① 계기의 이상유무
② 검지부의 이상유무
③ 경보장치의 작동상태

2) 낙반 등에 의한 위험방지 조치(안전보건규칙 제351조)

① 터널지보공 및 록볼트의 설치
② 부석의 제거

3) 터널 지보공 수시 점검 사항(안전보건규칙 제366조)

① 부재의 손상·변형·부식·변위 탈락의 유무 및 상태
② 부재의 긴압의 정도
③ 부재의 접속부 및 교차부의 상태
④ 기둥침하의 유무 및 상태

5. 잠함 내 굴착작업 위험방지

1) 잠함·우물통·수직갱 등 내부에서의 작업기준(안전보건규칙 제377조)

① 근로자가 안전하게 오르내리기 위한 설비
② 굴착 깊이가 20m를 초과하는 경우에는 해당 작업장소와 외부와의 연락을 위한 통신설비
③ 산소결핍이 인정되거나 굴착 깊이가 20m를 초과하는 경우에는 송기를 위한 설비
④ 산소농도 측정 결과 산소의 결핍이 인정되거나 굴착 깊이가 20m를 초과하는 경우에 송기를 위한 설비를 설치하여 필요한 양의 공기를 송급

2) 잠함 등 내부에서 굴착작업의 금지(안전보건규칙 제378조)

① 승강설비, 통신설비, 송기설비에 고장이 있는 경우
② 잠함 등의 내부에 많은 양의 물 등이 스며들 우려가 있는 경우

Key Point

잠함 등의 내부에서 굴착작업을 하는 경우 작업을 금지하는 경우 4가지를 쓰시오.

(1) 근로자가 안전하게 승강하기 위한 설비에 고장이 있는 경우
(2) 해당 작업장소와 외부와의 연락을 위한 통신설비에 고장이 있는 경우
(3) 송기를 위한 설비에 고장이 있는 경우
(4) 잠함 등의 내부에 많은 양의 물 등이 스며들 우려가 있는 경우

6. 절토사면의 붕괴예방 점검내용

① 전 지표면의 답사
② 경사면 지층의 상황변화 확인
③ 부석의 상황변화 확인

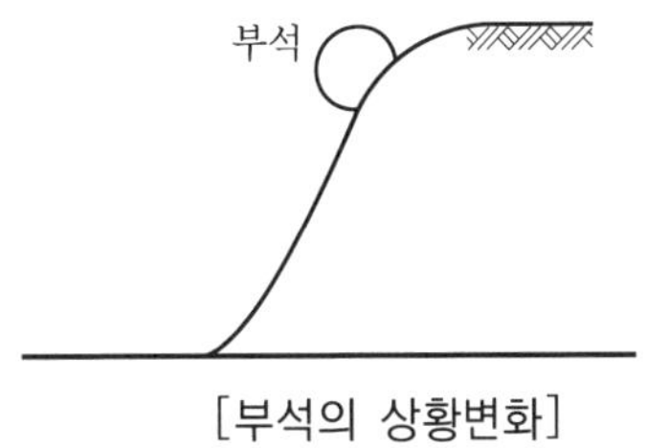

[부석의 상황변화]

④ 용수의 발생 유무 또는 용수량의 변화 확인
⑤ 결빙과 해빙에 대한 상황의 확인
⑥ 각종 경사면 보호공의 변위, 탈락 유무 확인
⑦ 점검시기 : 작업 전 · 중 · 후, 비온 후, 인접작업구역에서 발파한 경우

Key Point

절토사면의 토석붕괴방지를 위한 예방점검시기 3가지를 쓰시오.

(1) 작업전 · 중 · 후
(2) 비온 후
(3) 인접작업구역에서 발파한 경우

18 토사붕괴 재해의 형태 및 발생원인

1. 사면의 붕괴형태

① 사면 선단 파괴(Toe Failure)
② 사면내 파괴(Slope Failure)
③ 사면 저부 파괴(Base Failure)

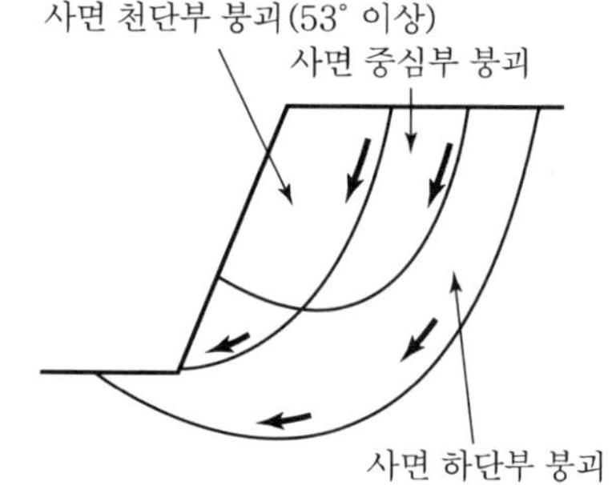

[붕괴형태]

2. 토석 붕괴의 원인

1) 외적 원인

① 사면, 법면의 경사 및 기울기의 증가
② 절토 및 성토 높이의 증가
③ 공사에 의한 진동 및 반복하중의 증가
④ 지표수 및 지하수의 침투에 의한 토사 중량의 증가
⑤ 지진 차량 구조물의 하중작용
⑥ 토사 및 암석의 혼합층 두께

2) 내적 원인

① 절토 사면의 토질, 암질
② 성토 사면의 토질구성 및 분포
③ 토석의 강도 저하

Key Point

토석붕괴 원인 중 외적 요인을 5가지 쓰시오.

외적 원인 ①~⑥ 항목 중 5가지 선택

3. 옹벽의 안정성 조건

1) 정의

옹벽이란 토사가 무너지는 것을 방지하기 위해 설치하는 토압에 저항하는 구조물로 자연 사면의 절취 및 성토사면의 흙막이를 하여 부지의 활용도를 높이고 붕괴의 방지를 위해 설치한다.

2) 옹벽의 안정조건

① 활동에 대한 안정 : $F_s = \dfrac{\text{활동에 저항하려는 힘}}{\text{활동하려는 힘}} \geq 1.5$

② 전도에 대한 안정 : $F_s = \dfrac{\text{저항모멘트}}{\text{전도모멘트}} \geq 2.0$

③ 기초지반의 지지력(침하)에 대한 안정 : $F_s = \dfrac{\text{지반의 극한지지력}}{\text{지반의 최대반력}} \geq 3.0$

Key Point

콘크리트 옹벽이 갖추어야 할 안정조건을 쓰시오.

활동, 전도, 지반지지력(침하)에 대한 안정

19 토사붕괴 시 조치사항

1. 붕괴 조치사항

1) 동시작업의 금지

붕괴 토석의 최대 도달거리 내 굴착공사, Con'c 타설 등

2) 대피공간 확보

작업장 좌우에 피난통로 확보

3) 2차 재해 방지

붕괴면의 주변 상황을 충분히 확인하고 2중 안전조치를 강구

2. 붕괴 예방조치

① 적절한 경사면의 기울기 계획(굴착면 기울기 기준 준수)
② 경사면의 기울기가 당초 계획과 차이 발생시 즉시 재검토하여 계획변경
③ 활동할 가능성이 있는 토석은 제거
④ 경사면의 하단부에 압성토 등 보강공법으로 활동에 대한 저항대책 강구
⑤ 말뚝(강관, H형강, 철근콘크리트)을 타입하여 지반 강화
⑥ 지표수와 지하수의 침투를 방지

20 경사로

1. 작업통로의 종류 및 설치기준

1) 통로의 설치(안전보건규칙 제22조)

① 사업주는 작업장으로 통하는 장소 또는 작업장 내에 근로자가 사용하기 위한 안전한 통로를 설치하고 항상 사용가능한 상태로 유지하여야 한다.

② 통로의 주요 부분에는 통로표시를 하고, 근로자가 안전하게 통행할 수 있도록 하여야 한다.

③ 통로면으로부터 높이 2m 이내에는 장애물이 없도록 할 것

2) 가설통로의 구조(안전보건규칙 제23조)

① 견고한 구조로 할 것

② 경사는 30° 이하로 할 것(계단을 설치하거나 높이 2m 미만의 가설통로로서 튼튼한 손잡이를 설치한 경우에는 그러하지 아니하다)

③ 경사가 15°를 초과하는 경우에는 미끄러지지 아니하는 구조로 할 것

④ 추락의 위험이 있는 장소에는 안전난간을 설치할 것(작업상 부득이한 경우에는 필요한 부분에 한하여 임시로 이를 해체할 수 있다)

⑤ 수직갱에 가설된 통로의 길이가 15m 이상인 경우에는 10m 이내마다 계단참을 설치할 것

⑥ 건설공사에 사용하는 높이 8m 이상인 비계다리에는 7m 이내마다 계단참을 설치할 것

Key Point

가설통로 설치 시 준수하여야 할 사항 5가지를 쓰시오.

2. 경사로

1) 정의

경사로란 건설현장에서 상부 또는 하부로 재료운반이나 작업원이 이동할 수 있도록 설치된 통로로 경사가 30° 이내일 때 사용한다.

2) 사용 시 준수사항(가설공사 표준작업안전지침)

① 시공하중 또는 폭풍, 진동 등 외력에 대하여 안전하도록 설계하여야 한다.
② 경사로는 항상 정비하고 안전통로를 확보하여야 한다.
③ 비탈면의 경사각은 30° 이내로 하고 미끄럼막이를 설치한다.
④ 경사로의 폭은 최소 90cm 이상이어야 한다.
⑤ 높이 7m 이내마다 계단참을 설치하여야 한다.
⑥ 추락방지용 안전난간을 설치하여야 한다.
⑦ 목재는 미송, 육송 또는 그 이상의 재질을 가진 것이어야 한다.
⑧ 경사로 지지기둥은 3m 이내마다 설치하여야 한다.
⑨ 발판은 폭 40cm 이상으로 하고, 틈은 3cm 이내로 설치하여야 한다.
⑩ 발판이 이탈하거나 한쪽 끝을 밟으면 다른 쪽이 들리지 않게 장선에 결속하여야 한다.
⑪ 결속용 못이나 철선이 발에 걸리지 않아야 한다.

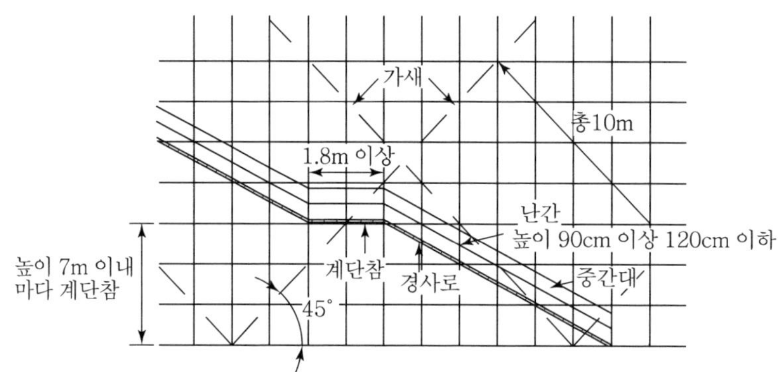

[경사로 계단참 설치]

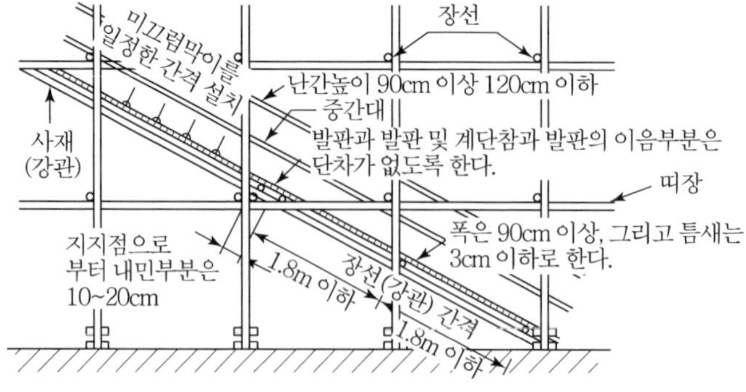

[미끄럼막이 설치 등]

21 가설계단

1. 정의

작업장에서 근로자가 사용하기 위한 계단식 통로로 경사는 35°가 적정

2. 설치기준(안전보건규칙 제26조~제30조)

1) 강도

① 계단 및 계단참을 설치하는 경우에는 500kg/m^2 이상의 하중에 견딜 수 있는 강도를 가진 구조

② 안전율 4 이상(안전율= $\dfrac{\text{재료의 파괴응력도}}{\text{재료의 허용응력도}} > 4$)

③ 계단 및 승강구바닥을 구멍이 있는 재료로 만들 경우에는 렌치, 기타 공구 등이 낙하할 위험이 없는 구조

2) 폭

폭은 1m 이상, 계단에는 손잡이 외의 다른 물건 등을 설치 또는 적재금지

3) 계단참의 높이

높이가 3m를 초과하는 계단에는 높이 3m 이내마다 너비 1.2m 이상의 계단참을 설치

4) 천장의 높이

바닥 면으로부터 높이 2m 이내의 공간에 장애물이 없도록 할 것

5) 계단의 난간

높이 1m 이상인 계단의 개방된 측면에 안전난간을 설치

22 사다리식 통로

1. 정의

사다리통로란 경사도 60° 이상의 통로 형태를 말하며, 75°가 가장 적정하며 움직임이 없이 견고하게 설치하여 사용해야 한다.

2. 사다리식 통로의 구조(안전보건규칙 제24조)

① 견고한 구조로 할 것
② 재료는 심한 손상·부식 등이 없을 것
③ 발판의 간격은 동일하게 할 것
④ 발판과 벽과의 사이는 15cm 이상의 간격을 유지할 것
⑤ 폭은 30cm 이상으로 할 것
⑥ 사다리가 넘어지거나 미끄러지는 것을 방지하기 위한 조치를 할 것
⑦ 사다리의 상단은 걸쳐놓은 지점으로부터 60cm 이상 올라가도록 할 것
⑧ 사다리식 통로의 길이가 10m 이상인 경우에는 5m 이내마다 계단참을 설치할 것
⑨ 사다리식 통로의 기울기는 75° 이하로 할 것. 다만, 고정식 사다리식 통로의 기울기는 90° 이하로 하고 높이 7m 이상인 경우 바닥으로부터 높이가 2.5m 되는 지점부터 등받이울을 설치할 것
⑩ 접이식 사다리 기둥은 사용 시 접혀지거나 펼쳐지지 않도록 철물 등을 사용하여 견고하게 조치할 것

Key Point

산업안전기준상의 사다리식 통로의 설치기준 5가지를 쓰시오.

사다리식 통로 설치기준 ①~⑧ 항목 중 5가지 선택

23 사다리

1. 종류 및 설치기준(가설공사 표준작업안전지침)

1) 고정사다리

① 90° 수직이 가장 적합
② 경사를 둘 필요가 있는 경우 수직면으로부터 15° 초과하지 말 것

2) 옥외용 사다리

① 철재를 원칙
② 길이가 10m 이상인 경우에는 5m 이내의 간격으로 계단참 설치
③ 사다리 전면의 사방 75cm 이내에는 장애물이 없을 것

3) 목재 사다리

① 재질은 건조된 것으로 옹이, 갈라짐, 흠 등의 결함이 없고 곧은 것
② 수직재와 발 받침대는 장부촉 맞춤으로 하고 사개를 파서 제작
③ 발 받침대의 간격은 25~35cm
④ 이음 또는 맞춤부분은 보강
⑤ 벽면과의 이격거리는 20cm 이상

4) 이동식 사다리

① 길이가 6m를 초과금지
② 다리의 벌림은 벽 높이의 1/4 정도가 적당
③ 벽면 상부로부터 최소한 60cm 이상의 연장길이가 확보

24 통로발판

1. 작업발판의 최대적재하중(안전보건규칙 제55조)

비계의 구조 및 재료에 따라 작업발판의 최대적재하중을 정하고 이를 초과하여 싣지 않을 것

■ 달비계의 안전계수

구분		안전계수
달기와이어로프 및 달기강선		10 이상
달기체인 및 달기훅		5 이상
달기강대와 달비계의 하부 및 상부지점	강재	2.5 이상
	목재	5 이상

2. 작업발판의 구조(안전보건규칙 제56조)

① 발판재료는 작업할 때의 하중을 견딜 수 있도록 견고한 것으로 할 것
② 작업발판의 폭은 40cm 이상으로 하고, 발판재료 간의 틈은 3cm 이하로 할 것
③ 추락의 위험성이 있는 장소에는 안전난간을 설치할 것(작업의 성질상 안전난간을 설치하는 것이 곤란한 때 및 작업의 필요상 임시로 안전난간을 해체함에 있어서 추락방호망을 설치하거나 근로자로 하여금 안전대를 사용하도록 하는 등 추락에 의한 위험방지조치를 한 경우에는 제외)
④ 작업발판의 지지물은 하중에 의하여 파괴될 우려가 없는 것을 사용할 것
⑤ 작업발판재료는 뒤집히거나 떨어지지 않도록 둘 이상의 지지물에 연결하거나 고정시킬 것
⑥ 작업발판을 작업에 따라 이동시킬 경우에는 위험방지에 필요한 조치를 할 것

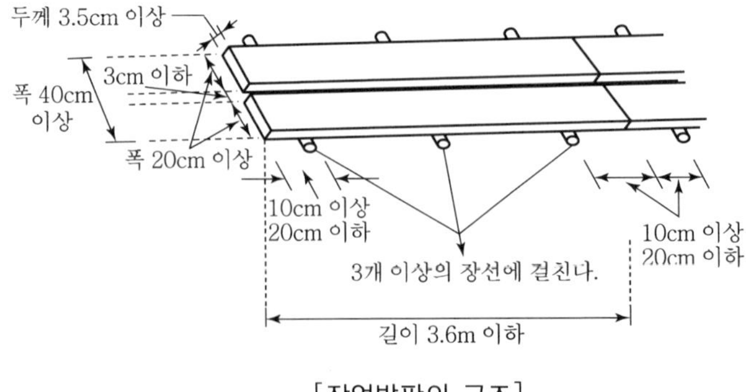

[작업발판의 구조]

25 비계의 종류 및 설치 시 준수사항

1. 가설공사의 정의

① 가설공사란 본공사를 위해 일시적으로 행하여지는 시설 및 설비로 공사가 완료되면 해체·철거되는 임시적인 공사이다.

② 비계란 고소구간에 부재를 설치하거나 해체·도장·미장 등의 작업을 위해 설치하는 가설 구조물이다.

2. 가설재의 3요소(비계의 구비요건)

1) 안전성

파괴, 도괴 및 동요에 대한 충분한 강도를 가질 것

2) 작업성

통행과 작업에 방해가 없는 넓은 작업발판과 넓은 작업공간을 확보

3) 경제성

가설 및 철거가 신속하고 용이할 것

3. 가설구조물의 특성

① 연결재가 적은 구조로 되기 쉽다.
② 부재의 결합이 간단하나 불완전 결합이 많다.
③ 구조물이라는 통상의 개념이 확고하지 않아 조립의 정밀도가 낮다.
④ 부재는 과소단면이거나 결함이 있는 재료를 사용하기 쉽다.
⑤ 전체구조에 대한 구조계산 기준이 부족하다.

4. 달비계 또는 높이 5m 이상의 비계를 조립·해체 및 변경하는 경우 준수사항

(안전보건규칙 제57조)

① 근로자가 관리감독자의 지휘에 따라 작업하도록 할 것
② 조립·해체 또는 변경의 시기·범위 및 절차를 그 작업에 종사하는 근로자에게 주지시킬 것
③ 조립·해체 또는 변경작업 구역은 해당 작업에 종사하는 근로자가 아닌 사람의 출입을 금지시키고 그 내용을 보기 쉬운 장소에 게시할 것

④ 비 · 눈 그 밖의 기상상태의 불안정으로 날씨가 몹시 나쁜 경우에는 그 작업을 중지시킬 것
⑤ 비계재료의 연결 · 해체작업을 하는 경우에는 폭 20cm 이상의 발판을 설치하고 근로자로 하여금 안전대를 사용하도록 하는 등 근로자의 추락방지를 위한 조치를 할 것
⑥ 재료 · 기구 또는 공구 등을 올리거나 내리는 경우에는 근로자가 달줄 또는 달포대 등을 사용하게 할 것

Key Point

달비계 또는 높이 5m 이상의 비계를 조립해체하는 작업에서 준수사항 3가지를 쓰시오.

①~⑥ 항목 중 3가지 선택

5. 비계의 점검 보수(안전보건규칙 제58조)

1) 시기

① 비 · 눈 그 밖의 기상상태의 악화로 작업을 중지시킨 후
② 비계를 조립 · 해체하거나 또는 변경한 후 그 비계에서 작업을 하는 때
③ 해당 작업시작 전에 비계를 점검하고 이상이 있는 경우에는 즉시 보수하여야 한다.

2) 점검사항

① 발판재료의 손상 여부 및 부착 또는 걸림 상태
② 해당 비계의 연결부 또는 접속부의 풀림 상태
③ 연결재료 및 연결철물의 손상 또는 부식 상태
④ 손잡이의 탈락 여부
⑤ 기둥의 침하 · 변형 · 변위 또는 흔들림 상태
⑥ 로프의 부착상태 및 매단 장치의 흔들림 상태

Key Point

폭풍, 폭우 및 폭설 등의 악천후로 인하여 작업을 중지시킨 후 또는 비계를 조립해체하거나 또는 변경한 후 작업재개 시 작업시작 전 점검항목을 구체적으로 4가지 쓰시오.

점검사항 ①~⑥ 항목 중 4가지 선택

6. 비계에 의한 재해발생 원인

1) 비계의 도괴 및 파괴

① 비계, 발판 또는 지지대의 파괴
② 비계, 발판의 탈락 또는 그 지지대의 변위, 변형
③ 풍압
④ 지주의 좌굴(Buckling)

2) 비계에서의 추락 및 낙하물

① 부재의 파손, 탈락 또는 변위
② 작업 중 넘어짐, 미끄러짐, 헛디딤 등

Key Point

비계의 도괴 및 파괴에 의한 재해발생원인 4가지를 쓰시오.

7. 비계의 종류 및 설치기준

1) 강관비계

(1) 정의

고소작업을 위해 구조물의 외벽을 따라 설치한 가설물로 강관(ϕ48.6mm)을 현장에서 연결철물이나 이음철물을 이용하여 조립한 비계이다.

(2) 조립 시 준수사항(안전보건규칙 제59조)

① 비계기둥에는 미끄러지거나 침하하는 것을 방지하기 위하여 밑받침철물을 사용하거나 깔판·깔목 등을 사용하여 밑둥잡이를 설치하는 등의 조치를 할 것
② 강관의 접속부 또는 교차부는 적합한 부속철물을 사용하여 접속하거나 단단히 묶을 것
③ 교차가새로 보강할 것
④ 외줄비계·쌍줄비계 또는 돌출비계에 대하여는 다음 각 목의 정하는 바에 따라 벽이음 및 버팀을 설치할 것

㉠ 강관비계의 조립간격은 아래의 기준에 적합하도록 할 것

강관비계의 종류	조립간격(단위 : m)	
	수직방향	수평방향
단관비계	5	5
틀비계(높이가 5m 미만의 것을 제외한다)	6	8

㉡ 강관·통나무 등의 재료를 사용하여 견고한 것으로 할 것

㉢ 인장재와 압축재로 구성되어 있는 경우에는 인장재와 압축재의 간격을 1m 이내로 할 것

⑤ 가공전로에 근접하여 비계를 설치하는 경우에는 가공전로를 이설하거나 가공전로에 절연용 방호구를 장착하는 등 가공전로와의 접촉을 방지하기 위한 조치를 할 것

(3) 강관비계의 구조(안전보건규칙 제60조)(가설공사 표준작업안전지침)

구분	준수사항
비계기둥의 간격	① 띠장방향에서 1.85m 이하 ② 장선방향에서는 1.5m 이하
띠장간격	띠장은 2m 이하로 설치
강관보강	비계 기둥의 최고부로부터 31m 되는 지점 밑부분의 비계 기둥은 2본의 강관으로 묶어 세울 것
적재하중	비계 기둥 간 적재하중 : 400kg을 초과하지 않도록 할 것
벽연결	① 수직방향에서 5m 이하 ② 수평방향에서 5m 이하
비계기둥 이음	① 겹침이음을 하는 경우 1m 이상 겹쳐대고 2개소 이상 결속 ② 맞댄이음을 하는 경우 쌍 기둥틀로 하거나 1.8m 이상의 덧댐목을 대고 4개소 이상 결속
장선간격	1.5m 이하
가새	① 기둥간격 10m 이내마다 45° 각도의 처마방향으로 기둥 및 띠장에 결속 ② 모든 비계기둥은 가새에 결속
작업대	작업대에는 안전난간을 설치
작업대 위의 공구, 재료 등	낙하물 방지조치

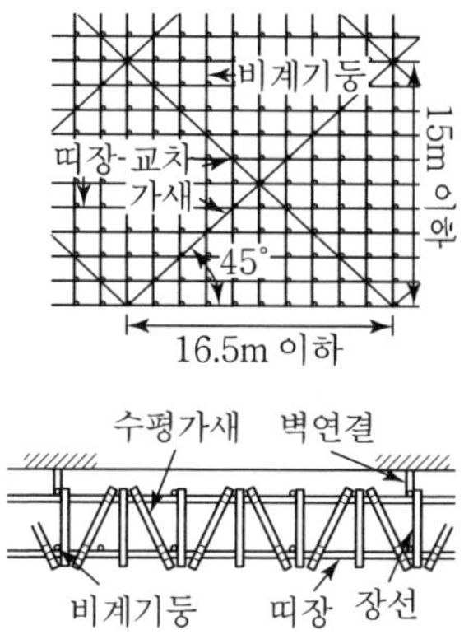

[수직 및 수평가새 설치]

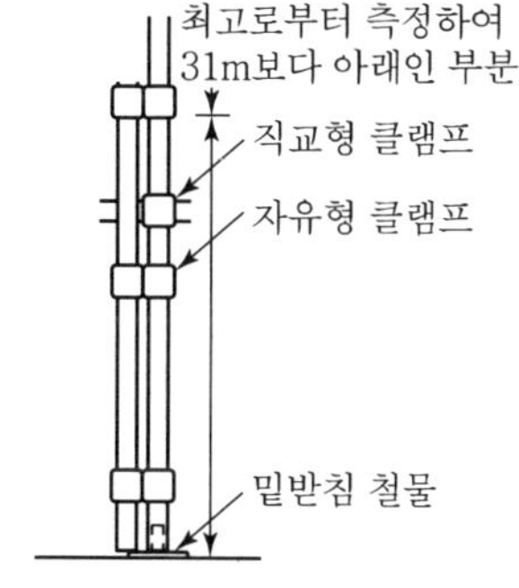

[비계기둥 31m 이상일 때 강관보강]

Key Point

강관비계조립 시 준수해야 할 사항을 4가지 쓰시오.

조립 시 준수사항 ①~⑤ 항목 중 4가지 선택

Key Point

벽이음 및 버팀설치 기준이다. 빈칸을 채우시오.

구분		조립간격(m)	
		수직	수평
통나무비계		5.5	7.5
강관비계	단관비계	5	5
	틀비계	6	8

2) 강관틀비계

(1) 강관틀비계의 구조(안전보건규칙 제62조)(가설공사 표준작업안전지침)

구분	준수사항
비계기둥의 밑둥	① 밑받침철물을 사용 ② 고저차가 있는 경우에는 조절형 밑받침철물을 사용하여 수평 및 수직유지
주틀 간 간격	높이가 20미터를 초과하거나 중량물의 적재를 수반하는 작업을 할 경우에는 주틀 간의 간격 1.8m 이하
가새 및 수평재	주틀 간에 교차가새를 설치하고 최상층 및 5층 이내마다 수평재를 설치할 것
벽이음	① 수직방향에서 6m 이내 ② 수평방향에서 8m 이내
버팀기둥	길이가 띠장방향에서 4m 이하이고 높이가 10m를 초과하는 경우에는 10m 이내마다 띠장방향으로 버팀기둥을 설치할 것
적재하중	비계 기둥 간 적재하중 : 400kg 초과하지 않도록 할 것
높이 제한	40m 이하

3) 달비계

달비계란 와이어로프, 체인, 강재, 철선 등의 재료로 상부지점에서 작업용 널판을 매다는 형식의 비계이다.

4) 말비계

(1) 정의

비교적 천장높이가 낮은 실내에서 보통 마무리 작업에 사용되는 것으로 종류에는 각립비계와 안장비계가 있다.

(2) 조립 시 준수사항(안전보건규칙 제67조)

① 지주부재의 하단에는 미끄럼 방지장치를 하고, 근로자가 양측 끝부분에 올라서서 작업하지 않도록 할 것

② 지주부재와 수평면과의 기울기를 75° 이하로 하고, 지주부재와 지주부재 사이를 고정시키는 보조부재를 설치할 것

③ 말비계의 높이가 2m를 초과할 경우에는 작업발판의 폭을 40cm 이상으로 할 것

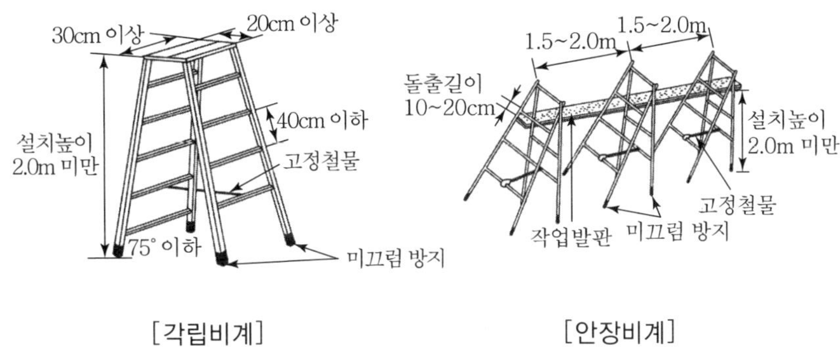

[각립비계] [안장비계]

5) 이동식 비계

(1) 정의

옥외의 낮은 장소 또는 실내의 부분적인 장소에서 작업할 때 이용하며 탑 형식의 비계를 조립하여 기둥 밑에 바퀴를 부착하여 이동하면서 작업할 수 있는 비계이다.

(2) 조립 시 준수사항(안전보건규칙 제68조)

① 이동식비계의 바퀴에는 뜻밖의 갑작스러운 이동 또는 전도를 방지하기 위하여 브레이크 · 쐐기 등으로 바퀴를 고정시킨 다음 비계의 일부를 견고한 시설물에 고정하거나 아웃트리거(outrigger)를 설치하는 등 필요한 조치를 할 것
② 승강용 사다리는 견고하게 설치할 것
③ 비계의 최상부에서 작업을 할 경우에는 안전난간을 설치할 것
④ 작업발판은 항상 수평을 유지하고 작업발판 위에서 안전난간을 딛고 작업을 하거나 받침대 또는 사다리를 사용하여 작업하지 않도록 할 것
⑤ 작업발판의 최대 적재하중은 250kg을 초과하지 않도록 할 것

26 거푸집 동바리 조립 시 준수사항

1. 구조검토 시 고려하여야 할 하중

1) 종류

① 연직방향하중 : 타설 콘크리트 고정하중, 타설시 충격하중 및 작업원 등의 작업하중
② 횡방향하중 : 작업 시 진동, 충격, 풍압, 유수압, 지진 등
③ 콘크리트 측압 : 콘크리트가 거푸집을 안쪽에서 밀어내는 압력
④ 특수하중 : 시공 중 예상되는 특수한 하중(콘크리트 편심하중 등)

2) 거푸집 동바리의 연직방향 하중

(1) 계산식

W = 고정하중 + 활하중
= (콘크리트+거푸집)중량+(충격+작업)하중
$= \gamma \cdot t + 40\text{kg/m}^2 + 250\text{kg/m}^2$

여기서, γ : 철근콘크리트 단위중량(kg/m^3), t : 슬래브 두께(m)

(2) 고정하중

철근콘크리트와 거푸집의 중량을 합한 하중이며 거푸집 하중은 최소 40kg/m^2 이상 적용, 특수 거푸집의 경우 실제 중량 적용

(3) 충격하중

작업원, 경량의 장비하중, 기타 콘크리트에 필요한 자재 및 공구 등의 시공하중 및 충격하중을 포함하며 구조물의 수평투영면적(연직방향으로 투영시킨 수평면적)당 최소 250kg/m^2 이상 적용

(4) 상기 고정하중과 활하중을 합한 수직하중은 슬래브 두께에 관계없이 500kg/m^2 이상으로 적용

Key Point

거푸집에 작용하는 하중 중에서 연직하중에 해당되는 것 4가지를 쓰시오.

콘크리트 하중, 콘크리트 타설시 충격하중, 작업하중, 거푸집 중량

Key Point

거푸집에 작용하는 하중 중에서 작업하중은 m^2당 보통 얼마를 고려해야하는가?

작업하중은 일반적으로 150kg/m^2

2. 조립 시 준수사항(안전보건규칙 제332조)

(1) 깔목의 사용, 콘크리트 타설, 말뚝박기 등 동바리의 침하를 방지하기 위한 조치를 할 것

(2) 개구부 상부에 동바리를 설치하는 경우에는 상부하중을 견딜 수 있는 견고한 받침대를 설치할 것

(3) 동바리의 상하고정 및 미끄러짐 방지조치를 하고, 하중의 지지상태를 유지할 것

(4) 동바리의 이음은 맞댄이음 또는 장부이음으로 하고 같은 품질의 재료를 사용할 것

(5) 강재와 강재와의 접속부 및 교차부는 볼트·클램프 등 전용철물을 사용하여 단단히 연결할 것

(6) 거푸집이 곡면인 경우에는 버팀대의 부착 등 그 거푸집의 부상을 방지하기 위한 조치를 할 것

(7) 동바리로 사용하는 강관(파이프 서포트를 제외한다)에 대하여는 다음 각 목의 정하는 바에 따를 것

① 높이 2m 이내마다 수평연결재를 2개 방향으로 만들고 수평연결재의 변위를 방지할 것

② 멍에 등을 상단에 올릴 경우에는 해당 상단에 강재의 단판을 붙여 멍에 등을 고정시킬 것

(8) 동바리로 사용하는 파이프 서포트에 대하여는 다음 각 목의 정하는 바에 따를 것

① 파이프 서포트를 3개 이상 이어서 사용하지 않도록 할 것

② 파이프 서포트를 이어서 사용할 경우에는 4개 이상의 볼트 또는 전용철물을 사용하여 이을 것

③ 높이가 3.5m를 초과할 경우에는 제(7)호 ①의 조치를 할 것

(9) 동바리로 사용하는 강관틀에 대하여는 다음 각 목의 정하는 바에 따를 것

① 강관틀과 강관틀과의 사이에 교차가새를 설치할 것

② 최상층 및 5층 이내마다 거푸집동바리의 측면과 틀면의 방향 및 교차가새의 방향에서 5개 이내마다 수평연결재를 설치하고 수평연결재의 변위를 방지할 것

③ 최상층 및 5층 이내마다 거푸집동바리의 틀면의 방향에서 양단 및 5개틀 이내마다 교차가새의 방향으로 띠장틀을 설치할 것

④ 제(7)호 ②의 조치를 취할 것

(10) 동바리로 사용하는 조립강주에 대하여는 다음 각 목의 정하는 바에 따를 것

① 제(7)호 ②의 조치를 할 것

② 높이가 4m를 초과할 경우에는 높이 4m 이내마다 수평연결재를 2개 방향으로 설치하고 수평연결재의 변위를 방지할 것

(11) 시스템동바리(규격화, 부품화된 수직재, 수평재 및 가새재 등의 부재를 현장에서 조립하여 거푸집으로 지지하는 동바리 형식을 말한다)는 다음 각 목의 방법에 따라 설치할 것

① 수평재는 수직재와 직각으로 설치하여야 하며, 흔들리지 않도록 견고하게 설치할 것

② 연결철물을 사용하여 수직재를 견고하게 연결하고, 연결부위가 탈락 또는 꺾어지지 않도록 할 것

③ 수직 및 수평하중에 의한 동바리 본체의 변위로부터 구조적 안전성이 확보되도록 조립도에 따라 수직재 및 수평재에는 가새재를 견고하게 설치하도록 할 것

④ 동바리 최상단과 최하단의 수직재와 받침철물은 서로 밀착되도록 설치하고, 수직재와 받침철물의 연결부의 겹침길이는 받침철물 전체길이의 3분의 1 이상이 되도록 할 것

(12) 동바리로 사용하는 목재에 대하여는 다음 각목의 정하는 바에 의할 것

① 제(7)호 ①의 조치를 할 것

② 목재를 이어서 사용할 때에는 2개 이상의 덧댐목을 대고 네 군데 이상 견고하게 묶은 후 상단을 보 나 멍에에 고정시킬 것

(13) 보로 구성된 것은 다음 각 목의 정하는 바에 따를 것

① 보의 양끝을 지지물로 고정시켜 보의 미끄러짐 및 탈락을 방지할 것

② 보와 보 사이에 수평연결재를 설치하여 보가 옆으로 넘어지지 않도록 견고하게 할 것

(14) 거푸집을 조립하는 경우에는 거푸집이 콘크리트 하중이 그 밖의 외력에 견딜 수 있거나, 넘어지지 않도록 견고한 구조의 긴결재, 버팀대 또는 지지대를 설치하는 등 필요한 조치를 할 것

Key Point

거푸집 동바리 조립 시 준수해야 할 사항을 3가지 쓰시오.

조립 시 준수사항 (1)~(14) 항목 중 3가지 선택

27 콘크리트 타설 작업의 안전조치

1. 콘크리트 타설 작업 시 준수사항(안전보건규칙 제334조)

① 당일의 작업을 시작하기 전에 해당 작업에 관한 거푸집동바리 등의 변형·변위 및 지반의 침하유무 등을 점검하고 이상이 있는 경우에는 보수할 것
② 작업 중에는 거푸집동바리 등의 변형·변위 및 침하유무 등을 감시할 수 있는 감시자를 배치하여 이상이 있는 경우에는 작업을 중지시키고 근로자를 대피시킬 것
③ 콘크리트의 타설 작업 시 거푸집붕괴의 위험이 발생할 우려가 있는 경우에는 충분한 보강조치를 할 것
④ 설계도서상의 콘크리트 양생기간을 준수하여 거푸집동바리 등을 해체할 것
⑤ 콘크리트를 타설하는 경우에는 편심이 발생하지 않도록 골고루 분산하여 타설할 것

Key Point

콘크리트 타설작업 시 준수해야 할 사항을 3가지 쓰시오.

①~⑤ 항목 중 3가지 선택

2. 콘크리트 측압

1) 정의

측압(Lateral Pressure)이란 콘크리트 타설 시 기둥·벽체의 거푸집에 가해지는 콘크리트의 수평방향의 압력으로 콘크리트의 타설 높이가 증가함에 따라 측압은 증가하나, 일정높이 이상이 되면 측압은 감소한다.

2) 측압이 커지는 조건

① 거푸집 부재단면이 클수록
② 거푸집 수밀성이 클수록
③ 거푸집의 강성이 클수록
④ 거푸집 표면이 평활할수록
⑤ 시공연도(Workability)가 좋을수록
⑥ 철골 또는 철근량이 적을수록
⑦ 외기온도가 낮을수록 습도가 높을수록

⑧ 콘크리트의 타설속도가 빠를수록
⑨ 콘크리트의 다짐이 좋을수록
⑩ 콘크리트의 Slump가 클수록
⑪ 콘크리트의 비중이 클수록

Key Point

콘크리트 타설작업 시 거푸집의 측압에 영향을 미치는 요인을 5가지 쓰시오.

① 콘크리트의 시공연도(슬럼프)가 클수록 측압이 크다.
② 콘크리트의 부어넣기 속도가 빠를수록 측압이 크다.
③ 콘크리트의 다지기가 좋을수록 측압이 크다.
④ 온도가 낮을수록 측압이 크다.
⑤ 벽 두께가 클수록 측압이 크다.

28 해체작업의 안전

1. 해체공법 선정 시 고려사항

① 해체 대상물의 구조
② 해체 대상물의 부재단면 및 높이
③ 부지 내 작업용 공지
④ 부지 주변의 도로상황 및 환경
⑤ 해체공법의 경제성 · 작업성 · 안정성 등

2. 해체작업의 안전

1) 해체 작업계획서 내용(안전보건규칙 제38조 제1항)

① 해체의 방법 및 해체순서 도면
② 가설설비, 방호설비, 환기설비 및 살수 · 방화설비 등의 방법
③ 사업장 내 연락방법
④ 해체물의 처분계획
⑤ 해체작업용 기계 · 기구 등의 작업계획서

⑥ 해체작업용 화약류 등의 사용계획서
⑦ 그 밖에 안전 · 보건에 관련된 사항

Key Point

건물의 해체작업 시 작업계획에 포함되어야 하는 사항을 5가지 쓰시오.

①~⑦ 항목 중 5가지 선택

2) 해체공사 시 안전대책

① 작업구역 내에는 관계자 외 출입금지
② 강풍, 폭우, 폭설 등 악천후 시 작업중지
③ 사용기계, 기구 등을 인양하거나 내릴 때 그물망 또는 그물포 등을 사용
④ 전도 작업 시 작업자 이외의 다른 작업자 대피상태 확인 후 전도
⑤ 파쇄공법의 특성에 따라 방진벽, 비산 차단벽, 살수시설 설치
⑥ 작업자 상호 간 신호규정 준수
⑦ 해체 작업 시 적정한 위치에 대피소 설치
⑧ 작업 시 위험 부분에 작업자가 머무르는 것은 특히 위험하며, 해체장비 주위 4m 안에 접근을 금지한다.

3) 해체 장비와 해체물 사이의 안전거리(L)

① 힘으로 무너뜨리거나, 쳐서 무너뜨리는 경우 : $L \geq 0.5H$(H=해체건물의 높이)
② 끌어당겨 무너뜨리는 경우 : $L \geq 1.5H$

기출문제풀이

2000년 2월 20일

1. 콘크리트 옹벽이 갖추어야 할 안정조건을 쓰시오.

해답 ① 활동에 대한 안정
② 전도에 대한 안정
③ 기초지반의 지지력(침하)에 대한 안정

2. 연약지반에 대한 개량공법을 점성토지반과 사질토지반으로 구분하여 쓰시오.

해답

구분	점성토 지반	사질토 지반
개량공법의 종류	① 치환공법 ② 재하(압밀)공법 ③ 탈수공법 ④ 배수공법 ⑤ 고결공법	① 진동다짐공법(Vibro Floatation) ② 동다짐공법 ③ 약액주입공법 ④ 폭파다짐공법 ⑤ 전기충격공법 ⑥ 모래다짐말뚝공법

2000년 6월 25일

3. 사다리식 통로의 설치 시 준수해야 할 사항 5가지를 쓰시오.

해답 ① 견고한 구조로 할 것
② 재료는 심한 손상·부식 등이 없는 것으로 할 것
③ 폭은 30cm 이상으로 할 것
④ 다리부분에는 미끄럼방지장치를 설치하는 등 미끄러지거나 넘어지는 것을 방지하기 위한 필요한 조치를 할 것
⑤ 발판의 간격은 동일하게 할 것

2000년 11월 12일

9. 달비계의 최대적재하중을 정할 때의 안전계수를 ( ) 안에 넣으시오.

(1) 달기 와이어로프 및 달기체인의 안전계수 (①) 이상
(2) 달기체인 및 달기훅의 안전계수 (②) 이상
(3) 달기강대의 하부 및 상부지점의 안전계수는 강재의 경우 (③) 이상 목재의 경우 (④) 이상

해답 ① 10
② 5
③ 2.5
④ 5

13. 지반 굴착작업 시 작업 전에 보링 등의 방법으로 지반조사를 해야 한다. 이때 사전 조사사항을 4가지 쓰시오.

해답 ① 형상 · 지질 및 지층의 상태
② 균열 · 함수(含水) · 용수 및 동결의 유무 또는 상태
③ 매설물 등의 유무 또는 상태
④ 지반의 지하수위 상태

2001년 4월 22일

5. 흙막이 지보공의 고정 · 조립 또는 해체작업 시 관리감독자의 직무사항 3가지를 쓰시오.

해답 ① 안전한 작업방법을 결정하고 작업을 지휘하는 일
② 재료 · 기구의 결함유무를 점검하고 불량품을 제거하는 일
③ 작업 중 안전대 및 안전모 등 보호구 착용상황을 감시하는 일

7. 거푸집동바리 조립 또는 해체작업 시 준수해야 할 사항 4가지를 쓰시오.

해답 (1) 깔목의 사용, 콘크리트 타설, 말뚝박기 등 동바리의 침하를 방지하기 위한 조치를 할 것
(2) 개구부 상부에 동바리를 설치하는 경우에는 상부하중을 견딜 수 있는 견고한 받침대를 설치할 것
(3) 동바리의 상하고정 및 미끄러짐 방지조치를 하고, 하중의 지지상태를 유지할 것
(4) 동바리의 이음은 맞댄이음 또는 장부이음으로 하고 같은 품질의 재료를 사용할 것
(5) 강재와 강재와의 접속부 및 교차부는 볼트·클램프 등 전용철물을 사용하여 단단히 연결할 것
(6) 거푸집이 곡면인 경우에는 버팀대의 부착 등 그 거푸집의 부상을 방지하기 위한 조치를 할 것
(7) 동바리로 사용하는 강관(파이프 서포트를 제외한다)에 대하여는 다음 각 목의 정하는 바에 따를 것
① 높이 2m 이내마다 수평연결재를 2개 방향으로 만들고 수평연결재의 변위를 방지할 것
② 멍에 등을 상단에 올릴 경우에는 해당 상단에 강재의 단판을 붙여 멍에 등을 고정시킬 것
(8) 동바리로 사용하는 파이프 서포트에 대하여는 다음 각 목의 정하는 바에 따를 것
① 파이프 서포트를 3개 이상 이어서 사용하지 않도록 할 것
② 파이프 서포트를 이어서 사용할 경우에는 4개 이상의 볼트 또는 전용철물을 사용하여 이을 것
③ 높이가 3.5m를 초과할 경우에는 제(7)호 ①의 조치를 할 것
(9) 동바리로 사용하는 강관틀에 대하여는 다음 각목의 정하는 바에 의할 것
① 강관틀과 강관틀과의 사이에 교차가새를 설치할 것
② 최상층 및 5층 이내마다 거푸집동바리의 측면과 틀면의 방향 및 교차가새의 방향에서 5개 이내마다 수평연결재를 설치하고 수평연결재의 변위를 방지할 것
③ 최상층 및 5층 이내마다 거푸집동바리의 틀면의 방향에서 양단 및 5개틀 이내마다 교차가새의 방향으로 띠장틀을 설치할 것
④ 제(7)호 ②의 조치를 취할 것
(10) 동바리로 사용하는 조립강주에 대하여는 다음 각 목의 정하는 바에 따를 것
① 제(7)호 ②의 조치를 할 것
② 높이가 4m를 초과할 경우에는 높이 4m 이내마다 수평연결재를 2개 방향으로 설치하고 수평연결재의 변위를 방지할 것
(11) 시스템동바리(규격화, 부품화된 수직재, 수평재 및 가새재 등의 부재를 현장에서 조립하여 거푸집으로 지지하는 동바리 형식을 말한다)는 다음 각 목의 방법에 따라 설치할 것
① 수평재는 수직재와 직각으로 설치하여야 하며, 흔들리지 않도록 견고하게 설치할 것
② 연결철물을 사용하여 수직재를 견고하게 연결하고, 연결부위가 탈락 또는 꺾어지지 않도록 할 것
③ 수직 및 수평하중에 의한 동바리 본체의 변위로부터 구조적 안전성이 확보되도록 조립도에 따라 수직재 및 수평재에는 가새재를 견고하게 설치하도록 할 것
④ 동바리 최상단과 최하단의 수직재와 받침철물은 서로 밀착되도록 설치하고, 수직재와 받침철물의 연결부의 겹침길이는 받침철물 전체길이의 3분의 1 이상이 되도록 할 것
(12) 동바리로 사용하는 목재에 대하여는 다음 각목의 정하는 바에 의할 것
① 제(7)호 ①의 조치를 할 것
② 목재를 이어서 사용할 때에는 2개 이상의 덧댐목을 대고 네 군데 이상 견고하게 묶은 후 상단을 보 나 멍에에 고정시킬 것
(13) 보로 구성된 것은 다음 각목의 사항을 따를 것
① 보의 양끝을 지지물로 고정시켜 보의 미끄러짐 및 탈락을 방지할 것

② 보와 보 사이에 수평연결재를 설치하여 보가 옆으로 넘어지지 않도록 견고하게 할 것

(14) 거푸집을 조립하는 경우에는 거푸집이 콘크리트 하중이 그 밖의 외력에 견딜 수 있거나, 넘어지지 않도록 견고한 구조의 긴결재, 버팀대 또는 지지대를 설치하는 등 필요한 조치를 할 것

2001년 7월 15일

9. 건물의 해체작업 시 작업계획에 포함해야 할 사항 5가지를 쓰시오.

해답 ① 해체의 방법 및 해체순서 도면
② 가설설비, 방호설비, 환기설비 및 살수 · 방화설비 등의 방법
③ 사업장 내 연락방법
④ 해체물의 처분계획
⑤ 해체작업용 기계 · 기구 등의 작업계획서
⑥ 해체작업용 화약류 등의 사용계획서
⑦ 그 밖에 안전 · 보건에 관련된 사항

2001년 11월 4일

8. 지반 굴착작업 시 작업장소 등의 사전조사사항 4가지를 쓰시오.

해답 ① 형상 · 지질 및 지층의 상태
② 균열 · 함수(含水) · 용수 및 동결의 유무 또는 상태
③ 매설물 등의 유무 또는 상태
④ 지반의 지하수위 상태

2002년 4월 20일

7. 사다리식 통로를 설치하여 사용할 때 준수해야 할 사항 5가지를 쓰시오.

해답 ① 견고한 구조로 할 것
② 재료는 심한 손상·부식 등이 없을 것
③ 발판의 간격은 동일하게 할 것
④ 발판과 벽과의 사이는 15cm 이상의 간격을 유지할 것
⑤ 폭은 30cm 이상으로 할 것
⑥ 사다리가 넘어지거나 미끄러지는 것을 방지하기 위한 조치를 할 것
⑦ 사다리의 상단은 걸쳐놓은 지점으로부터 60cm 이상 올라가도록 할 것
⑧ 사다리식 통로의 길이가 10m 이상인 경우에는 5m 이내마다 계단참을 설치할 것
⑨ 사다리식 통로의 기울기는 75° 이하로 할 것. 다만, 고정식 사다리식 통로의 기울기는 90° 이하로 하고 높이 7m 이상인 경우 바닥으로부터 높이가 2.5m 되는 지점부터 등받이울을 설치할 것
⑩ 접이식 사다리 기둥은 사용 시 접혀지거나 펼쳐지지 않도록 철물 등을 사용하여 견고하게 조치할 것

2002년 7월 7일

3. 비계의 도괴 및 파괴에 의한 재해의 원인을 4가지 쓰시오.

해답 ① 비계, 발판 또는 지지대의 파괴
② 비계, 발판의 탈락 또는 그 지지대의 변위, 변형
③ 풍압
④ 지주의 좌굴(Buckling)

13. 지반 굴착작업 시 지반의 붕괴 또는 토석의 낙하에 의하여 근로자에게 위험을 미칠 우려가 있을 때 조치사항 3가지를 쓰시오.

해답 ① 흙막이 지보공의 설치
② 방호망의 설치
③ 근로자의 출입금지
④ 비가 올 경우를 대비하여 측구(側溝)를 설치하거나 굴착사면에 비닐보강

2002년 9월 29일

7. 사다리 작업 시 준수사항을 쓰시오.

해답 ① 견고한 구조로 할 것
② 재료는 심한 손상·부식 등이 없을 것
③ 발판의 간격은 동일하게 할 것
④ 발판과 벽과의 사이는 15cm 이상의 간격을 유지할 것
⑤ 폭은 30cm 이상으로 할 것
⑥ 사다리가 넘어지거나 미끄러지는 것을 방지하기 위한 조치를 할 것
⑦ 사다리의 상단은 걸쳐놓은 지점으로부터 60cm 이상 올라가도록 할 것
⑧ 사다리식 통로의 길이가 10m 이상인 경우에는 5m 이내마다 계단참을 설치할 것
⑨ 사다리식 통로의 기울기는 75° 이하로 할 것. 다만, 고정식 사다리식 통로의 기울기는 90° 이하로 하고 높이 7m 이상인 경우 바닥으로부터 높이가 2.5m 되는 지점부터 등받이울을 설치할 것
⑩ 접이식 사다리 기둥은 사용 시 접혀지거나 펼쳐지지 않도록 철물 등을 사용하여 견고하게 조치할 것

2003년 4월 27일

4. 거푸집에 작용하는 하중에서 연직하중에 해당하는 것 4가지를 쓰시오.

해답 ① 콘크리트 하중
② 거푸집 중량
③ 콘크리트 타설시 충격하중
④ 작업하중

2003년 7월 13일

1. 비계의 조립기준이다. 다음 빈칸을 채우시오.

구분		조립간격(m)	
		수직	수평
통나무비계		(①)	(②)
강관비계	단관비계	(③)	(④)
	틀비계	(⑤)	(⑥)

해답 ① 5.5 ② 7.5 ③ 5 ④ 5
⑤ 6 ⑥ 8

2003년 10월 5일

3. 토석붕괴 원인 중 외적 요인을 5가지 쓰시오.

해답 ① 사면, 법면의 경사 및 기울기의 증가
② 절토 및 성토 높이의 증가
③ 공사에 의한 진동 및 반복하중의 증가
④ 지표수 및 지하수의 침투에 의한 토사 중량의 증가
⑤ 지진 차량 구조물의 하중작용
⑥ 토사 및 암석의 혼합층 두께 등이 있다.

10. 높이가 2m 이상 되는 장소에서 작업을 할 경우 추락에 의하여 근로자에게 위험을 미칠 우려가 있다. 이 때 조치하여야 할 사항 4가지를 쓰시오.

해답 ① 비계조립에 의한 작업발판의 설치
② 추락방호망의 설치
③ 안전대 부착설비의 설치
④ 근로자 안전대 착용

14. 지반의 보일링 현상에 대하여 다음 사항을 쓰시오.

(1) 지반조건　　(2) 현상　　(3) 대책

해답 (1) 지반조건 : 투수성이 좋은 사질지반
(2) 현상 : 굴착저면 위로 모래와 지하수가 솟아오르는 현상
(3) 대책
① 흙막이벽의 근입장 깊이를 경질지반까지 연장
② 차수성이 높은 흙막이 설치(지하연속벽, Sheet Pile 등)
③ 시멘트, 약액주입공법 등으로 Grouting 실시
④ Well Point, Deep Well 공법으로 지하수위 저하
⑤ 굴착토를 즉시 원상태로 매립

2004년 4월 25일

1. 콘크리트 타설시 거푸집의 측압에 미치는 요인 5가지를 쓰시오.

해답 ① 콘크리트의 시공연도(슬럼프)가 클수록 측압이 크다.
② 콘크리트의 부어넣기 속도가 빠를수록 측압이 크다.
③ 콘크리트의 다지기가 좋을수록 측압이 크다.
④ 온도가 낮을수록 측압이 크다.
⑤ 벽 두께가 클수록 측압이 크다.

2004년 7월 4일

3. 가설통로 설치 시 준수하여야 할 사항 5가지를 쓰시오.

해답 ① 견고한 구조로 할 것
② 경사는 30° 이하로 할 것(계단을 설치하거나 높이 2m 미만의 가설통로로서 튼튼한 손잡이를 설치한 경우에는 그러하지 아니하다.)
③ 경사가 15°를 초과하는 경우에는 미끄러지지 아니하는 구조로 할 것
④ 추락의 위험이 있는 장소에는 안전난간을 설치할 것(작업상 부득이한 경우에는 필요한 부분에 한하여 임시로 이를 해체할 수 있다)
⑤ 수직갱에 가설된 통로의 길이가 15m 이상인 경우에는 10m 이내마다 계단참을 설치할 것
⑥ 건설공사에 사용하는 높이 8m 이상인 비계다리에는 7m 이내마다 계단참을 설치할 것

2004년 9월 19일

7. 근로자가 고소작업 중 안전벨트의 끈이 길어 바닥으로 추락하여 사망하였다. 기인물, 가해물, 재해형태를 쓰시오.

해답 ① 기인물 : 안전벨트
② 가해물 : 바닥
③ 재해형태 : 추락

2005년 4월 30일

4. 연약지반 개량공법 중 사질지반에 대한 개량공법 5가지를 쓰시오.

해답 ① 진동다짐공법(Vibro Floatation)
② 동다짐공법
③ 약액주입공법
④ 폭파다짐공법
⑤ 전기충격공법
⑥ 모래다짐말뚝공법

8. 거푸집에 작용하는 하중 중 작업하중은 m^2당 보통 얼마를 고려해야 하는가?

해답 150kg/m^2

12. 높이가 2m 이상 되는 장소에서 작업을 할 경우 추락에 의하여 근로자에게 위험을 미칠 우려가 있을 때 추락위험을 방지하기 위한 조치사항 2가지를 쓰시오.

해답 ① 비계조립에 의한 작업발판의 설치
② 추락방호망의 설치
③ 근로자 안전대 착용

2005년 7월 10일

9. 비계조립, 해체 및 변경작업을 실시할 때 작업시작 전 점검항목을 4가지 쓰시오.

해답 ① 발판재료의 손상 여부 및 부착 또는 걸림 상태
② 해당 비계의 연결부 또는 접속부의 풀림 상태
③ 연결재료 및 연결철물의 손상 또는 부식 상태
④ 손잡이의 탈락 여부
⑤ 기둥의 침하 · 변형 · 변위 또는 흔들림 상태
⑥ 로프의 부착상태 및 매단장치의 흔들림 상태

2005년 9월 25일

11. 강관비계의 조립작업 시 준수해야 할 사항 4가지를 쓰시오.

해답 ① 비계기둥에는 미끄러지거나 침하하는 것을 방지하기 위하여 밑받침철물을 사용하거나 깔판 · 깔목 등을 사용하여 밑둥잡이를 설치하는 등의 조치를 할 것
② 강관의 접속부 또는 교차부는 적합한 부속철물을 사용하여 접속하거나 단단히 묶을 것
③ 교차가새로 보강할 것
④ 외줄비계 · 쌍줄비계 또는 돌출비계에 대하여는 다음 각 목의 정하는 바에 따라 벽이음 및 버팀을 설치할 것
㉠ 강관비계의 조립간격은 아래의 기준에 적합하도록 할 것

강관비계의 종류	조립간격(단위 : m)	
	수직방향	수평방향
단관비계	5	5
틀비계(높이가 5m 미만의 것을 제외한다)	6	8

㉡ 강관 · 통나무 등의 재료를 사용하여 견고한 것으로 할 것
㉢ 인장재와 압축재로 구성되어 있는 경우에는 인장재와 압축재의 간격을 1m 이내로 할 것
⑤ 가공전로에 근접하여 비계를 설치하는 경우에는 가공전로를 이설하거나 가공전로에 절연용 방호구를 장착하는 등 가공전로와의 접촉을 방지하기 위한 조치를 할 것

2006년 4월 23일

10. 비계의 조립기준이다. 다음 빈칸을 채우시오.

구분		조립간격(m)	
		수직	수평
통나무비계		(①)	(②)
강관비계	단관비계	(③)	(④)
	틀비계	(⑤)	(⑥)

해답 ① 5.5 ② 7.5
③ 5 ④ 5
⑤ 6 ⑥ 8

2006년 7월 9일

10. 지반 굴착작업 시 지반의 종류에 따른 기울기 기준에 대하여 쓰시오.

해답

구분	지반의 종류	기울기
보통흙	습지	1 : 1~1 : 1.5
	건지	1 : 0.5~1 : 1
암반	풍화암	1 : 1.0
	연암	1 : 1.0
	경암	1 : 0.5

11. 달비계 또는 높이 5m 이상의 비계를 조립·해체하는 경우 준수사항 4가지를 쓰시오.

해답 ① 근로자가 관리감독자의 지휘에 따라 작업하도록 할 것
② 조립·해체 또는 변경의 시기·범위 및 절차를 그 작업에 종사하는 근로자에게 주지시킬 것
③ 조립·해체 또는 변경작업 구역은 해당 작업에 종사하는 근로자가 아닌 사람의 출입을 금지시키고 그 내용을 보기 쉬운 장소에 게시할 것
④ 비·눈 그 밖의 기상상태의 불안정으로 날씨가 몹시 나쁜 경우에는 그 작업을 중지시킬 것

⑤ 비계재료의 연결·해체작업을 하는 경우에는 폭 20cm 이상의 발판을 설치하고 근로자로 하여금 안전대를 사용하도록 하는 등 근로자의 추락방지를 위한 조치를 할 것
⑥ 재료·기구 또는 공구 등을 올리거나 내리는 경우에는 근로자가 달줄 또는 달포대 등을 사용하게 할 것

2006년 9월 17일

9. 달비계의 최대적재하중을 정함에 있어 각각의 안전계수에 대하여 쓰시오.

해답 ① 달기 와이어로프 및 달기체인 : 10 이상
② 달기체인 및 달기훅 : 5 이상
③ 달기강대의 하부 및 상부지점의 안전계수는 강재의 경우 : 2.5 이상, 목재의 경우 : 5 이상

2007년 4월 22일

10. 콘크리트 타설작업 시 준수사항 3가지를 쓰시오.

해답 ① 당일의 작업을 시작하기 전에 해당 작업에 관한 거푸집동바리 등의 변형·변위 및 지반의 침하유무 등을 점검하고 이상이 있는 경우에는 보수할 것
② 작업 중에는 거푸집동바리 등의 변형·변위 및 침하유무 등을 감시할 수 있는 감시자를 배치하여 이상이 있는 경우에는 작업을 중지시키고 근로자를 대피시킬 것
③ 콘크리트의 타설 작업 시 거푸집붕괴의 위험이 발생할 우려가 있는 경우에는 충분한 보강조치를 할 것
④ 설계도서상의 콘크리트 양생기간을 준수하여 거푸집동바리 등을 해체할 것
⑤ 콘크리트를 타설하는 경우에는 편심이 발생하지 않도록 골고루 분산하여 타설할 것

2007년 7월 8일

6. 차량계 건설기계의 종류 5가지를 쓰시오.

해답 ① 도저형 건설기계(불도저, 스트레이트도저, 틸트도저, 앵글도저, 버킷도저 등)
② 모터그레이더
③ 로더(포크 등 부착물 종류에 따른 용도 변경 형식을 포함한다)
④ 스크레이퍼
⑤ 크레인형 굴착기계(크램쉘, 드래그라인 등)
⑥ 굴삭기(브레이커, 크러셔, 드릴 등 부착물 종류에 따른 용도 변경형식을 포함한다)
⑦ 항타기 및 항발기
⑧ 천공용 건설기계(어스드릴, 어스오거, 크롤러드릴, 점보드릴 등)
⑨ 지반압밀침하용 건설기계(샌드드레인머신, 페이퍼드레인머신, 팩드레인머신 등)
⑩ 지반다짐용 건설기계(타이어롤러, 매커덤롤러, 탠덤롤러 등)
⑪ 준설용 건설기계(버킷준설선, 그래브준설선, 펌프준설선 등)
⑫ 콘크리트 펌프카
⑬ 덤프트럭
⑭ 콘크리트 믹서 트럭
⑮ 도로포장용 건설기계(아스팔트 살포기, 콘크리트 살포기, 아스팔트 피니셔, 콘크리트 피니셔 등)

10. 잠함 등 내부에서 굴착작업 시 작업을 금지해야 하는 경우 4가지를 쓰시오.

해답 ① 근로자가 안전하게 승강하기 위한 설비에 고장이 있는 경우
② 해당 작업장소와 외부와의 연락을 위한 통신설비에 고장이 있는 경우
③ 송기를 위한 설비에 고장이 있는 경우
④ 잠함 등의 내부에 많은 양의 물 등이 스며들 우려가 있는 경우

2007년 10월 7일

6. 다음 물음에 답하시오. ① 보일링이 일어나기 쉬운 지반이란? ② 히빙이 일어나기 쉬운 지반이란?

해답 ① 투수성이 좋은 사질지반
② 연약한 점토지반

9. 굴착작업 시 굴착법면의 토석붕괴를 방지하기 위한 예방점검시기 3가지를 쓰시오.

해답 ① 작업전 · 중 · 후
② 비온 후
③ 인접작업구역에서 발파한 경우

2008년 4월 20일

2. 차량계 하역운반기계의 운전위치 이탈시 준수해야할 사항 2가지를 쓰시오.

해답 ① 포크, 버킷, 디퍼 등의 장치를 가장 낮은 위치 또는 지면에 내려 둘 것
② 원동기를 정지시키고 브레이크를 확실히 거는 등 갑작스러운 주행이나 이탈을 방지하기 위한 조치를 할 것
③ 운전석을 이탈하는 경우에는 시동키를 운전대에서 분리시킬 것. 다만, 운전석에 잠금장치를 하는 등 운전자가 아닌 사람이 운전하지 못하도록 조치한 경우에는 그러하지 아니하다.

2008년 7월 6일

7. 사다리식 통로의 설치 시 준수해야 할 사항 5가지를 쓰시오.

해답 ① 견고한 구조로 할 것
② 재료는 심한 손상 · 부식 등이 없는 것으로 할 것
③ 폭은 30cm 이상으로 할 것
④ 다리부분에는 미끄럼방지장치를 설치하는 등 미끄러지거나 넘어지는 것을 방지하기 위한 필요한 조치를 할 것
⑤ 발판의 간격은 동일하게 할 것

2008년 11월 2일

2. 항타기 · 항발기의 조립 시 점검사항 5가지를 쓰시오.

해답 ① 본체 연결부의 풀림 또는 손상의 유무
② 권상용 와이어로프 · 드럼 및 도르래의 부착상태의 이상 유무
③ 권상장치의 브레이크 및 쐐기장치 기능의 이상 유무
④ 권상기 설치상태의 이상 유무
⑤ 리더(leader)의 버팀 방법 및 고정상태의 이상 유무
⑥ 본체 · 부속장치 및 부속품의 강도가 적합한지 여부
⑦ 본체 · 부속장치 및 부속품에 심한 손상 · 마모 · 변형 또는 부식이 있는지 여부

11. 보일링 현상에 대한 정의 및 대책을 설명하시오.

해답 (1) 정의
투수성이 좋은 사질토 지반을 굴착할 때 흙막이벽 배면의 지하수위가 굴착저면보다 높을 때 굴착저면 위로 모래와 지하수가 솟아오르는 현상
(2) 방지대책
① 흙막이벽 근입깊이 증가
② 흙막이벽의 차수성 증대
③ 흙막이벽 배면지반 그라우팅 실시
④ 흙막이벽 배면지반 지하수위 저하
⑤ 굴착토를 즉시 원상태로 매립

2009년 4월 19일

7. 가설통로의 설치기준에 관한 사항이다. 빈칸을 채우시오.

(1) 경사는 (①) 이하일 것
(2) 경사 (②)를 초과하는 경우 미끄러지지 않는 구조로 할 것
(3) 추락위험이 있는 장소에는 (③)을 설치할 것
(4) 수직갱에 가설된 통로의 길이가 (④)이상인 경우에는 (⑤) 이내마다 계단참을 설치
(5) 건설공사에 사용하는 높이 (⑥)이상인 비계다리에는 (⑦)이내마다 계단참을 설치

해답 ① 30° ② 15° ③ 안전난간
④ 15m ⑤ 10m ⑥ 8m ⑦ 7m

12. 히빙이 일어나기 쉬운 지반(1)과 발생원인 2가지(2)를 쓰시오.

해답 (1) 연약한 점토지반
(2) 발생원인
① 흙막이벽 배면 흙의 중량이 굴착저면 이하의 흙보다 중량이 클 경우
② 굴착저면 하부의 피압수

2009년 7월 5일

12. 히빙현상과 보일링현상이 일어나기 쉬운 지반의 형태를 쓰시오.

해답 ① 히빙 : 연약한 점토지반
② 보일링 : 투수성이 좋은 사질지반

2009년 9월 13일

5. 작업자가 벽돌을 들고 비계위에서 움직이다가 벽돌을 떨어뜨려 발등에 맞아서 뼈가 부러진 사고가 발생하였다. 재해분석을 하시오.

해답 ① 기인물 : 벽돌
② 가해물 : 벽돌
③ 재해유형 : 낙하

12. 거푸집동바리 조립 시 사용하는 파이트서포트에 대한 준수사항 3가지를 쓰시오.

해답 ① 파이프 서포트를 3개 이상 이어서 사용하지 않도록 할 것
② 파이프 서포트를 이어서 사용할 경우에는 4개 이상의 볼트 또는 전용철물을 사용하여 이을 것
③ 높이가 3.5m를 초과할 경우에는 높이 2m 이내마다 수평연결재를 2개 방향으로 만들고 수평연결재의 변위를 방지할 것

2010년 4월 18일

4. 차량계 하역운반기계의 운전자가 운전위치 이탈시 조치사항 2가지를 쓰시오.

해답 ① 포크, 버킷, 디퍼 등의 장치를 가장 낮은 위치 또는 지면에 내려 둘 것
② 원동기를 정지시키고 브레이크를 확실히 거는 등 갑작스러운 주행이나 이탈을 방지하기 위한 조치를 할 것
③ 운전석을 이탈하는 경우에는 시동키를 운전대에서 분리시킬 것. 다만, 운전석에 잠금장치를 하는 등 운전자가 아닌 사람이 운전하지 못하도록 조치한 경우에는 그러하지 아니하다.

5. 콘크리트 타설작업 시 준수사항 3가지를 쓰시오.

해답 ① 당일의 작업을 시작하기 전에 해당 작업에 관한 거푸집동바리 등의 변형·변위 및 지반의 침하유무 등을 점검하고 이상이 있는 경우에는 보수할 것
② 작업 중에는 거푸집동바리 등의 변형·변위 및 침하유무 등을 감시할 수 있는 감시자를 배치하여 이상이 있는 경우에는 작업을 중지시키고 근로자를 대피시킬 것
③ 콘크리트의 타설 작업 시 거푸집붕괴의 위험이 발생할 우려가 있는 경우에는 충분한 보강조치를 할 것
④ 설계도서상의 콘크리트 양생기간을 준수하여 거푸집동바리 등을 해체할 것
⑤ 콘크리트를 타설하는 경우에는 편심이 발생하지 않도록 골고루 분산하여 타설할 것

2010년 7월 4일

7. 지반 굴착작업 시 지반종류에 따른 기울기 기준에 대하여 다음 빈칸을 채우시오.

구분	지반의 종류	기울기
보통흙	습지	①
	건지	②
암반	풍화암	③
	연암	④
	경암	⑤

해답 ① 1 : 1~1 : 1.5
② 1 : 0.5~1 : 1
③ 1 : 1.0
④ 1 : 1.0
⑤ 1 : 0.5

2010년 9월 24일

12. 히빙 현상에 대하여 설명하시오.

해답 (1) 정의
연약한 점토지반을 굴착할 때 흙막이벽체 배면에 있는 흙의 중량이 굴착 바닥면의 흙의 중량보다 클 때 그 중량 차이로 인해 흙막이벽체 배면의 흙이 안으로 밀려 들어와 굴착 바닥면이 부풀어 오르는 현상

(2) 방지대책
① 흙막이벽 근입깊이 증가
② 흙막이벽 배면 지표의 상재하중을 제거
③ 지반굴착 시 흙이 느슨해지지 않도록 유의
④ 지반개량으로 하부지반 전단강도 개선
⑤ 강성이 큰 흙막이 공법 선정

Subject 07

보호장구 및 안전표지

실기 2차 필답형

Industrial Engineer Industrial Safety

Contents

CHAPTER

제1장 보호장구

1 보호구 선택 시 유의사항

1. 보호구의 정의

① 보호구란 산업재해 예방을 위해 작업자 개인이 착용하고 작업하는 보조 장구로서 유해·위험상황에 따라 발생할 수 있는 재해를 예방하거나 그 유해·위험의 영향이나 재해의 정도를 감소시키기 위한 것

② 보호구에 완전히 의존하여 기계기구 설비의 보완이나 작업환경개선을 소홀히 해서는 안되며, 보호구는 어디까지나 보조수단으로 착용함을 원칙으로 해야 한다.

2. 보호구 선택 시 유의사항

① 사용목적에 적합할 것
② 검정에 합격하고 성능이 보장되는 것
③ 작업에 방해가 되지 않을 것
④ 착용이 쉽고 크기 등이 사용자에게 편리할 것

2 보호구 구비조건

1. 보호구가 갖추어야 할 구비요건

① 착용이 간편할 것
② 작업에 방해를 주지 않을 것
③ 유해 · 위험요소에 대한 방호가 확실할 것
④ 재료의 품질이 우수할 것
⑤ 외관상 보기가 좋을 것
⑥ 구조 및 표면가공이 우수할 것

2. 보호구 선정 시 유의사항

① 사용목적에 적합할 것
② 검정에 합격하고 성능이 보장되는 것
③ 작업에 방해가 되지 않을 것
④ 착용이 쉽고 크기 등이 사용자에게 편리할 것

3. 보호구 안전인증

1) 안전인증 대상 보호구

① 추락 및 감전 위험방지용 안전모
② 안전화
③ 안전장갑
④ 방진마스크
⑤ 방독마스크
⑥ 송기마스크
⑦ 전동식 호흡보호구
⑧ 보호복
⑨ 안전대
⑩ 차광 및 비산물 위험방지용 보안경
⑪ 용접용 보안면
⑫ 방음용 귀마개 또는 귀덮개

2) 자율 안전인증 대상 보호구

① 안전모(추락 및 감전 위험방지용 안전모 제외)
② 보안경(차광 및 비산물 위험방지용 보안경 제외)
③ 보안면(용접용 보안면 제외)

3) 안전인증의 표시

(1) 안전인증마크

의무인증, 자율안전확인신고 표시	(의무인증이 아닌)임의인증 표시
KCs	S

(2) **안전인증제품 표시사항**

① 형식 또는 모델명
② 규격 또는 등급 등

③ 제조자명
④ 제조번호 및 제조연월
⑤ 안전인증 번호(자율안전 확인번호)

Key Point

산업안전보건법상 자율안전 보호구의 제품에 표시하여야 하는 사항을 4가지 쓰시오.

① 형식 또는 모델명
② 규격 또는 등급 등
③ 제조자명
④ 제조번호 및 제조연월
⑤ 자율안전 확인번호

4. 보호구 관리요령

① 직사광선을 피하고 통풍이 잘되는 장소에 보관할 것
② 부식성 액체, 유기용제, 기름, 산 등과 통합하여 보관하지 말 것
③ 발열성 물질이 부위에 없을 것
④ 땀 등으로 오염된 경우 세척하고 건조시킨 후 보관할 것
⑤ 모래, 진흙 등이 묻은 경우는 세척 후 그늘에서 건조할 것
⑥ 상시 사용이 가능하도록 관리해야 하며 청결을 유지할 것

3 안전모의 특징

1. 안전모의 구조

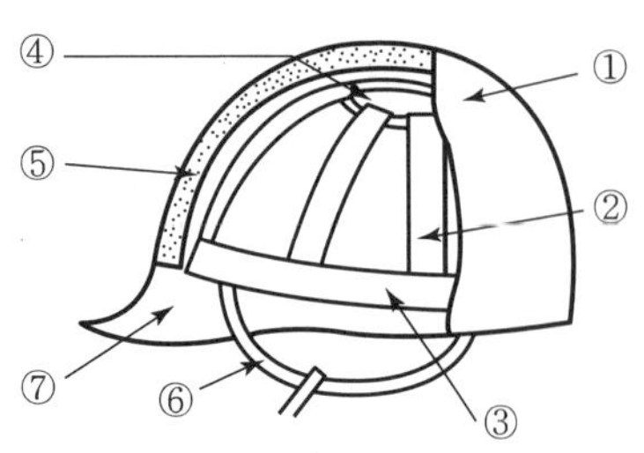

번호	명칭	
①	모체	
②	착장체	머리받침끈
③		머리고정대
④		머리받침고리
⑤	충격흡수재	
⑥	턱끈	
⑦	챙(차양)	

2. 안전인증대상 안전모의 종류 및 사용구분

종류 (기호)	사용구분	비고
AB	물체의 낙하 또는 비래 및 추락에 의한 위험을 방지 또는 경감시키기 위한 것	
AE	물체의 낙하 또는 비래에 의한 위험을 방지 또는 경감하고, 머리부위 감전에 의한 위험을 방지하기 위한 것	내전압성 (주1)
ABE	물체의 낙하 또는 비래 및 추락에 의한 위험을 방지 또는 경감하고, 머리부위 감전에 의한 위험을 방지하기 위한 것	내전압성

(주1) 내전압성이란 7,000V 이하의 전압에 견디는 것을 말한다.

Key Point

안전모의 종류 중 물체의 낙하 또는 비래 및 추락위험 시 착용하는 안전모의 종류는?

ABE형

Key Point

안전모의 종류와 그 종류에 따른 특성을 쓰시오.

① AB : 물체의 낙하 또는 비래 및 추락에 의한 위험을 방지 또는 경감시키기 위한 것
② AE : 물체의 낙하 또는 비래에 의한 위험을 방지 또는 경감하고, 머리부위 감전에 의한 위험을 방지하기 위한 것
③ ABE : 물체의 낙하 또는 비래 및 추락에 의한 위험을 방지 또는 경감하고, 머리부위 감전에 의한 위험을 방지하기 위한 것

3. 안전모의 성능시험방법

1) 시험성능기준

항목	시험성능기준
내관통성	AE, ABE종 안전모는 관통거리가 9.5mm **이하**이고, AB종 안전모는 관통거리가 11.1mm **이하**이어야 한다.
충격흡수성	최고전달충격력이 4,450N을 초과해서는 안 되며, 모체와 착장체의 기능이 상실되지 않아야 한다.
내전압성	AE, ABE종 안전모는 교류 20kV에서 1분간 절연파괴 없이 견뎌야 하고, 이때 누설되는 충전전류는 10mA 이하이어야 한다.
내수성	AE, ABE종 안전모는 **질량증가율이 1% 미만**이어야 한다.
난연성	모체가 불꽃을 내며 5초 이상 연소되지 않아야 한다.
턱끈풀림	150N 이상 250N 이하에서 턱끈이 풀려야 한다.

2) 시험방법

(1) 내관통성 시험

① 대상 : AB, ABE종

② 시험방법 : 안전모를 머리고정대가 느슨한 상태(머리고정대 길이가 58cm 이상)로 머리 모형에 장착하고 질량 450g 철제추를 낙하점이 모체정부를 중심으로 직경 76mm 이내가 되도록 높이 3m에서 자유 낙하시켜 관통거리를 측정한다.

(2) 충격흡수성 시험

① 대상 : AB, ABE종

② 시험방법 : 안전모를 머리고정대가 느슨한 상태(머리고정대 길이가 58cm 이상)로 머리모형에 장착하고 질량 3,600g의 충격추를 낙하점이 모체정부를 중심으로 직경 76mm 이내가 되도록 높이 1.5m에서 자유 낙하시켜 전달충격력을 측정한다.

(3) 내전압성 시험

① 대상 : AE, ABE종 안전모

② 시험방법 : 안전모 모체 내외의 수위가 동일하게 되도록 물을 채운 후(모체의 내부 수면에서 최소연면거리는 전부위에 챙이 있는 것은 챙 끝까지, 챙이 없는 것은 모체의 끝까지 30mm로 한다) 이 상태에서 모체 내외의 수중에 전극을 담그고, 주파수 60Hz의 정현파에 가까운 20kV의 전압을 가하고 충전전류를 측정한다.

(4) 내수성 시험

① 대상 : AE, ABE종 안전모

② 시험방법 : 시험 안전모의 모체를 (20~25)℃의 수중에 24시간 담가놓은 후, 대기 중에 꺼내어 마른 천 등으로 표면의 수분을 닦아내고 다음 산식으로 질량증가율(%)을 산출한다.

$$질량증가율(\%) = \frac{담근\ 후의\ 질량 - 담그기\ 전의\ 질량}{담그기\ 전의\ 질량} \times 100$$

(5) 난연성 시험

프로판 가스를 사용하는 분젠버너(직경 10mm)에 가스 압력을 (3,430±50)Pa로 조절하고 청색불꽃의 길이가 (45±5)mm가 되도록 조절하여 시험한다. 이 경우 모체의 연소부위는 모체 상부로부터 (50~100)mm 사이로 불꽃 접촉면이 수평이 된 상태에서 버너를 수직방향에서 45° 기울여서 10초간 연소시킨 후 불꽃을 제거한 후 모체가 불꽃을 내고 계속 연소되는 시간을 측정한다.

(6) 턱끈풀림 시험

안전모를 머리모형에 장착하고 직경이 (12.5±0.5)mm이고 양단 간의 거리가 (75±2)mm인 원형롤러에 턱끈을 고정시킨 후 초기 150N의 하중을 원형 롤러부에 가하고 이후 턱끈이 풀어질 때까지 분당 (20±2)N의 힘을 가하여 최대하중을 측정하고 턱끈 풀림여부를 확인한다.

Key Point

안전모의 성능시험 항목을 5가지 쓰시오.

내관통성 시험, 충격흡수성 시험, 내전압성 시험, 내수성 시험, 난연성 시험, 턱끈풀림 시험

4 안전화의 특징

1. 안전화의 명칭

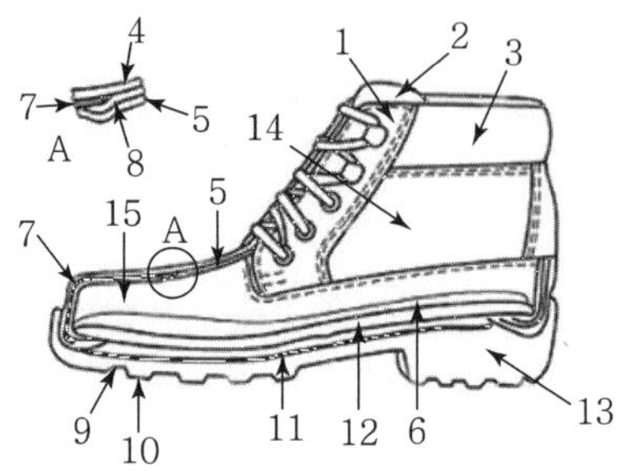

1. 선포	2. 안전화혀	3. 목패딩	4. 몸통	5. 안감
6. 깔개	7. 선심	8. 보강재	9. 겉창	10. 소돌기
11. 내답판	12. 안창	13. 뒷굽	14. 뒷날개	15. 앞날개

[가죽제 안전화 각 부분의 명칭]

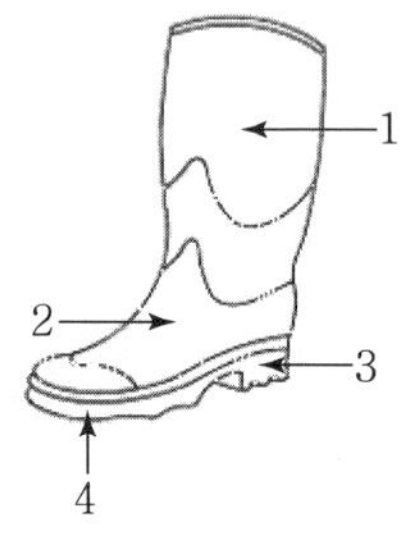

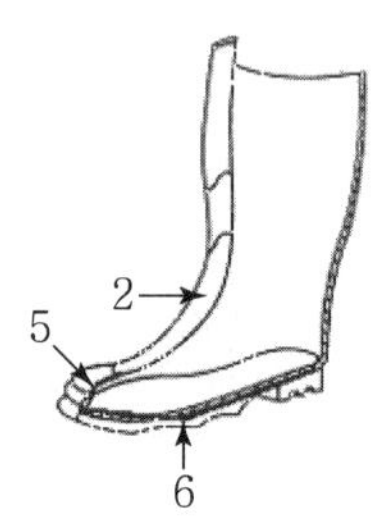

1. 몸통	2. 신울	3. 뒷굽
4. 겉창	5. 선심	6. 내답판

[고무제 안전화 각 부분의 명칭]

2. 안전화의 종류

종류	성능구분
가죽제 안전화	물체의 낙하, 충격 또는 날카로운 물체에 의한 찔림 위험으로부터 발을 보호하기 위한 것
고무제 안전화	물체의 낙하, 충격 또는 날카로운 물체에 의한 찔림 위험으로부터 발을 보호하고 내수성 또는 내화학성을 겸한 것
정전기 안전화	물체의 낙하, 충격 또는 날카로운 물체에 의한 찔림 위험으로부터 발을 보호하고 정전기의 인체대전을 방지하기 위한 것
발등 안전화	물체의 낙하, 충격 또는 날카로운 물체에 의한 찔림 위험으로부터 발 및 발등을 보호하기 위한 것
절연화	물체의 낙하, 충격 또는 날카로운 물체에 의한 찔림 위험으로부터 발을 보호하고 저압의 전기에 의한 감전을 방지하기 위한 것
절연장화	고압에 의한 감전을 방지 및 방수를 겸한 것

Key Point

저압전기 취급작업 시 감전으로부터 신체를 보호하기위해 착용하는 안전화의 명칭과 저압 전기의 전압은 얼마인가?

절연화, 저압전기의 전압 : 750볼트이하 직류전압이나 600볼트 이하의 교류전압

3. 안전화의 등급

등급	사용장소
중작업용	광업, 건설업 및 철광업 등에서 원료취급, 가공, 강재취급 및 강재 운반, 건설업 등에서 중량물 운반작업, 가공대상물의 중량이 큰 물체를 취급하는 작업장으로서 날카로운 물체에 의해 찔릴 우려가 있는 장소
보통 작업용	기계공업, 금속가공업, 운반, 건축업 등 공구 가공품을 손으로 취급하는 작업 및 차량 사업장, 기계 등을 운전조작하는 일반작업장으로서 날카로운 물체에 의해 찔릴 우려가 있는 장소
경작업용	금속 선별, 전기제품 조립, 화학제품 선별, 반응장치 운전, 식품 가공업 등 비교적 경량의 물체를 취급하는 작업장으로서 날카로운 물체에 의해 찔릴 우려가 있는 장소

4. 가죽제 발보호안전화의 일반구조

① 착용감이 좋고 작업에 편리할 것
② 견고하며 마무리가 확실하고 형상은 균형이 있을 것
③ 선심의 내측은 헝겊으로 싸고 후단부의 내측은 보강할 것
④ 발가락 끝부분에 선심을 넣어 압박 및 충격으로부터 발가락을 보호할 것

5. 가죽제 안전화의 성능시험

① 내압박성 시험
② 내충격성 시험
③ 박리저항 시험
④ 내답발성 시험

Key Point

가죽제 안전화의 성능시험 4가지를 쓰시오.

내압박성 시험, 내충격성 시험, 박리저항 시험, 내답발성 시험

6. 고무제 안전화의 사용 장소에 따른 구분

구분	사용장소
일반용	일반작업장
내유용	탄화수소류의 윤활유 등을 취급하는 작업장
내산용	무기산을 취급하는 작업장
내알카리용	알카리를 취급하는 작업장
내산, 알카리 겸용	무기산 및 알카리를 취급하는 작업장

5 안전대의 특징

1. 안전대의 종류

종류	사용구분
벨트식 안전그네식	U자 걸이용
	1개 걸이용
안전그네식	안전블록
	추락방지대

비고 : 추락방지대 및 안전블록은 안전그네식에만 적용함

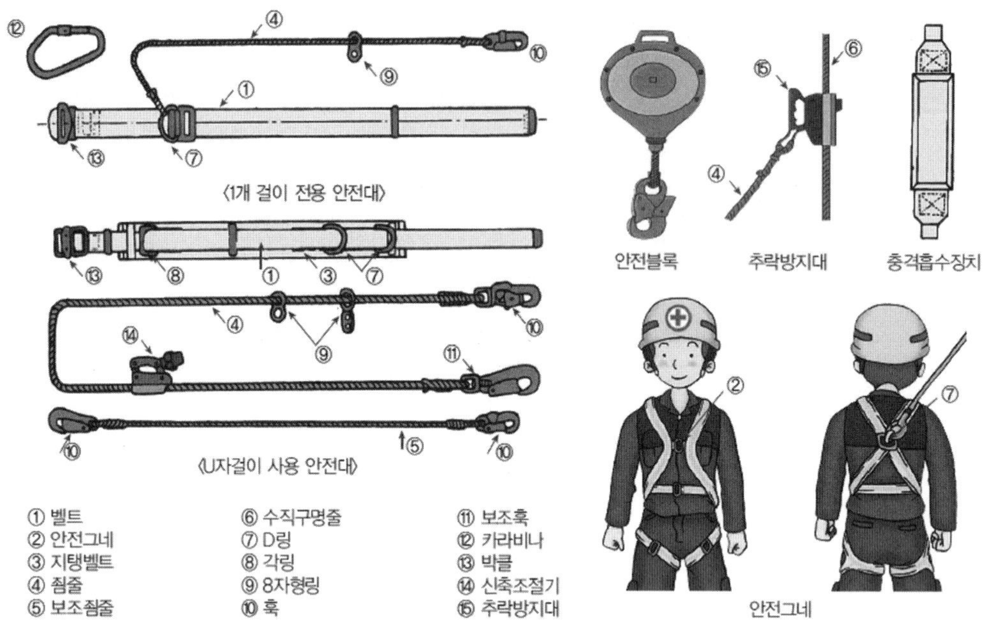

[안전대의 종류]

2. 1개걸이 및 U자걸이의 정의

① 1개걸이 : 죔줄의 한쪽 끝을 D링에 고정시키고 훅 또는 카라비너를 구조물 또는 구명줄에 고정시키는 걸이 방법

② U자걸이 : 안전대의 죔줄을 구조물 등에 U자 모양으로 돌린 뒤 훅 또는 카라비너를 D링에, 신축조절기를 각링 등에 연결하는 걸이 방법

3. 안전블록이 부착된 안전대의 일반구조 기준

① 신체지지의 방법으로 안전그네만을 사용할 것

② 안전블록은 정격 사용 길이가 명시될 것

③ 안전블록의 줄은 합성섬유로프, 웨빙(webbing), 와이어로프이어야 하며, 와이어로프인 경우 최소지름이 4mm 이상일 것

6 방진마스크의 특징

1. 방진마스크의 종류

<table>
<tr><th rowspan="2">종류</th><th colspan="2">분리식</th><th rowspan="2">안면부 여과식</th></tr>
<tr><th>격리식</th><th>직결식</th></tr>
<tr><td rowspan="2">형태</td><td>전면형</td><td>전면형</td><td rowspan="2">반면형</td></tr>
<tr><td>반면형</td><td>반면형</td></tr>
<tr><td>사용조건</td><td colspan="3">산소농도 18% 이상인 장소에서 사용하여야 한다.</td></tr>
</table>

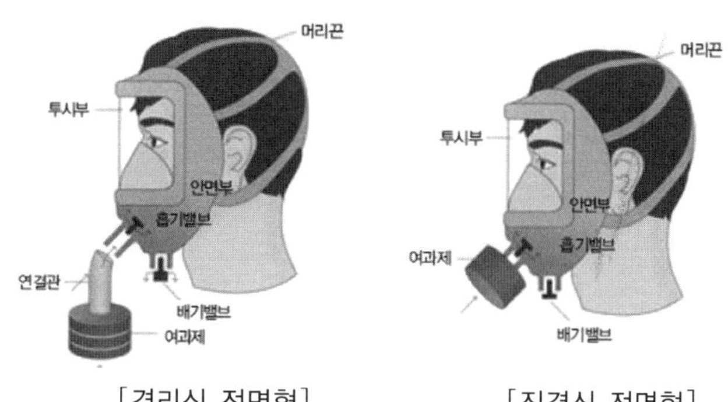

[격리식 전면형] [직결식 전면형]

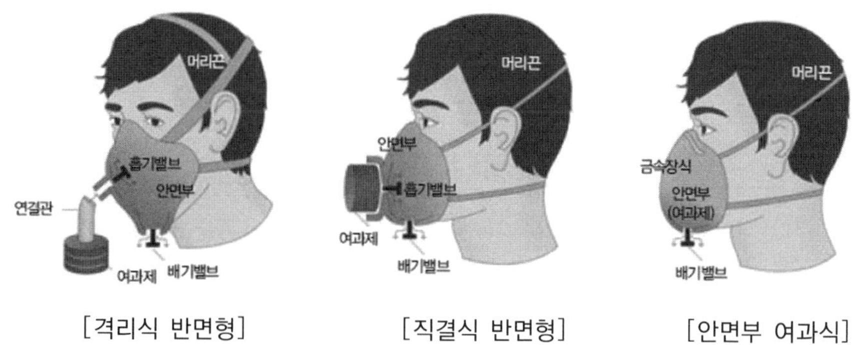

[격리식 반면형] [직결식 반면형] [안면부 여과식]

Key Point

방진마스크의 산소농도는?

18%이상인 장소에서 사용

2. 방진마스크의 등급

1) 등급 및 사용장소

등급	특급	1급	2급
사용장소	• 베릴륨 등과 같이 독성이 강한 물질들을 함유한 분진 등 발생장소 • 석면 취급장소	• 특급마스크 착용장소를 제외한 분진 등 발생장소 • 금속흄 등과 같이 열적으로 생기는 분진 등 발생장소 • 기계적으로 생기는 분진 등 발생장소(규소 등과 같이 2급 방진마스크를 착용하여도 무방한 경우는 제외한다)	• 특급 및 1급 마스크 착용장소를 제외한 분진 등 발생장소
	배기밸브가 없는 안면부 여과식 마스크는 특급 및 1급 장소에 사용해서는 안 된다.		

2) 분진포집효율(P)

$$P(\%) = \frac{C_1 - C_2}{C_1} \times 100$$

여기서, P : 분진 등 포집효율

C_1 : 여과재 통과 전의 염화나트륨 농도

C_2 : 여과재 통과 후의 염화나트륨 농도

Key Point

방진마스크에 관한사항이다. 다음 물음에 답하시오.

1) 석면 취급 장소에서 착용 가능한 방진 마스크의 등급은?
2) 금속 흄 등과 같이 열적으로 생기는 분진 등 발생장소에서 착용 가능한 방진 마스크의 등급은?
3) 베릴륨 등과 같이 독성이 강한 물질을 함유한 장소에서 착용 가능한 방진 마스크의 등급은?
4) 방진 마스크 사용 가능한 장소의 산소농도는 몇 % 이상인가?

1) 특급 2) 1급 3) 특급 4) 18%

3) 안면부 내부의 이산화탄소 농도 기준

상태	농도(%)
전원을 켠 상태	안면부 내부의 이산화탄소(CO_2)농도가 부피분율 1.0% 이하일 것
전원을 끈 상태	안면부 내부의 이산화탄소(CO_2)농도가 부피분율 2.0% 이하일 것

3. 방진마스크의 선택 시 고려사항(구비조건)

① 분진포집효율(여과효율)이 좋을 것
② 흡기, 배기저항이 낮을 것
③ 사용 후 손질이 간단할 것
④ 중량이 가벼울 것
⑤ 시야가 넓을 것
⑥ 안면밀착성이 좋을 것

Key Point

방진마스크의 구비조건 5가지를 쓰시오.

①~⑥ 항목 중 5가지 선택

Key Point

방진마스크 안면부 내부의 이산화탄소 부피분율은?

① 전원을 켠 상태 : 1.0% 이하일 것
② 전원을 끈 상태 : 2.0% 이하일 것

7 방독마스크의 특징

1. 방독마스크의 종류

종류	시험가스
유기화합물용	시클로헥산(C_6H_{12})
할로겐용	염소가스 또는 증기(Cl_2)
황화수소용	황화수소가스(H_2S)
시안화수소용	시안화수소가스(HCN)
아황산용	아황산가스(SO_2)
암모니아용	암모니아가스(NH_3)

2. 방독마스크의 등급 및 사용 장소

등급	사용장소
고농도	가스 또는 증기의 농도가 100**분의** 2(암모니아에 있어서는 100**분의** 3) 이하의 대기 중에서 사용하는 것
중농도	가스 또는 증기의 농도가 100분의 1(암모니아에 있어서는 100분의 1.5) 이하의 대기 중에서 사용하는 것
저농도 및 최저농도	가스 또는 증기의 농도가 100분의 0.1 이하의 대기 중에서 사용하는 것으로서 긴급용이 아닌 것
비고 : **방독마스크는 산소농도가 18% 이상인 장소에서 사용**하여야 하고, **고농도와 중농도에서 사용하는 방독마스크는 전면형(격리식, 직결식)을 사용**해야 한다.	

Key Point

방독마스크의 산소농도(1) 및 고농도, 중농도 사용 방독마스크의 명칭을 쓰시오.

(1) **산소농도가 18% 이상인 장소에서 사용**
(2) **전면형(격리식, 직결식)을 사용**

3. 방독마스크의 형태 및 구조

형태		구조
격리식	전면형	정화통, 연결관, 흡기밸브, 안면부, 배기밸브 및 머리끈으로 구성되고, 정화통에 의해 가스 또는 증기를 여과한 청정공기를 연결관을 통하여 흡입하고 배기는 배기밸브를 통하여 외기 중으로 배출하는 것으로 안면부 전체를 덮는 구조
	반면형	정화통, 연결관, 흡기밸브, 안면부, 배기밸브 및 머리끈으로 구성되고, 정화통에 의해 가스 또는 증기를 여과한 청정공기를 연결관을 통하여 흡입하고 배기는 배기밸브를 통하여 외기 중으로 배출하는 것으로 코 및 입부분을 덮는 구조
직결식	전면형	정화통, 흡기밸브, 안면부, 배기밸브 및 머리끈으로 구성되고, 정화통에 의해 가스 또는 증기를 여과한 청정공기를 흡기밸브를 통하여 흡입하고 배기는 배기밸브를 통하여 외기 중으로 배출하는 것으로 정화통이 직접 연결된 상태로 안면부 전체를 덮는 구조
	반면형	정화통, 흡기밸브, 안면부, 배기밸브 및 머리끈으로 구성되고, 정화통에 의해 가스 또는 증기를 여과한 청정공기를 흡기밸브를 통하여 흡입하고 배기는 배기밸브를 통하여 외기 중으로 배출하는 것으로 안면부와 정화통이 직접 연결된 상태로 코 및 입부분을 덮는 구조

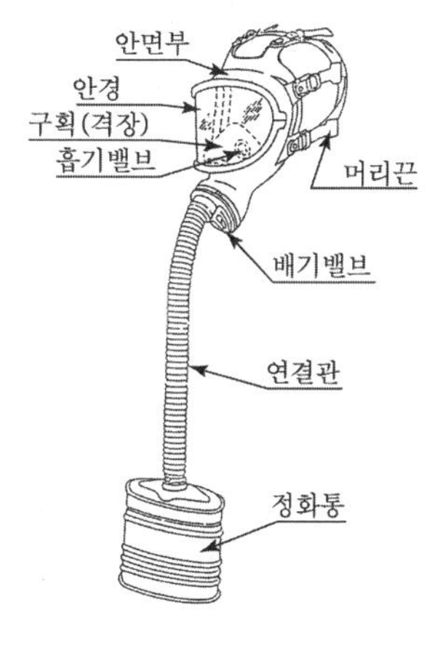

[격리식 전면형]

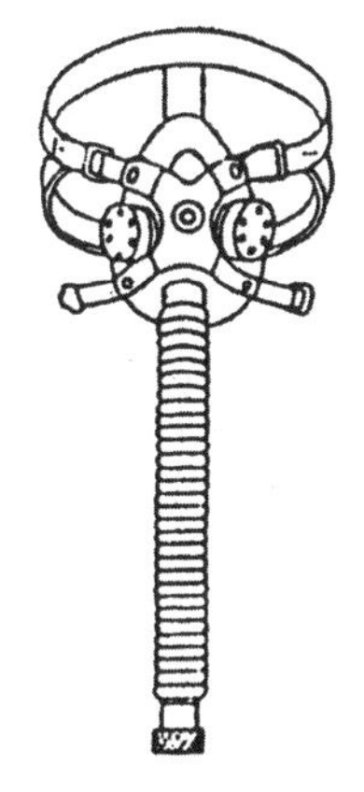

[격리식 반면형]

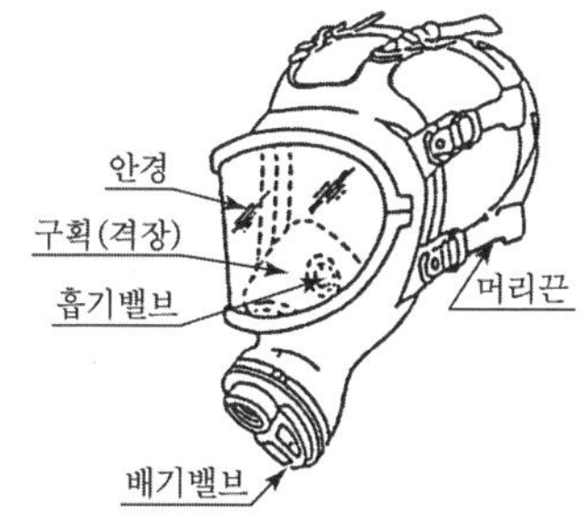

[직결식 전면형(1안식)]

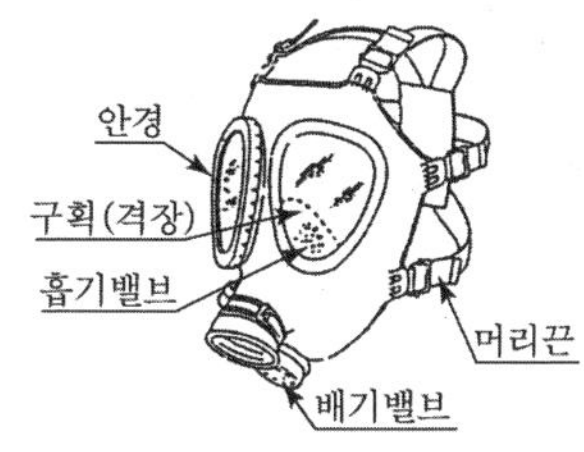

[직결식 전면형(2안식)]

[직결식 반면형]

4. 방독마스크의 사용 시 주의사항

① 방독마스크를 과신하지 말 것
② 수명이 지난 것을 사용하지 말 것
③ 산소결핍장소(산소농도 18%미만)에서 사용하지 말 것
④ 가스 종류에 따라 용도 이외의 목적으로 사용하지 말 것

5. 방독마스크의 안면부 내부의 이산화탄소 농도 기준

안면부 내부의 이산화탄소(CO_2)농도가 부피분율 1% 이하일 것

6. 방독마스크 표시사항

안전인증 방독마스크에는 산업안전보건법 시행규칙 114조(안전인증의 표시)에 따른 표시 외에 다음 각목의 내용을 추가로 표시해야 한다.

① 파과곡선도
② 사용시간 기록카드
③ 사용상의 주의사항
④ **정화통의 외부측면의 표시색**

종류	표시색
유기화합물용 정화통	갈색
할로겐용 정화통	회색
황화수소용 정화통	회색
시안화수소용 정화통	회색
아황산용 정화통	노란색
암모니아용 정화통	녹색
복합용 및 겸용의 정화통	복합용의 경우 해당가스 모두 표시(2층 분리) 겸용의 경우 백색과 해당가스 모두 표시(2층 분리)

Key Point

안전인증 방독마스크에 안전인증의 표시에 따른 표시 외에 추가로 표시해야 할 사항을 4가지 쓰시오.

파과곡선도, 사용시간 기록카드, 정화통의 외부측면의 표시색, 사용상의 주의사항

7. 정화통의 유효사용시간

$$유효사용시간 = \frac{표준유효시간 \times 시험가스농도}{공기\ 중\ 유해가스농도}$$

Key Point

방독마스크의 수명이 0.8%농도에서 80분이라면 1.5%인 흡수통의 수명은 얼마인가?

유효사용시간은 유해가스농도에 반비례하므로 수명 $= \frac{80 \times 0.8}{1.5} = 42.7$**분**

8 송기마스크의 특징

1. 송기마스크의 종류 및 등급

1) 용도

산소결핍장소(공기 중의 산소농도가 18% 미만인 상태) 또는 가스・증기・분진 흡입 등에 의한 근로자의 건강장해의 예방을 위해 사용하는 호흡용 보호구

2) 종류 및 등급

종류	등급		구분
호스마스크	폐력흡인형		안면부
	송풍기형	전동	안면부, 페이스실드, 후드
		수동	안면부
에어라인마스크	일정유량형		안면부, 페이스실드, 후드
	디맨드형		안면부
	압력디맨드형		안면부
복합식 에어라인마스크	디맨드형		안면부
	압력디맨드형		안면부

Key Point

보호구 중 송기마스크의 종류를 3가지 쓰시오.

호스마스크, 에어라인마스크, 복합식 에어라인마스크

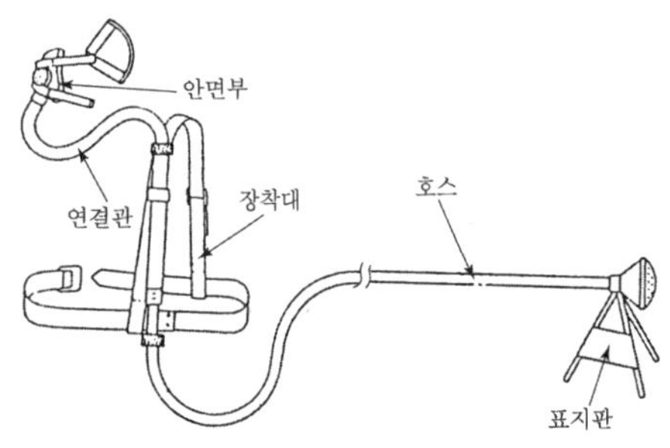

[폐력흡인형 호스마스크]

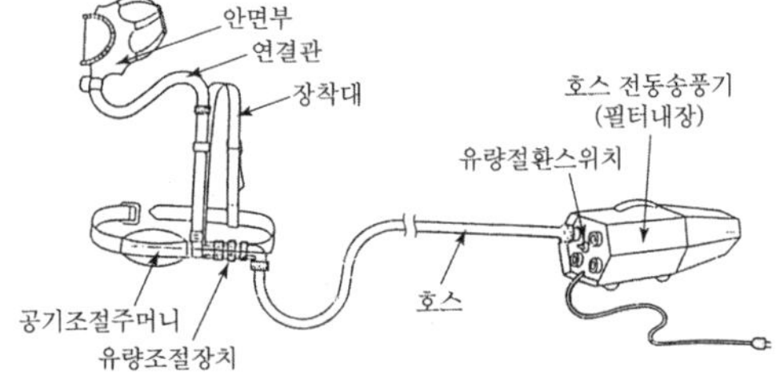

[전동송풍기형 호스마스크]

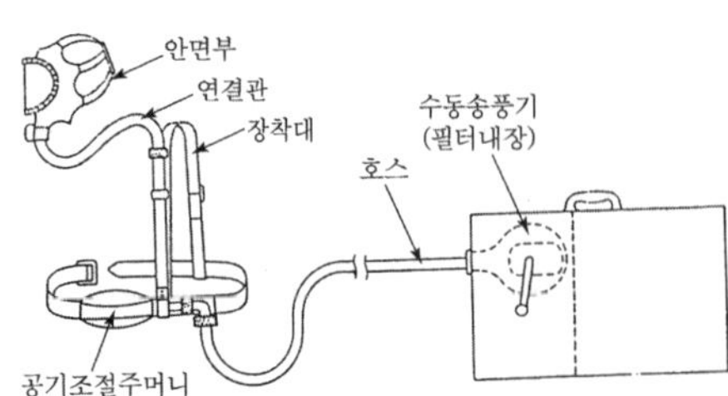

[수동송풍기형 호스마스크]

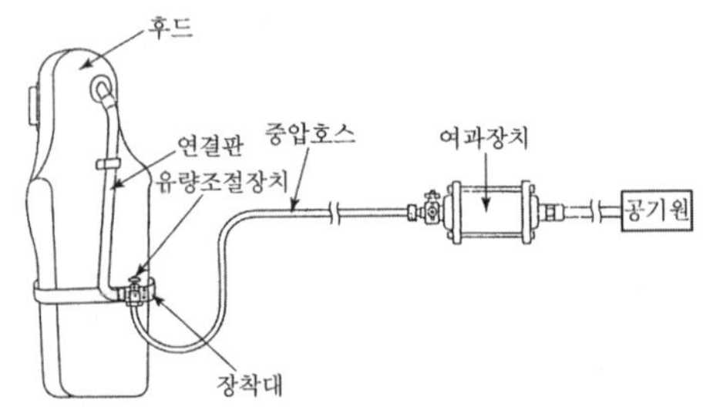

[일정유량형 에어라인마스크]

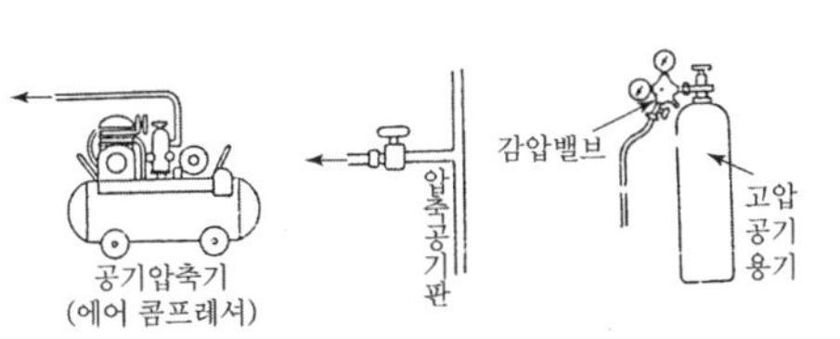

[AL 마스크용 공기원의 종류]

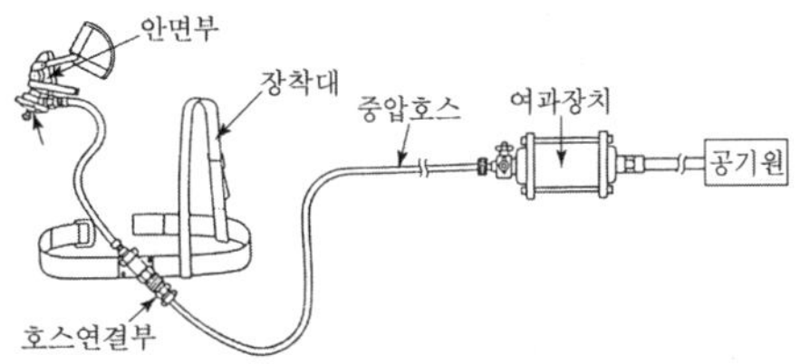

[디맨드형 에어라인마스크]

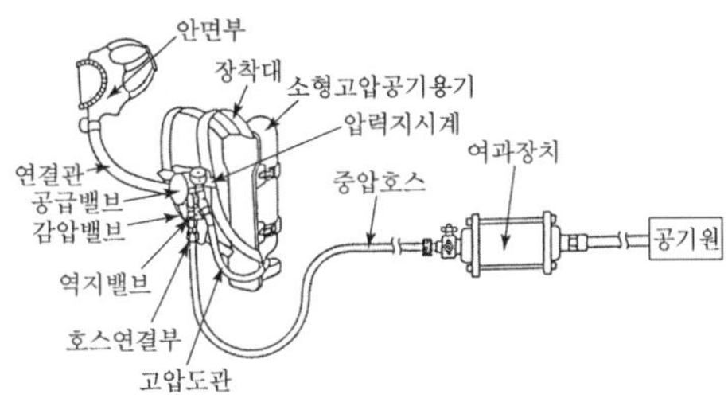

[복합식 에어라인마스크]

2. 송풍기형 호스마스크의 분진포집효율

1) **송풍기형 호스마스크의 분진포집효율**

등급	효율(%)
전동	99.8 이상
수동	95.0 이상

2) 분진포집효율(%)

$$F = \frac{C_1 - C_2}{C_1} \times 100(\%)$$

여기서, F : 분진포집효율(%)

C_1 : 분진시험장치의 공기 중 분진농도(mg/m^3)

C_2 : 송기마스크의 흡기구에서 나오는 공기 중의 분진농도(mg/m^3)

9 보안경의 특징 및 종류

1. 사용구분에 따른 차광보안경의 종류

종류	사용구분
자외선용	자외선이 발생하는 장소
적외선용	적외선이 발생하는 장소
복합용	자외선 및 적외선이 발생하는 장소
용접용	산소용접작업 등과 같이 자외선, 적외선 및 강렬한 가시광선이 발생하는 장소

2. 보안경의 종류

① 차광안경 : 고글형, 스펙터클형, 프론트형
② 유리보호안경
③ 플라스틱보호안경
④ 도수렌즈보호안경

Key Point

보안경의 종류 4가지를 쓰시오.

① 차광안경
② 유리보호안경
③ 플라스틱보호안경
④ 도수렌즈보호안경

3. 차광보안경의 일반구조

① 차광보안경에는 돌출 부분, 날카로운 모서리 혹은 사용 도중 불편하거나 상해를 줄 수 있는 결함이 없어야 한다.
② 착용자와 접촉하는 차광보안경의 모든 부분에는 피부 자극을 유발하지 않는 재질을 사용해야 한다.
③ 머리띠를 착용하는 경우, 착용자의 머리와 접촉하는 모든 부분의 폭이 최소한 10mm 이상 되어야 하며, 머리띠는 조절이 가능해야 한다.

4. 추가 표시사항

① 차광도번호
② 굴절력 성능수준

Key Point

보안경의 일반구조 조건을 5가지 쓰시오.

① 취급이 간단하고 쉽게 파손되지 않을 것.
② 착용하였을 때에 심한 불쾌감을 주지 않을 것.
③ 착용자의 행동을 심하게 저해하지 않을 것.
④ 보안경의 각 부분은 사용자에게 절상이나 찰과상을 줄 우려가 있는 예리한 모서리나 요철부분이 없을 것
⑤ 보안경의 각 부분은 쉽게 교환할 수 있는 것일 것.

10 보호복의 특징

1. 방열복

1) 용도

방열복이란 고열작업에 의한 화상·열중증 등을 방지하기 위한 의복이다.

2) 방열복의 종류

종류	착용부위
방열상의	상체
방열하의	하체
방열일체복	몸체(상·하체)
방열장갑	손
방열두건	머리

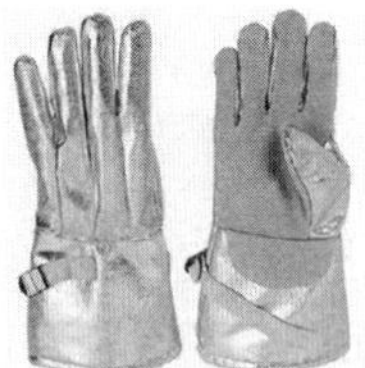
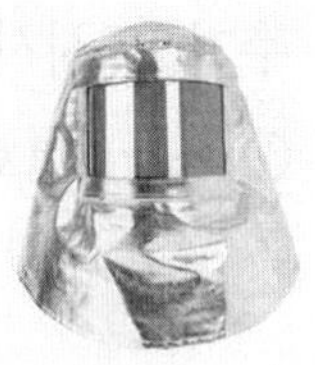

3) 방열복의 질량

다음에 규정된 질량 이하이어야 한다.

종류	질량(kg)
방열상의	3.0
방열하의	2.0
방열일체복	4.3
방열장갑	0.5
방열두건	2.0

Key Point

고열에 의한 화상 등의 위험이 있는 작업상황에 필요한 보호구는?

방열복

2. 보호복

1) 관리대상유해물질에 의한 건강장해의 예방

① 근로자에게 피부 자극성 또는 부식성 관리대상유해물질을 취급하는 경우에 불침투성 보호복 · 보호장갑 · 보호장화 및 피부보호용 바르는 약품을 비치하고 이를 사용

② 관리대상유해물질이 흩날리는 업무에 근로자를 종사하도록 하는 경우에는 보안경을 지급하고 착용

③ 관리대상유해물질이 피부나 눈에 직접 접촉될 우려가 있는 경우에는 즉시 물로 씻어낼 수 있도록 세면 · 목욕 등에 필요한 세척시설을 설치

2) 허가대상유해물질에 의한 건강장해의 예방

근로자로 하여금 피부장해 등을 유발할 우려가 있는 허가대상유해물질을 취급하는 경우에는 불침투성 보호복·보호장갑·보호장화 및 피부보호용 약품을 갖추어 두고 사용

3) 금지유해물질에 의한 건강장해의 예방

① 근로자로 하여금 금지유해물질을 취급하는 경우에는 피부노출을 방지할 수 있는 불침투성 보호복·보호장갑 등을 개인전용의 것으로 지급하고 착용

② 제1항의 규정에 의하여 지급하는 보호복 및 보호장갑 등을 평상복과 분리하여 보관할 수 있도록 전용의 보관함을 갖추고 필요시 오염제거를 위하여 세탁을 하는 등 필요한 조치

11 보안면의 특징 및 종류

1. 용접용 보안면의 형태

형태	구조
헬멧형	안전모나 착용자의 머리에 지지대나 헤드밴드 등을 이용하여 적정위치에 고정, 사용하는 형태(자동용접필터형, 일반용접필터형)
핸드실드형	손에 들고 이용하는 보안면으로 적절한 필터를 장착하여 눈 및 안면을 보호하는 형태

2. 추가 표시사항

① 차광도번호　② 굴절력성능수준　③ 시감투과율차이

12 방음보호구의 종류

1. 방음용 귀마개 또는 귀덮개의 종류 및 등급

종류	등급	기호	성능	비고
귀마개	1종	EP-1	저음부터 고음까지 차음하는 것	귀마개의 경우 재사용 여부를 제조특성으로 표기
	2종	EP-2	주로 고음을 차음하고 저음(회화음영역)은 차음하지 않는 것	
귀덮개	-	EM		

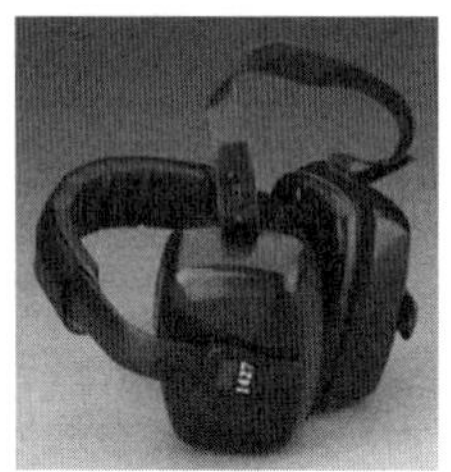

[귀덮개의 종류]

2. 추가 표시사항

① 일회용 또는 재사용 여부

② 세척 및 소독방법 등 사용상의 주의사항(다만, 재사용 귀마개에 한한다)

3. 난청 발생에 따른 조치(안전보건규칙 제515조)<보건규칙 제61조>

소음으로 인하여 근로자에게 소음성 난청 등의 건강장해가 발생하였거나 발생할 우려가 있는 경우에는 다음 각 호의 조치를 하여야 한다.

① 해당 작업장의 소음성 난청 발생 원인 조사

② 청력손실을 감소시키고 청력손실의 재발을 방지하기 위한 대책 마련

③ 제2호에 따른 대책의 이행 여부 확인

④ 작업전환 등 의사의 소견에 따른 조치

※ 청력보호구의 차음효과

주파수(Hz)	귀마개		귀덮개(EM)
	EP1	EP2	
1,000	20dB 이상	20dB 이상	25dB 이상

2,000 3,000	25dB 이상 25dB 이상	20dB 이상 25dB 이상	30dB 이상 35dB 이상

13 절연보호구의 종류

1. 내전압용 절연장갑의 성능기준

1) 최대사용전압에 따른 절연장갑의 등급

등급	최대사용전압		비고
	교류(V, 실효값)	직류(V)	
00	500	750	
0	1,000	1,500	
1	7,500	11,250	
2	17,000	25,500	
3	26,500	39,750	
4	36,000	54,000	

2) 추가 표시사항

① 등급별 사용전압

② 등급별 색상

등급	색상
00등급	갈색
0등급	빨간색
1등급	흰색
2등급	노란색
3등급	녹색
4등급	등색

CHAPTER

제2장 안전보건표지

1 안전보건표지의 종류

1. 작성대상

고용노동부 고시 『화학물질의 분류 · 표시 및 물질안전보건자료에 관한 기준』에서 정의한 물리적 위험성 물질, 건강 및 환경 유해성 물질 및 이를 함유한 제제

2. 종류와 형태

1) 종류 및 색채

① 금지표지 : 8개 종류, 바탕은 흰색, 기본모형은 빨간색, 관련 부호 및 그림은 검은색
② 경고표지 : 15개 종류, 바탕은 노란색, 기본모형, 관련 부호 및 그림은 검은색
③ 지시표지 : 9개종류, 바탕은 파란색, 관련 그림은 흰색
④ 안내표지 : 7개 종류, 바탕은 흰색, 기본모형 및 관련 부호는 녹색, 바탕은 녹색, 관련 부호 및 그림은 흰색

2) 종류와 형태

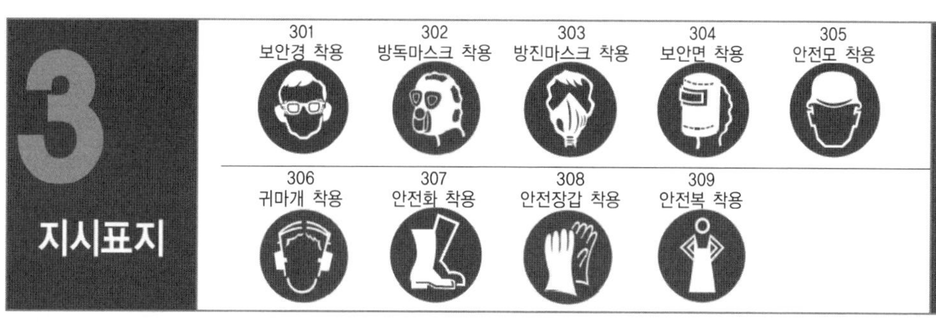

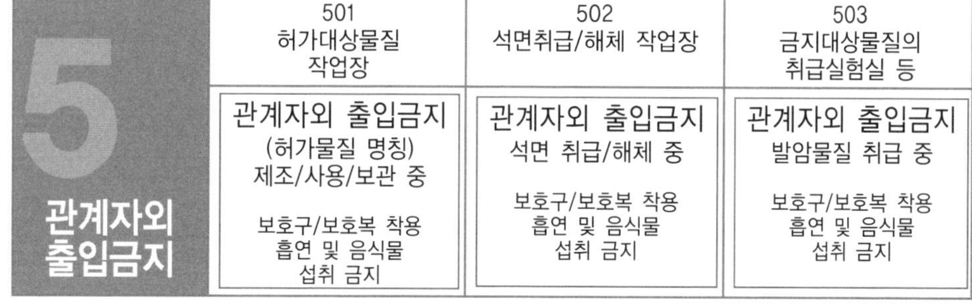

501 허가대상물질 작업장	502 석면취급/해체 작업장	503 금지대상물질의 취급실험실 등
관계자외 출입금지 (허가물질 명칭) 제조/사용/보관 중 보호구/보호복 착용 흡연 및 음식물 섭취 금지	관계자외 출입금지 석면 취급/해체 중 보호구/보호복 착용 흡연 및 음식물 섭취 금지	관계자외 출입금지 발암물질 취급 중 보호구/보호복 착용 흡연 및 음식물 섭취 금지

- ▶ 내 자신의 건강과 복지를 위하여 안전을 늘 생각한다.
- ▶ 내 가정의 행복과 화목을 위하여 안전을 늘 생각한다.
- ▶ 내 자신의 실수로써 동료를 해치지 않도록 안전을 늘 생각한다.
- ▶ 내 자신이 일으킨 사고로 인한 회사의 재산과 손실을 방지하기 위하여 안전을 늘 생각한다.
- ▶ 내 자신의 방심과 불안전한 행동이 조국의 번영에 장애가 되지 않도록 하기 위하여 안전을 늘 생각한다.

2 안전보건표지의 적용

1. 안전·보건표지의 색채, 색도기준 및 용도

색채	색도기준	용도	사용 예
빨간색	7.5R 4/14	금지	정지신호, 소화설비 및 그 장소, 유해행위의 금지
		경고	화학물질 취급장소에서의 유해·위험 경고
노란색	5Y 8.5/12	경고	화학물질 취급장소에서의 유해·위험 경고, 그 밖의 위험 경고, 주의표지 또는 기계방호물
파란색	2.5PB 4/10	지시	특정 행위의 지시 및 사실의 고지
녹색	2.5G 4/10	안내	**비상구 및 피난소, 사람 또는 차량의 통행표지**
흰색	N9.5		파란색 또는 녹색에 대한 보조색
검은색	N0.5		문자 및 빨간색 또는 노란색에 대한 보조색

기출문제풀이

2000년 6월 25일

5. 안전모 가운데 물체의 낙하 또는 비래 및 추락 위험 시 착용하는 안전모는 무엇인가?

해답 AB형

2001년 7월 15일

13. 보안경의 종류를 4가지 쓰시오.

해답 ① 차광안경
② 유리보호안경
③ 플라스틱보호안경
④ 도수렌즈보호안경

2001년 11월 4일

11. 다음 상황에 필요한 보호구를 적으시오.

① 물체가 떨어지거나 날아올 위험 또는 근로자가 감전되거나 추락의 위험이 있는 작업
② 높이 깊이 2m 이상의 추락의 위험이 있는 장소의 작업
③ 물체의 낙하, 충격, 물체에의 끼임, 감전 또는 정전기의 대전에 의한 위험이 있는 작업
④ 물체가 날아 흩어질 위험이 있는 작업
⑤ 용접시 불꽃 또는 물체가 날아 흩어질 위험이 있는 작업
⑥ 감전의 위험이 있는 작업
⑦ 고열에 의한 화상 등의 위험이 있는 작업

해답 ① 안전모
② 안전대
③ 안전화
④ 보안경
⑤ 보안면
⑥ 절연장갑
⑦ 방열복

2002년 4월 20일

6. 안전모의 종류와 특성을 쓰시오.

해답 ① AB : 물체의 낙하 또는 비래 및 추락에 의한 위험을 방지 또는 경감시키기 위한 것
② AE : 물체의 낙하 또는 비래에 의한 위험을 방지 또는 경감하고, 머리부위 감전에 의한 위험을 방지하기 위한 것
③ ABE : 물체의 낙하 또는 비래 및 추락에 의한 위험을 방지 또는 경감하고, 머리부위 감전에 의한 위험을 방지하기 위한 것

2002년 9월 29일

5. 안전모의 종류와 그에 따른 특성을 간략히 쓰시오.

해답 ① AB : 물체의 낙하 또는 비래 및 추락에 의한 위험을 방지 또는 경감시키기 위한 것
② AE : 물체의 낙하 또는 비래에 의한 위험을 방지 또는 경감하고, 머리부위 감전에 의한 위험을 방지하기 위한 것
③ ABE : 물체의 낙하 또는 비래 및 추락에 의한 위험을 방지 또는 경감하고, 머리부위 감전에 의한 위험을 방지하기 위한 것

2003년 4월 27일

8. 저압전기 취급 작업 시 감전으로부터 신체를 보호하기위해 착용하는 안전화의 종류와 저압 전기의 전압은 얼마인가?

해답 ① 안전화의 종류 : 절연화
② 저압전기의 전압 : 1,500볼트 이하 직류전압이나 1,000볼트 이하의 교류전압

2003년 7월 13일

9. 방독마스크 사용 시 주의사항 3가지를 쓰시오.

해답 ① 방독마스크를 과신하지 말 것
② 수명이 지난 것을 사용하지 말 것
③ 산소결핍장소(산소농도 18% 미만)에서 사용하지 말 것
④ 가스 종류에 따라 용도 이외의 목적으로 사용하지 말 것

2004년 4월 25일

2. 방진마스크의 구비조건 5가지를 쓰시오.

해답 ① 분진포집효율(여과효율)이 좋을 것
② 흡기, 배기저항이 낮을 것
③ 사용 후 손질이 간단할 것
④ 중량이 가벼울 것
⑤ 시야가 넓을 것
⑥ 안면밀착성이 좋을 것

2004년 7월 4일

4. 보안경의 일반구조 5가지를 쓰시오.

해답 ① 취급이 간단하고 쉽게 파손되지 않을 것
② 착용하였을 때에 심한 불쾌감을 주지 않을 것
③ 착용자의 행동을 심하게 저해하지 않을 것
④ 보안경의 각 부분은 사용자에게 절상이나 찰과상을 줄 우려가 있는 예리한 모서리나 요철부분이 없을 것
⑤ 보안경의 각 부분은 쉽게 교환할 수 있는 것일 것

2004년 9월 19일

2. 가죽제 안전화의 성능시험 항목 4가지를 쓰시오.

해답 ① 내압박성 시험
② 내충격성 시험
③ 박리저항 시험
④ 내답발성 시험

8. 검정대상 보호구 합격표시사항 5가지를 쓰시오.

해답 ① 형식 또는 모델명
② 규격 또는 등급 등
③ 제조자명
④ 제조번호 및 제조연월
⑤ 안전인증 번호

2006년 7월 9일

13. 송기마스크의 종류 3가지를 쓰시오.

해답 ① 호스마스크
② 에어라인마스크
③ 복합식 에어라인마스크

2007년 10월 7일

2. 산소결핍 위험장소에서 작업 시 착용해야 할 송기마스크의 종류 3가지를 쓰시오.

해답 ① 호스마스크
② 에어라인마스크
③ 복합식 에어라인마스크

2008년 7월 6일

6. 안전모의 성능시험의 종류 5가지를 쓰시오.

해답 ① 내관통성 시험
② 충격흡수성 시험
③ 내전압성 시험
④ 내수성 시험
⑤ 난연성 시험
⑥ 턱끈풀림 시험

12. 방독마스크의 수명이 0.8%농도에서 80분이라면 15%인 흡수통의 수명은 얼마인가?

해답 유효사용시간은 유해가스농도에 반비례하므로 수명 $= \frac{80 \times 0.8}{1.5} = 42.7$분

2009년 4월 19일

8. 유기화합물용, 할로겐용, 아황산용, 암모니아용 정화통 외부측면의 색을 구분하여 쓰시오.

해답

정화통의 종류	표시색
유기화합물용 정화통	갈색
할로겐용 정화통	회색
아황산용 정화통	노란색
암모니아용 정화통	녹색

2009년 7월 5일

10. 방독마스크 정화통에 기재하거나 기재한 인쇄물 첨부 시 표기할 내용을 쓰시오.

해답 ① 파과곡선도
② 사용시간 기록카드
③ 정화통의 외부측면의 표시색
④ 사용상의 주의사항

2009년 9월 13일

10. 방진마스크에 관한 사항이다. 다음 물음에 답하시오.

① 석면취급 장소에서 착용 가능한 방진마스크의 등급은?
② 금속 흄 등과 같이 열적으로 생기는 분진 등 발생장소에서 착용 가능한 방진 마스크의 등급은?
③ 베릴륨 등과 같이 독성이 강한 물질을 함유한 장소에서 착용 가능한 방진 마스크의 등급은?
④ 방진 마스크 사용 가능한 장소의 산소농도는 몇 % 이상인가?

해답 ① 특급　② 1급
③ 특급　④ 18%

2010년 4월 18일

7. 자율안전보호구 제품에 표시사항 4가지를 쓰시오.

해답 ① 형식 또는 모델명
② 규격 또는 등급 등
③ 제조자명
④ 제조번호 및 제조년월
⑤ 자율안전확인번호

2010년 7월 4일

2. 안전모의 시험성능 기준항목 3가지를 쓰시오.

해답 ① 내관통성 시험　② 충격흡수성 시험
③ 내전압성 시험　④ 내수성 시험
⑤ 난연성 시험　⑥ 턱끈풀림 시험

2010년 9월 24일

4. 다음 물음에 답하시오.

① 방진마스크의 산소농도는?
② 방진마스크의 안면부 내부의 이산화탄소 부피분율은?
③ 방독마스크 산소농도는?
④ 방독마스크 안면부 내부의 이산화탄소 부피분율은?
⑤ 고농도, 중농도 사용 방독마스크의 명칭을 쓰시오.

해답 ① 산소농도가 18% 이상인 장소에서 사용
② 전원을 켠 상태 : 1.0% 이하일 것, 전원을 끈 상태 : 2.0% 이하일 것
③ 산소농도가 18% 이상인 장소에서 사용
④ 1.0% 이하일 것
⑤ 전면형(격리식, 직결식)을 사용

Subject 08

산업안전보건법

Contents

제1장 산업안전보건법

1 안전보건관리체계

제15조(안전보건관리책임자) ① 사업주는 사업장을 실질적으로 총괄하여 관리하는 사람에게 해당 사업장의 다음 각 호의 업무를 총괄하여 관리하도록 하여야 한다.

1. 사업장의 산업재해 예방계획의 수립에 관한 사항
2. 제25조 및 제26조에 따른 안전보건관리규정의 작성 및 변경에 관한 사항
3. 제29조에 따른 안전보건교육에 관한 사항
4. 작업환경측정 등 작업환경의 점검 및 개선에 관한 사항
5. 제129조부터 제132조까지에 따른 근로자의 건강진단 등 건강관리에 관한 사항
6. 산업재해의 원인 조사 및 재발 방지대책 수립에 관한 사항
7. 산업재해에 관한 통계의 기록 및 유지에 관한 사항
8. 안전장치 및 보호구 구입 시 적격품 여부 확인에 관한 사항
9. 그 밖에 근로자의 유해・위험 방지조치에 관한 사항으로서 고용노동부령으로 정하는 사항

② 안전보건관리책임자는 제17조에 따른 안전관리자와 제18조에 따른 보건관리자를 지휘·감독한다.

③ 안전보건관리책임자를 두어야 하는 사업의 종류와 사업장의 상시근로자 수, 그 밖에 필요한 사항은 대통령령으로 정한다.

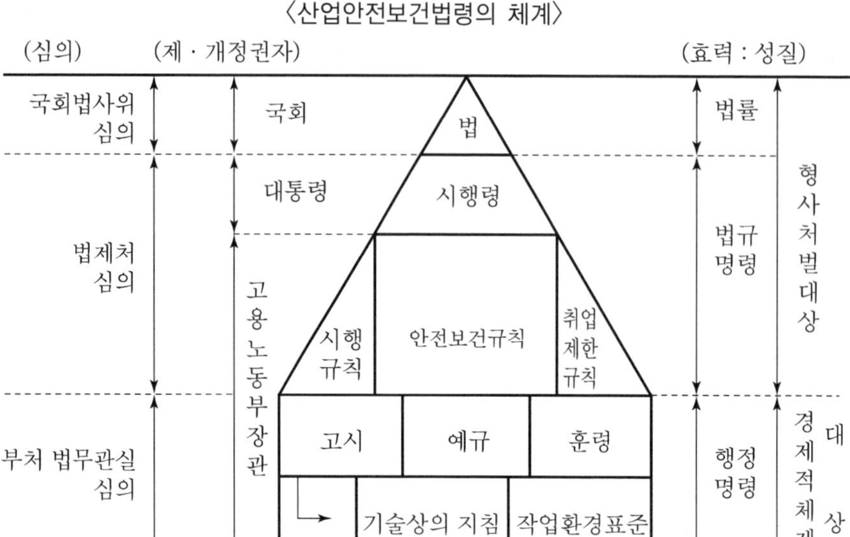

2 안전보건관리규정

제25조(안전보건관리규정의 작성) ① 사업주는 사업장의 안전 및 보건을 유지하기 위하여 다음 각 호의 사항이 포함된 안전보건관리규정을 작성하여야 한다.

1. 안전 및 보건에 관한 관리조직과 그 직무에 관한 사항
2. 안전보건교육에 관한 사항
3. 작업장의 안전 및 보건 관리에 관한 사항
4. 사고 조사 및 대책 수립에 관한 사항
5. 그 밖에 안전 및 보건에 관한 사항

② 안전보건관리규정은 단체협약 또는 취업규칙에 반할 수 없다. 이 경우 안전보건관리규정 중 단체협약 또는 취업규칙에 반하는 부분에 관하여는 그 단체협약 또는 취업규칙으로 정한 기준에 따른다.

③ 안전보건관리규정을 작성하여야 할 사업의 종류, 사업장의 상시근로자 수 및 안전보건관리규정에 포함되어야 할 세부적인 내용, 그 밖에 필요한 사항은 고용노동부령으로 정한다.

3 도급인의 안전조치 및 보건조치

제63조(도급인의 안전조치 및 보건조치) 도급인은 관계수급인 근로자가 도급인의 사업장에서 작업을 하는 경우에 자신의 근로자와 관계수급인 근로자의 산업재해를 예방하기 위하여 안전 및 보건 시설의 설치 등 필요한 안전조치 및 보건조치를 하여야 한다. 다만, 보호구 착용의 지시 등 관계수급인 근로자의 작업행동에 관한 직접적인 조치는 제외한다.

제64조(도급에 따른 산업재해 예방조치) ① 도급인은 관계수급인 근로자가 도급인의 사업장에서 작업을 하는 경우 다음 각 호의 사항을 이행하여야 한다.

1. 도급인과 수급인을 구성원으로 하는 안전 및 보건에 관한 협의체의 구성 및 운영
2. 작업장 순회점검
3. 관계수급인이 근로자에게 하는 제29조제1항부터 제3항까지의 규정에 따른 안전보건교육을 위한 장소 및 자료의 제공 등 지원
4. 관계수급인이 근로자에게 하는 제29조제3항에 따른 안전보건교육의 실시 확인
5. 다음 각 목의 어느 하나의 경우에 대비한 경보체계 운영과 대피방법 등 훈련
   가. 작업 장소에서 발파작업을 하는 경우
   나. 작업 장소에서 화재·폭발, 토사·구축물 등의 붕괴 또는 지진 등이 발생한 경우
6. 위생시설 등 고용노동부령으로 정하는 시설의 설치 등을 위하여 필요한 장소의 제공 또는 도급인이 설치한 위생시설 이용의 협조
7. 같은 장소에서 이루어지는 도급인과 관계수급인 등의 작업에 있어서 관계수급인 등의 작업시기 · 내용, 안전조치 및 보건조치 등의 확인
8. 제7호에 따른 확인 결과 관계수급인 등의 작업 혼재로 인하여 화재 · 폭발 등 대통령령으로 정하는 위험이 발생할 우려가 있는 경우 관계수급인 등의 작업시기 · 내용 등의 조정
   - 화재 · 폭발이 발생할 우려가 있는 경우
   - 동력으로 작동하는 기계 · 설비 등에 끼일 우려가 있는 경우
   - 차량계 하역운반기계, 건설기계, 양중기(揚重機) 등 동력으로 작동하는 기계와 충돌할 우려가 있는 경우
   - 근로자가 추락할 우려가 있는 경우
   - 물체가 떨어지거나 날아올 우려가 있는 경우
   - 기계 · 기구 등이 넘어지거나 무너질 우려가 있는 경우
   - 토사 · 구축물 · 인공구조물 등이 붕괴될 우려가 있는 경우
   - 산소 결핍이나 유해가스로 질식이나 중독의 우려가 있는 경우

② 제1항에 따른 도급인은 고용노동부령으로 정하는 바에 따라 자신의 근로자 및 관계수급인 근로자와 함께 정기적으로 또는 수시로 작업장의 안전 및 보건에 관한 점검을 하여야 한다.

③ 제1항에 따른 안전 및 보건에 관한 협의체 구성 및 운영, 작업장 순회점검, 안전보건교육 지원, 그 밖에 필요한 사항은 고용노동부령으로 정한다.

4 안전보건 교육

제29조(근로자에 대한 안전보건교육) ① 사업주는 소속 근로자에게 고용노동부령으로 정하는 바에 따라 정기적으로 안전보건교육을 하여야 한다.

② 사업주는 근로자를 채용할 때와 작업내용을 변경할 때에는 그 근로자에게 고용노동부령으로 정하는 바에 따라 해당 작업에 필요한 안전보건교육을 하여야 한다. 다만, 제31조제1항에 따른 안전보건교육을 이수한 건설 일용근로자를 채용하는 경우에는 그러하지 아니하다.

③ 사업주는 근로자를 유해하거나 위험한 작업에 채용하거나 그 작업으로 작업내용을 변경할 때에는 제2항에 따른 안전보건교육 외에 고용노동부령으로 정하는 바에 따라 유해하거나 위험한 작업에 필요한 안전보건교육을 추가로 하여야 한다.

④ 사업주는 제1항부터 제3항까지의 규정에 따른 안전보건교육을 제33조에 따라 고용노동부장관에게 등록한 안전보건교육기관에 위탁할 수 있다.

5 유해위험기계기구 등의 방호조치

제80조(유해하거나 위험한 기계·기구에 대한 방호조치) ① 누구든지 동력(動力)으로 작동하는 기계·기구로서 대통령령으로 정하는 것은 고용노동부령으로 정하는 유해·위험 방지를 위한 방호조치를 하지 아니하고는 양도, 대여, 설치 또는 사용에 제공하거나 양도·대여의 목적으로 진열해서는 아니 된다.

② 누구든지 동력으로 작동하는 기계·기구로서 다음 각 호의 어느 하나에 해당하는 것은 고용노동부령으로 정하는 방호조치를 하지 아니하고는 양도, 대여, 설치 또는 사용에 제공하거나 양도·대여의 목적으로 진열해서는 아니 된다.

1. 작동 부분에 돌기 부분이 있는 것
2. 동력전달 부분 또는 속도조절 부분이 있는 것
3. 회전기계에 물체 등이 말려 들어갈 부분이 있는 것

③ 사업주는 제1항 및 제2항에 따른 방호조치가 정상적인 기능을 발휘할 수 있도록 방호조치와 관련되는 장치를 상시적으로 점검하고 정비하여야 한다.

④ 사업주와 근로자는 제1항 및 제2항에 따른 방호조치를 해체하려는 경우 등 고용노동부령으로 정하는 경우에는 필요한 안전조치 및 보건조치를 하여야 한다.

6 안전검사

제93조(안전검사) ① 유해하거나 위험한 기계・기구・설비로서 대통령령으로 정하는 안전검사대상기계 등을 사용하는 사업주(근로자를 사용하지 아니하고 사업을 하는 자를 포함한다. 이하 이 조, 제94조, 제95조 및 제98조에서 같다)는 안전검사대상기계 등의 안전에 관한 성능이 고용노동부장관이 정하여 고시하는 검사기준에 맞는지에 대하여 고용노동부장관이 실시하는 안전검사를 받아야 한다. 이 경우 안전검사대상기계 등을 사용하는 사업주와 소유자가 다른 경우에는 안전검사대상기계 등의 소유자가 안전검사를 받아야 한다.

② 제1항에도 불구하고 안전검사대상기계 등이 다른 법령에 따라 안전성에 관한 검사나 인증을 받은 경우로서 고용노동부령으로 정하는 경우에는 안전검사를 면제할 수 있다.

③ 안전검사의 신청, 검사 주기 및 검사합격 표시방법, 그 밖에 필요한 사항은 고용노동부령으로 정한다. 이 경우 검사 주기는 안전검사대상기계 등의 종류, 사용연한(使用年限) 및 위험성을 고려하여 정한다.

7 물질안전보건자료의 제출 및 제공

제110조(물질안전보건자료의 작성 및 제출) ① 화학물질 또는 이를 포함한 혼합물로서 제104조에 따른 분류기준에 해당하는 물질안전보건자료대상물질(대통령령으로 정하는 것은 제외)을 제조하거나 수입하려는 자는 다음 각 호의 사항을 적은 물질안전보건자료를 고용노동부령으로 정하는 바에 따라 작성하여 고용노동부장관에게 제출하여야 한다. 이 경우 고용노동부장관은 고용노동부령으로 물질안전보건자료의 기재 사항이나 작성 방법을 정할 때 「화학물질관리법」 및 「화학물질의 등록 및 평가 등에 관한 법률」과 관련된 사항에 대해서는 환경부장관과 협의하여야 한다.

1. 제품명
2. 물질안전보건자료대상물질을 구성하는 화학물질 중 제104조에 따른 분류기준에 해당하는 화학물질의 명칭 및 함유량
3. 안전 및 보건상의 취급 주의 사항

4. 건강 및 환경에 대한 유해성, 물리적 위험성
5. 물리·화학적 특성 등 고용노동부령으로 정하는 사항

② 물질안전보건자료대상물질을 제조하거나 수입하려는 자는 물질안전보건자료대상물질을 구성하는 화학물질 중 제104조에 따른 분류기준에 해당하지 아니하는 화학물질의 명칭 및 함유량을 고용노동부장관에게 별도로 제출하여야 한다. 다만, 다음 각 호의 어느 하나에 해당하는 경우는 그러하지 아니하다.

1. 제1항에 따라 제출된 물질안전보건자료에 이 항 각 호 외의 부분 본문에 따른 화학물질의 명칭 및 함유량이 전부 포함된 경우
2. 물질안전보건자료대상물질을 수입하려는 자가 물질안전보건자료대상물질을 국외에서 제조하여 우리나라로 수출하려는 자(이하 "국외제조자"라 한다)로부터 물질안전보건자료에 적힌 화학물질 외에는 제104조에 따른 분류기준에 해당하는 화학물질이 없음을 확인하는 내용의 서류를 받아 제출한 경우

③ 물질안전보건자료대상물질을 제조하거나 수입한 자는 제1항 각 호에 따른 사항 중 고용노동부령으로 정하는 사항이 변경된 경우 그 변경 사항을 반영한 물질안전보건자료를 고용노동부장관에게 제출하여야 한다.

④ 제1항부터 제3항까지의 규정에 따른 물질안전보건자료 등의 제출 방법·시기, 그 밖에 필요한 사항은 고용노동부령으로 정한다.

제111조(물질안전보건자료의 제공) ① 물질안전보건자료대상물질을 양도하거나 제공하는 자는 이를 양도받거나 제공받는 자에게 물질안전보건자료를 제공하여야 한다.

② 물질안전보건자료대상물질을 제조하거나 수입한 자는 이를 양도받거나 제공받은 자에게 제110조제3항에 따라 변경된 물질안전보건자료를 제공하여야 한다.

③ 물질안전보건자료대상물질을 양도하거나 제공한 자(물질안전보건자료대상물질을 제조하거나 수입한 자는 제외한다)는 제110조제3항에 따른 물질안전보건자료를 제공받은 경우 이를 물질안전보건자료대상물질을 양도받거나 제공받은 자에게 제공하여야 한다.

④ 제1항부터 제3항까지의 규정에 따른 물질안전보건자료 또는 변경된 물질안전보건자료의 제공방법 및 내용, 그 밖에 필요한 사항은 고용노동부령으로 정한다.

Key Point

MSDS(물질안전보건자료) 내용에 포함되어야 할 항목 중에서 알맞은 내용을 쓰시오.

8 유해·위험방지 계획서의 작성·제출

제42조(유해위험방지계획서의 작성·제출 등) ① 사업주는 다음 각 호의 어느 하나에 해당하는 경우에는 이 법 또는 이 법에 따른 명령에서 정하는 유해·위험 방지에 관한 사항을 적은 유해위험방지계획서를 작성하여 고용노동부령으로 정하는 바에 따라 고용노동부장관에게 제출하고 심사를 받아야 한다. 다만, 제3호에 해당하는 사업주 중 산업재해발생률 등을 고려하여 고용노동부령으로 정하는 기준에 해당하는 사업주는 유해위험방지계획서를 스스로 심사하고, 그 심사결과서를 작성하여 고용노동부장관에게 제출하여야 한다.

1. 대통령령으로 정하는 사업의 종류 및 규모에 해당하는 사업으로서 해당 제품의 생산 공정과 직접적으로 관련된 건설물·기계·기구 및 설비 등 전부를 설치·이전하거나 그 주요 구조부분을 변경하려는 경우
2. 유해하거나 위험한 작업 또는 장소에서 사용하거나 건강장해를 방지하기 위하여 사용하는 기계·기구 및 설비로서 대통령령으로 정하는 기계·기구 및 설비를 설치·이전하거나 그 주요 구조부분을 변경하려는 경우
3. 대통령령으로 정하는 크기, 높이 등에 해당하는 건설공사를 착공하려는 경우

② 제1항제3호에 따른 건설공사를 착공하려는 사업주(제1항 각 호 외의 부분 단서에 따른 사업주는 제외한다)는 유해위험방지계획서를 작성할 때 건설안전 분야의 자격 등 고용노동부령으로 정하는 자격을 갖춘 자의 의견을 들어야 한다.

③ 제1항에도 불구하고 사업주가 제44조제1항에 따라 공정안전보고서를 고용노동부장관에게 제출한 경우에는 해당 유해·위험설비에 대해서는 유해위험방지계획서를 제출한 것으로 본다.

④ 고용노동부장관은 제1항 각 호 외의 부분 본문에 따라 제출된 유해위험방지계획서를 고용노동부령으로 정하는 바에 따라 심사하여 그 결과를 사업주에게 서면으로 알려 주어야 한다. 이 경우 근로자의 안전 및 보건의 유지·증진을 위하여 필요하다고 인정하는 경우에는 해당 작업 또는 건설공사를 중지하거나 유해위험방지계획서를 변경할 것을 명할 수 있다.

⑤ 제1항에 따른 사업주는 같은 항 각 호 외의 부분 단서에 따라 스스로 심사하거나 제4항에 따라 고용노동부장관이 심사한 유해위험방지계획서와 그 심사결과서를 사업장에 갖추어 두어야 한다.

⑥ 제1항제3호에 따른 건설공사를 착공하려는 사업주로서 제5항에 따라 유해위험방지계획서 및 그 심사결과서를 사업장에 갖추어 둔 사업주는 해당 건설공사의 공법의 변경 등으로 인하여 그 유해위험방지계획서를 변경할 필요가 있는 경우에는 이를 변경하여 갖추어 두어야 한다.

Key Point

산업안전보건법상 건설업 중 유해·위험방지계획서의 제출사업 4가지를 쓰시오.

9 공정안전보고서

제44조(공정안전보고서의 작성 · 제출) ① 사업주는 사업장에 대통령령으로 정하는 유해하거나 위험한 설비가 있는 경우 그 설비로부터의 위험물질 누출, 화재 및 폭발 등으로 인하여 사업장 내의 근로자에게 즉시 피해를 주거나 사업장 인근 지역에 피해를 줄 수 있는 사고로서 대통령령으로 정하는 중대산업사고를 예방하기 위하여 대통령령으로 정하는 바에 따라 공정안전보고서를 작성하고 고용노동부장관에게 제출하여 심사를 받아야 한다. 이 경우 공정안전보고서의 내용이 중대산업사고를 예방하기 위하여 적합하다고 통보받기 전에는 관련된 유해하거나 위험한 설비를 가동해서는 아니 된다.

② 사업주는 제1항에 따라 공정안전보고서를 작성할 때 산업안전보건위원회의 심의를 거쳐야 한다. 다만, 산업안전보건위원회가 설치되어 있지 아니한 사업장의 경우에는 근로자대표의 의견을 들어야 한다.

제2장 산업안전보건법 시행령

1 관리감독자의 업무 내용

제15조(관리감독자의 업무 등) ① 법 제16조제1항에서 "대통령령으로 정하는 업무"란 다음 각 호의 업무를 말한다.

1. 사업장 내 법 제16조제1항에 따른 관리감독자가 지휘 · 감독하는 작업(이하 이 조에서 "해당작업"이라 한다)과 관련된 기계 · 기구 또는 설비의 안전 · 보건 점검 및 이상 유무의 확인
2. 관리감독자에게 소속된 근로자의 작업복 · 보호구 및 방호장치의 점검과 그 착용 · 사용에 관한 교육 · 지도
3. 해당작업에서 발생한 산업재해에 관한 보고 및 이에 대한 응급조치
4. 해당작업의 작업장 정리 · 정돈 및 통로 확보에 대한 확인 · 감독
5. 사업장의 다음 각 목의 어느 하나에 해당하는 사람의 지도 · 조언에 대한 협조
   가. 안전관리자 또는 안전관리전문기관에 위탁한 사업장의 경우에는 그 안전관리전문기관의 해당 사업장 담당자
   나. 보건관리자 또는 보건관리전문기관에 위탁한 사업장의 경우에는 그 보건관리전문기관의 해당 사업장 담당자
   다. 안전보건관리담당자 또는 안전관리전문기관 또는 보건관리전문기관에 위탁한 사업장의 경우에는 그 안전관리전문기관 또는 보건관리전문기관의 해당 사업장 담당자
   라. 산업보건의
6. 법 제36조에 따라 실시되는 위험성평가에 관한 다음 각 목의 업무
   가. 유해 · 위험요인의 파악에 대한 참여
   나. 개선조치의 시행에 대한 참여
7. 그 밖에 해당작업의 안전 및 보건에 관한 사항으로서 고용노동부령으로 정하는 사항

2 안전관리자의 업무 등

제18조(안전관리자의 업무 등) ① 안전관리자의 업무는 다음 각 호와 같다.

1. 산업안전보건위원회 또는 안전 및 보건에 관한 노사협의체에서 심의 · 의결한 업무와 해당 사업장의 안전보건관리규정 및 취업규칙에서 정한 업무
2. 법 제36조에 따른 위험성평가에 관한 보좌 및 지도 · 조언
3. 법 제84조제1항에 따른 안전인증대상기계등과 법 제89조제1항 각 호 외의 부분 본문에 따른 자율안전확인대상기계등 구입 시 적격품의 선정에 관한 보좌 및 지도 · 조언
4. 해당 사업장 안전교육계획의 수립 및 안전교육 실시에 관한 보좌 및 지도 · 조언
5. 사업장 순회점검, 지도 및 조치 건의
6. 산업재해 발생의 원인 조사 · 분석 및 재발 방지를 위한 기술적 보좌 및 지도 · 조언
7. 산업재해에 관한 통계의 유지 · 관리 · 분석을 위한 보좌 및 지도 · 조언
8. 법 또는 법에 따른 명령으로 정한 안전에 관한 사항의 이행에 관한 보좌 및 지도 · 조언
9. 업무 수행 내용의 기록 · 유지
10. 그 밖에 안전에 관한 사항으로서 고용노동부장관이 정하는 사항

Key Point

안전관리자의 직무사항 4가지를 쓰시오.

3 보건관리자의 업무 등

제22조(보건관리자의 업무 등) ① 보건관리자의 업무는 다음 각 호와 같다.

1. 산업안전보건위원회 또는 노사협의체에서 심의 · 의결한 업무와 안전보건관리규정 및 취업규칙에서 정한 업무
2. 안전인증대상기계등과 자율안전확인대상기계등 중 보건과 관련된 보호구(保護具) 구입 시 적격품 선정에 관한 보좌 및 지도 · 조언
3. 법 제36조에 따른 위험성평가에 관한 보좌 및 지도 · 조언
4. 법 제110조에 따라 작성된 물질안전보건자료의 게시 또는 비치에 관한 보좌 및 지도 · 조언
5. 제31조제1항에 따른 산업보건의의 직무(보건관리자가 별표 6 제2호에 해당하는 사람인 경우로 한정한다)
6. 해당 사업장 보건교육계획의 수립 및 보건교육 실시에 관한 보좌 및 지도 · 조언

7. 해당 사업장의 근로자를 보호하기 위한 다음 각 목의 조치에 해당하는 의료행위(보건관리자가 별표 6 제2호 또는 제3호에 해당하는 경우로 한정한다)
   가. 자주 발생하는 가벼운 부상에 대한 치료
   나. 응급처치가 필요한 사람에 대한 처치
   다. 부상 · 질병의 악화를 방지하기 위한 처치
   라. 건강진단 결과 발견된 질병자의 요양 지도 및 관리
   마. 가목부터 라목까지의 의료행위에 따르는 의약품의 투여
8. 작업장 내에서 사용되는 전체 환기장치 및 국소 배기장치 등에 관한 설비의 점검과 작업방법의 공학적 개선에 관한 보좌 및 지도 · 조언
9. 사업장 순회점검, 지도 및 조치 건의
10. 산업재해 발생의 원인 조사 · 분석 및 재발 방지를 위한 기술적 보좌 및 지도 · 조언
11. 산업재해에 관한 통계의 유지 · 관리 · 분석을 위한 보좌 및 지도 · 조언
12. 법 또는 법에 따른 명령으로 정한 보건에 관한 사항의 이행에 관한 보좌 및 지도 · 조언
13. 업무 수행 내용의 기록 · 유지
14. 그 밖에 보건과 관련된 작업관리 및 작업환경관리에 관한 사항으로서 고용노동부장관이 정하는 사항

② 보건관리자는 제1항 각 호에 따른 업무를 수행할 때에는 안전관리자와 협력해야 한다.

③ 사업주는 보건관리자가 제1항에 따른 업무를 원활하게 수행할 수 있도록 권한 · 시설 · 장비 · 예산, 그 밖의 업무 수행에 필요한 지원을 해야 한다. 이 경우 보건관리자가 별표 6 제2호 또는 제3호에 해당하는 경우에는 고용노동부령으로 정하는 시설 및 장비를 지원해야 한다.

④ 보건관리자의 배치 및 평가 · 지도에 관하여는 제18조제2항 및 제3항을 준용한다. 이 경우 "안전관리자"는 "보건관리자"로, "안전관리"는 "보건관리"로 본다.

4 안전보건 총괄책임자 지정 대상사업

제52조(안전보건총괄책임자 지정 대상사업) 법 제62조제1항에 따른 안전보건총괄책임자(이하 "안전보건총괄책임자"라 한다)를 지정해야 하는 사업의 종류 및 사업장의 상시근로자 수는 관계수급인에게 고용된 근로자를 포함한 상시근로자가 100명(선박 및 보트 건조업, 1차 금속 제조업 및 토사석 광업의 경우에는 50명) 이상인 사업이나 관계수급인의 공사금액을 포함한 해당 공사의 총공사금액이 20억원 이상인 건설업으로 한다.

Key Point

산업안전보건법상 도급사업에 있어서 안전보건총괄책임자를 선임하여야 할 사업을 쓰시오.

5 안전보건 총괄책임자의 직무 등

제53조(안전보건총괄책임자의 직무 등) ① 안전보건총괄책임자의 직무는 다음 각 호와 같다.

1. 법 제36조에 따른 위험성평가의 실시에 관한 사항
2. 법 제51조 및 제54조에 따른 작업의 중지
3. 법 제64조에 따른 도급 시 산업재해 예방조치
4. 법 제72조제1항에 따른 산업안전보건관리비의 관계수급인 간의 사용에 관한 협의 · 조정 및 그 집행의 감독
5. 안전인증대상기계등과 자율안전확인대상기계등의 사용 여부 확인

② 안전보건총괄책임자에 대한 지원에 관하여는 제14조제2항을 준용한다. 이 경우 "안전보건관리책임자"는 "안전보건총괄책임자"로, "법 제15조제1항"은 "제1항"으로 본다.

③ 사업주는 안전보건총괄책임자를 선임했을 때에는 그 선임 사실 및 제1항 각 호의 직무의 수행내용을 증명할 수 있는 서류를 갖추어 두어야 한다.

6 산업안전보건위원회의 구성

제34조(산업안전보건위원회 구성 대상) 법 제24조제1항에 따라 산업안전보건위원회를 구성해야 할 사업의 종류 및 사업장의 상시근로자 수는 별표 9와 같다.

산업안전보건위원회를 구성해야 할 사업의 종류 및 사업장의 상시근로자 수(제34조 관련)

사업의 종류	사업장의 상시근로자 수
1. 토사석 광업 2. 목재 및 나무제품 제조업; 가구제외 3. 화학물질 및 화학제품 제조업; 의약품 제외(세제, 화장품 및 광택제 제조업과 화학섬유 제조업은 제외한다) 4. 비금속 광물제품 제조업 5. 1차 금속 제조업	상시 근로자 50명 이상

6. 금속가공제품 제조업; 기계 및 가구 제외 7. 자동차 및 트레일러 제조업 8. 기타 기계 및 장비 제조업(사무용 기계 및 장비 제조업은 제외한다) 9. 기타 운송장비 제조업(전투용 차량 제조업은 제외한다)	
10. 농업 11. 어업 12. 소프트웨어 개발 및 공급업 13. 컴퓨터 프로그래밍, 시스템 통합 및 관리업 14. 정보서비스업 15. 금융 및 보험업 16. 임대업; 부동산 제외 17. 전문, 과학 및 기술 서비스업(연구개발업은 제외한다) 18. 사업지원 서비스업 19. 사회복지 서비스업	상시 근로자 300명 이상
20. 건설업	공사금액 120억 원 이상(「건설산업기본법 시행령」 별표 1의 종합공사를 시공하는 업종의 건설업종란 제1호에 따른 토목공사업의 경우에는 150억 원 이상)
21. 제1호부터 제20호까지의 사업을 제외한 사업	상시 근로자 100명 이상

제35조(산업안전보건위원회의 구성) ① 산업안전보건위원회의 근로자위원은 다음 각 호의 사람으로 구성한다.

1. 근로자대표
2. 명예산업안전감독관이 위촉되어 있는 사업장의 경우 근로자대표가 지명하는 1명 이상의 명예산업안전감독관
3. 근로자대표가 지명하는 9명(근로자인 제2호의 위원이 있는 경우에는 9명에서 그 위원의 수를 제외한 수를 말한다) 이내의 해당 사업장의 근로자

② 산업안전보건위원회의 사용자위원은 다음 각 호의 사람으로 구성한다. 다만, 상시근로자 50명 이상 100명 미만을 사용하는 사업장에서는 제5호에 해당하는 사람을 제외하고 구성할 수 있다.

1. 해당 사업의 대표자(같은 사업으로서 다른 지역에 사업장이 있는 경우에는 그 사업장의 안전보건관리책임자를 말한다. 이하 같다)

2. 안전관리자(제16조제1항에 따라 안전관리자를 두어야 하는 사업장으로 한정하되, 안전관리자의 업무를 안전관리전문기관에 위탁한 사업장의 경우에는 그 안전관리전문기관의 해당 사업장 담당자를 말한다) 1명
3. 보건관리자(제20조제1항에 따라 보건관리자를 두어야 하는 사업장으로 한정하되, 보건관리자의 업무를 보건관리전문기관에 위탁한 사업장의 경우에는 그 보건관리전문기관의 해당 사업장 담당자를 말한다) 1명
4. 산업보건의(해당 사업장에 선임되어 있는 경우로 한정한다)
5. 해당 사업의 대표자가 지명하는 9명 이내의 해당 사업장 부서의 장

③ 제1항 및 제2항에도 불구하고 법 제69조제1항에 따른 건설공사도급인(이하 "건설공사도급인"이라 한다)이 법 제64조제1항제1호에 따른 안전 및 보건에 관한 협의체를 구성한 경우에는 산업안전보건위원회의 위원을 다음 각 호의 사람을 포함하여 구성할 수 있다.
1. 근로자위원: 도급 또는 하도급 사업을 포함한 전체 사업의 근로자대표, 명예산업안전감독관 및 근로자대표가 지명하는 해당 사업장의 근로자
2. 사용자위원: 도급인 대표자, 관계수급인의 각 대표자 및 안전관리자

Key Point

산업안전보건법상 안전보건관리 책임자의 업무를 심의 또는 의결하기 위하여 설치, 운영하여야 할 기구에 대한 다음 물음에 답하시오.
(1) 해당하는 기구의 명칭을 쓰시오.
(2) 기구의 구성에 있어 근로자위원과 사용자 위원에 해당하는 위원의 기준을 각각 2가지씩 쓰시오.

(1) **산업안전보건위원회**

제39조(회의 결과 등의 공지) 산업안전보건위원회의 위원장은 산업안전보건위원회에서 심의·의결된 내용 등 회의 결과와 중재 결정된 내용 등을 사내방송이나 사내보(社內報), 게시 또는 자체 정례조회, 그 밖의 적절한 방법으로 근로자에게 신속히 알려야 한다.

Key Point

산업안전보건위원회에서 심의·의결된 내용 등 회의 결과와 중재 결정된 내용을 근로자에게 알리는 방법을 쓰시오.

7 안전인증

제74조(안전인증대상기계등) ① 법 제84조제1항에서 "대통령령으로 정하는 것"이란 다음 각 호의 어느 하나에 해당하는 것을 말한다.

1. 다음 각 목의 어느 하나에 해당하는 기계 또는 설비
   가. 프레스
   나. 전단기 및 절곡기(折曲機)
   다. 크레인
   라. 리프트
   마. 압력용기
   바. 롤러기
   사. 사출성형기(射出成形機)
   아. 고소(高所) 작업대
   자. 곤돌라
2. 다음 각 목의 어느 하나에 해당하는 방호장치
   가. 프레스 및 전단기 방호장치
   나. 양중기용(揚重機用) 과부하 방지장치
   다. 보일러 압력방출용 안전밸브
   라. 압력용기 압력방출용 안전밸브
   마. 압력용기 압력방출용 파열판
   바. 절연용 방호구 및 활선작업용(活線作業用) 기구
   사. 방폭구조(防爆構造) 전기기계 · 기구 및 부품
   아. 추락 · 낙하 및 붕괴 등의 위험 방지 및 보호에 필요한 가설기자재로서 고용노동부장관이 정하여 고시하는 것
   자. 충돌 · 협착 등의 위험 방지에 필요한 산업용 로봇 방호장치로서 고용노동부장관이 정하여 고시하는 것
3. 다음 각 목의 어느 하나에 해당하는 보호구
   가. 추락 및 감전 위험방지용 안전모
   나. 안전화
   다. 안전장갑
   라. 방진마스크
   마. 방독마스크
   바. 송기(送氣)마스크

사. 전동식 호흡보호구
아. 보호복
자. 안전대
차. 차광(遮光) 및 비산물(飛散物) 위험방지용 보안경
카. 용접용 보안면
타. 방음용 귀마개 또는 귀덮개

② 안전인증대상기계등의 세부적인 종류, 규격 및 형식은 고용노동부장관이 정하여 고시한다.

8 유해·위험성조사 제외 화학물질

제85조(유해성 · 위험성 조사 제외 화학물질) 법 제108조제1항 각 호 외의 부분 본문에서 "대통령령으로 정하는 화학물질"이란 다음 각 호의 어느 하나에 해당하는 화학물질을 말한다.

1. 원소
2. 천연으로 산출된 화학물질
3. 「건강기능식품에 관한 법률」 제3조제1호에 따른 건강기능식품
4. 「군수품관리법」 제2조 및 「방위사업법」 제3조제2호에 따른 군수품[「군수품관리법」 제3조에 따른 통상품(痛常品)은 제외한다]
5. 「농약관리법」 제2조제1호 및 제3호에 따른 농약 및 원제
6. 「마약류 관리에 관한 법률」 제2조제1호에 따른 마약류
7. 「비료관리법」 제2조제1호에 따른 비료
8. 「사료관리법」 제2조제1호에 따른 사료
9. 「생활화학제품 및 살생물제의 안전관리에 관한 법률」 제3조제7호 및 제8호에 따른 살생물물질 및 살생물제품
10. 「식품위생법」 제2조제1호 및 제2호에 따른 식품 및 식품첨가물
11. 「약사법」 제2조제4호 및 제7호에 따른 의약품 및 의약외품(醫藥外品)
12. 「원자력안전법」 제2조제5호에 따른 방사성물질
13. 「위생용품 관리법」 제2조제1호에 따른 위생용품
14. 「의료기기법」 제2조제1항에 따른 의료기기
15. 「총포 · 도검 · 화약류 등의 안전관리에 관한 법률」 제2조제3항에 따른 화약류
16. 「화장품법」 제2조제1호에 따른 화장품과 화장품에 사용하는 원료
17. 법 제108조제3항에 따라 고용노동부장관이 명칭, 유해성 · 위험성, 근로자의 건강장해 예방을 위한 조치 사항 및 연간 제조량 · 수입량을 공표한 물질로서 공표된 연간 제조

량 · 수입량 이하로 제조하거나 수입한 물질
18. 고용노동부장관이 환경부장관과 협의하여 고시하는 화학물질 목록에 기록되어 있는 물질

9 물질안전보건자료의 작성·제출 제외 대상 화학물질 등

제86조(물질안전보건자료의 작성 · 제출 제외 대상 화학물질 등) 법 제110조제1항 각 호 외의 부분 전단에서 "대통령령으로 정하는 것"이란 다음 각 호의 어느 하나에 해당하는 것을 말한다.

1. 「건강기능식품에 관한 법률」 제3조제1호에 따른 건강기능식품
2. 「농약관리법」 제2조제1호에 따른 농약
3. 「마약류 관리에 관한 법률」 제2조제2호 및 제3호에 따른 마약 및 향정신성의약품
4. 「비료관리법」 제2조제1호에 따른 비료
5. 「사료관리법」 제2조제1호에 따른 사료
6. 「생활주변방사선 안전관리법」 제2조제2호에 따른 원료물질
7. 「생활화학제품 및 살생물제의 안전관리에 관한 법률」 제3조제4호 및 제8호에 따른 안전확인대상생활화학제품 및 살생물제품 중 일반소비자의 생활용으로 제공되는 제품
8. 「식품위생법」 제2조제1호 및 제2호에 따른 식품 및 식품첨가물
9. 「약사법」 제2조제4호 및 제7호에 따른 의약품 및 의약외품
10. 「원자력안전법」 제2조제5호에 따른 방사성물질
11. 「위생용품 관리법」 제2조제1호에 따른 위생용품
12. 「의료기기법」 제2조제1항에 따른 의료기기

12의2. 「첨단재생의료 및 첨단바이오의약품 안전 및 지원에 관한 법률」 제2조제5호에 따른 첨단바이오의약품

13. 「총포 · 도검 · 화약류 등의 안전관리에 관한 법률」 제2조제3항에 따른 화약류
14. 「폐기물관리법」 제2조제1호에 따른 폐기물
15. 「화장품법」 제2조제1호에 따른 화장품
16. 제1호부터 제15호까지의 규정 외의 화학물질 또는 혼합물로서 일반소비자의 생활용으로 제공되는 것(일반소비자의 생활용으로 제공되는 화학물질 또는 혼합물이 사업장 내에서 취급되는 경우를 포함한다)
17. 고용노동부장관이 정하여 고시하는 연구 · 개발용 화학물질 또는 화학제품. 이 경우 법 제110조제1항부터 제3항까지의 규정에 따른 자료의 제출만 제외된다.
18. 그 밖에 고용노동부장관이 독성 · 폭발성 등으로 인한 위해의 정도가 적다고 인정하여 고시하는 화학물질

10 유해·위험방지대상에 관한 계획서 등

제42조(유해위험방지계획서 제출 대상) ① 법 제42조제1항제1호에서 "대통령령으로 정하는 사업의 종류 및 규모에 해당하는 사업"이란 다음 각 호의 어느 하나에 해당하는 사업으로서 전기 계약용량이 300킬로와트 이상인 경우를 말한다.

1. 금속가공제품 제조업; 기계 및 가구 제외
2. 비금속 광물제품 제조업
3. 기타 기계 및 장비 제조업
4. 자동차 및 트레일러 제조업
5. 식료품 제조업
6. 고무제품 및 플라스틱제품 제조업
7. 목재 및 나무제품 제조업
8. 기타 제품 제조업
9. 1차 금속 제조업
10. 가구 제조업
11. 화학물질 및 화학제품 제조업
12. 반도체 제조업
13. 전자부품 제조업

② 법 제42조제1항제2호에서 "대통령령으로 정하는 기계·기구 및 설비"란 다음 각 호의 어느 하나에 해당하는 기계·기구 및 설비를 말한다. 이 경우 다음 각 호에 해당하는 기계·기구 및 설비의 구체적인 범위는 고용노동부장관이 정하여 고시한다.

1. 금속이나 그 밖의 광물의 용해로
2. 화학설비
3. 건조설비
4. 가스집합 용접장치
5. 근로자의 건강에 상당한 장해를 일으킬 우려가 있는 물질로서 고용노동부령으로 정하는 물질의 밀폐·환기·배기를 위한 설비
6. 분진작업 관련 설비

③ 법 제42조제1항제3호에서 "대통령령으로 정하는 크기 높이 등에 해당하는 건설공사"란 다음 각 호의 어느 하나에 해당하는 공사를 말한다.

1. 다음 각 목의 어느 하나에 해당하는 건축물 또는 시설 등의 건설·개조 또는 해체(이하 "건설등"이라 한다) 공사
   가. 지상높이가 31미터 이상인 건축물 또는 인공구조물

나. 연면적 3만제곱미터 이상인 건축물

다. 연면적 5천제곱미터 이상인 시설로서 다음의 어느 하나에 해당하는 시설

1) 문화 및 집회시설(전시장 및 동물원 · 식물원은 제외한다)

2) 판매시설, 운수시설(고속철도의 역사 및 집배송시설은 제외한다)

3) 종교시설

4) 의료시설 중 종합병원

5) 숙박시설 중 관광숙박시설

6) 지하도상가

7) 냉동 · 냉장 창고시설

2. 연면적 5천제곱미터 이상인 냉동 · 냉장 창고시설의 설비공사 및 단열공사

3. 최대 지간(支間)길이(다리의 기둥과 기둥의 중심사이의 거리)가 50미터 이상인 다리의 건설등 공사

4. 터널의 건설등 공사

5. 다목적댐, 발전용댐, 저수용량 2천만톤 이상의 용수 전용 댐 및 지방상수도 전용 댐의 건설등 공사

6. 깊이 10미터 이상인 굴착공사

Key Point

건설공사에서 지상 높이가 31m 이상인 건축물과 같이 유해 위험 방지계획서 제출대상 건설공사의 종류를 4가지 쓰시오.

11 공정안전보고서의 제출 대상

제43조(공정안전보고서의 제출 대상) ① 법 제44조제1항 전단에서 "대통령령으로 정하는 유해하거나 위험한 설비"란 다음 각 호의 어느 하나에 해당하는 사업을 하는 사업장의 경우에는 그 보유설비를 말하고, 그 외의 사업을 하는 사업장의 경우에는 별표 13에 따른 유해 · 위험물질 중 하나 이상의 물질을 같은 표에 따른 규정량 이상 제조 · 취급 · 저장하는 설비 및 그 설비의 운영과 관련된 모든 공정설비를 말한다.

1. 원유 정제처리업
2. 기타 석유정제물 재처리업
3. 석유화학계 기초화학물질 제조업 또는 합성수지 및 기타 플라스틱물질 제조업. 다만, 합성수지 및 기타 플라스틱물질 제조업은 별표 13 제1호 또는 제2호에 해당하는 경우로

한정한다.

4. 질소 화합물, 질소 · 인산 및 칼리질 화학비료 제조업 중 질소질 비료 제조
5. 복합비료 및 기타 화학비료 제조업 중 복합비료 제조(단순혼합 또는 배합에 의한 경우는 제외한다)
6. 화학 살균 · 살충제 및 농업용 약제 제조업[농약 원제(原劑) 제조만 해당한다]
7. 화약 및 불꽃제품 제조업

② 제1항에도 불구하고 다음 각 호의 설비는 유해하거나 위험한 설비로 보지 않는다.

1. 원자력 설비
2. 군사시설
3. 사업주가 해당 사업장 내에서 직접 사용하기 위한 난방용 연료의 저장설비 및 사용설비
4. 도매 · 소매시설
5. 차량 등의 운송설비
6. 「액화석유가스의 안전관리 및 사업법」에 따른 액화석유가스의 충전 · 저장시설
7. 「도시가스사업법」에 따른 가스공급시설
8. 그 밖에 고용노동부장관이 누출 · 화재 · 폭발 등의 사고가 있더라도 그에 따른 피해의 정도가 크지 않다고 인정하여 고시하는 설비

③ 법 제44조제1항 전단에서 "대통령령으로 정하는 사고"란 다음 각 호의 어느 하나에 해당하는 사고를 말한다.

1. 근로자가 사망하거나 부상을 입을 수 있는 제1항에 따른 설비(제2항에 따른 설비는 제외한다. 이하 제2호에서 같다)에서의 누출 · 화재 · 폭발 사고
2. 인근 지역의 주민이 인적 피해를 입을 수 있는 제1항에 따른 설비에서의 누출 · 화재 · 폭발 사고

Key Point

공정안전보고서의 제출 대상 사업장 5가지를 쓰시오.

12 공정안전보고서의 내용

제44조(공정안전보고서의 내용) 법 제44조제1항에 따른 공정안전보고서에는 다음 각 호의 사항이 포함되어야 하며, 그 세부내용은 고용노동부령으로 정한다.

1. 공정안전자료

2. 공정위험성 평가서
3. 안전운전계획
4. 비상조치계획
5. 그 밖에 공정상의 안전과 관련하여 고용노동부장관이 필요하다고 인정하여 고시하는 사항

Key Point

공정안전보고서 제출 시 공정안전보고서에 포함되어야 할 내용 4가지를 쓰시오.

13 안전보건개선계획 수립대상 사업자 등

제49조(안전보건진단을 받아 안전보건개선계획을 수립할 대상) 법 제49조제1항 각 호 외의 부분 후단에서 "대통령령으로 정하는 사업장"이란 다음 각 호의 사업장을 말한다.

1. 산업재해율이 같은 업종 평균 산업재해율의 2배 이상인 사업장
2. 사업주가 필요한 안전조치 또는 보건조치를 이행하지 아니하여 중대재해가 발생한 사업장
3. 직업성 질병자가 연간 2명 이상(상시근로자 1천명 이상 사업장의 경우 3명 이상) 발생한 사업장
4. 그 밖에 작업환경 불량, 화재 · 폭발 또는 누출 사고 등으로 사업장 주변까지 피해가 확산된 사업장으로서 고용노동부령으로 정하는 사업장

제50조(안전보건개선계획 수립 대상) 법 제49조제1항제3호에서 "대통령령으로 정하는 수 이상의 직업성 질병자가 발생한 사업장"이란 직업성 질병자가 연간 2명 이상 발생한 사업장을 말한다.

Key Point

사업장 안전보건개선계획서에 포함되어야 하는 4가지를 쓰시오.

14 노사협의체

제63조(노사협의체의 설치 대상) 법 제75조제1항에서 "대통령령으로 정하는 규모의 건설공사"란 공사금액이 120억원(「건설산업기본법 시행령」 별표 1의 종합공사를 시공하는 업종의 건설

업종란 제1호에 따른 토목공사업은 150억원) 이상인 건설공사를 말한다.

제64조(노사협의체의 구성) ① 노사협의체는 다음 각 호에 따라 근로자위원과 사용자위원으로 구성한다.

1. 근로자위원
   가. 도급 또는 하도급 사업을 포함한 전체 사업의 근로자대표
   나. 근로자대표가 지명하는 명예산업안전감독관 1명. 다만, 명예산업안전감독관이 위촉되어 있지 않은 경우에는 근로자대표가 지명하는 해당 사업장 근로자 1명
   다. 공사금액이 20억원 이상인 공사의 관계수급인의 각 근로자대표
2. 사용자위원
   가. 도급 또는 하도급 사업을 포함한 전체 사업의 대표자
   나. 안전관리자 1명
   다. 보건관리자 1명(별표 5 제44호에 따른 보건관리자 선임대상 건설업으로 한정한다)
   라. 공사금액이 20억원 이상인 공사의 관계수급인의 각 대표자

② 노사협의체의 근로자위원과 사용자위원은 합의하여 노사협의체에 공사금액이 20억원 미만인 공사의 관계수급인 및 관계수급인 근로자대표를 위원으로 위촉할 수 있다.

③ 노사협의체의 근로자위원과 사용자위원은 합의하여 제67조제2호에 따른 사람을 노사협의체에 참여하도록 할 수 있다.

제65조(노사협의체의 운영 등) ① 노사협의체의 회의는 정기회의와 임시회의로 구분하여 개최하되, 정기회의는 2개월마다 노사협의체의 위원장이 소집하며, 임시회의는 위원장이 필요하다고 인정할 때에 소집한다.

② 노사협의체 위원장의 선출, 노사협의체의 회의, 노사협의체에서 의결되지 않은 사항에 대한 처리방법 및 회의 결과 등의 공지에 관하여는 각각 제36조, 제37조제2항부터 제4항까지, 제38조 및 제39조를 준용한다. 이 경우 "산업안전보건위원회"는 "노사협의체"로 본다.

Key Point

산업안전보건법상 노 · 사 협의체의 설치대상 사업 1가지와 노 · 사 협의체의 운영에 있어서 정기회의의 개최주기를 쓰시오.

공사금액이 120억원(「건설산업기본법 시행령」 별표 1에 따른 토목공사업은 150억원) 이상인 건설업, 2개월

CHAPTER

제3장 산업안전보건법 시행규칙

1 중대재해의 정의

제3조(중대재해의 범위) 법 제2조제2호에서 "고용노동부령으로 정하는 재해"란 다음 각 호의 어느 하나에 해당하는 재해를 말한다.

1. 사망자가 1명 이상 발생한 재해
2. 3개월 이상의 요양이 필요한 부상자가 동시에 2명 이상 발생한 재해
3. 부상자 또는 직업성 질병자가 동시에 10명 이상 발생한 재해

Key Point

산업안전보건법의 중대재해 3가지를 쓰시오.

2 산업재해 발생 보고

제73조(산업재해 발생 보고 등) ① 사업주는 산업재해로 사망자가 발생하거나 3일 이상의 휴업이 필요한 부상을 입거나 질병에 걸린 사람이 발생한 경우에는 법 제57조제3항에 따라 해당 산업재해가 발생한 날부터 1개월 이내에 별지 제30호서식의 산업재해조사표를 작성하여 관할 지방고용노동관서의 장에게 제출(전자문서로 제출하는 것을 포함한다)해야 한다.

② 제1항에도 불구하고 다음 각 호의 모두에 해당하지 않는 사업주가 법률 제11882호 산업안전보건법 일부개정법률 제10조제2항의 개정규정의 시행일인 2014년 7월 1일 이후 해당 사업장에서 처음 발생한 산업재해에 대하여 지방고용노동관서의 장으로부터 별지 제30호서식의 산업재해조사표를 작성하여 제출하도록 명령을 받은 경우 그 명령을 받은 날부터 15일 이내에 이를 이행한 때에는 제1항에 따른 보고를 한 것으로 본다. 제1항에 따른 보고기한이 지난 후에 자진하여 별지 제30호서식의 산업재해조사표를 작성·제출한 경우에도 또한 같다.

1. 안전관리자 또는 보건관리자를 두어야 하는 사업주
2. 법 제62조제1항에 따라 안전보건총괄책임자를 지정해야 하는 도급인
3. 법 제73조제2항에 따라 건설재해예방전문지도기관의 지도를 받아야 하는 건설공사도급인(법 제69조제1항의 건설공사도급인을 말한다. 이하 같다)
4. 산업재해 발생사실을 은폐하려고 한 사업주

③ 사업주는 제1항에 따른 산업재해조사표에 근로자대표의 확인을 받아야 하며, 그 기재 내용에 대하여 근로자대표의 이견이 있는 경우에는 그 내용을 첨부해야 한다. 다만, 근로자대표가 없는 경우에는 재해자 본인의 확인을 받아 산업재해조사표를 제출할 수 있다.

④ 제1항부터 제3항까지의 규정에서 정한 사항 외에 산업재해발생 보고에 필요한 사항은 고용노동부장관이 정한다.

⑤ 「산업재해보상보험법」 제41조에 따라 요양급여의 신청을 받은 근로복지공단은 지방고용노동관서의 장 또는 공단으로부터 요양신청서 사본, 요양업무 관련 전산입력자료, 그 밖에 산업재해예방업무 수행을 위하여 필요한 자료의 송부를 요청받은 경우에는 이에 협조해야 한다.

3 산업안전보건관리비의 사용

제89조(산업안전보건관리비의 사용) ① 건설공사도급인은 도급금액 또는 사업비에 계상(計上)된 산업안전보건관리비의 범위에서 그의 관계수급인에게 해당 사업의 위험도를 고려하여 적정하게 산업안전보건관리비를 지급하여 사용하게 할 수 있다.

② 법 제72조제3항에 따라 건설공사도급인은 고용노동부장관이 정하는 바에 따라 해당 건설공사를 위하여 계상된 산업안전보건관리비를 그가 사용하는 근로자와 그의 관계수급인이 사용하는 근로자의 산업재해 및 건강장해 예방에 사용하고, 그 사용명세서를 매월(공사가 1개월 이내에 종료되는 사업의 경우에는 해당 공사 종료 시를 말한다) 작성하고 건설공사 종료 후 1년간 보존해야 한다.

4 방호조치

제98조(방호조치) ① 법 제80조제1항에 따라 영 제70조 및 영 별표 20의 기계・기구에 설치해야 할 방호장치는 다음 각 호와 같다.

1. 영 별표 20 제1호에 따른 예초기: 날접촉 예방장치

2. 영 별표 20 제2호에 따른 원심기: 회전체 접촉 예방장치
3. 영 별표 20 제3호에 따른 공기압축기: 압력방출장치
4. 영 별표 20 제4호에 따른 금속절단기: 날접촉 예방장치
5. 영 별표 20 제5호에 따른 지게차: 헤드 가드, 백레스트(backrest), 전조등, 후미등, 안전벨트
6. 영 별표 20 제6호에 따른 포장기계: 구동부 방호 연동장치

② 법 제80조제2항에서 "고용노동부령으로 정하는 방호조치"란 다음 각 호의 방호조치를 말한다.
1. 작동 부분의 돌기부분은 묻힘형으로 하거나 덮개를 부착할 것
2. 동력전달부분 및 속도조절부분에는 덮개를 부착하거나 방호망을 설치할 것
3. 회전기계의 물림점(롤러나 톱니바퀴 등 반대방향의 두 회전체에 물려 들어가는 위험점)에는 덮개 또는 울을 설치할 것

③ 제1항 및 제2항에 따른 방호조치에 필요한 사항은 고용노동부장관이 정하여 고시한다.

제99조(방호조치 해체 등에 필요한 조치) ① 법 제80조제4항에서 "고용노동부령으로 정하는 경우"란 다음 각 호의 경우를 말하며, 그에 필요한 안전조치 및 보건조치는 다음 각 호에 따른다.
1. 방호조치를 해체하려는 경우: 사업주의 허가를 받아 해체할 것
2. 방호조치 해체 사유가 소멸된 경우: 방호조치를 지체 없이 원상으로 회복시킬 것
3. 방호조치의 기능이 상실된 것을 발견한 경우: 지체 없이 사업주에게 신고할 것

② 사업주는 제1항제3호에 따른 신고가 있으면 즉시 수리, 보수 및 작업중지 등 적절한 조치를 해야 한다.

Key Point

산업안전보건법상 위험기계 · 기구에 설치한 방호조치에 대하여 근로자가 지켜야 할 사항을 3가지만 쓰시오.

5 안전인증의 신청 등

제108조(안전인증의 신청 등) ① 법 제84조제1항 및 제3항에 따른 안전인증(이하 "안전인증"이라 한다)을 받으려는 자는 제110조제1항에 따른 심사종류별로 별지 제42호서식의 안전인증

신청서에 별표 13의 서류를 첨부하여 영 제116조제2항에 따라 안전인증 업무를 위탁받은 기관(이하 "안전인증기관"이라 한다)에 제출(전자적 방법에 의한 제출을 포함한다)해야 한다. 이 경우 외국에서 법 제83조제1항에 따른 유해하거나 위험한 기계 · 기구 · 설비 및 방호장치 · 보호구(이하 "유해 · 위험기계등"이라 한다)를 제조하는 자는 국내에 거주하는 자를 대리인으로 선정하여 안전인증을 신청하게 할 수 있다.

② 제1항에 따라 안전인증을 신청하는 경우에는 고용노동부장관이 정하여 고시하는 바에 따라 안전인증 심사에 필요한 시료(試料)를 제출해야 한다.

③ 제1항에 따른 안전인증 신청서를 제출받은 안전인증기관은 「전자정부법」 제36조제1항에 따른 행정정보의 공동이용을 통하여 사업자등록증을 확인해야 한다. 다만, 신청인이 확인에 동의하지 않은 경우에는 사업자등록증 사본을 첨부하도록 해야 한다.

6 인증방법

제110조(안전인증 심사의 종류 및 방법) ① 유해 · 위험기계등이 안전인증기준에 적합한지를 확인하기 위하여 안전인증기관이 하는 심사는 다음 각 호와 같다.

1. 예비심사: 기계 및 방호장치 · 보호구가 유해 · 위험기계등 인지를 확인하는 심사(법 제84조제3항에 따라 안전인증을 신청한 경우만 해당한다)
2. 서면심사: 유해 · 위험기계등의 종류별 또는 형식별로 설계도면 등 유해 · 위험기계등의 제품기술과 관련된 문서가 안전인증기준에 적합한지에 대한 심사
3. 기술능력 및 생산체계 심사: 유해 · 위험기계등의 안전성능을 지속적으로 유지 · 보증하기 위하여 사업장에서 갖추어야 할 기술능력과 생산체계가 안전인증기준에 적합한지에 대한 심사. 다만, 다음 각 목의 어느 하나에 해당하는 경우에는 기술능력 및 생산체계 심사를 생략한다.
   가. 영 제74조제1항제2호 및 제3호에 따른 방호장치 및 보호구를 고용노동부장관이 정하여 고시하는 수량 이하로 수입하는 경우
   나. 제4호가목의 개별 제품심사를 하는 경우
   다. 안전인증(제4호나목의 형식별 제품심사를 하여 안전인증을 받은 경우로 한정한다)을 받은 후 같은 공정에서 제조되는 같은 종류의 안전인증대상기계등에 대하여 안전인증을 하는 경우
4. 제품심사: 유해 · 위험기계등이 서면심사 내용과 일치하는지와 유해 · 위험기계등의 안전에 관한 성능이 안전인증기준에 적합한지에 대한 심사. 다만, 다음 각 목의 심사는 유해 · 위험기계등별로 고용노동부장관이 정하여 고시하는 기준에 따라 어느 하나만을 받는다.

가. 개별 제품심사: 서면심사 결과가 안전인증기준에 적합할 경우에 유해 · 위험기계등 모두에 대하여 하는 심사(안전인증을 받으려는 자가 서면심사와 개별 제품심사를 동시에 할 것을 요청하는 경우 병행할 수 있다)

나. 형식별 제품심사: 서면심사와 기술능력 및 생산체계 심사 결과가 안전인증기준에 적합할 경우에 유해 · 위험기계등의 형식별로 표본을 추출하여 하는 심사(안전인증을 받으려는 자가 서면심사, 기술능력 및 생산체계 심사와 형식별 제품심사를 동시에 할 것을 요청하는 경우 병행할 수 있다)

② 제1항에 따른 유해 · 위험기계등의 종류별 또는 형식별 심사의 절차 및 방법은 고용노동부장관이 정하여 고시한다.

③ 안전인증기관은 제108조제1항에 따라 안전인증 신청서를 제출받으면 다음 각 호의 구분에 따른 심사 종류별 기간 내에 심사해야 한다. 다만, 제품심사의 경우 처리기간 내에 심사를 끝낼 수 없는 부득이한 사유가 있을 때에는 15일의 범위에서 심사기간을 연장할 수 있다.

1. 예비심사: 7일
2. 서면심사: 15일(외국에서 제조한 경우는 30일)
3. 기술능력 및 생산체계 심사: 30일(외국에서 제조한 경우는 45일)
4. 제품심사

가. 개별 제품심사: 15일

나. 형식별 제품심사: 30일(영 제74조제1항제2호사목의 방호장치와 같은 항 제3호가목부터 아목까지의 보호구는 60일)

④ 안전인증기관은 제3항에 따른 심사가 끝나면 안전인증을 신청한 자에게 별지 제45호서식의 심사결과 통지서를 발급해야 한다. 이 경우 해당 심사 결과가 모두 적합한 경우에는 별지 제46호서식의 안전인증서를 함께 발급해야 한다.

⑤ 안전인증기관은 안전인증대상기계등이 특수한 구조 또는 재료로 제조되어 안전인증기준의 일부를 적용하기 곤란할 경우 해당 제품이 안전인증기준과 같은 수준 이상의 안전에 관한 성능을 보유한 것으로 인정(안전인증을 신청한 자의 요청이 있거나 필요하다고 판단되는 경우를 포함한다)되면 「산업표준화법」 제12조에 따른 한국산업표준 또는 관련 국제규격 등을 참고하여 안전인증기준의 일부를 생략하거나 추가하여 제1항제2호 또는 제4호에 따른 심사를 할 수 있다.

⑥ 안전인증기관은 제5항에 따라 안전인증대상기계등이 안전인증기준과 같은 수준 이상의 안전에 관한 성능을 보유한 것으로 인정되는지와 해당 안전인증대상기계등에 생략하거나 추가하여 적용할 안전인증기준을 심의 · 의결하기 위하여 안전인증심의위원회를 설치 · 운영해야 한다. 이 경우 안전인증심의위원회의 구성 · 개최에 걸리는 기간은 제3항에 따른 심사기간에 산입하지 않는다.

⑦ 제6항에 따른 안전인증심의위원회의 구성 · 기능 및 운영 등에 필요한 사항은 고용노동부장관이 정하여 고시한다.

7 물질안전보건자료의 작성방법 및 기재사항

제156조(물질안전보건자료의 작성방법 및 기재사항) ① 법 제110조제1항에 따른 물질안전보건자료대상물질(이하 "물질안전보건자료대상물질"이라 한다)을 제조 · 수입하려는 자가 물질안전보건자료를 작성하는 경우에는 그 물질안전보건자료의 신뢰성이 확보될 수 있도록 인용된 자료의 출처를 함께 적어야 한다.

② 법 제110조제1항제5호에서 "물리 · 화학적 특성 등 고용노동부령으로 정하는 사항"이란 다음 각 호의 사항을 말한다.

1. 물리 · 화학적 특성
2. 독성에 관한 정보
3. 폭발 · 화재 시의 대처방법
4. 응급조치 요령
5. 그 밖에 고용노동부장관이 정하는 사항

③ 그 밖에 물질안전보건자료의 세부 작성방법, 용어 등 필요한 사항은 고용노동부장관이 정하여 고시한다.

8 교육대상별 교육내용

산업안전보건법 시행규칙 [별표 4]

안전보건교육 교육과정별 교육시간(제26조제1항 등 관련)

1. 근로자 안전보건교육(제26조제1항, 제28조제1항 관련)

교육과정	교육대상		교육시간
가. 정기교육	사무직 종사 근로자		매분기 3시간 이상
	사무직 종사 근로자 외의	판매업무에 직접 종사하는 근로자	매분기 3시간 이상

	근로자	판매업무에 직접 종사하는 근로자 외의 근로자	매분기 6시간 이상
	관리감독자의 지위에 있는 사람		연간 16시간 이상
나. 채용 시 교육	일용근로자		1시간 이상
	일용근로자를 제외한 근로자		8시간 이상
다. 작업내용 변경 시 교육	일용근로자		1시간 이상
	일용근로자를 제외한 근로자		2시간 이상
라. 특별교육	별표 5 제1호라목 각 호(제39호는 제외한다)의 어느 하나에 해당하는 작업에 종사하는 일용근로자		2시간 이상
	별표 5 제1호라목제39호의 타워크레인 신호작업에 종사하는 일용근로자		8시간 이상
	별표 5 제1호라목 각 호의 어느 하나에 해당하는 작업에 종사하는 일용근로자를 제외한 근로자		• 16시간 이상(최초 작업에 종사하기 전 4시간 이상 실시하고 12시간은 3개월 이내에서 분할하여 실시 가능) • 단기간 작업 또는 간헐적 작업인 경우에는 2시간 이상
마. 건설업 기초 안전·보건교육	건설 일용근로자		4시간 이상

비고

1. 상시근로자 50명 미만의 도매업과 숙박 및 음식점업은 위 표의 가목부터 라목까지의 규정에도 불구하고 해당 교육과정별 교육시간의 2분의 1 이상을 실시해야 한다.
2. 근로자(관리감독자의 지위에 있는 사람은 제외한다)가 「화학물질관리법 시행규칙」 제37조제4항에 따른 유해화학물질 안전교육을 받은 경우에는 그 시간만큼 가목에 따른 해당 분기의 정기교육을 받은 것으로 본다.
3. 방사선작업종사자가 「원자력안전법 시행령」 제148조제1항에 따라 방사선작업종사자 정기교육을 받은 때에는 그 해당시간만큼 가목에 따른 해당 분기의 정기교육을 받은 것으로 본다.
4. 방사선 업무에 관계되는 작업에 종사하는 근로자가 「원자력안전법 시행령」 제148조제1항에 따라 방사선작업종사자 신규교육 중 직장교육을 받은 때에는 그 시간만큼 라목 중 별표 5 제1호라목 33에 따른 해당 근로자에 대한 특별교육을 받은 것으로 본다.

2. 안전보건관리책임자 등에 대한 교육(제29조제2항 관련)

교육대상	교육시간	
	신규교육	보수교육
가. 안전보건관리책임자	6시간 이상	6시간 이상
나. 안전관리자, 안전관리전문기관의 종사자	34시간 이상	24시간 이상
다. 보건관리자, 보건관리전문기관의 종사자	34시간 이상	24시간 이상
라. 건설재해예방전문지도기관의 종사자	34시간 이상	24시간 이상
마. 석면조사기관의 종사자	34시간 이상	24시간 이상
바. 안전보건관리담당자	-	8시간 이상
사. 안전검사기관, 자율안전검사기관의 종사자	34시간 이상	24시간 이상

3. 특수형태근로종사자에 대한 안전보건교육(제95조제1항 관련)

교육과정	교육시간
가. 최초 노무제공 시 교육	2시간 이상(단기간 작업 또는 간헐적 작업에 노무를 제공하는 경우에는 1시간 이상 실시하고, 특별교육을 실시한 경우는 면제)
나. 특별교육	16시간 이상(최초 작업에 종사하기 전 4시간 이상 실시하고 12시간은 3개월 이내에서 분할하여 실시 가능)
	단기간 작업 또는 간헐적 작업인 경우에는 2시간 이상

4. 검사원 성능검사 교육(제131조제2항 관련)

교육과정	교육대상	교육시간
성능검사 교육	-	28시간 이상

Key Point

사업 내 안전·보건교육의 종류 4가지를 쓰시오.

산업안전보건법 시행규칙 [별표 5] 〈개정 2021. 1. 19.〉

안전보건교육 교육대상별 교육내용(제26조제1항 등 관련)

1. 근로자 안전보건교육(제26조제1항 관련)

가. 근로자 정기교육

교육내용
• 산업안전 및 사고 예방에 관한 사항 • 산업보건 및 직업병 예방에 관한 사항 • 건강증진 및 질병 예방에 관한 사항 • 유해 · 위험 작업환경 관리에 관한 사항 • 산업안전보건법령 및 산업재해보상보험 제도에 관한 사항 • 직무스트레스 예방 및 관리에 관한 사항 • 산업재해보상보험제도에 관한 사항 • 직장 내 괴롭힘, 고객의 폭언 등으로 인한 건강장해 예방 및 관리에 관한 사항

나. 관리감독자 정기교육

교육내용
• 산업안전 및 사고 예방에 관한 사항 • 산업보건 및 직업병 예방에 관한 사항 • 유해 · 위험 작업환경 관리에 관한 사항 • 산업안전보건법령 및 산업재해보상보험 제도에 관한 사항 • 직무스트레스 예방 및 관리에 관한 사항 • 직장 내 괴롭힘, 고객의 폭언 등으로 인한 건강장해 예방 및 관리에 관한 사항 • 작업공정의 유해·위험과 재해 예방대책에 관한 사항 • 표준안전 작업방법 및 지도 요령에 관한 사항 • 관리감독자의 역할과 임무에 관한 사항 • 안전보건교육 능력 배양에 관한 사항 - 현장근로자와의 의사소통능력 향상, 강의능력 향상 및 그 밖에 안전보건교육 능력 배양 등에 관한 사항. 이 경우 안전보건교육 능력 배양 교육은 별표 4에 따라 관리감독자가 받아야 하는 전체 교육시간의 3분의 1 범위에서 할 수 있다.

다. 채용 시의 교육 및 작업내용 변경 시의 교육

교육내용
• 산업안전 및 사고 예방에 관한 사항 • 산업보건 및 직업병 예방에 관한 사항 • 산업안전보건법령 및 산업재해보상보험 제도에 관한 사항 • 직무스트레스 예방 및 관리에 관한 사항 • 직장 내 괴롭힘, 고객의 폭언 등으로 인한 건강장해 예방 및 관리에 관한 사항 • 기계·기구의 위험성과 작업의 순서 및 동선에 관한 사항 • 작업 개시 전 점검에 관한 사항 • 정리정돈 및 청소에 관한 사항 • 사고 발생 시 긴급조치에 관한 사항 • 물질안전보건자료에 관한 사항

Key Point

채용 시 및 작업내용 변경 시 실시하여야 하는 교육 4가지를 쓰시오.

1. 산업안전 및 사고 예방에 관한 사항
2. 산업보건 및 직업병 예방에 관한 사항
3. 산업안전보건법령 및 산업재해보상보험 제도에 관한 사항
4. 직무스트레스 예방 및 관리에 관한 사항
5. 직장 내 괴롭힘, 고객의 폭언 등으로 인한 건강장해 예방 및 관리에 관한 사항
6. 기계·기구의 위험성과 작업의 순서 및 동선에 관한 사항
7. 작업 개시 전 점검에 관한 사항
8. 정리정돈 및 청소에 관한 사항
9. 사고 발생 시 긴급조치에 관한 사항
10. 물질안전보건자료에 관한 사항

CHAPTER

제4장 산업안전보건기준에 관한 규칙

1 통로

1. 안전보건규칙 제23조(가설통로의 구조)

사업주는 가설통로를 설치하는 경우에 다음 각호의 사항을 준수하여야 한다.

(1) 견고한 구조로 할 것
(2) 경사는 30도 이하로 할 것. 다만, 계단을 설치하거나 높이 2미터 미만의 가설통로로서 튼튼한 손잡이를 설치한 경우에는 그러하지 아니하다.
(3) 경사가 15도를 초과하는 경우에는 미끄러지지 아니하는 구조로 할 것
(4) 추락의 위험이 있는 장소에는 안전난간을 설치할 것. 다만, 작업상 부득이한 경우에는 필요한 부분만 임시로 해체할 수 있다.
(5) 수직갱에 가설된 통로의 길이가 15미터 이상인 경우에는 10미터 이내마다 계단참을 설치할 것
(6) 건설공사에 사용하는 높이 8미터 이상인 비계다리에는 7미터 이내마다 계단참을 설치할 것

Key Point

가설통로의 설치 시 준수사항 5가지를 쓰시오.

2. 안전보건규칙 제24조(사다리식 통로 등의 구조)

사업주는 사다리식 통로 등을 설치하는 경우 다음 각 호의 사항을 준수하여야 한다.

(1) 견고한 구조로 할 것
(2) 심한 손상·부식 등이 없는 재료를 사용할 것
(3) 발판의 간격은 일정하게 할 것
(4) 발판과 벽과의 사이는 15센티미터 이상의 간격을 유지할 것
(5) 폭은 30센티미터 이상으로 할 것
(6) 사다리가 넘어지거나 미끄러지는 것을 방지하기 위한 조치를 할 것

(7) 사다리의 상단은 걸쳐놓은 지점으로부터 60센티미터 이상 올라가도록 할 것
(8) 사다리식 통로의 길이가 10미터 이상인 경우에는 5미터 이내마다 계단참을 설치할 것
(9) 사다리식 통로의 기울기는 75도 이하로 할 것. 다만, 고정식 사다리식 통로의 기울기는 90도 이하로 하고, 그 높이가 7미터 이상인 경우에는 바닥으로부터 높이가 2.5미터 되는 지점부터 등받이울을 설치할 것
(10) 접이식 사다리 기둥은 사용 시 접혀지거나 펼쳐지지 않도록 철물 등을 사용하여 견고하게 조치할 것

2 계단

1. 안전보건규칙 제26조(계단의 강도)
   (1) 사업주는 계단 및 계단참을 설치하는 경우 매제곱미터당 500**킬로그램** 이상의 하중에 견딜 수 있는 강도를 가진 구조로 설치하여야 하며, 안전율(안전의 정도를 표시하는 것으로서 재료의 파괴응력도와 허용응력도와의 비율를 말한다)은 4 이상으로 하여야 한다.
   (2) 사업주는 계단 및 승강구바닥을 구멍이 있는 재료로 만드는 경우 렌치 그 밖에 공구 등이 낙하할 위험이 없는 구조로 하여야 한다.

2. 안전보건규칙 제27조(계단의 폭)
   (1) 사업주는 계단을 설치하는 경우 그 폭을 1미터 이상으로 하여야 한다. 다만, 급유용・보수용・비상용 계단 및 나선형 계단이거나 높이 1미터 미만의 이동식 계단인 경우에는 그러하지 아니하다.
   (2) 사업주는 계단에 손잡이 외의 다른 물건 등을 설치하거나 쌓아 두어서는 아니 된다.

3. 안전보건규칙 제28조(계단참의 높이)
   사업주는 높이가 3미터를 초과하는 계단에 높이 3미터 이내마다 너비 **1.2미터** 이상의 계단참을 설치하여야 한다.

3 양중기

1. 안전보건규칙 제132조(양중기)

(1) "양중기(揚重機)"란 다음 각호의 기계를 말한다.

① 크레인(호이스트를 포함한다)

② 이동식 크레인

③ 리프트(이삿짐운반용 리프트의 경우에는 적재하중이 0.1톤 이상인 것으로 한정한다)

④ 곤돌라

⑤ 승강기

Key Point

양중기의 종류 4가지를 쓰시오.

크레인, 이동식크레인, 리프트, 곤돌라, 승강기

(2) 제1항 각 호의 기계의 뜻은 다음 각 호와 같다.

① "크레인"이란 동력을 사용하여 중량물을 매달아 상하 및 좌우(수평 또는 선회를 말한다)로 운반하는 것을 목적으로 하는 기계 또는 기계장치를 말하며, "호이스트"란 훅이나 그 밖의 달기구 등을 사용하여 화물을 권상 및 횡행 또는 권상동작만을 하여 양중하는 것을 말한다.

② "이동식크레인"이란 원동기를 내장하고 있는 것으로서 불특정 장소에 스스로 이동할 수 있는 크레인으로 동력을 사용하여 중량물을 매달아 상하 및 좌우(수평 또는 선회를 말한다)로 운반하는 설비로서 「건설기계관리법」을 적용 받는 기중기 또는 「자동차관리법」 제3조에 따른 화물・특수자동차의 작업부에 탑재하여 화물운반 등에 사용하는 기계 또는 기계장치를 말한다.

③ "리프트"란 동력을 사용하여 사람이나 화물을 운반하는 것을 목적으로 하는 기계설비로서 다음 각 목의 것을 말한다.

가. 건설용 리프트 : 동력을 사용하여 가이드레일(운반구를 지지하여 상승 및 하강 동작을 안내하는 레일)을 따라 상하로 움직이는 운반구를 매달아 사람이나 화물을 운반할 수 있는 설비 또는 이와 유사한 구조 및 성능을 가진 것으로 건설현장에서 사용하는 것

나. 산업용 리프트 : 동력을 사용하여 가이드레일을 따라 상하로 움직이는 운반구를 매달아 화물을 운반할 수 있는 설비 또는 이와 유사한 구조 및 성능을 가진 것으로 건설현장 외의 장소에서 사용하는 것

다. 자동차정비용 리프트 : 동력을 사용하여 가이드레일을 따라 움직이는 지지대로 자동차 등을 일정한 높이로 올리거나 내리는 구조의 리프트로서 자동차 정비에 사용하는 것

라. 이삿짐운반용 리프트 : 연장 및 축소가 가능하고 끝단을 건축물 등에 지지하는 구조의 사다리형 붐(boom)에 따라 동력을 사용하여 움직이는 운반구를 매달아 화물을 운반하는 설비로서 화물자동차 등 차량 위에 탑재하여 이삿짐운반 등에 사용하는 것

④ "곤돌라"란 달기발판 또는 운반구 · 승강장치 그 밖의 장치 및 이들에 부속된 기계부품에 의하여 구성되고, 와이어로프 또는 달기강선에 의하여 달기발판 또는 운반구가 전용 승강장치에 의하여 오르내리는 설비를 말한다.

⑤ "승강기"란 건축물이나 고정된 시설물에 설치되어 일정한 경로에 따라 사람이나 화물을 승강장으로 옮기는 데에 사용되는 설비로서 다음 각 목의 것을 말한다.

가. 승객용 엘리베이터 : 사람의 운송에 적합하게 제조 · 설치된 엘리베이터

나. 승객화물용 엘리베이터 : 사람의 운송과 화물 운반을 겸용하는 데 적합하게 제조 · 설치된 엘리베이터

다. 화물용 엘리베이터 : 화물 운반에 적합하게 제조 · 설치된 엘리베이터로서 조작자 또는 화물취급자 1명은 탑승할 수 있는 것(적재용량이 300kg 미만인 것은 제외한다)

라. 소형화물용 엘리베이터 : 음식물이나 서적 등 소형 화물의 운반에 적합하게 제조 · 설치된 엘리베이터로서 사람의 탑승이 금지된 것

마. 에스컬레이터 : 일정한 경사로 또는 수평로를 따라 위 · 아래 또는 옆으로 움직이는 디딤판을 통해 사람이나 화물을 승강장으로 운송시키는 설비

2. 강풍에 의한 타워크레인의 안전기준

(1) 안전보건규칙 제37조(악천후 및 강풍시의 작업 중지)

사업주는 순간풍속이 초당 **10미터**를 초과하는 경우 타워크레인의 설치 · 수리 · 점검 또는 해체작업을 중지하여야 하며, 순간풍속이 초당 15미터를 초과하는 경우에는 타워크레인의 운전작업을 중지하여야 한다.

(2) 안전보건규칙 제133조(정격하중 등의 표시)

사업주는 양중기(승강기는 제외한다) 및 달기구를 사용하여 작업하는 운전자 또는 작업자가 보기 쉬운 곳에 해당 기계의 **정격하중 · 운전속도 · 경고표시** 등을 부착하여야 한다. 다만, 달기구는 정격하중만 표시한다.

4 크레인

1. 별표 4(사전조사 및 작업계획서의 내용)

작업명	사전조사 내용	작업계획서 내용
1. 타워크레인을 설치·조립·해체하는 작업	-	가. 타워크레인의 종류 및 형식 나. 설치·조립 및 해체순서 다. 작업도구·장비·가설설비(假設設備) 및 방호설비 라. 작업인원의 구성 및 작업근로자의 역할 범위 마. 제142조에 따른 지지방법

Key Point

타워크레인을 설치·조립·해체하는 작업 시 작업계획서의 내용 4가지를 쓰시오.

2. 안전보건규칙 제134조(방호장치의 조정)

사업주는 다음 각 호의 양중기에 과부하방지장치·권과방지(卷過防止)장치·비상정지장치 및 제동장치, 그 밖의 방호장치(승강기의 파이널리밋스위치(final limit switch)·속도조절기·출입문 인터록(inter lock) 등을 말한다)가 정상적으로 작동될 수 있도록 미리 조정하여 두어야 한다.

(1) 크레인
(2) 이동식크레인
(3) 삭제 〈2019. 4. 19.〉
(4) 리프트
(5) 곤돌라
(6) 승강기

Key Point

크레인에 설치하는 방호장치 4가지를 쓰시오.

5 이동식 크레인

1. 안전보건규칙 제134조(방호장치의 조정)

① 사업주는 다음 각 호의 양중기에 과부하방지장치 · 권과방지(卷過防止)장치 · 비상정지장치 및 제동장치, 그 밖의 방호장치(승강기의 파이널리밋스위치(final limit switch) · 속도조절기 · 출입문 인터록(inter lock) 등을 말한다)가 정상적으로 작동될 수 있도록 미리 조정하여 두어야 한다.

1. 크레인
2. 이동식크레인
3. 삭제 〈2019. 4. 19.〉
4. 리프트
5. 곤돌라
6. 승강기

② 제1항제1호 및 제2호 양중기에 대한 권과방지장치는 훅 · 버킷 등 달기구의 윗면(그 달기구에 권상용(卷上用) 도르래가 설치된 경우에는 권상용 도르래의 윗면)이 드럼 · 상부도르래 · 트롤리프레임 등 권상장치의 아랫면과 접촉할 우려가 있는 경우에 그 간격이 0.25미터 이상(직동식(直動式) 권과방지장치는 0.05미터 이상)이 되도록 조정하여야 한다.

③ 제2항의 권과방지장치를 설치하지 않은 크레인에 대하여는 권상용 와이어로프에 위험표시를 하고 경보장치를 설치하는 등 권상용 와이어로프의 권과에 의한 근로자의 위험을 방지하기 위한 조치를 하여야 한다.

Key Point

이동식 크레인의 방호장치를 쓰시오.

과부하방지장치, 권과방지장치, 비상정지장치, 제동장치

2. 안전보건규칙 [별표 3] 작업시작 전 점검사항(제35조 제2항 관련)

(1) 권과방지장치 그 밖의 경보장치의 기능

(2) 브레이크 · 클러치 및 조정장치의 기능

(3) 와이어로프가 통하고 있는 곳 및 작업장소의 지반상태

Key Point

이동식 크레인을 사용하여 작업 시 작업시작 전 점검사항 3가지를 쓰시오.(단, 산업안전보건법)

6 리프트

1. 안전보건규칙 제151조(권과방지 등)

사업주는 리프트(자동차정비용 리프트를 제외한다)의 운반구 이탈 등의 위험을 방지하기 위하여 권과방지장치·과부하방지장치·비상정지장치 등을 설치하는 등 필요한 조치를 하여야 한다.

2. 안전보건규칙 제135조(과부하의 제한 등)

사업주는 제132조제1항 각 호의 양중기에 그 적재 하중을 초과하는 하중을 걸어서 사용하도록 하여서는 아니 된다.

7 승강기

1. 안전보건규칙 제134조(방호장치의 조정)

① 사업주는 다음 각 호의 양중기에 과부하방지장치·권과방지(卷過防止)장치·비상정지장치 및 제동장치, 그 밖의 방호장치(승강기의 파이널리밋스위치(final limit switch)·속도조절기·출입문 인터록(inter lock) 등을 말한다)가 정상적으로 작동될 수 있도록 미리 조정하여 두어야 한다.

1. 크레인
2. 이동식크레인
3. 삭제 〈2019. 4. 19.〉
4. 리프트
5. 곤돌라
6. 승강기

2. 안전보건규칙 제135조(과부하의 제한 등)

사업주는 제132조제1항 각 호의 양중기에 그 적재 하중을 초과하는 하중을 걸어서 사용하도록 하여서는 아니 된다.

3. 안전보건규칙 제161조(폭풍에 의한 도괴 방지)

사업주는 순간풍속이 초당 35미터를 초과하는 바람이 불어 올 우려가 있는 경우 옥외에 설치되어 있는 승강기에 대하여 받침의 수를 증가시키는 등 그 도괴를 방지하기 위한 조치를 하여야 한다.

4. 안전보건규칙 제162조(조립 등의 작업)

① 사업주는 사업장에 승강기의 설치·조립·수리·점검 또는 해체 작업을 하는 경우 다음 각 호의 조치를 하여야 한다.
   1. 작업을 지휘하는 사람을 선임하여 그 사람의 지휘하에 작업을 실할 것
   2. 작업을 할 구역에 관계 근로자가 아닌 사람의 출입을 금지하고 그 취지를 보기 쉬운 장소에 표시할 것
   3. 비, 눈, 그 밖에 기상상태의 불안정으로 날씨가 몹시 나쁜 경우에는 그 작업을 중지시킬 것

② 사업주는 제1항제1호의 작업을 지휘하는 사람에게 다음 각 호의 사항을 이행하도록 하여야 한다.
   1. 작업방법과 근로자의 배치를 결정하고 해당 작업을 지휘하는 일
   2. 재료의 결함 유무 또는 기구 및 공구의 기능을 점검하고 불량품을 제거하는 일
   3. 작업 중 안전대 등 보호구의 착용 상황을 감시하는 일

Key Point

승강기에 설치해야 할 방호장치의 종류를 쓰시오.

8 양중기의 와이어로프 등

1. 안전보건규칙 제166조(이음매가 있는 와이어로프 등의 사용금지)

사업주는 다음 각호의 어느 하나에 해당하는 와이어로프를 양중기에 사용하여서는 아니 된다.

(1) 이음매가 있는 것

(2) 와이어로프의 한 꼬임(스트랜드(strand)를 말한다. 이하 같다)에서 끊어진 소선(素線)의 수가 10퍼센트 이상인 것. 다만, 비자전로프의 경우 끊어진 소선의 수가 와이어로프 호칭지름의 6배 길이 이내에서 4개 이상이거나 호칭지름 30배 길이 이내에서 8개 이상인 것이어야 한다.

(3) 지름의 감소가 공칭지름의 7퍼센트를 초과하는 것
(4) 꼬인 것
(5) 심하게 변형되거나 부식된 것
(6) 열과 전기충격에 의해 손상된 것

2. 안전보건규칙 제163조(와이어로프 등 달기구의 안전계수)

① 사업주는 양중기의 와이어로프 등 달기구의 안전계수(달기구 절단하중의 값을 그 달기구에 걸리는 하중의 최대값으로 나눈 값을 말한다)가 다음 각 호의 구분에 따른 기준에 맞지 아니한 경우에는 이를 사용해서는 아니 된다.

1. 근로자가 탑승하는 운반구를 지지하는 달기와이어로프 또는 달기체인의 경우 : 10 이상
2. 화물의 하중을 직접 지지하는 달기와이어로프 또는 달기체인의 경우 : 5 이상
3. 훅, 샤클, 클램프, 리프팅 빔의 경우 : 3 이상
4. 그 밖의 경우 : 4 이상

② 사업주는 달기구의 경우 최대허용하중 등의 표식이 견고하게 붙어 있는 것을 사용하여야 한다.

Key Point

승강기 와이어로프 검사 후 사용 가능 여부를 판단하는 항목 기준에 대해 쓰시오.

9 차량계 하역운반기계 등

1. 안전보건규칙 제99조(운전위치 이탈시의 조치)

사업주는 차량계 하역운반기계 등, 차량계 건설기계의 운전자가 운전위치를 이탈하는 경우 해당 운전자에게 다음 각 호의 사항을 준수하도록 하여야 한다.

(1) 포크, 버킷, 디퍼 등의 장치를 가장 낮은 위치 또는 지면에 내려 둘 것
(2) 원동기를 정지시키고 브레이크를 확실히 거는 등 갑작스러운 주행이나 이탈을 방지하기 위한 조치를 할 것
(3) 운전석을 이탈하는 경우에는 시동키를 운전대에서 분리시킬 것. 다만, 운전석에 잠금장치를 하는 등 운전자가 아닌 사람이 운전하지 못하도록 조치한 경우에는 그러하지 아니하다.

Key Point

차량계 하역운반기계 운전자가 운전위치 이탈 시 준수사항 2가지를 쓰시오.

2. 별표 4(사전조사 및 작업계획서의 내용)

작업명	사전조사 내용	작업계획서 내용
2. 차량계 하역운반기계등을 사용하는 작업	-	가. 해당 작업에 따른 추락·낙하·전도·협착 및 붕괴 등의 위험에 대한 예방대책 나. 차량계 하역운반기계등의 운행경로 및 작업방법

Key Point

차량용 하역운반기계 작업계획서에 포함사항 2가지를 쓰시오.

3. 안전보건규칙 제173조(화물적재시의 조치)

① 사업주는 차량계 하역운반기계 등에 화물을 적재하는 경우에 다음 각 호의 사항을 준수하여야 한다.

1. 하중이 한쪽으로 치우치지 않도록 적재할 것
2. 구내운반차 또는 화물자동차의 경우 화물의 붕괴 또는 낙하에 의한 근로자의 위험을 방지하기 위하여 화물에 로프를 거는 등 필요한 조치를 할 것
3. 운전자의 시야를 가리지 않도록 화물을 적재할 것

② 제1항의 화물을 적재하는 경우에는 최대적재량을 초과해서는 아니 된다.

10 지게차

안전보건규칙 별표 3 작업시작 전 점검사항(지게차를 사용하여 작업할 때)

1. 제동장치 및 조종장치 기능의 이상유무
2. 하역장치 및 유압장치 기능의 이상유무
3. 바퀴의 이상유무
4. 전조등·후미등·방향지시기 및 경보장치 기능의 이상유무

Key Point

지게차를 사용하여 작업 시 작업시작 전 점검내용 4가지를 쓰시오.

11 차량계 건설기계

1. 안전보건규칙 제196조(차량계 건설기계의 정의)
   "차량계 건설기계"란 동력원을 사용하여 특정되지 아니한 장소로 스스로 이동할 수 있는 건설기계로서 별표 6에 정한 기계를 말한다.

2. 안전보건규칙 제197조(전조등의 설치)
   사업주는 차량계 건설기계에 전조등을 갖추어야 한다. 다만, 작업을 안전하게 수행하기 위하여 필요한 조명이 있는 장소에서 사용하는 경우에는 그러하지 아니하다.

3. 안전보건규칙 제198조(낙하물 보호구조)
   사업주는 암석이 떨어질 우려가 있는 등 위험한 장소에서 차량계 건설기계(불도저, 트랙터, 굴착기, 로더, 스크레이퍼, 덤프트럭, 모터그레이더, 롤러, 천공기, 항타기 및 항발기로 한정한다)를 사용하는 경우에는 해당 차량계 건설기계에 견고한 낙하물 보호구조를 갖춰야 한다.

4. 별표 4(사전조사 및 작업계획서의 내용)

작업명	사전조사 내용	작업계획서 내용
3. 차량계 건설기계를 사용하는 작업	해당 기계의 전락, 지반의 붕괴 등으로 인한 근로자의 위험을 방지하기 위한 해당 작업장소의 지형 및 지반상태	가. 사용하는 차량계 건설기계의 종류 및 능력 나. 차량계 건설기계의 운행경로 다. 차량계 건설기계에 의한 작업방법

12 차량계 건설기계의 사용에 의한 위험의 방지

• 안전보건규칙 제99조(운전위치 이탈시의 조치)

사업주는 차량계 하역운반기계등, 차량계 건설기계의 운전자가 운전위치를 이탈하는 경우 해당 운전자에게 다음 각 호의 사항을 준수하도록 하여야 한다.

1. 포크, 버킷, 디퍼 등의 장치를 가장 낮은 위치 또는 지면에 내려 둘 것
2. 원동기를 정지시키고 브레이크를 확실히 거는 등 갑작스러운 주행이나 이탈을 방지하기 위한 조치를 할 것
3. 운전석을 이탈하는 경우에는 시동키를 운전대에서 분리시킬 것. 다만, 운전석에 잠금장치를 하는 등 운전자가 아닌 사람이 운전하지 못하도록 조치한 경우에는 그러하지 아니하다.

Key Point

차량계 건설기계의 운전자가 운전위치를 이탈 시 운전자 안전준수사항 2가지를 쓰시오.

13 항타기 및 항발기

• 안전보건규칙 제211조(권상용 와이어로프의 안전계수)

사업주는 항타기 또는 항발기의 권상용 와이어로프의 **안전계수가** 5 **이상**이 아니면 이를 사용하여서는 아니 된다.

Key Point

항타기, 항발기 권상용 와이어로프의 안전계수를 쓰시오.

5 이상

14 위험물 등의 취급 등

• 안전보건규칙 제225조(위험물질 등의 제조 등 작업시의 조치)

사업주는 별표 1의 위험물질(이하 "위험물"이라 한다)을 제조하거나 취급하는 경우에 폭발·화재 및 누출을 방지하기 위한 적절한 방호조치를 하지 아니한 경우에 다음 각 호의 행위를 하여서는 아니 된다.

1. 폭발성 물질·유기과산화물을 화기 그 밖에 점화원이 될 우려가 있는 것에 접근시키거나 가열하거나 마찰시키거나 충격을 가하는 행위
2. 물반응성 물질, 인화성 고체를 각각 그 특성에 따라 화기나 그 밖에 점화원이 될 우려가 있는 것에 접근시키거나 발화를 촉진하는 물질 또는 물에 접촉시키거나 가열하거나 마찰시키거나 충격을 가하는 행위
3. 산화성 액체·산화성 고체를 분해가 촉진될 우려가 있는 물질에 접촉시키거나 가열하거나 마찰시키거나 충격을 가하는 행위
4. 인화성 액체를 화기나 그 밖에 점화원이 될 우려가 있는 것에 접근시키거나 주입 또는 가열하거나 증발시키는 행위
5. 인화성 가스를 화기나 그 밖에 점화원이 될 우려가 있는 것에 접근시키거나 압축·가열 또는 주입하는 행위
6. 부식성 물질 또는 급성 독성물질을 누출시키는 등으로 인체에 접촉시키는 행위
7. 위험물을 제조하거나 취급하는 설비가 있는 장소에 인화성 가스 또는 산화성 액체 및 산화성 고체를 방치하는 행위

Key Point

산업안전보건법상 위험물 위험물질을 제조 또는 취급하는 경우에는 폭발·화재 및 누출을 방지하기 위해 제한해야 할 사항을 3가지 쓰시오.

15 아세틸렌 용접장치 및 가스집합 용접장치

1. 안전보건규칙 제234조(가스 등의 용기)

사업주는 금속의 용접·용단 또는 가열에 사용되는 가스 등의 용기를 취급하는 경우에 다음 각 호의 사항을 준수하여야 한다.

(1) 다음 각 목의 어느 하나에 해당하는 장소에서 사용하거나 해당장소에 설치·저장 또는 방치하지 않도록 할 것

가. 통풍이나 환기가 불충분한 장소

나. 화기를 사용하는 장소 및 그 부근

다. 위험물 또는 제236조에 따른 인화성 액체를 취급하는 장소 및 그 부근

(2) 용기의 온도를 섭씨 40도 이하로 유지할 것

(3) 전도의 위험이 없도록 할 것

(4) 충격을 가하지 않도록 할 것

(5) 운반하는 경우에는 캡을 씌울 것

(6) 사용하는 경우에는 용기의 마개에 부착되어 있는 유류 및 먼지를 제거할 것

(7) 밸브의 개폐는 서서히 할 것

(8) 사용 전 또는 사용 중인 용기와 그 밖의 용기를 명확히 구별하여 보관할 것

(9) 용해아세틸렌의 용기는 세워 둘 것

(10) 용기의 부식·마모 또는 변형상태를 점검한 후 사용할 것

2. 안전보건규칙 제289조(안전기의 설치)

① 사업주는 아세틸렌 용접장치의 **취관**마다 안전기를 설치하여야 한다. 다만, 주관 및 취관에 가장 근접한 **분기관**마다 안전기를 부착한 경우에는 그러하지 아니하다.

② 사업주는 가스용기가 발생기와 분리되어 있는 아세틸렌 용접장치에 대하여 **발생기와 가스용기 사이**에 안전기를 설치하여야 한다.

Key Point

아세틸렌 용접장치의 안전기 설치장소 3가지를 쓰시오.

취관, 분기관, 발생기와 가스용기 사이

16 전기작업에 대한 위험방지

1. 안전보건규칙 제318조(전기작업자의 제한)

사업주는 근로자가 감전위험이 있는 전기기계·기구 또는 전로(이하 "전기기기 등"이라 한다)의 설치·해체·정비·점검(설비의 유효성을 장비, 도구를 이용하여 확인하는 점검으로 한정한다) 등의 작업(이하 "전기작업"이라 한다)을 하는 경우에 「유해·위험작업의 취업 제한에 관한 규칙」 제3조에 따른 자격·면허·경험 또는 기능을 갖춘 사람(이하 '유자격자'라 한다)이 작업을 수행하도록 하여야 한다.

2. 안전보건규칙 제319조(정전전로에서의 전기작업)

① 사업주는 근로자가 노출된 충전부 또는 그 부근에서 작업함으로써 감전될 우려가 있는 경우에는 작업에 들어가기 전에 해당 전로를 차단하여야 한다. 다만, 다음 각 호의 경우에는 그러하지 아니하다.

1. 생명유지장치, 비상경보설비, 폭발위험장소의 환기설비, 비상조명설비 등의 장치·설비의 가동이 중지되어 사고의 위험이 증가되는 경우
2. 기기의 설계상 또는 작동상 제한으로 전로차단이 불가능한 경우
3. 감전, 아크 등으로 인한 화상, 화재·폭발의 위험이 없는 것으로 확인된 경우

② 제1항의 전로 차단은 다음 각 호의 절차에 따라 시행하여야 한다.

1. 전기기기등에 공급하는 모든 전원을 관련 도면, 배선도 등으로 확인할 것
2. 전원을 차단한 후 각 단로기 등을 개방하고 확인할 것
3. 차단장치나 단로기 등에 잠금장치 및 꼬리표를 부착할 것
4. 개로된 전로에서 유도전압 또는 전기에너지가 축적되어 근로자에게 전기위험을 끼칠 수 있는 전기기기등은 접촉하기 전에 잔류전하를 완전히 방전시킬 것
5. 검전기를 이용하여 작업 대상 기기가 충전되었는지를 확인할 것
6. 전기기기등이 다른 노출 충전부와의 접촉, 유도 또는 예비동력원의 역송전 등으로 전압이 발생할 우려가 있는 경우에는 충분한 용량을 가진 단락 접지기구를 이용하여 접지할 것

③ 사업주는 제1항 각 호 외의 부분 본문에 따른 작업 중 또는 작업을 마친 후 전원을 공급하는 경우에는 작업에 종사하는 근로자 또는 그 인근에서 작업하거나 정전된 전기기기등(고정 설치된 것으로 한정한다)과 접촉할 우려가 있는 근로자에게 감전의 위험이 없도록 다음 각 호의 사항을 준수하여야 한다.

1. 작업기구, 단락 접지기구 등을 제거하고 전기기기등이 안전하게 통전될 수 있는지를 확인할 것
2. 모든 작업자가 작업이 완료된 전기기기등에서 떨어져 있는지를 확인할 것

3. 잠금장치와 꼬리표는 설치한 근로자가 직접 철거할 것
4. 모든 이상 유무를 확인한 후 전기기기등의 전원을 투입할 것

17 활선작업 및 활선 근접작업

• 안전규칙 제345조(활선작업 및 활선근접작업의 제한)〈안전보건규칙에서 삭제됨〉

사업주는 전로 또는 그 지지물의 설치 · 점검 · 수리 및 도장 등의 작업에 있어서 해당 작업에 종사하는 근로자의 신체 또는 금속제의 공구 · 재료 등의 도전체(이하 "근로자의 신체 등"이라 한다)가 충전전로에 접촉하거나 접근하여 작업함으로 인하여 감전의 위험이 발생할 우려가 있는 경우에는 해당 전로를 정전시켜야 한다. 다만, 정전이 곤란한 경우에는 제346조 내지 제353조의 규정에 의한 조치를 하여야 한다.

18 정전기로 인한 재해예방

• 안전보건규칙 제325조(정전기로 인한 화재 폭발방지)

① 사업주는 다음 각 호의 설비를 사용할 때에 정전기에 의한 화재 또는 폭발 등의 위험이 발생할 우려가 있는 경우에는 해당 설비에 대하여 확실한 방법으로 접지를 하거나, 도전성 재료를 사용하거나 가습 및 점화원이 될 우려가 없는 제전장치를 사용하는 등 정전기의 발생을 억제하거나 제거하기 위하여 필요한 조치를 하여야 한다.

1. 위험물을 탱크로리 · 탱크차 및 드럼 등에 주입하는 설비
2. 탱크로리 · 탱크차 및 드럼 등 위험물저장설비
3. 인화성 액체를 함유하는 도료 및 접착제 등을 제조 · 저장 · 취급 또는 도포하는 설비
4. 위험물 건조설비 또는 그 부속설비
5. 인화성 고체를 저장 또는 취급하는 설비
6. 드라이클리닝설비 · 염색가공설비 또는 모피류 등을 씻는 설비 등 인화성유기용제를 사용하는 설비
7. 유압 · 압축공기 또는 고전위정전기 등을 이용하여 인화성액체나 인화성고체를 분무 또는 이송하는 설비
8. 고압가스를 이송하거나 저장 · 취급하는 설비
9. 화약류 제조설비

10. 발파공에 장전된 화약류를 점화시키는 경우에 사용하는 발파기(발파공을 막는 재료로 물을 사용하거나 갱도발파를 하는 경우는 제외한다)

② 사업주는 인체에 대전된 정전기에 의한 화재 또는 폭발 위험이 있는 경우에는 정전기 대전방지용 안전화 착용, 제전복 착용, 정전기 제전용구 사용 등의 조치를 하거나 작업장 바닥 등에 도전성을 갖추도록 하는 등 필요한 조치를 하여야 한다.

③ 생산공정상 정전기에 의한 감전 위험이 발생할 우려가 있는 경우의 조치에 관하여는 제1항과 제2항을 준용한다.

19 거푸집 동바리 및 거푸집

• 안전보건규칙 제332조(거푸집동바리 등의 안전조치)

사업주는 거푸집동바리 등을 조립하는 경우에 다음 각 호의 사항을 준수하여야 한다.

1. 깔목의 사용, 콘크리트 타설, 말뚝박기 등 동바리의 침하를 방지하기 위한 조치를 할 것
2. 개구부 상부에 동바리를 설치하는 경우에는 상부하중을 견딜 수 있는 견고한 받침대를 설치할 것
3. 동바리의 상하고정 및 미끄러짐 방지조치를 하고, 하중의 지지상태를 유지할 것
4. 동바리의 이음은 맞댄이음 또는 장부이음으로 하고 같은 품질의 재료를 사용할 것
5. 강재와 강재의 접속부 및 교차부는 볼트·클램프 등 전용철물을 사용하여 단단히 연결할 것
6. 거푸집이 곡면인 경우에는 버팀대의 부착 등 그 거푸집의 부상을 방지하기 위한 조치를 할 것

Key Point

거푸집 동바리 조립 시 준수사항 3가지를 쓰시오.

20 비계

1. 안전보건규칙 제55조(작업발판의 최대적재하중)

(1) 사업주는 비계의 구조 및 재료에 따라 작업발판의 최대적재하중을 정하고, 이를 초과하여 실어서는 아니 된다.

(2) 달비계(곤돌라의 달비계는 제외한다)의 최대 적재하중을 정하는 경우에 그 안전계수는 다음 각 호와 같다.

① 달기 와이어로프 및 달기 강선의 안전계수 : 10 이상
② 달기 체인 및 달기 훅의 안전계수 : 5 이상
③ 달기 강대와 달비계의 하부 및 상부 지점의 안전계수 : 강재의 경우 2.5 이상, 목재의 경우 5 이상

2. 안전보건규칙 제58조(비계의 점검보수)

사업주는 비·눈 그 밖의 기상상태의 악화로 작업을 중지시킨 후 또는 비계를 조립·해체하거나 변경한 후에 그 비계에서 작업을 하는 경우에는 해당 작업을 시작하기 전에 다음 각 호의 사항을 점검하고, 이상을 발견하면 즉시 보수하여야 한다.

(1) 발판재료의 손상여부 및 부착 또는 걸림상태
(2) 해당 비계의 연결부 또는 접속부의 풀림상태
(3) 연결재료 및 연결철물의 손상 또는 부식상태
(4) 손잡이의 탈락 여부
(5) 기둥의 침하·변형·변위 또는 흔들림 상태
(6) 로프의 부착상태 및 매단장치의 흔들림 상태

Key Point

비계의 도괴 및 파괴에 의한 재해발생원인 4가지를 쓰시오.

21 말비계 및 이동식 비계

1. 안전보건규칙 제67조(말비계)

사업주는 말비계를 조립하여 사용할 경우에 다음 각 호의 사항을 준수하여야 한다.

(1) 지주부재의 하단에는 미끄럼 방지장치를 하고, 근로자가 양측 끝부분에 올라서서 작업하지 않도록 할 것
(2) 지주부재와 수평면과의 기울기를 75도 이하로 하고, 지주부재와 지주부재 사이를 고정시키는 보조부재를 설치할 것
(3) 말비계의 높이가 2미터를 초과할 경우에는 작업발판의 폭을 40센터미터 이상으로 할 것

Key Point

산업안전보건법상 말비계를 조립하여 사용할 경우 준수해야 할 사항을 3가지 쓰시오.

2. 안전보건규칙 제68조(이동식 비계)

사업주는 이동식비계를 조립하여 작업을 하는 경우에는 다음 각 호의 사항을 준수하여야 한다.

(1) 이동식비계의 바퀴에는 뜻밖의 갑작스러운 이동 또는 전도를 방지하기 위하여 브레이크 · 쐐기 등으로 바퀴를 고정시킨 다음 비계의 일부를 견고한 시설물에 고정하거나 아웃트리거(outrigger)를 설치하는 등 필요한 조치를 할 것

(2) 승강용사다리는 견고하게 설치할 것

(3) 비계의 최상부에서 작업을 하는 경우에는 안전난간을 설치할 것

(4) 작업발판은 항상 수평을 유지하고 작업발판 위에서 안전난간을 딛고 작업을 하거나 받침대 또는 사다리를 사용하여 작업하지 않도록 할 것

(5) 작업발판의 최대 적재하중은 250킬로그램을 초과하지 않도록 할 것

22 굴착작업 등의 위험방지

• 안전보건규칙 제338조(지반 등의 굴착시 위험방지)

① 사업주는 지반 등을 굴착하는 경우에는 굴착면의 기울기를 별표 11의 기준에 맞도록 하여야 한다. 다만, 흙막이 등 기울기면의 붕괴 방지를 위하여 적절한 조치를 한 경우에는 그러하지 아니하다.

② 제1항의 경우 굴착면의 경사가 달라서 기울기를 계산하기가 곤란한 경우에는 해당 굴착면에 대하여 별표 11의 기준에 따라 붕괴의 위험이 증가하지 않도록 해당 각 부분의 경사를 유지하여야 한다.

[별표 11] 굴착면의 기울기기준(제338조제1항 관련)

구분	지반의 종류	기울기
보통흙	습지	1 : 1~1 : 1.5
	건지	1 : 0.5~1 : 1
암반	풍화암	1 : 1.0
	연암	1 : 1.0
	경암	1 : 0.5

23 추락 또는 붕괴에 의한 위험방지

1. 안전보건규칙 제42조(추락의 방지)

① 근로자가 추락하거나 넘어질 위험이 있는 장소[작업발판의 끝 · 개구부(開口部) 등을 제외한다]또는 기계 · 설비 · 선박블록 등에서 작업을 할 때에 근로자가 위험해질 우려가 있는 경우 비계(飛階)를 조립하는 등의 방법으로 작업발판을 설치하여야 한다.

② 작업발판을 설치하기 곤란한 경우 다음 각 호의 기준에 맞는 추락방호망을 설치해야 한다. 다만, 추락방호망을 설치하기 곤란한 경우에는 근로자에게 안전대를 착용하도록 하는 등 추락위험을 방지하기 위해 필요한 조치를 해야 한다.

㉠ 추락방호망의 설치위치는 가능하면 작업면으로부터 가까운 지점에 설치하여야 하며, 작업면으로부터 망의 설치지점까지의 수직거리는 10m를 초과하지 아니할 것

㉡ 추락방호망은 수평으로 설치하고, 망의 처짐은 짧은 변 길이의 12% 이상이 되도록 할 것

㉢ 건축물 등의 바깥쪽으로 설치하는 경우 추락방호망의 내민 길이는 벽면으로부터 3m 이상 되도록 할 것. 다만, 그물코가 20mm 이하인 추락방호망을 사용한 경우에는 제14조제3항에 따른 낙하물 방지망을 설치한 것으로 본다.

③ 사업주는 추락방호망을 설치하는 경우에는 한국산업표준에서 정하는 성능기준에 적합한 추락방호망을 사용하여야 한다.

2. 안전보건규칙 제50조(붕괴 · 낙하에 의한 위험방지)

사업주는 지반의 붕괴, 구축물의 붕괴 또는 토석의 낙하 등에 의하여 근로자가 위험해질 우려가 있는 경우 그 위험을 방지하기 위하여 다음 각 호의 조치를 하여야 한다.

1. 지반은 안전한 경사로 하고 낙하의 위험이 있는 토석을 제거하거나 옹벽, 흙막이 지보공 등을 설치할 것
2. 지반의 붕괴 또는 토석의 낙하 원인이 되는 빗물이나 지하수 등을 배제할 것
3. 갱내의 낙반 · 측벽(側壁) 붕괴의 위험이 있는 경우에는 지보공을 설치하고 부석을 제거하는 등 필요한 조치를 할 것

24 철골작업, 해체작업

1. 안전보건규칙 제380조(철골조립시의 위험방지)
   사업주는 철골을 조립할 경우에 철골의 접합부가 충분히 지지되도록 볼트를 체결하거나 이와 같은 수준 이상의 견고한 구조가 되기 전에는 들어 올린 철골을 걸이로프 등으로부터 분리해서는 아니 된다.

2. 안전보건규칙 별표 4 사전조사 및 작업계획서 내용(제38조제1항 관련)

작업명	사전조사 내용	작업계획서 내용
10. 건물 등의 해체 작업	해체건물 등의 구조, 주변상황 등	가. 해체의 방법 및 해체 순서도면 나. 가설설비·방호설비·환기설비 및 살수·방화설비 등의 방법 다. 사업장내 연락방법 라. 해체물의 처분계획 마. 해체작업용 기계·기구 등의 작업계획서 바. 해체작업용 화약류 등의 사용계획서 사. 그 밖에 안전·보건에 관련된 사항

Key Point

건축물의 해체공사 시 사전에 확인해야 할 사항을 5가지 쓰시오.

25 중량물 취급 시 작업계획

• 안전보건규칙 별표 4 사전조사 및 작업계획서 내용(제38조제1항 관련)

작업명	사전조사 내용	작업계획서 내용
11. 중량물의 취급 작업	–	가. 추락위험을 예방할 수 있는 안전대책 나. 낙하위험을 예방할 수 있는 안전대책 다. 전도위험을 예방할 수 있는 안전대책 라. 협착위험을 예방할 수 있는 안전대책 마. 붕괴위험을 예방할 수 있는 안전대책

26 원동기·회전축 등의 위험방지

- 안전보건규칙 제87조(원동기 · 회전축 등의 위험방지)
  ① 사업주는 기계의 원동기 · 회전축 · 기어 · 풀리 · 플라이휠 · 벨트 및 체인 등 근로자가 위험에 처할 우려가 있는 부위에 **덮개 · 울 · 슬리브 및 건널다리** 등을 설치하여야 한다.
  ② 사업주는 회전축 · 기어 · 풀리 및 플라이휠 등에 부속되는 키 · 핀 등의 기계요소는 묻힘형으로 하거나 해당 부위에 덮개를 설치하여야 한다.
  ③ 사업주는 벨트의 이음부분에 돌출된 고정구를 사용해서는 아니 된다.
  ④ 사업주는 제1항의 건널다리에는 안전난간 및 미끄러지지 아니하는 구조의 발판을 설치하여야 한다.

27 소음작업

- 안전보건규칙 제512조(정의)
  1. "소음작업"이란 1일 8시간 작업을 기준으로 85데시벨 이상의 소음이 발생하는 작업을 말한다.
  2. "강렬한 소음작업"이란 다음 각목의 어느 하나에 해당하는 작업을 말한다.
     가. 90데시벨 이상의 소음이 1일 8시간 이상 발생하는 작업
     나. 95데시벨 이상의 소음이 1일 4시간 이상 발생하는 작업
     다. 100데시벨 이상의 소음이 1일 2시간 이상 발생하는 작업
     라. 105데시벨 이상의 소음이 1일 1시간 이상 발생하는 작업
     마. 110데시벨 이상의 소음이 1일 30분 이상 발생하는 작업
     바. 115데시벨 이상의 소음이 1일 15분 이상 발생하는 작업
  3. "충격소음작업"이란 소음이 1초 이상의 간격으로 발생하는 작업으로서 다음 각 목의 어느 하나에 해당하는 작업을 말한다.
     가. 120데시벨을 초과하는 소음이 1일 1만회 이상 발생하는 작업
     나. 130데시벨을 초과하는 소음이 1일 1천회 이상 발생하는 작업
     다. 140데시벨을 초과하는 소음이 1일 1백회 이상 발생하는 작업

Key Point

산업안전보건법상 소음작업이란 무언인지 간략히 쓰시오.

28 관리감독자의 직무

• 안전보건규칙 별표 2 관리감독자의 유해 · 위험방지(제35조제1항 관련)

작업의 종류	직무수행 내용
1. 프레스등을 사용하는 작업 (제2편제1장제3절)	가. 프레스등 및 그 방호장치를 점검하는 일 나. 프레스등 및 그 방호장치에 이상이 발견 되면 즉시 필요한 조치를 하는 일 다. 프레스등 및 그 방호장치에 전환스위치를 설치했을 때 그 전환스위치의 열쇠를 관리하는 일 라. 금형의 부착 · 해체 또는 조정작업을 직접 지휘하는 일
20. 밀폐공간 작업	가. 산소가 결핍된 공기나 유해가스에 노출되지 않도록 작업 시작 전에 해당 근로자의 작업을 지휘하는 업무 나. 작업을 하는 장소의 공기가 적절한지를 작업 시작 전에 측정하는 업무 다. 측정장비 · 환기장치 또는 공기마스크, 송기마스크 등을 작업 시작 전에 점검하는 업무 라. 근로자에게 공기마스크, 송기마스크 등의 착용을 지도하고 착용상황을 점검하는 업무

Key Point

밀폐공간 근로자 작업 시 관리감독자 직무 4가지를 쓰시오.

Key Point

프레스 등을 사용하는 작업 시 관리감독자 직무 4가지를 쓰시오.

29 산소결핍의 정의

• 안전보건규칙 제618조(정의)

"산소결핍"이란 공기 중의 산소농도가 18퍼센트 미만인 상태를 말한다.

30 조도

• 안전보건규칙 제8조(조도)

사업주는 근로자가 상시 작업하는 장소의 작업면 조도를 다음 각 호의 기준에 맞도록 하여야 한다. 다만, 갱내 작업장과 감광재료를 취급하는 작업장은 그러하지 아니하다.

1. 초정밀작업 : 750럭스(lux) 이상
2. 정밀작업 : 300럭스 이상
3. 보통작업 : 150럭스 이상
4. 그 밖의 작업 : 75럭스 이상

Key Point

산업안전보건법상 작업장의 조도기준에 관하여 쓰시오.

기출문제풀이

2000년 2월 20일

4. 다음 기계 사용 시 필요한 방호장치를 쓰시오.

① 목재가공용 둥근톱기계
② 연삭기
③ 롤러기
④ 압력용기

해답 ① 목재가공용 둥근톱기계 : 반발예방장치 및 접촉 예방장치
② 연삭기 : 덮개
③ 롤러기 : 급정지장치
④ 압력용기 : 압력방출장치

9. 산업안전보건법상 안전인증대상 보호구를 5가지 쓰시오.

해답 안전인증대상 보호구
1. 추락 및 감전 위험방지용 안전모
2. 안전화
3. 안전장갑
4. 방진마스크
5. 방독마스크
6. 송기마스크
7. 전동식 호흡보호구
8. 보호복
9. 안전대
10. 차광(遮光) 및 비산물(飛散物) 위험방지용 보안경
11. 용접용 보안면
12. 방음용 귀마개 또는 귀덮개

10. 산업안전보건위원회에서 심의 · 의결된 내용 등 회의 결과와 중재 결정된 내용을 근로자에게 알리는 방법을 쓰시오.

해답 1. 사내방송이나 사내보
2. 게시 또는 자체 정례조회
3. 그 밖의 적절한 방법

2000년 6월 25일

1. 승강기에 설치해야할 방호장치의 종류를 쓰시오.

해답 1. 과부하방지장치
2. 권과방지장치
3. 비상정지장치 및 제동장치
4. 파이널리미트스위치
5. 속도조절기
6. 출입문 인터록

9. 작업발판 및 통로의 끝이나 개구부로서 근로자가 추락에 의하여 위험에 처할 우려가 있는 장소에 필요한 조치사항을 쓰시오.

해답 1. 안전난간 · 울 · 수직형 추락방망 또는 덮개
2. 난간등을 설치하는 것이 매우 곤란하거나 작업의 필요상 임시로 난간등을 해체하여야 하는 경우에는 추락방호망을 설치
3. 추락방호망을 설치하기 곤란한 경우에는 근로자에게 안전대를 착용

2000년 11월 12일

2. 다음 기계사용 시 필요한 방호장치를 쓰시오.

① 산업용 로봇
② 보일러
③ 롤러기
④ 연삭기

해답 ① 산업용 로봇 : 안전매트 또는 방호울
② 보일러 : 압력방출장치 또는 압력제한스위치
③ 롤러기 : 급정지장치
④ 연삭기 : 덮개

5. 차량계 하역운반기계(지게차) 등의 사용 전 점검사항 4가지를 쓰시오.

해답 1. 제동장치 및 조종장치 기능의 이상유무
2. 하역장치 및 유압장치 기능의 이상유무
3. 바퀴의 이상유무
4. 전조등・후미등・방향지시기 및 경보장치 기능의 이상유무

2001년 4월 22일

11. 직기의 방호장치를 쓰시오.

해답 안전보건규칙 제124조(직기의 북이탈방지장치)
사업주는 북(shuttle)이 부착되어 있는 직기에 북이탈방지장치를 설치하여야 한다.

13. 양중기의 종류를 4가지 쓰시오.

해답 크레인, 이동식크레인, 리프트, 곤돌라, 승강기

2001년 7월 15일

5. 금속의 용접, 용단 또는 가열작업에 사용하는 가스 등의 용기 취급시 준수사항을 쓰시오.

해답 (1) 다음 각 목의 어느 하나에 해당하는 장소에서 사용하거나 해당장소에 설치·저장 또는 방치하지 않도록 할 것
가. 통풍이나 환기가 불충분한 장소
나. 화기를 사용하는 장소 및 그 부근
다. 위험물 또는 제236조에 따른 인화성 액체를 취급하는 장소 및 그 부근
(2) 용기의 온도를 섭씨 40도 이하로 유지할 것
(3) 전도의 위험이 없도록 할 것
(4) 충격을 가하지 않도록 할 것
(5) 운반하는 경우에는 캡을 씌울 것
(6) 사용하는 경우에는 용기의 마개에 부착되어 있는 유류 및 먼지를 제거할 것
(7) 밸브의 개폐는 서서히 할 것
(8) 사용 전 또는 사용 중인 용기와 그 밖의 용기를 명확히 구별하여 보관할 것
(9) 용해아세틸렌의 용기는 세워 둘 것
(10) 용기의 부식·마모 또는 변형상태를 점검한 후 사용할 것

2001년 11월 4일

2. 다음 기계사용 시 필요한 방호장치를 쓰시오.

① 사출성형기 :
② 띠톱기계 :
③ 목재가공용 둥근톱 :
④ 연삭기 :
⑤ 롤러기 :

해답 ① 사출성형기 : 게이트가드 또는 양수조작식 등에 의한 방호장치
② 띠톱기계 : 덮개 또는 울
③ 목재가공용 둥근톱 : 반발예방장치 및 날 접촉 예방장치
④ 연삭기 : 덮개
⑤ 롤러기 : 급정지장치

6. 지게차의 작업시작전 점검사항 4가지를 쓰시오.

해답 1. 제동장치 및 조종장치 기능의 이상유무
2. 하역장치 및 유압장치 기능의 이상유무
3. 바퀴의 이상유무
4. 전조등·후미등·방향지시기 및 경보장치 기능의 이상유무

2002년 4월 20일

5. 양중기의 종류를 4가지 쓰시오.

해답 크레인, 이동식크레인, 리프트, 곤돌라, 승강기

9. 다음 기계 사용 시 필요한 방호장치를 쓰시오.

① 사출성형기 :
② 띠톱기계 :
③ 목재가공용 둥근톱 :
④ 연삭기 :
⑤ 롤러기 :

해답 ① 사출성형기 : 게이트가드 또는 양수조작식 등에 의한 방호장치
② 띠톱기계 : 덮개 또는 울
③ 목재가공용 둥근톱 : 반발예방장치 및 날 접촉 예방장치
④ 연삭기 : 덮개
⑤ 롤러기 : 급정지장치

2002년 9월 29일

6. 양중기의 종류를 4가지 쓰시오.

해답 크레인, 이동식크레인, 리프트, 곤돌라, 승강기

2003년 4월 27일

5. 산업안전보건법상 위험기계·기구에 설치한 방호조치에 대해 근로자가 준수해야할 사항 3가지를 쓰시오.

해답 1. 방호조치를 해체하려는 경우 : 사업주의 허가를 받아 해체할 것
2. 방호조치를 해체한 후 그 사유가 소멸된 경우 : 지체 없이 원상으로 회복시킬 것
3. 방호조치의 기능이 상실된 것을 발견한 경우 : 지체 없이 사업주에게 신고할 것

2004년 7월 4일

8. 다음 기계 사용 시 필요한 방호장치를 쓰시오.

① 산업용 로봇
② 보일러
③ 롤러기
④ 연삭기

해답 ① 산업용 로봇 : 안전매트 또는 방호울
② 보일러 : 압력방출장치 또는 압력제한스위치
③ 롤러기 : 급정지장치
④ 연삭기 : 덮개

2004년 9월 19일

10. 지게차의 사용 전 점검사항 4가지를 쓰시오.

해답 1. 제동장치 및 조종장치 기능의 이상유무
2. 하역장치 및 유압장치 기능의 이상유무
3. 바퀴의 이상유무
4. 전조등·후미등·방향지시기 및 경보장치 기능의 이상유무

2005년 7월 10일

10. 양중기 종류를 4가지를 쓰시오.

해답 크레인, 이동식크레인, 리프트, 곤돌라, 승강기

2005년 9월 25일

2. 사업장 안전보건개선계획서에 포함되어야 하는 4가지를 쓰시오.

해답 ① 시설
② 안전 · 보건관리체제
③ 안전 · 보건교육
④ 산업재해예방 및 작업환경의 개선을 위하여 필요한 사항

2006년 4월 23일

2. 산업안전보건법상 소음작업이란 무언인지 간략히 쓰시오.

해답 "소음작업"이란 1일 8시간 작업을 기준으로 85데시벨 이상의 소음이 발생하는 작업을 말한다.

3. 밀폐공간 근로자 작업시 관리감독자 직무 4가지를 쓰시오.

해답 1. 산소가 결핍된 공기나 유해가스에 노출되지 않도록 작업 시작 전에 해당 근로자의 작업을 지휘하는 업무
2. 작업을 하는 장소의 공기가 적정한지를 작업 시작 전에 측정하는 업무
3. 측정장비·환기장치 또는 공기마스크, 송기마스크 등을 작업 시작 전에 점검하는 업무
4. 근로자에게 공기마스크, 송기마스크 등의 착용을 지도하고 착용상황을 점검하는 업무

7. 산업안전보건법상 검정대상 보호구를 5가지 쓰시오.

해답 안전인증대상 보호구
1. 추락 및 감전 위험방지용 안전모
2. 안전화
3. 안전장갑
4. 방진마스크
5. 방독마스크
6. 송기마스크
7. 전동식 호흡보호구
8. 보호복
9. 안전대
10. 차광(遮光) 및 비산물(飛散物) 위험방지용 보안경
11. 용접용 보안면
12. 방음용 귀마개 또는 귀덮개

2006년 7월 9일

5. 산업안전보건법의 중대재해 3가지를 쓰시오.

해답 1. 사망자가 1명 이상 발생한 재해
2. 3개월 이상의 요양을 요하는 부상자가 동시에 2명 이상 발생한 재해
3. 부상자 또는 직업성질병자가 동시에 10명 이상 발생한 재해

6. 계단 설치시 준수사항이다. 빈칸을 채우시오.

① 강도 : (　　　　)kg/m^2 이상
② 안전율 : (　　　　) 이상
③ 계단참 :높이가 3m 초과시 계단높이 (　) 이내마다 너비 (　) 이상의 계단참 설치

해답 ① 강도 : (500)kg/m^2 이상
② 안전율 : (4) 이상
③ 계단참 :높이가 3m 초과시 계단높이 (3m) 이내마다 너비 (1.2m) 이상의 계단참 설치

7. 공기압축기 사용시 작업시작 전 점검사항을 쓰시오.

해답 가. 공기저장 압력용기의 외관상태
나. 드레인밸브의 조작 및 배수
다. 압력방출장치의 기능
라. 언로드밸브의 기능
마. 윤활유의 상태
바. 회전부의 덮개 또는 울
사. 그 밖의 연결부위의 이상 유무

12. 사업 내 안전 · 보건교육의 종류 4가지를 쓰시오.

해답 1. 정기교육
2. 채용 시의 교육
3. 작업내용 변경 시의 교육
4. 특별교육

2006년 9월 17일

1. 안전보건표지의 종류 4가지를 쓰시오.

해답 1. 금지표지
2. 경고표지
3. 지시표지
4. 안내표지

6. 크레인에 설치하는 방호장치 4가지를 쓰시오.

해답 1. 과부하방지장치
2. 권과방지장치
3. 비상정지장치
4. 제동장치

2007년 4월 22일

5. 산업안전보건위원회 설치 대상 사업장을 쓰시오.

해답 산업안전보건위원회를 설치 · 운영해야 할 사업의 종류 및 규모

사업의 종류	규모
1. 토사석 광업 2. 목재 및 나무제품 제조업 : 가구제외 3. 화학물질 및 화학제품 제조업 : 의약품 제외(세제, 화장품 및 광택제 제조업과 화학섬유 제조업은 제외한다) 4. 비금속 광물제품 제조업 5. 1차 금속 제조업 6. 금속가공제품 제조업 : 기계 및 가구 제외 7. 자동차 및 트레일러 제조업 8. 기타 기계 및 장비 제조업(사무용 기계 및 장비 제조업은 제외한다.) 9. 기타 운송장비 제조업(전투용 차량 제조업은 제외한다)	상시 근로자 50명 이상
10. 농업 11. 어업 12. 소프트웨어 개발 및 공급업 13. 컴퓨터 프로그래밍, 시스템 통합 및 관리업 14. 정보서비스업 15. 금융 및 보험업 16. 임대업 : 부동산 제외 17. 전문, 과학 및 기술 서비스업(연구개발업은 제외한다.) 18. 사업지원 서비스업 19. 사회복지 서비스업	상시 근로자 300명 이상
20. 건설업	공사금액 120억 원 이상 (「건설산업기본법 시행령」 별표 1의 종합공사를 시공하는 업종의 건설업종란 제1호에 따른 토목공사업의 경우에는 150억 원 이상)
21. 제1호부터 제20호까지의 사업을 제외한 사업	상시 근로자 100명 이상

8. 산업안전보건기준에 관한 규칙에서 알맞은 풍속의 기준을 쓰시오.

1) 폭풍에 의한 주행 크레인의 이탈방지 조치 : 풍속 (   ) 초과
2) 폭풍에 의한 양중기의 이상 유무 점검 : 풍속 (   ) 초과
3) 폭풍에 의한 옥외용 승강기의 받침수 증가등 도괴방지 조치 : 풍속 (   ) 초과

해답 1) 폭풍에 의한 주행 크레인의 이탈방지 조치 : 풍속 (30m/s) 초과〈안전보건규칙 제140조〉
2) 폭풍에 의한 양중기의 이상 유무 점검 : 풍속 (30m/s) 초과〈안전보건규칙 제143조〉
3) 폭풍에 의한 옥외용 승강기의 받침수 증가등 도괴방지 조치 :풍속 (35m/s) 초과〈안전보건규칙 제161조〉

2007년 7월 8일

7. 금속의 용접·용단 또는 가열에 사용되는 가스 등의 용기를 보관해서는 안되는 장소 3가지를 쓰시오.

해답 1. 통풍이나 환기가 불충분한 장소
2. 화기를 사용하는 장소 및 그 부근
3. 위험물 또는 제236조에 따른 인화성 액체를 취급하는 장소 및 그 부근

2007년 10월 7일

1. 다음 기계 사용 시 필요한 방호장치를 쓰시오.

① 산업용 로봇	② 보일러
③ 롤러기	④ 연삭기

해답 ① 산업용 로봇 : 안전매트 또는 방호울
② 보일러 : 압력방출장치 또는 압력제한스위치
③ 롤러기 : 급정지장치
④ 연삭기 : 덮개

3. 안전관리자의 직무사항 4가지를 쓰시오.

해답 1. 산업안전보건위원회 또는 안전 및 보건에 관한 노사협의체에서 심의·의결한 업무와 해당 사업장의 안전보건관리규정 및 취업규칙에서 정한 업무
2. 위험성평가에 관한 보좌 및 지도·조언
3. 안전인증대상기계 등과 자율안전확인대상 기계 등 구입 시 적격품의 선정에 관한 보좌 및 지도·조언
4. 해당 사업장 안전교육계획의 수립 및 안전교육 실시에 관한 보좌 및 지도·조언
5. 사업장 순회점검, 지도 및 조치의 건의
(생략)
(산업안전보건법 시행령 제18조 참조)

8. 공정안전보고서의 제출 대상 사업장 5가지를 쓰시오.

해답 1. 원유정제 처리업
2. 기타 석유정제물 재처리업
3. 석유화학계 기초화학물 또는 합성수지 및 기타 플라스틱물질 제조업. 다만, 합성수지 및 기타 플라스틱물질 제조업은 별표 10의 제1호 또는 제2호에 해당하는 경우로 한정한다.
4. 질소, 인산 및 칼리질 비료 제조업(인산 및 칼리질 비료 제조업에 해당하는 경우는 제외한다)
5. 복합비료 제조업(단순혼합 또는 배합에 의한 경우는 제외한다)
6. 농약 제조업(원제 제조만 해당한다)
7. 화약 및 불꽃제품 제조업

2008년 4월 20일

3. 양중기의 종류를 4가지 쓰시오.

해답 크레인, 이동식크레인, 리프트, 곤돌라, 승강기

4. 산업안전보건법상 소음작업이란 무언인지 간략히 쓰시오.

해답 "소음작업"이란 1일 8시간 작업을 기준으로 85데시벨 이상의 소음이 발생하는 작업을 말한다.

7. 공기압축기 사용시 작업시작 전 점검사항을 쓰시오.

해답 가. 공기저장 압력용기의 외관상태
나. 드레인밸브의 조작 및 배수
다. 압력방출장치의 기능
라. 언로드밸브의 기능
마. 윤활유의 상태
바. 회전부의 덮개 또는 울
사. 그 밖의 연결부위의 이상 유무

12. 안전보건표지의 종류 4가지를 쓰시오.

해답 1. 금지표지　　2. 경고표지
3. 지시표지　　4. 안내표지

2008년 7월 6일

3. 다음 기계 사용 시 필요한 방호장치를 쓰시오.

① 목재가공용 둥근톱
② 보일러
③ 롤러기
④ 연삭기
⑤ 동력식 수동 대패기

해답 ① 목재가공용 둥근톱 : 반발예방장치 및 날 접촉 예방장치
② 보일러 : 압력방출장치 또는 압력제한스위치
③ 롤러기 : 급정지장치
④ 연삭기 : 덮개
⑤ 동력식 수동 대패기 : 칼날의 접촉예방장치

5. 사업 내 안전 · 보건교육의 종류 4가지를 쓰시오.

해답 1. 정기교육
2. 채용 시의 교육
3. 작업내용 변경 시의 교육
4. 특별교육

9. 타워크레인을 설치 · 조립 · 해체하는 작업시 작업계획서의 내용 4가지를 쓰시오.

해답 1. 타워크레인의 종류 및 형식
2. 설치 · 조립 및 해체순서
3. 작업도구 · 장비 · 가설설비(假設設備) 및 방호설비
4. 작업인원의 구성 및 작업근로자의 역할범위
5. 제142조(타워크레인의 지지)에 따른 지지방법

2008년 11월 2일

6. 공정안전보고서 제출시 공정안전보고서에 포함되어야 할 내용 4가지를 쓰시오.

해답 1. 공정안전자료
2. 공정위험성 평가서
3. 안전운전계획
4. 비상조치계획
5. 그 밖에 공정상의 안전과 관련하여 고용노동부장관이 필요하다고 인정하여 고시하는 사항

2009년 4월 19일

10. 근로자 정기안전 · 보건교육 교육내용을 쓰시오.

해답 1. 산업안전 및 사고 예방에 관한 사항
2. 산업보건 및 직업병 예방에 관한 사항
3. 건강증진 및 질병 예방에 관한 사항
4. 유해 · 위험 작업환경 관리에 관한 사항
(생략)
(산업안전보건법 시행규칙 [별표 5] 참조)

2009년 7월 5일

1. 프레스등을 사용하여 작업을 하는 때 작업시작 전 작업자가 점검해야 할 점검사항 4가지를 쓰시오.

해답 1. 클러치 및 브레이크의 기능
2. 크랭크축 · 플라이휠 · 슬라이드 · 연결봉 및 연결 나사의 풀림 유무
3. 1행정 1정지기구 · 급정지장치 및 비상정지장치의 기능
4. 슬라이드 또는 칼날에 의한 위험방지 기구의 기능
5. 프레스의 금형 및 고정볼트 상태
6. 방호장치의 기능
7. 전단기(剪斷機)의 칼날 및 테이블의 상태

3. 채용 시 및 작업내용 변경 시 실시하여야 하는 교육내용을 4가지 쓰시오.

해답 1. 기계 · 기구의 위험성과 작업의 순서 및 동선에 관한 사항
2. 작업 개시 전 점검에 관한 사항
3. 정리정돈 및 청소에 관한 사항
4. 사고 발생 시 긴급조치에 관한 사항
(생략)
(산업안전보건법 시행규칙 [별표 5] 참조)

2009년 9월 13일

6. 채용 시 및 작업내용 변경 시 실시하여야 하는 교육내용을 4가지 쓰시오.

해답 1. 기계 · 기구의 위험성과 작업의 순서 및 동선에 관한 사항
2. 작업 개시 전 점검에 관한 사항
3. 정리정돈 및 청소에 관한 사항
4. 사고 발생 시 긴급조치에 관한 사항
(생략)
(산업안전보건법 시행규칙 [별표 5] 참조)

7. 방호조치를 하지 아니하고는 양도 · 대여 · 설치 · 사용하거나, 양도 · 대여의 목적으로 진열해서는 아니되는 기계 · 기구는 무엇인가?

해답 1. 예초기
2. 원심기
3. 공기압축기
4. 금속절단기
5. 지게차
6. 포장기계(진공포장기, 랩핑기로 한정한다)

11. 산업안전보건기준에 관한 규칙에서 알맞은 풍속의 기준을 쓰시오.

1) 폭풍에 의한 주행 크레인의 이탈방지 조치 : 풍속 ( ) 초과
2) 폭풍에 의한 양중기의 이상 유무 점검 : 풍속 ( ) 초과
3) 폭풍에 의한 옥외용 승강기의 받침수 증가등 도괴방지 조치 : 풍속 ( ) 초과

해답 1) 폭풍에 의한 주행 크레인의 이탈방지 조치 : 풍속 (30m/s) 초과〈안전보건규칙 제140조〉
2) 폭풍에 의한 양중기의 이상 유무 점검 : 풍속 (30m/s) 초과〈안전보건규칙 제143조〉
3) 폭풍에 의한 옥외용 승강기의 받침수 증가등 도괴방지 조치 : 풍속 (35m/s) 초과〈안전보건규칙 제161조〉

2010년 4월 18일

3. 지게차의 사용 전 점검사항 4가지를 쓰시오.

해답 1. 제동장치 및 조종장치 기능의 이상유무
2. 하역장치 및 유압장치 기능의 이상유무
3. 바퀴의 이상유무
4. 전조등 · 후미등 · 방향지시기 및 경보장치 기능의 이상유무

2010년 7월 4일

1. 관리감독자의 유해 · 위험방지 업무에 있어서 프레스등을 사용하는 작업시 직무수행내용 4가지를 쓰시오.

해답 1. 프레스등 및 그 방호장치를 점검하는 일
2. 프레스등 및 그 방호장치에 이상이 발견된 때 즉시 필요한 조치를 하는 일
3. 프레스등 및 그 방호장치에 전환스위치를 설치한 때 그 전환스위치의 열쇠를 관리하는 일
4. 금형의 부착 · 해체 또는 조정작업을 직접 지휘하는 일

4. 산업안전보건법상 건설업중 유해 · 위험방지계획서의 제출사업 4가지를 쓰시오.

해답 1. 지상높이가 31미터 이상인 건축물 또는 인공구조물, 연면적 3만제곱미터 이상인 건축물 또는 연면적 5천제곱미터 이상의 문화 및 집회시설(전시장 및 동물원 · 식물원은 제외한다), 판매시설, 운수시설(고속철도의 역사 및 집배송시설은 제외한다), 종교시설, 의료시설 중 종합병원, 숙박시설 중 관광숙박시설, 지하도상가 또는 냉동 · 냉장창고시설의 건설 · 개조 또는 해체(이하 "건설등"이라 한다)
2. 연면적 5천제곱미터 이상의 냉동 · 냉장창고시설의 설비공사 및 단열공사
3. 최대 지간길이가 50미터 이상인 교량 건설등 공사
4. 터널 건설등의 공사
5. 다목적댐, 발전용댐 및 저수용량 2천만톤 이상의 용수 전용 댐, 지방상수도 전용 댐 건설 등의 공사
6. 깊이 10미터 이상인 굴착공사

10. 산업안전보건법상 도급사업에 있어서 안전보건총괄책임자를 선임하여야 할 사업을 쓰시오.

해답 관계수급인에게 고용된 근로자를 포함한 상시근로자가 100명(선박 및 보트 건조업, 1차 금속 제조업 및 토사석 광업의 경우에는 50명) 이상인 사업이나 관계수급인의 공사금액을 포함한 해당 공사의 총공사금액이 20억 원 이상인 건설업

2010년 9월 12일

5. 타워크레인을 설치 · 조립 · 해체하는 작업시 작업계획서의 내용 4가지를 쓰시오.

해답 1. 타워크레인의 종류 및 형식
2. 설치 · 조립 및 해체순서
3. 작업도구 · 장비 · 가설설비(假設設備) 및 방호설비
4. 작업인원의 구성 및 작업근로자의 역할범위
5. 제142조(타워크레인의 지지)에 따른 지지방법

7. 공기압축기 사용시 작업시작 전 점검사항을 쓰시오.

해답 가. 공기저장 압력용기의 외관상태
나. 드레인밸브의 조작 및 배수
다. 압력방출장치의 기능
라. 언로드밸브의 기능
마. 윤활유의 상태
바. 회전부의 덮개 또는 울
사. 그 밖의 연결부위의 이상 유무

10. 산업안전보건법상 산업안전보건위원회의 구성 중 근로자위원과 사용자위원을 쓰시오.

해답

구분	내용
근로자 위원	① 근로자대표 ② 명예산업안전감독관이 위촉되어 있는 사업장의 경우 근로자대표가 지명하는 1명 이상의 명예감독관 ③ 근로자대표가 지명하는 9명 이내의 해당 사업장의 근로자
사용자 위원	① 해당 사업자의 대표자 ② 안전관리자 1명 ③ 보건관리자 1명 ④ 산업보건의(해당 사업장에 선임되어 있는 경우에 한한다.) ⑤ 해당 사업의 대표자가 지명하는 9명 이내의 해당 사업장 부서의 장

Subject 09

부록

Contents

필답형 기출문제 2010

■ Industrial Engineer Industrial Safety

산업안전산업기사(2010년 4월 18일)

01.

목재가공용 둥근톱기계에 부착하여야 하는 방호장치 2가지를 쓰시오.

해답 반발예방장치, 톱날접촉예방장치

02.

연소의 종류 중 고체의 연소 형태 4가지를 쓰시오.

해답 ① 표면연소　② 분해연소
③ 증발연소　④ 자기연소

03.

지게차의 사용 전 점검사항 4가지를 쓰시오.

해답 1. 제동장치 및 조종장치 기능의 이상유무
2. 하역장치 및 유압장치 기능의 이상유무
3. 바퀴의 이상유무
4. 전조등 · 후미등 · 방향지시기 및 경보장치 기능의 이상유무

04.

차량계 하역운반기계의 운전자가 운전위치 이탈시 조치사항 2가지를 쓰시오.

해답 ① 포크, 버킷, 디퍼 등의 장치를 가장 낮은 위치 또는 지면에 내려 둘 것
② 원동기를 정지시키고 브레이크를 확실히 거는 등 갑작스러운 주행이나 이탈을 방지하기 위한 조치를 할 것
③ 운전석을 이탈하는 경우에는 시동키를 운전대에서 분리시킬 것. 다만, 운전석에 잠금장치를 하는 등 운전자가 아닌 사람이 운전하지 못하도록 조치한 경우에는 그러하지 아니하다.

05.

콘크리트 타설작업 시 준수사항 3가지를 쓰시오.

해답 ① 당일의 작업을 시작하기 전에 해당 작업에 관한 거푸집동바리 등의 변형 · 변위 및 지반의 침하유무 등을 점검하고 이상이 있는 경우에는 보수할 것
② 작업 중에는 거푸집동바리 등의 변형 · 변위 및 침하유무 등을 감시할 수 있는 감시자를 배치하여 이상이 있는 경우에는 작업을 중지시키고 근로자를 대피시킬 것
③ 콘크리트의 타설 작업 시 거푸집붕괴의 위험이 발생할 우려가 있는 경우에는 충분한 보강조치를 할 것
④ 설계도서상의 콘크리트 양생기간을 준수하여 거푸집동바리 등을 해체할 것
⑤ 콘크리트를 타설하는 경우에는 편심이 발생하지 않도록 골고루 분산하여 타설할 것

06.

숫돌의 회전수가 2,000rpm인 연삭기에 지름이 300mm의 숫돌을 사용하고자 할 때에 숫돌 사용 원주속도는 얼마 이하로 하여야 하는가(m/min)?

해답 $v = \dfrac{\pi DN}{1,000} = \dfrac{\pi \times 300 \times 2,000}{1,000} = 1,884.96\text{m/min}$

07.

자율안전보호구 제품에 표시사항 4가지를 쓰시오.

해답 ① 형식 또는 모델명
② 규격 또는 등급 등
③ 제조자명
④ 제조번호 및 제조년월
⑤ 자율안전확인번호

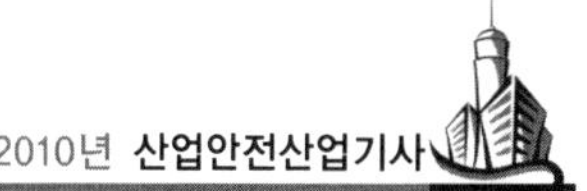

08.

동작의 실패를 막기 위한 일반적인 조건 3가지를 쓰시오.

해답 ① 착각을 일으킬 수 있는 외부 조건이 없을 것
② 감각기의 기능이 정상적일 것
③ 올바른 판단을 내리기 위해 필요한 지식을 갖고 있을 것
④ 시간적, 수량적으로 능력을 발휘할 수 있는 체력이 있을 것
⑤ 의식 동작을 필요로 할 때에 무의식 동작을 행하지 않을 것

09.

재해 발생시 손실액 산정시 시몬즈 방식의 공식을 쓰시오.

해답 ① 총재해코스트＝보험코스트＋비보험 코스트
② 보험코스트 : 산재보험료(반드시 사업장에서 지출)
③ 비보험코스트
＝(휴업상해건수)×(A)＋(통원상해건수)×(B)＋(응급조치건수)×(C)＋(무상해건수)×(D)
※ A, B, C, D는 장애 정도에 따라 결정

10.

다음은 동기부여의 이론 중 매슬로의 욕구단계론, 허츠버그의 2요인이론(dual factors theory), 알더퍼의 ERG이론을 비교한 것이다. ①~⑤의 빈칸에 들어갈 말을 쓰시오.

욕구단계론	2요인이론	ERG이론
자아실현의 욕구	③	⑤
존경의 욕구		
소속 및 애정의 욕구		관계욕구(R)
①	②	④
생리적 욕구		

해답 ① 안전욕구 ② 위생요인 ③ 동기요인
④ 존재욕구(E) ⑤ 성장욕구(G)

11.

다음 (   )안에 저압전로의 절연저항치를 쓰시오.

전로의 사용전압의 구분		절연저항치
400V 미만	대지전압이 150V 이하인 경우	(①)
	대지전압이 150V를 넘고 300V 이하인 경우	(②)
	사용전압이 300V를 넘고 400V 미만인 경우	(③)
400V 이상인 것		(④)

해답 ('21년 개정) 전기설비기술기준 제52조(저압전로의 절연성능) 개정

전로의 사용전압	DC 시험전압(V)	절연저항(MΩ)
SELV 및 PELV	250	0.5
FELV, 500V 초과	500	1
500V 초과	1,000	1

주) 특별저압(Extra Low Voltage : 2차 전압이 AC 50V, DC 120V 이하)으로 SELV(비접지 회로 구성) 및 PLEV(접지회로구성)은 1차와 2차가 전기적으로 절연된 회로, FELV는 1차와 2차가 전기적으로 절연되지 않은 회로

12.

하인리히의 재해구성비율 1 : 29 : 300(하인리히법칙)을 설명하시오.

해답 330건의 사고 중

① 중상 또는 사망 : 1건

② 경상해 : 29건

③ 무상해사고 : 300건의 비율로 사고발생

13.

다음 그림의 신뢰도를 구하시오.(소수점 4째자리까지)

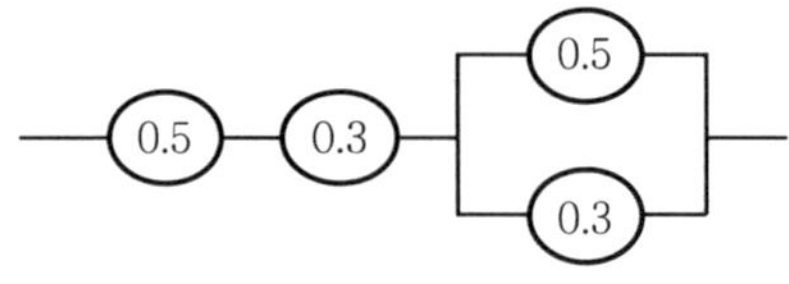

해답 시스템 신뢰도(Rs) = 0.5×0.3×{1 − (1 − 0.5)(1 − 0.3)} = 0.0975

산업안전산업기사(2010년 7월 4일)

01.

관리감독자의 유해 · 위험방지 업무에 있어서 프레스 등을 사용하는 작업시 직무수행내용 4가지를 쓰시오.

해답 1. 프레스등 및 그 방호장치를 점검하는 일
2. 프레스등 및 그 방호장치에 이상이 발견된 때 즉시 필요한 조치를 하는 일
3. 프레스등 및 그 방호장치에 전환스위치를 설치한 때 그 전환스위치의 열쇠를 관리하는 일
4. 금형의 부착 · 해체 또는 조정작업을 직접 지휘하는 일

02.

안전모의 시험성능 기준항목 3가지를 쓰시오.

해답 ① 내관통성 시험 ② 충격흡수성 시험
③ 내전압성 시험 ④ 내수성 시험
⑤ 난연성 시험 ⑥ 턱끈풀림 시험

03.

어느 사업장의 근로자수가 500명이고 5건의 재해로 8명이 재해를 당했다. 1일 9시간 근무 250일이고 휴업일수가 235일 일때 연천인율과 강도율을 구하시오.

해답 $$연천인율=\frac{재해자수}{연평균근로자수}\times 1,000=\frac{8}{500}\times 1,000=16$$

$$강도율=\frac{근로손실일수}{연근로시간수}\times 1,000=\frac{235\times\frac{250}{365}}{500\times 9\times 250}\times 1,000=0.14$$

04.

산업안전보건법상 건설업중 유해 · 위험방지계획서의 제출사업 4가지를 쓰시오.

해답 1. 지상높이가 31미터 이상인 건축물 또는 인공구조물, 연면적 3만제곱미터 이상인 건축물 또는 연면적 5천제곱미터 이상의 문화 및 집회시설(전시장 및 동물원 · 식물원은 제외한다), 판매시설, 운수시설(고속철도의 역사 및 집배송시설은 제외한다), 종교시설, 의료시설 중 종합병원, 숙박시설 중 관광숙박시설, 지하도상가 또는 냉동 · 냉장창고시설의 건설 · 개조 또는 해체(이하 "건설등"이라 한다)

2. 연면적 5천제곱미터 이상의 냉동·냉장창고시설의 설비공사 및 단열공사
3. 최대 지간길이가 50미터 이상인 교량 건설등 공사
4. 터널 건설등의 공사
5. 다목적댐, 발전용댐 및 저수용량 2천만톤 이상의 용수 전용 댐, 지방상수도 전용 댐 건설 등의 공사
6. 깊이 10미터 이상인 굴착공사

05.

동기요인과 위생요인을 3가지씩 쓰시오.

해답 ① 위생요인 : 작업조건, 급여, 직무환경, 감독
② 동기요인 : 책임감, 성취, 인정, 개인발전

06.

FC가 60이고 반사율이 80일 때 소요조명을 구하시오.

해답 $소요조명(fc) = \frac{광산발산도[fL]}{반사율[\%]} \times 100 = \frac{60[fL]}{80[\%]} \times 100 = 75[fc]$

07.

지반 굴착작업 시 지반종류에 따른 기울기 기준에 대하여 다음 빈칸을 채우시오.

구분	지반의 종류	기울기
보통흙	습지	①
	건지	②
암반	풍화암	③
	연암	④
	경암	⑤

해답 ① 1 : 1~1 : 1.5 ② 1 : 0.5~1 : 1
③ 1 : 1.0 ④ 1 : 1.0 ⑤ 1 : 0.5

08.

금지표지판 4가지를 쓰시오.

해답 ① 출입금지 ② 보행금지 ③ 차량통행금지 ④ 사용금지

09.

정전기 발생요인 5가지를 쓰시오.

해답 정전기 발생에 영향을 주는 요인

① 물체의 특성 : 대전서열이 멀수록 불순물 포함정도가 클수록 정전기 발생량 커짐
② 물체의 표면상태 : 물체의 표면이 원활하면 발생이 적음
③ 물질의 이력 : 처음 접촉, 분리가 일어날 때 발생량 최대
④ 접촉면적 및 압력 : 클수록 정전기 발생량 증가
⑤ 분리속도 : 빠를수록 정전기의 발생량은 커짐

10.

산업안전보건법상 도급사업에 있어서 안전보건총괄책임자를 선임하여야 할 사업을 쓰시오.

해답 관계수급인에게 고용된 근로자를 포함한 상시근로자가 100명(선박 및 보트 건조업, 1차 금속 제조업 및 토사석 광업의 경우에는 50명) 이상인 사업이나 관계수급인의 공사금액을 포함한 해당 공사의 총공사금액이 20억 원 이상인 건설업

11.

불활성화를 시키는 방법을 쓰시오.

해답 ① 진공치환
② 압력치환
③ 스위프치환
④ 사이폰치환

12.

안전성평가를 순서대로 나열하시오.

1. 정성적평가	2. 정량적평가
3. 관계자료의 검토	4. FTA에의한 재평가
5. 재해정보재평가	6. 안전대책

해답 관계자료의 검토 → 정성적평가 → 정량적평가 → 안전대책 → 재해정보재평가 → FTA에 의한 재평가

13.

안전기 성능시험 항목을 3가지 쓰시오.

해답 내압시험, 기밀시험, 역류방지시험, 역화방지시험, 가스압력손실시험, 방출장치동작시험

산업안전산업기사(2010년 9월 24일)

01.

다음 기호의 방폭구조의 명칭을 쓰시오.

방폭기호	방폭구조
q	
e	
m	
n	
ia	

해답 방폭구조의 종류에 따른 기호

방폭기호	방폭구조
q	충전방폭구조
e	안전증방폭구조
m	몰드방폭구조
n	비점화방폭구조
ia	본질안전방폭구조

02.

반스의 동작경제의 원칙을 쓰시오.

해답 1. 신체 사용에 관한 원칙
2. 작업장 배치에 관한 원칙
3. 공구 및 설비 설계(디자인)에 관한 원칙

03.

위험예지 훈련 4라운드의 진행방식을 쓰시오.

해답 1라운드 : 현상파악(사실의 파악) – 어떤 위험이 잠재하고 있는가?
2라운드 : 본질추구(원인조사) – 이것이 위험의 포인트다.
3라운드 : 대책수립(대책을 세운다) – 당신이라면 어떻게 하겠는가?
4라운드 : 목표설정(행동계획 작성) – 우리들은 이렇게 하자!

04.

다음 물음에 답하시오.

① 방진마스크의 산소농도는?
② 방진마스크의 안면부 내부의 이산화탄소 부피분율은?
③ 방독마스크 산소농도는?
④ 방독마스크 안면부 내부의 이산화탄소 부피분율은?
⑤ 고농도, 중농도 사용 방독마스크의 명칭을 쓰시오.

해답 ① 산소농도가 18% 이상인 장소에서 사용
② 전원을 켠 상태 : 1.0% 이하일 것, 전원을 끈 상태 : 2.0% 이하일 것
③ 산소농도가 18% 이상인 장소에서 사용
④ 1.0% 이하일 것
⑤ 전면형(격리식, 직결식)을 사용

05.

타워크레인을 설치 · 조립 · 해체하는 작업시 작업계획서의 내용 4가지를 쓰시오.

해답 1. 타워크레인의 종류 및 형식
2. 설치 · 조립 및 해체순서
3. 작업도구 · 장비 · 가설설비(假設設備) 및 방호설비
4. 작업인원의 구성 및 작업근로자의 역할범위
5. 제142조(타워크레인의 지지)에 따른 지지방법

06.

롤러기 방호장치(급정치장치)의 종류 3가지와 조작부의 설치위치를 쓰시오.

해답

종류	설치위치	비고
손조작식	밑면에서 1.8m 이내	위치는 급정지장치 조작부의 중심점을 기준으로 한다.
복부조작식	밑면에서 0.8m 이상 1.1m 이내	
무릎조작식	밑면에서 0.4m 이상 0.6m 이내	

07.

공기압축기 사용시 작업시작 전 점검사항을 쓰시오.

해답 가. 공기저장 압력용기의 외관상태
나. 드레인밸브의 조작 및 배수
다. 압력방출장치의 기능
라. 언로드밸브의 기능
마. 윤활유의 상태
바. 회전부의 덮개 또는 울
사. 그 밖의 연결부위의 이상 유무

08.

가스용기 외면의 도색 색을 쓰시오.

수소, 아세틸렌, 헬륨, 산소, 질소

해답

가스의 종류	용기 도색
질소	회색
산소	녹색
수소	주황색
아세틸렌	황색
액화석유가스(LPG) 및 기타 가스	회색

09.

Fail Safe의 기능적인 면에서의 분류 3가지를 쓰시오.

해답 1. Fail－Passive : 부품이 고장났을 경우 통상 기계는 정지하는 방향으로 이동(일반적인 산업기계)
2. Fail－Active : 부품이 고장났을 경우 기계는 경보를 울리는 가운데 짧은 시간동안 운전 가능
3. Fail－Operational : 부품의 고장이 있더라도 기계는 추후 보수가 이루어질 때까지 안전한 기능 유지

10.

산업안전보건법상 산업안전보건위원회의 구성 중 근로자위원과 사용자위원을 쓰시오.

해답

구분	내용
근로자 위원	① 근로자대표 ② 명예산업안전감독관이 위촉되어 있는 사업장의 경우 근로자대표가 지명하는 1명 이상의 명예감독관 ③ 근로자대표가 지명하는 9명 이내의 해당 사업장의 근로자
사용자 위원	① 해당 사업자의 대표자 ② 안전관리자 1명 ③ 보건관리자 1명 ④ 산업보건의(해당 사업장에 선임되어 있는 경우에 한한다.) ⑤ 해당 사업의 대표자가 지명하는 9명 이내의 해당 사업장 부서의 장

11.

음량수준이 60phon인 음을 sone로 환산하시오.

해답 $\text{Sone치} = 2^{(\text{Phon치} - 40)/10} = 2^{(60-40)/10} = 4(\text{sone})$

12.

히빙 현상에 대하여 설명하시오.

해답 (1) 정의 : 연약한 점토지반을 굴착할 때 흙막이 벽체 배면에 있는 흙의 중량이 굴착 바닥면의 흙의 중량보다 클 때 그 중량 차이로 인해 흙막이 벽체 배면의 흙이 안으로 밀려 들어와 굴착 바닥면이 부풀어 오르는 현상

(2) 방지대책

① 흙막이벽 근입깊이 증가

② 흙막이벽 배면 지표의 상재하중을 제거

③ 지반굴착 시 흙이 느슨해지지 않도록 유의

④ 지반개량으로 하부지반 전단강도 개선

⑤ 강성이 큰 흙막이 공법 선정

13.

다음 빈칸을 채우시오.

인화성 물질 섭씨 (　)도 이하
가연성 가스 폭발농도 하한(　　)% 상하한차(　　)%

해답 해답 없음. 현행법령상 "인화성 물질" 및 "가연성 가스" 등의 용어는 삭제되었음.

① 인화성 액체

가. 에틸에테르, 가솔린, 아세트알데히드, 산화프로필렌, 그 밖에 인화점이 섭씨 23도 미만이고 초기끓는점이 섭씨 35도 이하인 물질

나. 노르말헥산, 아세톤, 메틸에틸케톤, 메틸알코올, 에틸알코올, 이황화탄소, 그 밖 에 인화점이 섭씨 23도 미만이고 초기 끓는점이 섭씨 35도를 초과하는 물질

다. 크실렌, 아세트산아밀, 등유, 경유, 테레핀유, 이소아밀알코올, 아세트산, 하이드라진, 그 밖에 인화점이 섭씨 23도 이상 섭씨 60도 이하인 물질

② 인화성 가스

가. 수소
나. 아세틸렌
다. 에틸렌
라. 메탄
마. 에탄
바. 프로판
사. 부탄
아. 영 별표 10에 따른 인화성 가스(인화한계 농도의 최저한도가 13퍼센트 이하 또는 최고한도와 최저한도의 차가 12퍼센트 이상인 것으로서 표준압력(101.3MPa)하의 20℃에서 가스상태인 물질을 말한다.)

필답형 기출문제 2011

■ Industrial Engineer Industrial Safety

산업안전산업기사(2011년 5월)

01.

근로자 400명이 일하는 사업장에서 연간 재해건수는 20건, 근로손실일수가 150일, 휴업일수 73일이었다. 도수율과 강도율을 구하시오(단, 근무시간은 1일 8시간, 근무일수는 연간 300일, 잔업은 연간 50시간이다.)

해답 1. 도수율 $= \frac{\text{재해건수}}{\text{연근로시간수}} \times 10^6 = \frac{20}{400 \times 300 \times 8 + 50} \times 10^6 = 20.83$

2. 강도율 $= \frac{\text{근로손실일수}}{\text{연근로시간수}} \times 10{,}00 = \frac{150 + 73 \times 300/365}{400 \times 300 \times 8 + 50} \times 1{,}000 = 0.22$

02.

1톤화물을 각도 60도로 들어올릴때 1가닥 받는 하중은?

해답 $2 \times T \times \cos 30 = 1{,}000, \ \therefore \ T = 577.35\text{kg}$

03.

안전·보건진단을 받아 안전보건개선계획을 수립·제출하도록 명할 수 있는 사업장 2곳을 적으시오.

해답 1. 중대재해(사업주가 안전·보건조치의무를 이행하지 아니하여 발생한 중대재해만 해당한다)발생 사업장
2. 산업재해발생률이 같은 업종 평균 산업재해발생률의 2배 이상인 사업장
3. 직업병에 걸린 사람이 연간 2명 이상(상시근로자 1천명 이상 사업장의 경우 3명 이상) 발생한 사업장
4. 작업환경 불량, 화재·폭발 또는 누출사고 등으로 사회적 물의를 일으킨 사업장
5. 제1호부터 제4호까지의 규정에 준하는 사업장으로서 고용노동부장관이 정하는 사업장

04.

기계의 고장률 곡선을 그리고 고장형태를 쓰시오.

해답

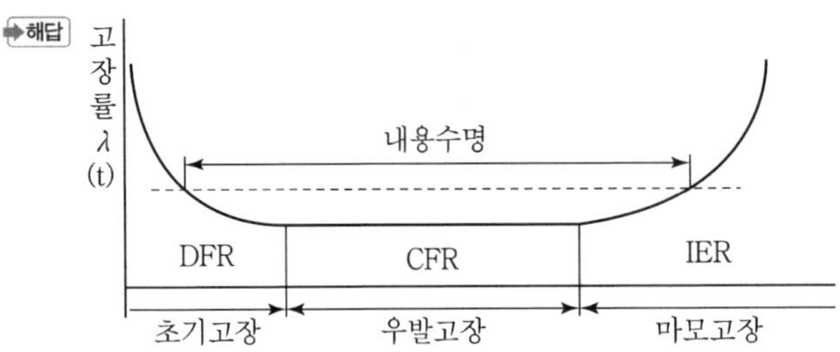

• 고장률 형태 : 초기고장, 우발고장, 마모고장

05.

위험분석법을 쓰시오.

(1) 인간실수 확률(HEP)에 대한 정량적 예측기법으로 분석하고자 하는 작업을 기본행위로 하여 각 행위의 성공, 실패확률을 계산하는 방법
(2) 시스템에 영향을 미치는 모든 요소의 고장을 형별로 분석하고 그 고장이 미치는 영향을 분석하는 방법
(3) 정량적, 귀납적 기법으로 초기사상에 대해서 Event Tree를 작성하고 그 사상에서 발생하는 결과를 조사하는 기법

해답 (1) THERP(인간과오율 추정법)
(2) FMEA
(3) ETA

06.

산업안전보건법에서 안전보건교육 4가지를 쓰시오.

해답 정기교육, 특별교육, 채용 시 교육, 작업내용 변경 시 교육

07.

할론 1211에 포함되어 있는 원소 4가지를 쓰시오.

해답 C, F, Cl, Br

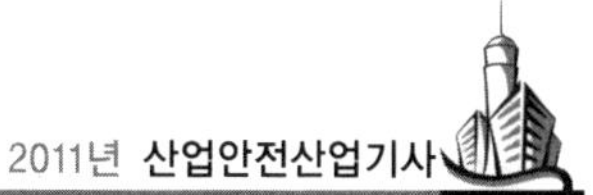

08.

다음은 전압의 구분에 관한 내용이다. 빈칸에 들어갈 내용을 쓰시오.

구분	교류	직류
저압	(①)V 이하인 것	(②)V 이하인 것
고압	(③)V를 초과하고 (④)V 이하인 것	(⑤)V를 초과하고 (⑥)V 이하인 것
특고압	(⑦)V를 초과하는 것	

해답 ① 1,000　② 1,500　③ 1,000　④ 7,000
⑤ 1,500　⑥ 7,000　⑦ 7,000

전압의 구분('21년 개정)

전압구분	개정 전 기술기준	KEC
저압	교류 : 600V 이하 직류 : 750V 이하	교류 : 1,000V 이하 직류 : 1,500V 이하
고압	교류 : 600V 초과 7kV 미만 직류 : 750V 초과 7kV 미만	교류 : 1,000V 초과 7kV 미만 직류 : 1,500V 초과 7kV 미만
특고압	7kV 초과	7kV 초과

09.

안전모의 3가지 종류를 쓰고 설명하시오.

해답 ① AB : 물체의 낙하 또는 비래 및 추락에 의한 위험을 방지 또는 경감시키기 위한 것
② AE : 물체의 낙하 또는 비래에 의한 위험을 방지 또는 경감하고, 머리부위 감전에 의한 위험을 방지하기 위한 것
③ ABE : 물체의 낙하 또는 비래 및 추락에 의한 위험을 방지 또는 경감하고, 머리부위 감전에 의한 위험을 방지하기 위한 것

10.

잠함·우물통·수직갱 등 내부에서의 굴착작업 시 준수사항 4가지를 쓰시오.

해답 ① 산소결핍의 우려가 있는 경우에는 산소의 농도를 측정하는 사람을 지명하여 측정하도록 할 것
② 근로자가 안전하게 승강하기 위한 설비를 설치할 것
③ 굴착 깊이가 20m를 초과하는 경우에는 해당 작업장소와 외부와의 연락을 위한 통신설비 등을 설치할 것
④ 산소농도 측정 결과 산소의 결핍이 인정되거나 굴착 깊이가 20m를 초과하는 경우에 송기를 위한 설비를 설치하여 필요한 양의 공기를 송급

11.

절토면 토석붕괴의 원인 중 외적요인 4가지를 쓰시오.

해답 ① 사면, 법면의 경사 및 기울기의 증가
② 절토 및 성토 높이의 증가
③ 공사에 의한 진동 및 반복하중의 증가
④ 지표수 및 지하수의 침투에 의한 토사 중량의 증가
⑤ 지진 차량 구조물의 하중작용
⑥ 토사 및 암석의 혼합층 두께 등이 있다.

12.

로봇의 작동범위 내에서 그 로봇에 관하여 교시 등의 작업을 하는 때 작업시작 전 점검사항 3가지를 쓰시오.

해답 ① 외부전선의 피복 또는 외장의 손상유무
② 매니퓰레이터(Manipulator) 작동의 이상유무
③ 제동장치 및 비상정지장치의 기능

13.

다음의 방호장치를 쓰시오.

(1) 가스집합 용접장치 : (　)
(2) 압력용기 : (　)
(3) 동력식 수동대패 : (　)
(4) 산업로봇 : (　)
(5) 교류아크용접장치 : (　)

해답 (1) 안전기
(2) 압력방출장치
(3) 칼날의 접촉예방장치
(4) 안전매트 또는 방호울
(5) 자동전격방지기

산업안전산업기사(2011년 7월)

01.

안전인증대상 기계 · 기구 및 설비, 방호장치 또는 보호구에 해당하는 것 4가지를 고르시오.

1. 안전대	2. 연삭기 덮개
3. 아세틸렌용접장치용 안전기	4. 산업용로봇 안전매트
5. 압력용기	6. 양중기용 과부하방지장치
7. 교류 아크용접기용 자동전격 방지기	8. 선반
9. 동력식 수동 대패용 칼날접촉 방지장치	10. 보호복

해답 안전대, 압력용기, 양중기용 과부하방지장치, 보호복

02.

아세틸렌 용접장치의 역화원인을 4가지 쓰시오.

해답 1. 압력조정기의 고장
2. 산소공급이 과다할 때
3. 토치의 성능이 좋지 않을 때
4. 토치 팁에 이물질이 묻어 막혔을 경우

03.

안전보건표지 종류에서 경고표시 중 무색바탕에 검정이나 빨강색으로 모형, 그림을 표현한 것 3가지를 쓰시오.

해답 인화성물질경고, 산화성물질경고, 폭발성물질경고, 급독성물질경고, 부식성물질경고은 바탕이 무색임

201 인화성 물질경고	202 산화성 물질경고	203 폭발성 물질경고	204 급성독성 물질경고	205 부식성 물질경고

04.

공정안전보고서의 변경요소관리에 관한 지침에 반드시 관리절차가 마련되어야 하는 변경의 종류 2가지를 쓰시오.

해답 1. 단위공정, 공정설비 또는 시설의 변경
2. 안전운전절차, 운전원, 운전제어 시스템, 원료 또는 생산품 변경 등

05.

분진의 폭발 위험성을 증가시키는 조건 4가지를 쓰시오.

해답 1. 분진의 입경이 작을수록 폭발하기 쉽다.
2. 부유분진일 경우 퇴적분진에 비해 발화온도가 높다.
3. 연소열이 큰 분진일수록 저농도에서 폭발하고, 폭발위력도 크다.
4. 분진의 비표면적이 클수록 폭발성이 높아진다.

06.

자율안전확인대상 연삭기 덮개에 자율안전확인 외에 추가로 표시해야 할 사항 2가지를 쓰시오.

해답 1. 숫돌사용 주속도
2. 숫돌회전 방향

07.

청각적 표시장치보다 시각적 표시장치가 사용하기 좋은 경우 3가지 쓰시오.

해답 ① 경고나 메시지가 복잡한 경우
② 경고나 메시지가 긴 경우
③ 경고나 메시지가 후에 재참조 될 경우
④ 경고나 메시지가 공간적인 위치를 다룰 경우
⑤ 경고나 메시지가 즉각적인 행동을 요구하지 않을 경우

08.

주의의 성질 3가지를 쓰시고 간단히 설명하시오.

해답 ① 선택성 : 주의는 동시에 2개 이상의 방향에 집중하지 못한다.
② 방향성 : 한 지점에 주의를 집중하면 다른 곳의 주의는 약해진다.
③ 변동성 : 고도의 주의는 장시간 지속될 수 없다

09.

각 부품고장확률이 0.12인 A, B, C 3개의 부품이 병렬결합모델로 만들어진 시스템이 있다. 시스템 작동 안 됨을 정상사상으로 하고, A고장, B고장, C고장을 기본사상으로 하는 FT도를 작성하고, 정상사상이 발생할 확률을 구하시오.

해답 병렬시스템은 OR게이트이므로 FT도를 작성하면

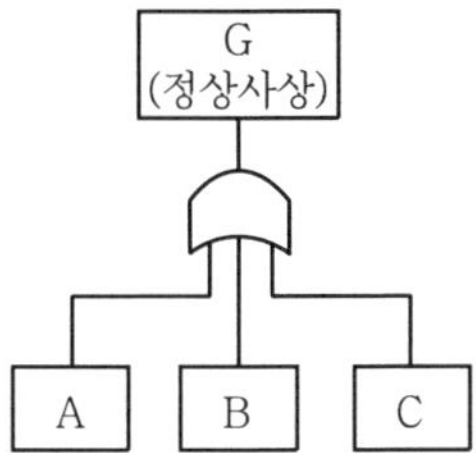

이 된다.

정상사상이 발생할 확률 $G=1-(1-A)\times(1-B)\times(1-C)$

$=1-(1-0.12)\times(1-0.12)\times(1-0.12)$

$=1-0.88\times0.88\times0.88=0.319$

가 된다.

10.

달기체인 사용금지기준에 관한 문제

(1) 링의 단면지름이 제조된 때에 해당 링의 지름의 (　) 것을 초과한 것
(2) 길이의 증가가 제조된 때의 길이를 (　) 초과한 것

해답 (1) 10%, (2) 5%

11.

재해를 분석하는 방법으로는 개별 분석 방법과 통계에 의한 분석 방법이 있다. 통계적인 분석방법을 2가지 쓰고 설명하시오.

해답 ① 파레토도 : 분류 항목을 큰 순서대로 도표화한 분석법
② 특성요인도 : 특성과 요인 관계를 도표로 하여 어골상으로 세분화한 분석법
③ 클로즈(Close) 분석 : 데이터를 집계하고 표로 표시하여 요인별 결과 내역을 교차한 클로즈 그림을 작성하여 분석한다.
④ 관리도 : 재해발생 건수 등의 추이를 파악하여 목표 관리를 행하는데 필요한 월별 재해 발생수를 그래프화하여 관리선을 설정 관리하는 방법

12.

교류아크용접기 전격방지기에 대한 내용이다. 다음 물음에 답하시오.

(1) 사용전압이 220V인 경우 출력측의 무부하 전압(실효값)은 몇 V 이하여야 하는가?
(2) 용접봉 홀더에 용접기출력측의 무부하전압이 발생한 후 주접점이 개방될 때까지의 시간은 몇 초 이내여야 하는가?

해답 (1) 25V 이하
(2) 접점(Magnet) 방식 : 1±0.3초, 무접점(SCR, TRIAC) 방식 : 1초 이내

13.

강관비계를 사용하여 조립하는 작업을 할 때 사용되는 부속철물의 종류 3가지를 쓰시오.

해답 연결철물(클램프), 이음철물, 받침철물, 벽이음용 철물

산업안전산업기사(2011년 10월)

01.

고체 연소의 종류 4가지를 적으시오.

해답 표면연소, 분해연소, 증발연소, 자기연소

02.

산업안전보건법상 자율안전확인 대상 기계·기구 및 설비 3가지를 쓰시오.

해답 ① 연삭기 또는 연마기(휴대형은 제외한다)
② 산업용 로봇
③ 혼합기
④ 파쇄기 또는 분쇄기
⑤ 식품가공용기계(파쇄·절단·혼합·제면기만 해당한다)
⑥ 컨베이어
⑦ 자동차정비용 리프트
⑧ 공작기계(선반, 드릴기, 평삭·형삭기, 밀링만 해당한다)
⑨ 고정용 목재가공용기계(둥근톱, 대패, 루타기, 띠톱, 모떼기 기계만 해당한다)
⑩ 인쇄기

03.

지반의 동상현상을 지배하는 인자 4가지를 쓰시오.

해답 ① 지하수위
② 동결온도 지속시간
③ 모관상승고의 크기
④ 흙의 투수계수

04.

콘크리트 타설 작업을 하기위한 콘크리트 펌프 또는 중 콘크리트 펌프카를 사용하는 작업 시 준수사항 3가지를 쓰시오.

해답 ① 작업을 시작하기 전에 콘크리트 펌프용 비계를 점검하고 이상을 발견하였으면 즉시 보수할 것
② 건축물의 난간 등에서 작업하는 근로자가 호스의 요동·선회로 인하여 추락하는 위험을 방지하기 위하여 안전난간 설치 등 필요한 조치를 할 것
③ 콘크리트 펌프카의 붐을 조정하는 경우에는 주변의 전선 등에 의한 위험을 예방하기 위한 적절한 조치를 할 것
④ 작업 중에 지반의 침하, 아웃트리거의 손상 등에 의하여 콘크리트 펌프카가 넘어질 우려가 있는 경우에는 이를 방지하기 위한 적절한 조치를 할 것

05.

하인리히의 도미노 이론과 아담스의 재해 이론을 순서대로 적으시오.

① 관리구조	② 통제의 부족	③ 불안전한 상태
④ 전술적 에러	⑤ 개인적 결함	⑥ 기본원인
⑦ 작전적 에러	⑧ 사회적 요인, 유전적 요소	⑨ 직접원인
⑩ 사고, 상해		

해답 1. 아담스 : 관리구조 - 작전적 에러 - 전술적 에러 - 사고, 상해
2. 하인리히 : 사회적 환경, 유전적 요소 - 개인적 결함 - 불안전한 상태 - 사고, 상해

06.

숫돌 속도가 2,000이고 숫돌이 150×25×15.88일 때 회전수를 구하여라.

해답 $v = \frac{\pi DN}{1,000}$, $N = \frac{1,000 \times v}{\pi D} = \frac{1,000 \times 2,000}{\pi \times 150} = 4,244.13\text{rpm}$

여기서, 숫돌의 외경 $D = 150\text{mm}$

07.

안전보건법상 사업주가 실시해야 하는 건강진단의 종류 4가지를 쓰시오.

해답 일반건강진단, 특수건강진단 · 배치전건강진단 · 수시건강진단 및 임시건강진단

08.

신뢰도에 의거한 고장시기에 따른 고장종류 3가지를 적고 고장률 식을 쓰시오.

해답 고장종류 : 초기고장, 우발고장, 마모고장
고장율 : $F(t) = 1 - R(t)$

09.

정화통 외부 측면의 표시색과 시험가스를 쓰시오.

종류	시험가스	표시색
유기화합물용	시클로헥산	(①)
아황산용	(②)	노란색
할로겐용	(③)	회색
암모니아용	암모니아가스	(④)

해답 ① 갈색 ② 아황산가스 ③ 염소가스 ④ 녹색

10.

전선의 전압에 따른 접근한계거리를 쓰시오.

해답

충전전로의 선간전압(단위 : 킬로볼트)	충전전로에 대한 접근 한계거리(단위 : 센티미터)
0.3 이하	접촉금지
0.3 초과 0.75 이하	30
0.75 초과 2 이하	45
2 초과 15 이하	60
15 초과 37 이하	90
37 초과 88 이하	110
88 초과 121 이하	130

11.

다음의 용어에 대해 설명하시오.

① TP 25
② FP15

해답 ① TP 25 : 가스등의 용기가 견딜 수 있는 압력(내압시험압력)이 25kg/cm^{3}이다.
② FP15 : 가스등의 용기가 그 구조상 사용 가능한 최고의 게이지 압력(최고충전 압력)이 15kg/cm^3 이다.

12.

Swain의 작위적 오류중 Commission의 착오를 쓰시오.

해답 Commission Error : 작업 내지 절차를 수행했으나 잘못한 실수(선택착오, 순서착오, 시간착오)

13.

열압박 지수(HSI), 작업지속시간(WT), 휴식시간(RT)을 구하는 식을 쓰시오

해답 ① 열압박지수(HSI) = $\dfrac{E_{req}}{E_{\max}} \times 100(\%)$

② 작업지속시간(WT) = $\dfrac{250}{E_{req} - E_{\max}}$

여기서, $E_{\max}$ = 최대증발량, E_{req} = 요구되는 증발량

③ 소요휴식시간(RT) = $\dfrac{250}{E_{\max}' - E_{req}'}$

여기서, $E_{\max}'$ = 휴식장소에서 최대증발량, E_{req}' = 휴식장소에서 요구되는 증발량

필답형 기출문제 2012

■ Industrial Engineer Industrial Safety

산업안전산업기사(2012년 4월)

01.

강렬한 소음작업을 나타내고 있다. 다음의 빈칸을 채우시오.

① 90데시벨 이상의 소음이 1일 (①)시간 이상 발생하는 작업
② 100데시벨 이상의 소음이 1일 (②)시간 이상 발생하는 작업
③ 105데시벨 이상의 소음이 1일 (③)시간 이상 발생하는 작업
④ 110데시벨 이상의 소음이 1일 (④)시간 이상 발생하는 작업

해답 ① 8　② 2　③ 1　④ 0.5

02.

연평균근로자가 800명, 잔업시간이 1인당 100시간, 재해가 60건이다. 이 사업장에서 근로자 1명이 평생 작업한다면 몇 건의 재해를 당할 수 있겠는가?

해답 환산도수율 : 근로자가 입사하여 퇴직할 때까지 당할 수 있는 재해건수

① $\text{도수율} = \dfrac{\text{재해발생건수}}{\text{연근로시간수}} \times 1{,}000{,}000$

$= \dfrac{60\text{건}}{(800\text{명} \times 2{,}400\text{시간}) + (800\text{명} \times 100\text{시간})} \times 1{,}000{,}000$

$= 30$

② $\text{환산도수율} = \dfrac{\text{도수율}}{10} = \dfrac{30}{10} = 3$

03.

근로자수 80명인 목재가공용 기계를 사용하는 사업장의 안전관리자의 인원 및 직무 4가지를 쓰시오. (단, 일반적 산업안전보건법상의 고용노동부장관이 정하는 사항 제외)

해답 1. 안전관리자 인원 : 1명

2. 안전관리자 직무

① 산업안전보건위원회 또는 안전 · 보건에 관한 노사협의체에서 심의 · 의결한 직무와 해당 사업장의 안전보건 관리규정 및 취업규칙에서 정한 직무

② 안전인증대상 기계 · 기구 등과 자율안전확인대상 기계 · 기구 등 구입 시 적격품의 선정

③ 해당 사업장 안전교육계획의 수립 및 실시

④ 사업장 순회점검 · 지도 및 조치의 건의

⑤ 산업재해 발생의 원인 조사 및 재발 방지를 위한 기술적 지도 · 조언

⑥ 산업재해에 관한 통계의 유지 · 관리를 위한 지도 · 조언(안전분야로 한정한다.)

⑦ 법 또는 법에 따른 명령이나 안전보건관리규정 및 취업규칙 중 안전에 관한 사항을 위반한 근로자에 대한 조치의 건의

⑧ 업무수행 내용의 기록 · 유지

04.

자율안전확인대상 기계 · 기구 방호장치 4가지를 쓰시오.

해답 ① 아세틸렌용접장치용 또는 가스집합 용접장치용 안전기

② 교류아크용접기용 자동전격방지기

③ 롤러기 급정지장치

④ 연삭기 덮개

⑤ 목재 가공용 둥근톱 반발예방장치와 및 날 접촉예방장치

⑥ 동력식 수동대패용 칼날 접촉 방지장치

⑦ 추락 · 낙하 및 붕괴 등의 위험 방지 및 보호에 필요한 가설기자재

05.

방독마스크 안전인증 표시 외에 추가로 표시해야 하는 사항 2가지를 쓰시오.

해답 ① 파과곡선도

② 사용시간 기록카드

③ 정화통의 외부 측면의 표시색

④ 사용상 주의사항

O6.

심실세동(치사)전류를 설명하고 공식을 쓰시오.

해답 ① 간단설명

통전전류 구분	전격의 영향	통전전류(교류) 값
심실세동전류 (치사전류)	심근의 미세한 진동으로 혈액을 송출하는 펌프의 기능이 장애를 받는 현상을 심실세동이라 하며 이때의 전류	$I=\frac{165}{\sqrt{T}}$[mA] I : 심실세동전류(mA) T : 통전 시간(s)

② 상세설명

㉠ 통전전류가 더욱 증가되면 전류의 일부가 심장부분을 흐르게 된다. 이렇게 되면 심장이 정상적인 맥동을 하지 못하며 불규칙적으로 세동하게 되어 결국 혈액의 순환에 큰 장애를 가져오게 되며 이에 따라 산소의 공급 중지로 인해 뇌에 치명적인 손상을 입히게 된다. 이와 같이 심근의 미세한 진동으로 혈액을 송출하는 펌프의 기능이 장애를 받는 현상을 심실세동이라 하며 이때의 전류를 심실세동전류라 한다.

㉡ 심실세동상태가 되면 전류를 제거하여도 자연적으로는 건강을 회복하지 못하며 그대로 방치하여 두면 수분 내에 사망

㉢ 심실세동전류와 통전시간의 관계

$I=\frac{165}{\sqrt{T}}$[mA]($\frac{1}{120}$~5초)

여기서, 전류 I는 1,000명 중 5명 정도가 심실세동을 일으키는 값

O7.

전기화재의 구분(분류)과 적용 가능한 소화기 3가지를 쓰시오.

해답 1. 구분(분류) : C급 화재

2. 적용 가능한 소화기
   ① 유기성 소화기
   ② 분말 소화기
   ③ CO_2 소화기

O8.

누적외상성 질환(CTD) 3가지를 쓰시오.

해답 ① 반복적인 동작　② 부적절한 작업자세

③ 무리한 힘의 사용　④ 날카로운 면과의 신체접촉

⑤ 진동 및 온도

09.

무재해의 3원칙을 쓰고 설명하시오.

해답 ① 무의 원칙 : 모든 잠재위험요인을 사전에 발견, 파악, 해결함으로써 근원적으로 산업재해 제거
② 선취의 원칙(안전제일의 원칙) : 직장의 위험요인을 행동하기 전에 발견, 파악, 해결하여 재해를 예방
③ 참가의 원칙(참여의 원칙) : 작업에 따르는 잠재적인 위험요인을 발견, 해결하기 위하여 전원이 협력하여 문제해결 운동을 실천

10.

프레스의 손쳐내기식 방호장치에 관한 설명 중 (　　) 안에 알맞은 내용이나, 수치를 써 넣으시오.

가) 방호판의 폭은 금형폭의 (①) 이상이어야 한다.
나) 손쳐내기 봉의 진동폭은 (②)폭 이상이어야 한다.
다) 손쳐내기식 방호장치의 일반구조에 있어 슬라이드 하행정거리의 (③)위치에서 손을 완전히 밀어내야 한다.
라) 손쳐내기식 방호판의 높이는 최대 (④)mm 이상이어야 한다.

해답 ① 1/2　② 금형　③ 3/4　④ 300

31	손쳐내기식 방호장치의 일반구조	손쳐내기식 방호장치의 일반구조는 다음 각 목과 같이 한다. 가. 슬라이드 하행정거리의 3/4 위치에서 손을 완전히 밀어내야 한다. 나. 손쳐내기봉의 행정(Stroke) 길이를 금형의 높이에 따라 조정할 수 있고 진동폭은 금형폭 이상이어야 한다. 다. 방호판과 손쳐내기봉은 경량이면서 충분한 강도를 가져야 한다. 라. 방호판의 폭은 금형폭의 1/2 이상이어야 하고, 행정길이가 300mm 이상의 프레스기계에는 방호판 폭을 300mm로 해야 한다. 마. 손쳐내기봉은 손 접촉 시 충격을 완화할 수 있는 완충재를 부착해야 한다. 바. 부착볼트 등의 고정금속부분은 예리하게 돌출되지 않아야 한다.

11.

재해사례 연구순서 5단계를 기술하시오.

해답 ① 전제조건 :재해상황의 파악　② 1단계 : 사실의 확인
③ 2단계 : 직접원인과 문제점의 확인　④ 3단계 : 근본 문제점의 결정
⑤ 4단계 : 대책의 수립

12.

다음 보기의 (   )에 알맞은 내용을 쓰시오.

사업주는 계단 및 계단참을 설치하는 경우 매제곱미터당 (①)킬로그램 이상의 하중을 견딜 수 있는 강도를 가진 구조로 설치하여야 하며, 안전율은 (②) 이상으로 하여야 한다. 높이가 3m 초과하는 계단에 높이 3m 이내마다 너비 (③)미터 이상의 계단참을 설치하여야 한다.

해답 ① 500 ② 4 ③ 1.2

13.

다음에 해당되는 비계의 조립 시 벽이음의 조립간격을 (   )에 기술하시오.

강관비계의 종류	조 립 간 격 (단위: m)	
	수 직 방 향	수 평 방 향
통나무 비계	5.5	(①)
단관 비계	(②)	5
틀비계(높이가 5m 미만의 것을 제외한다.)	(③)	(④)

해답 ① 7.5 ② 5 ③ 6 ④ 8

산업안전산업기사(2012년 7월)

01.

승강기의 설치 · 조립 · 수리 · 점검 또는 해체 작업을 하는 경우 안전조치사항 3가지를 쓰시오.

해답 ① 작업을 지휘하는 사람을 선임하여 그 사람의 지휘하에 작업을 실시할 것
② 작업을 할 구역에 관계 근로자가 아닌 사람의 출입을 금지하고 그 취지를 보기 쉬운 장소에 표시할 것
③ 비, 눈, 그 밖에 기상상태의 불안정으로 날씨가 몹시 나쁜 경우에는 그 작업을 중지시킬 것

02.

[보기]의 교류아크용접기 자동전격방지기 표시사항을 상세히 기술하시오.

[보기]
SP-3A-H

해답 ① SP : 외장형
② 3 : 300A
③ A : 용접기에 내장되어 있는 콘덴서의 유무에 관계없이 사용할 수 있는 것
④ H : 고저항시동형

03.

산업안전보건법상 작업장의 조도기준에 관한 다음 사항에서 (　　)에 알맞은 내용을 쓰시오.

초정밀작업	정밀작업	보통작업	그 밖의 작업
(①)럭스(Lux) 이상	(②) 럭스 이상	(③) 럭스 이상	(④) 럭스 이상

해답 ① 750　② 300　③ 150　④ 75

04.

60rpm으로 회전하는 롤러의 앞면 롤러의 지름이 120mm인 경우 앞면 롤러의 표면속도와 관련 규정에 따른 급정지거리[mm]를 구하시오.

해답 ① V(회전속도) $= \dfrac{\pi DN}{1,000} = \dfrac{\pi \times 60 \times 120}{1,000} = 22.62$[m/min]

② 급정지거리 기준 : 표면속도가 30[m/min] 미만으로 원주(πD)의 $\dfrac{1}{3}$ 이내

③ 급정지 거리 $= \pi D \times \dfrac{1}{3} = \pi \times 120 \times \dfrac{1}{3} = 25.66$[mm]

05.

수인식 방호장치의 수인끈, 수인끈의 안내통, 손목밴드의 구비조건 3가지를 쓰시오.

해답 ① 수인끈은 작업자와 작업공정에 따라 그 길이를 조정할 수 있어야 한다.
② 수인끈의 안내통은 끈의 마모와 손상을 방지할 수 있는 조치를 해야 한다.
③ 손목밴드는 착용감이 좋으며 쉽게 착용할 수 있는 구조이어야 한다.

35	수인식 방호장치의 일반구조	수인식 방호장치의 일반구조는 다음 각 목과 같이 한다. 가. 손목밴드(wrist band)의 재료는 유연한 내유성 피혁 또는 이와 동등한 재료를 사용해야 한다. 나. 손목밴드는 착용감이 좋으며 쉽게 착용할 수 있는 구조이어야 한다. 다. 수인끈의 재료는 합성섬유로 직경이 4mm 이상이어야 한다. 라. 수인끈은 작업자와 작업공정에 따라 그 길이를 조정할 수 있어야 한다. 마. 수인끈의 안내통은 끈의 마모와 손상을 방지할 수 있는 조치를 해야 한다. 바. 각종 레버는 경량이면서 충분한 강도를 가져야 한다. 사. 수인량의시험은 수인량이 링크에 의해서 조정될 수 있도록 되어야 하며 금형으로부터 위험한계 밖으로 당길 수 있는 구조이어야 한다.

06.

낙하위험 구간 내에 낙하물 보호구조를 설치해야 하는 차량계 건설기계 4종류를 쓰시오.

해답 ① 불도저 ② 트랙터 ③ 굴착기 ④ 로더
⑤ 스크레이퍼 ⑥ 덤프트럭 ⑦ 모터그레이더 ⑧ 롤러
⑨ 천공기 ⑩ 항타기 및 항발기

07.

유한사면의 붕괴유형 3가지를 쓰시오.

해답 ① 사면 천단부 붕괴
② 사면 중심부 붕괴
③ 사면 하단부 붕괴

08.

경고표지를 4가지 쓰시오.(단, 위험장소 경고는 제외한다.)

해답 ① 인화성 물질경고 ② 산화성 물질경고
③ 폭발성 물질경고 ④ 부식성 물질경고
⑤ 방사성 물질

09

[보기]의 재해빈발자의 유발요인을 3가지씩 쓰시오.

[보기]
① 상황성 유발자
② 소질성 유발자

해답 ① 상황성 유발자
㉠ 작업이 어려움 ㉡ 기계, 설비의 결함
㉢ 주의력의 집중이 곤란한 경우 ㉣ 심신의 근심이 있는 경우
② 소질성 유발자
㉠ 낮은 지능 ㉡ 비협조성
㉢ 도덕성의 결여 ㉣ 소심한 성격

10.

화학설비의 안전거리를 쓰시오.

① 사무실 · 연구실 · 실험실 · 정비실 또는 식당으로부터 단위공정시설 및 설비, 위험물질의 저장탱크, 위험물질 하역설비, 보일러 또는 가열로의 사이
② 위험물질 저장탱크로부터 단위공정 시설 및 설비, 보일러 또는 가열로의 사이

해답 ① 20m 이상 ② 20m 이상

11.

산업안전보건법상 안전인증대상 기계·기구 등이 안전인증기준에 적합한지를 확인하기 위하여 안전인증기관이 하는 심사의 종류 3가지와 심사기간을 쓰시오.

해답 ① 예비심사 : 7일
② 서면심사 : 15일(외국에서 제조한 경우는 30일)
③ 기술능력 및 생산체계 심사 : 30일(외국에서 제조한 경우는 45일)
④ 제품심사
㉠ 개별 제품심사 : 15일
㉡ 형식별 제품심사 : 30일

12.

기계의 고장률 곡선을 그리고 감소대책을 쓰시오.

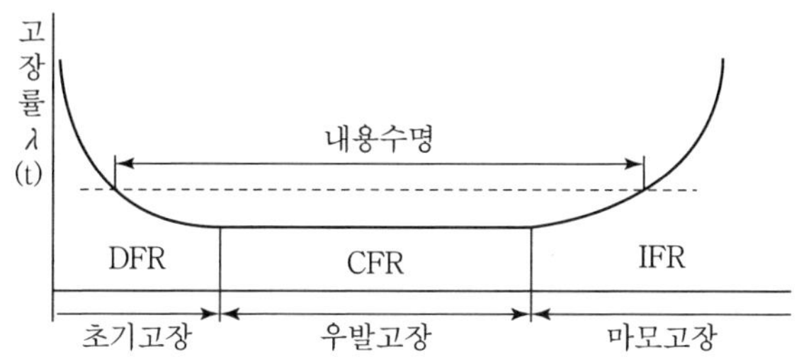

해답 ① 초기 고장 : 제조가 불량하거나 생산과정에서 품질관리가 안 돼 생기는 고장으로, 설계, 제작, 조립, 사용환경과의 적합 등을 점검한다.
② 우발 고장 : 예측할 수 없는 랜덤의 간격으로 생기는 고장으로, 점검 작업이나 시운전 작업으로 재해를 방지할 수 없다. 그러나 이러한 고장은 예측이 불가능하므로 제거하기가 어렵다.
③ 마모 고장 : 수명을 다하여 생기는 고장으로, 안전진단 및 적당한 보수에 의해서 방지할 수 있다.

13.

위험방지기술에서 리스크 처리방법 4가지를 쓰시오.

해답 ① 회피 ② 제거 ③ 보유 ④ 전가

산업안전산업기사(2012년 10월)

01.

[보기]의 방폭구조 기호를 쓰시오.

[보기]

① 용기 분진방폭구조　　② 본질안전 분진방폭구조
③ 몰드 분진방폭구조　　④ 압력 분진방폭구조

해답 ① tD　② iD　③ mD　④ pD

02.

다음 안전표지판의 명칭을 쓰시오.

①

②

③

④

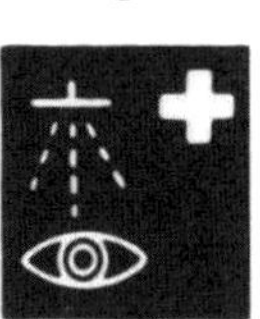

해답 ① 낙하물 경고　② 폭발성물질 경고　③ 보안면 착용　④ 세안장치

03.

안전보건 개선계획에 포함되는 사항 4가지를 쓰시오.

해답 ① 시설
② 안전보건관리체제
③ 안전보건교육
④ 산업재해예방에 관한 사항
⑤ 작업환경 개선에 관한 사항

04.

5분간 배기했을 때 O_2=16[%], CO_2=4[%], 총배기량 90L일 때 산소 소비량과 에너지 소비량을 구하시오.(단, 산소 1L의 에너지는 5[kcal]이다.)

해답 ① 분당 배기량(V_2) $= \frac{\text{총배기량}}{\text{시간}} = \frac{90}{5} = 18$(L/분)

② 분당 흡기량(V_1) $= \frac{100 - O_2 - CO_2}{100-21} \times V_2 = \frac{100-16-4}{79} \times 18 = 18.227 = 18.23$(L/분)

③ 분당 산소 소비량 $= (V_1 \times 21\%) - (V_2 \times 16\%) = (18.23 \times 0.21) - (18 \times 0.16) = 0.948 = 0.95$(L/분)

④ 분당 에너지 소비량 $= 0.95 \times 5 = 4.75$(kcal/분)

05.

안전인증 파열판에 안전인증의 표시 외에 추가로 표시하여야 할 사항 4가지를 쓰시오.

해답 ① 호칭지름
② 용도
③ 설정파열압력 및 설정온도
④ 분출용량 또는 공칭분출계수
⑤ 파열판의 재질
⑥ 유체의 흐름방향 지시

06.

다음 내용에 가장 적합한 위험분석기법을 [보기]에서 골라 한가지씩만 번호를 쓰시오.

[보기]

① PHA	② FHA	③ FMEA	④ CA
⑤ DT	⑥ ETA	⑦ THERP	⑧ MORT
⑨ FTA	⑩ HAZOP		

1) 모든 요소의 고장을 형태별로 분석하여 그 영향을 검토하는 기법
2) 모든 시스템 안전프로그램의 최초 단계의 분석기법
3) 인간의 과오를 정량적으로 평가하기 위한 기법
4) 초기사상의 고장 영향에 의해 사고나 재해로 발전해 나가는 과정 분석기법
5) 결합수법이라 하며 재해발생을 연역적, 정량적으로 예측할 수 있는 기법

해답 1) ③ FMEA　2) ① PHA　3) ⑦ THERP
4) ⑥ ETA　5) ⑨ FTA

07.

지반 굴착작업 시 지반의 붕괴 또는 토석의 낙하에 의하여 근로자에게 위험이 미칠 우려가 있을 때 조치사항 3가지를 쓰시오.

해답 ① 흙막이 지보공 설치
② 방호망의 설치
③ 근로자의 출입 금지
④ 비가 올 경우를 대비하여 측구를 설치하거나 굴착사면에 비닐을 덮는 등의 조치

08.

다음 그림을 보고 전등이 점등되지 않는 FT도를 작성하시오.

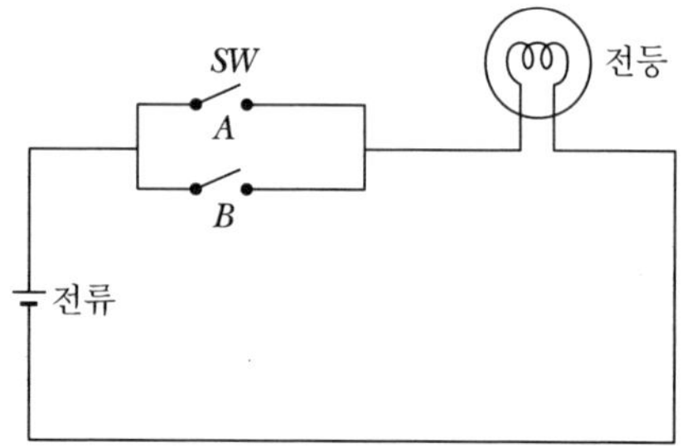

해답 FT도(고장사상 발생확률)

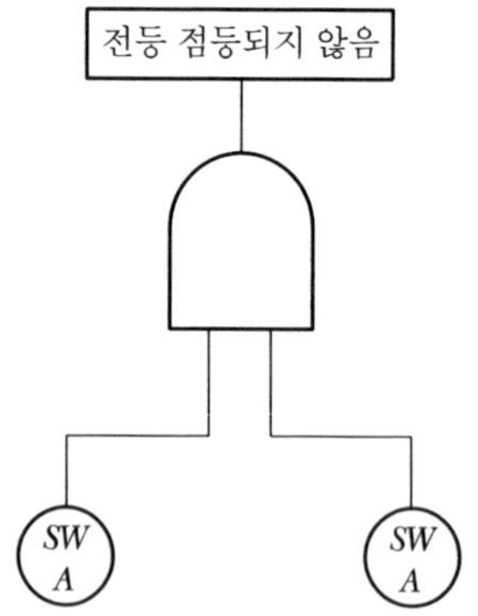

09.

시몬즈 방식에 보험코스트와 비보험코스트 중 비보험코스트 항목(종류) 4가지를 쓰시오.

해답 ① 휴업상해건수 ② 통원상해건수 ③ 응급조치건수 ④ 무상해사고건수

10.

공정흐름도의 표시사항 3가지를 쓰시오.

해답 ① 공정 처리순서 및 흐름의 방향(Flow scheme & direction)
② 주요 동력기계, 장치 및 설비류의 배열
③ 기본 제어논리(Basic control logic)
④ 기본설계를 바탕으로 한 온도, 압력, 물질수지 및 열수지 등
⑤ 압력용기, 저장탱크 등 주요 용기류의 간단한 사양
⑥ 열교환기, 가열로 등의 간단한 사양
⑦ 펌프, 압축기 등 주요 동력기계의 간단한 사양
⑧ 회분식 공정인 경우에는 작업순서 및 작업시간

11.

폭굉현상에서 그 유도거리가 짧아지는 조건 3가지를 쓰시오.

해답 ① 정상 연소속도가 큰 혼합물일 경우
② 점화원의 에너지가 큰 경우
③ 고압일 경우
④ 관 속에 방해물이 있을 경우
⑤ 관경이 작을 경우

12.

거푸집의 설치 · 해체, 철근 조립, 콘크리트 타설, 콘크리트 면처리 작업 등을 위하여 거푸집을 작업발판과 일체로 제작하여 사용하는 일체형 거푸집의 종류 4가지를 쓰시오.

해답 ① 갱폼 ② 슬립 폼 ③ 클라이밍 폼 ④ 터널 라이닝폼

13.

방호조치를 하지 아니하고는 양도 · 대여 · 설치 · 사용하거나, 양도 · 대여의 목적으로 진열해서는 안되는 기계 · 기구 5가지를 쓰시오.

해답 ① 예초기
② 원심기
③ 공기압축기
④ 금속절단기
⑤ 지게차
⑥ 포장기계

필답형 기출문제 2013

■ Industrial Engineer Industrial Safety

산업안전산업기사(2013년 4월)

01.

하인리히의 도미노 이론과 버드의 신도미노 이론 5단계를 쓰시오.

해답 ① 하인리히(H. W. Heinrich)의 도미노 이론(사고발생의 연쇄성)
1단계 : 사회적 환경 및 유전적 요소(기초원인)
2단계 : 개인의 결함(간접원인)
3단계 : 불안전한 행동 및 불안전한 상태(직접원인) ⇒ 제거(효과적임)
4단계 : 사고
5단계 : 재해

② 버드(Frank Bird)의 신도미노이론
1단계 : 통제의 부족(관리소홀), 재해발생의 근원적 요인
2단계 : 기본원인(기원), 개인적 또는 과업과 관련된 요인
3단계 : 직접원인(징후), 불안전한 행동 및 불안전한 상태
4단계 : 사고(접촉)
5단계 : 상해(손해)

02.

산업안전보건법에 따른 안전관리자의 직무 4가지를 쓰시오.

해답 ① 산업안전보건위원회 또는 안전 및 보건에 관한 노사협의체에서 심의·의결한 업무와 해당 사업장의 안전보건관리규정 및 취업규칙에서 정한 업무
② 위험성평가에 관한 보좌 및 지도·조언
③ 안전인증대상기계 등과 자율안전확인대상 기계 등 구입 시 적격품의 선정에 관한 보좌 및 지도·조언
④ 해당 사업장 안전교육계획의 수립 및 안전교육 실시에 관한 보좌 및 지도·조언
⑤ 사업장 순회점검, 지도 및 조치 건의
(생략)
(산업안전보건법 시행령 제18조 참조)

03.

인간과오 분류 중 심리적 분류의 종류 4가지를 쓰시오.

해답 ① 생략에러(Omission Error)
② 수행에러(Commission Error)
-선택착오, 순서착오, 시간착오
③ 과잉행동 에러(Extraneous Error)
④ 순서에러(Sequential Error)
⑤ 시간에러(Timing Error)

04.

기계설비에 형성되는 위험점 5가지를 쓰시오.

해답 ① 협착점 ② 끼임점 ③ 절단점 ④ 물림점
⑤ 접선물림점 ⑥ 회전말림점

05.

승강기 종류 4가지를 쓰시오.(단, 산업안전보건기준에 관한 규칙에서 정한 종류를 작성하시오)

해답 ① 승객용 엘리베이터 ② 승객화물용 엘리베이터
③ 화물용 엘리베이터 ④ 소형화물용 엘리베이터
⑤ 에스컬레이터

06.

가스집합 용접장치에 관한 내용이다. 다음 빈칸을 채우시오.

가) 가스집합장치에 대해서는 화기를 사용하는 설비로부터 (①)m 이상 떨어진 장소에 설치하여야 한다.
나) 주관 및 분기관에는 안전기를 설치할 것. 이 경우 하나의 취관에 (②)개 이상의 안전기를 설치하여야 한다.
다) 사업주는 용해아세틸렌의 가스집합 용접장치의 배관 및 부속기구는 구리나 구리 함유량이 (③)% 이상인 합금을 사용해서는 아니 된다.

해답 ① 5 ② 2 ③ 70

07.

정전기 대전의 종류 4가지를 쓰시오.

해답 마찰대전, 분출대전, 유동대전, 박리대전, 충돌대전, 파괴대전, 교반(진동)이나 침강대전 등

08.

폭풍에 의한 크레인, 양중기, 승강기의 안전조치 기준이다. 다음 ( )에 답을 쓰시오.

① 폭풍에 의한 주행 크레인의 이탈방지 조치 : 풍속 ( )m/s 초과
② 폭풍에 의한 건설용 리프트에 대하여 받침의 수를 증가시키는 등 그 붕괴 등을 방지하기 위한 조치 : 풍속 ( )m/s 초과
③ 폭풍에 의한 옥외용 승강기의 받침의 수 증가 등 도괴방지조치 : 풍속 ( )m/s 초과

해답 ① 30 ② 35 ③ 35

09.

다음 각 물음에 적응성이 있는 소화기를 보기에서 골라 쓰시오.

[보기]

① 포소화기 ② 이산화탄소소화기 ③ 봉상수소화기
④ 봉상강화액소화기 ⑤ 할로겐화합물소화기 ⑥ 분말소화기

1) 전기화재(3가지)
2) 인화성 액체(4가지)
3) 자기반응성 물질(3가지)

해답 1) ② ⑤ ⑥
2) ① ② ⑤ ⑥
3) ① ③ ④

10.

산업안전보건법상 안전보건 표지 중 안내표지 종류 4가지를 쓰시오.

해답 ① 녹십자표지 ② 응급구호표지
③ 들것 ④ 세안장치

11.

근로자가 1시간 동안 1분당 6[kcal]의 에너지를 소모하는 작업을 수행하는 경우 ① 휴식시간 ② 작업시간을 각각 구하시오.(단, 작업에 대한 권장 에너지 소비량은 분당 5[kcal])

해답 ① 휴식시간 $R=\frac{60(E-5)}{E-1.5}=\frac{60(6-5)}{6-1.5}=13.333=13.33$[분]

② 작업시간 : 60 − 13.33 = 46.67[분]

12.

위험기계의 조종장치를 촉각적으로 암호화할 수 있는 차원 3가지를 쓰시오.

해답 ① 위치 암호 ② 형상 암호 ③ 색채 암호

13.

산업안전보건법상 실시하는 특수건강진단의 시기(배치 후 첫 번째 특수건강진단)를 쓰시오.

1. 벤젠 : (①) 2. 소음 : (②) 3. 석면 : (③)

해답 ① 2개월 이내
② 12개월 이내
③ 12개월 이내

산업안전산업기사(2013년 7월)

01.

운전자가 운전 중에 운전위치를 이탈해서는 안 되는 기계를 쓰시오.

해답 ① 양중기 ② 항타기 또는 항발기 ③ 양화장치

02.

기계설비의 방호장치 중 위험 장소에 따른 분류에서 격리식 방호장치 3가지를 쓰시오.

해답 ① 완전 차단형 방호장치　② 덮개형 방호장치　③ 안전방호망

03.

다음에 해당하는 적응기제를 쓰시오.

(1) 자신의 결함과 무능에 의하여 생긴 열등감이나 긴장을 해소시키기 위하여 장점 같은 것으로 그 결함을 보충하려는 행동
(2) 자기의 실패나 약점에 대해 그럴 듯한 이유를 들어 남에게 비난을 받지 않도록 하는 기제
(3) 억압당한 욕구 대신 다른 가치 있는 목적을 실현하도록 노력함으로써 욕구를 충족하는 기제
(4) 자신의 불만이나 불안을 해소시키기 위해서 남에게 뒤집어씌우는 방식의 기제

해답 (1) 보상　(2) 합리화　(3) 승화　(4) 투사

04.

터널굴착작업 시 근로자의 위험을 방지하기 위하여 작업계획서에 포함하여야 하는 사항 3가지를 쓰시오.

해답 ① 굴착의 방법
② 터널지보공 및 복공의 시공방법과 용수의 처리방법
③ 환기 또는 조명시설을 설치할 때에는 그 방법

05.

반경 20cm의 조정구(Ball Control)를 20° 움직였을 때 커서(cursor)는 2cm 이동하였다. 이때 C/R비를 구하고 설계가 적합한지를 판정하시오.

해답 ① $\frac{C}{R}\text{비} = \dfrac{\frac{a}{360}\times 2\pi \times L}{\text{표시장치 이동거리}} = \dfrac{\frac{20}{360}\times 2\pi \times 20}{2} = 3.49$ (a : 조정장치가 움직인 각도, L : 반경)
② 적합판정 : 적합(2.5~4.0 범위 안에 있다.)

06.

동력식 수동대패기의 방호장치 한가지와 그 방호장치와 송급테이블의 간격을 쓰시오.

해답 ① 방호장치 : 날접촉예방장치
② 간격 : 8mm 이하

07.

다음 가스의 종류별로 용기의 도색 색깔을 쓰시오.

가스	수소	아세틸렌	헬륨	산소	질소
색채	①	②	③	④	⑤

해답 ① 주황색 ② 노란색(황색) ③ 회색 ④ 녹색 ⑤ 회색

08.

크레인에 걸리는 하중 중에서 정격하중과 적재하중에 정의를 각각 쓰시오.

해답 ① 정격하중 : 지브 혹은 붐의 경사각 및 길이 또는 지브의 위에 놓이는 도르래의 위치에 따라 부하시킬 수 있는 최대하중으로부터 각각 훅, 버킷 등 달아올리기 기구의 중량에 상당하는 하중을 공제한 하중
② 적재하중 : 엘리베이터, 자동차정비용 리프트 또는 건설용 리프트의 구조 및 재료에 따라서 운반기에 사람 또는 짐을 올려놓고 승강시킬 수 있는 최대하중

09.

인간오류확률을 측정할 수 있는 기법을 3가지 쓰시오.

해답 ① FTA ② ETA ③ THERP ④ FMEA

10.

다음은 정전기 대전에 관한 설명이다. 각각 대전의 종류를 쓰시오.

① 상호 밀착되어 있는 물질이 떨어질 때, 전하분리에 의해 정전기가 발생되는 현상이다.
② 액체류 등을 파이프 등으로 이송할 때 액체류가 파이프 등의 고체류와 접촉하면서 두 물질 사이의 경계에서 전기 이중층이 형성되고 이 이중층을 형성하는 전하의 일부가 액체류의 유동과 같이 이동하기 때문에 대전되는 현상이다.
③ 분체류, 액체류, 기체류가 작은 분출구를 통해 공기 중으로 분출될 때, 분출되는 물질과 분출구의 마찰에 의해 발생되는 현상이다.
④ 기름을 탱크에 넣어 교반시키면 진동 주파수에 따라 대전전압에 극소치가 생긴다. 이 극소치 부분을 제외하면 대전은 진폭이 커질수록 커지며, 진동수가 빨라질수록 커지는 현상이다.

해답 ① 박리대전 ② 유동대전 ③ 분출대전 ④ 교반대전

11.

"관계자외 출입금지" 표지 종류 3가지를 쓰시오.

해답 ① 허가대상물질 작업장 ② 석면취급/해체 작업장 ③ 금지대상물질의 취급실험실 등

12.

산업안전보건위원회 설치 대상 사업장을 쓰시오.

해답

사업의 종류	규모
1. 토사석 광업 2. 목재 및 나무제품 제조업 : 가구 제외 3. 화학물질 및 화학제품 제조업 : 의약품 제외(세제, 화장품 및 광택제 제조업과 화학섬유 제조업은 제외한다) 4. 비금속 광물제품 제조업 5. 1차 금속 제조업 6. 금속가공제품 제조업 : 기계 및 가구 제외 7. 자동차 및 트레일러 제조업 8. 기타 기계 및 장비 제조업(사무용 기계 및 장비 제조업은 제외한다) 9. 기타 운송장비 제조업(전투용 차량 제조업은 제외한다)	상시 근로자 50명 이상

10. 농업 11. 어업 12. 소프트웨어 개발 및 공급업 13. 컴퓨터 프로그래밍, 시스템 통합 및 관리업 14. 정보서비스업 15. 금융 및 보험업 16. 임대업 : 부동산 제외 17. 전문, 과학 및 기술 서비스업(연구개발업은 제외한다) 18. 사업지원 서비스업 19. 사회복지 서비스업	상시 근로자 300명 이상
20. 건설업	공사금액 120억 원 이상(「건설산업기본법 시행령」 별표 1의 종합공사를 시공하는 업종의 건설업종란 제1호에 따른 토목공사업의 경우에는 150억 원 이상)
21. 제1호부터 제20호까지의 사업을 제외한 사업	상시 근로자 100명 이상

13.

상해와 재해를 구분하시오.

[보기]

① 골절 ② 부종 ③ 추락 ④ 이상온도 접촉
⑤ 낙하, 비래 ⑥ 협착 ⑦ 화재, 폭발 ⑧ 중독 및 질식

해답 가) 상해 : ①, ②, ⑧
나) 재해 : ③, ④, ⑤, ⑥, ⑦

산업안전산업기사(2013년 10월)

01.

프로판 80%, 부탄 15%, 메탄 5%로 된 혼합가스의 폭발하한계 값을 계산하시오.(단, 프로판, 부탄, 메탄의 폭발하한계 값은 각각 5, 3, 2.1vol%이다.)

해답 폭발하한계 : 4.28(%)

$L = \dfrac{100}{\dfrac{V_1}{L_1} + \dfrac{V_2}{L_2} + ... + \dfrac{V_n}{L_n}}$ (순수한 혼합가스일 경우) 식을 이용하여

여기서, L : 혼합가스의 폭발한계(%) - 폭발상한, 폭발하한 모두 적용 가능

$L_1, L_2, L_3, \cdots, L_n$: 각 성분가스의 폭발한계(%) - 폭발상한계, 폭발하한계

$V_1, V_2, V_3, \cdots, V_n$: 전체 혼합가스 중 각 성분가스의 비율(%) - 부피비

$L = \dfrac{100}{\dfrac{80}{5} + \dfrac{15}{3} + \dfrac{5}{2.1}} = 4.28$

02.

다음은 차광보안경에 대한 용어의 정의이다. 빈칸을 채우시오.

① (　　) : 착용자의 시야를 확보하는 보안경의 일부로서 렌즈 및 플레이트 등을 말한다.
② (　　) : 필터와 플레이트의 유해광선을 차단할 수 있는 능력을 말한다.
③ (　　) : 필터 입사에 대한 투과 광속의 비를 말하며, 분광투과율을 측정한다.

해답 ① 접안경
② 차광도 번호
③ 시감투과율

03.

다음은 연삭기 덮개에 관한 내용이다. 각 물음에 답을 쓰시오.

가) 탁상용 연삭기의 덮개에는 (①) 및 조정편을 구비하여야 한다.
나) (①)는 연삭숫돌과의 간격을 (②)mm 이하로 조정할 수 있는 구조이어야 한다.
다) 연삭기 덮개 추가표시사항은 숫돌 사용 주속도, (③) 이다.

해답 ① 워크레스트　② 3　③ 숫돌회전방향

04.

다음 불대수를 계산하시오.

① A+1 ② A+0 ③ A(A+B) ④ A+AB

해답 ① A+1=1
② A+0=A
③ A(A+B)=(A・A)+(A・B)=A+(A・B)=A(1+B)=A
④ A+AB=A(1+B)=A

05.

공정안전보고서 제출대상 사업장 4가지를 쓰시오.

해답 공정안전보고서 제출대상 사업장
① 원유정제 처리업
② 기타 석유정제물 재처리업
③ 석유화학계 기초화학물질 제조업 또는 합성수지 및 기타 플라스틱물질 제조업. 다만, 합성수지 및 기타 플라스틱물질 제조업은 별표 13 제1호 또는 제2호에 해당하는 경우로 한정한다.
④ 질소 화합물, 질소・인산 및 칼리질 화학비료 제조업 중 질소질 비료 제조
⑤ 복합비료 및 기타 화학비료 제조업 중 복합비료 제조(단순혼합 또는 배합에 의한 경우는 제외한다)
⑥ 화학 살균・살충제 및 농업용 약제 제조업[농약 원제(原劑) 제조만 해당한다]
⑦ 화약 및 불꽃제품 제조업
⑧ 그 외 산업안전보건법 시행령 별표 13에 따른 유해・위험물질 중 하나 이상을 같은 표에 따른 규정량 이상 제조・취급・사용・저장하는 사업장

06.

근로자가 500명인 사업장에서 연간 10건의 재해와 6명의 사상자가 발생했을 경우 도수율과 연천인율을 구하시오.(단, 하루 9시간 250일 근무)

해답 $\text{도수율} = \dfrac{\text{재해발생건수}}{\text{연근로시간수}} \times 1{,}000{,}000 = \dfrac{10}{500 \times 9 \times 250} \times 1{,}000{,}000 = 8.89$

$\text{연천인율} = \dfrac{\text{재해자수}}{\text{연평균근로자수}} \times 1{,}000 = \dfrac{6}{500} \times 1{,}000 = 12$

07.

다음 [보기]에 해당하는 안전관리자의 최소 인원을 쓰시오.

[보기]

① 통신업 – 상시근로자 150명
② 펄프 제조업 – 상시근로자 300명
③ 식료품 제조업 – 상시근로자 500명
④ 운수업 – 상시근로자 1,000명
⑤ 총공사금액 700억원 이상인 건설업

해답 ① 1명 ② 1명 ③ 2명 ④ 2명 ⑤ 1명

08.

교량작업시 작업계획서에 포함해야 하는 사항을 4가지 쓰시오.(단, 그 밖에 안전 · 보건관리에 필요한 사항 제외)

해답 ① 작업 방법 및 순서
② 부재의 낙하 · 전도 또는 붕괴를 방지하기 위한 방법
③ 작업에 종사하는 근로자의 추락 위험을 방지하기 위한 안전조치 방법
④ 공사에 사용되는 가설 철구조물 등의 설치 · 사용 · 해체 시 안전성 검토 방법
⑤ 사용하는 기계 등의 종류 및 성능, 작업방법
⑥ 작업지휘자 배치계획

09.

자율안전확인대상 기계 · 기구의 방호장치 4가지를 쓰시오.

해답 ① 아세틸렌 또는 가스집합 용접장치용 안전기
② 교류아크 용접기용 자동전격방지기
③ 롤러기 급정지장치
④ 연삭기 덮개
⑤ 목재가공용 둥근톱 반발 예방장치와 날 접촉 예방장치
⑥ 동력식 수동대패용 칼날 접촉 방지장치
⑦ 추락 · 낙하 및 붕괴 등의 위험 방지 및 보호에 필요한 가설기자재

10.

다음은 동기부여의 이론 중 허츠버그의 2요인이론(Dual Factors Theory)과 알더퍼의 ERG 이론을 비교한 것이다. ①~⑤의 빈칸에 들어갈 내용을 쓰시오.

<table>
<tr><th>ERG 이론</th><th>2요인 이론</th></tr>
<tr><td>①</td><td rowspan="2">④</td></tr>
<tr><td>②</td></tr>
<tr><td>③</td><td>⑤</td></tr>
</table>

해답 ① 존재욕구(E)
② 관계욕구(R)
③ 성장욕구(G)
④ 위생요인
⑤ 동기요인

11.

로봇을 운전하는 경우에 근로자가 로봇에 부딪칠 위험이 있을 때 위험을 방지하기 위하여 필요한 조치 사항 2가지를 쓰시오.

해답 ① 안전매트를 설치한다.
② 높이 1.8m 이상의 울타리를 설치한다.

12.

충전전로에 대한 접근 한계거리를 쓰시오.

① 220V ② 1kV ③ 22kV ④ 154kV

해답 ① 접촉금지 ② 45cm ③ 90cm ④ 170cm

13.

구축물 또는 이와 유사한 시설물에 대하여 안전진단 등 안전성 평가를 실시하여 근로자에게 미칠 위험성을 미리 제거하여야 하는 경우 2가지를 쓰시오.(단, 그 밖의 잠재위험이 예상될 경우 제외)

해답 ① 화재 등으로 구축물 또는 이와 유사한 시설물의 내력이 심하게 저하되었을 경우

② 구축물 또는 이와 유사한 시설물에 지진, 동해, 부동침하 등으로 균열 · 비틀림 등이 발생하였을 경우

③ 오랜 기간 사용하지 아니하던 구축물 또는 이와 유사한 시설물을 재사용하게 되어 안전성을 검토하여야 하는 경우

④ 구축물 또는 이와 유사한 시설물의 인근에서 굴착 · 항타 작업 등으로 침하 · 균열 등이 발생하여 붕괴의 위험이 예상될 경우

⑤ 구조물, 건축물, 그 밖의 시설물이 그 자체의 무게 · 적설 · 풍압 또는 그 밖에 부가되는 하중 등으로 붕괴 등의 위험이 있을 경우

필답형 기출문제 2014

■ Industrial Engineer Industrial Safety

산업안전산업기사(2014년 4월)

01.

산업안전보건법에서 정한 위험물질을 기준량 이상 제조, 취급, 사용 또는 저장하는 설비로서 내부의 이상상태를 조기에 파악하기 위하여 필요한 온도계 · 유량계 · 압력계 등의 계측장치를 설치하여야 하는 대상을 4가지 쓰시오.

해답 ① 가열로 또는 가열기
② 발열반응이 일어나는 반응장치
③ 증류 · 정류 · 증발 · 추출 등 분리를 하는 장치
④ 온도가 섭씨 350도 이상이거나 게이지 압력이 980kPa 이상인 상태에서 운전되는 설비

02.

인간과오 분류 중 심리적 분류의 종류 4가지를 쓰시오.

해답 심리적(행위에 의한) 분류(Swain)
① 생략에러(Omission Error) : 작업 내지 필요한 절차를 수행하지 않는 데서 기인하는 에러
② 수행에러(Commission Error) : 작업 내지 절차를 수행했으나 잘못한 실수, 선택착오, 순서착오, 시간착오
③ 과잉행동 에러(Extraneous Error) : 불필요한 작업 내지 절차를 수행함으로써 기인한 에러
④ 순서에러(Sequential Error) : 작업수행의 순서를 잘못한 실수
⑤ 시간에러(Timing Error) : 소정의 기간에 수행하지 못한 실수(너무 빨리 혹은 늦게)

03.

안전관리자 업무(직무) 4가지를 쓰시오.

해답 ① 산업안전보건위원회 또는 안전 및 보건에 관한 노사협의체에서 심의 · 의결한 업무와 해당 사업장의 안전보건관리규정 및 취업규칙에서 정한 업무
② 위험성평가에 관한 보좌 및 지도 · 조언
③ 안전인증대상기계 등과 자율안전확인대상 기계 등 구입 시 적격품의 선정에 관한 보좌 및 지도 · 조언
④ 해당 사업장 안전교육계획의 수립 및 안전교육 실시에 관한 보좌 및 지도 · 조언
⑤ 사업장 순회점검, 지도 및 조치 건의
(생략)
(산업안전보건법 시행령 제18조 참조)

04.
다음 연삭기의 덮개의 각도를 쓰시오.

① 일반연삭작업 등에 사용하는 것을 목적으로 하는 탁상용 연삭기의 덮개 각도는 몇 도 이내인가?
② 연삭숫돌의 상부를 사용하는 것을 목적으로 하는 탁상용 연삭기의 덮개 각도는 몇 도 이상인가?
③ 휴대용 연삭기, 스윙연삭기, 슬래브연삭기, 기타 이와 비슷한 연삭기의 덮개 각도는 몇 도 이내인가?
④ 평면연삭기, 절단연삭기, 기타 이와 비슷한 연삭기의 덮개 각도는 몇 도 이상인가?

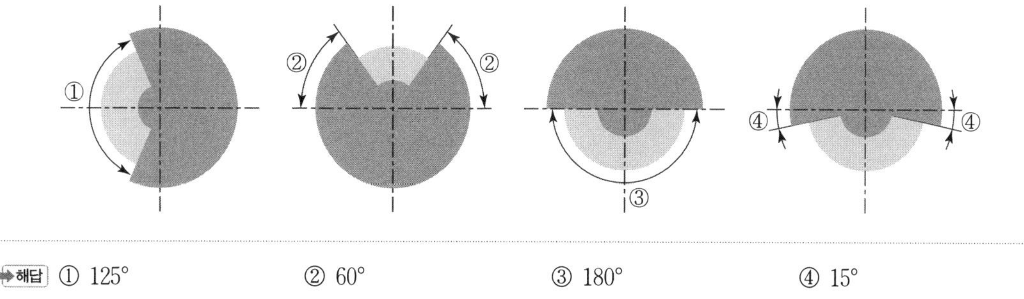

해답 ① 125°　　② 60°　　③ 180°　　④ 15°

05.
재해사례 연구순서 5단계를 쓰시오.

해답

전제조건	재해상황의 파악
제1단계	사실의 확인
제2단계	문제점의 발견
제3단계	근본 문제점의 결정
제4단계	대책 수립

06.
인간-기계 기능체계의 기본기능 4가지를 쓰시오.

해답 1. 감지기능
2. 정보저장기능
3. 정보처리 및 의사결정기능
4. 행동기능

07.

압력용기 안전검사의 주기에 관한 내용이다. 검사주기를 쓰시오.

① 사업장에 설치가 끝난 날부터 (①)년 이내에 최초 안전검사를 실시한다.
② 그 이후부터 (②)년마다 안전검사를 실시한다.
③ 공정안전보고서를 제출하여 확인을 받은 압력용기는 (③)년마다 안전검사를 실시한다.

해답 ① 3 ② 2 ③ 4

08.

다음 괄호에 안전계수를 쓰시오.

(1) 근로자가 탑승하는 운반구를 지지하는 달기와이어로프 또는 달기체인의 경우 : (①) 이상
(2) 화물의 하중을 직접 지지하는 달기와이어로프 또는 달기체인의 경우 : (②) 이상
(3) 훅, 샤클, 클램프, 리프팅 빔의 경우 : (③) 이상

해답 ① 10 ② 5 ③ 3

09.

분리식, 안면부 여과식 방진마스크의 시험성능기준에 있는 각 등급별 여과제 분진 등 포집효율기준을 [표]의 빈칸에 쓰시오.

형태 및 등급		염화나트륨(NaCl) 및 파라핀 오일(Paraffin oil) 시험(%)
분리식	특 급	(①) 이상
	1 급	94.0 이상
	2 급	(②) 이상
안면부 여과식	특 급	(③) 이상
	1 급	94.0 이상
	2 급	(④) 이상

해답 ① 99.95 ② 80.0
③ 99.0 ④ 80.0

10.

지반의 이상현장 중 하나인 히빙이 일어나기 쉬운 지반조건과 발생원인 2가지를 쓰시오.

해답 (1) 연약한 점토지반
(2) 발생원인
① 흙막이벽 배면 흙의 중량이 굴착저면 이하의 흙보다 중량이 클 경우
② 굴착저면 하부의 피압수

11.

프레스 급정지 시간이 200ms일 때 안전거리와 안전거리 또는 정지기능에 영향을 받는 방호장치 1가지를 쓰시오.

해답 ① $D = 1.6 \times T_m = 1.6 \times 200 = 320[\text{mm}]$
② 방호장치 : 광전자식 방호장치

12.

교류아크 용접기의 자동전격방지장치를 부착할 때의 주의사항 2가지를 쓰시오.

해답 ① 직각으로 부착할 것
② 용접기의 이동, 진동, 충격으로 이완되지 않도록 이완 방지조치를 취할 것
③ 작동상태를 알기 위한 표시등은 보기 쉬운 곳에 설치할 것
④ 작동상태를 시험하기 위한 테스트 스위치는 조작하기 쉬운 곳에 설치할 것

13.

Project Method(구안법)의 장점 4가지를 쓰시오.

해답 ① 동기부여가 충분하다.
② 현실적인 학습방법이다.
③ 창조력이 생긴다.
④ 협동성, 지도성, 희생정신을 기를 수 있다.

산업안전산업기사(2014년 7월)

01.

상시근로자 50명, 재해건수 8건, 1일 9시간 280일 근무, 재해자수 10명, 휴업일수 219일일 때 도수율, 강도율을 구하시오.

해답 ① $\text{도수율} = \dfrac{\text{재해건수}}{\text{연근로시간수}} \times 1{,}000{,}000 = \dfrac{8}{50 \times 9 \times 280} \times 1{,}000{,}000 = 63.492 = 63.49$

② $\text{강도율} = \dfrac{\text{총근로손실일수}}{\text{연근로시간수}} \times 1{,}000 = \dfrac{219 \times \dfrac{280}{365}}{50 \times 9 \times 280} \times 1{,}000 = 1.333 = 1.33$

02.

안전표지판의 명칭을 쓰시오.

해답 ① 사용금지
② 인화성 물질경고
③ 방사성 물질경고
④ 낙하물 경고
⑤ 들것

03.

미국방성 위험성 평가 중 위험도(MIL－STD－882B) 4가지를 쓰시오.

해답 ① 1단계 : 파국적
② 2단계 : 위기적
③ 3단계 : 한계적
④ 4단계 : 무시가능

04.

단상 변압기에 관한 그림이다. 대지전압 100V를 50V로 감소시켜 감전사고를 방지하기 위해 필요한 접지위치를 그림에 표시하고 몇 종 접지공사를 하여야 하는지 쓰시오.

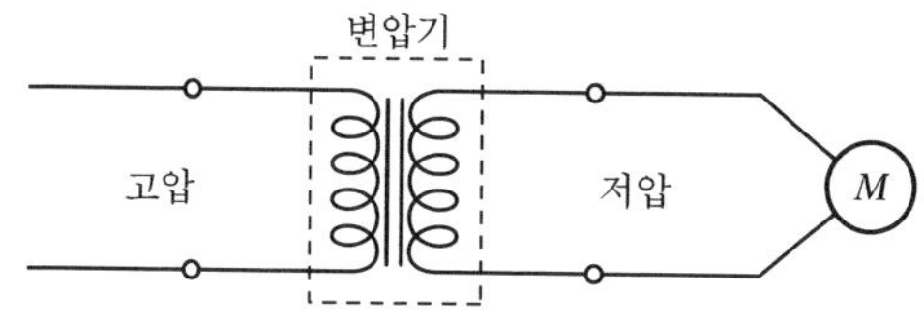

해답 ('21년 개정) 접지대상에 따라 일괄 적용한 종별접지(1종, 2종, 3종, 특3종) 폐지

[참고자료]

접지대상	개정 전 접지방식	KEC 접지방식
(특)고압설비	1종 : 접지저항 10Ω	• 계통접지 : TN, TT, IT 계통 • 보호접지 : 등전위본딩 등 • 피뢰시스템접지
600V 이하 설비	특3종 : 접지저항 10Ω	
400V 이하 설비	3종 : 접지저항 100Ω	
변압기	2종 : (계산요함)	"변압기 중성점 접지"로 명칭 변경

접지대상	개정 전 접지도체 최소단면적	KEC 접지/보호도체 최소단면적
(특)고압설비	1종 : $6.0mm^2$ 이상	상도체 단면적 S(mm^2)에 따라 선정* • S≤16 : S • 16<S≤35 : 16 • 35<S : S/2 또는 차단시간 5초 이하의 경우 • $S=\sqrt{I^2t}/k$
600V 이하 설비	특3종 : $2.5mm^2$ 이상	
400V 이하 설비	3종 : $2.5mm^2$ 이상	
변압기	2종 : $16.0mm^2$ 이상	

*접지도체와 상도체의 재질이 같은 경우로서, 다른 경우에는 재질 보정계수(k_1/k_2)를 곱함

05.

밀폐공간에서의 작업에 대한 특별교육을 실시할 때 정규직 근로자의 특별교육시간과 교육내용 3가지를 쓰시오.(단, 그 밖에 안전 · 보건관리에 필요한 사항은 제외함)

해답 (1) 교육시간 : 16시간 이상

(2) 교육내용

① 산소농도 측정 및 작업환경에 관한 사항
② 사고 시의 응급처치 및 비상 시 구출에 관한 사항
③ 보호구 착용 및 사용방법에 관한 사항
④ 작업내용 · 안전작업방법 및 절차에 관한 사항
⑤ 장비 · 설비 및 시설 등의 안전점검에 관한 사항

06.

A, B, C 발생확률이 각각 0.15 이고, 직렬로 접속되어 있다. 고장사상을 정상사상으로 하는 FT도와 발생확률을 구하시오.

해답 ① FT도(고장사상발생 확률)

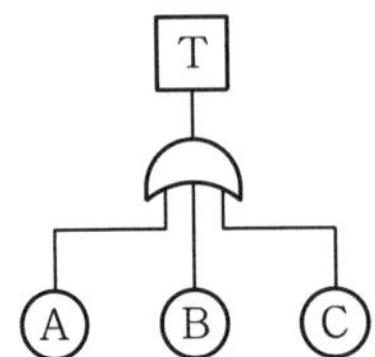

② 확률 T=1-(1-0.15)(1-0.15)(1-0.15)=0.385=0.39

07.

프레스의 손쳐내기식 방호장치에 관한 설명 중 (   ) 안에 알맞은 내용이나, 수치를 써 넣으시오.

(1) 손쳐내기식 방호장치의 일반구조에 있어 슬라이드 하행정거리의 (①)위치 내에 손을 완전히 밀어내야 한다.
(2) 방호판은 금형 크기의 (②) 이상 또는 높이가 행정길이 이상의 것
(3) 손쳐내기식 방호판의 폭을 최대 (③)mm로 해야 한다.

해답 ① 3/4 ② 1/2 ③ 300

08.

자율안전확인대상 안전기에 자율안전확인표시 외에 추가로 표시하여야 할 사항 2가지를 쓰시오.

해답 ① 가스의 흐름 방향 ② 가스의 종류

09.

안전인증대상 기계 · 기구를 5가지 쓰시오(단, 세부사항까지 작성하고, 프레스, 크레인은 제외)

해답 ① 곤돌라 ② 전단기 및 절곡기 ③ 고소작업대
④ 리프트 ⑤ 압력용기 ⑥ 롤러기

10.

양중기에 사용하는 달기 체인의 사용금지 기준을 2가지 쓰시오.

해답 ① 달기 체인의 길이가 달기 체인이 제조된 때의 길이의 5%를 초과한 것
② 링의 단면지름이 달기 체인이 제조된 때의 해당 링의 지름의 10%를 초과하여 감소한 것
③ 균열이 있거나 심하게 변형된 것

11.

폭풍, 폭우 및 폭설 등의 악천후로 인하여 작업을 중지시킨 후 또는 비계를 조립 · 해체하거나 또는 변경한 후 작업재개 시 작업시작 전 점검하여야 할 항목을 4가지 쓰시오.

해답 ① 발판재료의 손상 여부 및 부착 또는 걸림상태
② 해당 비계의 연결부 또는 접속부의 풀림상태
③ 연결재료 및 연결철물의 손상 또는 부식상태
④ 손잡이의 탈락 여부
⑤ 기둥의 침하 · 변형 · 변위 또는 흔들림 상태
⑥ 로프의 부착상태 및 매단장치의 흔들림 상태 등이 있다.

12.

치사량의 기준치를 쓰시오.

① LD_{50}은 쥐에 대한 경구투입실험에 의하여 실험동물의 50%를 사망케 한다.
② LD_{50}은 쥐 또는 토끼에 대한 경피흡수실험에 의하여 실험동물의 50%를 사망케 한다.
③ LC_{50}은 가스로(쥐에 대한) 4시간 동안 흡입실험에 의하여 실험동물의 50%를 사망케 한다.

해답 ① 300mg/kg
② 1,000mg/kg
③ 2,500ppm

13.

산업안전보건법에 따른 산업안전보건위원회의 심의 · 의결사항을 4가지 쓰시오.

해답 산업안전보건위원회 심의의결사항

1. 산업재해 예방계획의 수립에 관한 사항
2. 안전보건관리규정의 작성 및 변경에 관한 사항
3. 근로자의 안전 · 보건교육에 관한 사항
4. 작업환경 측정 등 작업환경의 점검 및 개선에 관한 사항
5. 근로자의 건강진단 등 건강관리에 관한 사항
6. 산업재해(중대재해)의 원인 조사 및 재발 방지대책 수립에 관한 사항
7. 산업재해에 관한 통계의 기록 및 유지에 관한 사항
8. 유해하거나 위험한 기계 · 기구와 그 밖의 설비를 도입한 경우 안전 · 보건조치에 관한 사항

14.

리프트의 설치, 조립, 수리, 점검 또는 해체 작업을 하는 경우 조치사항을 3가지 쓰시오.(예상문제)

해답 ① 작업을 지휘하는 사람을 선임하여 그 사람의 지휘하에 작업을 실시할 것
② 작업을 할 구역에 관계 근로자가 아닌 사람의 출입을 금지하고 그 취지를 보기 쉬운 장소에 표시할 것
③ 비, 눈, 그 밖에 기상상태의 불안정으로 날씨가 몹시 나쁜 경우에는 그 작업을 중지시킬 것

산업안전산업기사(2014년 10월)

01.

이황화탄소의 폭발하한계가 44.0vol%, 상한계가 1.2vol%라면 이 물질의 위험도는 얼마인지 계산하시오.

해답 위험도$=\dfrac{U-L}{L}=\dfrac{44.0-1.2}{1.2}=35.666=35.67$

02.

휴대용 둥근톱가공 덮개에 대한 구조조건을 3가지 쓰시오.

해답 ① 절단작업이 완료되었을 때 자동적으로 원위치에 되돌아오는 구조일 것
② 이동범위를 임의의 위치로 고정할 수 없을 것
③ 휴대용 둥근톱 덮개의 지지부는 덮개를 지지하기 위한 충분한 강도를 가질 것
④ 휴대용 둥근톱 덮개의 지지부의 볼트 및 이동덮개가 자동적으로 되돌아오는 기계의 스프링 고정볼트는 이완방지장치가 설치되어 있는 것일 것

03.

재해를 분석하는 방법으로는 개별분석방법과 통계에 의한 분석방법이 있다. 통계적인 분석방법을 2가지 쓰고 설명하시오.

해답 ① 파레토도 : 분류 항목을 큰 순서대로 도표화한 분석법
② 특성요인도 : 특성과 요인 관계를 도표로 하여 어골상으로 세분화한 분석법
③ 클로즈(Close) 분석 : 데이터를 집계하고 표로 표시하여 요인별 결과 내역을 교차한 클로즈 그림을 작성하여 분석하는 방법
④ 관리도 : 재해발생 건수 등의 추이를 파악하여 목표 관리를 행하는 데 필요한 월별 재해 발생수를 그래프화하여 관리선을 설정 관리하는 방법

04.

차량계 하역운반기계의 운전위치 이탈 시 준수해야 할 사항 2가지를 쓰시오.

해답 ① 포크, 버킷, 디퍼 등의 장치를 가장 낮은 위치 또는 지면에 내려 둘 것
② 원동기를 정지시키고 브레이크를 확실히 거는 등 갑작스러운 주행이나 이탈을 방지하기 위한 조치를 할 것
③ 운전석을 이탈하는 경우에는 시동키를 운전대에서 분리시킬 것. 다만, 운전석에 잠금장치를 하는 등 운전자가 아닌 사람이 운전하지 못하도록 조치한 경우에는 그러하지 아니하다.

05.

산업안전보건법상 다음 기계 · 기구에 설치하여야 할 방호장치를 하나씩 쓰시오.

① 예초기 ② 공기압축기 ③ 원심기
④ 금속절단기 ⑤ 지게차

해답 ① 날접촉 예방장치
② 압력방출장치
③ 회전체 접촉 예방장치
④ 날접촉 예방장치
⑤ 헤드가드

06.

양중기용 와이어로프의 사용금지조건 3가지를 쓰시오.

해답 ① 이음매가 있는 것
② 와이어로프의 한 꼬임(스트랜드(Strand)를 말한다. 이하 같다)에서 끊어진 소선(素線)의 수가 10퍼센트 이상인 것. 다만, 비자전로프의 경우 끊어진 소선의 수가 와이어로프 호칭지름의 6배 길이 이내에서 4개 이상이거나 호칭지름 30배 길이 이내에서 8개 이상인 것이어야 한다.
③ 지름의 감소가 공칭지름의 7퍼센트를 초과하는 것
④ 꼬인 것
⑤ 심하게 변형되거나 부식된 것
⑥ 열과 전기충격에 의해 손상된 것

07.

암실에서 정지된 소광점을 응시하면 광점이 움직이는 것같이 보이는 운동의 착각현상을 '자동운동'이라 한다. 자동운동이 생기기 쉬운 조건을 3가지 쓰시오.

해답 ① 광점이 작을 것
② 대상이 단순할 것
③ 광의 강도가 작을 것
④ 시야의 다른 부분이 어두울 것

08.

가공기계에 주로 쓰이는 Fool Proof 중 고정가드와 인터록가드에 대한 설명을 쓰시오.

해답 ① 고정가드 : 개구부로부터 가공물과 공구 등을 넣어도 손은 위험영역에 머무르지 않는다.
② 인터록 가드 : 기계식 작동 중에 개폐되는 경우 기계가 정지한다.

09.

다음 형태의 재해발생에서 산업재해 정도를 쓰시오.

① 재해자가 전도로 인해서 추락되어 두개골에 골절이 발생하는 재해
② 재해자가 전도 또는 추락으로 물에 빠져서 익사하는 재해

해답 ① 영구일부노동불능 상해 ② 사망

10.

산업현장에서 사용되고 있는 출입금지 표지판의 배경반사율이 80%이고, 관련 그림의 반사율이 20%일 때 이 표지판의 대비를 구하시오.

해답 대비 $=100\times\frac{L_b-L_t}{L_b}=100\times\frac{0.8-0.2}{0.8}=75\%$

11.

[보기]의 교류아크용접기 자동전격방지기 표시사항을 상세히 기술하시오.

[보기]
SP-3A-H

해답 ① SP : 외장형
② 3 : 300A
③ A : 용접기에 내장되어 있는 콘덴서의 유무에 관계없이 사용할 수 있는 것
④ H : 고저항시동형

12.

보호구에 관한 규정에서 정의한 다음 설명에 해당하는 용어를 쓰시오.

① 유기화학물 보호복에 있어 화학물질이 보호복의 재료의 외부 표면에 접촉된 후 내부로 확산하여 내부 표면으로부터 탈착되는 현상
② 방독마스크에 있어 대응하는 가스에 대하여 정화통 내부의 흡착제가 포화상태가 되어 흡착 능력을 상실한 상태

해답 ① 투과 ② 파과

13.

아래 표를 보고 열압박지수(HSI), 작업지속시간(WT), 휴식시간을 구하시오.(단, 체온상승 허용치는 1℃를 250Btu로 환산한다.)

열부하원	작업	휴식
대사	1,500	320
복사	1,000	-200
대류	50	-500
E_{max}	1,500	1,200

해답 ① $E_{req} = M(\text{대사}) + R(\text{복사}) + C(\text{대류}) = 1,500 + 1,000 + 50 = 2,550[\text{Btu/hr}]$

② $E_{req}{'} = M(\text{대사}) + R(\text{복사}) + C(\text{대류}) = 320 + (-200) + (-500) = -380[\text{Btu/hr}]$

③ 열압박지수(HSI) $= \dfrac{E_{reg}}{E_{max}} \times 100\% = \dfrac{2,550}{1,500} \times 100 = 170[\%]$

④ 작업지속시간(WT) $= \dfrac{250}{E_{reg} - E_{max}} = \dfrac{250}{2,550 - 1,500} = 0.24[\text{시간}]$

⑤ 휴식시간 $= \dfrac{250}{E_{max}{'} - E_{reg}{'}} = \dfrac{250}{1,200 - (-380)} = 0.16[\text{시간}]$

(여기서, $E_{max}{'}$: 휴식장소에서 최대증발량, $E_{req}{'}$: 휴식장소에서 요구되는 증발량)

필답형 기출문제 2015

■ Industrial Engineer Industrial Safety

산업안전산업기사(2015년 4월)

01.

어느 사업장의 도수율이 4이고, 연간 5건의 재해와 350일의 근로손실일수가 발생하였을 경우 이 사업장의 강도율은 얼마인가?

해답 $\text{도수율} = \frac{\text{재해발생건수}}{\text{연근로시간수}} \times 1{,}000{,}000$에서

$4 = \frac{5}{\text{연근로시간수}} \times 1{,}000{,}000$ 그러므로 연근로시간수는 1,250,000이다.

$\text{강도율} = \frac{\text{근로손실일수}}{\text{연근로시간수}} \times 1{,}000 = \frac{350}{1{,}250{,}000} \times 1{,}000 = 0.28$

02.

지반 굴착작업 시 지반종류에 따른 기울기 기준에 대하여 다음 빈칸을 채우시오.

구 분	지반의 종류	기 울 기
보 통 흙	(①)	1 : 1 ~ 1 : 1.5
암 반	풍 화 암	(②)
	경 암	(③)

해답 ① 습지 ② 1 : 1.0 ③ 1 : 0.5

03.

Fool Proof 기계 · 기구를 4가지 쓰시오.

해답 가드(Guard), 록(Lock)기구, 오버런기구, 트립기구, 기동방지기구

04.

공정안전보고서에 포함되어야 할 사항을 4가지 쓰시오.

해답 공정안전보고서의 내용

① 공정안전자료
② 공정위험성평가서 및 잠재위험에 대한 사고예방 · 피해 최소화 대책
③ 안전운전계획
④ 비상조치계획
⑤ 그 밖에 공정상의 안전과 관련하여 고용노동부장관이 필요하다고 인정하여 고시하는 사항

05.

인간의 주의에 대한 특성에 대하여 설명하시오.

해답 ① 선택성 : 주의는 동시에 2개 이상의 방향에 집중하지 못한다.
② 방향성 : 한 지점에 주의를 집중하면 다른 곳의 주의는 약해진다.
③ 변동성 : 고도의 주의는 장시간 지속될 수 없다.

06.

위험물질에 대한 설명이다. 빈칸을 쓰시오.

가) 인화성 액체 : 에틸에테르, 가솔린, 아세트알데히드, 산화프로필렌, 그 밖에 인화점이 섭씨 (①) 미만이고 초기 끓는 점이 섭씨 35℃ 이하인 물질
나) 인화성 액체 : 크실렌, 아세트산아밀, 등유, 경유, 테레핀유, 이소아밀알코올, 아세트산, 하이드라진, 그 밖에 인화점이 섭씨 (②) 이상 섭씨 60℃ 이하인 물질
다) 부식성 산류 : 농도가 (③)% 이상인 염산, 황산, 질산, 그 밖에 이와 같은 정도 이상의 부식성을 가지는 물질
라) 부식성 산류 : 농도가 (④)% 이상인 인산, 아세트산, 불산, 그 밖에 이와 같은 정도 이상의 부식성을 가지는 물질

해답 ① 23 ② 23 ③ 20 ④ 60

07.

MTTF, MTTR, MTBF를 설명하시오.

해답 ① MTTF(평균고장시간) : 제품 고장 시 수명이 다하는 것으로 고장까지의 평균시간
② MTTR(평균수리시간) : 고장 발생 순간부터 수리완료 후 정상작동 시까지의 평균시간
③ MTBF(평균고장간격) : 고장이 발생하여도 다시 수리를 해서 쓸 수 있는 제품을 의미

08.

가죽제 안전화의 성능 시험항목을 4가지 쓰시오.

해답 ① 내압박성 시험 ② 내충격성 시험 ③ 박리저항 시험 ④ 내답발성 시험

09.

접지공사 종류에 따른 접지저항 값과 접지선의 굵기를 쓰시오.(단, 접지선의 굵기는 연동선의 직경을 기준으로 한다.)

종별	접지저항	접지선의 굵기
제1종	(①)Ω 이하	공칭단면적 (④)mm^2 이상의 연동선
제2종	$\frac{150}{\text{1선 지락전류}}$ Ω 이하	공칭단면적 (⑤)mm^2 이상의 연동선
제3종	(②)Ω 이하	공칭단면적 (⑥)mm^2 이상의 연동선
특별 제3종	(③)Ω 이하	

해답 ('21년 개정) 접지대상에 따라 일괄 적용한 종별접지(1종, 2종, 3종, 특3종) 폐지

[참고자료]

접지대상	개정 전 접지방식	KEC 접지방식
(특)고압설비	1종 : 접지저항 10Ω	• 계통접지 : TN, TT, IT 계통 • 보호접지 : 등전위본딩 등 • 피뢰시스템접지
600V 이하 설비	특3종 : 접지저항 10Ω	
400V 이하 설비	3종 : 접지저항 100Ω	
변압기	2종 : (계산요함)	"변압기 중성점 접지"로 명칭 변경

접지대상	개정 전 접지도체 최소단면적	KEC 접지/보호도체 최소단면적
(특)고압설비	1종 : 6.0mm^2 이상	상도체 단면적 S(mm^2)에 따라 선정* • S≤16 : S • 16<S≤35 : 16 • 35<S : S/2 또는 차단시간 5초 이하의 경우 • $S=\sqrt{I^2t}/k$
600V 이하 설비	특3종 : 2.5mm^2 이상	
400V 이하 설비	3종 : 2.5mm^2 이상	
변압기	2종 : 16.0mm^2 이상	

*접지도체와 상도체의 재질이 같은 경우로서, 다른 경우에는 재질 보정계수(k_1/k_2)를 곱함

10.

기계 · 기구 중에서 낙하물 보호구조가 필요한 기계 · 기구를 4가지 쓰시오.

해답 ① 불도저 ② 트랙터 ③ 굴착기 ④ 로더
⑤ 스크레이퍼 ⑥ 덤프트럭 ⑦ 모터그레이더 ⑧ 롤러
⑨ 천공기 ⑩ 항타기 및 항발기

11.

신규 · 보수 교육대상자 4명을 쓰시오.

해답 ① 안전관리자 ② 보건관리자 ③ 안전보건관리책임자 ④ 재해예방전문지도기관 종사자

12.

다음에서 설명하는 용어를 쓰시오.

① 단조로운 업무가 장시간 지속될 때 작업자의 감각기능 및 판단기능이 둔화 또는 마비되는 현상
② 작업대사량과 기초대사량의 비로서 작업대사량은 작업 시 소비된 에너지와 안정 시 소비된 에너지와의 차를 말한다.
③ 기계의 결함을 찾아내 고장률을 안정시키는 ( )기간
④ 인간 또는 기계에 과오나 동작상의 실수가 있어도 사고를 발생시키지 않도록 2중, 3중으로 통제를 가하는 것을 말한다.

해답 ① 감각차단현상 ② R.M.R(에너지소비량) ③ 디버깅(Debugging) ④ 페일세이프(Fail Safe)

13.

프레스의 손쳐내기식 방호장치에 관한 설명 중 ( ) 안에 알맞은 내용이나 수치를 써 넣으시오.

① 슬라이드 하행정거리의 ( ) 위치에서 손을 완전히 밀어내어야 한다.
② 방호판의 폭은 금형폭의 ( ) 이상이어야 하고, 행정길이가 300mm 이상의 프레스기계에는 방호판 폭을 ( )mm로 해야 한다.

해답 ① 3/4 ② 1/2, 300

산업안전산업기사(2015년 7월)

01.

승강기 종류를 4가지 쓰시오.(단, 법령에서 정한 종류를 작성하시오.)

해답 ① 승객용 엘리베이터
② 승객화물용 엘리베이터
③ 화물용 엘리베이터
④ 소형화물용 엘리베이터
⑤ 에스컬레이터

02.

안전관리자 업무(직무) 4가지를 쓰시오.

해답 ① 산업안전보건위원회 또는 안전 및 보건에 관한 노사협의체에서 심의·의결한 업무와 해당 사업장의 안전보건관리규정 및 취업규칙에서 정한 업무
② 위험성평가에 관한 보좌 및 지도·조언
③ 안전인증대상기계 등과 자율안전확인대상 기계 등 구입 시 적격품의 선정에 관한 보좌 및 지도·조언
④ 해당 사업장 안전교육계획의 수립 및 안전교육 실시에 관한 보좌 및 지도·조언
⑤ 사업장 순회점검, 지도 및 조치 건의
(생략)
(산업안전보건법 시행령 제18조 참조)

03.

습구온도 20도, 건구온도 30도 Oxford 지수를 계산하시오.

해답 ① WD=0.85 · W(습구온도)+0.15 · D(건구온도)

② WD=(0.85×20)+(0.15×30)=21.5

04.

동기요인과 위생요인을 3가지씩 쓰시오.

해답 ① 위생요인 : 작업조건, 급여, 직무환경, 감독

② 동기요인 : 책임감, 성취, 인정, 개인발전

05.

지게차, 구내운반차의 사용 전 점검사항 4가지를 쓰시오.

해답 1. 제동장치 및 조종장치 기능의 이상 유무

2. 하역장치 및 유압장치 기능의 이상 유무

3. 바퀴의 이상 유무

4. 전조등 · 후미등 · 방향지시기 및 경보장치기능의 이상 유무

06.

아세틸렌 용접장치를 사용하여 금속의 용접 · 용단(溶斷) 또는 가열작업을 하는 경우 준수사항이다. 빈칸을 채우시오.

> 발생기에서 (①)m 이내 또는 발생기실에서 (②)m 이내의 장소에서는 흡연, 화기의 사용 또는 불꽃이 발생할 위험한 행위를 금지시킬 것

해답 ① 5m ② 3m

07.

산업안전보건법상 사업장에 안전보건관리규정을 작성하고자 할 때 포함되어야 할 사항을 4가지 쓰시오.(단, 일반적인 안전 · 보건에 관한 사항은 제외한다.)

해답 ① 안전 및 보건에 관한 관리조직과 그 직무에 관한 사항
② 안전보건교육에 관한 사항
③ 작업장의 안전 및 보건 관리에 관한 사항
④ 사고 조사 및 대책 수립에 관한 사항
⑥ 그 밖에 안전 및 보건에 관한 사항

08.

안전인증대상 설비 방호장치를 4가지 쓰시오.

해답 ① 프레스 및 전단기 방호장치
② 양중기용 과부하방지장치
③ 보일러 압력방출용 안전밸브
④ 압력용기 압력방출용 안전밸브
⑤ 압력용기 압력방출용 파열판
⑥ 절연용 방호구 및 활선작업용 기구
⑦ 방폭구조 전기기계 · 기구 및 부품

09.

휘발유 저장탱크 안전표지에 관한 기호 및 색을 쓰시오.

① 산업안전법령 표지종류 ② 모양 ③ 바탕색 ④ 그림색

해답

① 표 지 종 류 : 경고표지
② 모 양 : 마름모
③ 바 탕 색 : 흰색
④ 그 림 색 : 검은색

10.

전압에 따른 전원의 종류를 구분하여 쓰시오.

구 분	직 류	교 류
저 압	(①)V 이하	(②)V 이하
고 압	1,500V 초과 ~ 7,000V 이하	1,000V 초과 ~ 7,000V 이하
특고압	7,000V 초과	

해답 ① 1,500　　② 1,000

전압의 구분('21년 개정)

전압구분	개정 전 기술기준	KEC
저압	교류 : 600V 이하 직류 : 750V 이하	교류 : 1,000V 이하 직류 : 1,500V 이하
고압	교류 : 600V 초과 7kV 미만 직류 : 750V 초과 7kV 미만	교류 : 1,000V 초과 7kV 미만 직류 : 1,500V 초과 7kV 미만
특고압	7kV 초과	7kV 초과

11.

터널공사 시 NATM공법 계측방법의 종류 4가지를 쓰시오.

해답 ① 지중변위 측정　② 지중침하 측정　③ 록 볼트 인발시험
④ 록 볼트 축력 측정　⑤ 내공변위 측정

12.

가스폭발 위험장소 또는 분진폭발 위험장소에 설치되는 건축물 등에 대해서 해당하는 부분을 내화구조로 하여야 하며, 그 성능이 항상 유지될 수 있도록 점검 · 보수 등 적절한 조치를 하여야 한다. 해당하는 부분을 2가지 쓰시오.

해답 ① 건축물의 기둥 및 보 : 지상 1층(지상 1층의 높이가 6m를 초과하는 경우에는 6m)까지
② 위험물 저장 · 취급용기의 지지대(높이가 30cm 이하인 것은 제외한다) : 지상으로부터 지지대의 끝부분까지
③ 배관 · 전선관 등의 지지대 : 지상으로부터 1단(1단의 높이가 6m를 초과하는 경우에는 6m)까지

13.

사업장의 위험성 평가에 관한 내용이다. 각 설명에 해당하는 용어를 쓰시오.

① 유해 · 위험요인이 부상 또는 질병으로 이어질 수 있는 가능성(빈도)과 중대성(강도)을 조합한 것을 의미한다.
② 유해 · 위험요인별로 부상 또는 질병으로 이어질 수 있는 가능성과 중대성의 크기를 각각 추정하여 위험성의 크기를 산출하는 것을 말한다.
③ 유해 · 위험요인별로 추정한 위험성의 크기가 허용 가능한 범위인지 여부를 판단하는 것을 말한다.

해답 ① 위험성 ② 위험성 추정 ③ 위험성 결정

산업안전산업기사(2015년 10월)

01.

안전보건법상 사업주가 실시해야 하는 건강진단의 종류 5가지를 쓰시오.

해답 일반건강진단, 특수건강진단, 배치전건강진단, 수시건강진단, 임시건강진단

02.

분진폭발과정을 순서대로 나열하시오.

① 입자표면 열분해 및 기체 발생
② 주위의 공기와 혼합
③ 입자표면 온도 상승
④ 폭발열에 의하여 주위 입자 온도상승 및 열분해
⑤ 점화원에 의한 폭발

해답 ③ → ① → ② → ⑤ → ④

03.

달비계의 적재하중을 정하고자 한다. 다음 보기의 안전계수를 쓰시오.

(1) 달기 와이어로프 및 달기체인의 안전계수 (①) 이상
(2) 달기체인 및 달기훅의 안전계수 (②) 이상
(3) 달기강대의 하부 및 상부지점의 안전계수는 강재의 경우 (③) 이상 목재의 경우 (④) 이상

해답 ① 10
② 5
③ 2.5
④ 5

04.

산업안전보건법에서 정하고 있는 중대재해의 종류를 3가지 쓰시오.

해답 1. 사망자가 1명 이상 발생한 재해
2. 3개월 이상의 요양을 요하는 부상자가 동시에 2명 이상 발생한 재해
3. 부상자 또는 직업성 질병자가 동시에 10명 이상 발생한 재해

05.

Swain은 인간의 실수를 작위적 실수(Commission Error)와 부작위적 실수(Ommission Error)로 구분한다. 작위적 실수(Commission Error)에 포함되는 오류를 3가지 쓰시오.

해답 작위적 실수(Commission Error)
작업 내지 절차를 수행했으나 잘못한 실수(선택착오, 순서착오, 시간착오)

06.

근로자가 1시간 동안 1분당 6.5[kcal]의 에너지를 소모하는 작업을 수행하는 경우 휴식시간을 구하시오.(단, 작업에 대한 권장 에너지 소비량은 분당 5[kcal])

해답 $R = \dfrac{60(E - \text{작업시 평균에너지소비량 상한})}{E - \text{휴식시 평균에너지소비량}} = \dfrac{60(6.5-5)}{6.5-1.5} = 18[\text{분}]$

07.

다음은 정전기 대전에 관한 설명이다. 각각 대전의 종류를 쓰시오.

① 상호 밀착되어 있는 물질이 떨어질 때, 전하분리에 의해 정전기가 발생되는 현상이다.
② 액체류 등을 파이프 등으로 이송할 때 액체류가 파이프 등의 고체류와 접촉하면서 두 물질 사이의 경계에서 전기 이중층이 형성되고 이 이중층을 형성하는 전하의 일부가 액체류의 유동과 같이 이동하기 때문에 대전되는 현상이다.
③ 분체류, 액체류, 기체류가 작은 분출구를 통해 공기 중으로 분출될 때, 분출되는 물질과 분출구의 마찰에 의해 발생되는 현상이다.

해답 ① 박리대전
② 유동대전
③ 분출대전

08.

다음 설명에 맞는 프레스 및 전단기의 방호장치를 각각 쓰시오.

① 1행정 1정지식 프레스에 사용되는 것으로서 양손으로 동시에 조작하지 않으면 기계가 동작하지 않으며, 한손이라도 떼어내면 기계를 정지시키는 방호장치
② 슬라이드와 작업자 손을 끈으로 연결시켜 슬라이드 하강 시 작업자 손을 당겨 위험영역에서 빼낼 수 있도록 한 방호장치로서 프레스용으로 확동식 클러치형 프레스에 한해서 사용됨

해답 ① 양수조작식 방호장치
② 수인식 방호장치

09.

다음 금지표지판 명칭을 쓰시오.

①	②	③	④

해답 ① 보행금지
② 탑승금지
③ 사용금지
④ 물체이동금지

10.

절토면의 토사붕괴 발생을 예방하기 위하여 점검하여야 하는 시기를 4가지 쓰시오.

해답 ① 작업 전 ② 작업 중
③ 작업 후 ④ 비온 후 인접 작업구역에서 발파한 경우

11.

방호조치를 하지 아니하고는 양도, 대여, 설치 또는 사용에 제공하거나 양도 · 대여의 목적으로 진열해서는 아니되는 기계 · 기구 4가지를 쓰시오.

해답 예초기, 원심기, 공기압축기, 금속절단기, 지게차, 포장기계

12.

산업안전보건법상 사업장 내 안전 · 보건교육에 대한 교육 시간을 쓰시오.

교육과정	교육대상	교육시간
정기교육	사무직 종사 근로자	(①)
	관리감독자의 지위에 있는 사람	(②)
채용 시 교육	일용근로자	(③)
작업내용 변경 시 교육	일용근로자를 제외한 근로자	(④)

해답 ① 매분기 3시간 이상
② 연간 16시간 이상
③ 1시간 이상
④ 2시간 이상

필답형 기출문제 2016

■ Industrial Engineer Industrial Safety

산업안전산업기사(2016년 3월)

01.

하인리히 재해 연쇄성 이론, 버드의 연쇄성 이론, 아담스의 연쇄성 이론을 각각 구분하여 쓰시오.

해답

	하인리히	버드	아담스
제1단계	사회적 환경과 유전적인 요소	통제부족	관리구조
제2단계	개인적 결함	기본원인	작전적 에러
제3단계	불안전한 행동 및 상태	직접원인	전술적 에러
제4단계	사고	사고	사고
제5단계	상해	상해	상해

02.

산업안전보건기준에 의한 규칙에서 사업주는 (①), (②), (③), (④) 등에 부속되는 키 · 핀 등의 기계요소는 묻힘형으로 하거나 해당 부위에 덮개를 설치하여야 한다. 괄호에 답을 쓰시오.

해답 ① 회전축, ② 기어, ③ 풀리, ④ 플라이휠

03.

안전모의 종류를 3가지 쓰고 설명하시오.

해답 ① AB : 물체의 낙하, 비래, 추락에 의한 위험을 방지 또는 경감
② AE : 물체의 낙하, 비래에 의한 위험을 방지 또는 경감하고 머리부위 감전에 의한 위험을 방지
③ ABE : 물체의 낙하, 비래, 추락에 의한 위험을 방지 또는 경감하고 머리부위 감전에 의한 위험을 방지

04.

위험기계의 조종 장치를 촉각적으로 암호화할 수 있는 차원 3가지를 쓰시오.

해답 위치암호, 형상암호, 색채암호

05.

산업안전보건기준에 관한 규칙에서 정한 가설통로의 설치기준에 관한 내용을 2가지 쓰시오.(단, 견고한 구조로 할 것, 안전난간을 설치할 것은 제외)

해답 ① 경사는 30도 이하로 할 것
② 경사가 15도를 초과하는 경우에는 미끄러지지 아니하는 구조로 할 것
③ 수직갱에 가설된 통로의 길이가 15미터 이상인 경우에는 10미터 이내마다 계단참을 설치할 것
④ 건설공사에 사용하는 높이 8미터 이상인 비계다리에는 7미터 이내마다 계단참을 설치할 것

06.

로봇을 운전하는 경우에 근로자가 로봇에 부딪칠 위험이 있을 때 위험을 방지하기 위하여 필요한 방호장치를 2가지 쓰시오.

해답 ① 안전매트
② 높이 1.8m 이상의 울타리

07.

휴먼에러에서 SWAIN의 심리적 오류 4가지를 쓰시오.

해답 ① 생략에러(Omission Error)
② 수행에러(Commission Error)
③ 과잉행동 에러(Extraneous Error)
④ 순서에러(Sequential Error)
⑤ 시간에러(Timing Error)

08.

인화성 액체 및 부식성 물질의 내용이다. 다음 빈칸을 채우시오.

(가) 인화성 액체 : 노르말헥산, 아세톤, 메틸에틸케톤, 메틸알코올, 에틸알코올, 이산화탄소, 그 밖에 인화점이 섭씨 (①)℃ 미만이고 초기 끓는점이 섭씨 35℃를 초과하는 물질
(나) 부식성 산류 : 농도가 (②)% 이상인 염산, 황산, 질산, 그 밖에 이와 같은 정도 이상의 부식성을 가지는 물질
(다) 부식성 염기류 : 농도가 (③)% 이상인 수산화나트륨, 수산화칼륨, 그 밖에 이와 같은 정도 이상의 부식성을 가지는 염기류

해답 ① 23, ② 20, ③ 40

09.

사업주는 잠함 또는 우물통 내부에서 근로자가 굴착작업을 하는 경우에 잠함 또는 우물통의 급격한 침하에 의한 위험을 방지하기 위하여 준수하여야 할 사항을 2가지 쓰시오.

해답 ① 침하관계도에 따라 굴착방법 및 재하량 등을 정할 것
② 바닥으로부터 천장 또는 보까지의 높이는 1.8미터 이상으로 할 것

10.

인간공학에서 인간성능 기준 4가지를 쓰시오.

해답 ① 인간성능척도
② 생리학적 지표
③ 주관적 반응
④ 사고 빈도

11.

안전보건총괄책임자 지정대상 사업을 2가지 쓰시오.(단, 선박 및 보트 건조업, 1차 금속 제조업 및 토사석 광업의 경우는 제외)

해답 ① 상시 근로자가 100명 이상인 사업
② 총 공사금액이 20억 원 이상인 건설업

12.

교류아크용접기용 자동전격방지기에 관한 내용이다. 빈칸을 채우시오.

(①) : 용접봉을 모재로부터 분리시킨 후 주 접점이 개로되어 용접기 2차 측 (②)이 전격방지기의 25V 이하로 될 때까지의 시간

해답 ① 지동시간　　② 무부하전압

13.

수소 28%, 메탄 45%, 에탄 27%일 때, 이 혼합 기체의 공기 중 폭발 상한계값과 메탄의 위험도를 계산하시오.

	폭발하한계	폭발상한계
수소	4.0[VOL%]	75[VOL%]
메탄	5.0[VOL%]	15[VOL%]
에탄	3.0[VOL%]	12.4[VOL%]

해답 ① 상한계값 $U = \dfrac{100}{\dfrac{U_1}{L_1}+\dfrac{U_2}{L_2}+\dfrac{U_3}{L_3}} = \dfrac{100}{\dfrac{28}{75}+\dfrac{45}{15}+\dfrac{27}{12.4}} = 18.015 = 18.02$

② 위험도 $= \dfrac{U-L}{L} = \dfrac{15-5}{5} = 2$

산업안전산업기사(2016년 5월)

01.

작업발판 일체형 거푸집 종류 4자리를 쓰시오.

해답 갱폼, 슬립 폼, 클라이밍 폼, 터널 라이닝 폼

02.

밀폐공간에서 작업 시 밀폐공간 보건작업 프로그램을 수립하여 시행하여야 한다. 밀폐공간 보건작업 프로그램 내용을 4가지 쓰시오.

해답 ① 사업장 내 밀폐공간의 위치 파악 및 관리 방안
② 밀폐공간 내 질식·중독 등을 일으킬 수 있는 유해·위험 요인의 파악 및 관리 방안
③ ②에 따라 밀폐공간 작업 시 사전 확인이 필요한 사항에 대한 확인 절차
④ 안전보건교육 및 훈련
⑤ 그 밖에 밀폐공간 작업 근로자의 건강장해 예방에 관한 사항

03.

공칭지름 10mm, 와이어로프 공칭지름 9.2mm로 양중기에 사용 가능 여부를 판단하시오.

해답 ① 지름의 감소가 공칭지름의 7%를 초과하는 것은 사용할 수 없다.
② 사용 가능=0.93(93%)×공칭지름=0.93×10=9.3mm 이상
③ 사용 가능 범위는 10~0.93mm로 9.2mm 와이어로프는 사용 불가능

04.

구축물 또는 이와 유사한 시설물에 대하여 안전진단 등 안전성 평가를 실시하여 근로자에게 미칠 위험성을 미리 제거하여야 하는 경우 2가지를 쓰시오.

해답 ① 구축물 또는 이와 유사한 시설물의 인근에서 굴착·항타작업 등으로 침하·균열 등이 발생하여 붕괴의 위험이 예상될 경우
② 구축물 또는 이와 유사한 시설물에 지진, 동해(凍害), 부동침하(不同沈下) 등으로 균열·비틀림 등이 발생하였을 경우
③ 구조물, 건축물, 그 밖의 시설물이 그 자체의 무게·적설·풍압 또는 그 밖에 부가되는 하중 등으로 붕괴 등의 위험이 있을 경우
④ 화재 등으로 구축물 또는 이와 유사한 시설물의 내력(耐力)이 심하게 저하되었을 경우
⑤ 오랜 기간 사용하지 아니하던 구축물 또는 이와 유사한 시설물을 재사용하게 되어 안전성을 검토하여야 하는 경우

05.

근로자가 1시간 동안 1분당 6kcal의 에너지를 소모하는 작업을 수행하는 경우 ① 휴식시간, ② 작업시간을 각각 구하시오.(단, 작업에 대한 권장 에너지 소비량은 분당 5kcal)

해답 ① 휴식시간 $R = \frac{60(E-5)}{E-1.5} = \frac{60(6-5)}{6-1.5} = 13.333 = 13.33$분

② 작업시간 : 60 - 13.33 = 46.67분

06.

고용노동부장관이 안전보건개선계획의 수립 · 시행을 명할 수 있는 사업장 3곳을 쓰시오.

해답 ① 산업재해율이 같은 업종의 규모별 평균 산업재해율보다 높은 사업장

② 사업주가 필요한 안전조치 또는 보건조치를 이행하지 아니하여 중대재해가 발생한 사업장

③ 대통령령으로 정하는 수 이상의 직업성 질병자가 발생한 사업장

④ 유해인자의 노출기준을 초과한 사업장

07.

산업현장에서 컬러테라피에 관한 내용이다. 알맞은 색채를 쓰시오.

색채	심리
①	열정, 생기, 공포, 애정, 용기
②	주의, 조심, 희망, 광명, 향상
③	안전, 안식, 평화, 위안
④	진정, 냉담, 소극, 소원
⑤	우울, 불안, 우미, 고취

해답 ① 빨간색, ② 노란색, ③ 녹색, ④ 파란색, ⑤ 보라색

08.

가설통로의 설치기준에 관한 사항이다. 빈칸을 채우시오.

(가) 경사는 (①)도 이하일 것
(나) 경사가 (②)도를 초과하는 경우 미끄러지지 아니하는 구조로 할 것
(다) 추락할 위험이 있는 장소에서는 (③)을 설치할 것
(라) 수직갱에 가설된 통로의 길이가 (④)m 이상인 경우에는 (⑤)m 이내마다 계단참을 설치
(마) 건설공사에 사용하는 높이 (⑥)m 이상인 비계다리에는 (⑦)m 이내마다 계단참을 설치

해답 ① 30 ② 15 ③ 안전난간 ④ 15
⑤ 10 ⑥ 8 ⑦ 7

09.

재해예방의 기본 4원칙을 쓰시오.

해답 예방가능의 원칙, 손실우연의 원칙, 원인연계의 원칙, 대책선정의 원칙

10.

산업안전보건법상 작업장의 조도기준에 관한 사항에서 ( )에 알맞은 내용을 쓰시오.

초정밀작업	정밀작업	보통작업	그 밖의 작업
(①)Lux 이상	(②)Lux 이상	(③)Lux 이상	(④)Lux 이상

해답 ① 750 ② 300 ③ 150 ④ 75

11.

충전전로에 대한 접근 한계거리를 쓰시오.

① 220V ② 1kV ③ 22kV ④ 154kV

해답 ① 접촉금지 ② 45cm ③ 90cm ④ 170cm

12.

방진마스크에 관한 사항이다. 다음 물음에 답하시오.

① 석면취급 장소에서 착용 가능한 방진마스크의 등급은?
② 금속 흄 등과 같이 열적으로 생기는 분진 등 발생장소에서 착용 가능한 방진 마스크의 등급은?
③ 베릴륨 등과 같이 독성이 강한 물질을 함유한 장소에서 착용 가능한 방진 마스크의 등급은?
④ 산소농도 ( )% 미만인 장소에서는 방진마스크 착용을 금지한다.
⑤ 안면부 내부의 이산화탄소 농도가 부피분율 ( )% 이하이어야 한다.

해답 ① 특급 ② 1급 ③ 특급
④ 18 ⑤ 1

13.

공기압축기의 서징 방지대책을 4가지 쓰시오.

해답 ① 배관의 경사를 완만하게 한다.
② 회전수를 변화시킨다.
③ 방출밸브를 이용하여 배관 내의 잔류 공기를 제거한다.
④ 교축밸브를 기계에 근접 설치한다.

산업안전산업기사(2016년 8월)

01.

다음에 해당되는 비계의 조립간격을 ( ) 안에 기술하시오.

	조립간격(단위 : m)	
	수직방향	수평방향
통나무 비계	5.5	①
단관 비계	②	5
틀비계(높이가 5m 미만의 것을 제외한다)	③	④

해답 ① 7.5 ② 5 ③ 6 ④ 8

02.

적응기제에 관한 설명이다. 빈칸을 채우시오.

적응기제	설명
①	자신의 결함과 무능에 의하여 생긴 열등감이나 긴장을 해소시키기 위하여 장점 같은 것으로 그 결함을 보충하려는 행동
②	자기의 실패나 약점을 그럴 듯한 이유를 들어 남에 비난을 받지 않도록 하는 기제
③	억압당한 욕구를 다른 가치 있는 목적을 실현하도록 노력함으로써 욕구를 충족하는 기제
④	자신의 불만이나 불안을 해소시키기 위해서 남에게 뒤집어씌우는 방식의 기제

해답 ① 보상 ② 합리화 ③ 승화 ④ 투사

03.

산업안전보건법상 건설업 중 유해 · 위험방지계획서의 제출사업에 관한 내용이다. 빈칸을 채우시오.

(가) 지상높이가 (①)미터 이상인 건축물
(나) 연면적 (②)제곱미터 이상의 냉동 · 냉장창고시설의 설비공사 및 단열공사
(다) 다목적댐, 발전용댐 및 저수용량 (③)톤 이상의 용수 전용 댐, 지방상수도 전용 댐 건설 등의 공사
(라) 깊이 (④)미터 이상인 굴착공사

해답 ① 31 ② 5,000 ③ 2천 만 ④ 10

04.

산업안전보건법상 다음 그림에 해당하는 안전보건 표지의 명칭을 쓰시오.

①	②	③	④	⑤

해답 ① 화기 금지 ② 산화성 물질 경고 ③ 고압전기 경고
④ 고온 경고 ⑤ 들것

05.

산업안전보건법상 안전보건관리책임자의 직무를 4가지 쓰시오.

해답 1. 산업재해 예방계획의 수립에 관한 사항
2. 안전보건관리규정의 작성 및 변경에 관한 사항
3. 근로자의 안전 · 보건교육에 관한 사항
4. 작업환경측정 등 작업환경의 점검 및 개선에 관한 사항
5. 근로자의 건강진단 등 건강관리에 관한 사항
6. 산업재해의 원인 조사 및 재발 방지대책 수립에 관한 사항
7. 산업재해에 관한 통계의 기록 및 유지에 관한 사항
8. 안전 · 보건과 관련된 안전장치 및 보호구 구입 시의 적격품 여부 확인에 관한 사항

06.

자율안전확인대상 기계 · 기구 방호장치를 4가지 쓰시오.

해답 ① 아세틸렌 또는 가스집합용접장치 : 안전기
② 교류아크용접기 : 자동전격방지기
③ 롤러기 : 급정지장치
④ 연삭기 : 덮개

07.

기계의 원동기 · 회전축 · 기어 · 풀리 · 플라이휠 · 벨트 및 체인 등 근로자에게 위험을 미칠 우려가 있는 부위에 사업자구 설치해야 하는 방호장치를 쓰시오.

해답 덮개, 울, 슬리프, 건널다리

08.

근로자가 노출된 충전부 또는 그 부근에서 작업함으로써 감전될 우려가 있는 경우에는 작업에 들어가기 전에 해당 전로를 차단하여야 한다. 다음은 전로 차단 절차에 관한 내용으로 빈칸을 채우시오.

(가) 차단장치나 단로기 등에 (①) 및 꼬리표를 부착할 것
(나) 개로된 전로에서 유도전압 또는 전기에너지가 축적되어 근로자에게 전기위험을 끼칠 수 있는 전기기기 등은 접촉하기 전에 (②)를 완전히 방전시킬 것
(다) 전기기기 등이 다른 노출 충전부와의 접촉, 유도 또는 예비동력원의 역송전 등으로 전압이 발생할 우려가 있는 경우에는 충분한 용량을 가진 단락 (③)를 이용하여 접지할 것

해답 ① 잠금장치 ② 잔류전하 ③ 접지기구

09.

작업자가 벽돌을 들고 비계 위에서 움직이다 발등에 벽돌을 떨어뜨려 뼈가 부러진 사고가 발생하였다. 재해분석을 하시오.

해답 ① 재해형태 : 낙하
② 기인물 : 벽돌
③ 가해물 : 벽돌

10.

다음 FT도에서 시스템의 신뢰도는 약 얼마인가?(단, 발생확률은 X_1, X_4는 0.05, X_2, X_3은 0.1)

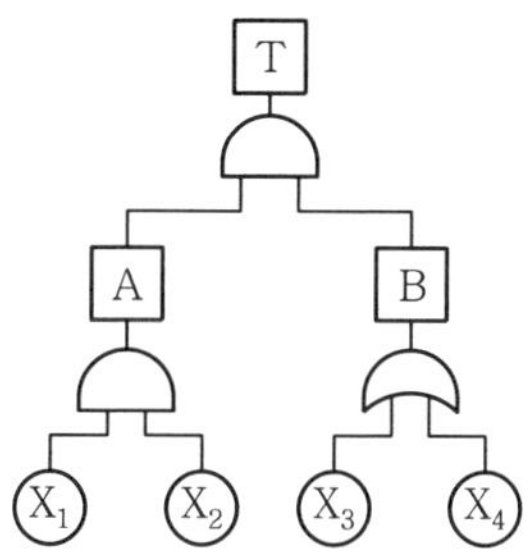

해답 A = 0.05×0.1 = 0.005
B = 1 - (1 - 0.05)(1 - 0.1) = 0.145
발생확률(T) = A×B = 0.005×0.145 = 0.000725
신뢰도 R(t) = 1 - 발생확률 = 1 - 0.000725 = 0.999275 ≒ 1

11.

안전 · 보건진단을 받아 안전보건개선계획을 수립 · 제출하도록 명할 수 있는 사업장 4곳을 쓰시오.

해답 1. 산업재해율이 같은 업종 평균 산업재해율의 2배 이상인 사업장
2. 사업주가 필요한 안전조치 또는 보건조치를 이행하지 아니하여 중대재해가 발생한 사업장
3. 직업성 질병자가 연간 2명 이상(상시 근로자 1천명 이상 사업장의 경우 3명 이상) 발생한 사업장
4. 그 밖에 작업환경 불량, 화재 · 폭발 또는 누출사고 등으로 사업장 주변까지 피해가 확산된 사업장으로서 고용노동부령으로 정하는 사업장

12.

소음이 심한 기계로부터 4m 떨어진 곳에서 100dB일 때, 동일한 기계에서 30m 떨어진 곳의 음압수준은 얼마인지 계산하시오.

해답 $dB_2 = dB_1 - 20\log\left(\frac{d_2}{d_1}\right) = 100 - 20\log\left(\frac{30}{4}\right) = 82.498 = 82.50[dB]$

13.

분진이 발화 폭발하기 위한 조건을 4가지 쓰시오.

해답 1. 가연성
2. 미분상태
3. 공기 중에서의 교반과 유동
4. 점화원의 존재

필답형 기출문제 2017

■ Industrial Engineer Industrial Safety

산업안전산업기사(2017년 4월 15일)

01.

정전용량이 12[pF]인 도체가 프로판가스 상에 존재할 때 폭발사고가 발생할 수 있는 최소 대전전위를 구하시오.(단, 프로판가스의 최소발화에너지는 0.25[mJ])

해답 $E=\frac{1}{2}CV^2$

$$V=\sqrt{\frac{2E}{C}}=\sqrt{\frac{2\times 0.25\times 10^{-3}}{12\times 10^{-12}}}=6{,}454.972=6{,}454.97[\mathrm{V}]$$

02.

다음은 차광보안경에 관한 내용이다. 빈칸을 채우시오.

(①) : 착용자의 시야를 확보하는 보안경의 일부로서 렌즈 및 플레이트 등을 말한다.
(②) : 필터와 플레이트의 유해광선을 차단할 수 있는 능력을 말한다.
(③) : 필터 입사에 대한 투과 광속의 비를 말한다.

해답 ① 접안경 ② 차광도번호
③ 시감투과율

03.

다음 그림은 와이어로프이다. 아래에 적당한 내용을 쓰시오.

6×Fi(29)

① 6 : 스트랜드수

② Fi : 필러형

③ 29 : 소선수

04.
안전 · 보건진단을 받아 안전보건개선계획을 수립 · 제출하도록 명할 수 있는 사업장 2곳을 쓰시오.

해답 ① 산업재해율이 같은 업종 평균 산업재해율의 2배 이상인 사업장
② 사업주가 필요한 안전조치 또는 보건조치를 이행하지 아니하여 중대재해가 발생한 사업장
③ 직업성 질병자가 연간 2명 이상(상시 근로자 1천명 이상 사업장의 경우 3명 이상) 발생한 사업장
④ 그 밖에 작업환경 불량, 화재 · 폭발 또는 누출사고 등으로 사업장 주변까지 피해가 확산된 사업장으로서 고용노동부령으로 정하는 사업장

05.
달비계의 안전계수와 유의사항 2가지를 쓰시오.

해답 가) 안전계수 : 10 이상
나) 유의사항
① 이음매가 있는 것
② 꼬인 것
③ 심하게 변형되거나 부식된 것
④ 와이어로프의 한 꼬임에서 끊어진 소선의 수가 10% 이상인 것
⑤ 지름의 감소가 공칭지름의 7%를 초과하는 것

06.
유한사면의 붕괴 유형 3가지를 쓰시오.

해답 ① 저부 붕괴 ② 사면선단 붕괴
③ 사면 내 붕괴

07.
다음 조건에서 화학설비 및 그 부속설비의 안전거리를 쓰시오.

① 위험물질 저장탱크로부터 단위공정 시설 및 설비, 보일러 또는 가열로의 사이 : ( )m
② 플레어스택으로부터 단위공정시설 및 설비, 위험물질 저장탱크 또는 위험물질 하역설비의 사이 : ( )m

해답 20, 20

08.

작업장에서 취급하는 대상화학물질의 물질안전보건자료에 해당되는 내용을 근로자에게 교육하여야 한다. 근로자에게 실시하는 교육사항 4가지를 쓰시오.

해답 1. 대상화학물질의 명칭
2. 물리적 위험성 및 건강 유해성
3. 취급상의 주의사항
4. 적절한 보호구
5. 응급조치 요령 및 사고 시 대처방법
6. 물질안전보건자료 및 경고표지를 이해하는 방법

09.

다음 유해인자를 대상으로 한 특수건강진단을 첫 번째로 받는 시기를 쓰시오.

① 벤젠 : (　　)
② 소음 및 충격소음 : (　　)
③ 석면, 면 분진 : (　　)

해답 ① 2개월 이내
② 12개월 이내
③ 12개월 이내

10.

A, B, C 발생확률이 각각 0.15이고, 직렬로 접속되어 있다. 고정사상을 정상사상으로 하는 FT도와 발생확률을 구하시오.

해답 FT도(고장사상발생 확률)

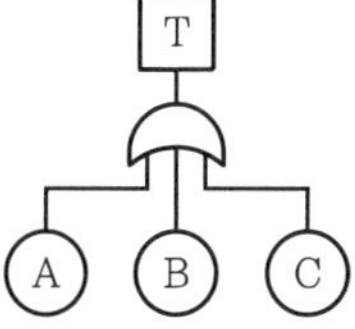

확률 $T = 1-(1-0.15)(1-0.15)(1-0.15) = 0.385 = 0.39$

11.

10톤 화물을 각도 60도로 들어올릴 때 1가닥이 받는 하중을 쓰시오.

해답 $하중 = \frac{\frac{W}{2}}{\cos\frac{\theta}{2}}[\text{ton}] = \frac{\frac{10}{2}}{\cos\frac{60}{2}} = 5.773$

여기서, W : 10ton
θ : 60°

12.

누적외상성 질환(CTD) 3가지를 쓰시오.

해답 ① 반복적인 동작
② 부적절한 작업자세
③ 무리한 힘의 사용
④ 날카로운 면과의 신체접촉
⑤ 진동 및 온도

13.

경사면에서 드럼통 등의 중량물을 취급 작업 시 준수사항을 쓰시오.

해답 ① 구름멈춤대, 쐐기 등을 이용하여 중량물의 동요나 이동을 조절할 것
② 중량물이 구르는 방향인 경사면 아래로는 근로자의 출입을 제한할 것

산업안전산업기사(2017년 6월 24일)

01.

다음 안전보건표지의 내용을 쓰시오.

해답 ① 낙하물경고 ② 폭발성물질경고
③ 보안면 착용 ④ 세안장치

02.

크레인을 사용하여 작업을 하는 때 작업 시작 전 점검사항 3가지를 쓰시오.

해답 ① 권과방지장치 · 브레이크 · 클러치 및 운전장치의 기능
② 주행로의 상측 및 트롤리(Trolley)가 횡행하는 레일의 상태
③ 와이어로프가 통하고 있는 곳의 상태

03.

사업주는 근로자가 노출된 충전부 또는 그 부근에서 작업함으로써 감전될 우려가 있는 경우에는 작업에 들어가기 전에 해당 전로를 차단하는 절차 6가지를 쓰시오.

해답 ① 전기기기 등에 공급되는 모든 전원을 관련 도면 · 배선도 등으로 확인할 것
② 전원을 차단한 후 각 단로기 등을 개방하고 확인할 것
③ 차단장치나 단로기 등에 잠금장치 및 꼬리표를 부착할 것
④ 개로된 전로에서 유도전압 또는 전기에너지가 축적되어 근로자에게 전기위험을 끼칠 수 있는 전기기기 등은 접촉하기 전에 잔류전하를 완전히 방전시킬 것
⑤ 검전기를 이용하여 작업 대상 기기가 충전되었는지를 확인할 것
⑥ 전기기기 등이 다른 노출 충전부와의 접촉 · 유도 또는 예비동력원의 역송전 등으로 전압이 발생할 우려가 있는 경우에는 충분한 용량을 가진 단락 접지기구를 이용하여 접지할 것

04.

안전성평가 순서를 쓰시오.

해답 ① 제1단계 : 관계자료의 작성 준비
② 제2단계 : 정성적 평가
③ 제3단계 : 정량적 평가
④ 제4단계 : 안전 대책 수립
⑤ 제5단계 : 재해 정보에 의한 재평가
⑥ 제6단계 : FTA에 의한 재평가

05.

아세틸렌 용접장치를 사용하여 금속의 용접 · 용단 또는 가열작업을 하는 경우에 사업자가 준수하여야 할 사항 4가지를 쓰시오.

해답 ① 발생기(이동식 아세틸렌 용접장치의 발생기는 제외한다)의 종류 · 형식 · 제작업체명 · 매 시 평균 가스 발생량 및 1회 카바이드 공급량을 발생기실 내의 보기 쉬운 장소에 게시할 것
② 발생기실에는 관계 근로자가 아닌 사람이 출입하는 것을 금지할 것
③ 발생기에서 5미터 이내 또는 발생기실에서 3미터 이내의 장소에서는 흡연 · 화기의 사용 또는 불꽃이 발생할 위험한 행위를 금지시킬 것
④ 도관에는 산소용과 아세틸렌용의 혼동을 방지하기 위한 조치를 할 것
⑤ 아세틸렌 용접장치의 설치장소에는 적당한 소화설비를 갖출 것
⑥ 이동식 아세틸렌용접장치의 발생기는 고온의 장소 · 통풍이나 환기가 불충분한 장소 또는 진동이 많은 장소 등에 설치하지 않도록 할 것

06.

밀폐공간에서 작업을 시작하기 전에 근로자가 안전한 상태에서 작업하도록 사업자가 확인하여야 할 사항 6가지를 쓰시오.

해답 ① 작업실시 · 기간 · 장소 및 내용 등 작업정보
② 관리감독자 · 근로자 · 감시인 등 작업자 정보
③ 산소 및 유해가스 농도의 측정결과 및 후속조치 사항
④ 작업 중 불활성가스 또는 유해가스의 누출 · 유입 · 발생 가능성 검토 및 후속조치 사항
⑤ 작업 시 착용하여야 할 보호구의 종류
⑥ 비상연락체계

07.

과압에 따른 폭발을 방지하기 위하여 폭발 방지 성능과 규격을 갖춘 파열판을 설치해야 하는 경우를 쓰시오.

해답 ① 반응 폭주 등 급격한 압력 상승 우려가 있는 경우
② 급성 독성물질의 누출로 인하여 주위의 작업환경을 오염시킬 우려가 있는 경우
③ 운전 중 안전밸브에 이상 물질이 누적되어 안전밸브가 작동되지 아니할 우려가 있는 경우

08.

동바리로 사용하는 파이프 서포트 설치 시 주의사항을 쓰시오.

- 파이프 서포트를 (①)개 이상 이어서 사용하지 않도록 할 것
- 파이프 서포트를 이어서 사용하는 경우에는 (②)개 이상의 볼트 또는 전용철물을 사용하여 이을 것
- 높이가 (③)미터를 초과하는 경우에는 높이 2미터 이내마다 수평연결재를 2개 방향으로 만들고 수평연결재의 변위를 방지할 것

해답 ① 3
② 4
③ 3.5

09.

TWI 교육내용 4가지를 쓰시오.

해답 ① 작업 개선 방법 훈련(JMT : Job Method Training)
② 작업 지도 방법 훈련(JIT : Job Instruction Training)
③ 인간관계(부하통솔) 훈련(JRT : Job Relations Training)
④ 작업 안전 훈련(JST : Job Safety Training)

10.

자율안전확인대상 기계 · 기구를 쓰시오.

해답 ① 연삭기 또는 연마기(휴대형은 제외한다)
② 산업용 로봇
③ 혼합기
④ 파쇄기 또는 분쇄기
⑤ 식품가공용 기계(파쇄 · 절단 · 혼합 · 제면기만 해당한다)
⑥ 컨베이어
⑦ 자동차정비용 로프트
⑧ 공작기계(선반 · 드릴기 · 평상 · 형삭기 · 밀링만 해당한다)
⑨ 고정형 목재가공용 기계(둥근톱 · 대패 · 루타기 · 띠톱 · 모떼기 기계만 해당한다)
⑩ 인쇄기

11.

출입금지 표지판의 배경반사율이 80%이고, 관련 그림의 반사율이 20%일 때 표지판의 대비는 얼마인지 쓰시오.

해답 대비 $= \frac{80-20}{80} \times 100 = 75\%$

12.

흙막이 지보공을 설치하였을 때에는 사업주가 정기적으로 점검하고 이상을 발견 시 보수하여야 할 사항을 쓰시오.

해답 ① 부재의 손상 · 변형 · 부식 · 변위 및 탈락의 유무와 상태
② 버팀대의 긴압 정도
③ 부재의 접속부 · 부착부 및 교차부의 상태
④ 침하의 정도

13.

새로운 대상화학물질 도입 시 사업주가 물질안전보건교육 자료에서 교육해야 할 사항을 쓰시오.

해답 ① 대상화학물질의 명칭(또는 제품명)
② 물리적 위험성 및 건강 유해성
③ 취급상의 주의사항
④ 적절한 보호구
⑤ 응급조치 요령 및 사고 시 대처방법
⑥ 물질안전보건자료 및 경고표지를 이해하는 방법

산업안전산업기사(2017년 10월 14일)

01.

FTA에 사용되는 사상기호의 명칭을 쓰시오.

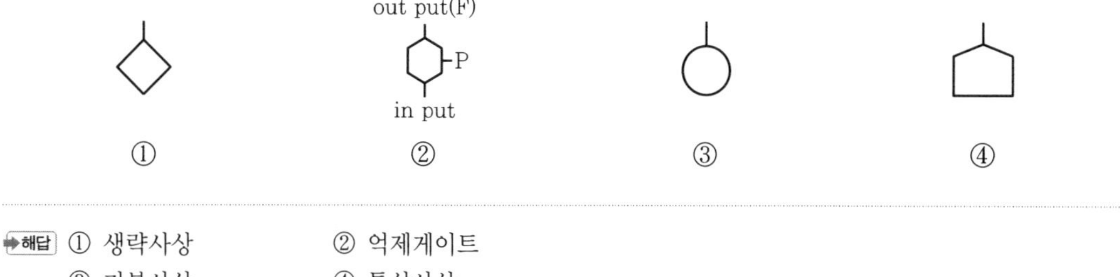

해답 ① 생략사상 ② 억제게이트
③ 기본사상 ④ 통상사상

02.

산업안전보건법상 사업주는 산업재해가 발생한 때 보관해야 할 기록의 종류를 쓰시오.

해답 ① 사업장의 개요 및 근로자의 인적사항
② 재해 발생의 일시 및 장소
③ 재해 발생의 원인 및 과정
④ 재해 재발방지 계획

03.

다음의 교육 시간을 쓰시오.

사무직 종사 근로자		매분기 (①)시간 이상
사무직 종사 근로자 외의 근로자	판매업무에 직접 종사하는 근로자	매분기 (②)시간 이상
	판매업무에 직접 종사하는 근로자 외의 근로자	매분기 (③)시간 이상
관리감독자의 지위에 있는 사람		연간 (④)시간 이상

해답 ① 3 ② 3
③ 6 ④ 16

04.

공정안전보고서에 포함되어야 할 사항을 4가지 쓰시오.

해답 ① 공정안전자료 ② 공정위험성평가서 및 잠재위험에 대한 사고예방 · 피해 최소화 대책
③ 안전운전계획 ④ 비상조치계획

05.

안전보건 개선 계획에 포함사항 3가지를 쓰시오.

해답 ① 시설
② 안전 · 보건관리체제
③ 안전 · 보건교육
④ 산업재해예방 및 작업환경의 개선을 위하여 필요한 사항

06.

양중기에 사용하는 달기 체인의 사용금지 기준을 2가지 쓰시오.

- 링의 단면지름이 달기 체인이 제조된 때의 해당 링 지름의 (①)%를 초과하여 감소한 것
- 달기 체인의 길이가 달기 체인이 제조된 때 길이의 (②)%를 초과한 것

해답 ① 10 ② 5

07.

2[m] 거리에서 조도가 120[lux]라면 3[m]에서는 조도가 얼마인지 계산하시오.

해답 $광도(lumen) = 조도 \times 거리^2 = 120lux \times 2m^2 = 480lumen$

$$조도(lux) = \frac{광도(lumen)}{거리^2} = \frac{480lumen}{3m^2} = 53.33lux$$

08.

폭발방지를 위한 불활성화방법 중 퍼지의 종류를 4가지 쓰시오.

해답 ① 진공퍼지 ② 압력퍼지
③ 스위프퍼지 ④ 사이펀퍼지

09.

공기압축기 사용 시 작업시작 전 점검사항을 4가지 쓰시오.

해답 ① 공기저장 압력용기의 외관 상태
② 드레인밸브의 조작 및 배수
③ 압력방출장치의 기능
④ 언로드밸브의 기능
⑤ 윤활유의 상태
⑥ 회전부의 덮개 또는 울

10.

산업안전보건법상 경고표지 중 흰색바탕에 그림색은 검정색 또는 빨간색에 해당하는 표시 종류를 쓰시오.

해답 ① 인화성 물질 경고
② 산화성 물질 경고
③ 폭발성 물질 경고
④ 급성 독성 물질 경고
⑤ 부식성 물질 경고

11.

산안안전보건법상 절연용 보호구, 절연용 방호구, 활선작업용 기구, 활선작업용 장치에 대하여 각각의 사용목적에 적합한 종별 · 재질 및 치수의 것을 사용하여야 하나 적용 제외 기준이 있다. 대지전압이 어느 정도면 제외기준이 되는지 쓰시오.

해답 30볼트 이하

12.

강풍에 대한 주행 크레인, 양중기, 승강기의 안전 기준이다. 다음 ( ) 안에 답을 쓰시오.

① 폭풍에 의한 주행 크레인의 이탈방지 조치 : 풍속 ( )m/s 초과
② 폭풍에 의한 건설용 리프트에 대하여 받침의 수를 증가시키는 등 그 붕괴 등을 방지하기 위한 조치 : 풍속 ( )m/s 초과
③ 폭풍에 의한 옥외용 승강기의 받침 수 증가 등 도괴방지 조치 : 풍속 ( )m/s 초과

해답 ① 30
② 35
③ 35

13.

수인식 방호장치의 수인끈, 수인끈의 안내통, 손목밴드의 구비조건 4가지를 쓰시오.

해답 ① 손목밴드(Wrist Band)의 재료는 유연한 내유성 피혁 또는 이와 동등한 재료를 사용해야 한다.
② 손목밴드는 착용감이 좋으며 쉽게 착용할 수 있는 구조이어야 한다.
③ 수인끈의 재료는 합성섬유로 직경이 4mm 이상이어야 한다.
④ 수인끈은 작업자와 작업공정에 따라 그 길이를 조정할 수 있어야 한다.
⑤ 수인끈의 안내통은 끈의 마모와 손상을 방지할 수 있는 조치를 해야 한다.
⑥ 각종 레버는 경량이면서 충분한 강도를 가져야 한다.
⑦ 수인량의 시험은 수인량이 링크에 의해서 조정될 수 있도록 되어야 하며 금형으로부터 위험한계 밖으로 당길 수 있는 구조이어야 한다.

필답형 기출문제 2018

■ Industrial Engineer Industrial Safety

산업안전산업기사(2018년 1회)

01.

공기압축기를 가동할 때 작업시작 전 점검사항을 4가지 쓰시오.

해답 공기압축기 작업시작 전 점검사항

① 공기저장 압력용기의 외관 상태
② 드레인밸브(drain valve)의 조작 및 배수
③ 압력방출장치의 기능
④ 언로드밸브(unloading valve)의 기능
⑤ 윤활유의 상태
⑥ 회전부의 덮개 또는 울
⑦ 그 밖의 연결 부위의 이상 유무

02.

안전관리자의 직무사항 4가지를 쓰시오.

해답 ① 산업안전보건위원회 또는 안전 및 보건에 관한 노사협의체에서 심의·의결한 업무와 해당 사업장의 안전보건관리규정 및 취업규칙에서 정한 업무
② 위험성평가에 관한 보좌 및 지도·조언
③ 안전인증대상기계 등과 자율안전확인대상 기계 등 구입 시 적격품의 선정에 관한 보좌 및 지도·조언
④ 해당 사업장 안전교육계획의 수립 및 안전교육 실시에 관한 보좌 및 지도·조언
⑤ 사업장 순회점검, 지도 및 조치 건의
(생략)
(산업안전보건법 시행령 제18조 참조)

03.

휴먼에러에서 독립행동에 관한 분류와 원인에 의한 분류를 2가지씩 쓰시오.

해답 ① 독립행동에 관한 분류
㉠ 생략 에러(Omission Error)
㉡ 실행 에러(Commission Error)
㉢ 순서 에러(Sequential Error)
㉣ 시간 에러(Timing Erorr)
㉤ 과잉행동 에러(Extraneous Error)
② 원인 레벨(Level)적 분류
㉠ Primary Error
㉡ Secondary Error
㉢ Command Error

04.

롤러 방호장치(급정지장치)의 종류 3가지와 조작부의 설치위치를 쓰시오.

해답

방호장치	급정지장치
손으로 조작하는 것	밑면으로부터 1.8m 이내
복부로 조작하는 것	밑면으로부터 0.8m 이상 1.1m 이내
무릎으로 조작하는 것	밑면으로부터 0.4m 이상 0.6m 이내

05.

경고표지의 표시색을 표현하시오.

해답 경고표지의 색 : 바탕은 노란색, 기본모형, 관련 부호 및 그림은 검은색

06.

폭풍, 폭우 및 폭설 등의 악천후로 인하여 작업을 중지시킨 후 또는 비계를 조립해체하거나 변경한 후 작업재개 시 작업시작 전 점검항목을 구체적으로 4가지 쓰시오.

해답 ① 발판재료의 손상 여부 및 부착 또는 걸림상태
② 해당 비계의 연결부 또는 접속부의 풀림상태
③ 연결재료 및 연결철물의 손상 또는 부식상태

④ 손잡이의 탈락 여부
⑤ 기둥의 침하 · 변형 · 변위 또는 흔들림 상태
⑥ 로프의 부착상태 및 매단장치의 흔들림 상태

07.

대상화학물질을 양도하거나 제공하는 자는 물질안전보건자료의 기재 내용을 변경할 필요가 생긴 때에는 이를 물질안전보건자료에 반영하여 대상화학물질을 양도받거나 제공받은 자에게 신속하게 제공하여야 한다. 제공하여야 하는 내용을 4가지 쓰시오.(단, 그 밖에 고용노동부령으로 정하는 사항은 제외)

해답 물질안전보건자료(MSDS) 내용
① 제품명
② 물질안전보건자료대상물질을 구성하는 화학물질 중 제104조에 따른 분류기준에 해당하는 화학물질의 명칭 및 함유량
③ 안전 및 보건상의 취급 주의 사항
④ 건강 및 환경에 대한 유해성, 물리적 위험성
⑤ 물리 · 화학적 특성 등 고용노동부령으로 정하는 사항(시행규칙 156조의 2)

08.

인간-기계체계가 서로 결합되어 운동되고 있다. 인간의 신뢰도가 0.8일 때 종합신뢰도가 0.7 이상 되려면 기계신뢰도는 얼마인가?

해답 종합신뢰도 $R_{(S)}$ = 인간신뢰도 × 기계신뢰도

$$\text{기계신뢰도} = \frac{\text{종합신뢰도}}{\text{인간신뢰도}} = \frac{0.7}{0.8} = 0.875$$

∴ 기계신뢰도 ≥ 0.875

09.

다음 괄호 안에 알맞은 보호구를 쓰시오.

① 높이 또는 깊이 2m 이상의 추락할 위험이 있는 장소에서 하는 작업 : (　　)
② 물체의 낙하 · 충격, 물체에의 끼임, 감전 또는 정전기의 대전에 의한 위험이 있는 작업 : (　　)
③ 고열에 의한 화상 등의 위험이 있는 작업 : (　　)

해답 ① 안전대　② 안전화　③ 방열복

10.

항타기와 항발기 도괴 등을 방지하기 위해 준수하여야 하는 사항 2가지를 쓰시오.

해답 도괴 등의 방지준수사항(안전보건규칙 제209조)

① 연약한 지반에 설치하는 경우에는 각부 또는 가대의 침하를 방지하기 위하여 깔판·깔목 등을 사용할 것
② 시설 또는 가설물 등에 설치하는 경우에는 그 내력을 확인하고 내력이 부족한 경우에는 그 내력을 보강할 것
③ 각부 또는 가대가 미끄러질 우려가 있는 경우에는 말뚝 또는 쐐기 등을 사용하여 각부 또는 가대를 고정시킬 것
④ 궤도 또는 차로 이동하는 항타기 또는 항발기에 대하여는 불시에 이동하는 것을 방지하기 위하여 레일클램프 및 쐐기 등으로 고정시킬 것
⑤ 버팀대만으로 상단부분을 안정시키는 경우에는 버팀대는 3개 이상으로 하고 그 하단부분은 견고한 버팀·말뚝 또는 철골 등으로 고정시킬 것
⑥ 버팀줄만으로 상단부분을 안정시키는 경우에는 버팀줄을 3개 이상으로 하고 같은 간격으로 배치할 것
⑦ 평형추를 사용하여 안정시키는 경우에는 평형추의 이동을 방지하기 위하여 가대에 견고하게 부착시킬 것

11.

다음 괄호 안에 알맞은 숫자를 쓰시오.

누전차단기와 접속되어 있는 각각의 전동기계·기구에 대하여 정격감도전류가 (①)[mA] 이하이며 동작시간은 (②)초 이내일 것. 다만, 정격전부하전류가 50[A] 이상인 전동기계·기구에 설치되는 누전차단기에 오동작을 방지하기 위하여 정격감도전류가 (③)[mA] 이하인 경우 동작시간은 (④)초 이내일 것

해답 ① 30
② 0.03
③ 200
④ 0.1

12.

화학설비의 탱크 내 작업 시 특별교육의 내용을 쓰시오.

해답 ① 차단장치·정지장치 및 밸브 개폐장치의 점검에 관한 사항
② 탱크 내의 산소농도 측정 및 작업환경에 관한 사항
③ 안전보호구 및 이상 발생 시 응급조치에 관한 사항
④ 작업절차·방법 및 유해·위험에 관한 사항
⑤ 그 밖에 안전·보건관리에 필요한 사항

13.

산업안전보건법상 근로자가 방호조치를 해체하려 할 때 준수하여야 사항 2가지를 쓰시오.

해답 방호장치의 해체 금지(안전보건규칙 제93조)

① 사업주는 기계·기구 또는 설비에 설치한 방호장치를 해체하거나 사용을 정지해서는 아니 된다. 다만, 방호장치의 수리·조정 및 교체 등의 작업을 하는 경우에는 그러하지 아니하다.

② 제1항의 방호장치에 대하여 수리·조정 또는 교체 등의 작업을 완료한 후에는 즉시 방호장치가 정상적인 기능을 발휘할 수 있도록 하여야 한다.

산업안전산업기사(2018년 2회)

01.

항타기, 항발기의 안전사항이다. 다음 괄호 안을 채우시오.

(1) 연약한 지반에 설치하는 때에는 각부 또는 가대의 침하를 방지하기 위하여 (①) 등을 사용할 것

(2) 각부 또는 가대가 미끄러질 우려가 있는 때에는 (②) 등을 사용하여 각부 또는 가대를 고정시킬 것

(3) 궤도 또는 차로 이동하는 항타기 또는 항발기에 대하여는 불시에 이동하는 것을 방지하기 위하여 (③) 등으로 고정시킬 것

(4) 평형추를 사용하여 안정시키는 때에는 평형추의 이동을 방지하기 위하여 (④)에 견고하게 부착시킬 것

해답 ① 깔판·깔목 ② 쐐기

③ 레일 클램프 ④ 가대

02.

프레스 및 전단기 방호장치를 3가지 적으시오.

해답 ① 게이트가드식 방호장치 ② 양수조작식 방호장치

③ 손쳐내기식 방호장치 ④ 수인식 방호장치

⑤ 광전자식 방호장치

03.

롤러의 방호장치(급정지장치) 종류 및 설치위치에 대한 내용이다. 다음 괄호 안을 채우시오.

종류	설치위치	비고
손 조작식	밑면에서 (①)m 이내	위치는 급정지창치의 조작부의 중심점을 기준
(②)조작식	밑면에서 0.8m 이상 1.1m 이내	
무릎 조작식	밑면에서 0.4m 이상 (③)m 이내	

해답 ① 1.8
② 복부
③ 0.6

04.

산업안전보건법상 작업장의 조도기준에 관한 다음 사항에서 괄호 안에 알맞은 내용을 쓰시오.

초정밀작업	정밀작업	보통작업
(①) Lux 이상	(②) Lux 이상	(③) Lux 이상

해답 ① 750
② 300
③ 150

05.

밀폐공간에서의 작업에 대한 특별교육을 실시할 때 정규직 근로자의 교육내용 4가지를 쓰시오.(단, 그 밖에 안전·보건관리에 필요한 사항을 제외함)

해답 밀폐공간 작업자 특별교육 내용
① 산소농도 측정 및 작업환경에 관한 사항
② 사고 시의 응급처치 및 비상시 구출에 관한 사항
③ 보호구 착용 및 사용방법에 관한 사항
④ 작업내용·안전작업방법 및 절차에 관한 사항
⑤ 장비·설비 및 시설 등의 안전점검에 관한 사항

06.

강렬한 소음작업을 나타내고 있다. 다음 괄호 안을 채우시오.

① 90dB 이상의 소음이 1일 (①)시간 이상 발생되는 작업
② 100dB 이상의 소음이 1일 (②)시간 이상 발생되는 작업
③ 110dB 이상의 소음이 1일 (③)시간 이상 발생되는 작업
④ 115dB 이상의 소음이 1일 (④)시간 이상 발생되는 작업

해답 ① 8 ② 4 ③ 2 ④ 1

07.

전압에 따른 전원의 종류를 구분하여 쓰시오.

구분	직류	교류
저압	(①)V 이하	(②)V 이하
고압	(③)V 초과 ~ (④)V 이하	(⑤)V 초과 ~ (⑥)V 이하
특고압	(⑦)V 초과	

해답 ① 1,500 ② 1,500 ③ 1,500 ④ 7,000
⑤ 1,000 ⑥ 7,000 ⑦ 7,000

전압의 구분('21년 개정)

전압구분	개정 전 기술기준	KEC
저압	교류 : 600V 이하 직류 : 750V 이하	교류 : 1,000V 이하 직류 : 1,500V 이하
고압	교류 : 600V 초과 7kV 미만 직류 : 750V 초과 7kV 미만	교류 : 1,000V 초과 7kV 미만 직류 : 1,500V 초과 7kV 미만
특고압	7kV 초과	7kV 초과

08.

지게차, 구내운반차의 사용 전 점검사항 4가지를 쓰시오.

해답 구내운반차 작업시작 전 점검사항
① 제동장치 및 조종장치 기능의 이상 유무
② 하역장치 및 유압장치 기능의 이상 유무
③ 바퀴의 이상 유무
④ 전조등 · 후미등 · 방향지시기 및 경음기 기능의 이상 유무
⑤ 충전장치를 포함한 홀더 등의 결합상태의 이상 유무

09.

위험물질에 대한 설명이다. 다음 괄호 안을 채우시오.

(가) 인화성 액체 : 에틸에테르, 가솔린, 아세트알데히드, 산화프로필렌, 그 밖에 인화점이 섭씨 (①) 미만이고 초기끓는점이 섭씨 35도 이하인 물질
(나) 인화성 액체 : 크실렌, 아세트산아밀, 등유, 경유, 테레핀유, 이소아밀알코올, 아세트산, 하이드라진, 그 밖에 인화점이 섭씨 (②) 이상 섭씨 60도 이하인 물질
(다) 부식성 산류 : 농도가 (③)% 이상인 염산, 황산, 질산, 그 밖에 이와 같은 정도 이상의 부식성을 가지는 물질
(라) 부식성 산류 : 농도가 (④)% 이상인 인산, 아세트산, 불산, 그 밖에 이와 같은 정도 이상의 부식성을 가지는 물질

해답 ① 35　　② 23
③ 20　　④ 60

10.

산업안전보건법에 따라 안전・보건진단을 받아 안전보건개선계획을 수립・제출하도록 명할 수 있는 대상 사업장의 종류 3가지를 적으시오.

해답 안전보건개선계획서 수립 대상 사업장(산업안전보건법 시행규칙 제131조)
① 중대재해 발생 사업장
② 산업재해율이 같은 업종 평균 산업재해율의 2배 이상인 사업장
③ 직업병에 걸린 사람이 연간 2명 이상(상시 근로자 1천명 이상 사업장의 경우 3명 이상) 발생한 사업장
④ 작업환경 불량, 화재・폭발 또는 누출사고 등으로 사회적 물의를 일으킨 사업장

11.

다음은 말비계에 대한 내용이다. 다음 괄호 안을 채우시오.

(1) 지주부재와 수평면의 기울기를 (①)도 이하로 하고, 지주부재와 지주부재 사이를 고정시키는 (②)를 설치할 것
(2) 말비계의 높이가 2m를 초과하는 경우에는 작업발판의 폭을 (③)cm 이상으로 할 것

해답 ① 75
② 보조부재
③ 40

12.

사다리식 통로에 대한 내용이다. 다음 괄호 안을 채우시오.

(1) 사다리의 상단은 걸쳐놓은 지점으로부터 (①)cm 이상 올라가도록 할 것
(2) 사다리식 통로의 길이가 10m 이상인 경우에는 (②)m 이내마다 (③)을 설치할 것

해답 ① 60
② 5
③ 계단참

13.

다음에 설명하는 금지표지판 명칭을 쓰시오.

① 사람이 걸어 다녀서는 안 될 장소
② 엘리베이터 등에 타는 것이나 어떤 장소에 올라가는 것을 금지
③ 수리 또는 고장 등으로 만지거나 작동시키는 것을 금지해야 할 기계·기구 및 설비
④ 정리 정돈 상태의 물체나 움직여서는 안 될 물체를 보존하기 위하여 필요한 장소

해답 ① 보행금지
② 탑승금지
③ 사용금지
④ 물체이동금지

산업안전산업기사(2018년 3회)

01.

목재가공용 둥근톱기계를 사용하는 목재가공공장에서 근로자의 안전을 유지하기 위하여 설치하여야 하는 방호장치를 2가지만 쓰시오.

해답 반발예방장치, 톱날접촉예방장치

02.

산업안전보건법상 안전인증 심사기간 처리기간 3가지를 쓰시오.(단, 제품 심사에 관한 내용은 제외한다.)

해답 ① 예비심사 : 7일
② 서면심사 : 15일(외국에서 제조한 경우는 30일)
③ 기술능력 및 생산체계 심사 : 30일(외국에서 제조한 경우는 45일)

03.

방호장치 자율안전기준 고시에서 다음 정의에 부합하는 용어 4가지를 쓰시오.

① 대상으로 하는 용접기의 주회로를 제어하는 장치를 가지고 있어, 용접봉의 조작에 따라 용접할 때에만 용접기의 주회로를 형성하고, 그 외에는 용접기의 출력 측의 무부하전압을 25볼트 이하로 저하시키도록 동작하는 장치
② 용접봉을 피용접물에 접촉시켜서 전격방지기의 주접점이 폐로될(닫힐) 때까지의 시간
③ 용접봉 홀더에 용접기 출력 측의 무부하전압이 발생한 후 주접점이 개방될 때까지의 시간
④ 정격전원전압에 있어서 전격방지기를 시동시킬 수 있는 출력회로의 시동감도로서 명판에 표시된 것

해답 ① 교류아크용접기용 자동전격방지기
② 시동시간
③ 자동시간
④ 표준시동감도

04.

터널 건설작업에서 낙반 등에 의한 위험방지조치 2가지를 쓰시오.

해답 ① 터널지보공 설치
② 록볼트 설치
③ 부석의 제거
④ 방호망 설치

05.

추락방지를 위한 안전난간 구성요소 4가지를 쓰시오.

해답 ① 상부 난간대
② 중간 난간대
③ 발끝막이판
④ 난간기둥

06.

산업재해 발생 시 사업주가 기록 보존해야 할 4가지를 쓰시오.

해답 산업재해 발생 시 기록·보존해야 할 사항
① 사업장의 개요 및 근로자의 인적사항
② 재해발생 일시 및 장소
③ 재해발생의 원인 및 과정
④ 재해 재발방지 계획

07.

공기압축기 작업시작 전 점검사항 3가지를 쓰시오.(단, 연결부위 이상 유무에 대한 내용은 제외한다.)

해답 공기압축기 작업시작 전 점검사항
① 공기저장 압력용기의 외관 상태
② 드레인밸브의 조작 및 배수
③ 압력방출장치의 기능
④ 언로드밸브의 기능
⑤ 윤활유의 상태
⑥ 회전부의 덮개 또는 울

08.

차량계 건설기계 작업계획서에 포함되어야 할 사항 3가지를 쓰시오.

해답 차량계 건설기계의 작업계획서 내용(안전보건규칙 제38조)
① 사용하는 차량계 건설기계의 종류 및 능력
② 차량계 건설기계의 운행경로
③ 차량계 건설기계에 의한 작업방법

09.

조명은 근로자들의 작업환경 측면에서 중요한 안전요소이다. 산업안전보건기준에 관한 규칙에 다음의 작업에서 근로자를 상시 취업시키는 장소의 조도기준을 쓰시오.(단, 갱도 등의 작업장은 제외)

초정밀작업	정밀작업	보통작업	그 밖의 작업
(①) LUX 이상	(②) LUX 이상	(③) LUX 이상	(④) LUX 이상

해답 ① 초정밀작업 : 750럭스(lux) 이상
② 정밀작업 : 300럭스 이상
③ 보통작업 : 150럭스 이상
④ 그 밖의 작업 : 75럭스 이상

10.

프레스·전단기 작업 시 위험 한계범위까지 작업자의 접근을 방지하기 위한 장치를 쓰시오.

해답 프레스·전단기 방호장치
① 게이트가드(Gate Guard)식 방호장치
② 양수조작식 방호장치(Two-hand Control Safety Device)
③ 손쳐내기식(Push Away, Sweep Guard) 방호장치
④ 수인식(Pull Out) 방호장치
⑤ 광전자식(감응식) 방호장치(Photosensor Type Safety Device)

11.

다음 괄호 안에 알맞은 단어를 쓰시오.

사업주는 보일러의 안전한 가동을 위하여 보일러 규격에 적합한 압력방출장치를 1개 또는 2개 이상 설치하고 (①) 이하에서 작동되도록 하여야 한다. 다만, 압력방출장치가 2개 이상 설치된 경우에는 (①) 이하에서 1개가 작동되고, 다른 압력방출장치는 (②)배 이하에서 작동되도록 부착하여야 한다.

해답 ① 최고사용압력
② 최고사용압력 1.05배

12.

안전보건표지의 종류 중 금지표시의 바탕, 기본모형, 관련 부호 및 그림의 색채기준을 각각 쓰시오.

해답 ① 금지표시의 바탕 : 흰색
② 기본모형 : 빨간색
③ 관련부호 및 그림의 색채 : 검은색

13.

근로자 800명인 사업장에서 연간 8시간×300일의 작업으로 5건의 재해가 발생하였을 때 도수율은 얼마인가?

해답 $$\text{도수율(F.R)} = \frac{\text{재해 건수}}{\text{연간총근로시간 수}} \times 1{,}000{,}000$$
$$= \frac{5}{(800 \times 8 \times 300)} \times 1{,}000{,}000 = 2.6$$

필답형 기출문제 2019

■ Industrial Engineer Industrial Safety

산업안전산업기사(2019년 1회)

01.

크레인을 사용하여 작업을 하는 때 시작 전 점검사항을 3가지 쓰시오.

해답 ① 권과방지장치 · 브레이크 · 클러치 및 운전장치의 기능
② 주행로의 상측 및 트롤리(Trolley)가 횡행하는 레일의 상태
③ 와이어로프가 통하고 있는 곳의 상태

02.

산업안전보건법에 따라 반응 폭주 등 급격한 압력 상승의 우려가 있는 경우 설치하여야 하는 안전장치는 무엇인가?

해답 파열판

03.

관리대상 유해물질을 취급하는 작업장에 게시사항 4가지를 쓰시오.

해답 ① 명칭
② 인체에 미치는 영향
③ 취급상 주의사항
④ 착용하여야 할 보호구
⑤ 응급조치 및 긴급 방재 요령

04.

소음작업 시 근로자에게 알려주어야 할 사항 3가지를 쓰시오.

해답 ① 해당 작업장소의 소음 수준
② 인체에 미치는 영향과 증상
③ 보호구의 선정과 착용방법
④ 그 밖의 소음으로 인한 건강장해 방지에 필요한 사항

05.

재해예방대책 4원칙을 쓰시오.

해답 ① 손실우연의 원칙 : 재해손실은 사고발생 시 사고대상의 조건에 따라 달라지므로 한 사고의 결과로서 생긴 재해손실은 우연성에 의해서 결정된다.
② 원인계기의 원칙 : 재해발생은 반드시 원인이 있다.
③ 예방가능의 원칙 : 재해는 원칙적으로 원인만 제거하면 예방이 가능하다.
④ 대책선정의 원칙 : 재해예방을 위한 가능한 안전대책은 반드시 존재한다.

06.

[보기]의 조건에 따른 ① 도수율, ② 연천인율을 계산하시오.

- 1년에 10건의 재해 발생
- 재해자 수 6명
- 연간 250일 근무
- 하루 9시간 근무
- 근로자 수 500명

해답 ① 도수율 : $10/(500 \times 9 \times 250) \times 1{,}000{,}000 = 8.89$
② 연천인율 : $6/500 \times 1{,}000 = 12$

07.

전기화재의 구분(분류)과 적용 가능한 소화기 3가지를 쓰시오.

해답 1. 구분(분류) : C급 화재
2. 적용 가능한 소화기
① 유기성 소화기
② 분말 소화기
③ CO_2 소화기

08.

교류아크용접기 방호장치는?

해답 자동전격방지기

09.

산업안전보건법상 다음에 해당하는 교육 시간을 쓰시오.

① 사무직 종사 근로자의 정기교육시간 : 매분기 (　)시간 이상
② 관리감독자 시간 : 연간 (　)시간 이상
③ 일용근로자의 채용 시 교육시간 : (　)시간 이상
④ 일용근로자를 제외한 근로자의 채용 시 교육시간 : (　)시간 이상
⑤ 일용근로자의 작업내용 변경 시 교육시간 : (　)시간 이상
⑥ 일용근로자를 제외한 근로자의 작업내용 변경 시 교육시간 : (　)시간 이상

해답 ① 3　② 16　③ 1　④ 8　⑤ 1　⑥ 2

10.

산업안전보건법상 다음 기계 · 기구에 설치하여야 할 방호장치를 하나씩 쓰시오.

① 예초기　② 원심기　③ 공기압축기　④ 금속절단기

해답 ① 날접촉 예방장치
② 회전체 접촉 예방장치
③ 압력방출장치
④ 날접촉 예방장치

11.

안전관리조직 구성 3가지를 쓰시오.

해답 ① 직계식
② 참모식
③ 직계-참모식

12.

다음 FT도에서 정상사상 G1의 고장발생 확률을 구하시오.(단, 기본사상 ①, ②, ③, ④의 발생확률은 각각 0.03, 0.37, 0.2, 0.2이다.)

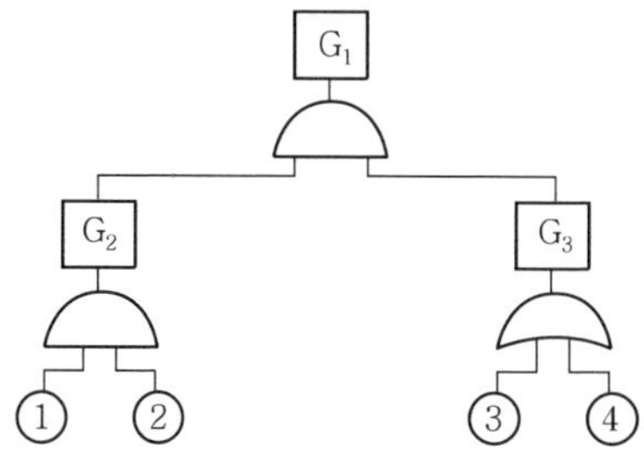

해답 G_2 = ① × ② = 0.03 × 0.37 = 0.0111

G_3 = 1 − (1 − ③)(1 − ④) = 1 − (1 − 0.2)(1 − 0.2) = 0.36

$G_1 = G_2 \times G_3 = 0.36 \times 0.0111 = 0.003996 ≒ 0.004$

산업안전산업기사(2019년 2회)

01.

리프트의 설치 · 조립 · 수리 · 점검 또는 해체 작업을 하는 경우 안전조치사항 3가지를 쓰시오.

해답 ① 작업을 지휘하는 사람을 선임하여 그 사람의 지휘하에 작업을 실시할 것

② 작업을 할 구역에 관계 근로자가 아닌 사람의 출입을 금지하고 그 취지를 보기 쉬운 장소에 표시할 것

③ 비, 눈, 그 밖에 기상상태의 불안정으로 날씨가 몹시 나쁜 경우에는 그 작업을 중지시킬 것

02.

기계설비에 형성되는 위험점 5가지를 쓰시오.

해답 끼임점, 절단점, 물림점, 접선물림점, 회전말림점

03.

압력용기 안전검사의 주기에 관한 내용이다. 검사주기를 쓰시오.

1) 사업장에 설치가 끝난 날부터 (①)년 이내에 최초 안전검사를 실시한다.
2) 그 이후부터 (②)년마다 안전검사를 실시한다.
3) 공정안전보고서를 제출하여 확인을 받은 압력용기는 (③)년마다 안전검사를 실시한다.

해답 ① 3　② 2　③ 4

04.

콘크리트 구조물로 옹벽을 축조할 경우, 필요한 안정조건을 3가지 쓰시오.

해답 ① 전도에 대한 안정
② 활동에 대한 안정
③ 지반 지지력에 대한 안정

05.

산업안전보건법상 크레인에 설치할 방호장치의 종류 3가지를 쓰시오.

해답 과부하 방지장치, 권과방지장치, 비상정지장치, 제동장치

06.

산업안전보건법상 보호구의 안전인증제품에 표시 사항을 5가지 쓰시오.

해답 ① 형식 또는 모델명
② 규격 또는 등급 등
③ 제조자명
④ 제조번호 및 제조연월
⑤ 안전인증 번호

07.

동작경제의 3원칙을 쓰시오.

해답 ① 신체 사용에 관한 원칙
② 작업장 배치에 관한 원칙
③ 공구 및 설비 설계(디자인)에 관한 원칙

08.

산업안전보건법상 안전보건에 관한 노사협의체 구성에 있어서 근로자위원과 사용자위원의 자격을 2가지씩 쓰시오.

해답 ① 근로자 위원
- 도급 또는 하도급 사업을 포함한 전체 사업의 근로자대표
- 근로자대표가 지명하는 명예감독관 1명. 다만, 명예감독관이 위촉되어 있지 아니한 경우에는 근로자대표가 지명하는 해당 사업장 근로자 1명
- 공사금액이 20억 원 이상인 공사의 관계수급인의 각 근로자대표

② 사용자 위원
- 해당 사업의 대표자
- 안전관리자 1명
- 보건관리자 1명
- 공사금액이 20억 원 이상인 공사의 관계수급인의 각 대표자

09.

다음에 해당하는 방폭구조의 기호를 쓰시오.

① 내압 방폭구조( )
② 유입 방폭구조( )
③ 본질안전방폭구조( )
④ 안전증 방폭구조( )
⑤ 몰드 방폭구조( )

해답 ① d ② o ③ ia, ib ④ e ⑤ m

10.

작업자 B의 평균에너지소비량 7.5[kcal]의 에너지를 소보하는 작업을 수행하는 경우 작업시간 60분 동안 포함되어야 하는 휴식시간을 계산하는 ① 관계식과 ② 휴식시간을 각각 구하시오. (단, 작업에 대한 권장 에너지 소비량은 분당 4[kcal])

해답 ① 휴식시간$(R) = \dfrac{60(E-4)}{E-1.5} = \dfrac{60(7.5-4)}{7.5-1.5}$

② 35(분)

11.

목재가공용 둥근톱의 반발예상장치 분할날의 두께 t_2 공식을 쓰시오.
(단, t_1 : 톱 두께, b : 치진폭, t_2 : 분할날 두께)

해답 $1.1t_1 \leq t_2 < b$

분할날의 두께는 톱날두께의 1.1배 이상이고 톱날의 치진폭 미만으로 할 것

12.

일산화탄소(CO) 10ppm은 1기압, 25℃에서 몇 mg/m³ 인가?(단, C의 원자량 : 12, O의 원자량 : 16)

해답 11.45mg/m^3

$\text{ppm} = \text{mg/m}^3 \times \dfrac{22.4}{\text{M}} \times \dfrac{T(℃)+273}{273}$ (여기서, M : 분자량, T : 온도)의 식에서

$10 = \text{mg/m}^3 \times \dfrac{22.4}{28} \times \dfrac{25(℃)+273}{273}$

$\therefore\ \text{mg/m}^3 = 11.45$

13.

인간이 현존하는 기계를 능가하는 기능을 5가지 쓰시오.

해답 ① 매우 낮은 수준의 시각, 청각, 촉각, 후각, 미각적인 자극 감지

② 주위의 이상하거나 예기치 못한 사건 감지

③ 다양한 경험을 토대로 의사결정(상황에 따라 적응적인 결정을 함)

④ 관찰을 통해 일반적으로 귀납적(inductive)으로 추진

⑤ 주관적으로 추산하고 평가

산업안전산업기사(2019년 3회)

01.

다음 사업장의 강도율을 계산하시오.

근로자 100명이 하루 8시간 근무하며 1년에 300일간 작업한다.
장해등급 14급 2명, 사망 1명, 휴업일수 37일

해답 $(7{,}500+50\times2+37\times(300/365))/(100\times8\times300)\times1{,}000=31.793379$

02.

TLV-TWA의 정의를 쓰시오.

해답 1일 8시간 작업 동안에 폭로된 유해물질의 시간 가중 평균농도 상한치

03.

출입금지표지를 설치해야 하는 작업장의 종류 3가지를 쓰시오.

해답 ① 허가대상물질 작업장
② 석면취급 및 해체 작업장
③ 금지대상물질의 취급실험실

04.

공정안전보고서의 공정흐름도에 표시되어야 할 사항 3가지를 쓰시오.

해답 ① 공정 처리순서 및 흐름의 방향(Flow Scheme & Direction)
② 주요 동력기계, 장치 및 설비류의 배열
③ 기본 제어논리(Basic Control Logic)
④ 기본설계를 바탕으로 한 온도, 압력, 물질수지 및 열수지 등
⑤ 압력용기, 저장탱크 등 주요 용기류의 간단한 사양
⑥ 열교환기, 가열로 등의 간단한 사양
⑦ 펌프, 압축기 등 주요 동력기계의 간단한 사양
⑧ 회분식 공정인 경우에는 작업순서 및 작업 시간

05.

가설비계의 구비요건 3가지를 쓰시오.

해답 안정성, 작업성, 경제성

06.

다음에 해당하는 방폭구조의 기호를 쓰시오.

① 내압(　)
② 압력(　)
③ 유입(　)
④ 안전증(　)
⑤ 본질(　)
⑥ 몰드(　)
⑦ 특수(　)

해답 ① d　② p　③ o　④ e　⑤ ia, ib　⑥ m　⑦ s

07.

로봇의 작동범위 내에서 그 로봇에 관하여 교시 등의 작업을 하는 때 작업시작 전 점검사항 3가지를 쓰시오.

해답 ① 외부전선의 피복 또는 외장의 손상유무
② 매니퓰레이터(Manipulator) 작동의 이상유무
③ 제동장치 및 비상정지장치의 기능

08.

히빙이 일어나기 쉬운 지반과 발생원인 2가지를 쓰시오.

해답 (1) 지반조건 : 연약성 점토지반
(2) 발생원인
① 흙막이벽체의 근입장 부족
② 흙막이 내외부 중량차
③ 지표의 상재하중

09.

부주의 현상 중 다른 곳에 주의를 돌리는 것은?

해답 의식의 우회

10.

기계 및 재료에 대한 검사 중 비파괴 검사법이 있다. 비파괴 검사방법 4가지만 쓰시오.

해답 초음파탐상시험(UT), 침투탐상시험(PT), 자분탐상시험(MT), 방사선탐상시험(RT), 내압시험 등

11.

아날로그 표시장치 중 지침 설계의 일반적인 권고사항 3가지를 쓰시오.

해답 ① (선각이 약 20도 되는) 뾰족한 지침을 사용하라.
② 지침의 끝은 작은 눈금과 맞닿되 겹치지 않게 하라.
③ (원형 눈금의 경우) 지침의 색은 선단에서 눈금의 중심까지 칠하라.
④ (시차를 없애기 위해) 지침을 눈금 면과 밀착시켜라.

12.

THERP에 대해 설명하시오.

해답 THERP(Technique for Human Error Rate Prediction)
인간실수 확률(HEP)에 대한 정량적 예측기법으로 분석하고자 하는 작업을 기본행위로 하여 각 행위의 성공, 실패확률을 계산하는 방법

$$\text{인간실수확률(HEP)} = \frac{\text{인간실수의 수}}{\text{실수발생의 기회 수}}$$

13.

사업장에서 발생하는 산업재해에 대한 재해조사의 목적을 쓰시오.

해답 재해의 발생원인과 결함을 규명하고, 예방 자료를 수집하여, 동종 재해 및 유사 재해의 재발 방지 대책을 강구

필답형 기출문제 2020

■ Industrial Engineer Industrial Safety

산업안전산업기사(2020년 1회)

01.

작업장의 근로자수가 540명이고, 연간 재해발생건수가 30건일 경우 도수율을 구하시오. (단, 1일 평균 근무시간은 8시간이며, 연간 총 근무일수는 300일로 한다.)

해답 $도수율 = \frac{연간재해발생건수}{연간총근로시간수} \times 1,000,000 = \frac{30}{540 \times 8 \times 300} \times 1,000,000 = 23.15$

02.

안전표지의 빈칸을 채우시오

색채	색도기준	용도	사용 예시
(①)	(④)	금지	정지신호, 소화설비 및 그 장소, 유해행위의 금지
		경고	화학물질 취급 장소에서의 유해 · 위험 경고
노란색	5Y 8.5/12	경고	화학물질 취급 장소에서의 유해 · 위험경고 이외의 위험경고, 주의표지 또는 기계방호물
(②)	2.5PB 4/10	지시	특정 행위의 지시 및 사실의 고지
녹색	2.5G 4/10	(⑤)	비상구 및 피난소, 사람 또는 차량의 통행표지
흰색	N9.5		파란색 또는 녹색에 대한 보조색
(③)	N0.5		문자 및 빨간색 또는 노란색에 대한 보조색

해답 ① 빨간색
② 파란색
③ 검은색
④ 7.5R 4/14
⑤ 안내

03.

Fool Proof에 대해 설명하시오.

해답 작업자가 기계를 잘못 취급하여 불안전 행동이나 실수를 하여도 기계설비의 안전기능이 작동되어 재해를 방지할 수 있는 기능

04.

고용노동부장관이 안전, 보건진단을 받아 안전보건개선계획의 수립, 시행을 명할 수 있는 경우 4가지를 쓰시오.

해답 ① 산업재해율이 같은 업종 평균 산업재해율의 2배 이상인 사업장
② 사업주가 필요한 안전조치 또는 보건조치를 이행하지 아니하여 중대재해가 발생한 사업장
③ 직업성 질병자가 연간 2명 이상(상시근로자 1천 명 이상 사업장의 경우 3명 이상) 발생한 사업장
④ 그밖에 작업환경 불량, 화재·폭발 또는 누출 사고 등으로 사업장 주변까지 피해가 확산된 사업장으로서 고용노동부령으로 정하는 사업장

05.

피뢰기의 구비조건 5가지를 쓰시오.

해답 ① 제한전압 또는 충격방전개시전압이 충분히 낮고 보호능력이 있을 것
② 속류차단이 완전히 행해져 동작책무특성이 충분할 것
③ 뇌전류 방전능력이 클 것
④ 대전류의 방전, 속류차단의 반복동작에 대하여 장기간 사용에 견딜 수 있을 것
⑤ 상용주파 방전개시전압은 회로전압보다 충분히 높아서 상용주파방전을 하지 않을 것

06.

기계설비의 운동 부분에 형성되는 위험점을 3가지 쓰시오.

해답 끼임점(Shear Point), 절단점(Cutting Point), 물림점(Nip Point), 접선물림점(Tangential Nip Point), 회전말림점(Trapping Point)

07.

산업안전보건법상 작업장의 조도기준에 관하여 쓰시오.

해답 ① 초정밀작업은 750럭스 이상
② 정밀작업은 300럭스 이상
③ 보통작업은 150럭스 이상
④ 그밖의 작업은 75럭스 이상

08.

자율안전확인대상 기계 · 기구의 방호장치를 4가지 쓰시오.

해답 ① 아세틸렌 용접장치용 또는 가스집합 용접장치용 안전기
② 교류아크용접기용 자동전격방지기
③ 롤러기 급정지장치
④ 연삭기(研削機) 덮개
⑤ 목재 가공용 둥근톱 반발예방장치와 날접촉예방장치
⑥ 동력식 수동대패용 칼날접촉방지장치
⑦ 추락 · 낙하 및 붕괴 등의 위험 방지 및 보호에 필요한 가설기자재

09.

공정안전보고서의 제출대상 사업장 종류 3가지를 쓰시오.

해답 ① 원유 정제처리업
② 기타 석유정제물 재처리업
③ 석유화학계 기초화학물질 제조업 또는 합성수지 및 기타 플라스틱물질제조업
④ 질소, 인산 및 칼리질 화학비료 제조업 중 질소질 비료 제조
⑤ 복합비료 제조업(단순혼합 또는 배합에 의한 경우는 제외한다)
⑥ 농약 제조업(원제 제조만 해당한다)
⑦ 화약 및 불꽃제품 제조업

10.

차량계 건설기계를 사용하여 작업을 할 때, 이에 따른 작업계획 내용에 포함되어야 할 사항을 쓰시오.

해답 ① 사용하는 차량계 건설기계의 종류 및 능력
② 차량계 건설기계의 운행경로
③ 차량계 건설기계에 의한 작업방법

11.

산업안전보건기준에 관한 규칙의 계단에 대한 내용이다. 다음 빈칸을 채우시오.

- 사업주는 계단 및 계단참을 설치하는 경우 매제곱미터당 (①)kg 이상의 하중에 견딜 수 있는 강도를 가진 구조로 설치하여야 하며, 안전율은 (②) 이상으로 하여야 한다.
- 계단을 설치하는 경우 그 폭을 (③)m 이상으로 하여야 한다.
- 높이가 (④)m를 초과하는 계단에는 높이 3m 이내마다 너비 1.2m 이상의 계단참을 설치하여야 한다.
- 높이 (⑤)m 이상인 계단의 개방된 측면에 안전난간을 설치하여야 한다.

해답 ① 500 ② 4 ③ 1 ④ 3 ⑤ 1

12.

물질안전보건자료 작성 시 작성항목 16가지 중 5가지를 적으시오. (단, 그 밖의 참고사항은 제외)

해답 ① 화학제품과 회사에 관한 정보
② 유해성·위험성
③ 구성 성분의 명칭 및 함유량
④ 응급조치 요령
⑤ 폭발·화재 시 대처 방법
⑥ 누출사고 시 대처 방법
⑦ 취급 및 저장 방법
⑧ 노출 방지 및 개인보호구
⑨ 물리화학적 특성
⑩ 안전성 및 반응성
⑪ 독성에 관한 정보
⑫ 환경에 미치는 영향
⑬ 폐기 시 주의사항
⑭ 운송에 필요한 정보
⑮ 법적 규제 현황

13.

위험예지훈련의 기초단계의 4단계를 순서대로 기술하시오.

해답 ① 1라운드 : 현상파악(사실의 파악)
② 2라운드 : 본질추구(원인조사)
③ 3라운드 : 대책수립(대책을 세운다)
④ 4라운드 : 목표설정(행동계획 작성)

산업안전산업기사(2020년 2회)

01.

산업안전보건법에서 사업주가 근로자에게 시행해야 하는 근로자 안전보건교육의 종류를 4가지 쓰시오.

해답 ① 정기교육
② 채용 시 교육
③ 작업내용 변경 시의 교육
④ 특별교육
⑤ 건설업 기초안전 · 보건교육

02.

재해사례 연구순서 5단계를 순서대로 기술하시오.

해답 ① 전제조건 : 재해상황의 파악
② 1단계 : 사실의 확인
③ 2단계 : 직접 원인과 문제점의 확인
④ 3단계 : 근본 문제점의 결정
⑤ 4단계 : 대책의 수립

03.

거푸집의 설치 · 해체, 철근 조립, 콘크리트 타설, 콘크리트 면처리 작업 등을 위하여 거푸집을 작업발판과 일체로 제작하여 사용하는 일체형 거푸집의 종류 4가지를 쓰시오.

해답 ① 갱 폼 ② 슬립 폼 ③ 클라이밍 폼 ④ 터널 라이닝 폼

04.

산업안전보건법령상 다음 안전보건표지의 명칭을 쓰시오.

(①) (②)

(③)

해답 ① 금연 ② 고온경고 ③ 산화성물질경고

05.

안전성평가 순서를 쓰시오.

해답 ① 제1단계 : 관계자료의 작성 준비
② 제2단계 : 정성적 평가
③ 제3단계 : 정량적 평가
④ 제4단계 : 안전 대책 수립
⑤ 제5단계 : 재해 정보에 의한 재평가
⑥ 제6단계 : FTA에 의한 재평가

06.

밀폐공간에서 작업 시 밀폐공간 보건작업 프로그램을 수립하여 시행하여야 한다. 밀폐공간 보건작업 프로그램 내용을 4가지 쓰시오.

해답 ① 사업장 내 밀폐공간의 위치 파악 및 관리 방안
② 밀폐공간 내 질식·중독 등을 일으킬 수 있는 유해·위험 요인의 파악 및 관리 방안
③ ②에 따라 밀폐공간 작업 시 사전 확인이 필요한 사항에 대한 확인 절차
④ 안전보건교육 및 훈련
⑤ 그 밖에 밀폐공간 작업 근로자의 건강장해 예방에 관한 사항

07.

다음 FT도에서 시스템의 신뢰도는 약 얼마인지 계산하시오. (단, 발생확률은 ①, ④는 0.05, ②, ③은 0.1)

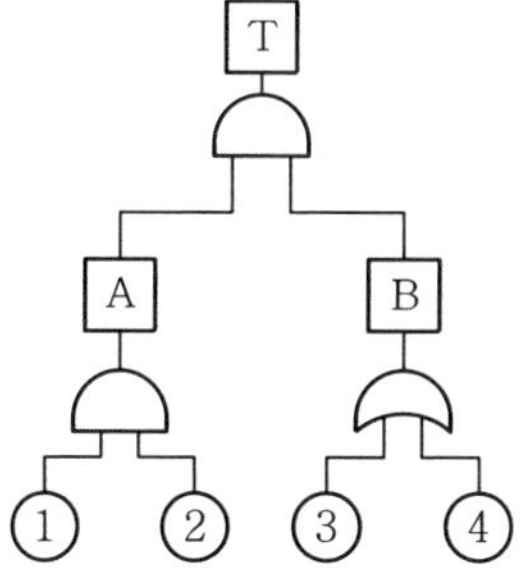

해답 $A = 0.05 \times 0.1 = 0.005$
$B = 1 - (1 - 0.05)(1 - 0.1) = 0.145$
발생확률(T) $= A \times B = 0.005 \times 0.145 = 0.000725$
신뢰도R(t) = 1 − 발생확률 = 1 − 0.000725
= 0.999275 ≒ 1.00(소수점 셋째 자리에서 반올림)

08.

누전에 의한 감전위험을 방지하기 위하여 해당 전로의 정격에 적합하고 감도가 양호하며 확실하게 작동하는 감전방지용 누전차단기를 설치하여야 하는 전기 기계 · 기구의 대상을 3가지 쓰시오.

해답 ① 대지전압이 150V를 초과하는 이동형 또는 휴대형 전기 기계 · 기구
② 물 등 도전성이 높은 액체가 있는 습윤장소에서 사용하는 저압용 전기 기계 · 기구
③ 철판 · 철골 위 등 도전성이 높은 장소에서 사용하는 이동형 또는 휴대형 전기 기계 · 기구
④ 임시배선의 전로가 설치되는 장소에서 사용하는 이동형 또는 휴대형 전기 기계 · 기구

09.

양중기에 사용하는 달기체인 등의 사용금지 규정을 2가지 쓰시오.

해답 ① 달기체인의 길이가 달기체인이 제조된 때의 길이의 5(%)를 초과한 것
② 링의 단면지름이 달기체인이 제조된 때의 해당 링의 지름의 10(%)를 초과하여 감소한 것
③ 균열이 있거나 심하게 변형된 것

10.

작업자가 작업 중 회전하는 연삭숫돌과 덮개 사이에 재료가 끼임과 동시에 연삭숫돌이 파괴되면서 파면이 작업자에게 튀어 사망사고가 발생하였다. 재해형태, 기인물 및 가해물을 쓰시오.

해답 ① 재해형태 : 비래(날아와 맞음)
② 기인물 : 연삭기 덮개
③ 가해물 : 연삭숫돌 파편

11.

안전보건개선계획에 대해서 빈칸을 채우시오.

• 사업주는 안전보건개선계획서 수립 · 시행을 명령받은 날부터 (①) 이내에 관할 지방고용노동관서의 장에게 해당 계획서를 제출해야 한다.
• 지방고용노동관서의 장이 안전보건계선계획서를 접수한 경우에는 접수일부터 (②)일 이내에 심사하여 사업주에게 그 결과를 알려야 한다.

해답 ① 60일 ② 15일

12.

크레인을 이용하여 상부각도 60도로 4,200kN의 화물을 인양하는 경우, 와이어로프 1가닥에 걸리는 하중(kN)을 계산하시오.

해답 $2\times T\times \cos\frac{60°}{2}=4{,}200,\ T=2{,}424.87[\text{kN}]$

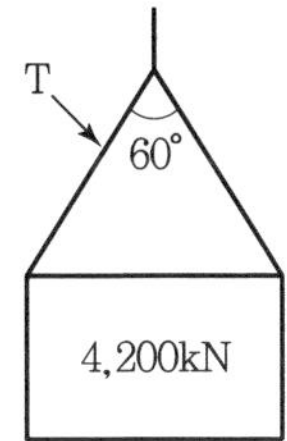

13.

기계프레스의 수인식 방호장치의 수인끈, 수인끈의 안내통, 손목밴드의 구비조건에 대해서 4가지 쓰시오.

해답 ① 손목밴드(wrist band)의 재료는 유연한 내유성 피혁 또는 이와 동등한 재료를 사용해야 한다.
② 손목밴드는 착용감이 좋으며 쉽게 착용할 수 있는 구조이어야 한다.
③ 수인끈의 재료는 합성섬유로 직경이 4(mm) 이상이어야 한다.
④ 수인끈은 작업자와 작업공정에 따라 그 길이를 조정할 수 있어야 한다.
⑤ 수인끈의 안내통은 끈의 마모와 손상을 방지할 수 있는 조치를 해야 한다.

산업안전산업기사(2020년 3회)

01.

MTTF와 MTBF를 설명하시오.

해답 ① MTTF(Mean Time To Failure) : 시스템, 부품 등이 고장나기까지 동작시간의 평균치
② MTBF(Mean Time Between Failure) : 시스템, 부품 등의 고장 간의 동작시간 평균치

02.

산업안전보건법령에 따른 다음 안전보건표지의 명칭을 쓰시오.

(①) (②) (③)

해답 ① 낙하물 경고
② 보안면 착용
③ 폭발성 물질 경고

03.

바닥에 기름이 묻어있는 작업장에서 근로자가 작업을 하고 있다. 통행로를 따라 이동 중 미끄러져 넘어지면서 기계에 머리를 부딪쳐 7일간 치료를 요하는 부상을 입었을 경우 재해의 발생형태, 기인물, 가해물을 쓰시오.

해답 ① 재해의 발생형태 : 충돌
② 기인물 : 기름 바닥
③ 가해물 : 기계

04.

산업안전보건법령에 따른 근로자 안전보건교육의 종류 4가지를 쓰시오.

해답 채용 시 교육, 특별교육, 정기교육, 작업내용 변경 시의 교육, 건설업 기초안전・보건교육

05.

롤러기 앞면 롤러 원통의 지름이 120mm이고 분당 60회를 회전할 경우 급정지거리(mm)를 구하시오.

해답 ① 계산과정 : $V = \frac{\pi DN}{1,000} = \frac{\pi \times 120 \times 60}{1,000} = 22.6\text{m/min}$

② 정답 : 30m/min 이하이므로, 급정지거리 $= \frac{\text{압면롤러원주}}{3} = \frac{\pi \times 120}{3} = 125.66mm$

06.

고용노동부장관이 안전보건개선계획의 수립 · 시행을 명할 수 있는 사업장 2곳을 쓰시오.

해답 ① 산업재해율이 같은 업종의 규모별 평균 산업재해율보다 높은 사업장
② 사업주가 안전보건조치의무를 이행하지 아니하여 중대재해가 발생한 사업장
③ 유해인자의 노출기준을 초과한 사업장

07.

토사의 붕괴형태 3가지를 쓰시오.

해답 ① 사면 천단부 붕괴
② 사면 중심부 붕괴
③ 사면 하단부 붕괴

08.

수전 또는 변전설비에서 사용되고 있는 MOF의 한글명칭과 그 역할을 1가지만 쓰시오

해답 ① 명칭 : 계기용 변성기
② 역할 : 고전압을 저전압으로 변성, 대전류를 소전류로 변환(적산전력량 측정)

09.

가공 기계에서 주로 사용되는 풀 프루프(FOOL PROOF) 기구인 가드 중 "고정가드"와 "인터록 가드"의 기능에 대하여 설명하시오.

- 고정 가드
- 인터록 가드

해답 ① 고정가드 : 개구부로부터 가공물과 공구 등을 넣어도 손은 위험영역에 머무르지 않는다.
② 인터록 가드 : 기계식 작동 중에 개폐되는 경우 기계가 정지한다.

10.

기계의 신뢰도 측면에서 고장시기별로 고장의 종류(3가지)와 고장률을 구하는 식을 쓰시오.

해답 ① 고장의 종류 : 초기고장, 우발고장, 마모고장

② 고장률을 구하는 식 : 고장률 $= \frac{\text{고장건수}}{\text{총가동시간}}$

11.

근로자가 지붕 위에서 작업을 할 때에 추락하거나 넘어질 위험이 있는 경우 필요한 조치를 3가지 쓰시오.

해답 ① 지붕의 가장자리에 안전난간을 설치할 것

② 채광창(Skylight)에는 견고한 구조의 덮개를 설치할 것

③ 슬레이트 등 강도가 약한 재료로 덮은 지붕에는 폭 30cm 이상의 발판을 설치할 것

12.

산업안전보건법령에 따라 유해 위험방지를 위하여 기계 · 기구에 설치하여야 할 방호장치를 1가지씩 쓰시오.

① 예초기 ② 원심기 ③ 공기압축기 ④ 금속절단기 ⑤ 지게차

해답 ① 예초기 : 날접촉 예방장치

② 원심기 : 회전체 접촉 예방장치

③ 공기압축기 : 압력방출장치

④ 금속절단기 : 날접촉 예방장치

⑤ 지게차 : 헤드가드, 후미등, 전조등, 백레스트, 안전벨트

13.

이황화탄소의 폭발상한계가 44이고 폭발하한계가 1.2일 때 이황화탄소의 위험도를 구하시오.

해답 • 계산과정 : L은 폭발하한계 값(%), U은 폭발상한계 값(%)

위험도 $= (U - L)/L = (44 - 1.2)/1.2 = 35.67$

• 답 : 35.67

산업안전산업기사(2020년 4회)

01.

다음 작업장의 도수율과 강도율을 구하시오.

- 근로자 수 : 400명
- 연간 재해건수 : 20건
- 근로손실일수 : 150일
- 휴업일수 : 73일
- 1일 평균 근무시간 : 8시간
- 연간 근무일수 : 300일
- 잔업시간 : 1인당 연간 50시간

해답 ① 도수율 $= \dfrac{\text{연간재해발생건수}}{\text{연간총근로시간수}} \times 1{,}000{,}000 = \dfrac{20}{400 \times 8 \times 300 + 50} \times 1{,}000{,}000 = 20.83$

② 강도율 $= \dfrac{\text{근로손실일수}}{\text{연근로시간수}} \times 1{,}000 = \dfrac{150 + 73 \times \dfrac{300}{365}}{400 \times 8 \times 300 + 50} \times 1{,}000 = 0.22$

02.

동력식 수동대패기의 방호장치 한가지와 그 방호장치와 송급테이블의 간격을 쓰시오.

해답 ① 방호장치 : 날접촉예방장치
② 간격 : 8mm 이하

03.

보일링이 일어나기 쉬운 지반은 어떤 지반인지 쓰시오.

해답 투수성이 좋은 사질지반

04.

안전보건총괄책임자 지정대상 사업을 2가지 쓰시오. (단, 선박 및 보트 건조업, 1차 금속 제조업 및 토사석 광업의 경우는 제외)

해답 ① 상시 근로자가 100명 이상인 사업
② 총 공사금액이 20억 원 이상인 건설업

05.

컷셋과 패스셋에 대해 설명하시오.

해답 ① 컷셋(Cut set) : 그 속에 포함되어 있는 모든 기본사상이 일어났을 때 정상사상을 일으키는 기본사상의 집합
② 패스셋(Pass set) : 그 속에 포함되어 있는 기본사상이 일어나지 않을 때 처음으로 정상사상이 일어나지 않는 기본사상의 집합

06.

폭풍, 폭우 및 폭설 등의 악천후로 인하여 작업을 중지시킨 후 또는 비계를 조립해체하거나 또는 변경한 후 작업재개 시 작업시작 전 점검항목을 구체적으로 4가지 쓰시오.

해답 ① 발판재료의 손상 여부 및 부착 또는 걸림 상태
② 해당 비계의 연결부 또는 접속부의 풀림 상태
③ 연결재료 및 연결 철물의 손상 또는 부식 상태
④ 손잡이의 탈락 여부
⑤ 기둥의 침하 · 변형 · 변위 또는 흔들림 상태
⑥ 로프의 부착상태 및 매단장치의 흔들림 상태 등

07.

화물자동차의 짐걸이로 사용해서는 안 되는 섬유로프를 2가지 쓰시오.

해답 ① 꼬임이 끊어진 것
② 심하게 손상되거나 부식된 것

08.

인간과오 분류 중 심리적 분류의 종류 5가지를 쓰시오.

해답 ① 생략에러(Omission Error) : 작업 내지 필요한 절차를 수행하지 않는 데서 기인하는 에러
② 수행에러(Commission Error) : 작업 내지 절차를 수행했으나 잘못한 실수(선택착오, 순서착오, 시간착오)
③ 과잉행동 에러(Extraneous Error) : 불필요한 작업 내지 절차를 수행함으로써 기인한 에러
④ 순서에러(Sequential Error) : 작업수행의 순서를 잘못한 실수
⑤ 시간에러(Timing Error) : 소정의 기간에 수행하지 못한 실수(너무 빨리 혹은 늦게)

09.

자동전격방지장치가 부착된 용접기를 설치할 수 있는 장소의 조건 4가지를 쓰시오.

해답 전격방지장치의 사용 조건
① 주위 온도가 $-20\left[\frac{3}{4}\right]$ 이상 $45\left[\frac{3}{4}\right]$를 넘지 않는 상태
② 선상 또는 해안과 같은 염분을 포함한 공기 중의 상태
③ 연직 또는 수평에 대해서 전격방지장치의 부착편의 경사가 20°를 넘지 않은 상태
④ 먼지가 많은 장소
⑤ 유해한 부식성 가스가 존재하는 장소
⑥ 습기가 많은 장소
⑦ 기름의 증발이 많은 장소
⑧ 표고 1,000m를 초과하지 않는 장소
⑨ 이상한 진동 또는 충격을 받지 않는 상태
⑩ 슬로다운 장치를 가지는 엔진구동 교류아크용접기로 슬로다운 동작을 하지 않은 상태

10.

안전인증 파열판에 '안전인증의 표시' 외에 추가로 표시하여야 할 사항을 5가지 쓰시오.

해답 ① 호칭지름
② 용도
③ 설정파열압력 및 설정온도
④ 분출용량 또는 공칭분출계수
⑤ 파열판의 재질
⑥ 유체의 흐름방향 지시

11.

연소의 종류 중 고체의 연소형태 4가지를 쓰시오.

해답 ① 표면연소
② 분해연소
③ 증발연소
④ 자기연소

12.

시각정보전달이 청각정보전달보다 더 좋은 경우를 3가지 쓰시오.

해답 ① 경고나 메시지가 복잡함
② 경고나 메시지가 길
③ 경고나 메시지가 후에 재참조됨
④ 경고나 메시지가 공간적인 위치를 다룸
⑤ 경고나 메시지가 즉각적인 행동을 요구하지 않음
⑥ 수신자의 청각 계통이 과부하 상태일 때
⑦ 수신 장소가 너무 시끄러울 때
⑧ 직무상 수신자가 한 곳에 머무르는 경우

13.

다음 그림에 해당하는 안전화의 성능시험은 무엇인지 쓰시오.

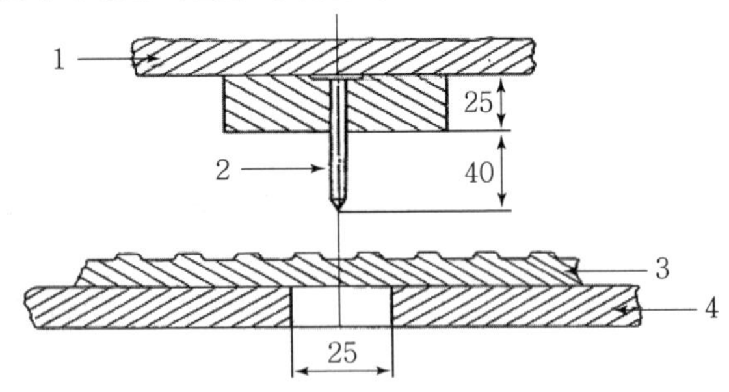

1. 압축판 2. 못 3. 신발창 시편 4. 기초판

해답 내답발성 시험

필답형 기출문제 2021

■ Industrial Engineer Industrial Safety

산업안전산업기사(2021년 1회)

01.

교류아크용접기에 전격방지기를 설치해야 하는 장소 2가지를 쓰시오.

해답 ① 선박의 이중 선체 내부, 밸러스트 탱크(ballast tank, 평형수 탱크), 보일러 내부 등 도전체에 둘러싸인 장소
② 추락할 위험이 있는 높이 2m 이상의 장소로 철골 등 도전성이 높은 물체에 근로자가 접촉할 우려가 있는 장소
③ 근로자가 물 · 땀 등으로 인하여 도전성이 높은 습윤 상태에서 작업하는 장소

02.

산업안전보건법상 안전관리자의 업무를 3가지 쓰시오. (단, 그 밖에 안전에 관한 사항으로서 고용노동부장관이 정하는 사항은 제외)

해답 ① 산업안전보건위원회 또는 안전 및 보건에 관한 노사협의체에서 심의·의결한 업무와 해당 사업장의 안전보건관리규정 및 취업규칙에서 정한 업무
② 위험성평가에 관한 보좌 및 지도 · 조언
③ 안전인증대상기계 등과 자율안전확인대상기계 등 구입 시 적격품의 선정에 관한 보좌 및 지도 · 조언
④ 해당 사업장 안전교육계획의 수립 및 안전교육 실시에 관한 보좌 및 지도 · 조언
⑤ 사업장 순회점검, 지도 및 조치 건의
⑥ 산업재해 발생의 원인 조사 · 분석 및 재발 방지를 위한 기술적 보좌 및 지도 · 조언
⑦ 산업재해에 관한 통계의 유지 · 관리 · 분석을 위한 보좌 및 지도 · 조언
⑧ 법 또는 법에 따른 명령으로 정한 안전에 관한 사항의 이행에 관한 보좌 및 지도 · 조언
⑨ 업무 수행 내용의 기록 · 유지

03.

산업안전보건법상 산업재해가 발생한 때 사업주가 기록 · 보존해야 할 사항을 4가지 쓰시오. (단, 산업재해조사표의 사본을 보존하거나, 요양신청서의 사본에 재해 재발방지 계획을 첨부하여 보존한 경우는 제외)

해답 ① 사업장의 개요 및 근로자의 인적사항
② 재해 발생의 일시 및 재해 발생의 장소
③ 재해 발생의 원인 및 과정
④ 재해 재발방지 계획

04.

소음이 심한 기계로부터 4m 떨어진 곳에서 100dB일 때, 동일 기계에서 30m 떨어진 곳의 음압수준은 얼마인지 계산하시오.

해답 $dB_2 = dB_1 - 20\log\left(\frac{d_2}{d_1}\right) = 100 - 20\log\left(\frac{30}{4}\right) = 82.498 = 82.50[dB]$

05.

산업안전보건법령상 사업주는 가스장치실을 설치해야 하는데 설치기준 3가지를 쓰시오.

해답 ① 가스가 누출된 경우에는 그 가스가 정체되지 않도록 할 것
② 지붕과 천장에는 가벼운 불연성 재료를 사용할 것
③ 벽에는 불연성 재료를 사용할 것

06.

자율안전확인대상 연삭기 덮개에 자율안전확인 외에 추가로 표시해야 할 사항 2가지를 쓰시오.

해답 ① 숫돌사용 주속도
② 숫돌회전 방향

07.

강제 환기의 개념에 대하여 설명하시오.

해답 자연 환기(자연 바람, 온도 차이 등을 이용)가 아닌 기계(송풍기, 배풍기 등)를 이용해서 환기

08.

Fool Proof를 간략히 설명하고, 그 기능을 갖는 기구 3가지를 쓰시오.

① Fool Proof	② 기구

해답 ① Fool Proof : 작업자가 기계를 잘못 취급하여 불안전 행동이나 실수를 하여도 기계설비의 안전기능이 작용되어 재해를 방지할 수 있는 기능
② 기구 : 가드(Guard), 록(Lock)기구, 오버런기구, 트립기구, 기동방지기구

09.

위험기계의 조종장치를 촉각적으로 암호화할 수 있는 차원 3가지를 쓰시오.

해답 ① 위치 암호 ② 형상 암호 ③ 색채 암호

10.

산업안전보건법에 따른, 가죽제 안전화 성능기준 항목 4가지를 쓰시오.

해답 ① 내답발성(날카로운 물체가 밟았을 때 뚫고 나오지 못하는 성질)
② 내부식성
③ 내유성
④ 내압박성
⑤ 내충격성
⑥ 몸통과 겉창의 박리저항(뜯어지는 것)

11.

산업안전보건법령상, 화학설비의 탱크 내 작업 시 특별교육의 내용 3가지를 쓰시오. (단, 그 밖에 안전 · 보건관리에 필요한 사항은 제외)

해답
- 차단장치 · 정지장치 및 밸브 개폐장치의 점검에 관한 사항
- 탱크 내의 산소농도 측정 및 작업환경에 관한 사항
- 안전보호구 및 이상 발생 시 응급조치에 관한 사항
- 작업절차 · 방법 및 유해 · 위험에 관한 사항

12.

다음 괄호에 안전계수를 쓰시오.

- 근로자가 탑승하는 운반구를 지지하는 달기와이어로프 또는 달기체인의 경우 : (①) 이상
- 화물의 하중을 직접 지지하는 달기와이어로프 또는 달기체인의 경우 : (②) 이상
- 훅, 샤클, 클램프, 리프팅 빔의 경우 : (③) 이상

해답 ① 10 ② 5 ③ 3

13.

양중기 종류를 4가지를 쓰시오.

해답
① 크레인(호이스트(hoist)를 포함한다.)
② 이동식 크레인
③ 리프트(이삿짐운반용 리프트의 경우에는 적재하중이 0.1톤 이상인 것으로 한정한다.)
④ 곤돌라
⑤ 승강기

산업안전산업기사(2021년 2회)

01.

산업안전보건법령상 사업 내 안전 · 보건교육에 있어, 밀폐공간에서의 작업 시의 특별교육 내용을 4가지 쓰시오. (단, 그 밖에 안전 · 보건관리에 필요한 사항은 제외)

해답 ① 산소농도 측정 및 작업환경에 관한 사항
② 사고 시의 응급처치 및 비상시 구출에 관한 사항
③ 보호구 착용 및 사용방법에 관한 사항
④ 작업내용 · 안전작업방법 및 절차에 관한 사항
⑤ 장비 · 설비 및 시설 등의 안전점검에 관한 사항

02.

안전모의 시험 성능 기준에 관한 내용이다. (   )에 알맞은 내용을 쓰시오.

항목	시험성능기준
내관통성	AE, ABE종 안전모는 관통거리가 (①)mm 이하이고, AB종 안전모는 관통거리가 (②)mm 이하이어야 한다.
충격흡수성	최고전달충격력이 (③)N을 초과해서는 안 되며, 모체와 착장체의 기능이 상실되지 않아야 한다.
내전압성	AE, ABE종 안전모는 교류 20kV에서 1분간 절연파괴 없이 견뎌야 하고, 이때 누설되는 충전전류는 (④)mA 이하이어야 한다.

해답 ① 9.5   ② 11.1   ③ 4,450   ④ 10

03.

근로자 350명인 사업장의 연천인율은 3.5이다. 이 사업장의 도수율을 구하시오.

해답 연천인율 = 도수율 × 2.4이므로
도수율 = 3.5/2.4 = 1.46이다.

04.

기계의 신뢰도가 일정할 때 고장률이 0.0004이고, 이 기계가 1,000시간 동안 만족스럽게 작동할 확률을 계산하시오.

해답 신뢰도 : $R(t)=e^{-\lambda t}=e^{-0.0004\times 1000}=0.67$

05.

[보기]를 참고하여 다음 이론에 해당하는 보기의 숫자를 적으시오. (단, 보기는 중복사용 가능함)

1) 하인리히의 도미노이론　　2) 버드의 신도미노이론

[보기]

① 사회적 환경 및 유전적 요소 ② 기본 원인 ③ 직접 원인 ④ 작전적 에러 ⑤ 사고 ⑥ 상해 ⑦ 통제의 부족 ⑧ 개인적 결함 ⑨ 관리적 결함 ⑩ 전술적 에러

해답 1) 하인리히의 도미노이론

① 사회적 환경과 유전적인 요소
③ 불안전한 행동 및 불안전한 상태(직접원인)
⑤ 사고
⑥ 상해
⑧ 개인적 결함

2) 버드의 신도미노이론

② 기본 원인
③ 직접 원인
⑤ 사고
⑥ 상해
⑦ 통제의 부족

06.

다음 괄호 안에 알맞은 숫자를 쓰시오.

누전차단기와 접속되어있는 각각의 전동기계 · 기구에 대하여 정격감도전류가 (①)mA 이하이며 동작시간은 (②)초 이내일 것. 다만, 정격전부하전류가 50A 이상인 전동기계 · 기구에 설치되는 누전차단기에 오동작을 방지하기 위하여 정격감도전류가 (③)mA 이하인 경우 동작시간은 (④)초 이내일 것

해답 ① 30 ② 0.03 ③ 200 ④ 0.1

07.

산업안전보건법령상 중대재해 정의 3가지를 쓰시오.

해답 ① 사망자가 1명 이상 발생한 재해
② 3개월 이상의 요양이 필요한 부상자가 동시에 2명 이상 발생한 재해
③ 부상자 또는 직업성 질병자가 동시에 10명 이상 발생한 재해

08.

앞면 롤러 직경이 30cm인 경우 회전수가 40rpm인 경우 앞면 롤의 표면속도(m/min)를 구하시오.

해답 $V=\frac{\pi DN}{1,000}=\frac{\pi\times 300\times 40}{1,000}=37.70\text{m/min}$

09.

과압에 따른 폭발을 방지하기 위하여 폭발 방지 성능과 규격을 갖춘 파열판을 설치해야 하는 경우를 쓰시오.

해답 ① 반응 폭주 등 급격한 압력 상승 우려가 있는 경우
② 급성 독성물질의 누출로 인하여 주위의 작업환경을 오염시킬 우려가 있는 경우
③ 운전 중 안전밸브에 이상 물질이 누적되어 안전밸브가 작동되지 아니할 우려가 있는 경우

10.

흙막이 지보공을 설치하였을 때에는 사업주가 정기적으로 점검하고 이상을 발견할 시 보수하여야 할 사항을 쓰시오.

해답 ① 부재의 손상·변형·부식·변위 및 탈락의 유무와 상태
② 버팀대의 긴압 정도
③ 부재의 접속부·부착부 및 교차부의 상태
④ 침하의 정도

11.

다음 설명에 맞는 용어를 쓰시오.

① 전완과 상완을 곧게 펴서 파악할 수 있는 구역
② 상완을 자연스럽게 수직으로 늘어뜨린 채, 전완만으로 편하게 뻗어 작업하는 구역

해답 ① 최대작업영역
② 정상작업영역

12.

사다리식 통로를 설치하여 사용할 때 준수해야 할 사항 4가지를 쓰시오.

해답 ① 견고한 구조로 할 것
② 재료는 심한 손상·부식 등이 없을 것
③ 발판의 간격은 동일하게 할 것
④ 발판과 벽과의 사이는 15cm 이상의 간격을 유지할 것
⑤ 폭은 30cm 이상으로 할 것
⑥ 사다리가 넘어지거나 미끄러지는 것 방지를 위한 조치를 할 것
⑦ 사다리의 상단은 걸쳐놓은 지점으로부터 60cm 이상 올라가도록 할 것
⑧ 사다리식 통로의 길이가 10m 이상이면 5m 이내마다 계단참을 설치할 것
⑨ 사다리식 통로의 기울기는 75° 이하로 할 것. 다만, 고정식 사다리식 통로의 기울기는 90° 이하로 하고 높이 7m 이상이면 바닥으로부터 높이가 2.5m 되는 지점부터 등받이울을 설치할 것
⑩ 접이식 사다리 기둥은 사용 시 접혀지거나 펼쳐지지 않도록 철물 등을 사용하여 견고하게 조치할 것

13.

방호조치를 하지 아니하고는 양도 · 대여 · 설치 · 사용하거나, 양도 · 대여의 목적으로 진열해서는 아니 되는 기계 · 기구는 무엇인가?

해답 ① 예초기
② 원심기
③ 공기압축기
④ 금속절단기
⑤ 지게차
⑥ 포장기계(진공포장기, 랩핑기로 한정한다)

산업안전산업기사(2021년 3회)

01.

기계 고장률 그래프를 그리고 3등분하여 그 명칭 또는 내용을 적으시오.

해답 기계의 고장률(욕저 곡선)

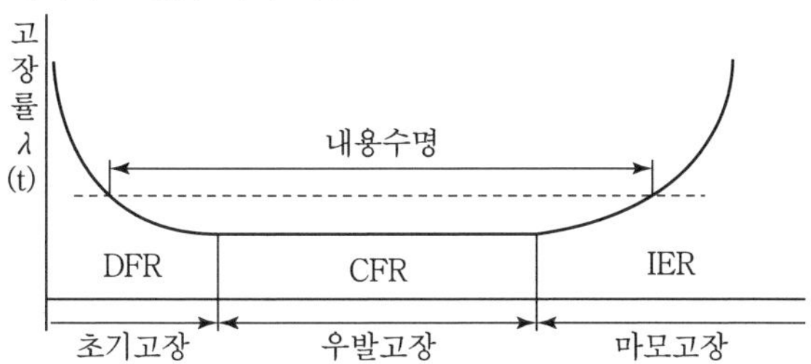

① 초기고장 : 제조가 불량하거나 생산과정에서 품질관리가 아니 되어 생기는 고장
② 우발고장 : 실제 사용하는 상태에서 발생하는 고장으로 예측할 수 없는 불규칙 간격으로 생기는 고장
③ 마모고장 : 설비 또는 장치가 수명을 다하여 생기는 고장

02.

각 부품고장확률이 0.12인 A, B, C 3개의 부품이 병렬결합모델로 만들어진 시스템이 있다. 시스템 작동안됨을 정상사상으로 하고, A 고장, B 고장, C 고장을 기본사상으로 한 FT도를 작성하고, 정상사상 발생할 확률을 구하시오. (단, 소수 다섯째 자리에서 반올림하고, 소수 넷째 자리까지 표기할 것)

해답 - 병렬시스템은 OR 게이트이므로 FT도를 작성하면 다음과 같다.

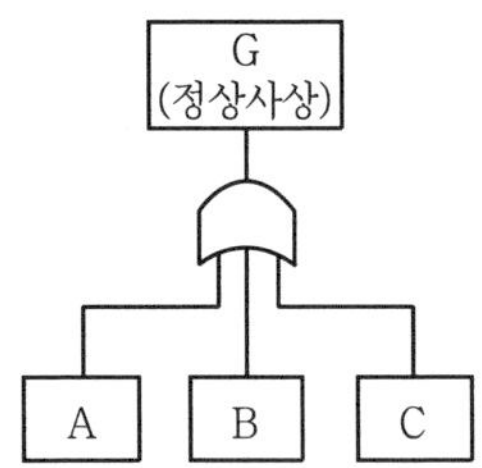

- 정상사상이 발생할 확률을 계산하면 다음과 같다.

$G=1-(1-A)\times(1-B)\times(1-C)$

$=1-(1-0.12)\times(1-0.12)\times(1-0.12)$

$=1-0.88\times0.88\times0.88=0.319$

03.

어느 사업장의 근로자수가 250명이고 인당 연총근로시간이 2,400시간인 경우 강도율이 0.8면, 이 사업장의 연근로손실일수는 얼마인가?

해답 강도율 $=\dfrac{\text{근로손실일수}}{\text{연근로시간수}}\times1{,}000$에서 $0.8=\dfrac{\text{근로손실일수}}{250\times2{,}400}\times1{,}000$이므로 근로손실일수는 480일이다.

04.

다음 안전표지의 명칭을 쓰시오.

해답 ① 사용 금지

② 인화성 물질경고

③ 방사성 물질경고
④ 낙하물 경고
⑤ 들것

05.

산업보건법령상, 내부의 이상 상태를 조기에 파악하는 데 필요한 온도계 · 유량계 · 압력계 등의 계측장치를 설치하여야 하는 화학 설비의 종류를 3가지만 쓰시오.

해답 ① 발열반응이 일어나는 반응장치
② 증류 · 정류 · 증발 · 추출 등 분리를 하는 장치
③ 가열시켜 주는 물질 온도가 가열되는 위험물질의 분해온도 또는 발화점보다 높은 상태에서 운전되는 설비
④ 반응폭주 등 이상 화학반응에 의하여 위험물질이 발생할 우려가 있는 설비
⑤ 온도가 섭씨 350도 이상이거나 게이지 압력이 980kPa 이상인 상태에서 운전되는 설비
⑥ 가열로 또는 가열기

06.

공정안전보고서에 포함되어야 할 사항을 4가지 쓰시오.

해답 ① 공정안전자료
② 공정위험성 평가서
③ 안전운전계획
④ 비상조치계획
⑤ 그 밖에 공정상의 안전과 관련하여 고용노동부장관이 필요하다고 인정하여 고시하는 사항

07.

인간의 주의에 대한 특성에 대하여 설명하시오.

해답 ① 선택성 : 주의는 동시에 2개 이상의 방향에 집중하지 못한다.
② 방향성 : 한 지점에 주의를 집중하면 다른 곳의 주의는 약해진다.
③ 변동성 : 고도의 주의는 장시간 지속할 수 없다.

08.

산업안전보건법령상, 차량계 하역운반기계(지게차 등)의 운전자가 운전위치를 이탈하고자 할 때 운전자가 준수하여야 할 사항을 2가지만 쓰시오. (단, 운전석에 잠금장치를 하는 등 운전자가 아닌 사람이 운전하지 못하도록 조치한 경우는 제외)

해답 ① 포크, 버킷, 디퍼 등의 장치를 가장 낮은 위치 또는 지면에 내려 둘 것
② 원동기를 정지시키고 브레이크를 확실히 거는 등 갑작스러운 주행이나 이탈을 방지하기 위한 조치를 할 것
③ 운전석을 이탈하는 경우에는 시동키를 운전대에서 분리할 것

09.

건물 등의 해체작업 시 작성해야 하는 작업계획서에 포함사항을 3가지 쓰시오.

해답 ① 해체의 방법 및 해체 순서도면
② 가설설비 · 방호설비 · 환기설비 및 살수 · 방화설비 등의 방법
③ 사업장 내 연락방법
④ 해체물의 처분계획
⑤ 해체작업용 기계 · 기구 등의 작업계획서
⑥ 해체작업용 화약류 등의 사용계획서
⑦ 기타 안전 · 보건에 관련된 사항

10.

산업보건법령상, 로봇의 작동범위 내에서 그 로봇에 관하여 교시 등의 작업을 하는 때 작업 시작 전 점검사항 3가지를 쓰시오

해답 ① 외부 전선의 피복 또는 외장의 손상 유무
② 매니퓰레이터(manipulator) 작동의 이상 유무
③ 제동장치 및 비상정지장치의 기능

11.

산업보건법령상, 누전에 의한 감전위험을 방지하기 위하여 해당 전로의 정격에 적합하고 감도가 양호하며 확실하게 작동하는 감전방지용 누전차단기를 설치하는 전기기계 · 기구를 3가지 쓰시오.

해답 ① 대지전압이 150V를 초과하는 이동형 또는 휴대형 전기기계·기구

② 물 등 도전성이 높은 액체에 의한 습윤장소에서 사용하는 저압(750V 이하 직류전압이나 600V 이하의 교류전압을 말한다)용 전기기계 · 기구

③ 철판 · 철골 위 등 도전성이 높은 장소에서 사용하는 이동형 또는 휴대형 전기기계 · 기구

④ 임시배선의 전로가 설치되는 장소에서 사용하는 이동형 또는 휴대형 전기기계 · 기구

12.

다음의 설명에 해당하는 재해분석방법의 이름을 쓰시오.

① 특성과 요인 관계를 도표로 하여 어골상으로 세분
② 사고의 유형, 기인물 등 분류 항목을 큰 순서대로 도표화

해답 ① 특성요인도(어골도)

② 파레토도(파레토그래프)

13.

산업안전보건법령상, 다음의 와이어로프를 달비계에 사용 가능한지 불가능한지 이유와 함께 적으시오.

공칭지름 : 10cm　　　　현재지름 : 9.2m

해답 불가능, 공칭지름 감소율 7%를 초과하므로 불가능하다.

필답형 기출문제 2022

■ Industrial Engineer Industrial Safety

산업안전산업기사(2022년 1회)

01.

산업안전보건법령상 다음 근로자 안전보건 교육시간과 관련하여 빈칸에 알맞은 숫자를 쓰시오.

- 정기교육－사무직 종사 근로자 : 매분기 (①) 시간 이상
- 채용 시 교육－일용근로자 : (②) 시간 이상
- 작업내용 변경 시 교육－일용근로자를 제외한 근로자 : (③) 시간 이상
- 정기교육－관리감독자의 지위에 있는 사람 : 연간 (④) 시간 이상

해답 ① 3
② 1
③ 2
④ 16

02.

다음 시스템의 신뢰도를 구하시오.

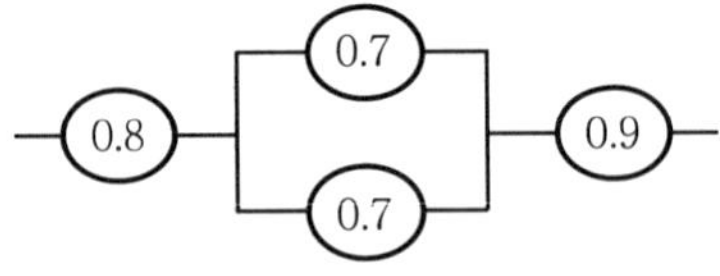

해답 $0.8 \times [1-(1-0.7)(1-0.7)] \times 0.9 = 0.6552 = 0.66$

03.

다음 괄호 안에 알맞은 단어를 쓰시오.

- 보일러의 안전한 가동을 위하여 보일러 규격에 맞는 (①)을/를 1개 또는 2개 이상 설치하고 최고사용압력 이하에서 작동되도록 하여야 한다.
- 보일러의 과열을 방지하기 위하여 최고사용압력과 상용압력 사이에서 보일러의 버너 연소를 차단할 수 있도록 (②)을/를 부착하여 사용하여야 한다.

해답 ① 압력방출장치
② 압력제한스위치

04.

승강기의 설치 · 조립 · 수리 · 점검 또는 해체 작업을 하는 경우 안전조치사항을 3가지 쓰시오.

해답 ① 작업을 지휘하는 사람을 선임하여 그 사람의 지휘하에 작업을 실시할 것
② 작업할 구역에 관계 근로자가 아닌 사람의 출입을 금지하고 그 취지를 보기 쉬운 장소에 표시할 것
③ 비, 눈, 그 밖에 기상상태의 불안정으로 날씨가 몹시 나쁜 경우에는 그 작업을 중지시킬 것

05.

콘크리트 타설 작업을 하기 위하여 콘크리트 펌프 또는 콘크리트 펌프카를 사용하는 작업 시 준수사항을 3가지 쓰시오.

해답 ① 작업을 시작하기 전에 콘크리트 펌프용 비계를 점검하고 이상을 발견하였으면 즉시 보수할 것
② 건축물의 난간 등에서 작업하는 근로자가 호스의 요동 · 선회로 인하여 추락하는 위험을 방지하기 위하여 안전난간 설치 등 필요한 조치를 할 것
③ 콘크리트 펌프카의 붐을 조정하는 경우에는 주변의 전선 등에 의한 위험을 예방하기 위한 적절한 조치를 할 것
④ 작업 중에 지반의 침하, 아웃트리거의 손상 등에 의하여 콘크리트 펌프카가 넘어질 우려가 있는 경우에는 이를 방지하기 위한 적절한 조치를 할 것

06.

다음 경고표지의 명칭을 쓰시오.

해답 ① 보행금지
② 탑승금지
③ 사용금지
④ 물체이동금지

07.

과압에 따른 폭발을 방지하기 위하여 폭발 방지 성능과 규격을 갖춘 파열판을 설치해야 하는 경우를 쓰시오.

해답 ① 반응 폭주 등 급격한 압력 상승 우려가 있는 경우
② 급성 독성물질의 누출로 인하여 주위의 작업환경을 오염시킬 우려가 있는 경우
③ 운전 중 안전밸브에 이상 물질이 누적되어 안전밸브가 작동되지 아니할 우려가 있는 경우

08.

산업안전보건법에 따른 산업안전보건위원회의 심의 · 의결사항을 4가지 쓰시오.(단, 그 밖에 해당 사업장 근로자의 안전 및 보건을 유지 · 증진시키기 위하여 필요한 사항은 제외)

해답 ① 사업장의 산업재해 예방계획의 수립에 관한 사항
② 안전보건관리규정의 작성 및 변경에 관한 사항
③ 근로자의 안전보건교육에 관한 사항
④ 작업환경측정 등 작업환경의 점검 및 개선에 관한 사항
⑤ 근로자의 건강진단 등 건강관리에 관한 사항
⑥ 중대재해의 원인 조사 및 재발 방지대책 수립에 관한 사항
⑦ 산업재해에 관한 통계의 기록 및 유지에 관한 사항
⑧ 유해하거나 위험한 기계 · 기구 · 설비를 도입한 경우 안전 및 보건 관련 조치에 관한 사항

09.

고압활선작업 및 활선근접작업 시 안전작업이 수행되기 위한 조치사항에 대해 쓰시오.

- 충전전로를 취급하는 근로자에게 그 작업에 적합한 (①)을/를 착용시킬 것
- 충전전로에 근접한 장소에서 전기작업을 하는 경우에는 해당 전압에 적합한 (②)을/를 설치할 것
- 유자격자가 아닌 근로자가 충전전로 인근의 높은 곳에서 작업할 때에 근로자의 몸 또는 긴 도전성 물체가 방호되지 않은 충전전로에서 대지전압이 50kV 이하인 경우에는 (③)cm 이내로, 대지전압이 50kV를 넘는 경우에는 (④)kV당 (⑤)cm씩 더한 거리 이내로 각각 접근할 수 없도록 할 것

해답 ① 절연용 보호구
② 절연용 방호구
③ 300
④ 10
⑤ 10

10.

산업안전보건법에서 정하고 있는 중대재해의 종류를 3가지 쓰시오.

해답 ① 사망자가 1명 이상 발생한 재해
② 3개월 이상의 요양을 요하는 부상자가 동시에 2명 이상 발생한 재해
③ 부상자 또는 직업성 질병자가 동시에 10명 이상 발생한 재해

11.

교량작업 시 작업계획서에 포함해야 하는 사항을 4가지 쓰시오.(단, 그 밖에 안전 · 보건에 관련된 사항 제외)

해답 ① 작업 방법 및 순서
② 부재의 낙하 · 전도 또는 붕괴를 방지하기 위한 방법
③ 작업에 종사하는 근로자의 추락 위험을 방지하기 위한 안전조치 방법
④ 공사에 사용되는 가설 철구조물 등의 설치 · 사용 · 해체 시 안전성 검토 방법
⑤ 사용하는 기계 등의 종류 및 성능, 작업 방법
⑥ 작업지휘자 배치계획

12.

방호장치 자율안전기준 고시상, 둥근톱의 두께가 0.8mm일 경우, 분할날의 두께는 몇 mm 이상으로 해야 하는지 쓰시오.

해답 분할날의 두께는 톱날(둥근톱) 두께의 1.1배 이상으로 하여야 한다.
$0.8 \times 1.1 = 0.88$mm

13.

산업안전보건법상 작업장의 조도기준에 관한 사항에서 빈칸에 알맞은 내용을 쓰시오.

초정밀작업	정밀작업	보통작업	그 밖의 작업
(①)Lux 이상	(②)Lux 이상	(③)Lux 이상	(④)Lux 이상

해답 ① 750　② 300　③ 150　④ 75

산업안전산업기사(2022년 2회)

01.

보호구의 안전인증제품 표시 사항을 5가지 쓰시오.

해답 ① 형식 또는 모델명
② 규격 또는 등급 등
③ 제조자명
④ 제조번호 및 제조연월
⑤ 안전인증 번호(자율안전 확인번호)

02.

산업안전보건법상 안전보건에 관한 노사협의체 구성에 있어서 근로자위원과 사용자위원의 자격을 2가지씩 쓰시오.(단, 노사협의체의 근로자위원과 사용자위원은 합의하여 지명한 사람은 제외)

해답 (1) 근로자위원
① 도급 또는 하도급 사업을 포함한 전체 사업의 근로자대표
② 근로자대표가 지명하는 명예산업안전감독관 1명. 다만, 명예산업안전감독관이 위촉되어 있지 않은 경우에는 근로자대표가 지명하는 해당 사업장 근로자 1명
③ 공사금액이 20억 원 이상인 공사의 관계수급인의 각 근로자대표

(2) 사용자위원
① 도급 또는 하도급 사업을 포함한 전체 사업의 대표자
② 안전관리자 1명
③ 보건관리자 1명(보건관리자 선임대상 건설업으로 한정)
④ 공사금액이 20억 원 이상인 공사의 관계수급인의 각 대표자

03.

다음 그림을 보고 FT도를 작성하시오.(단, 램프가 켜지지 않는 것을 정상사상으로 하고 기본사상을 각각 SW 1 Off, SW 2 Off로 한다.)

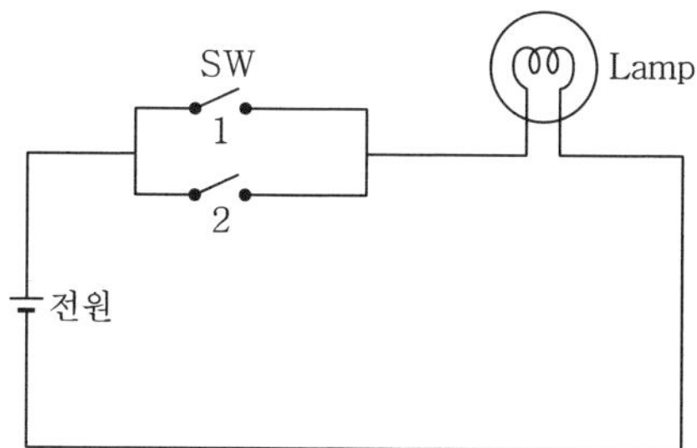

해답 FT도

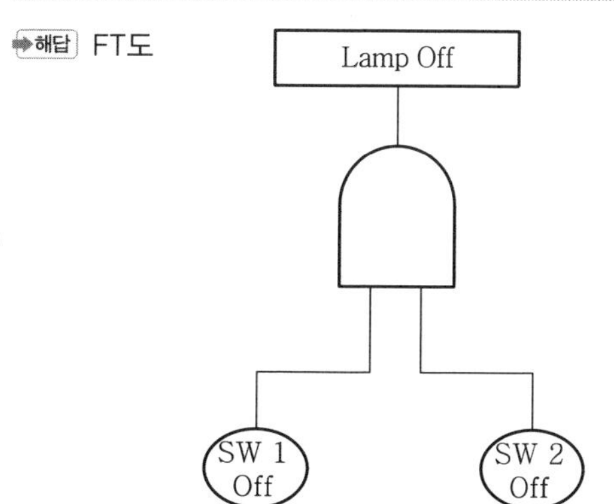

회로상 스위치가 병렬연결이므로, 램프가 켜지지 않기 위해서는 두 스위치가 모두 고장이어야 함(AND gate)

04.

산업안전보건법령상 안전인증 대상 방호장치를 3가지만 쓰시오.

해답 ① 프레스 및 전단기 방호장치
② 양중기용 과부하 방지장치
③ 보일러 압력방출용 안전밸브
④ 압력용기 압력방출용 안전밸브

⑤ 압력용기 압력방출용 파열판
⑥ 절연용 방호구 및 활선작업용 기구
⑦ 방폭구조 전기기계 · 기구 및 부품
⑧ 추락 · 낙하 및 붕괴 등의 위험 방지 및 보호에 필요한 가설 기자재
⑨ 충돌 · 협착 등의 위험 방지에 필요한 산업용 로봇 방호장치

05.

다음 작업장에서의 강도율을 계산하시오.(단, 신체장해 제14급에 해당하는 근로손실일수는 50일이며, 사망에 해당하는 근로손실일수는 7,500일이다.)

- 근로자 100명이 하루 8시간 근무하며 1년에 300일간 작업한다.
- 장해등급 14급 2명, 사망 1명, 휴업일수 37일

해답

$$\frac{7,500+50\times 2+37\times \dfrac{300}{365}}{100\times 8\times 300}\times 1,000=31.793379 \fallingdotseq 31.79$$

※ 근로손실일수는 근로일수 보정(300/365)을 하지 않음

06.

산업안전보건법령상 사업주는 근로자가 노출된 충전부 또는 그 부근에서 작업함으로써 감전될 우려가 있는 경우에는 작업에 들어가기 전에 해당 전로를 차단하여야 한다. 해당 전로를 차단하는 절차를 순서대로 나열하시오.

ㄱ. 전원을 차단한 후 각 단로기 등을 개방하고 확인할 것
ㄴ. 차단장치나 단로기 등에 잠금장치 및 꼬리표를 부착할 것
ㄷ. 검전기를 이용하여 작업 대상 기기가 충전되었는지를 확인할 것
ㄹ. 전기기기 등에 공급되는 모든 전원을 관련 도면, 배선도 등으로 확인할 것
ㅁ. 개로된 전로에서 유도전압 또는 전기에너지가 축적되어 근로자에게 전기위험을 끼칠 수 있는 전기기기 등은 접촉하기 전에 잔류전하를 완전히 방전시킬 것
ㅂ. 전기기기 등이 다른 노출 충전부와의 접촉, 유도 또는 예비동력원의 역송전 등으로 전압이 발생할 우려가 있는 경우에는 충분한 용량을 가진 단락 접지기구를 이용하여 접지할 것

해답 절차 : ㄹ－ㄱ－ㄴ－ㅁ－ㄷ－ㅂ

07.

산업안전보건법령상, 다음 근로자 안전보건 교육시간 관련 빈칸에 알맞은 숫자를 쓰시오.

- 정기교육 – 사무직 종사 근로자 : 매분기 (①) 시간 이상
- 채용 시 교육 – 일용근로자 : (②) 시간 이상
- 작업내용 변경 시 교육 – 일용근로자를 제외한 근로자 : (③) 시간 이상
- 정기교육 – 관리감독자의 지위에 있는 사람 : 연간 (④) 시간 이상

해답 ① 3
② 1
③ 2
④ 16

08.

롤러의 방호장치(급정지장치) 종류 및 설치위치에 대한 내용이다. 다음 괄호 안을 채우시오.

종류	설치위치	비고
손 조작식	밑면에서 (①)m 이내	위치는 급정지장치의 조작부의 중심점을 기준
복부 조작식	밑면에서 (②)m 이상 (③)m 이내	
무릎 조작식	밑면에서 0.4m 이상 (④)m 이내	

해답 ① 1.8 ② 0.8 ③ 1.1 ④ 0.6

09.

산업안전보건법령상 달비계에 사용할 수 없는 달기체인의 기준과 관련하여 빈칸에 알맞은 숫자를 쓰시오.

- 링의 단면지름의 감소가 그 달기체인이 제조된 때의 당해 링의 지름의 (①)%를 초과한 것
- 달기체인의 길이의 증가가 그 달기체인이 제조된 때의 길이의 (②)%를 초과한 것
- 균열이 있거나 심하게 변형된 것

해답 ① 10 ② 5

10.

산업현장에서 사용되고 있는 출입금지 표지판의 배경반사율이 80%이고, 관련 그림의 반사율이 20%일 때 이 표지판의 대비를 구하시오.

해답 대비 $= 100 \times \dfrac{L_b - L_t}{L_b} = 100 \times \dfrac{0.8 - 0.2}{0.8} = 75\%$

여기서, L_b : 배경(Background)의 반사율

L_t : 관련 그림(Target)의 반사율

11.

산업안전보건법상 작업장의 조도기준에 관한 사항에서 빈칸에 알맞은 내용을 쓰시오.(단, 갱도 등의 작업장은 제외)

초정밀작업	정밀작업	보통작업	그 밖의 작업
(①)Lux 이상	(②)Lux 이상	(③)Lux 이상	(④)Lux 이상

해답 ① 750 ② 300 ③ 150 ④ 75

12.

산업안전보건법에서 정하고 있는 중대재해의 종류를 3가지 쓰시오.

해답 ① 사망자가 1명 이상 발생한 재해

② 3개월 이상의 요양을 요하는 부상자가 동시에 2명 이상 발생한 재해

③ 부상자 또는 직업성 질병자가 동시에 10명 이상 발생한 재해

13.

공기압축기 사용 시 작업시작 전 점검사항을 4가지 쓰시오.

해답 ① 공기저장 압력용기의 외관 상태

② 드레인밸브의 조작 및 배수

③ 압력방출장치의 기능

④ 언로드밸브의 기능

⑤ 윤활유의 상태

⑥ 회전부의 덮개 또는 울

산업안전산업기사(2022년 3회)

01.

산업안전보건법령상 고용노동부장관이 산업재해 예방을 위하여 종합적인 개선조치를 할 필요가 있다고 인정되는 사업장으로서 사업주에게 안전보건진단을 받아 안전보건개선계획을 수립하여 시행할 것을 명할 수 있는 경우를 2가지 쓰시오.

해답 ① 산업재해율이 같은 업종 평균 산업재해율의 2배 이상인 사업장
② 사업주가 필요한 안전조치 또는 보건조치를 이행하지 아니하여 중대재해가 발생한 사업장
③ 직업성 질병자가 연간 2명 이상(상시근로자 1천 명 이상 사업장의 경우 3명 이상) 발생한 사업장
④ 그 밖에 작업환경 불량, 화재·폭발 또는 누출 사고 등으로 사업장 주변까지 피해가 확산된 사업장으로서 고용노동부령으로 정하는 사업장

02.

프레스의 방호장치에 관한 설명 중 빈칸에 알맞은 내용이나 수치를 써넣으시오.

- 광전자식 방호장치의 일반구조에 있어 정상동작표시 램프는 (①)색, 위험표시램프는 (②)색으로 하여 쉽게 근로자가 볼 수 있는 곳에 설치하여야 한다.
- 양수조작식 방호장치의 일반구조에 있어 누름버튼의 상호 간 내측거리는 (③)mm 이상이어야 한다.
- 손쳐내기식 방호장치의 일반구조에 있어 슬라이드 하행정거리의 (④) 위치에서 손을 완전히 밀어내야 한다.
- 수인식 방호장치의 일반구조에 있어 수인끈의 재료는 합성섬유로 직경이 (⑤)mm 이상이어야 한다.

해답 ① 녹　② 붉은　③ 300
④ 3/4　⑤ 4

03.

위험예지훈련 기초단계의 4단계를 순서대로 기술하시오.

해답 ① 1라운드 : 현상파악(사실의 파악)
② 2라운드 : 본질추구(원인조사)
③ 3라운드 : 대책수립(대책을 세운다)
④ 4라운드 : 목표설정(행동계획 작성)

04.

하인리히 법칙의 재해구성비율을 설명하시오.

해답 330건의 사고 중

① 중상 또는 사망 : 1건

② 경상해 : 29건

③ 무상해사고 : 300건의 비율로 사고발생

05.

산업안전보건법상 안전관리자의 업무를 5가지 쓰시오.(단, 그 밖에 안전에 관한 사항으로서 고용노동부장관이 정하는 사항은 제외)

해답 ① 산업안전보건위원회 또는 노사협의체에서 심의·의결한 업무와 해당 사업장의 안전보건관리규정 및 취업규칙에서 정한 업무

② 위험성평가에 관한 보좌 및 지도·조언

③ 안전인증대상기계 등과 자율안전확인대상기계 등 구입 시 적격품의 선정에 관한 보좌 및 지도·조언

④ 안전교육계획의 수립 및 안전교육 실시에 관한 보좌 및 지도·조언

⑤ 사업장 순회점검, 지도 및 조치 건의

⑥ 산업재해 발생의 원인 조사·분석 및 재발 방지를 위한 기술적 보좌 및 지도·조언

⑦ 산업재해에 관한 통계의 유지·관리·분석을 위한 보좌 및 지도·조언

⑧ 안전에 관한 사항의 이행에 관한 보좌 및 지도·조언

⑨ 업무 수행 내용의 기록·유지

06.

인간-기계체계가 서로 결합되어 운동되고 있다. 인간의 신뢰도가 0.8일 때 종합신뢰도가 0.7 이상 되려면 기계신뢰도는 얼마인가?

해답 • 종합신뢰도 $R_{(S)}$ = 인간신뢰도 × 기계신뢰도

• 기계신뢰도 $= \dfrac{\text{종합신뢰도}}{\text{인간신뢰도}} = \dfrac{0.7}{0.8} = 0.875$

∴ 기계신뢰도 ≥ 0.875

07.

다음 내용에 가장 적합한 위험분석기법을 [보기]에서 골라 한 가지씩만 번호를 쓰시오.

1) 모든 요소의 고장을 형태별로 분석하여 그 영향을 검토하는 기법
2) 모든 시스템 안전프로그램의 최초 단계의 분석기법
3) 인간의 과오를 정량적으로 평가하기 위한 기법
4) 초기사상의 고장 영향에 의해 사고나 재해로 발전해 나가는 과정 분석기법
5) 결합수법이라 하며 재해발생을 연역적, 정량적으로 예측할 수 있는 기법

[보기]

① PHA	② FHA	③ FMEA	④ CA
⑤ DT	⑥ ETA	⑦ THERP	⑧ MORT
⑨ FTA	⑩ HAZOP		

해답 1) ③ FMEA 2) ① PHA 3) ⑦ THERP
4) ⑥ ETA 5) ⑨ FTA

08.

폭굉유도거리가 짧아지는 조건을 4가지 쓰시오.

해답 ① 정상 연소속도가 큰 혼합물일 경우
② 점화원의 에너지가 큰 경우
③ 고압일 경우
④ 관 속에 방해물이 있을 경우
⑤ 관경이 작을 경우

09.

교류아크용접기에 전격방지기를 설치해야 하는 장소를 2가지 쓰시오.

해답 ① 선박의 이중 선체 내부, 밸러스트 탱크(ballast tank, 평형수 탱크), 보일러 내부 등 도전체에 둘러싸인 장소
② 추락할 위험이 있는 높이 2m 이상의 장소로 철골 등 도전성이 높은 물체에 근로자가 접촉할 우려가 있는 장소
③ 근로자가 물·땀 등으로 인하여 도전성이 높은 습윤 상태에서 작업하는 장소

10.

보호구 안전인증 고시상, 다음 방진마스크에 해당하는 명칭을 빈칸에 쓰시오.

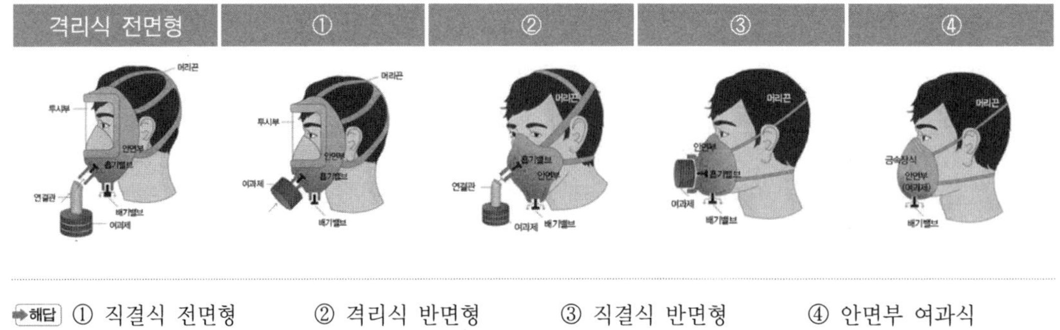

해답 ① 직결식 전면형　　② 격리식 반면형　　③ 직결식 반면형　　④ 안면부 여과식

11.

산업안전보건법상 산업재해가 발생한 때 사업주가 기록 · 보존해야 할 사항을 4가지 쓰시오.(단, 산업재해조사표의 사본을 보존하거나, 요양신청서의 사본에 재해 재발방지 계획을 첨부하여 보존한 경우는 제외)

해답 ① 사업장의 개요 및 근로자의 인적사항
② 재해 발생의 일시 및 재해 발생의 장소
③ 재해 발생의 원인 및 과정
④ 재해 재발방지 계획

12.

산업안전보건법령상 터널공사 등의 건설작업 시 가연성 가스가 존재하여 폭발 또는 화재가 발생할 위험이 있는 때에는 필요한 장소에 당해 가연성 가스 농도의 이상상승을 조기에 파악하기 위하여 필요한 자동경보장치를 설치하여야 한다. 자동경보장치에 대하여 당일의 작업 시작 전 점검사항을 3가지 쓰시오.

해답 ① 계기의 이상 유무
② 검지부의 이상 유무
③ 경보장치의 작동상태

13.

방호장치 자율안전기준 고시에서 다음 정의에 부합하는 용어를 4가지 쓰시오.

① 대상으로 하는 용접기의 주회로를 제어하는 장치를 가지고 있어, 용접봉의 조작에 따라 용접할 때에만 용접기의 주회로를 형성하고, 그 외에는 용접기의 출력 측의 무부하전압을 25V 이하로 저하시키도록 동작하는 장치
② 용접봉을 피용접물에 접촉시켜서 전격방지기의 주접점이 폐로될(닫힐) 때까지의 시간
③ 용접봉 홀더에 용접기 출력 측의 무부하전압이 발생한 후 주접점이 개방될 때까지의 시간
④ 정격전원전압에 있어서 전격방지기를 시동시킬 수 있는 출력회로의 시동감도로서 명판에 표시된 것

해답 ① 교류아크용접기용 자동전격방지기
② 시동시간
③ 자동시간
④ 표준시동감도